国家出版基金资助项目
“十三五”国家重点图书
材料研究与应用著作

聚合物基复合材料科学与工程

POLYMER MATRIX COMPOSITES SCIENCE AND ENGINEERING

张东兴　黄龙男　编著

哈爾濱工業大學出版社
HARBIN INSTITUTE OF TECHNOLOGY PRESS

内容简介

本书概述了聚合物基复合材料的定义与分类、发展与应用，研究机遇及主要问题等内容。从材料设计与结构设计、基体与增强体及功能体二相或多相材料间的相互作用、复合效应以及界面作用机制与作用理论、界面效应，到材料工艺制备方法与性能表征方法，外伤作用下含缺陷复合材料性能演变规律与表征方法，混杂复合材料、热塑性复合材料等方面，较为全面系统地介绍了相关理论知识与相关研究工作。涉及内容较多，作者试图从逻辑上梳理清楚，使书中的内容循序渐进、由表及里。

本书可供复合材料、航空航天工程、机械与汽车工程、土木工程等相关领域的研究人员与工程技术人员使用参考，也可作为高等院校相关专业的教学参考书。

图书在版编目(CIP)数据

聚合物基复合材料科学与工程/张东兴，黄龙男编著. —哈尔滨：哈尔滨工业大学出版社，2017.6

ISBN 978-7-5603-5915-1

Ⅰ.①聚… Ⅱ.①张… ②黄… Ⅲ.①聚合物-复合材料-
Ⅳ.①TB33

中国版本图书馆 CIP 数据核字(2016)第 062175 号

材料科学与工程 图书工作室

策划编辑 张秀华 杨 桦
责任编辑 范业婷 刘 瑶
封面设计 卞秉利
出版发行 哈尔滨工业大学出版社
社 址 哈尔滨市南岗区复华四道街 10 号 邮编 150006
传 真 0451-86414749
网 址 http://hitpress.hit.edu.cn
印 刷 黑龙江艺德印刷有限责任公司
开 本 660mm×980mm 1/16 印张 32.25 字数 571 千字
版 次 2017 年 6 月第 1 版 2017 年 6 月第 1 次印刷
书 号 ISBN 978-7-5603-5915-1
定 价 138.00 元

《材料研究与应用著作》

前　言

材料是人类赖以生存与发展的物质基础，是人类进步的里程碑，是多数发明创造的先导。现代先进材料科学与技术对科学技术及国民经济的发展具有重要的推动作用。在当今社会中，新材料已成为各工程领域的共性关键技术之一，是高科技的重要组成部分，也是最重要和发展最快的学科之一。

聚合物基复合材料以其优异的材料与结构特性在先进材料领域中占有极其重要的地位，同时对现代科学技术的发展发挥着十分重要的作用。自20世纪60年代问世以来，聚合物基复合材料一直作为世界各先进国家重点研究与开发的重要领域，也是我国“十三五”期间材料科学与技术发展规划中重点研究与开发的重要关键新材料之一。

聚合物基复合材料是以聚合物为基体（热固性树脂、热塑性树脂），以纤维（连续纤维、短纤维、纳米纤维、晶须）或颗粒为增强体，附以具有特殊功能的功能体（电、磁、热等）经复合而制成的一种性能有别于组成材料的新材料。其中，基体起着黏合增强体、传递与均衡载荷的作用，增强体起着承担荷载的作用，功能体则发挥着赋予聚合物基复合材料具有除力学性能外的特殊功能的作用。各组分材料无论是在宏观上还是在微观或亚微观状态上都相互作用，产生协同效应（线性或非线性效应），使得聚合物基复合材料结构与性能协同相长。在结构上表现出可设计性、各向异性、非均质等特点；在材料上表现出可设计性、高比强度、高比模量、耐疲劳性、过载安全性，以及减震性能、耐烧蚀性能好等特点。值得注意的是，聚合物基复合材料的结构与材料性能分散性较大，韧性不足，且一维、二维结构的层间强度低。所以，在结构设计与造型和结构的可靠性分析上要充分认识其不足之处。总之，聚合物基复合材料科学与工程建立在材料与结构可设计的概念上，这是与常用结构材料的显著不同之处。同时,其微观结构主要由其制备过程决定,即微观结构是在加工过程中形成的,也就是说与工艺过程有关,其性能仅仅依赖于其微观结构。某种聚合物基复合材料的性能决定在外伤(如力、热、电伤等)作用下的效应。换言之,在各种外伤下聚合物基复合材料的行为决定其特性与耐久性。

聚合物基复合材料的发展与应用已有几十年的历史,具有优异的性能,随着近年来先进工艺装备的不断出现,更便于其大面积整体成形,使其应用日益广泛,在世界各国的军用民用领域起到了至关重要的作用。欧洲空客集团将聚合物基复合材料应用于超大型客机 A380 上,美国波音飞机公司将其应用于大型客机 B787 和超效率飞机 B727 的主承力结构上,我国即将试飞的大型客机 C919 上也大量采用了先进复合材料,这更进一步向人们展示了聚合物基复合材料令人鼓舞的发展前景。此外,先进复合材料在汽车轻量化、沿海油气田、风力发电、体育用品、基础设施等民用工业领域的广泛应用也向人们展示了其蓬勃发展的未来。

聚合物基复合材料几十年来的发展历史凝聚了前辈科学家、专家们和广大工程技术人员毕生心血以及新一代科技工作人员的辛勤汗水,积累了大量的设计、使用经验和性能数据,使其逐渐向规范化、文件化、成熟化的方向发展,逐步改善最终产品的一致性、减少使用过程的风险、降低成本。为了适应该技术发展的需求,结合工业信息化部"十二五"规划专著计划,在哈尔滨工业大学出版社给予的大力支持帮助下,作者编写了本书。本书参考了大量国内外专家学者们的相关专著、教材和发表的科技文献,结合作者多年来的教学、科研以及指导研究生工作体会,从材料设计与结构设计、基体与增强体及功能体的二相或多相材料间的相互作用、复合效应、二相或多相材料相互作用结合界面作用机制与作用理论、界面的复合效应,到工艺制备方法与材料性能表征、外场(主要是温度、湿度、冲击能量、腐蚀介质等)作用下,含缺陷复合材料的性能演变规律与混杂混合材料的性能表征等方面,较为全面地介绍了相关知识与相关研究。本书涉及内容较多,作者试图从逻辑上梳理清楚,使书中的内容循序渐进、由表及里,旨在为国内的相关领域研究人员和广大工程技术人员提供一本较为系统全面的参考书籍,意为我国聚合物基复合材料事业的发展进步竭尽绵薄。

各章后面给出了相关综述和研究涉及的专著、教材和参考文献,以便读者深入查询。

本书由哈尔滨工业大学材料学院张东兴、黄龙男(哈工大威海)编著,哈尔滨工业大学材料学院肖海英、贾近、王冠辉(博士研究生)、邱思(博士研究生)、哈尔滨工业大学航天学院王兵、哈尔滨工业大学材料学院(威海)王新波、大庆油田工程有限公司油田设计院张丽参与撰写。具体撰写分工如下:张东兴、张丽撰写第1、3、11章;黄龙男撰写第5、7、10章;肖海英、王冠辉撰写第9章;贾近撰写第8章;王兵、邱思撰写第4、6章;王新波撰写第2章。

在本书完成之际,衷心感谢培养教育过我们的各位老师、各位学术前辈以及哈尔滨工业大学材料学院的同事们对作者长期以来在教学科研工作的支持与帮助。衷心感谢参与本书完成的工作室作者与合作者,他们是朱红艳博士、张阿樱博士、田野博士、王健博士生、肖琳博士生。

限于作者学术水平,书中难免会有不妥和疏漏之处,恳请读者批评指正。

作　者
2017年3月初春
于哈尔滨工业大学土木楼

目　　录

第1章　绪　　论

1.1　聚合物基复合材料的定义与分类

材料是人类一切生产和生活水平提高的物质基础，是人类进步的里程碑。人类获得和使用材料已有几千年的历史。翻开人类的文明史就会发现，人类对材料的取得与使用是随着社会生产力和科学技术的发展而不断发展的，它反映了人类认识自然和改造自然的能力。同时伴随着一种新材料的出现，就会使生产力获得一次巨大的发展，人类社会就出现一次飞跃。因此，材料成为人类文明进步的标志，也成为人类历史时代划分的标志。从材料角度来看，人类社会经历了石器时代、青铜器时代及铁器时代。20 世纪出现的高性能塑料和复合材料，以历史上少有的发展速度渗透到国民经济和人们生活的各个领域，成为传统材料的替代品，并显示出奇特的优异性能。在科学技术迅猛发展的今天，材料在国民经济和国防建设中起着重要的作用。新材料是高新技术的基础和先导，新材料及材料科学已成为人们普遍关注的重要领域，为此材料科学与能源技术和信息科学一同成为现代科学技术的 3 大支柱。正是由于新材料的不断涌现，新技术、新工艺的不断发展，以及新材料、新技术对材料理论的日益需要和推动，“材料科学与工程”这一新的学科才应运而生。“材料科学与工程”的任务是研究材料的结构、性能（属材料科学研究范畴）、加工和使用情况（属材料工程研究范围）四者的关系。

材料科学的主要任务是研究材料的结构、性能以及二者的关系，主要途径是通过试验研究、总结生产实践经验、建立材料基础理论、预判与设计材料的结构及性能。材料科学是一门与多种学科有着密切联系的综合性学科，通过化学组成和内部结构的原理阐明材料的宏观性能及规律性，进而设计、制造和使用具有特定性能的新材料。其内容大体分为 3 部分：

（1）从化学角度研究材料的化学组成及各组分的关系、材料的组成与性能的关系及材料的制备方法。

（2）从物理角度研究材料的性能以及材料的内部结构（原子和分子的结合方式、在空间的排列分布及聚集状态）与性能的关系。

(3)在化学及物理理论的指导下,研究材料的制备及与应用有关的技术问题。

材料工程的主要任务侧重材料的合成、加工制备与失效分析的基本原理和方法的研究,同时注意把传统材料、技术与新材料、新技术相结合。材料的结构、性能、加工和使用情况相互联系,不可分割。

材料的品种繁多,按主要结合键的本质,可将材料分为性能差异较大的3种类型。

(1)金属材料:金属元素以金属键结合。

(2)有机高分子材料:非金属元素以共价键连接成大分子化合物。

(3)陶瓷材料:非金属元素和金属元素以共价键、离子键或者两者的混合键结合。

从使用性能角度来看,又可将材料分为结构材料和功能材料两大类。对于结构材料,主要是利用它的力学性能,即材料的强度、刚度、变形等特性;对于功能材料,主要是利用它的声、光、电、热、磁等性能,同时,需要了解材料在声、光、电、热、磁场中的行为。

近代科学技术的迅速发展,对材料提出更高的要求和效能,使现代聚合物基复合材料科学的研究与发展逐步摆脱靠经验和摸索的方法研究材料的轨道,朝着按预定性能设计材料的方向发展。金属、非金属和高分子材料,可通过一定的工艺方法制备出复合材料,复合材料不仅保留原有组分的优点,而且克服某些缺点,并显示出一些新的性能。

1.1.1 聚合物基复合材料的定义

复合材料(Composite Materials)是指由两种或两种以上具有不同物理、化学性质的材料,以不同结构尺度与层次,经过空间组合而形成的一种新材料系统。其性能与功能往往超越其中单质组分材料的性能与功能,这通常都是在不同尺度和不同层次上结构设计、结构优化的结果。这种通过复合而产生的高性能和新功能主要源于材料中的复合效应、界面效应、不同层次的尺寸效应等。

复合材料多相体系的构成可分为基体材料和增强材料。基体材料多为连续相,按所用基体材料的不同,可分为金属基复合材料、无机非金属基复合材料和聚合物基复合材料等。增强材料为分散相,通常为纤维状,如玻璃纤维、有机纤维等;功能材料通常也为分散相,赋予复合材料某种特殊性能,如导电、隔热、减摩等。

聚合物基复合材料是以有机聚合物为基体、纤维为增强体构成的复合材料。基体的作用是黏结纤维、均衡与传递外载荷。增强体的作用是承受外载荷。复合材料的力学性能,如拉伸性能,要取决于增强体的性能,复合材料的其他性能则与基体材料性能有关,如耐热、耐磨、耐腐蚀性能等。

1.1.2 聚合物基复合材料的分类

随着新材料、新技术的不断涌现,聚合物基复合材料的品种也在不断增加。

人们针对材料的分类,通过不同角度往往会有很多分类方法。例如,按照物理性质分类,有绝缘材料、磁性材料、透光材料、半导体材料、导电材料、耐高温材料等;按照用途分类,又可分为航空材料、耐烧蚀材料、电工材料、建筑材料、包装材料等;也可直接概括为结构材料与功能材料两大类。

针对聚合物基复合材料的分类方法也不少,例如,根据增强原理分类,有弥散增强型复合材料、粒子增强型复合材料和纤维增强型复合材料;根据复合过程的性质分类,有化学复合的复合材料、物理复合的复合材料和自然复合的复合材料;根据聚合物基复合材料的功能分类,有电功能复合材料、热功能复合材料和光功能复合材料等。

下面列举出几种针对聚合物基复合材料的分类方法。

1. 根据基体材料类型分类

(1)热固性聚合物基复合材料。

(2)热塑性聚合物基复合材料。

2. 根据增强纤维类型分类

(1)碳纤维增强聚合物基复合材料。

(2)玻璃纤维增强聚合物基复合材料。

(3)有机纤维增强聚合物基复合材料。

(4)硼纤维增强聚合物基复合材料。

(5)混杂纤维增强聚合物基复合材料。

3. 根据增强物的外形分类

(1)连续纤维增强聚合物基复合材料。

(2)纤维织物或片状材料增强聚合物基复合材料。

(3)短纤维增强聚合物基复合材料。

(4)粒状填料增强聚合物基复合材料。

4. 同质复合与异质复合的复合材料

(1)同质复合的聚合物基复合材料。

同质复合的聚合物基复合材料包括不同密度的同种聚合物的复合等。

(2)异质复合的聚合物基复合材料。

1.2　聚合物基复合材料的特性

与传统材料相比,聚合物基复合材料有下述特点。

(1)比强度、比模量高。

聚合物基复合材料的突出优点是比强度及比模量(即强度与密度之比、模量与密度之比)高。

(2)耐疲劳性好。

金属材料的疲劳破坏常常是没有明显预兆的突发性破坏。而在聚合物基复合材料中,纤维与基体的界面能阻止裂纹扩展。因此,其疲劳破坏总是从纤维的薄弱环节开始,逐渐扩展到结合面上,破坏前有明显的预兆。通常金属材料的疲劳强度极限为其拉伸强度的30% ~50%,而碳纤维增强聚合物基复合材料的疲劳强度极限为其拉伸强度的70% ~80%。因此用聚合物基复合材料制成的在长期交变载荷条件下工作的构件,具有较长的使用寿命和较大的破损安全性。

(3)阻尼减振性好。

受力结构的自振频率除与形状有关外,还同结构材料的比模量平方根成正比。聚合物基复合材料有较高的自振频率,同时聚合物基复合材料的基体纤维界面有较大的吸收振动能量的能力,致使材料的振动阻尼较高。

(4)过载安全性高。

复合材料的破坏不像传统材料那样突然发生,而是经历基体损伤、开裂、界面脱黏、纤维断裂等一系列过程,当少数增强纤维发生断裂时,载荷又会通过基体的传递迅速分散到其他完好的纤维上去,从而迟滞了灾难性破坏突然发生的情况。

(5)各向异性及性能可设计性。

聚合物基复合材料的另一个突出特点就是各向异性,与之相关的是性能的可设计性。例如,沿纤维轴方向和垂直于纤维轴方向的许多性质,包括光、电、磁、导热、比热容、热膨胀及力学性能,都有显著的差别。这种各向异性虽然使材料性能的计算变得更为复杂,但也给设计带来了更多的选择。材料设计是最近20年才提出的新概念,复合材料性能的可设计性是材料科学研究的一大成果。复合材料的力学、机械及热、声、光、电、防腐、抗老化等物理、化学性能都可按照使用要求和环境条件要求,通过对组分材料的选择和匹配以及界面控制等进行设计,最大限度地达到预期目的,以满足工程设计的使用性能。

(6)材料与结构的统一性。

聚合物基复合材料尤其是纤维增强复合材料,与其说是材料倒不如说是结构更为恰当。传统材料的构件成型是经过对材料的再加工,在加工过程中材料不发生组分和化学的变化;而复合材料构件与材料是同时形成的,它由组成复合材料的组分材料在复合成材料的同时也就形成了构件,一般不再由"复合材料"加工成复合材料构件。基于复合材料这一特点,使之结构的整体性好,可大幅度地减少零部件和连接件数量,从而缩短加工周期,降低成本,提高构件的可靠性。

(7)发挥复合效应的优越性。

聚合物基复合材料是由各组分材料经过复合工艺形成的,但它并不是几种材料简单的混合,而是按复合效应形成新的性能,这种复合效应是复合材料仅有的。

(8)材料性能对复合工艺的依赖性。

聚合物基复合材料的结构在形成过程中有组分材料的物理和化学的变化,过程非常复杂,因此构件的性能对工艺方法、工艺参数、工艺过程等依赖性较大。同时,由于在成型过程中很难准确地控制工艺参数,因此,一般来说,复合材料构件的性能分散性也比较大。

聚合物基复合材料作为一种新材料,尚未达到十全十美的程度,所表现出的特性并不全是优点,还需要不断地创造与提高。但它毕竟是一项超越传统材料的新型材料。正由于它具备了一系列传统材料所不具备的优点,因而在国民经济和国防建设各领域,首先在航空航天领域得到了广泛的应用。20 世纪 90 年代以来,复合材料技术受到各方面的重视,其发展日新月异,相信在 21 世纪,复合材料将具有更广阔的发展前景。

1.3 聚合物基复合材料的发展与应用

人类开始使用复合材料要追溯到几千年以前,在距今 7 000 年以前的西安半坡村遗址中曾发现用草拌泥做成的墙壁和砖坯,用草拌泥制造的建筑材料性能既优于草又优于泥,这是人类最早使用复合材料的先例。大约出现在 4 000 年以前的漆器是一种典型的纤维增强复合材料,它是用丝、麻及其织物为增强相,以生漆做黏结剂一层一层铺敷在底胎(模具)上,待漆干固后挖去底胎成型,这种工艺方法与近代复合材料的手糊工艺十分相近。漆器表面光洁,具有良好的抗老化性能,现保存在扬州平山堂的鉴真法师漆器像,距今已有1 000多年,仍保存完好。中国古代的弓是用竹片等材料经过巧妙的铺叠得到的高模量、高强度的优良层合复合构件,也是复合材料应用的典型实例。在世界上也发现古埃及人在公元前已知道将木材切成板后重新铺叠制成像现代胶合板似的叠合材料,这样不仅可以提高强度,还可减少由湿、热引起的变形。这些例子都说明了人类早已知道复合材料强于单一材料,并在可能条件下开始了应用。

材料科学发展到了20世纪中叶,聚合物基复合材料的制品已不仅仅是天然材料的复合利用,而是基于现代科学技术的综合产物。在化学、力学、机械学、冶金、陶瓷等学科现代成就的基础上,复合材料已形成集科研、设计、生产、应用为一体的完整体系,作为新技术正在国民经济建设和国防建设中发挥着先导和基础作用。

从基体上看,近代复合材料首先发展的是软的基体,然后逐渐发展较硬的和硬的基体,即从聚合物到金属再到陶瓷。因此,现在复合材料已有聚合物基复合材料、金属基复合材料和陶瓷基复合材料3大类。

1.3.1 聚合物基复合材料的发展简史

纤维增强橡胶是最早问世的复合材料,这类复合材料的典型代表有轮胎和橡胶布。充气轮胎于1886年发明,1896年用在汽车上,至今还支撑着世界范围内汽车工业的发展。轮胎是帘子线增强橡胶复合材料,帘子线承受充气的压力,提供强度,是增强相;橡胶固定和保护纤维是基体相。为了提高轮胎的耐磨性,在橡胶基体中加入颗粒状炭黑,按复合材料的定义实际上这是一种纤维-炭黑增强橡胶的三相复合材料。橡胶布是与轮胎相似的纤维增强橡胶基复合材料,用来制作气球、救生艇、潜水服、雨衣、吹胀式建筑、宇航服等制品。

聚合物基复合材料(Polymer Matrix Composite)也称纤维增强塑料(Fiber Reinforced Plastics),是目前技术比较成熟且应用最为广泛的一类复合材料。这种材料是用短切的或连续纤维及其织物增强热固性或热塑性树脂基体,经复合而成。以玻璃纤维作为增强相的树脂基复合材料在世界范围内已形成了产业,在我国俗称玻璃钢。聚合物基复合材料于1932年在美国出现,1940年以手糊成型制成了玻璃纤维增强聚酯的军用飞机的雷达罩。其后不久,美国莱特空军发展中心设计制造了一架以玻璃纤维增强树脂为机身和机翼的飞机,并于1944年3月在莱特-帕特空军基地试飞成功。从此纤维增强复合材料开始受到军界和工程界的注意。第二次世界大战以后这种材料迅速扩展到民用,风靡一时,发展很快。1946年纤维缠绕成型技术在美国出现,为纤维缠绕压力容器的制造提供了技术储备。1949 年玻璃纤维预混料研究成功并制出了表面光洁,尺寸、形状准确的复合材料模压件。1950 年真空袋和压力袋成型工艺研究成功,并制成直升机的螺旋桨。20 世纪 60 年代在美国利用纤维缠绕技术,制造出北极星、土星等大型固体火箭发动机的壳体,为航天技术开辟了轻质高强结构的最佳途径。在此期间,玻璃纤维-聚酯树脂喷射成型技术得到了应用,使手糊工艺的质量和生产效率大为提高。1961 年,片状模塑料(Sheet Moulding Compound,SMC)在法国问世,利用这种技术可制出大幅面表面光洁,尺寸、形状稳定的制品,如汽车、船的壳体以及卫生洁具等大型制件,从而更扩大了聚合物基复合材料的应用领域。1963 年前后在美、法、日等国先后开发了高产量、大幅宽、连续生产的玻璃纤维复合材料板材生产线,使复合材料制品形成了规模化生产。拉挤成型工艺的研究始于 20 世纪 50 年代,60 年代中期实现了连续化生产,在 70 年代拉挤技术又有了重大的突破,近年来发展更快。除圆棒状制品外,还能生产管形、箱形、槽形、工字形等复杂截面的型材,并带有环向缠绕纤维以增加型材的侧向强度。目前拉挤工艺生产的制品断面可达76 cm×20 cm。20 世纪 70 年代研究成功的树脂反应注射成型(Reaction Injection Molding,RIM)和增强树脂反应注射成型(Reinforced Reaction Injection Molding,RRIM)技术,进一步改善了手糊工艺,使产品两面光洁,现已大量用于卫生洁具和汽车的零件生产。1972 年美国 PPC 公司研究成功热塑性片状模塑料成型技术,1975 年投入生产。这种复合材料最大的特点是改变了热固性基体复合材料生产周期长、废料不能回收的问题,并能充分利用塑料加工的技术和设备,因而发展很快。制造管状构件的工艺除缠绕成型外,20 世纪 80 年代又发展了离心浇注成型法,英国曾使用这种工艺生产 10 m 长的复合材料电线杆、大口径受外压的管道等。综上可知,新生产工艺的不断出现推动着聚合物基复合材料工业的发展。

进入 20 世纪 70 年代,人们一方面不断开辟玻璃纤维-树脂复合材料的新用途,同时也发现,这类复合材料的比刚度、比强度还不够理想,满足不了对质量敏感、强度和刚度要求很高的尖端技术的要求,因而开发了一批如碳纤维、碳化硅纤维、氧化铝纤维、硼纤维、芳纶纤维、高密度聚乙烯纤维等高性能增强材料,并使用高性能聚合物、金属与陶瓷为基体,制成先进复合材料(Advanced Composite Materials,ACM)。这种先进复合材料具有比玻璃纤维复合材料更好的性能,是用于飞机、火箭、卫星、飞船等航空航天飞行器的理想材料。

如前所述,人类使用复合材料已经有几千年的历史,但是以合成材料作为基体、纤维作为增强材料制成的复合材料是20世纪40年代发展起来的，经过半个多世纪的发展，复合材料从开发、制造到应用已经发展成一个较为完整的体系。复合材料今后的发展应着重考虑以下几方面的问题：

1. 降低成本

与传统材料（金属材料、无机非金属材料、高分子材料等）相比，由于复合材料的绝对使用量较小，使研制开发与制造复合材料的成本大大高于传统材料。但复合材料的性能优于传统材料，如能降低复合材料的成本，其应用前景将是非常广阔的。

降低复合材料的成本可以从以下几方面着手：

①原材料。原材料成本高是复合材料价格高的主要原因，因此今后的发展方向是尽量降低现有原材料的成本，以及开发新的低成本的原材料。

②成型工艺。复合材料的成型工艺还存在着生产周期长、生产效率低、有些成型工艺还需要较多人工来完成，这些不足都提高了复合材料的成本。因此，为了降低复合材料的生产成本，运用数字化、建模与仿真技术，实现预浸料自动切割、真空柔性运输、自动铺叠，监控下固化成型，实现设计制造一体化。运用微波、紫外、超声、等离子等先进高效加工技术，提高产品质量，减少检验时间，从而提高复合材料的机械化、自动化程度，开发高效率的成型工艺是今后的发展方向。

③设计。复合材料具有良好的可设计性。复合材料的设计包括原材料设计、成型工艺设计和结构设计，通过复合材料合理的设计可以降低其成本。

2. 高性能复合材料的研制

高性能复合材料是指具有高强度、高模量、耐高温等特性的复合材料。随着人类向太空发展，航空航天工业对高性能复合材料的需求量越来越大，而且提出了更高的性能要求，如更高的强度要求、更高的耐温要求等。因此，要提高材料的耐热性、抗氧化性和热稳定性，进一步研究和开发高性能复合材料，可以从以下几方面着手：

①采用耐高温且具有良好韧性和良好工艺性的聚合物基体。

②对现有聚合物基体进行耐热改性，提高复合材料的工作温度，充分发挥现有材料的作用。

③采用分子设计合成憎水、热稳定的聚合物基体体系，以开发新的材料。

3. 功能复合材料

功能复合材料是指具有导电、超导、微波、摩擦、吸声、阻尼、烧蚀等功能的复合材料。功能复合材料具有非常广阔的应用领域,这些应用领域对功能复合材料不断提出新的性能要求,而且这些性能是其他材料难以达到的,如透波材料、烧蚀材料等。功能复合材料是复合材料的一个重要分支。

4. 智能复合材料

智能复合材料具有感知、识别及处理的能力,在技术上是通过传感器、驱动器、控制器实现复合材料的这些能力。传感器感受复合材料结构变化的信息,例如材料受损伤的信息,并将这些信息传递给控制器,控制器根据所获得的信息产生决策,发送给控制驱动器的动作信号。又如,当用智能复合材料制造的飞机部件发生损伤时,可由埋入的传感器在线检测到该损伤,通过控制器决策后,控制埋入的形状记忆合金动作,在损伤周围产生压应力,从而防止损伤的继续发展,大大提高了飞机的安全性能。

5. 仿生复合材料

仿生复合材料是参考生命系统的结构规律而设计制造的复合材料。由于复合材料结构的多样性和复杂性,因此其结构设计在实现上十分困难。然而自然中生长的动植物材料经过亿万年的自然选择与进化,形成了大量天然合理的复合结构,这些复合结构都可作为仿生设计的参考。

仿生复合材料可分为3个步骤,即仿生分析、仿生设计和仿生制备。已有的复合材料仿生设计实例包括仿竹复合材料的优化设计,仿动物骨骼的哑铃型增强材料,复合材料内部损伤的愈合等。

仿生复合材料的发展方向是要向更深的层次发展,即从宏观观测到微观分析,再回到宏观的设计、制造,而且仿生复合材料除了结构仿生外,还应进行功能仿生、智能仿生和环境适应仿生的研究与开发。

6. 环保型复合材料

从环境保护的角度考虑,要求废弃的复合材料可以回收利用,以节约资源和减少污染。但是,目前的复合材料大多注重材料性能和加工工艺性能,而在回收利用上存在与环境不相协调的问题。因此开发、使用与环境相协调的复合材料,是复合材料今后的发展方向之一。

7. 进一步扩大聚合物基复合材料的应用

发挥先进聚合物基复合材料的功能特性,开辟新的应用领域;发展主承力结构应用技术,更有效地发挥先进复合材料的作用;研究高温、次高温部件应用聚合物基复合材料的可能性;开发在汽车、建筑等民用工业领域中复合材料的应用市场。

1.3.2 聚合物基复合材料的应用

聚合物基复合材料是一种新型材料,其成本在不断地下降,成型工艺的机械化、自动化程度也在不断提高,因此具有广泛的应用领域。

1. 在航空航天方面的应用

由于复合材料的轻质高强特性,使其在航空航天领域得到广泛的应用。自20世纪60年代以来,聚合物基复合材料以其独有的特性在全球获得迅速的发展,已成为现代航空航天最重要的不可缺少的材料之一。其广泛用于各种航空航天器,特别是各种飞机及其动力装置、航天器及其动力装置。

在航空方面,主要用作战斗机的机翼蒙皮、机身、垂尾、副翼、水平尾翼、雷达罩、侧壁板、隔框、翼肋和加强筋等主承力构件。美国在各种型号战斗机上使用复合材料的比例见表1.1。在战斗机上大量使用复合材料的结果是大幅度减轻了飞机的质量,并且改善了飞机的总体结构。特别是由于复合材料构件的整体性好,因此又极大地减少了构件的数量,减少连接,有效地提高了安全可靠性。某飞机使用复合材料垂尾后减轻的结构质量见表1.2。

表1.1　美国在各种型号战斗机上使用复合材料的比例

飞机型号	F4	F15	F16	F18	AV-8b	F117	B-2	ATF
复合材料比例/%	0.8	2.0	2.5	10	26	42	38	59

表1.2　飞机使用复合材料垂尾后减轻的结构质量

构件名称	铝合金设计质量/kg	复合材料设计质量/kg	质量变化/kg
翼梁	220	157.5	-62.5
肋	67.9	58.4	-9.5
蒙皮	87.5	61.7	-25.8
口盖	18.5	16.6	-1.9
其他	28.7	15.4	-13.3
合计	422.6	309.6	-113

在各种型号的民用飞机上(如波音737~767、空中客车A310~A340等)复合材料也有较多的应用,主要用作雷达罩、发动机罩、副翼、襟翼、垂直尾翼和水平尾翼的舵面、翼根整流罩以及内部的通风管道、行李架、地板、压力容器、卫生间等。

复合材料在直升机上的应用正在扩大,主要用在旋翼及机身结构,典型的军用直升机为西科斯基的“黑鹰”。波音V-22的复合材料用量是最高的,结构质量的59%为石墨环氧复合材料,11%为玻璃环氧复合材料。

复合材料以其优异的性能越来越受到新型发动机设计者的青睐,其中聚合物基复合材料已广泛地在新型发动机的冷端部件中采用。从国内外的PMC 构件在飞机发动机的应用,主要集中在进气道、风扇、外涵道等温度较低的部位。

2. 在交通运输方面的应用

复合材料在交通运输方面的应用已有几十年的历史,发达国家复合材料产量的30%以上用于交通工具的制造。由复合材料制成的汽车质量减轻,在相同条件下的耗油量只有钢质汽车的1/4,而且在受到撞击时复合材料能大幅度吸收冲击能量,保护乘车人员的安全。

用复合材料制造的汽车部件较多,如车体、驾驶室、挡泥板、保险杠、引擎罩、仪表盘、驱动轴、板簧等。例如,德国宝马汽车公司看好玻璃纤维增强热塑性复合材料的性能,在其汽车部件中多处使用。宝马汽车公司计划生产碳纤维轮毂和各类碳纤维复合材料配件以减少车轮的质量,目前已经公布I8 将有 CFRP 车轮供选择,每个车轮将减少 3 kg 的质量。沃尔沃汽车公司预计在2019 年之前,全部更换其现有车型阵容。该计划包括上市不久的XC90 SUV 以及即将上市的 S90 大型轿车与 V90 旅行车,后两者将替代现有的 S80 与 V70。沃尔沃汽车公司将为新车提供前轮驱动和四轮驱动版本,其悬架将大量采用铝材,后悬架采用科尔维特式的复合材料横向弹簧。

随着列车速度的不断提高,火车部件用复合材料制造是最好的选择。复合材料常被用于制造高速列车的车厢外壳、内装饰材料、整体卫生间、车门窗和水箱等。

3. 在化学工业方面的应用

在化学工业方面,复合材料主要用于制造防腐蚀性制品,聚合物基复合材料具有优异的耐腐蚀性能。例如,在酸性介质中,聚合物基复合材料的耐腐蚀性能比不锈钢优异得多,用其可以制造大型贮罐、各种管道、通风管道、烟囱、风机、地坪、泵、阀和格栅等。

4. 在电气工业方面的应用

聚合物基复合材料是一种优异的电绝缘材料,广泛用于电机、电工器材的制造,如绝缘板、绝缘管、印刷线路板、电机护环、槽楔、高压绝缘子、带电操作工具等。又如,烟气脱硫是当今燃煤电厂控制 SO_2 排放的首要办法,而湿式石灰石洗刷法是当前世界各国运用最多和最为成熟的技术,也是中国火电厂烟气脱硫的主导技术。玻璃钢复合材料具有耐化学腐蚀性强、使用寿命长、轻质、热导率低、强度高、可接受高的热应力等优点,已成为燃煤电厂烟气脱硫排烟冷却塔烟道、喷淋管、除雾器、浆液管道等设备的最好选材。

5. 在建筑业方面的应用

由于玻璃纤维增强的聚合物基复合材料(玻璃钢)具有力学性能优异,隔热隔声性能良好,吸水率低,耐腐蚀性能好和装饰性能好的特点,因此是一种理想的建筑材料。在建筑上,玻璃钢被用作承力结构、围护结构、冷却塔、水箱、卫生洁具和门窗等。用复合材料制备的钢筋代替金属钢筋制造的混凝土,建造具有极好的耐海水性码头、海防构件等,也适合于建造电信大楼等建筑。

复合材料在建筑业方面的另一个应用是建筑物的修补,当建筑物、桥梁等因损坏而需要修补时,用复合材料作为修补材料是理想的选择。因为用复合材料对建筑进行修补后,能恢复其原有的强度,并有很长的使用寿命。常用的复合材料是碳纤维增强的环氧树脂基复合材料。

6. 在机械制造工业方面的应用

在机械制造工业中,复合材料用于制造各种叶片、风机及各种机械部件,如齿轮、皮带轮和防护罩等。

用复合材料制造叶片具有制造容易、质量轻、耐腐蚀等优点,目前各种风力发电机叶片都是由复合材料制造的。用复合材料制造齿轮同样具有制造简单的优点,并且在使用时具有较低的噪声,特别适用于纺织机械。

7. 在体育用品方面的应用

在体育用品方面,复合材料被用于制造赛车、赛艇、皮艇、划桨、撑杆、球拍、弓箭和雪橇等。

8. 在兵器上的应用

在兵器上应用的聚合物基复合材料可分为热固性树脂基复合材料和热塑性树脂基复合材料。前者应用时间早、历史长、用量大,主要是以结构部件的形式得到应用,为武器装备的战技性能提高、质量的减轻、特殊功能的附加等起了重要作用。而后者的成型加工性能更好,选材范围更广,配方设计、制品设计更加灵活,且废旧制品可回收利用。两种聚合物基复合材料均有优点和缺点,不断提高两种复合材料的性能,赋予其新功能,进一步扩大在兵器上的应用,是未来研究的主要目标。

9. 在船舶工业上的应用

迄今为止,大型船体和船的上层建筑等结构多采用玻璃纤维复合材料,而高性能船舶和重要军用舰艇的承载及结构将逐渐由先进复合材料制造。与船用钢材和木材相比,复合材料具有更多的优势,如质轻高强、耐海洋大气和海水老化、吸收冲击载荷、无磁性、介电性能优良、热导率低及易成形等。

1.4 聚合物基复合材料科学与工程领域研究

材料科学与工程以各种不同的方式深深影响着我们生活的质量，作为一个领域，它的本质到底是什么？这个领域的知识核心和定义来源于我们在应用各种材料中的认识：每当一种材料被创造、发展或生产出来时，这种材料所呈现的性质或现象是人们关注的中心问题。经验表明，与材料有关的性质和现象都与其成分和各种层次上的结构直接相关，包括存在哪些原子，这些原子在材料中是如何排列的等。同时经验也表明，材料的结构是合成和加工的结果。最终得到的材料必须能够并且以经济的和社会可以接受的方式完成某一指定的任务。

在材料科学研究中，成分、结构与性质、合成与加工、使用性能，以及它们之间的密切关系确定了材料科学与工程这一领域的主要研究问题。图1.1中以一个四面体的形式表示了这4个要素及其相互关系。在发展新材料时，很难预先确定要寻找的知识终点在哪里以及什么地方可以开始应用它。所以，在材料科学和工程领域中，科学与工程总是不可分割地交织在一起的。

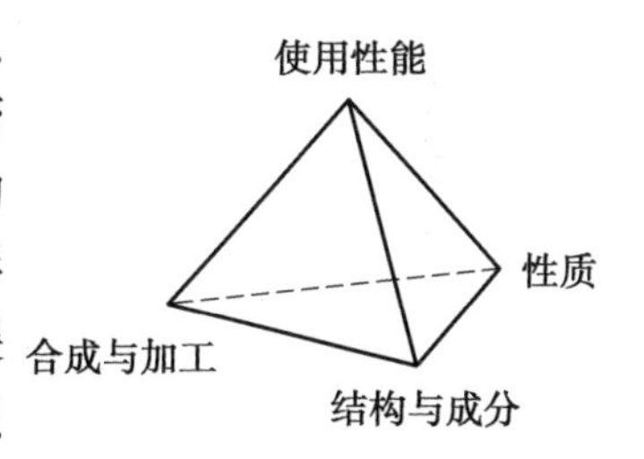

图1.1 材料科学与工程的4个要素

材料科学与工程领域一直沿着许多平行的和互相交叉的道路发展，它与各高等院校实验室以及工厂车间密切相关。这一领域，一方面要利用量子力学等多种学科成果，另一方面又要依靠包括制造业在内的各种社会需求。要正确认识这个领域，就必须了解科学与工程的作用以及它们的协同关系。

材料科学与工程的科学基础最根本的仍然是物理学和化学这两门经典学科。凝聚态物理、固体化学和合成化学是构成现代材料科学与工程基础之间的桥梁。这些学科的宗旨在于增加对结构、现象、性能或合成的认识，特别是由于受到上述这些方面某个技术问题的刺激，便引出一个特定的研究方向。特别能加深对缺陷、加工工艺(影响结构的)、脆性及对环境退化的敏感性等性质之间相互关系的了解。

解决材料应用问题的一般方法是由冶金学家建立的。21世纪初，由于对金属的结构、性质即使用性能之间相互关系的确定，这种方法首次得到应用，并不断地得到发展，后来，又认识到加工工艺在控制材料结构中的重要作用。现在,人们已经懂得结构、性质、使用性能和加工之间的依赖关系不仅适用于金属,而且也适用于所有各种材料。因此,现代材料工程就是要揭示和利用材料领域里这4个要素之间的关系,以及基础科学与工业生产和更广泛的社会需求之间的关系。

聚合物基复合材料面临的严峻挑战是在继续开发、研究和工程化(包括生产)的过程中,能最大限度地增进科学家与工程技术人员之间,数学家、物理学家、化学家和生物学家之间的作用,以及材料科学与工程的4个基本要素之间的相互作用,创造出更高水平的聚合物基复合材料。

1.5 聚合物基复合材料研究机遇及主要问题

随着对材料成分、微观结构和性质认识的深入,对这些特性控制的不断增强,以及应用的理论模型越来越复杂,使新材料及新加工方法研究中的实际探索正变得越来越有成效。现在,材料研究人员已经能够用各种方法分析和控制复合材料的性质。

在原子尺度上,像扫描隧道显微镜和原子分辨率透射电子显微镜等仪器已经能以一个个原子的分辨率显示材料的结构。离子束设备、分子束设备及其他类型的设备已经能够一层原子一层原子地制造出各种结构。许多仪器能够监控极短瞬间材料中发生的过程,甚至能够区分原子重排和化学反应的各个阶段。计算机的功能越来越强,仅仅根据各种组成物的原子数量,就可以预测结构及其随时间变化的过程。

在更大的结构尺度上,人们已开始认识并制造一种结构,它的晶粒中仅包含一些很小的原子团,而且处在晶界上的原子与处在晶粒中的原子几乎一样多。研究人员还在纳米级复合材料中发现了许多新的性质。电子芯片中元件的尺寸在迅速缩小,已经接近小原子团的尺寸。

大于纳米级的微观组织和宏观组织仍然很有研究价值。现代断裂力学和断裂设计的研究和应用也是很重要的。在现代的复合材料加工方法中,许多创新与发展都与这一尺度以及比这一尺度更小尺度上的结构控制有关,新的带材连铸工艺和近无余量成形就是其中的一些例子。计算机辅助建模也为复合材料新的设计和新的生产工艺提供了科学方法,具有重要的现实意义。

1.5.1 聚合物基复合材料的研究机遇

聚合物因有可能获得优异的综合性能而著称。强度高、柔性好、质量轻，这些力学特性再加上良好的热性能、电性能和光学性能，使聚合物特别适合于各种特殊用途。例如，韧性好、质量轻的聚合物很可能在国防上做装甲使用，既可抵御炮弹和激光的攻击，同时还有雷达透明度高的优点。在过去十几年内，聚合物已从早期主要作为廉价的日用品材料的作用进入了高附加值、高技术领域，它的一些特殊性能能够得到有效利用而获得新的功能。例如，做超灵敏声呐用压电聚合物、高温阻燃纤维、不黏合的面层、可重复使用的压敏胶黏剂以及药品缓释胶囊。

聚合物虽然已经在全球广泛使用，但是，人们仍需要性能有很大提高的新型聚合物，这也必将扩大聚合物应用的范围。强度密度比相当高的芳香族聚酰胺聚合物可以充分说明到目前为止取得的进展，可以预期科研人员还会研制出成本更低的其他高强度聚合物。在许多需要连接的地方聚合物胶黏剂已取代了铆钉，在许多结构上聚合物-纤维复合材料正在取代金属。现在已经发现聚合物-纤维复合材料有着广泛的生物医学用途。预计所有这些趋势将继续发展，在合成和加工领域目前进行的各项研究课题必将获得所希望的结构、性质和性能。

计算能力的提高为聚合物科学理论基础方面急需的重大改进提供了机会。这方面的课题包括建立稳态和亚稳态大分子结构、液晶、相律和相变动力学（包括目前了解甚少的非晶态材料的玻璃化转变）、融熔聚合物的非线性黏弹性行为（对聚合物加工至关重要）等的模型。最近提出的表现蠕动原理对解决非晶态材料的玻璃化转变问题是很有价值的；利用计算机增强的蒙特卡罗法结合重正化理论和换算理论，确定了聚合物溶液的θ泡转变点。这一切都说明了计算能力的提高对现代理论的发展是十分有利的。

聚合物固有的长链交错在密度、成分和取向出现突然变化的界面，或近界面上产生了异常的约束。了解聚合物界面有关的问题，需要进行高级的科学研究。因为聚合物链的行为明显不同于低相对分子质量化合物的行为，所以，仅从小分子的分析出发是不够的。应该致力于研究混合聚合物和合金，有限几何形状内的熔融聚合物表面和界面，以及半晶态聚合物中晶体和非晶体界面的物理及化学动力学。这些界面决定了附着力、润湿性、胶体稳定性和力学性能，而这些性能又与聚合物的破坏和变形密切相关。然而，对聚合物界面的试验研究和理论研究最近刚刚开始。

化学对所有材料都是很重要的，然而没有哪一种材料能比得上聚合物与化学领域的密切关系。当代化学家已掌握的合成能力可方便地对分子进行合理的设计，以获得所需的性能。分子的组成、结构和大小等特性都可以达到令人惊奇的精度。在选定的位置接上各种官能团是很容易实现的。此外,对链长和成分的控制可保证得到严格规定的材料,这种材料能自组合成复杂的结构,有时它是模仿了生物系统中的结构。

材料减量化是目前材料研究的新趋势。航空工业一直是使用轻质金属和化合物进行材料替代的最重要的先驱,依赖于碳纤维复合材料,这种增加的趋势已经达到了高潮。波音737是这种趋势最好的证明,它是历史演变最成功的客机。自1967年以来,波音公司已推出并售出7 000多架737客机,新飞机的模型质量不断地超过其上一个机型,但是材料减量化使得最大起飞质量从人均494 kg下降至人均419 kg,减少了15%。

界面显然是一个重要的研究领域。在颗粒、晶须或纤维等增强相与基体间的边界上发生异常的物理过程和化学过程。界面区域的反应能增强基体与增强元素之间的结合也能削弱这种结合并降低复合材料组成物的性能。此外,由于基体-增强元素之间存在缺陷或化学相容性差,界面上的薄弱环节就会成为复合材料产生应力破坏或冲击破坏的主要发源地。不相容性对把各种材料优化组合是一个障碍,为了解决这个问题,研究出用化学处理和加入添加剂的方法来强化界面。

聚合物基复合材料也存在几何形状问题。增强物的几何形状是决定复合材料强度的一个关键。因为纤维是复合材料内部结构的最基本的控制因素,同时纤维具有高的纵横比,所以应选择长的连续纤维作为高性能复合材料的增强元素。

聚合物基复合材料与其他材料的连接方法是一个具有实际意义的重要研究领域。因为复合材料与其他大部分材料不同,所以由复合材料制成的零件很难连接到复杂的组合件中去。如果连接材料的性能与被连接的复合材料的性能不同,那么采用复合材料零件的优点就会完全丧失。

根据不严格的定义,复合材料是由两种或多种材料组成的混杂产物,当这些材料组合起来时仍保持其本性。选择材料的原则是要用一种组成物的性能弥补其他组成物性能的不足。通常,一种复合材料得到的性能总介于每种组成物性能值之间,但并非总是如此。有时复合材料的性能显著优于各组成物的性能。这种获得最佳配合的潜力,正是人们对高性能复合材料的应用产生巨大兴趣的一个原因。

2011年,美国提出了“材料基因组计划”。该计划的首要目标是促进材料行业全体参与者,包括政府部门、工业部门、专业社团以及学术界的大力合作。材料基因组的基础结构包括计算工具、实验工具、数字化数据以及协作网络4大部分。正如生物DNA序列数据的开放共享加速了人类基因组计划的进程,促进了生物信息技术产业的形成壮大,材料基因组计划通过材料数据的私密性和公开性的协调统一，扩大实验仪器、模拟计算工具、材料基础数据的可获取性，把发现、开发、生产和应用先进材料的速度提高一倍。"基因组"一词在生物学领域代表了遗传信息，在材料基因组计划中，则是指"宏大目标的基本单元"。新材料从原理概念提出到最终投放市场，中间需要经历概念发展、性能优化、系统设计集成、考核验证、加工制造、服役行为考核等一系列阶段。材料基因组计划的"加速"，是针对所有这些阶段的加速。"材料基因组计划"对我国航空材料用聚合物基复合材料的发展具有重要的借鉴意义。

随着传统材料设计思想的局限性日渐暴露，显著提高材料综合性能的难度越来越大，材料高性能化对稀缺资源的依赖程度越来越高，发展超越常规材料性能极限的材料设计新思路，成为新材料研发的重要任务。"超材料"正是这一类材料，它指的是一些具有人工设计的结构并呈现出天然材料所不具备的超常物理性质的复合材料。"超材料"是 21 世纪以来出现的一类新材料，其具备天然材料所不具备的特殊性质，而且这些性质主要来自人工的特殊结构。"超材料"是材料设计思想上的重大创新，对新一代信息技术、国防工业、新能源技术、微细加工技术等领域可能产生深远的影响。

3D 打印是根据所设计的 3D 模型，通过 3D 打印设备逐层增加材料来制造三维产品的技术。这种逐层堆积成形技术又被称为增材制造。3D 打印综合了数字建模技术、机电控制技术、信息技术、材料科学与化学等诸多领域的前沿技术，是快速成型技术的一种，被誉为"第三次工业革命"的核心技术。美国硅谷 Arevo 实验室 3D 打印出了高强度碳纤维增强复合材料。相比于传统的挤出或注塑成型方法，3D 打印时通过精确控制碳纤维的取向，优化特定机械、电和热性能，能够严格设定其综合性能。由于 3D 打印的复合材料零件一次只能制造一层，每层可以实现任何所需的纤维取向。结合增强聚合物材料打印的复杂形状零部件具有出色的耐高温和抗化学性能。

为了挖掘复合材料巨大的应用潜力，了解并控制生产复合材料过程中的化学变化是一个很难对付的挑战，需要冶金学、聚合物学、陶瓷学、有机化学和物理化学、流变学和固体物理等方面有经验的专家和理论家的共同努力。

1.5.2 聚合物基复合材料的主要问题

1. 合成和加工

本书中所使用的"合成"一词主要指聚合物基复合材料中聚合物的合成。合成的主要任务是将基本有机合成工业生产的单体，经过聚合反应合成高分子化合物,从而为聚合物基复合材料提供基体材料。根据这一观点,合成包括两方面问题:一是探索新的聚合物合成方法中的科学问题;二是探索聚合物基体与增强体复合当中遇到的技术问题。

合成是材料科学与材料技术不断发展的基础。合成以后的成果是产生了许多具有新性能的新材料。利用先进的合成技术对材料组织和成分的控制和改善,可以提高已知材料的性能。在这些新的或改进的材料中出现的物理现象常常引出许多新技术。

在任何技术性企业中,材料加工都是获得质量与效率的关键,像合成技术一样,加工是指为生产出有用的材料而对原子及分子的控制。不同的是,加工还包括控制更高一级聚集状态的组织,而且有时还具有工程方面的问题。无论在电子工业还是在建筑业等完全不同的行业中,把各种材料转变(即加工)成整体材料、零件、器件、结构或系统的方法都是关系工作成败的主要因素。在材料加工方面的能力无论是把新材料转变成有用产品,还是用现有材料制成的产品做进一步改进,都是至关重要的。

聚合物基复合材料成型工艺是复合材料工业的发展基础和条件。随着复合材料应用领域的拓宽,其成型工艺日臻完善,新的成型方法不断涌现。目前聚合物基复合材料的成型方法已有20多种,并成功地用于工业生产。与单相的金属和陶瓷比,复合材料还呈现出很多明显的制造优点。例如,纤维增强的聚合物和陶瓷能形成大型复杂的结构,而用其他材料来做是非常困难或者根本不可能的。复合结构形式的成型能力使得零件整体化,减少机械加工和装配成本。某些工艺使成型的零件达到最终尺寸或接近最终尺寸,这同样节省制造成本。

在有些情况下,合成和加工的研究已经发展到按原子结构制造新材料的水平,从而得到一组理想的性质,或者获得新的有时甚至是出乎意料的成果。合成和加工包括了内容广泛的一系列各不相同的技术和工艺,如用聚合物的化学反应制备复合材料的铺叠等。

合成和加工是制造全过程中生产高质量、低成本产品的关键,又是将新研究和新设计转化为可用的器件、系统和产品的核心。它们对于把先进的材料或材料组成有效地推向市场极为重要。合成和加工也是材料科学与工程中基础研究的一个很大的领域。新材料全部来自这种基础研究。加工工艺基础研究的另一重要推动力是发展有关材料加工过程中的动力学现象的基本理论,以此作为变革和改进加工工艺的基础。在合成和加工的进展过程中,一个重要但又常常被忽视的问题是不断发展与其相适应的机器和设备。

2. 使用性能

使用性能是材料固有性质同产品设计、工程能力和人类需求相融合的一个要素。材料的性质是为使器件、零件或机器达到所希望的使用性能。使用性能的指标包括寿命、速度（器件或车辆的）、能量效率（机器或常用运载工具的）、安全性和寿命期费用。

聚合物基复合材料性能最突出的特点是性能的可设计性和各向异性。可以选择不同的聚合物和增强材料，以及不同的配方、成型工艺等来实现不同的使用性能。还可以采用不同的增强纤维或者织物，按照不同的铺设方法来设计不同的复合材料产品。

对于聚合物基复合材料的使用性能，研究人员通过在使用过程中了解其如何受影响，以及如何预测和改善这些性质的。工作环境通常十分复杂，包含着多种多样的并且常常是协同作用的刺激和作用力，如热应力和机械应力的循环、潮气和氧化的作用等。例如，结构复合材料需要应对由使用载荷、机械接触、温度变化等引起的应力，应对腐蚀或其他有害环境的反应，以及内在的退化。关键性的课题有可靠性、耐用性、寿命预测和以最低的代价延寿。了解失效模式和发展合理的仿真试验程序，对研制先进材料、设计和工艺是至关重要的。这类问题不仅关系到大型结构所用的复合材料，而且也关系到电子器件、磁性器件或光学器件中的结构元件和其他元件所用的复合材料。

一般来说，材料使用性能的研究与设计是紧密交叉、重叠的。尽管人们常常把合成和加工只看作是顺序的，但现在越来越普遍地把材料的合成和加工与材料的行为看成是器件或设备设计过程中必不可少的一部分。在所有实际应用中，材料性质在系统的设计中起主要作用，需要材料科学与工程的研究人员同制造和其他工程学科的专业人员更广泛地合作。有关使用性能的研究涉及许多知识，是富有挑战性的课题，包括了解复杂固体间界面的显微结构特性，预测承受应力或腐蚀时复合材料的寿命等。这些领域的进展取决于从传统的材料科学与工程以及化学、物理学、数学和工程学等方面所获得的工具和观察。

3. 仪器设备

成功地研制和使用科学仪器对材料科学与工程的研究来说是至关重要的。随着我们对材料的认识深入到越来越微观的水平，以及许多新材料的制备方法越来越奇特，对仪器先进程度的要求也就越来越高。材料科学领域应用的先进仪器不仅用于显示材料特性，而且在很多情况下还用于新型材料的制备。

近年来对材料科学与工程的迅速进展起决定作用的，是不断发展的更强有力的探测结构及成分的工具。50年前采用的主要工具是光学显微镜、X射线衍射、红外光谱和紫外光谱。今天，研究人员得到了大量的新仪器和新技术，如隧道扫描显微镜能测定材料表面和近表面原子的排列及电子结构；固态核磁共振能测定复杂聚合物体系中的化学结构；电子显微镜以近原子尺度的分辨力显示原子的排列和化学成分，以稍低的放大倍数测定出较大范围内的化学成分分布图。多种光谱仪可以测定材料表面的化学特性。由反应堆产生的高强度中子束和由同步辐射源产生的光子束使一系列化学及结构表征技术成为可能。

这些新的测试手段增加了对材料科学与工程领域的了解，而且也因为有了这些手段使人们对该领域更为关注。而性能表征的费用之高已成为提供经费的机构平衡分配时需要十分注意的问题，而在许多情况下已经成为研究进展的限制因素。

4. 分析与建模

当今，计算机有了史无前例的运算速度、容量和可接近性。仅仅在几年前，在数学、数据分析和通信方面还认为是不可能解决的问题，而现在能够迅速、可靠地得到解决。另外，材料研究变得越来越复杂，这种变化在很大限度上是由于现在有了能够非常仔细和定量测量的仪器以及处理所得大量数据的运算能力。这两个方面的技术因素是对技术上越来越复杂的材料产生需求的牵引力。

取得这些进展的基础是对材料性质在理论上的认识，以及在设计精确数字仿真的数学能力方面取得的进步。简单地说，材料研究已经发展成一门真正定量的科学。

聚合物基复合材料研究中的分析和建模大致分成3个领域，是以考察材料性质时所取的尺度为特征的。最基本的模型是处理微观尺度上的问题，这时材料的原子结构起着明显的作用，这些模型主要用于凝聚态物理和量子化学。在比较唯象的层次上，最复杂的分析是在中间尺度上进行的，这时宜采用连续模型。最后是宏观尺度上的研究，这对材料的总体性质作为制造过程和使用性能模型的输入具有重要意义。

为了使对材料研究中分析和建模机遇的论述更加完善，还要考虑使现代计算能力可以对制造技术直接产生重大影响的各种途径。以科学为基础的数字仿真与信息储存、检索、分析的新方法相结合，不仅能使特定物质的性能最优化，而且使从原材料转变为有用产品的整个加工过程最优化。大多数产品从设计、制造到支援与维护，最后到废弃或回收的整个寿命期内，材料问题的考虑都是很重要的。如果一开始就能够利用加工和使用性能的定量模型,则产品寿命期内所有各个阶段的质量、可靠性和经济性都会有重大的改进。为了实现这一目的,设计和制造的一体化方法被创造出来,其关键在于如何建立一个既满足设计需要,同时也满足加工需求的产品模型。

这种材料设计的一体化方法最终可能导致工艺上一些很小但却很有价值的改变,进而使产品在整个寿命期内的性能和成本获得巨大改进。由于在系统分析时涉及一些复杂问题,这种一体化仿真的结果可能有时会与预先估计的结果有很大不同,这也是很可能的,当出现这种情况时,在技术上的冲击确实是很大的。这项计划中的限制因素是能否得到分析和数值计算模型,以及能否得到经过专门训练后能开发这些模型,并利用这些模型来改进工艺的科学家和工程师。

对涉及材料合成、制造、变形、降解和失效的各种复杂过程,用计算机建模正在变成使用性能研究的主要工具。由于计算机功能的增强以及新的理论上的进展,现在已能采用定量方法来解决该领域中的某些重大问题。尤其需要指出的是,现在已有可能提出精确的规范来辅助复合材料之类复杂材料的微观结构设计,或对服役中的结构材料进行可靠的寿命预测。促进这方面发展的研究应该受到极大的鼓励。

我国的复合材料事业起步并不晚。自 20 世纪 60 年代初长春应用化学研究所李仍元先生研发碳纤维始,60 年代末进入复合材料领域。近年来我们也取得了一定的成绩与进展,但与世界的先进水平比,我们的应用与发展还存在许多问题和差距,短板和瓶颈。先进复合材料对国防建设和国民经济发展有极为重要的作用,国内对此长期认识不足,缺乏政府部门的有力组织和支持,基础预研不到位,投资研制不足。国内与国外相比,在复合材料技术领域缺乏战略上、整体上的规划与研究,投资亦显严重不足。致使我们基础研究薄弱,预研不踏实,导致技术落后,许多基础理论和工程实际问题未获解决和未能很好解决。与金属材料相比,复合材料应用需要将设计、材料与工艺三者密切结合。但三者中设计是龙头,这个龙头舞不起来,扩大复合材料应用就是一句空话。道理很简单,设计之前本无复合材料,只有纤维和基体,复合材料是设计出来的。国内三者中,设计这一环节最显薄弱,已严重制约了我国先进复合材料应用的发展。制造在现代复合材料技术中占有至关重要的地位,一切产品都要通过制造方能变为现实。制造技术包括制造方法、成型工艺、模具技术、无损检测以及制造设备等诸方面的问题。与国外相比,我们与该方面差距更大。国内至今没有系统地低成本计划的制订和执行,缺乏系统、深入、具体的研究和实践,远落后于国外的情况,致使航空复合材料产品价格居高不下。目前,国内的产品低端的较多,上档次的较少,技术含量较低,附加值不高。随着国内复合材料产事业的发展,对相关专业人才提出了强烈的需求。目前的情况是缺乏掌握现代设计技术和工程制造技术的人才,即人才现状不能满足应用发展的需求。国家已经认定材料工业是国民经济的基础产业,新材料是材料工业的先导,是重要的战略性新兴产业。明确了新材料是国家七大新兴战略之一,要重点发展新型功能材料、高性能结构材料和先进复合材料。无需多言,我国已是一个复合材料大国,年耗碳纤维一万吨以上,但还不是一个强国,由大国走向强国,我们必须看到问题,找出差距,认清方向,做出切实努力。

参考文献

[1] 斯米尔. 材料简史及材料未来——材料减量化新趋势[M]. 潘爱华,李丽,译. 北京:电子工业出版社,2015.
[2] 周祖福. 复合材料学[M]. 武汉:武汉理工大学出版社,2004.
[3] 倪礼忠. 复合材料科学与工程[M]. 北京:科学出版社,2002.
[4] 库兹. 材料选用手册[M]. 陈祥宝,译. 北京:化学工业出版社,2005.
[5] 美国国家研究委员会. 90 年代的材料科学与材料工程——在材料时代保持竞争力[M]. 中国航空工业总公司北京航空材料研究所航空信息中心,译. 北京:航空工业出版社,1992.
[6] 沃丁柱. 复合材料大全[M]. 北京:化学工业出版社,2000.
[7] 吴人洁. 复合材料[M]. 天津:天津大学出版社,2002.

第 2 章　聚合物基体的结构与性能

2.1　聚合物基体的定义与分类

在复合材料中，基体材料由聚合物组成的称为聚合物基复合材料，相应的基体称为聚合物基体。

聚合物（一般常指有机聚合物）也称为大分子、高分子、高聚物、高分子化合物，是由一系列相对分子质量巨大（10 000 以上）的折叠链结构组成的化合物，分子链主要以共价键结合，由大量相同或不同的结构单元组成，前者称为均聚物，后者称为共聚物。根据结构单元在分子链中排列的顺序，共聚物可分为无规共聚物、交替共聚物、嵌段共聚物和接枝共聚物。聚合物可分为天然聚合物（如棉花、淀粉等）和合成聚合物（如合成塑料、合成橡胶、合成纤维等）两大类。随着现代合成工业的发展和新聚合反应方法的出现，合成聚合物的种类和数量已大大超越天然聚合物，并且还有继续增长的态势。

聚合物与小分子化合物相比有以下基本特征：

聚合物由许多相同基本结构的重复单元通过共价键连接在一起，具有庞大的相对分子质量，其相对分子质量具有多分散性，不像低分子化合物是一定值，通常以统计意义的平均相对分子质量表示，并以相对分子质量分布描述其相对分子质量的多分散性。

聚合物分子链的结构形态复杂，按其几何形状可分为线型结构、支链结构和体型结构。链结构形态取决于聚合物单体的种类和性质、聚合方法及条件等。链结构形态不同，其加工方式、制品性能等也各不相同。

高分子链之间的次价力（范德瓦耳斯力、氢键等）相互作用，结合成为晶态或非晶态的结构，并且晶态和非晶态结构可以同时存在于一种聚合物之中。

在高分子材料中，聚合物含有其他多种添加剂，如抗氧剂、填料等，使高分子物的大分子链结构变得更加复杂。

复合材料的聚合物基体有多种分类方法，按其中聚合物的热行为可分为热固性和热塑性两类。热塑性基体是线性或者有支链的聚合物，可溶可熔，可多次反复加工而无化学变化，如尼龙、聚烯烃类、聚苯乙烯类塑料、聚氯乙烯、聚醚醚酮、聚苯硫醚等;热固性基体经过一次加热成型固化以后,形成不溶不熔的三维网状聚合物,其形状稳定,不具有再次加工性和再回收利用性,常见的有不饱和聚酯、环氧树脂、酚醛树脂等。

根据树脂特性和用途可分为一般用途树脂、耐热性树脂、耐候性树脂及阻燃树脂等。

根据成型工艺可分为手糊用树脂、喷射用树脂、胶衣用树脂、缠绕用树脂及拉挤用树脂等。复合材料成型工艺不同,对聚合物树脂的要求也不同,如黏度、酸碱度、适用期、凝胶时间及固化温度等,因此应根据不同的成型工艺选择不同用途的树脂。

2.2　聚合物基体在复合材料中的作用

复合材料是由增强材料和基体材料复合而成的。在聚合物基复合材料的成型过程中,聚合物基体经过一系列物理、化学变化,与增强体复合成一定形状的整体。基体主要有3个作用:

①基体通过其与纤维间的界面以剪应力的形式向纤维传递载荷。

②保护纤维材料免受外界环境的化学作用和物理损伤。

③将纤维彼此隔开,阻止单根纤维断裂时裂纹扩展到其他纤维。

复合材料的许多性能,如横向拉伸性能、压缩性能、剪切性能、耐湿性能和介电性能等均与基体有着密切的关系。在纤维增强复合材料中,要求基体对纤维有良好的黏结作用,以使两者之间形成完整的界面。一般纤维的表面常含有羰基、羧基和羟基等极性基团,基体应具有与之能够反应的基团,以便在复合时形成化学键或范德瓦耳斯作用,在基体与纤维之间构成一个完整的界面。同时,基体的弹性模量和断裂伸长率等指标应与所用增强纤维相匹配,使复合材料显示出良好的机械性能。此外,基体还应有良好的加工工艺性能,如良好的流动性、浸润性、成型性等。只有这样,基体与纤维才能结合成为一个整体,相互协同作用,使复合材料具有良好的强度、刚度和韧性,能够用于各种场合。复合材料的耐湿热性在很大程度上取决于基体的耐湿热性。空间飞行器结构在湿热环境下的性能变化和耐久性问题一直是非常重要的研究课题,它关系到飞行器的结构效率和使用的安全可靠性,因此在这方面要求基体(包括固化剂等)在湿热环境下仍能有效地发挥作用。

2.3 聚合物基体的结构与性能

2.3.1 热固性基体

1. 不饱和聚酯树脂

聚酯是主链上含有酯键的高分子化合物的总称,是由二元醇或多元醇与二元酸或多元酸缩合而成的。根据聚酯分子中是否含有非芳族的不饱和键,可将聚酯分为饱和聚酯树脂和不饱和聚酯树脂两类,前者是热塑性树脂,如涤纶;后者是热固性树脂。不饱和聚酯树脂是热固性的树脂,原因是具有引发交联的反应,是由不饱和二元羧酸(或酸酐)、饱和二元羧酸或(酸酐)与多元醇缩聚而成线型高分子化合物。在不饱和聚酯的分子主链中同时含有酯键—COO—和不饱和双键—CH ═CH—。因此,它具有典型的酯键和不饱和双键的特性。目前在国内,不饱和聚酯占 50% 以上的市场份额。

典型的不饱和聚酯具有下列结构

$$\mathrm{H}\left[\mathrm{O-G-O-\overset{\overset{\displaystyle O}{\|}}{C}-R-\overset{\overset{\displaystyle O}{\|}}{C}}\right]_x\left[\mathrm{O-G-O-\overset{\overset{\displaystyle O}{\|}}{C}-CH{=}CH-\overset{\overset{\displaystyle O}{\|}}{C}}\right]_y\mathrm{OH}$$

式中,G 及 R 分别代表二元醇及饱和二元酸中的二元烷基或芳基;x 和 y 表示聚合度。

从上式可见,不饱和聚酯具有线型结构,因此可以在加热、光照、高能辐射以及引发剂作用下与交联单体进行共聚,交联固化成具有三向网络的体型结构。以不同的二元酸或二元醇为原料可以制成不同类型的不饱和树脂,即不饱和聚酯在交联前后的性质可以有广泛的多变性,这种多变性取决于以下两种因素:一是二元酸的类型及数量;二是二元醇的类型。原料各组分对树脂性能的影响见表 2.1。

不饱和聚酯树脂具有黏度小、固化温度低、储存期相对较长、高温下凝胶时间短、树脂流失相对少、价格低廉等优点。其缺点是黏结力小,不饱和物易挥发,收缩率大。为了进一步改善该类树脂的性能,目前已有多种成熟的方案。为了提高储存稳定性,常加入阻聚剂,如对苯二酚;为了实现快速固化,往往使用不同的引发剂和催化剂。但总的方向有:①合成新的不饱和聚酯,改变配方;②对原来的不饱和聚酯进行改性。方法①主要是通过改变不饱和酸、醇的结构来实现;方法②则可采用酚醛、橡胶、环氧改性等方法,主要用于团状模塑料(Dough Molding Compounds,DMC)、片状模塑料(Sheet Molding Compound,SMC)等工艺。

表 2.1　原料各组分对树脂性能的影响

原料类型	原料组分	性　能
饱和二元酸	苯二甲酸酐	机械强度好，热变形温度中等，价格较低
	间苯二甲酸	耐水、耐化学性好，机械强度好
	对苯二甲酸	耐化学性好，热变形温度高
	己二酸	韧性、曲挠性好，价格高
	癸二酸、壬二酸	曲挠性比己二酸更好，价格更高
	四氯邻苯二甲酸酐	阻燃，强度低，价格高
不饱和二元酸	顺丁烯二酸酐	热变形温度中等，机械强度好，价格低
	反丁烯二酸	热变形温度较高，比顺丁烯二酸酐反应性更强
二元醇	乙二醇	热变形温度中等，机械强度好，价格低
	一缩二乙二醇	柔软性及韧性好，耐水性低
	丙二醇	耐水性好，柔软性好，和苯乙烯相容性很好
	新戊二醇	颜色好，湿强度保留率高，耐腐蚀性好
	一缩二丙二醇	对低分子添加剂相容性好，柔软性好
交联单体	苯乙烯	反应性强，机械性能好，和多种树脂相容性好，热变形温度高，价格低
	邻苯二甲酸二烯丙酯	热变形温度高，挥发性低，光稳定，反应性强
	乙烯基甲苯	柔韧性比苯乙烯好，挥发性低，反应性强

2. 酚醛树脂

酚类和醛类的缩聚产物统称为酚醛树脂，一般常指由苯酚和甲醛缩聚而成的合成树脂，是最早实现工业化的一类热固性树脂。酚醛树脂虽然是最早的一类热固性树脂，但由于其原料易得、合成方便，以及树脂固化后性能能够满足许多使用要求，在工业上仍得到广泛的应用。用酚醛树脂制得的复合材料耐热性高，能在 150 ~ 200 ℃范围内长期使用，并具有吸水性小、电绝缘性能好、耐腐蚀、尺寸精确和稳定等特点。其耐烧蚀性能好，而且比环氧、聚酯及有机硅树脂胶都好。因此，酚醛树脂复合材料广泛应用在电机、电器及航空航天工业的电绝缘材料和耐烧蚀材料中。工业上生产酚醛树脂是通过控制苯酚和甲醛的摩尔比以及体系的 pH，合成两种性质不同的酚醛树脂：①含有羟甲基结构、可以自固化的热固性酚醛树脂；②酚基与亚甲基连接、不带羟甲基反应官能团的热塑性酚醛树脂。

酚醛树脂改性的目的主要是改进其脆性或其他物理性能,提高其对增强材料的黏结性能或改善成型工艺条件等。常用的改性方法有封闭酚醛分子中的酚羟基或者引入其他组分。酚醛树脂的酚羟基一般在树脂的制造过程中不参加化学反应。在树脂分子链中留下的酚羟基容易吸水,使固化制品电性能、耐碱性和机械强度下降;同时,酚羟基易在受热或紫外线作用下生成醌或其他结构,使颜色发生不均匀变化。封闭酚羟基可以改进上述不足,有机硼或有机硅改性树脂即属于封闭酚羟基改性酚醛树脂,在工业上已获得应用。在酚醛树脂中引入化学活性或与树脂有良好相容性的组分,分隔或包围酚羟基,从而达到改变固化速度、降低吸水性的目的。若引进其他的高分子组分,则可兼具两种高分子材料的优点,工业上大量生产的聚乙烯醇缩醛和环氧树脂改性的酚醛/玻璃纤维复合材料即属于此类。

3. 环氧树脂

(1)环氧树脂的定义及种类。

环氧树脂是指分子中含有两个或两个以上环氧基团的线型有机高分子化合物。除了个别分子外,它们的相对分子质量都不高。环氧树脂可与多种类型的固化剂发生交联反应而形成具有不溶不熔性质的三维网状聚合物。

环氧树脂的化学结构特点是在其大分子链上含有环氧基,由于在合成环氧树脂时所用原料及合成方法的差异,使得各环氧树脂结构和性质存在不同。按分子结构不同,可将环氧树脂分为以下几类:

①缩水甘油醚类。

缩水甘油醚类环氧树脂是由含活泼氢的酚类和醇类与环氧氯丙烷缩聚而成,其中最主要且产量最大的一类是由双酚 A 与环氧氯丙烷缩聚而成的双酚 A 型环氧树脂,其次则是二阶线型酚醛树脂与环氧氯丙烷缩聚而成的酚醛多环氧树脂。此外,还有用乙二醇、丙三醇、季戊四醇和多缩二元醇等醇类与环氧丙烷缩聚而成的甘油醚环氧树脂。其结构式为

$$\mathrm{R{-}O{-}CH_2{-}\underset{\diagdown\ O\ \diagup}{CH{-}CH_2}}$$

②缩水甘油酯类。

缩水甘油酯类环氧树脂是由环氧氯丙烷与羧酸在催化剂及碱作用下制得的。与双酚 A 型环氧树脂比较,具有黏度较低、反应活性高、固化物机械性能好、黏结强度大、耐候性及电性能好等优点。其结构式为

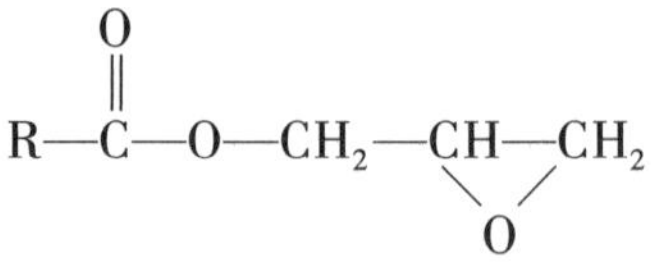

$$\mathrm{R{-}\overset{\overset{\displaystyle O}{\|}}{C}{-}O{-}CH_2{-}\underset{\diagdown\ O\ \diagup}{CH{-}CH_2}}$$

③缩水甘油胺类。

缩水甘油胺类以脂肪族或芳香族伯胺和环氧氯丙烷合成,即工业上常用的三聚氰胺和苯胺等。三聚氰胺型环氧树脂由于分子中有3个环氧基,故固化后结构紧密,固化物有优异的耐高温性,分子本体为三氮杂环,有良好的化学稳定性、优良的耐紫外线、耐候性和耐油性,此外分子中有14%的氮,还有良好的耐电弧性。这类环氧树脂的优点是多官能度、黏度低、活性高、环氧当量小、交联密度大、耐热性高、黏结力强、力学性能和耐腐蚀性好,可与其他类型环氧树脂混用。其缺点是有一定脆性,在分子结构中既有环氧基又有氨基,因此有自固化性,储存期短。其结构式为

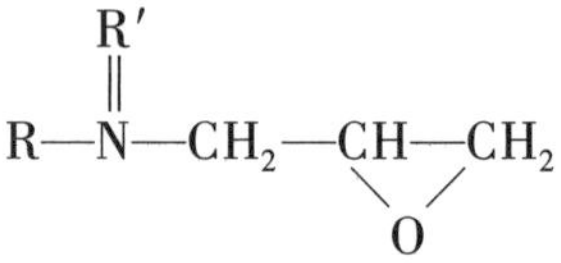

$$\mathrm{R{-}\overset{\overset{\displaystyle R'}{\|}}{N}{-}CH_2{-}\underset{\diagdown\ O\ \diagup}{CH{-}CH_2}}$$

④线型脂肪族与脂环族环氧树脂类。

线型脂肪族环氧树脂的柔性较好,但耐热性较差,具有较大应用价值的基体材料品种不多。脂肪族环氧树脂在20世纪60年代初期问世,由于环氧基直接连在脂环上,所以具有耐热性好、强度高及耐候性等特点,不仅是电子、电器工业浇铸、封罐和高温涂层的重要原料,而且在复合材料、耐高温胶黏剂等方面也有很多应用,因为品种有限,此处不再详细介绍。其结构式为

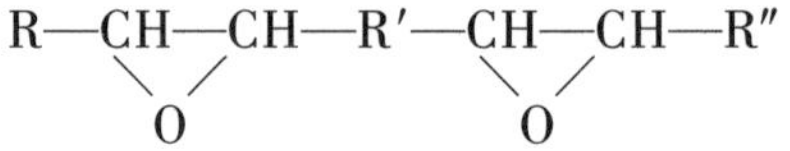

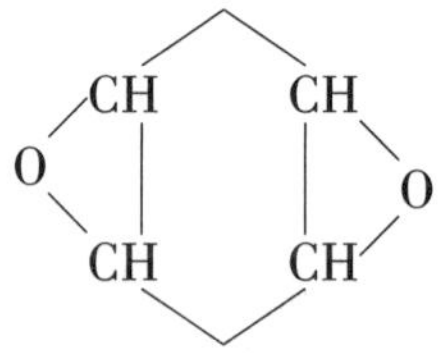

$$\mathrm{R{-}\underset{\diagdown\ O\ \diagup}{CH{-}CH}{-}R'{-}\underset{\diagdown\ O\ \diagup}{CH{-}CH}{-}R''}$$

$$\begin{array}{ccccc} & & \diagup\diagdown & & \\ & CH & & CH & \\ O & | & & | & O \\ & CH & & CH & \\ & & \diagdown\diagup & & \end{array}$$

上面①~③类是由环氧氯丙烷与含有活泼氢原子的化合物,如酚类、醇类、有机羧酸类、胺类等缩聚得到的;④类是由有机过氧酸使不饱和烯烃的双键过氧化得到的。在工业上应用最广的环氧树脂是双酚A型环氧树脂,其产量约占双氧树脂总产量的90%,属于①类环氧树脂。应用时,可按照材料对树脂强度耐蚀性和电性能的不同要求进行选用。

(2)环氧树脂的分析。

环氧树脂需要加入胺类或酸酐类等固化剂才能固化,其固化物的性能优异,因此环氧树脂可用于涂料、胶黏剂、模压及成型材料等。然而固化剂的添加量将直接影响固化物的性能,所以最佳的配合量是环氧树脂使用上的一个重要问题。固化剂的添加量主要由环氧树脂中的环氧当量、羟基值等决定。因此要想制得性能优异的固化物,需要正确分析它们的当量。

①环氧当量与环氧值。

环氧当量:含有 1 g 当量环氧基的环氧树脂的质量克数,以 EEW 表示。

环氧值:100 g 环氧树脂中环氧基的克数。

二者之间的关系为

$$EEW = 100/环氧值$$

②羟值与羟基值。

羟值:表示 100 g 环氧树脂中所含的氢氧基的摩尔数。

羟基值:含有 1 mol 羟基的环氧树脂的质量克数。

二者之间的关系为

$$羟基值 = 100/羟值$$

(3)环氧树脂的固化剂。

双酚 A 型环氧树脂本身很稳定,即使加热到 200 ℃也不变化。但它的反应活性很大,一般环氧树脂均能在酸或碱等固化剂的作用下固化。有的固化过程在很低温度或常温下就可初步完成,有的固化反应却只能在高温下进行。固化过程中往往伴随有放热,放热反过来又促进固化。由于固化过程不放出小分子化合物,因此环氧树脂避免了某些缩聚型高分子树脂在固化过程中所产生的气泡和产生的收缩缺陷,因而可以不必加压固化,固化产物的性能在很大程度上取决于固化剂和促进剂的种类。由于将固化剂和促进剂分子引入到环氧树脂中,使交联网络间的相对分子质量、形态和交联密度都发生变化,从而使环氧固化物的力学性能、热稳定性和化学稳定性等都发生显著变化。

①固化剂的种类。

一般来说,固化剂化合物可以以原来状态单独使用,也可以改性或以共融混合物状态使用。在数目众多的固化剂中首先分为显在型和潜伏型,如图 2.1 所示。显在型固化剂即为普通的固化剂。而潜伏型固化剂则是与环氧树脂以配合的形式在一定温度下长期贮存稳定,一旦暴露于热、光、湿气中,就容易发生固化反应。这类固化剂基本上是用物理和化学方法封闭其固化剂活性的。潜伏型固化剂简化了环氧树脂的使用方法，由于其应用范围日益扩大，同时在实际使用上有诸多优点，因此可以说是研究和开发的重点。

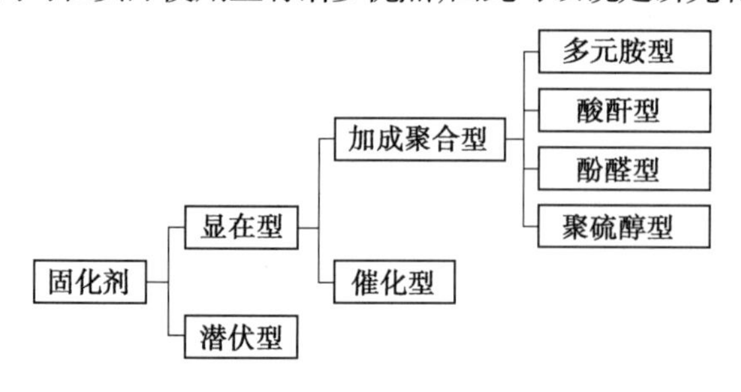

图 2.1　固化剂分类一览图

一般较为常用的固化剂为多元胺型和酸酐型。

②多元胺类固化剂。

脂肪族胺类固化剂适用于通用性环氧树脂和环氧酚醛型，一般不用于脂肪族环氧树脂。当和通用性环氧树脂及环氧酚醛树脂一起使用时，这些固化剂得到的室温固化体系一般有短的使用期和低的热变形温度。

芳族胺类固化剂适用于通用性环氧树脂和环氧酚醛型，但并不适用于所有的脂肪族环氧树脂。许多芳族胺类固化剂是固体的，所以需要高的成型温度和固化温度。然而，通常用它们所得的制品比用脂肪胺类所得的制品有更高的热变形温度和更优良的耐化学性能。

用伯胺做固化剂时，其反应包括环氧开环而形成一元醇，没有副产物生成。这就是在环氧树脂的分子链上留下可进一步起反应的羟基而形成的仲胺，再进一步与环氧基反应生成叔胺，最后形成交联网络结构

$$R_1NH_2 + \underset{\diagdown O \diagup}{CH_2-CH}-R_2 \longrightarrow R_1NH-\underset{\substack{|\\OH}}{CH_2}-R_2$$

$$R_1NH-CH_2-\underset{\substack{|\\OH}}{CH}-R_2 + \underset{\diagdown O \diagup}{CH_2-CH}-R_2 \longrightarrow R_1N\begin{cases} CH_2-\overset{\substack{OH\\|}}{CH}-R_2 \\ CH_2-\underset{\substack{|\\OH}}{CH}-R_2 \end{cases}$$

③酸酐类固化剂。

酸酐类固化剂的特点是对皮肤刺激性小，使用期长。环氧树脂固化性能优良，特别是介电性能比胺类固化物优异。因此，酸酐类固化剂主要用于电气绝缘领域。酸酐类固化剂的缺点是固化温度高，由于加热至 80 ℃以上

才能进行反应,因此比其他固化剂成型周期长,并且改性类型也有限,常常被制成共熔混合物使用。

在酸酐和环氧树脂基反应之前,酸酐必须预先开环。酸酐开环可通过3条途径:①通过环氧树脂分子中的羟基或体系中游离的水分、酚类等。在无外加催化剂的情况下,酯化和醚化反应都可能发生。②通过添加叔胺。叔胺催化主要进行酯化反应,催化的分子结构和浓度对反应的速率有影响。③通过添加三氟化硼络合物或其他路易斯酸。酸性添加物加速醚化反应。

环氧树脂具有一系列优良的性能,诸如黏结性好、工艺性好、应用范围广、介电性能高、耐热性和机械性能良好,所以在涂料、电子、电气、土木建筑、黏结等领域都有应用。国内现有环氧树脂几十个种类,多为液体树脂,已开发多类具有不同固化温度的固化剂,大大拓展了环氧树脂的应用范围。然而环氧树脂还存在一些缺点,如黏度较高、流动性差等。为了提高其性能,目前的主要研究方向为:选择或研制新型耐热环氧树脂或用其他耐热树脂来改性;改进树脂配方,使环氧树脂具有某些特殊性能,并改善工艺;选择研制新型固化剂,改善配胶工艺和性能。例如,用酚醛、三嗪树脂改性环氧,在环氧中加入填料、助剂改善电性能。曾有人合成一种新型促进剂来实现高温固化体系在中、低温下固化,并能在高温环境使用取得良好效果。另外,也有用纳米技术改善成型工艺来提高其性能的,效果卓著。随着科技的发展,环氧树脂的性能会越来越完善。

4. 双马来酰亚胺树脂

双马来酰亚胺是以马来酰亚胺为活性端基的双官能团化合物,其通式为

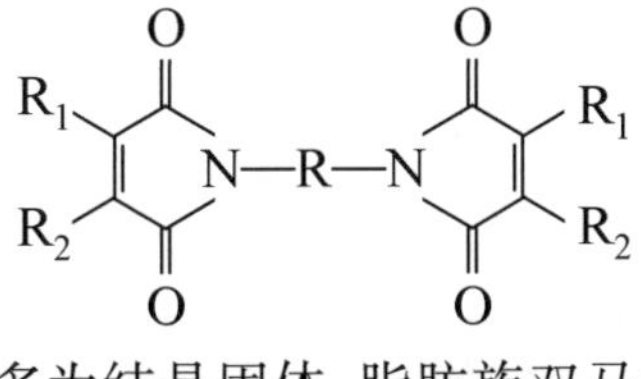

O　　　O
R_1　　　　R_1
N—R—N
R_2　　　　R_2
O　　　O

双马来酰亚胺单体多为结晶固体,脂肪族双马来酰亚胺一般具有较低的熔点,而芳香族双马来酰亚胺的熔点相对较高;不对称因素的引入使双马来酰亚胺晶体的完善程度下降,熔点降低。由于双马来酰亚胺单体邻位的两个羰基的吸电子作用使双键成为贫电子键,因而双马来酰亚胺单体可通过双键与二元胺、酰肼、酰胺、硫氢基、氰尿酸和羟基等含活泼氢的化合物进行加成反应;同时,也可以与环氧树脂、含不饱和键化合物及其他双马来酰亚胺单体发生共聚反应;在催化剂或热作用下也可发生自聚反应。

双马树脂具有与典型的热固性树脂相似的流动性和可模塑性,可用与

环氧树脂类同的一般方法进行加工成型；同时，双马树脂具有耐高温、耐辐射、耐湿热、吸湿率低和热膨胀系数小等优点，克服了环氧树脂耐热性相对较低和耐高温聚酰亚胺树脂成型温度高、压力大的缺点，因此，近20年来，双马树脂得到了迅速发展和广泛的应用。

双马树脂比较广泛地应用于以下高新技术领域：

(1)绝缘材料。

主要用作高温浸渍漆、层压板、覆铜板及模压塑料等。

(2)航空航天结构材料。

主要与碳纤维层合，制备连续纤维增强复合材料，用作军机、民机或宇航器件的承力或非承力构件。

(3)耐磨材料。

用作金刚石砂轮、重负荷砂轮、刹车片和耐高温轴承黏合剂等。

(4)功能复合材料。

双马树脂的耐热性优于环氧树脂，工艺性与环氧相近，且耐热性能优异，因此双马树脂基复合材料在航空航天领域得到了广泛的应用。

5. 氰酸酯树脂

氰酸酯树脂通常定义为含有两个或者两个以上氰酸酯官能团的酚衍生物，它在热和催化剂的作用下发生三环化反应，生成含有三嗪环的高交联密度网络结构的大分子。其结构式如下

$$\mathrm{NCO{-}R{-}NCO}$$

这种结构的固化氰酸酯官能团具有低介电系数、高玻璃化转变温度、低收缩率、小吸湿率，优良的力学性能和黏结性能，而且它具有与环氧树脂相似的加工工艺性，可在177 ℃下固化，并且在固化过程中无挥发性小分子产生。氰酸酯树脂基体的许多优异性能使其复合材料也保持了相应的特性，如耐热性、耐湿热、高抗冲击性和良好的介电性等。

氰酸酯基复合材料主要应用于高速数字和高频印刷电路板、高性能透波材料和航空结构材料。氰酸酯基复合材料同时具有良好的电性能和力学性能，它用于高性能飞机雷达天线罩和机敏结构蒙皮。同时，由于其宽频带特征，并具有低而稳定的介电常数和介电损耗角正切，因此也是制造隐形飞行器的材料之一。氰酸酯树脂在现代电子通信领域也有极广的用途。

6. 其他类型的热固性树脂

(1)呋喃树脂。

呋喃树脂是由以糠醛或糠醇为原料单体，或者与其他单体进行缩聚反应得到的一类聚合物的总称。其主要品种有糠醇树脂、糠醛树脂、糠酮树

脂、糠酮-甲醛树脂等。以线型的糠醇树脂为例,其结构通式如下

$$\text{(呋喃环)}-CH_2\left[\text{(呋喃环)}-CH_2\right]_n\text{(呋喃环)}-CH_2OH$$

在呋喃树脂的大分子链中都含有呋喃环。呋喃树脂的主要原料糠醛来源于农副产品,如棉籽壳、稻壳、甘蔗渣、玉米芯等。我国有着非常丰富的农副产品资源,可以充分利用这些废弃农副产品来发展呋喃树脂的生产和研究。呋喃树脂具有很好的耐热性、化学稳定性、硬度以及防水性,它的阻燃性能也很好。呋喃树脂主要用于化工厂,特别是用作罐、槽、管道的衬里和化工反应釜等。利用呋喃树脂的防水性,用它处理过的蜂窝状结构的纸,使其在潮湿的环境中也保持很好的抗压强度。过去由于呋喃树脂脆性大、黏结性差以及固化速度慢所带来的工艺性差等缺点,在很大程度上限制了它的发展与应用。到了20世纪70年代末期,由于树脂合成技术和催化剂应用技术的突破,呋喃树脂基本上克服了上述缺点,得到了较大的发展和应用,并用于玻璃纤维增强复合材料的制造。

(2)脲醛树脂。

由甲醛和尿素合成的热固性树脂称脲醛树脂,其典型结构如下

$$-\!\!\left[NH\overset{\overset{\displaystyle O}{\|}}{C}NH-CH_2\right]_n\!\!-$$

习惯上人们常将脲醛树脂及三聚氰胺-甲醛树脂等这一类树脂称为氨基树脂。由氨基树脂形成的塑料又称为氨基塑料。脲醛树脂不仅可用作模塑混合料,还可用于黏合剂、纺织物处理剂等。在已制成的氨基树脂中,脲醛树脂是最重要的品种。与酚醛树脂一样,脲醛树脂制品也是不溶不熔的交联材料。在应用时,首先制成低相对分子质量的产物或树脂,只是到了加工的最后阶段才进行交联。与酚醛树脂相比,脲醛树脂价格便宜、色泽较浅、气味小,具有较好的抗电弧性,但其耐热性差,吸水量高。绝大部分的脲醛模塑混合料用来制作电器配件及瓶盖等。用于瓶盖是由于其成本低,颜色范围广,不传播味道及气味。脲醛模塑料在低频下的电绝缘性好,且成本低,因此在电器配件方面优于酚醛塑料和其他材料。脲醛树脂还可以制成泡沫塑料,这种泡沫塑料的密度为0.008~0.048 g/cm^3,而且热导率也很小,可用于制作建筑物的隔热材料。

(3)三聚氰胺-甲醛树脂。

三聚氰胺-甲醛树脂是由三聚氰胺和甲醛缩聚而成的热固性树脂,是一种常用的氨基塑料。其典型结构如下

$$H_2N-C_3N_3(NH_2)-NH_2 + 3\ HCOH \longrightarrow HOH_2CHN-C_3N_3(NHCH_2OH)-NHCH_2OH$$

三聚氰胺-甲醛树脂大量用于制造模塑混合料、层压板材、黏合剂及其他材料。虽然三聚氰胺-甲醛树脂在许多方面都优于脲醛树脂,但其价格较为昂贵。用三聚氰胺-甲醛模塑粉制备的模塑料在吸水性、耐热性、潮湿及高温条件下的电性能都优于脲醛树脂,三聚氰胺-甲醛模塑粉的模压温度一般为145~165 ℃,模塑压力为30~60 MPa。它的主要用途是制造餐具,这是因为它的颜色范围广,表面坚硬,耐锈蚀。它还可用来制造钟表外壳、收音机外壳及其他制品。由于其具有耐热、耐刮刻、耐溶剂等优点,因此可制造装饰层压板。应用于公用建筑及公交车辆的壁面上。三聚氰胺-甲醛层压板的成型压力为1.7~7 MPa,成型温度范围为125~150 ℃,固化时间为10~15 min。用玻璃纤维增强的三聚氰胺-甲醛层压板的耐热温度可达200 ℃,具有良好的电绝缘性。

2.3.2　热塑性基体

1. 聚乙烯

聚乙烯是热塑性树脂中产量最高的一种,制造方法有高压法、中压法、低压法和辐射聚合法等,工业上多用聚乙烯的密度区分其种类。

聚乙烯的分子组成式为

$$-\!\!\left[CH_2 - CH_2 \right]_n\!\!-$$

高压法生产聚乙烯的条件是:在温度为160~300 ℃、压力为100~200 MPa的情况下,以氧或有机过氧化物为引发剂,生成自由基,然后引发聚合生成聚乙烯。这个反应是按自由基型聚合机理进行的。聚合时分子中的自由基有可能在分子内和分子之间引起传递而造成支化结构,这是高压法生产聚乙烯的工艺特点。与中低压法生产聚乙烯相比较,它所生产的聚乙烯大分子具有较多的支链,而且分子结构缺乏规整性。高压法生产的聚乙烯的密度比较低,一般为0.91~0.925 g/cm^3,所以也称为低密度聚乙烯。其结晶度也比较低,为60%~80%,软化点为105~120 ℃。机械强度比中低压法生产的聚乙烯低,但透气性、透湿性较大,耐溶剂性较差。高压法聚乙烯具有优良的电性能,具有更好的柔软性、伸长率、抗冲击性和透明性,适用于制作薄膜、电线电缆包皮和涂层等。

中压法生产聚乙烯的条件为在7~8 MPa或更高的压力中,用金属氧化物做催化剂,使乙烯在烷烃或芳烃等溶剂中聚合成线型聚乙烯。工业上常用两种方法:一种是用分散于载体$SiO_2-Al_2O_3$上的氧化铬为催化剂,在5 MPa的压力和125~150 ℃温度条件下使乙烯聚合;另一种是以分散于Al_2O_3载体上的氧化钼为催化剂,在5~35 MPa的压力及250 ℃温度下使乙烯在溶剂中聚合。两种方法相比,前一种采用较多。中压法产生聚乙烯的密度为0.95~0.98 g/cm^3,是聚乙烯中密度最大的一种,分子中支链较少,结晶度也比较高,为90%以上,软化点在130 ℃左右,因此力学性能和耐温性能是各种聚乙烯中最高的,具有优良的电性能和化学稳定性。但透气和透湿性较差。中压法聚乙烯主要用于绝缘材料、汽车零件、生活用品、板材、瓶子及电线电缆包皮等。

低压法生产聚乙烯是在60 ℃以下常压或略加压的情况下,用三乙基铝和四氯化钛作为催化剂使乙烯在烷烃溶剂中聚合制得相对分子质量及密度都较高的聚乙烯。低压法聚乙烯的密度为0.94~0.96 g/cm^3,分子中支链较少,结晶度为85%~90%,软化点为129~130 ℃,其机械强度、硬度等要优于高压法产生的聚乙烯,最高使用温度可达100 ℃,其用途与中压聚乙烯相同。

辐射聚合法生产的聚乙烯,其产品纯度高、质量好,但其热效应相对较大,自动加速效应造成产品有气泡、变色,严重时则温度失控,引起爆聚,使产品达标难度加大。由于体素黏度随聚合不断增加,混合和传热困难;在自由基聚合情况下,有时还会出现聚合速率自动加热现象,如控制不当,将引起爆聚;产物分子量分布宽,未反应的单位难以除尽,制品机械性能变差等。另外,辐射对人体有一定的伤害,成本较其他方法高,故在工业上尚未普遍推广应用。由于辐射聚合法制得的聚乙烯的密度在0.966 g/cm^{3}以上,结晶度高于80%,在各种聚乙烯中其支链最少,且相对分子质量分布很窄,因此加工性能好,机械强度高,耐蠕变性和耐应力开裂性都很好。

2. 聚丙烯

聚丙烯是最重要的聚烯烃品种之一,是由丙烯聚合而得的高分子化合物。其分子结构式为

$$\left[CH_2 - \underset{\underset{CH_3}{|}}{CH} \right]_n$$

工业上原料丙烯主要有两个来源:一是在提炼高辛烷汽油时或热分解时精馏操作的副产物;二是从石油或低碳氢化合物热裂解制取烯烃时的一种产物。聚丙烯通常为一种白色半透明颗粒状固体。聚丙烯的分子结构,根据其侧链甲基的排列有3种不同的形式,即无规、等规和间规。如果将聚合物分子主碳链拉伸在同一平面上,则3种不同聚丙烯的空间立体构型如图2.2所示。

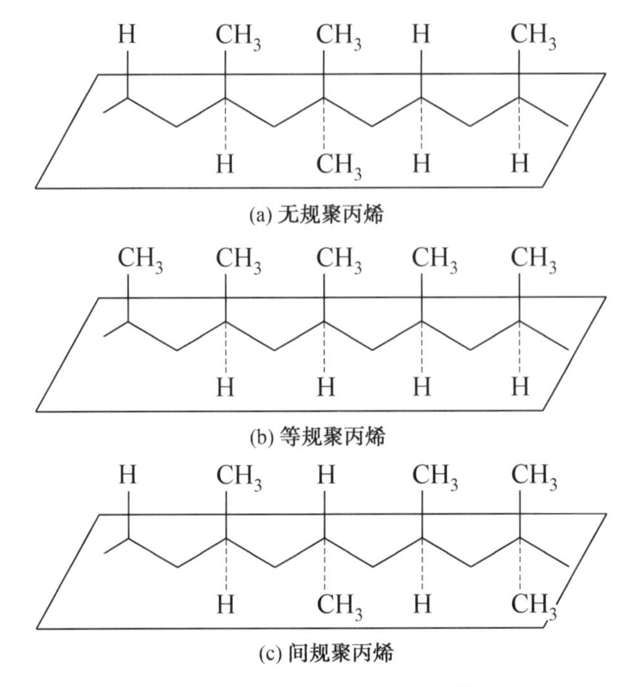

图 2.2 3 种不同聚丙烯的空间立体构型

无规聚丙烯的熔点很低，主链上的甲基是任意而无秩序的立体配置，这种构型结晶困难，因此这种无规聚丙烯是无定形的黏稠物，常做改性组分来使用。

表示聚丙烯等规程度的参数是等规指数，一般是用不溶于正庚烷的质量分数(%)来计算的。聚丙烯的性质与立体规整性结构有很大的关系，因此了解等规体的指数是很必要的。目前工业上生产的聚丙烯的等规指数约为95%。

聚丙烯的结晶度为70%以上，密度为0.9 g/cm^3，热变形温度超过100 ℃，其强度及刚度均优于聚乙烯，具有突出的耐弯曲疲劳性能、耐化学药品性和力学性能，吸水率也很低。其缺点是易老化、低温脆性大、成型收缩率大、耐蠕变性差及黏结性能不好等。聚丙烯总产量的1/3用于合成纤维，2/3用作塑料。由于聚丙烯的适应性强，因此其制品应用广泛，如法兰、接头、泵叶轮、阀门配件、电视机壳体，还可以作为耐热、耐化学药品的化工容器等。近些年来用玻璃纤维增强的聚丙烯得到了很大的发展，它的各方面性能都要优于未增强的聚丙烯，因此受到人们广泛的关注。

3. 聚四氟乙烯

氟树脂是含氟树脂的总称，由于氟树脂的分子链结构中含有C—F键，碳链外又有氟原子形成的空间屏蔽效应，因此氟树脂具有优良的耐高低温性、电绝缘性、化学稳定性、耐老化性及自润滑性,已成为现代尖端科学技术、军工生产和各种工业生产不可缺少的材料之一,产量和品种不断增长。氟树脂的品种主要有聚四氟乙烯、聚三氟氯乙烯、聚偏氟乙烯和聚氟乙烯等,其中最重要的品种是聚四氟乙烯。聚四氟乙烯的产量占氟树脂总产量的85%以上,用途非常广泛,有"塑料王"之称。其分子结构式为

$$\left[CH_2 - CF_2 \right]_n$$

聚四氟乙烯是一种结晶型的主分子化合物,其结晶度为55% ~75%,而且具有很高的耐热性和耐寒性,长期使用温度为-195 ~250 ℃,由于聚四氟乙烯的大分子是对称的无极性结构,高结晶度和不吸湿性决定了它具有优异的电性能,因此可作为潮湿条件下的绝缘材料。聚四氟乙烯是目前所有的固体绝缘材料中介电常数最小的,介电损耗也是最小的,其介电性能基本上不受压力、温度、湿度、频率变化的影响。聚四氟乙烯的另一个特点是具有极优越的化学稳定性,即使在高温下,浓酸、浓碱和强氧化剂对它也不起作用,其化学稳定性甚至超过贵重金属(如金、铂等)、玻璃、搪瓷等。聚四氟乙烯具有很低的摩擦因数,是塑料中摩擦因数最低的一种,它的动静摩擦因数比较接近,因此是一种良好的减摩、自润滑轴承材料。此外,它还具有不黏性、着色性、自熄性以及良好的耐候性能等。聚四氟乙烯根据其聚合方法的不同,可分为悬浮聚合和分散聚合两种树脂,前者适用于一般模压成型和挤压成型,后者可供推压加工零件及小直径棒材。若制成分散乳液,则可作为金属表面涂层、浸渍多孔性制品及纤维织物、拉丝和流延膜。聚四氟乙烯的主要缺点是在常温下的机械强度、刚性和硬度都比其他塑料差些,在外力的作用下易发生"冷流"现象,此外,它的热导率低、热膨胀大且耐磨损性差。为改善这些缺点,人们在聚四氟乙烯中添加了各种类型的填充剂进行改性研究,并逐渐形成了填充聚四氟乙烯产品。填充聚四氟乙烯改善了纯聚四氟乙烯的多种性能,大大扩充了聚四氟乙烯的应用,尤其在机械领域,其用量已占聚四氟乙烯的1/3。主要填充剂有石墨、二硫化钼、铅粉、玻璃纤维、玻璃微珠、陶瓷纤维、去母粉、碳纤维、二氧化硅等。如用玻璃纤维填充的聚四氟乙烯具有优良的耐磨性、电绝缘性和力学性能,而且容易与聚四氟乙烯混合。特别是近年来由于液晶高分子(Liquid Crystal Polymer,LCP)的出现,为聚四氟乙烯提供了理想的耐摩擦、自润滑、耐开裂的改性材料。采用高性能的LCP与聚四氟乙烯制备的复合材料,其耐磨性与纯聚四氟乙烯相比提高了100多倍,而摩擦因数与聚四氟乙烯相当,因此,它已成为高新技术和军工领域的重要材料。

4. 聚酰胺

聚酰胺又称尼龙,是指聚合物主链上含有酰胺基团(—NHCO—)的高分

子化合物。聚酰胺可以由二元胺和二元酸通过缩合聚合反应制得。主链分子结构主要由一个酰胺基和若干个亚甲基或其他环烷基、芳基构成。聚酰胺的命名是由二元胺和二元酸的碳原子数决定的。例如,己二胺和己二酸反应制得的缩聚物称为聚酰胺66(也称尼龙66),其中第一个6表示二元胺的碳原子数,第二个6表示二元酸的碳原子数;由ω-氨基酸自缩合或内酰胺开环聚合制得的产物称为聚酰胺6(也称尼龙6)。

聚酰胺分子链段中重复出现的酰胺基是一个带极性的基团,这个基团上的氢能够与另一个聚酰胺大分子中酰胺基的羧基上的氧结合形成非常强大的氢键。其结构式为

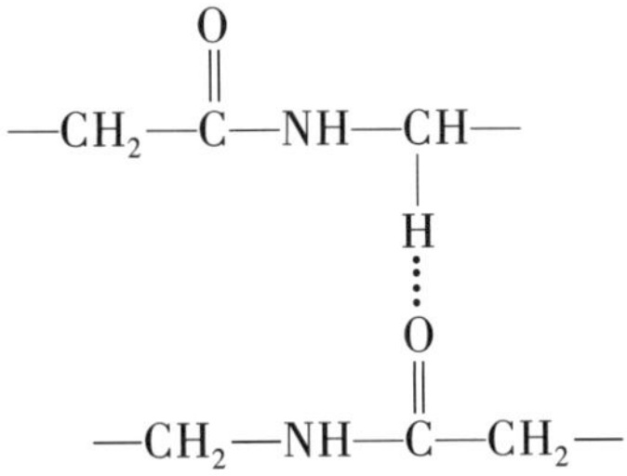

$$
\begin{array}{c}
\text{—}CH_2\text{—}\overset{\displaystyle O}{\overset{\|}{C}}\text{—}NH\text{—}CH\text{—} \\
\quad\quad\quad\quad\quad\quad\quad\quad | \\
\quad\quad\quad\quad\quad\quad\quad\quad H \\
\quad\quad\quad\quad\quad\quad\quad\quad \vdots \\
\quad\quad\quad\quad\quad\quad\quad\quad O \\
\quad\quad\quad\quad\quad\quad\quad\quad \| \\
\quad\quad\quad\text{—}CH_2\text{—}NH\text{—}C\text{—}CH_2\text{—}
\end{array}
$$

氢键的存在使得聚酰胺材料容易发生结晶。一方面,由于分子间作用力非常大,使得聚酰胺具有较高的机械强度和较高的熔点;另一方面,由于聚酰胺分子中亚甲基(—CH_2—)的存在,使得聚合物分子链比较柔顺,因此具有较高的韧性。聚酰胺由于结构不同,其性能也有所差异。聚酰胺具有良好的力学性能、耐油性、热稳定性、耐磨性和耐化学药品性。其缺点主要是亲水性强,吸水后尺寸稳定性差。其主要原因是酰胺基团具有吸水性,其吸水性取决于酰胺基之间的亚甲基链节的长短,即聚合物分子链中 CH_2 与 CONH 的基团数量比值。例如,聚酰胺6(CH_2 与 CONH 的基团数量比为 5∶1)的吸水性比聚酰胺1010(CH_2 与 CONH 的基团数量比为 9∶1)的吸水性要大。

近年来,聚酰胺的改性和新型品种不断涌现,其中的新品种主要有透明尼龙,高强、耐高温间位、对位芳酰胺聚合物等芳香族尼龙、高冲击尼龙等。改性品种中最重要的是碳纤维或玻璃纤维增强尼龙。例如,用30%~40%的玻璃纤维增强尼龙后,其力学强度、尺寸稳定性、冲击强度及热变形温度都有了大幅度的提高。由于增强效果显著,因此受到各方面的重视。此外,单体浇铸尼龙(Monomer Casting Nylon,MCN)、反应注射成型(Reaction Injection Moulding,RIM)尼龙、增强反应注射成型(Reinforced Reaction Injection Moulding,RRIM)尼龙,最近也迅速发展。聚酰胺同聚乙烯、聚丙烯、聚四氟乙烯一样用于短切纤维增强的复合材料,是制备管道或储罐内衬的材料。

2.3.3 高性能树脂

1. 聚酰亚胺树脂

聚酰亚胺是分子链中含有酰亚胺基团 $\underset{\underset{O}{\|}}{C}-\overset{|}{N}-\underset{\underset{O}{\|}}{C}$ 的芳杂环聚合物,其分子通式为

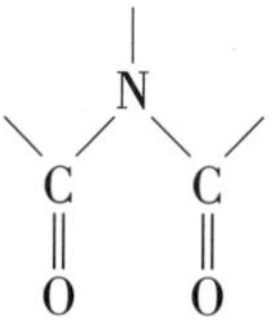

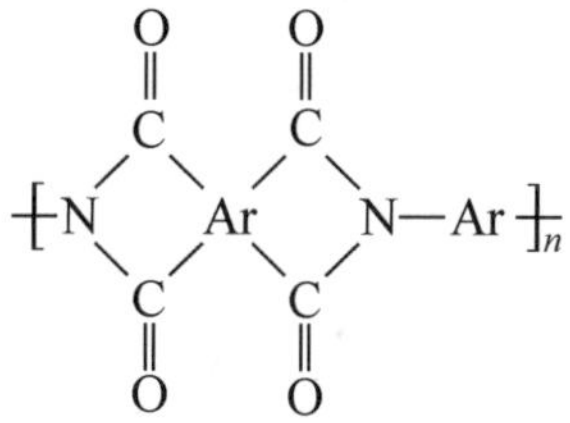

$$\left[N\begin{matrix}\overset{O}{\overset{\|}{C}}\\ \underset{\underset{O}{\|}}{C}\end{matrix}Ar\begin{matrix}\overset{O}{\overset{\|}{C}}\\ \underset{\underset{O}{\|}}{C}\end{matrix}N-Ar\right]_n$$

其中,Ar 及 Ar′代表不同的芳基。聚酰亚胺在高温和氧化情况下十分稳定,并具有突出的耐辐射性和良好的电绝缘性,可细分为热固性聚酰亚胺和热塑性聚酰亚胺。在聚酰亚胺分子中,不仅含有由氮原子组成的五元杂环,而且还含有刚性很强芳环以及其他极性基团,如胺基、醚基等,所以它是一种半梯形的环链结构聚合物。这种聚合物大分子刚性强,分子间作用力大,具有较高的玻璃转变温度和熔点,大分子主链不易断裂或分解,除显示出耐热性、抗氧化性、耐辐射性、介电性优良之外,还具有优异的机械性、耐磨性及阻燃性等。热固性聚酰亚胺不溶不熔,成型比较困难,通常只采用冷压烧结生产模压制品或者用流延法生产薄膜。而热塑性聚酰亚胺则可以采用一般热塑性树脂的加工方法成型制品,它的玻璃化转变温度约为 275 ℃,分解温度为 570 ~ 580 ℃,加工温度为 330 ~ 360 ℃,耐高温性能优异。热塑性聚酰亚胺的力学强度及耐热性都稍低于热固性聚酰亚胺。聚酰亚胺是近年来发展较快的一类耐高温树脂,其优异的耐热性表现为:零强度温度(0.14 MPa 载荷下 5 s 破裂的温度)为 800 ℃,比铝高 270 ℃。它在 250 ℃的情况下可以长期使用,无氧时可以在 300 ℃的情况下使用,还是一种很强韧的材料,断裂伸长率可为原长的 10 倍。再加之它优良的力学及电性能、耐辐射、抗腐蚀性等,所以适合作为航空航天工程中使用的复合材料。

有些聚酰亚胺树脂在 232 ℃下会随着使用时间的延长,黏结强度不断提高,在高温下使用具有最大值。该类聚酰亚胺溶解性极差,一般需在制备前期直接浸渍纤维制成预浸料,但由于存在高温脱水的缺陷,因此限制了它的发展。改进方法主要采用乙炔基封端的聚酰亚胺与之共混的方法,得到了

工艺性、耐热性、力学性能均佳的聚酰亚胺树脂。近年来,国外又推出了新型的聚酰亚胺体系,即加成型聚酰亚胺,主要通过在聚酰亚胺低聚物中引入两种反应性端基-炔基和降冰片烯基。该聚酰亚胺聚合时先通过低中温脱水(热脱水和化学脱水),然后在高温下活性端基发生加成反应得到。固化物具有很高的耐热性,可在300 ℃的情况下长期使用,主要品种有Teimid600和PMR系列。总之,聚酰亚胺树脂具有优异的耐热性、突出的机械力学性能,是航空航天工业中必不可少的材料。但它本身也存在工艺性差、预浸料质量控制困难以及价格昂贵等缺点。双马来酰亚胺是一类综合性能优异的树脂,它综合了聚酰亚胺和环氧树脂的特点,不仅具有突出的耐热性,还具有较佳的工艺性能,其性价比在各类热固性树脂中是最高的。双马来酰亚胺是通过马来酸酐和二胺反应制得的,也包括形成酰胺酸和酰亚胺两步反应。国内外学者通过不断改变二胺的结构,合成了各种性能优异的双马来酰亚胺,如含硅、含氰、含磷的多种芳香酰亚胺,且已获得一定的应用。但应用最广泛的还是二苯甲烷双马来酰亚胺(BMI,Bismaleimide),然而BMI本身也有一些缺点,如固化温度高、熔点高、溶解性差、脆性大等。目前,国内外已提出了多种改性方法,如共聚改性、链烯基物共聚改性、高性能热塑性树脂改性、橡胶改性等,并推出了多种牌号的商品树脂,如Kerimid、Compide、X9292等,不仅在航空航天等领域备受青睐,而且在汽车、体育用品、电气设备等行业中也得到广泛的应用。国外正以15%的年增长率逐步取代环氧树脂,大大推动了材料工业的发展。

2. 聚砜

聚砜在20世纪60年代中期开始生产,以后相继出现了聚芳砜和聚醚砜。聚砜是指分子主链中含有

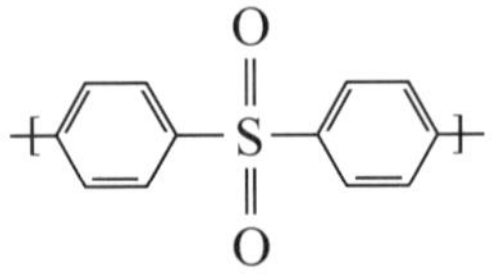

$$\left[-C_6H_4-\overset{O}{\underset{O}{\overset{\|}{\underset{\|}{S}}}}-C_6H_4- \right]$$

链节的树脂。聚砜是由双酚A、氢氧化钠和4,4′-二氯二苯砜在甲基亚砜溶剂中缩聚而成的。聚芳砜是以4,4′-二苯醚磺酰氯和联苯为原料,在$FeCl_3$存在的情况下在硝基苯溶剂中进行溶液共缩聚而制成的。聚醚砜是由4-二苯基醚磺酰氯在$FeCl_3$存在的情况下于硝基苯溶液中聚合而成的。

聚砜是透明而微带橙黄色的非结晶性高分子化合物,密度为1.24 g/cm^3,吸水性为0.22%,成型收缩率为0.7%,尺寸稳定性较好,在湿热条件下,尺寸变化微小。聚砜具有优异的力学性能,由于它具有大分子链结构,使其在高温下的抗张性能好,抗蠕变性能突出,在100 ℃,20 MPa的载荷下,经一年

之后的蠕变量仅为1.5% ~2%,所以是较高温度下的结构材料。聚砜最高使用温度为150~165 ℃,长期使用温度为-100~150 ℃,即使在-100 ℃时仍能保持75%的力学强度。聚砜还具有优良的电性能,在高频下电性能参数没有明显变化,即使在水、湿气或190 ℃的温度下,仍可保持较高的介电性能,这是其他工程塑料无法相比的。除了强溶剂、浓硫酸、硝酸外,聚砜对其他化学试剂都稳定,在无机酸、碱的水溶液、醇、脂肪烃中不受影响,但溶于氯化烃和芳烃,并在酮和酯类中发生溶胀,且会有部分溶解。聚砜的主要缺点是疲劳强度比较低,所以在受振动负荷的情况下,不能选用聚砜作为结构材料。

聚芳砜比聚砜有更好的耐高温性能,并且有突出的抗热氧化稳定性,使用温度可达260 ℃。聚芳砜的力学性能非常好,抗冲击强度也很高,比聚酰亚胺高3.5倍。在室温至240 ℃之间,其压缩弹性模量几乎不变,即使温度高达260 ℃仍可保持73%,其弯曲模量也能保持63%。聚芳砜耐酸碱,但由于砜基和醚键的存在,使它能溶于二甲基甲酰胺、丁内酯、N-甲基吡咯烷酮等极性溶剂。聚芳砜由于成型温度在300 ℃以上,因此加工条件比较苛刻。另外,由于聚芳砜具有吸湿性,因此加工前必须经过干燥处理。聚芳砜在电机及电器工业中用途很广。加入聚四氟乙烯、石墨等填充剂后,可做耐高温负荷的轴承材料,其薄膜还可替代聚酰亚胺做耐高温薄膜。

3. 聚苯硫醚

聚苯硫醚是以硫化钠和对二氯苯为原料制备的,在其分子链中含有苯硫基,分子结构式为

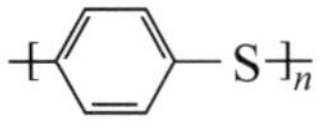

$$\left[\!-\text{C}_6\text{H}_4-\text{S}-\!\right]_n$$

聚苯硫醚为一种线型结构,当在空气中被加热到345 ℃以上时,它就会发生部分交联。固化的聚合物是坚韧的,且是非常难溶的。聚苯硫醚具有优异的综合性能,表现为突出的热稳定性,优良的化学稳定性、耐蠕变性、刚性、电绝缘性及加工成型性。它在170 ℃以上不溶于所有的溶剂,如果温度过高,除了强氧化性酸(如浓硫酸、氯磺酸、硝酸)外,不溶于烃、酮、醇,也不受盐酸及氢氧化钠的侵蚀,因此是一种比较理想的仅次于聚四氟乙烯的防腐材料。另外,聚苯硫醚的熔体流动性比较好,若把它加入到难于加工成型的聚酰亚胺中去,就可改善聚酰亚胺的加工性。由于聚苯硫醚的脆性较大,因此常常要加入玻璃纤维、碳纤维以及聚酯、聚碳酸酯等以弥补其不足之处。

4. 聚碳酸酯

聚碳酸酯是指聚合物分子主链上含有 $\left[O-R-O-\overset{\displaystyle O}{\overset{\|}{C}} \right]_n$ 结构的线型高分子化合物。根据 R 基种类不同,可以是脂肪族、脂环族、芳香族的聚碳酸酯。目前,最常用的是双酚 A 型聚碳酸酯,其分子结构式为

$$\left[O-C_6H_5-\underset{\displaystyle CH_3}{\underset{|}{\overset{\displaystyle CH_3}{\overset{|}{CH}}}}-C_6H_5-O-\overset{\displaystyle O}{\overset{\|}{C}} \right]_n$$

其中,n 在 100～500 范围内。聚碳酸酯可以看成是较为柔软的碳酸酯链与刚性的苯环相连接的一种结构,从而使它具有许多优良的性能,是一种综合性能优良的热塑性工程塑料。聚碳酸酯具有较高的冲击强度、透明性、刚性、耐火焰性、优良的电绝缘性以及耐热性。它的尺寸稳定性高,可以替代金属和其他材料;缺点为容易产生应力开裂,耐溶剂性差、不耐碱、高温易水解,与其他树脂相容性差,摩擦因数大,无自润滑性。用碳纤维、玻璃纤维、芳纶纤维等增强改性的聚碳酸酯,可以改善其耐热性、应力开裂性,提高抗张及抗压强度。例如,聚碳酸酯的热变形温度为 135～143 ℃,其用玻璃纤维增强之后可提高到 150～160 ℃,当添加玻璃纤维后其线膨胀系数更可降低 2/3。但在加了纤维等增强材料之后其冲击强度则会有所下降。

5. 聚醚醚酮

聚醚醚酮是分子主链中含有

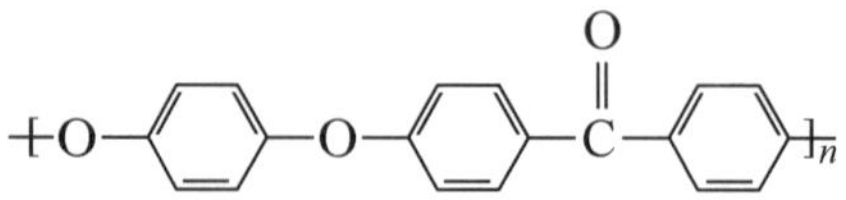

$$\left[O-\langle C_6H_4\rangle-O-\langle C_6H_4\rangle-\overset{\displaystyle O}{\overset{\|}{C}}-\langle C_6H_4\rangle \right]_n$$

链节的线型芳香族高分子化合物。聚醚醚酮是以对苯二酚、4,4′-二氟苯酮、碳酸钠或碳酸钾为原料,二苯砜为溶剂合成的。

聚醚醚酮具有热固性塑料的耐热性、化学稳定性和热塑性塑料的成型加工性。聚醚醚酮具有优异的耐热性,其热变形温度为 160 ℃,当用 20%～30% 的玻璃纤维增强时,热变形 温度可提高到 280～300 ℃。聚醚醚酮的热稳定性良好,在空气中 420 ℃、2 h 的情况下失重仅为 2%,500 ℃时为2.5%,550 ℃时才产生显著的热失重。聚醚醚酮的长期使用温度约为200 ℃,在此温度下,仍可保持较高的抗张强度和抗弯模量,还具有优异的耐蠕变性和耐疲劳性能。聚醚醚酮的电绝缘性能非常优异,电阻率为 10^{15} ～ 10^{16} Ω · cm。它在高频范围内仍具有较小的介电常数和介电损耗。例如,在 10^4 Hz 时,在室温的情况下,它的介电常数仅为 3.2,介电损耗仅为 0.2。聚醚醚酮的化学

稳定性也非常好，除浓硫酸外几乎对任何化学试剂都非常稳定，即使在较高的温度下，仍能保持良好的化学稳定性。另外，它还具有极佳的耐热水性和耐蒸汽性，在200～250 ℃的蒸汽中可以长时间使用。聚醚醚酮有很好的阻燃性，在通常的环境下很难燃烧，即使是燃烧，发烟量及有害气体的释放量也很低，甚至低于聚四氟乙烯等低发烟量的聚合物。此外还具有优良的耐辐射性，它对X、β、γ射线的抵抗能力是目前高分子材料中最好的，用它包覆的电线制品可耐1 100 Mrad的γ射线。聚醚醚酮在熔点以上有良好的熔融流动性和热稳定性，具有热塑性塑料的典型成型加工性能，可用注塑、挤出、吹塑、层压等成型方法加工，还可纺丝、制膜。虽然聚醚醚酮熔融加工温度为360～400 ℃，但是由于它的热分解温度在520 ℃以上，因而仍具有很宽的加工温度范围。尽管聚醚醚酮的历史只有短短二十几年，但由于突出的耐热性、耐化学腐蚀性、耐辐射性以及高强度、易加工性，目前已在核工业、化学工业、电子电器、机械仪表、汽车工业和宇航领域中得到了广泛的应用。尤其是它作为耐热性能优异的热塑性树脂，成为高性能复合材料的基体材料。

2.4　聚合物基体的共混改性

现代科学技术的发展要求高分子材料具有多方面的、很高的综合性能。例如，要求某些塑料既耐高温，又易于成型加工；既要求高强度，又要求韧性好；既具有优良的力学性能，又具有某些特殊功能等。显然，单一的高聚物是难以满足这些高性能化要求的。同时，要开发一种全新的材料也不容易，不仅时间长、耗资大，而且难度也相当高；相比之下，利用现有的高分子材料进行共混改性制备高性能材料，不仅简捷有效，而且也相当经济。20世纪60年代以来，聚合物共混改性技术迅速发展，通过与多种聚合物的共混，使不同聚合物的特性优化组合于一体，使材料性能获得明显改进，或赋予原聚合物所不具有的崭新性能，为高分子材料的开发和利用开辟了一条广阔的途径。

共混改性是指两种或两种以上聚合物经过混合制备成宏观均匀的材料的过程，通常包括物理共混、化学共混和物理/化学共混3种情况。其中物理共混是通常意义上的共混，即聚合物共混改性中大分子链的化学结构没有发生剧烈的变化，主要是体系组成与微观结构发生变化。化学共混如聚合物互穿网络是化学改性的研究范畴。物理/化学共混则指在共混过程中发生某些化学反应，如共混中发生链转移反应，但只要此反应比例不大，一般也属于共混改性的研究范围。

聚合物的共混改性最早要追溯到20世纪60年代初DOW化学公司对高抗冲聚苯乙烯的开发。利用熔融共混的方法,将聚丙烯腈(PAN)/聚丁二烯(PB)/聚苯乙烯(PS)3种聚合物共混制成了高强度高抗冲的ABS聚合物,将聚丁二烯和聚苯乙烯共混制成了高抗冲的聚苯乙烯(HIPS)。ABS和HIPS对改进PS树脂抗冲击性获得的成功,引起了人们极大的兴趣和重视,从此开拓了聚合物共混改性的新领域。20世纪60年代以后,通过共混技术开发塑料合金的工作有了更大的发展。1962年增韧聚丙烯(PP)问世,先是PP与乙丙橡胶机械共混,后又改进为在丙烯聚合后期加入适量乙烯,形成部分嵌段共聚物的方法来制取PP合金[因为两种或两种以上聚合物用物理或化学方法制得的多组分聚合物,它们的结构和性能特征很类似于金属合金,因此常把聚合物共混物形象地称为聚合物合金(Polymer Alloy)]。第一个工程塑料合金PC(聚碳酸酯)/ABS在20世纪60年代中期出现,接着具有高强度的耐热工程塑料聚苯醚(PPO)和HIPS共混的塑料合金(Noryl)开发成功。在这期间,制备聚合物合金的技术主要还是利用物理共混的方法,物理共混不涉及化学反应,仅凭借扩散、对流和剪切作用来达到混合和分散的目的,包括熔融共混和溶液共混等。熔融共混是制备聚合物合金最简单易行且应用最广泛的方法,目前仍在利用;溶液共混是将两种或多种聚合物溶解于同一溶剂中,使其混合成均匀溶液,然后将溶液进行浇模,凝固或干燥制成聚合物合金,由于溶剂回收、脱除比较困难,且污染环境,因此,该方法仅在实验室用于制备少量样品。

聚合物材料共混改性是聚合物最为简单而直接的改性方法。共混改性过程可以在各种加工设备中完成。通过共混技术将不同性能的聚合物材料共混,可以大幅度提高聚合物的性能,也可以利用不同聚合物材料的性能的互补性制备性能优良的新型聚合物材料。还可以实现将价格昂贵的聚合物材料与价格相对低廉的聚合物材料共混,在不降低或略微降低前者性能的前提下降低生产成本。因此共混改性具有工艺过程简单方便、可操作性强、应用范围广等明显优点,是应用最广的改性方法之一。

以环氧树脂为例,双酚A型的环氧树脂是最通用的具有代表性的环氧树脂,具有黏结强度高、黏结面广、收缩率低、稳定性好、机械强度高、良好加工性等特性。但环氧树脂存在韧性差,固化后其性脆、冲击强度低,易开裂等缺点,故需对环氧树脂进行增韧改性。橡胶弹性体增韧是一种应用较多的增韧方法,由于它是一种非定型的液体预聚体,故在固化剂的作用下,聚合物分子会发生主链增长和交联,形成三维交联网络结构,赋予材料橡胶弹性。一些活性物质,如低相对分子质量、带端羧基或端氨基丁二烯-丙烯腈共聚物;氨基封端的聚硅氧烷;链扩展的羧基全氟聚醚类物质等聚合物橡胶弹性体常用来改性环氧树脂,且增韧改性的效果较好。

共混在橡胶工业中的应用也较为广泛,橡胶共混的主要目的是改善现有橡胶性能上的不足。例如天然橡胶,因具有良好的综合力学性能和加工性能,被广泛应用,但它的耐热氧老化性、耐臭氧老化性、耐油性及耐化学介质性欠佳。多数合成橡胶的加工性能较差,力学性能也不理想,而合成橡胶与天然橡胶掺混使用,不仅性能互补,还能改善合成橡胶制品的加工性能。

2.4.1 聚合物共混组分之间的相容性

在聚合物共混技术中,各个组分之间的相容性非常关键。所谓相容性,是指共混物各组分彼此相互容纳,形成宏观均匀材料的能力。一般分为热力学相容性和工艺相容性:前者指聚合物在分子(链段)水平上互溶形成均一的相(相当于完全互溶),对于热力学相容体系有 $\Delta G_m<0$,这种情况较难达到;后者是指虽然热力学不相容体系有相分离,一相呈微区分散于另一基体相中,但动力学上相对稳定,使用中不发生剥离(相当于部分相容)。

按相容性程度划分为完全相容(形成均相体系,一个 T_g)、部分相容(形成部分互容的两相体系,两个 T_g,但两 T_g 较原来的接近)和不相容(形成两相体系,有两个 T_g,与每个聚合物单独的 T_g 相同)。

对于两相体系,由于多数聚合物之间的相容性并不理想,人们总是希望能有尽可能好的相容性。这其中部分相容体系是最具应用价值的体系。一般都需要采取措施来改善聚合物对之间的相容性,这个过程称为相容化。

从热力学上看,对于两相共混体系有 $\Delta G_m=\Delta H_m-T\Delta S_m$。一般两聚合物分子间无特殊相互作用时,$\Delta H_m>0$(混合吸热),$\Delta S_m>0$(混合熵增,但值较小),故当 $T>0$ 时,$T\Delta S_m>0$。要满足$\Delta G_m<0$,需满足 $\Delta H_m<T\Delta S_m$,所以 ΔH_m 要尽量小。对于大多数聚合物共混体系,一般 $\Delta H_m>T\Delta S_m$,导致 $\Delta G_m>0$,因此对于大多数不同聚合物的共混是不相容体系。

2.4.2 改善聚合物共混组分之间相容性的方法

在实际选择中,两种聚合物之间满足以下 4 个条件时有利于相容:

①相互作用参数为负值或小的正值。

②相对分子质量相近。

③溶度参数相近。

④热膨胀系数相近。

从工艺操作上看,可以采取一些方法来改善两种聚合物的相容性。

(1)改变链结构改善相容性。

①通过共聚使分子链上引入极性基团。

②对聚合物分子链化学改性。

③共聚使分子链引入特殊相互作用基团。

④降低相对分子质量。

⑤形成互穿聚合物网络结构(Interpenetrating Polymer Network,IPN)。

(2)应用增容剂。

①非反应性共聚物:加入第3组分,利用物理作用,增加相容性。

一般采用由共混的两种聚合物成分组成的嵌段共聚物或接枝共聚物。嵌段共聚物效果优于接枝共聚物,少量的低相对分子质量嵌段共聚物就可起到较好的增容效果。

②反应性共聚物:加入第3组分,利用化学作用,增加相容性。

增容剂与共混的聚合物组分之间形成新的化学键,如A—C型反应性共聚物,C可与聚合物B发生官能团间的化学反应。

③原位聚合形成(就地合成):在强烈的机械剪切力作用下,聚合物大分子形成具有增容作用的接枝或嵌段共聚物,起到提高共混聚合物相容的作用。

聚合物共混改性技术的研究和应用是高分子材料科学领域一项长期和极富挑战的任务,前景十分广阔。聚合物的共混改性从最初以增韧为目的,发展到目前聚合物性能改善的各个方面,为聚合物材料家族增添了许多新的品种,扩大了聚合物的应用范围。

2.5　聚合物基体的发展

当前,聚合物的发展方向是通用聚合物的高性能化和多功能化,例如功能高分子。功能高分子是高分子材料科学领域发展最为迅速,与其他科学领域交叉度最高的一个研究领域。它是建立在高分子化学、高分子物理等相关学科的基础之上,并与物理学、医学甚至生物学密切联系的一门学科。有时也被称为精细高分子或者特种高分子(包括高性能高分子)。

功能高分子材料的制备是通过化学或者物理的方法按照材料的设计要求将功能基与高分子骨架相结合,从而实现预定的功能。从20世纪50年代起,活性聚合等一大批高分子合成新方法的出现,为高分子的分子结构设计提供了强有力的手段,功能高分子的制备越来越“随心所欲”。

从目前采用的制备方法来看，功能高分子材料的制备可归纳为以下3种类型：

①功能性小分子材料的高分子化。

②已有高分子材料的功能化。

③多功能材料的复合以及已有功能高分子材料的功能扩展。

功能高分子发展非常迅速，应用领域很广，以下讨论该领域的几个最新研究进展。

2.5.1　CO_2功能高分子材料

CO_2是污染环境的废气，不活泼且难以利用，配位能力较强，可与金属形成络合物，故CO_2可被活化而参加某些化学反应，在一定条件下CO_2能插入到由金属、碳、硅、氢等元素组成的化学键中，利用这种插入反应可制备各种羧酸或羧酸盐、氨基甲酸酯、碳酸酯、有机硅、有机磷化合物，得到多种有机物。CO_2也可以与环氧化合物等单体合成新型的CO_2树脂材料。CO_2树脂的出现对解决当今世界日趋严重的CO_2含量增高等问题有重要的现实意义。国内外化学专家十分关注碳化学的发展，把长期以来因石化能源燃烧和代谢而排放的污染环境、产生温室效应的CO_2视为一种新的资源，利用它与其他化合物共聚，合成新型CO_2共聚物材料。

CO_2与环氧化合物形成的脂肪族碳酸酯共聚物研究较多，已取得实质性进展，并具有应用价值和开发前景。目前，美国、日本、韩国等国已建成脂肪族碳酸酯共聚物生产线。

中国科学院长春应用化学研究所在中科院重点项目的支持下，开展了可生物降解CO_2聚合物的合成及加工研究。该技术已通过吉林省技术鉴定，并在国内申请了3项有关稀土复合催化剂和聚合方法的专利，正加紧产品的应用开发工作。中国科学院广州化学研究所关于“二氧化碳聚合与利用技术”项目，经多年研究，已有突破性进展。该所研制的CO_2共聚物可以采用普通塑料工艺与设备加工日常使用的塑料快餐盒和饮料瓶，除具有较好的降解性能外，某些性能还优于普通塑料。

2.5.2　导电功能高分子材料

导电功能高分子材料是近年发展较快的领域，自1977年第一个导电高分子聚乙炔(PAC)被发现以来，对导电聚合物的合成、结构、导电机理、性能、应用等有许多新认识，现已发展成为一门相对独立的学科。两位美国科学家A. F. Heeger和A. G. Macdiarmid，一位日本科学家H. Shirakawa由于发现聚乙炔(Polyacetylene)有明显的导电性质以后,导电功能高分子材料不仅受到日益关注,而且3位科学家在2000年获得了诺贝尔化学奖。

导电高分子大致可分为两大类:一类是复合型导电高分子材料,指在普通的聚合物中加入各种导电性填料而制成,这些导电性填料可以是银、镍、铝等金属的微细粉末、导电性炭黑、石墨及各种导电金属盐等,此类导电高分子材料已得到广泛应用,如抗静电、电磁波屏蔽、微波吸收、电子元件中的电极等;另一类是结构型导电高分子材料,即依靠高分子本身拥有的导电载流子导电,即高分子本身具有导电性,其导电性能主要取决于高分子本身的结构,常称为“本征导电高分子”(Intrinsically Conducting Polymer,ICP)或“合成金属”。这类导电高分子材料一般经“掺杂”(p型掺杂或n型掺杂)后具有高的导电性能(电导率增加几个数量级),多为共轭型高聚物。目前研究较多的导电高分子有聚乙炔(PAC)、聚苯胺(PAN)、聚吡咯(PPY)、聚噻吩(PTP)、聚对苯撑(PPP)、聚苯基乙炔等。

从目前的情况看,复合型导电高分子材料均优于结构型导电高分子材料。但从长远看,一旦结构型导电高分子的制造工艺取得突破,将给整个导电高分子领域带来巨大变革。

导电高分子材料可以以掺杂的形式得到,也可以以不掺杂的形式应用得到。不掺杂导电高分子最重要的应用之一是电致发光二极管。掺杂导电高分子的应用又可分为两类:一类是作为有机导体制备导电薄膜、导电纤维、防静电涂料、透明电极和雷达吸收材料等;另一类的应用是利用聚合物在掺杂过程中物理性质的变化,如光电仪、化学与电化学传感器(如电子鼻)等。

2.5.3 隐身功能高分子材料

隐身技术是当今世界各国追求的尖端军事技术之一。以前吸波材料的主要成分是细微粉和超微粒子,实践证明吸收衰减层、激发变换层、反射层等多层细微粉或超微粉在内的微波吸收材料,已取得良好的吸波效果。但是该类材料的制备工艺复杂,且存在一定的缺陷。因此,人们把目光转移到了隐身纳米高分子复合材料的研究,并已取得相应的进展。今后研究的方向应该使该类高分子频带更宽、功能更多、质量更轻、厚度更小。

2.5.4 形状记忆功能高分子材料

依据实现记忆功能的条件不同,形状记忆高分子材料可分为感温型、感光型和感酸碱型等多种类型。目前研究最多并投入使用的主要是热敏型的形状记忆高分子材料，也称热收缩材料。这类形状记忆高聚物一般是将已赋型的高分子材料加热到一定的温度，并施加外力使其变形，在变形状态下冷却、冻结应力，当再加热到一定温度时释放材料的应力，并自动恢复到原来的赋型状态，高分子材料的这种特性称为材料的记忆效应。20 世纪 60 年代初，英国科学家 A. Charlesby 在其所著的《原子辐射与聚合物》一书中首次报道了经辐射交联后的聚乙烯具有记忆效应。美国国家航空航天局(NASA)考虑到其在航空航天领域的潜在应用价值，对不同牌号的聚乙烯辐射交联后的记忆特性又进行了研究，证实了辐射交联聚乙烯的形状记忆性能。80 年代初，美国 Ray-chem、RDI 公司进一步将交联具有聚烯烃类形状记忆聚合物商品化，广泛应用于电线、电缆、管道的接续与防护，至今 F 系列战斗机上的电线仍在广泛应用这类记忆材料。国内长春应化所、西北核技术研究所、哈尔滨工业大学复合材料研究所等单位 80 年代后期以来也有研究和生产。近年来又先后发现了聚降冰片烯、反式聚异戊二烯、苯乙烯-丁二烯共聚物、聚氨酯、聚酯等聚合物也具有明显的形状记忆效应，并有重要的应用前景。目前，形状记忆聚合物应用最为广泛的是交联聚烯烃类，如聚乙烯、乙烯-乙酸乙烯共聚物(EVA)、聚氯乙烯、聚偏氟乙烯、聚四氟乙烯等。

形状记忆聚合物和记忆合金相比，具有感应温度低、低廉、易加工成型、适应范围广等特点，因此受到人们广泛的关注，并在形状记忆聚合物品种的开发、应用等方面取得了很大的进展。未来在形状记忆聚合物材料领域电活性聚合物材料将会是一个重点发展方向。

2.5.5 降解功能高分子材料

降解功能高分子材料暴露在氧、水、射线、光、热、化学试剂、污染物质、机械力及生物等环境条件下可发生降解，进而造成某些性能降低。从机理上看，降解因素可归纳为生物、光、化学降解，其中最具应用前景的是光降解与生物降解。可降解的功能高分子材料按照降解机理可分为光降解、生物降解和光-生物双降解 3 大类，而研究的重点是具有光-生物双降解和完全生物降解的高分子材料，这也是今后发展的方向。

光降解高分子的使用在某种程度上可以消除或减少塑料的白色污染问题，但光降解高分子对光的依赖性很大：光照立即发生降解，照不到就不降解，在农田中保留会影响作物生长。另外一个问题是光降解高分子中添加有大量光降解剂，也有可能影响到作物生长。

生物降解型高分子常用向通用高分子材料中添加淀粉或者生物降解剂来制得。这类材料在淀粉或者生物降解剂降解后会形成多孔结构或者碎片,这虽然增加了高分子材料的表面积,使得微生物侵蚀的机会增加,但散开的高分子材料往往不能被微生物完全降解。

根据降解机理和破裂形式不同,降解功能高分子材料可分为完全生物降解塑料(Biodegradable Plastics)和生物破坏性塑料(或崩坏性,Biostructible Plastics)两种;从原料的组成和制造工艺,可分为天然生物降解塑料和合成(化学合成或生物合成)生物降解塑料两种。天然生物降解塑料的主要原料是淀粉、纤维素、甲壳素和脱乙酰基多糖等。纤维素类生物降解塑料是以天然纤维素为原料,从可再生的原料来源和可被微生物分解而言,它优于光降解塑料和淀粉填充降解塑料,因而受到各国特别是日本的重视。但由于纤维素自身性能的弱点,由它单独得到的薄膜耐水性和强度均达不到通用薄膜的要求,因此常与其他天然高分子共混制成塑料,如日本四国工业技术试验研究所从纤维素和由甲壳质制得的脱乙酰壳聚糖复合成薄膜,具有与通用薄膜相同的强度,并可在两个月后完全降解。

我国不少单位利用稻草、麦秸、谷壳和木屑为原料,经处理制成薄膜和一次性餐具,也有利用废纸为原料制成纸质地膜,还有直接用木浆制造一次性餐具,这些做法均给天然高分子材料开拓应用尝试。

合成(化学合成或生物合成)生物降解塑料是通过化学或生物手段合成的降解材料,其分子结构中含有易降解官能团,如酯基、酰胺基等。这类材料有:

①微生物聚酯,是由微生物通过各种碳源发酵合成的各种不同结构的脂肪族共聚物。其中有英国 ICI 公司开发的 Biopol,其主要成分是 3-羟基丁酸酯(3HB)和 3-羟基戊酸酯(3HV)的共聚物(PHBV),可用现有塑料设备加工,柔韧性很好,已用于医用缝合线及置换人工器件;日本昭和高分子公司开发的脂肪族聚酯 Bionolle,由乙二醇和脂肪族二元酸缩聚合成,产品的特点是既具有类似 PE 的性能,又有完全生物降解性;美国 V. C. C 公司开发的 Tone Polymers 主要成分是聚 ε-已内酯(PCL)。

②聚乳酸,是由玉米经聚乳酸菌发酵得到 L-乳酸经聚合后再加工成薄膜和纤维,其最大的特点是在微生物的作用下可以完全分解成二氧化碳和水。美国 Kogill 公司于 1994 年投资 800 万美元建立了年产 5 000 t 的聚乳酸工厂;日本津岛制作所也建成了年产 100 t 聚乳酸的批量生产厂。

③聚酰胺共聚物(CPAE)、聚氨基酸、脂肪族聚酯与芳香族聚酯的共聚物(CPE)等。

当前降解高分子材料发展面临的问题主要有:

①价格高,较难推广应用。目前,生物降解高分子材料的价格是通用高

分子材料的2~15倍,随着技术进步和产量的递增其成本必然会逐步下降。另外还存在降解性控制及特殊性能要求等问题。

②降解高分子材料与一般材料有区别,高温下加工不稳定,有水存在易水解,加工性、降解性表征评价等方面需进一步加强研究。

③目前应用的生物可降解高分子材料在生物相容性、理化性、降解速率的控制及缓释性等方面仍存在诸多未解决的问题。

④降解高分子材料的后处理,需要健全的堆肥设施,以促进生物降解高分子材料的发展。

降解塑料的市场是巨大的,需要降解的塑料包装、农用制品及一次性塑料用品等占塑料总产量的30%,全世界降解塑料量估计为4 000万t,我国约为300万t。由于塑料制品的使用周期短,因此带来了大量垃圾,长期污染环境,因而尽快实现完全降解塑料的大规模工业化生产势在必行。

2.5.6 先进复合功能高分子材料

当今材料技术的发展趋势:一是从均质材料向复合材料发展;二是由结构材料向功能和多功能材料并重的方向发展。该发展趋势造就了先进复合材料的迅速发展。先进复合高分子材料是指以一种材料为基体(如树脂、陶瓷、金属等),加入另一种称之为增强(或增韧)料的高聚物(如纤维等),这种将多相物复合在一起,充分发挥各相性能优势的结构特征赋予了高分子复合材料广阔的应用空间。今后高分子复合材料的发展和应用重点集中在航空航天、医疗卫生、家居生活、沿海油气田和汽车制造等领域。

参考文献

[1] 赵玉庭,姚希曾. 复合材料聚合物基体[M]. 武汉:武汉工业大学出版社,1992.

[2] 潘祖仁. 高分子化学[M]. 北京:化学工业出版社,2011.

[3] 何曼君,张红东,陈维孝. 高分子物理[M]. 上海:复旦大学出版社,2007.

[4] 陈平,唐传林,廖明义. 高聚物的结构与性能[M]. 北京:化学工业出版社,2013.

[5] 陈平,刘胜平,王德中. 环氧树脂及其应用[M]. 北京:化学工业出版社,2011.

[6] 夏兰君,李福志,熊和建,等. 有机硅改性环氧树脂及其室温固化的性能研究[J]. 黏接,2014(4):54-57.

[7] 陈春露. 热固性树脂基复合材料应用及发展[J]. 黑龙江科技信息,2013(28):57.

[8] 王志刚,王飞,祝利善,等. 环氧树脂增韧改性研究进展[J]. 天津化学,2014,28(2):1-4.

[9] 黄发荣,万里强. 酚醛树脂及其应用[M]. 北京:化学工业出版社,2011.

[10] 伍林,欧阳兆辉,曹淑超,等. 酚醛树脂耐热性的改性研究进展[J]. 中国胶黏剂,2005,14(6):45-49.

[11] 李静. 酚醛树脂的应用现状及发展趋势[J]. 塑料制造,2014(6):71-74.

[12] 汪泽霖. 不饱和聚酯树脂及制品性能[M]. 北京:化学工业出版社,2010.

[13] 李玲. 不饱和聚酯树脂及应用[M]. 北京:化学工业出版社,2012.

[14] 杨霄云,贾德民,郭宝春. 邻苯二甲酸二烯丙酯增韧不饱和聚酯的研究[J]. 绝缘材料,2004(4):1-4.

[15] 王文治,陈朝莹. 不饱和聚酯树脂固化过程及结构变化[J]. 热固性树脂,1999(3):37-42.

[16] 朱立新,王小萍,贾德民. 不饱和聚酯的增韧改性及机理[J]. 绝缘材料,2004(1):52-55.

[17] 章舟. 呋喃树脂砂铸造生产及应用实例[M]. 北京:化学工业出版社,2008.

[18] 段春华,赵希娟,王炜,等. 呋喃树脂类防腐蚀材料研究应用进展[J]. 黏接,2012(2):80-83.

[19] 赵临五,王春鹏. 脲醛树脂胶黏剂:制备配方分析与应用[M]. 北京:化学工业出版社,2009.

[20] 熊晃,马迎春,王姣姣,等. 三聚氰胺甲醛树脂研究与应用进展[J]. 广东化工,2013,40(22):68-69.

[21] 丁孟贤. 聚酰亚胺:化学、结构与性能的关系及材料[M]. 北京:科学出版社,2012.

[22] 金养智. 光固化材料性能及应用手册[M]. 北京:化学工业出版社,2010.

[23] 赵陈超,章基凯. 有机硅树脂及其应用[M]. 北京:化学工业出版社,2011.

[24] 瓦塞尔. 聚烯烃手册[M]. 北京:中国石化出版社,2005.

[25] 洪定一. 塑料工业手册[M]. 北京:化学工业出版社,1999.

[26] 崔小明. 工程塑料聚四氟乙烯改性研究进展[J]. 有机氟工业,2009(3):52-58.
[27] 江建安. 氟树脂及其应用[M]. 北京:化学工业出版社,2014.
[28] 胡企中. 聚甲醛树脂及其应用[M]. 北京:化学工业出版社,2012.
[29] 邓如生,魏运方,陈步宁. 聚酰胺树脂及其应用[M]. 北京:化学工业出版社,2002.
[30] 金祖铨, 吴念. 聚碳酸酯树脂及应用[M]. 北京:化学工业出版社,2009.
[31] 吴建国,李兰军,郭洪涛. 聚砜及其复合材料研究进展[J]. 塑料工业,2009(7):9-12.
[32] 李刚,刘婷,陈彦模,等. 聚苯硫醚纤维的研究及发展[J]. 合成技术与应用,2005,20(3):30-33.
[33] 金栋,崔小明. 聚苯硫醚的生产及改性技术进展(续) [J]. 塑料制造,2007(5):122-125.
[34] 徐兆瑜. 聚醚醚酮树脂[J]. 四川化工与腐蚀控制,2003,6(2):39-44.
[35] 王国全,王秀芬. 聚合物改性[M]. 北京:中国轻工业出版社,2008.
[36] 朱光明,辛文利. 聚合物共混改性的研究现状[J]. 塑料科技,2002(2):42-46.
[37] 杨北平,陈利强,朱明霞. 功能高分子材料发展现状及展望[J]. 广州化工,2011,39(6):17-19.
[38] 王海民,王德志. 复合材料用热固性基体树脂的研究进展[J]. 化学与黏合,2000(4):182-183.
[39] 陈平,陈胜平. 环氧树脂[M]. 北京:化学工业出版社,1999.
[40] 赵玉庭,姚希曾. 复合材料聚合物基体[M]. 武汉:武汉工业大学出版社,1992.
[41] 卢宾 G. 增强塑料手册[M]. 哈尔滨玻璃钢研究所,译. 北京:中国建筑工业出版社,1975.
[42] 陈祥宝. 高性能树脂基体[M]. 北京:化学工业出版社,1999.
[43] 袁莉,马晓燕,王颖. 环氧树脂的共混增韧改性研究[J]. 高分子通报,2003(6):8-12.
[44] 刘巍,余训章,李双虎. 环氧树脂增韧研究进展[J]. 玻璃钢,2012(3):28-32.

第3章　聚合物基复合材料的增强体

在复合材料中，能提高基体材料力学性能的物质称为增强材料，它是复合材料的重要组成部分。增强材料可以起到提高基体的强度、弹性模量、韧性、耐磨性等性能的作用。复合材料的性能在很大程度上取决于增强材料的性能、含量和排布。增强材料的种类很多，最早应用于树脂基复合材料的增强材料有玻璃纤维、碳纤维和芳纶纤维。随着科学技术的发展，不断开发出新型高性能的增强纤维，如碳化硅纤维、氧化铝纤维、超高分子量聚乙烯纤维、聚苯并二噁唑(PBO)纤维等。目前最高性能的碳纤维的强度已达7 000 MPa，弹性模量可达900 GPa，而密度只有1.8～2.1 g/cm^3。

1. 应具备的基本特性

能明显提高基体某种所需的性能，如比强度、比模量、耐热性、耐磨性或低膨胀性等，以便赋予复合材料某种所需的特性或综合性能。

2. 应具有良好的化学稳定性

保证复合材料在制备和使用过程中，其组织结构和性能不发生明显的变化或劣化。

3. 与基体有良好的浸润性

与基体有良好的浸润性或通过表面处理后与基体有良好的亲和性，以保证增强材料和基体良好的复合和分布均匀。

进入20世纪90年代后，为满足高科技产品对材料的更高要求，复合材料正向高性能化、多功能化、轻量化、智能化及低成本发展。因而，在高性能纤维领域开发了众多新技术、新工艺、新设备，大大推进了新型高性能纤维的开发和应用。

为了合理应用增强材料，设计和制作高性能的复合材料，有必要了解增强材料的结构及性能特点。

3.1　复合材料增强体的定义与分类

在选择聚合物基体的增强材料时，首先应在充分了解和掌握聚合物基体的种类、性能基础上选择最适宜的增强材料。复合材料的增强材料种类众多,可按增强体的形状和组成分类。

1. 按增强材料的形状分类

增强材料按形状分为纤维类增强体、颗粒类增强体、晶须类增强体和片状物增强体等。

(1)纤维类增强体。

纤维类增强体根据纤维长短又可分为连续纤维增强体和短纤维增强体。连续纤维分为单丝和束丝(数百至几万根单丝),长度一般大于100 m,直径为1~20 μm,纤维的直径越小,纤维中的缺陷含量越低,纤维的强度越高。短纤维一般长度为几十毫米,也分为单丝和束丝。

(2)颗粒类增强体。

颗粒类增强体以很细的粉状(<50 μm)加到基体中,主要提高基体的模量、韧性、耐磨性、耐热性等。按材料成分可分为:

①无机非金属颗粒,如碳化硅、氧化铝、碳化硼、石墨、金刚石及碳酸钙。

②聚合物颗粒,如PE、氟树脂、PP、聚酰胺等颗粒。

③金属颗粒,如铁、铜、铝等颗粒。

(3)晶须类增强体。

晶须类增强体是人工制造出的细小单晶,一般呈棒状,其直径为0.2~1 μm,长度为几十微米。由于组织结构细小,晶须内缺陷少,因此具有很高的强度和模量。主要类型有SiC、Al_2O_3、Si_3N_4等陶瓷晶须。

(4)片状物增强体。

片状物增强体主要为陶瓷薄片,用于陶瓷薄片叠压成型陶瓷基复合材料以及混杂增强复合材料。

2. 按纤维组成成分分类

增强材料按纤维组成成分分为无机非金属纤维、有机纤维及金属纤维等。

(1)无机非金属纤维。

无机非金属纤维主要有碳纤维、玻璃纤维、玄武岩纤维、硼纤维、碳化硅纤维、氧化铝纤维及氮化硅纤维等。

(2)有机纤维。

有机纤维主要有芳纶纤维(Kevlar纤维)、超高分子量聚乙烯(UHMW-PE)纤维、聚苯并二噁唑(PPO)纤维及M5纤维等。

(3)金属纤维。

金属纤维包括钨丝、铍丝、钢丝(纤维)等。

3.2　玻璃纤维

玻璃纤维是发明最早、也最先应用于增强聚合物基体的纤维。玻璃纤维具有强度高、不燃、耐热、电绝缘、化学稳定性好、价格便宜等特点，是目前产量最大、应用最广的增强材料，已成为现代工业和高技术不可缺少的基础材料。

早在20世纪60年代初，玻璃纤维增强复合材料已用于火箭发动机壳体、高压容器、雷达天线罩和火箭承力构件。至今玻璃纤维增强聚合物基复合材料（玻璃钢）应用范围几乎涉及所有工业部门。

3.2.1　玻璃纤维的分类

玻璃纤维是以玻璃为原料，在高温熔融状态下拉丝而成，其直径为0.5～30 μm。玻璃纤维可按原料成分、纤维性能、纤维外观形状、单丝直径等分类。

1. 按原料成分分类

（1）无碱玻璃纤维。

无碱玻璃纤维，指纤维化学成分中碱金属氧化物的质量分数不大于0.5%的铝硼硅酸盐玻璃纤维，称为E-玻璃纤维。其主要特点是强度较高、耐热性、电绝缘性、耐候性及化学稳定性好（但不耐酸）。

（2）中碱玻璃纤维。

中碱玻璃纤维，指纤维化学成分中碱金属氧化物的质量分数为11.5%～12.5%的钠钙硅酸盐玻璃纤维，称为C-玻璃纤维。其主要特点是耐酸性好、价格低，但强度不如E-玻璃纤维。

（3）特种玻璃纤维。

高强度玻璃纤维（S-玻璃纤维）是由纯镁铝硅三元组成，抗拉强度可达4 700 MPa；高模量玻璃纤维（M-玻璃纤维）是在低铝的钙镁硅酸盐系统中加入铬、钽、铌等氧化物，其弹性模量达到120 GPa。

2. 按纤维性能分类

根据纤维本身具有的性能可分为普通玻璃纤维、高强度玻璃纤维、高模量玻璃纤维、耐高温玻璃纤维、耐碱玻璃纤维、耐酸玻璃纤维、低介电玻璃纤维、石英玻璃纤维等。

3. 按纤维外观形状分类

有连续玻璃纤维、短切玻璃纤维、空心玻璃纤维、玻璃粉和磨细玻璃纤维。

4. 按单丝直径分类

①粗纤维:纤维直径为 30 μm。

②初级纤维:纤维直径为 20 ~ 30 μm。

③中级纤维:纤维直径为 10 ~ 20 μm。

④高级纤维:纤维直径为 3 ~ 10 μm,其中超细纤维的直径小于 4 μm。

3.2.2 玻璃纤维的性能

1. 玻璃纤维的力学性能

玻璃纤维的力学性能不仅与材料成分有关,还与纤维的直径、长度以及制备工艺、储存环境等诸多因素有关。

玻璃纤维的力学性能与玻璃的化学成分及其含量密切相关。例如,含 BeO 的玻璃纤维具有高模量,比无碱玻璃纤维提高 60%。表 3.1 为不同化学成分的玻璃纤维的力学性能。

表 3.1 不同化学成分的玻璃纤维的力学性能

纤维种类	密度/($g \cdot cm^{-3}$)	拉伸强度/MPa	弹性模量/GPa
E-玻璃纤维	2.54	3 000	75
S-玻璃纤维	2.44	4 700	86
M-玻璃纤维	2.89	3 700	120

玻璃纤维的力学性能比相同成分的块状玻璃高很多。纤维的直径越小、长度越短,其强度越高。“微裂纹假说”认为,玻璃和玻璃纤维含有数量不等、尺寸不同的微裂纹,受到外力作用时,微裂纹处会产生应力集中,从而使强度下降,当纤维的直径减小和长度缩短时,纤维中微裂纹的数量和个数就会相应减少,有利于强度的提高。

一般 E-玻璃纤维的直径为 4 μm 时,弹性模量为 2.9 ~ 3.7 GPa,为 5 μm 时,弹性模量为 2.3 ~ 2.8 GPa;直径为 7 μm 时,弹性模量为 1.72 ~ 2.11 GPa;直径为 9 μm 时,弹性模量为 1.23 ~ 1.67 GPa;直径为 11 μm 时,弹性模量为 1.03 ~ 1.23 GPa。

玻璃纤维成型工艺也对玻璃纤维的强度有很大影响,如玻璃硬化时间越快,拉制的纤维强度越高。

玻璃纤维存放一段时间后,会出现强度下降的现象,称为老化。这主要取决于纤维成分对大气水分的稳定性。例如,无碱玻璃纤维和含 Na_2O 的有碱玻璃纤维,在空气湿度为 60% ~ 65% 的环境下存放两年后,无碱玻璃纤维的强度基本保持不变,而有碱玻璃纤维的强度下降 30% 以上。

玻璃纤维受到疲劳荷载和长期荷载时,其力学性能也会有不同程度的下降。

2. 物理性能

玻璃纤维的耐磨性和耐折性都很差,经过揉搓摩擦容易损伤或断裂。为了提高玻璃纤维的柔性、耐磨性和耐折性,可以采用适当的表面处理。如经 0.2% 的阳离子活性剂水溶液处理后,玻璃纤维的耐磨性可以提高 200 倍。

玻璃纤维耐热性好,软化点为 550～580 ℃,热膨胀系数为$(4.8\sim10)\times10^{-6}K^{-1}$。

玻璃纤维是优良的电绝缘材料,玻璃纤维的电性能主要取决于化学组成,无碱玻璃纤维的电绝缘性能比有碱玻璃纤维好得多,主要是因为无碱玻璃纤维中碱金属离子少的缘故。

玻璃纤维透光性能不如玻璃,但仍不失为优良的透光材料。因而可以制成透明玻璃钢用作各种采光材料,还可制成导光管以传递光束或光学物像。

3. 化学性能

玻璃纤维的化学稳定性决定于化学组成,C-玻璃纤维对酸的稳定性好,但对水的稳定性差;E-玻璃纤维耐酸性较差,但耐水性较好;C-玻璃纤维和 E-玻璃纤维耐碱性接近,耐碱性好;S-玻璃纤维和 M-玻璃纤维耐酸性和耐水性均好,耐碱性也好于 C-玻璃纤维和 E-玻璃纤维。

3.2.3　玻璃纤维的表面处理

玻璃纤维是由分散在 SiO_2 网状结构中的碱金属氧化物混合而成的,这些碱金属氧化物有很强的吸水性,暴露在大气中的玻璃纤维表面会吸附一层水分子,当形成复合材料后,存在于玻璃纤维-基体界面上的水,一方面会影响玻璃纤维与树脂的黏结,同时也会破坏纤维并使树脂降解,从而降低复合材料的性能。玻璃纤维的表面处理是在玻璃纤维表面覆盖一层偶联剂。偶联剂具有两种或两种以上性质不同的官能团,一端亲玻璃纤维,一端亲树脂,从而起到玻璃纤维与树脂间的桥梁作用,将两者结合在一起形成玻璃纤维/偶联剂/树脂的界面区。形成的界面区有 3 个亚层,即物理吸附层、化学吸附层和化学共价键结合层,界面区的形成使玻璃纤维表面与大气隔绝开,避免金属氧化物的吸水作用。

玻璃纤维的表面处理分为前处理、后处理和迁移法 3 种。前处理是用偶联剂代替石蜡型浸润剂,直接用于玻璃纤维拉丝集束,用这种纤维制作复合材料时无须脱蜡处理,故纤维不会受到损伤,纤维强度比其他两种方法要高,但纤维柔软性稍差;后处理方法是将纤维先经热处理脱蜡,然后浸渗偶联剂,再经预烘,用蒸馏水洗涤、干燥;迁移法是将偶联剂直接加入树脂配方之中,让偶联剂在浸胶和成型过程中迁移到纤维表面发生偶联作用,其方法简单,应用较多。

3.2.4 玻璃纤维的应用

在复合材料中玻璃纤维主要应用于增强树脂基体,制备树脂基复合材料。按玻璃纤维的应用形态可划分为如下形式。

1. 无捻粗纱

无捻粗纱可根据应用形式分为纤维原丝和纤维束丝。连续纤维束丝主要应用于缠绕成型和拉挤成型树脂基复合材料。纤维单丝和束丝的短纤维主要用于喷射成型、预成型坯、SMC 和模压成型树脂基复合材料。短切原丝主要用于团状模塑料 BMC。

2. 纤维织物

玻璃纤维无捻粗纱布主要用作手糊成型法、RTM 成型法、层压法、卷管工艺制备玻璃钢制品的增强体。纤维不加捻的目的是为了纤维有良好的树脂浸透性。

加捻的玻璃纤维织物包括平纹布、斜纹布、缎纹布、罗纹布和席纹布,主要应用于生产各种电绝缘层压板、印刷电路板、各种车辆车体、储罐、船舶与手糊制品的玻璃钢模具,以及耐腐蚀玻璃钢制品场合。

3. 玻璃纤维毡

玻璃纤维毡包括短切原丝毡、连续原丝毡、表面毡和针刺毡。短切原丝毡中高溶解度型短切原丝毡用于连续制板和手糊成型玻璃钢制品,低溶解度短切原丝毡适用于对模模压和 SMC 制品。连续原丝毡适用于具有深模腔或复杂曲面的对模模压,包括热压和冷压,还应用于拉挤型材工艺和 RTM 工艺。表面毡又称单丝毡,它是用 10 ~ 20 μm 的 C-玻璃纤维单丝随机交叉铺陈并用黏结剂黏合而成,可用于增强塑料制品的表面作为表面耐腐蚀层,或者用来获得高富树脂的光滑表面,防止胶衣层产生微细裂纹、遮掩下面的玻璃纤维及织物纹路。针刺毡主要用于对模法制备玻璃钢。

4. 玻璃纤维带

玻璃纤维带常用于高强度、高介电性能的复合材料电气设备零部件。玻璃纤维单向无纬带可用于电枢绑扎以及制造耐压要求较高的玻璃钢薄壁圆筒和气瓶等高压容器。

5. 玻璃纤维三向织物

玻璃纤维三向织物包括异形织物、槽形织物和缝编织物等。以其作为增强体的复合材料具有较高的层间剪切强度和耐压强度，可用作轴承及耐烧蚀件等。

6. 组合增强材料

玻璃纤维作为树脂基体的增强材料，经常把短切原丝毡、连续原丝毡、无捻粗纱织物和无捻粗纱等按一定的设计顺序组合铺放增强树脂基体，制备特殊性能或综合性能优异的玻璃钢制品。

3.2.5 玻璃纤维的发展

随着玻璃纤维制造工业的发展，众多具有特殊性能的玻璃纤维，即特种纤维陆续被开发出来，并在复合材料中应用。下面介绍其中几种特种玻璃纤维。

1. 铝-镁-硅玻璃纤维

日本日立公司报道的铝-镁-硅玻璃纤维的典型成分是：SiO_2的质量分数大于60%、Al_2O_3的质量分数大于20%、MgO 的质量分数小于15%，此外还含有少量的 TiO_2、ZrO_2。纤维的热膨胀系数为 $3.0\times10^{-6}\ K^{-1}$，电阻率高达 $5.2\times10^{13}\ \Omega\cdot cm$，在频率高达 10^{10} Hz 时介电损耗仍小于 10^{-3}。由于此种纤维的高强度、电绝缘性、耐热性等方面的优点，可用于电子技术和特种工程。将此纤维与体积分数少于35%的树脂复合热压，制造的层合板具有低热膨胀系数，可用作印刷电路板。

2. 硅-铝-镁-钙玻璃纤维

日本 Shimadzn 公司和 Asahi Fiber Glass 公司的专利为硅-铝-镁-钙玻璃纤维，其原料便宜，成型容易，具有良好的化学耐久性，主要用于水泥、树脂的增强材料，也可用作光学转换材料。

3. 高硅氧玻璃纤维和石英玻璃纤维

高硅氧玻璃纤维也称硅石纤维，其成分中 SiO_2的质量分数达96%以上。石英玻璃纤维也称熔凝硅石纤维，纤维中 SiO_2的质量分数为99.9%，密度为 2.2 g/cm^3，纤维的拉伸强度为1.0 GPa，弹性模量为73 GPa，高温下强度损失小，尺寸稳定性、抗热振性、化学稳定性、透光性和电绝缘性均较好，最高安全使用温度为1 100～1 200 ℃。石英纤维增强的复合材料可用作火箭和航天飞机的耐烧蚀部件、高性能雷达制品及飞机结构件。

高硅氧玻璃纤维和石英玻璃纤维具有相似的耐高温及低热膨胀特点，

热膨胀系数为 7×10^{-7} K^{-1}，高电阻和高耐久性。但高硅氧纤维的强度偏低，主要用作防热材料。

4. 空心和异形玻璃纤维

空心和异形玻璃纤维是采用特殊的成型技术，改变纤维形状而达到特殊的目的。空心玻璃纤维是为了减轻复合材料的质量，增加刚度和耐压强度；而异形玻璃纤维是为了改变圆柱形纤维，制成三角形、椭圆形、哑铃形等形状，增加纤维与基体的黏结力，提高复合材料的强度和刚度。空心玻璃纤维采用铝-硼-硅酸盐玻璃拉制而成，纤维的空心率为10%～65%，外径为10～17 μm。空心纤维的质量轻、介电常数低、较脆，主要用于宇航及水下设备中。

5. 氮氧玻璃纤维

氮氧玻璃纤维的主要组成为Si-Ca-Mg-Al-O-N，是20世纪90年代的新产品。采用特殊的技术使N原子取代玻璃中的O原子，提高了原子间的作用力，因此纤维强度、弹性模量和耐热性均得到很大提高。据报道，日本生产的该种纤维直径为10～20 μm，密度为2.9 g/cm^3，弹性模量为160～180 GPa，拉伸强度为4 000 MPa。

6. 低介电玻璃纤维

低介电玻璃纤维具有低密度（小于2.1 g/cm^3）、介电性能优异等优点，尤其是在 10^{10} Hz频率时，介电常数不大于4.0，介电损耗 δ 不大于0.003。近年来因其具有较好的吸波特性可作为隐身材料而备受重视。低介电玻璃纤维的关键是玻璃的成分设计，由于 SiO_2、B_2O_3 等氧化物能有效降低介电性能，因此它们是低介电玻璃纤维的主要成分，其质量分数为95%以上。低介电玻璃纤维复合材料产品已应用于战斗机机头雷达上。

除以上几种特种玻璃纤维外，还有耐辐照玻璃纤维、半导体玻璃纤维等已经开发并得到应用。

3.3 碳 纤 维

碳（石墨）纤维是由C元素组成的高性能纤维，碳纤维具有高强度、高模量、低密度、低热膨胀、高导热、耐高温等优异的性能。因此，以碳纤维增强的复合材料已广泛应用于航空航天、军事、体育器材、工业和民用等领域。

3.3.1 碳纤维的分类

碳纤维主要以有机物为原料，采用气相法或有机纤维碳化法制备。碳纤维的种类很多,主要根据制备碳纤维的原料不同分为 PAN 基碳纤维、黏胶基碳纤维和沥青基碳纤维。

1. PAN 基碳纤维

PAN 基碳纤维是采用聚丙烯腈(PAN)纤维,经预氧化、碳化、石墨化处理制备的碳纤维。这种纤维强度高,型号多,产量高(占碳纤维总产量的90%以上)。纤维微观结构有序度越高,其强度和模量越高,如 T800 比 T300 有序度高,强度和模量也比 T300 高;石墨化程度越高,弹性模量越高。

2. 黏胶基碳纤维

黏胶基碳纤维是以棉或其他天然纤维为原料而生产的纤维素纤维。黏胶基碳纤维是黏胶纤维经低温分解、碳化、石墨化处理后得到的。黏胶基碳纤维主要应用于耐烧蚀材料、隔热材料和民用电热产品,利用空隙结构发达和易调控特点制造活性 CF 系列制品。黏胶基碳纤维的产量不足碳纤维总产量的 1%,但它具有的特殊性能,至今仍不可替代。

3. 沥青基碳纤维

沥青基碳纤维是以沥青为原料,经过纺丝、不溶化处理、碳化制备的。其具有高石墨化、高取向度,比 PAN 基体纤维的弹性模量更高。如日本新日铁公司制造的沥青基碳纤维的弹性模量高达 784 GPa。

3.3.2　碳纤维的性能

1. 力学性能

通常碳的质量分数越大,有序化程度越高,碳纤维的强度越高;石墨化程度越高,碳纤维的弹性模量越高。表 3.2 为日本东丽公司的碳纤维性能。

表 3.2　日本东丽公司的碳纤维性能

牌号	拉伸强度/MPa	弹性模量/MPa	延伸率/%	密度/(g · cm^{-3})
T300-6000	3 530	230	1.5	1.76
T400HB-6000	4 410	250	1.8	1.8
T700SC-12000	4 900	230	2.1	1.8
T800HB-12000	5 490	294	1.9	1.81
T1000GB-12000	6 370	294	2.2	1.8
M35JB-12000	4 700	343	1.4	1.75
M40JB-12000	4 400	377	1.2	1.75
M46JB-12000	4 020	436	0.9	1.84
M55JB-6000	4 020	540	0.8	1.91
M60JB-6000	3 820	588	0.7	1.93
M30SC-18000	5 490	294	1.9	1.73

2. 物理性能

碳纤维的密度为1.7～2.1 g/cm^3，石墨化程度越大，碳纤维的密度也越大。由于石墨晶体的方向性，碳纤维的物理性能是各向异性的。如碳纤维的热膨胀系数沿纤维方向为负值，即-1.5×10^{-6}～$-0.5\times10^{-6}K^{-1}$；而垂直于纤维方向的热膨胀系数为正值，即5.5×10^{-6}～8.4×10^{-6} K^{-1}。碳纤维沿纤维方向的热导率为16.74 W/(m·K)，垂直于纤维方向的热导率为0.837 W/(m·K)。

碳纤维是导电材料，电阻率与纤维类型有关，在25 ℃下，高模量碳纤维的电阻率为755 μΩ·cm；高强度碳纤维的电阻率为1 500 μΩ·cm。碳纤维的电动势为正值，当它与电动势为负值的材料(如铝合金)接触时，会发生电化学腐蚀。

3. 化学性能

碳纤维的化学性能与碳相似，抗氧化性好，除能被强氧化剂氧化外，对一般酸碱是惰性的。在空气中，温度大于400 ℃时出现明显的氧化，生成CO和CO_2；在不接触空气和氧化气氛时，碳纤维在1 500 ℃强度才开始下降。碳纤维还具有耐油、抗放射、吸收有毒气体、减速中子等性能。

3.3.3 碳纤维的表面处理

碳纤维通常不单独使用，一般作为聚合物、金属、碳、水泥等基体的增强材料使用。而碳纤维的表面性能直接影响与基体的键合性及其复合材料的性能。碳纤维的表面为C—C结构，所以比表面积很小，呈惰性。虽然表面存在一些官能团，但活性表面积小。因此，作为复合材料的增强体，使用前往往要进行表面处理。

表面处理的目的是清除表面杂质，在碳纤维表面形成微孔和刻蚀沟槽，从类石墨层面改性成碳状结构以增加表面能，或者引入具有极性或反应性的官能团以及形成可与树脂起作用的中间层，以增加物理吸附与化学键合的概率，从而改善碳纤维和基体之间的黏结性，提高复合材料的力学性能。

碳纤维的表面处理方法有高温热处理、化学氧化、等离子、电聚合、气相沉积及化学表面涂层等。近年来，国外又研究了电晕处理、接枝聚合等，以适应不同的用途。各种处理方法有各自特点，通常高温热处理主要提高其弹性模量；化学氧化法、等离子法等用于克服其惰性，改善纤维与基体的黏结。化学氧化法也称刻蚀法，应用较多，其中干法(臭氧、二氧化碳)对设备要求低，操作方便，能连续进行；缺点是反应不易控制，容易造成处理过度而使纤维严重失重及拉伸强度急剧下降。湿法(在各种氧化性介质中)反应易于控制，但操作烦琐，对环境污染严重，不适合工业化生产。等离子法对纤维损伤小，效果良好。化学表面涂层法的优点是不仅能够提高层间剪切强度，又能改善复合材料加工中的工艺性，尤其对碳纤维编织物更显其优点，但在涂层选择上也受一定的限制。

为解决国产 CCF300 碳纤维与进口 T300 碳纤维的综合性能相差较大的问题,张夏明使用酚醛树脂(PF)对 CCF300 进行碳化改性。通过对 PF/CF 界面层的第一性原理计算,发现界面层中的差分电荷密度等高面受官能团影响较大,尤其是—COOH,该处的差分电荷密度等高面畸变较为严重,电子云相互重叠,表明在 PF 碳化层和碳纤维表层之间形成相互作用较强的共价键,如图 3.1 所示。对不同截面处的切片进行差分电荷密度分析,发现界面层中存在官能团的地方,差分电荷密度对比较为明显,即发生明显的电子得失,见表 3.3。官能团不仅影响差分电荷密度,而且影响界面层中 C 原子的排列,使 C 原子发生一定程度的偏移,造成六方结构的破坏。对界面层化学键的布局数进行分析,发现受—COOH 影响,在 PF 碳化层与碳纤维表层之间形成了结合较强的共价键,这从理论上直接证明了 PF/CF 界面层中存在较强的共价键。因此,通过碳化酚醛树脂,可以在碳纤维表面附着一层与碳纤维表层结合牢固的碳化层,并形成稳定的界面。

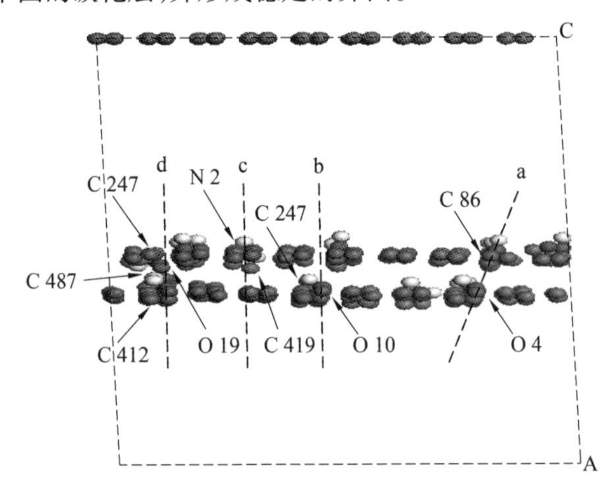

图 3.1　PF/CF 界面层切片及原子分布示意图

对碳纤维进行表面涂覆 PF 碳化改性,发现随着 PF 浓度的减小,PF 的包覆量减小,PF 最佳的浓度为 14%,此时 PF 的包覆量与原丝的上浆剂含量相近,包覆层完整且厚度适宜。随着 PF 碳化温度的提高,碳纤维单丝的本体拉伸强度降低,较适宜的碳化温度为 700 ℃。在 700 ℃下高温碳化浓度为 14% 的 PF 改性碳纤维,发现在碳纤维表面附着了一层较为均匀且完整的多孔炭结构,正是由于这些多孔炭结构的存在,大大增加了碳纤维的粗糙度和比表面积。粗糙度高达 107.4%,相比 CCF300 和 T300 的表面粗糙度分别提高 218.7% 和 234.6%,表面能为 43.67 mJ · m^{-2},比 CCF300 和 T300 分别提高 13.7%、8.3%。通过 XPS 分析发现,O/C 和官能团含量分别比 CCF300

提高 7.6% 和 1.2% 。通过复合材料界面评价装置表征界面剪切强度,发现在最佳工艺条件下,PF 碳化改性的碳纤维的界面剪切强度为 105.8 MPa,比 CCF300 和 T300 分别提高了 12.7% 和 11.1% 。

表 3.3 不同切片处键的布局数

切片	化学键	布局数
a	O4-C98	-0.11
	O4-C86	-0.20
	C249-C192	-0.04
b	O10-C248	-0.20
	O10-C247	-0.33
	O10-C250	-0.20
c	C419-C399	-0.17
	C419-C400	-0.03
	C419-N2	-0.57
d	O19-C412	-0.54
	O19-C431	-0.61
	C487-C412	-0.66
	C487-C432	-0.26

图 3.2 为微复合材料界面脱黏 SEM 图,由图也可以看出 CCF300 的微脱黏后的界面树脂残留较少,可以清晰地看到碳纤维表面的沟槽,表明未经改性处理的碳纤维界面结合较弱,微复合材料的破坏发生在碳纤维和树脂的界面处。经 PF 碳化改性处理过后,树脂微珠脱黏的微界面上黏有较多的树脂,表明经 PF 碳化改性后的碳纤维与树脂的界面结合良好,提升了界面结合强度。

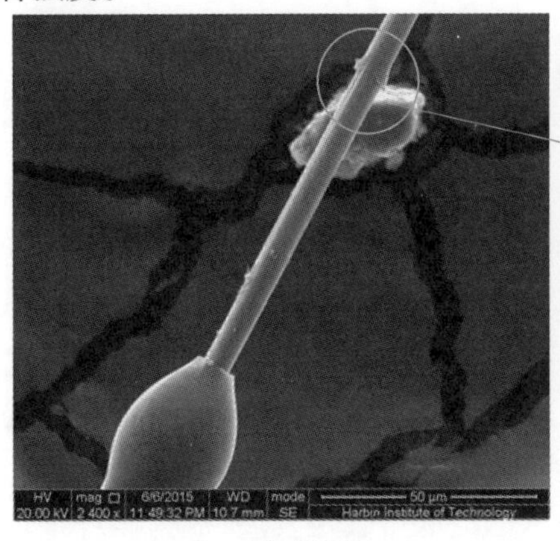

(a) CCF300

(b) 局部放大图

图 3.2 微复合材料界面脱黏 SEM 图

3.3.4　碳纤维的应用

碳纤维作为复合材料的增强体已广泛应用于航空航天、汽车工业、土木工程、医疗医用器械、体育、军事工业、娱乐器材及能源等领域。

1. 碳纤维在航空航天领域中的应用

碳纤维增强复合材料的比强度高，是维持机翼的扰流片和方向舵气动外形的理想材料，还可应用于飞机机翼、尾翼以及直升机桨叶。未来飞机的发展趋势是大型化和高速化，因此轻质高强的碳纤维增强复合材料的应用是大势所趋。例如，空客 A350 的复合材料用量已接近总质量的 40%，波音 787 的机翼和机身上使用的复合材料超过 50%，其中很大一部分是采用碳纤维增强复合材料。

各种宇宙飞行器、探测器、空间站、人造卫星等在太空轨道中的飞行器、航天飞机和战略武器重返大气层需通过苛刻的高温环境，在这种恶劣环境中飞行，碳纤维复合材料起了不可替代的作用。比如，洲际弹道导弹在进入大气层时温度高达 6 600 ℃，任何金属材料都会化为灰烬，高耐烧蚀的 C/C 复合材料仅烧蚀减薄，不会熔融。

2. 碳纤维在汽车工业中的应用

汽车的轻量化可以提高汽车的整体性能并节省燃油和减少排放。采用碳纤维增强复合材料制造汽车构件不仅可以使汽车轻量化，还可以使其具有多功能性。例如，用碳纤维增强树脂基复合材料制造的发动机挺杆，利用其阻尼减振性能可降低振动和噪声，提高行驶舒适感。又如，碳纤维增强复合材料制备的传动轴不仅阻尼特性好，而且因其具有高的比模量可提高发动机转速及行车速度。此外，碳纤维复合材料制造的刹车片不仅使用寿命长，而且无污染。还可利用碳纤维的导电性能制造司机的坐垫和靠垫，增加冬季行车的舒适感。

3. 碳纤维在土木工程中的应用

随着材料科学技术的进步，许多新兴建材进入市场。其中纤维增强复合材料，因其具有高比强度、高比模量、阻燃、耐腐蚀等优点及导电、电磁屏蔽等性能发展较快。如短切碳纤维增强水泥可以制造各种幕墙板，实现建材的轻量化，特别是在沿海建筑中显示出其优异的耐腐蚀性。利用碳纤维的导电性能可以用来制造采暖地板。此外，碳纤维复合材料在维修和加固土木建筑、桥梁及基础设施方面的应用也已经取得长足发展，成为碳纤维市场的新增长点。特别是大丝束碳纤维的产业化，碳纤维价格得以降低，必将进一步拓宽其在土木工程中的应用。

4. 碳纤维在医疗器械和医用器材上的应用

碳纤维复合材料和活性碳纤维制品在医疗器械、医用器材等方面已经广泛应用。碳纤维与生物具有良好的组织相容性和血液相容性,可作为生物体的植入材料。同时发现,碳纤维具有诱发组织再生功能,可促进新生组织在植入碳纤维周围再生。在医疗器材方面,碳纤维复合材料可应用于外伤包扎带、医疗加热毯、灭菌除臭褥等。

5. 碳纤维在体育娱乐器材上的应用

体育娱乐器材特别是竞技器材,大多追求在满足强度和刚度要求的前提下质量越轻越好,即要求材料高比强度和比模量。据统计,世界碳纤维产量的 1/3 用来制造体育娱乐器材。如高档的羽毛球拍、网球拍、钓鱼竿、高尔夫球棒、棒球棒、赛艇、赛车等几乎都是用碳纤维复合材料制备的。

3.3.5 碳纤维的发展

随着研究水平的不断提高,碳纤维的性能不断改善,其增强的复合材料的应用领域也不断扩展。下面介绍碳纤维的几个发展热点。

1. 发展高性能、廉价碳纤维

碳纤维具有高强度、高模量等优点,但是价格也较高。近年来,世界各国大力研究高性能、廉价的碳纤维。首先是研究低成本生产碳纤维技术,如日本东丽公司重点开发拉伸强度在4 000 ~ 5 000 MPa,而价格与 T300 碳纤维相当的品种。另外,加强大丝束碳纤维生产技术的研究和推广。大丝束碳纤维的价格比小丝束碳纤维的价格低 30% ~40%,而性能与小丝束碳纤维相当,因而成为研究热点。

2. 研究和发展热导率高的碳纤维及其复合材料

应用于许多国防军事工业中的结构和高集成电子信息产品,要求高热导率,热量尽快散发,为此研究高热导率的碳纤维成为重要的研究方向。美国 BPAMOCO 公司已经成功研制出热导率比铜还高的沥青基碳纤维,其热导率可达 800 ~1 000 W/(m · K),是铜的2 ~2.5倍。利用该种纤维制备的树脂基复合材料的热导率可达 50 ~150 W/(m · K)。

3. 研究开发不同热膨胀系数的碳纤维

碳纤维增强树脂基复合材料中的树脂种类繁多,其热膨胀系数变化较大,为了满足不同复合材料制品的要求,制备不同热膨胀系数的碳纤维是纤维研究和生产的重要发展方向。如日本 Grafil 公司研制了一系列热膨胀系数不同的碳纤维,这些碳纤维的热膨胀系数覆盖面宽,可以从$-0.5\times10^{-6}K^{-1}$到$0.5\times10^{-6}K^{-1}$。

3.4　芳纶纤维

芳纶纤维是芳香族酰胺纤维的总称，其中聚对苯二甲酸对苯二胺纤维(即对位芳纶纤维)在20世纪70年代由杜邦公司率先产业化，注册商标为Kevlar系列。第一代产品为RI型、29型和49型；第二代产品Kevlar HX系列，有高黏结型Ha、高强型Ht(129)、原液着色型Hc(100)、高性能中模型Hp(68)、高模型Hm(149)和高伸长型He(119)。

由于分子链结构中引入了刚性的苯环结构，Kevlar纤维的热性能和力学性能远高于柔性的聚酰胺纤维。

我国将芳香族聚酰胺纤维称为芳纶纤维，如芳纶1313(聚间苯二甲酸间苯二胺，称间苯芳纶)和芳纶1414(聚对苯二甲酸对苯二胺，称对位芳纶)。中国芳纶纤维的研究从20世纪70年代开始，产品性能已达到Kevlar49的水平，据统计2004年我国的芳纶纤维产量达到7 600 t。

3.4.1　芳纶纤维的性能

芳纶纤维中分子链结构具有高度的规整性、取向度和结晶度，大分子链呈刚性，因此具有高的强度。同时，芳纶纤维分子结构中的苯环与羰基和氨基电子对存在共轭效应，使其具有力学性能、热性能和光性能的各向异性特征。

1. 力学性能

芳纶纤维具有比强度高、比模量高、耐冲击性能好(约为石墨纤维的6倍)等优良的力学性能。表3.4中列出了几种Kevlar对位芳纶纤维的力学性能。

表3.4　几种Kevlar对位芳纶纤维的力学性能

性能	Kevlar-29	Kevlar-129	Kevlar-149
韧性/($cN \cdot tex^{-1}$)	205	235	170
拉伸强度/GPa	2.9	3.32	2.4
弹性模量/GPa	60	75	160
断裂延伸率/%	3.6	3.6	1.5
吸水率/%	7	7	1.2
密度/($g \cdot cm^{-3}$)	1.44	1.44	1.47
分解温度/℃	500	500	500

2. 热性能

芳纶纤维的刚性结构使其具有晶体的特性和高尺寸稳定性，其玻璃化转变温度高于300 ℃，且不易发生高温分解。因此，芳纶纤维作为耐高温材料应用于航空航天领域。

3. 耐环境性

芳纶纤维耐紫外线性能较差，应尽量避免在紫外光和太阳光的照射下使用。

3.4.2 芳纶纤维的表面处理方法

芳纶纤维表面无极性基团，与树脂基体的黏结性差。为此，众多研究者开展了芳纶纤维表面处理方法的研究。

日本旭化成公司用表面处理技术将干喷湿纺所得的 PPTA 纤维用一定浓度的四乙氧基硅烷的乙醇溶液涂覆，以改进与树脂基体的黏合力和压缩强度。

日本帝人公司将芳纶纤维的表面涂敷一层主链结构与之类似并含有氨基侧基的聚合物。该氨基可与主要树脂基体（如环氧树脂、不饱和树脂、酚醛树脂、聚酰亚胺等）发生化学反应，这样芳纶纤维的耐热性和化学稳定性不仅不下降，而且会改善树脂基体的黏合性及复合材料的层间剪切强度。

3.4.3 芳纶纤维的主要应用和发展

芳纶纤维的比强度、比模量明显优于高强玻璃纤维，芳纶纤维增强树脂基复合材料发动机壳体比玻璃纤维增强树脂基复合材料的壳体容器的特性系数 pV/W（p 为容器爆破压力，V 为容器容积，W 为容器质量）提高 30% 以上，用于导弹燃料容器的壳体可大幅度增加导弹的射程。

芳纶纤维增强复合材料大量应用于制造先进的飞机发动机舱、中央发动机整流罩、机翼与机身整流罩等飞机部件；制造战舰的防护装甲以及声呐导流罩等，是一种极有前途的重要的航空航海材料。

芳纶纤维具有负热膨胀系数的特性，可制备出高尺寸稳定性的复合材料，应用于卫星结构。

使用芳纶纤维作为复合材料的增强体，主要是利用其力学性能、耐热性能，同时要考虑其性价比，有些应用领域还要求耐化学腐蚀和耐辐射性等。为此，目前的研究开发方向仍然是围绕提高强度、弹性模量、延伸率和生产效率，降低成本，同时根据对位芳纶纤维所具有的原纤化结构和叠成结构，改进其表面缺陷和提高层间剪切与压缩强度，以扩大应用领域。

理论研究表明，对位芳纶纤维的理论强度和模量分别为 30 GPa 和 191 GPa。芳纶纤维的一些重要应用领域需要高强度，如运载火箭的固体发动机壳体和其他高压容器需要很高的比强度和比模量，防弹结构（如防弹背心和头盔等）也需要高强度，特别是防弹背心的轻量化和舒适性要求越来越高，因此进一步提高芳纶纤维的强度一直是重要的研究课题。

1. 对位芳纶超细纤维的制备

试验表明，纤维直径越细，纤维的强度越高。日本帝人公司开发了纤度为0.21 dtex 的 Technora 共聚纤维，制得的超细纤维强度高达 3.9 GPa，延伸率为 4.2%，弹性模量为76.4 GPa。荷兰 Twaron 的产品 VOF，已引入了对位芳族聚酰胺的超细纤维品种，这种超细纤维耐切割性可以提高 10% 以上，特别适合于针织手套，其佩戴性和灵巧性大幅提高。

2. 提高相对分子质量

通过选用高相对分子质量的树脂和先进成纤工艺，获得了高特性黏数的聚对苯二甲酸对苯二胺（PPTA），同时减少了 PPTA 在浓硫酸成纤过程的降解，提高其分子取向度和结晶度，并探索出最佳结晶尺寸和分布以及减少表面和结构缺陷的方法，纤维强度可以达到 3.8 GPa，而弹性模量则通过选用对数比黏度为 10 dL/g 以上的树脂，开发出弹性模量达到 143 GPa 的 Kevlar149新品种，其吸湿率只有 1% 左右。

3. 探索共聚改性方法

探索通过引入共聚单体进一步提高 PPTA 纤维强度和模量，或通过改进其固有的耐疲劳性差和层间剪切强度低等缺点的方法。目前已开发成功的有日本帝人公司的 Technora 纤维，是引入第三单体 3,4-二胺基二苯醚进行共聚得到的。它不仅可溶于极性有机溶剂中进行湿纺，且使纤维强度提高至3.3 GPa，其耐疲劳性优良，适合于轮胎帘子线和新型替代钢筋等建材。赫司特公司研制出在 Tehnora 的三元共聚组分中再加入 1,4-双苯，缩聚成质量分数为 6% 的四元共聚溶液后，直接进行湿纺和热拉伸得到强度为3.6 GPa，弹性模量为 73.5 GPa，延伸率为 5% 的高强度芳纶纤维。

除上述研究外，芳纶纤维的耐老化性能改进、热处理改性以及 PPTA 的着色方法等方面的研究也取得很大进展。

3.5　有机杂环类纤维

Kevlar 纤维的缺点是分子链中存在易热氧化、易水解的酰胺键，其环境稳定性差。近代理论和实践表明，合成棒状芳杂环聚合物，并在液晶相溶液状态下纺丝所获得的纤维,不但纤维的力学性能较 Kevlar 纤维有所提高,其热稳定性也更接近于有机聚合物晶体的理论极限值。

有机杂环类纤维是在高分子主链中含有苯并双杂环的对位芳香聚合物纤维,如聚苯并噁唑(PBO)纤维、聚苯并噻唑(PBT)纤维、聚苯并咪唑(PBI)纤维等。

3.5.1 聚苯并噁唑(PBO)纤维

PBO 的化学结构是在主链中含有苯环及芳杂环组成的刚性棒状分子结构以及链在液晶态纺丝形成的高度取向的有序结构。

PBO 纤维的制备包括高纯度 PBO 专用单体 4,6-二氨基间苯二酚的合成、PBO 的聚合、液晶干喷湿纺纺丝及后处理过程。商品化 PBO 纤维主要有日本东洋纺织公司开发的 PBO-AS 和 PBO-HM,荷兰阿克苏·诺贝尔公司的 PBO-M5,美国杜邦公司的 PBO 等九种牌号。

1. PBO 纤维的性能

PBO 分子独特的共轭结构及液晶性质使 PBO 纤维具备了"四高"的性能,即高强度、高模量、耐高温和高环境稳定性。其拉伸强度和弹性模量约为 Kevlar 纤维的 2 倍,LOI 值是 Kevlar 纤维的 2.6 倍,其综合性能远优于对位芳纶纤维。商品化 PBO 纤维的主要性能见表 3.5。

表 3.5 商品化 PBO 纤维的主要性能

纤维类型	密度 /(g·cm^{-3})	拉伸强度 /GPa	拉伸模量 /GPa	延伸率 /%	LOI 值	分解温度 /℃	最高使用温度/℃
PBO-AS	1.54	5.8	180	3.5	68	650	350
PBO-HM	1.56	5.8	280	2.5	68	650	350
PBO-M5	1.70	—	330	1.2	75	—	—

PBO 纤维尚有一些不足之处,例如压缩性能差及界面黏结性差。PBO 纤维与聚合物基体的黏结性能比芳纶纤维还低,限制了 PBO 纤维在高性能复合材料中的应用,通常需要对纤维进行表面处理后,才能用作复合材料的增强体。

2. PBO 纤维的表面处理

PBO 纤维表面光滑并且缺少活性基团,这种表面化学和结构特性决定了 PBO 纤维与基体的黏结强度很低。因此,PBO 纤维增强复合材料的剪切强度和弯曲强度较低,复合材料中 PBO 纤维的高强特性不能充分发挥。于是,改善 PBO 纤维的表面性质,提高复合材料界面黏结强度是 PBO 纤维增强树脂基复合材料的重点研究方向。

PBO纤维表面处理方法主要有表面化学刻蚀、共聚改性、偶联剂处理、等离子处理、电晕处理和辐射处理等。S. Yalvac等研究了化学偶联法对界面黏结性能的影响，在不牺牲纤维其他性能的前提下，界面黏结强度可增加75%。SoY. H等利用氧等离子电晕处理PBO纤维，纤维和基体的黏结强度可以提高2倍。黄玉东等利用高能射线辐射技术对PBO纤维表面进行改性处理，其增强的环氧树脂基复合材料的层间剪切强度从处理前的10.2 MPa提高到处理后的23.1 MPa，提高幅度高达130%。

3. PBO纤维的应用与发展

PBO纤维主要应用于高强复合材料、高抗冲击材料及特种防护材料。例如，特种压力容器、高级体育运动竞技用品等；利用PBO纤维增强复合材料抗冲击性能极为优秀的特性制造飞机机身、防弹衣、头盔等；利用其优越的耐热性、阻燃性、耐磨等特性可制造轻质、柔软的光缆保护外套材料、特种传送带、灭火皮带、防火服和鞋类等。

目前，商品化PBO纤维Zylon的拉伸强度达到5.8 GPa。R. A.布伯克等通过研究将PBO纤维的强度进一步提高到10 GPa。制备超高强度PBO纤维必须满足两个条件：

①在纺丝过程中，通过控制条件，使得挤出的纺丝原液纤维在气隙段保持光学"透明"，这种"透明"可通过长焦距显微镜观察是否有光线透过来判断。

②纤维经过热定型后也是"透明"的，透明的热定型纤维略带浅琥珀色。

3.5.2 高性能纤维——M5纤维

M5纤维是用聚(2,5-二羟基-1,4-苯撑吡啶并二咪唑)树脂纺丝制成的纤维。由于M5纤维沿纤维径向即大分子之间存在特殊的氢键网络结构，所以M5纤维不仅具有类似PBO纤维优异的抗张性能，还具有良好的压缩与剪切特性。

M5是PBO纤维推出之后，由阿克苏·诺贝尔(Akzo Nobel)公司开发的一种新型液晶芳族杂环类聚合物聚(2,5-二烃基-1,4-苯撑吡啶并二咪唑)，简称"M5"或PIPD。在此基础上，以M5树脂为原料纺丝制成M5纤维。

1. M5的分子结构特征

M5纤维的结构与PBO分子相似，为刚性棒状结构。M5分子链上存在大量的—OH和—NH基团，容易形成强的氢键。与芳香族聚酰胺晶体结构不同，M5在分子内与分子间都有氢键存在，形成了类似蜂窝的氢键结合网络。这种结构加固了分子链间的横向作用,使 M5 纤维具有良好的压缩与剪切特性,压缩和扭曲性能为目前所有聚合物纤维之最。此外,M5 纤维大分子链上含有羟基,使其更容易与各种树脂基体黏结,因此在制备 M5 纤维增强复合材料时无须对纤维进行任何处理,其复合材料便具有优良的耐冲击和较高的剪切破坏强度。

2. M5 纤维的制备

(1)M5 纤维的成形。

M5 纤维的纺丝是将质量分数为 18% ~20% 的 PIPD/PPA 纺丝浆液(聚合物的相对分子质量 M_W 为 $6.0\times10^4 \sim 1.5\times10^5$)进行干喷湿纺,空气层的高度为 5 ~15 cm,纺丝温度为 180 ℃,以水或多聚磷酸水溶液为凝固剂,可制成 PIPD 的初生纤维。所得 M5 的初生纤维需在热水中水洗,以除去附着在纤维表面的溶剂 PPA,并进行干燥。

(2)M5 纤维的热处理。

为进一步提高初生纤维取向度和模量,对初生纤维在一定的预张力下进行热处理。对 M5 初生纤维进行热处理能够改善纤维的微观结构,从而提高纤维的综合性能。M5 初生纤维用热水洗涤除去残留的多聚磷酸水溶液(PPA)和干燥后,在 400 ℃以上的氮气环境下进行约 20 s 的定张力热处理,最终可得到高强度、高模量的 M5 纤维。需要特别指出的是,如果热处理温度过低或处理时间过短,则 PIPD-AS 和 PIPD-HT 的转变是可逆的。因此,热处理温度与热处理时间对 M5 纤维的模量影响很大。

热处理后的 PIPD 纤维与 PIPD 的初生纤维相比较,二者的力学性能截然不同。Lammwers. M 等研究发现,经过 200 ℃热处理的初生纤维压缩强度由原来的 0.7 GPa 提高到1.7 GPa,而经过 400 ℃热处理的初生纤维压缩强度由原来的 0.7 GPa 提高到 1.1 GPa。显然对于 PIPD 的初生纤维来讲,并非热处理温度越高越好。通过用偏光显微镜观察发现,在400 ℃热处理的纤维中存在裂纹,这可能是导致压缩强度下降的原因。

3. M5 纤维的性能

(1)力学性能。

表 3.6 给出了几种高性能纤维的性能比较。与其他 3 种纤维相比,M5 纤维的拉伸强度稍低于 PBO,远远高于芳纶(PPTA)和碳纤维;M5 纤维的模量最高可达到 350 GPa。

M5 纤维特殊的分子结构使其除具有高强度和高模量外,还具有良好的压缩与剪切特性。剪切模量和压缩强度分别可达 7 GPa 和 1.6 GPa,优于 PBO 纤维和芳香族聚酰胺纤维,是目前所有聚合物纤维中最高的。

表3.6 几种高性能纤维的性能比较

性 能	Kevlar 纤维	碳纤维	PBO 纤维	M5 纤维
密度/(g·cm^{-3})	1.45	1.80	1.56	1.70
拉伸强度/GPa	3.2	3.5	5.5	5.3
压缩强度/GPa	0.48	2.10	0.42	1.60
初始模量/GPa	115	230	280	350
延伸率/%	2.9	1.4	2.5	1.4
吸水率/%	3.5	0	0.6	2.0
LOI/%	29	—	68	50

通常,当高性能有机纤维受到来自外界的轴向压缩力时,其纤维内部的分子链取向会因轴向压缩力的存在而发生改变,即沿着纤维轴向出现变形带结构。而对M5纤维来讲只有当这种轴向压缩力很大时才会出现这种结构,而当M5纤维受到较大的外界轴向压缩力时,压缩变形后的M5纤维中也会出现一条变形带结构,但与其他高性能纤维(如PBO)相比较,M5纤维的变形程度要小很多。

(2)耐热性能。

M5纤维的耐燃性优于其他高性能有机纤维。M5纤维的刚棒状分子结构决定了它具有较高的耐热性和热稳定性。M5纤维在空气中的热分解温度为530 ℃,超过芳香族聚酰胺纤维,与PBO纤维接近。M5纤维的极限氧指数(LOI)值超过50,不熔融、不燃烧,具有良好的耐热性和稳定性。

(3)界面黏合性能。

与PBO纤维、超高分子聚乙烯纤维或Kevlar纤维相比,由于M5大分子链上含有羟基,M5纤维的高极性使其能更容易与各种树脂基体黏结。采用M5纤维加工复合材料产品时,无须添加任何特殊的黏合促进剂。M5纤维在与各种环氧树脂、不饱和聚酯和乙烯基树脂复合成形过程中不会出现界面层,且具有优良的耐冲击和耐破坏性。

4. M5纤维的应用及展望

作为一种先进复合材料的增强材料,M5纤维具有许多其他有机高性能纤维不具备的特性,这使得M5纤维在许多尖端科研领域具有更加广阔的应用前景。M5纤维可用于航空航天等高科技领域,也可用于国防领域如制造防弹材料,还可用于制造运动器材如网球拍、赛艇等。

M5纤维特殊的分子结构决定了其具有许多高性能纤维所无法比拟的优良的力学性能和黏合性能,使它在高性能纤维增强复合材料领域中具有很强的竞争力。与碳纤维相比，M5 纤维不仅具有与其相似的力学性能，而且 M5 纤维还具有碳纤维所不具有的高电阻特性，这使得 M5 纤维可在碳纤维不太适用的领域发挥作用，如电子行业。由于 M5 大分子链上含有羟基，M5 纤维的高极性使其能更容易与各种树脂基体黏结。

正是由于 M5 纤维具有许多其他高性能纤维所无法比拟的性能和更加广阔的应用前景，因此众多科研工作者都积极地致力于 M5 纤维的研究和应用。相信在不久的将来，随着对 M5 纤维研究的进一步深入，作为新一代的有机高性能纤维——M5 纤维将得到更加广泛的应用。

3.6　超高相对分子质量聚乙烯纤维

超高相对分子质量聚乙烯纤维（UHMW-PE 纤维）也称直链聚乙烯纤维，原材料采用超高相对分子质量线型聚乙烯。UHMW-PE 纤维具有高强度、高模量，是继芳纶纤维问世后又一类具有高度取向的直链结构纤维。

20 世纪 80 年代荷兰 DSM 公司开发了 UHMWPE 纤维，其弹性模量达到 120 GPa，拉伸强度达到 4 GPa，而且密度小于 1.0 g/cm^3。美国 Honeywell 公司对技术改进后，首先建成生产线进行了商品化生产，其纤维商品名为 Spectra，如 Spectra900、Spectra1000、Spectra2000。其后，DSM 公司与日本东洋纺织公司合作开发出商品名为 DyncemaSK 系列的 UHMW-PE 纤维，并在日本进行了商品化生产，其中 DyncemaSK-77 纤维的强度达到 4.0 GPa，弹性模量为141 GPa。

由于 UHMW-PE 纤维的原料价廉，生产出的纤维价格较低。据日本东洋纺织公司预测，UHMWPE 纤维的生产价格仅为 700 ~ 800 日元/kg。UHMW-PE纤维价格低、密度小，对发展高比强度、高比模量、廉价的新型复合材料具有很大优势。

3.6.1　UHMW-PE 纤维的制备方法

UHMW-PE 纤维的制备采用的原料是相对分子质量在 100 万以上的超高相对分子质量的聚乙烯，工业化产品多采用相对分子质量为 300 万左右的聚乙烯树脂，约为普通聚乙烯纤维所有树脂相对分子质量的 10 ~ 60 倍。由于相对分子质量很高，在没有溶剂存在的条件下，即使温度升到聚乙烯熔点以上几十摄氏度仍然没有流动性，熔融黏度极大，成纤十分困难。因此，UHMW-PE纤维采用溶剂溶解的凝胶纺丝方法，实现了高强、高模量纤维的工业化制备，主要工艺步骤如下：

①超高相对分子质量聚乙烯的溶解。溶剂可选用四氢萘、矿物油、液态石蜡或煤油等,并加入适量抗氧化剂在 N_2 保护下高速搅拌溶解,后升温再缓慢冷却至出现聚合物凝胶。

②超高相对分子质量聚乙烯的溶液连续挤出。

③超高相对分子质量聚乙烯溶液纺丝、凝胶化和结晶化,可通过冷却和萃取或通过溶剂蒸发完成。

④超倍拉伸,去除参与溶剂,制得 UHMW-PE 纤维。

3.6.2　UHMW-PE 纤维的性能

1. 力学性能

表 3.7 列出了 UHMW-PE 纤维与几种高性能纤维的力学性能比较。可以看出,UHMW-PE 纤维拉伸强度达 3 GPa,断裂延伸率达 3.5%。同时,UHMW-PE 纤维的密度很小,只有0.97 g/cm^3,大约为芳纶纤维的 2/3、高模量碳纤维的 1/2,它是高性能纤维中密度最小的一种。因此,UHMW-PE 纤维的比强度是现有高性能纤维中最突出的,与 PBO 纤维相当;比模量也仅次于高模量碳纤维。这对于发展高性能轻质复合材料具有重要意义。

表 3.7　UHMW-PE 纤维与几种高性能纤维的力学性能比较

性　能	Spectra900	Spectra1000	LM 芳纶	HM 芳纶	HS 碳纤维	HM 碳纤维	S-玻璃纤维
直径/μm	38	27	12	12	7	7	7
密度/(g · cm^{-3})	0.97	0.97	1.44	1.44	1.81	1.81	2.50
拉伸强度/GPa	2.50	3.0	2.8	2.8	3.0～4.5	2.4	4.7
弹性模量/GPa	117	172	62	124	228	379	90
延伸率/%	3.5	2.7	3.6	2.8	1.2	0.8	5.4
比强度/(×10^{8}cm)	2.67	3.09	1.94	1.94	1.76	1.32	1.84
比模量/(×10^{8}cm)	120.6	177.3	43.05	36.11	125.9	209.3	36

聚乙烯是低玻璃化温度的热塑性树脂,韧性好,在塑性变形过程中能够吸收较高的能量。因此,UHMW-PE 纤维具有很高的冲击强度和良好的耐疲劳性能。表 3.8 列出了几种纤维的抗冲击性能比较。据测试结果比较,UHMW-PE 纤维在所有高性能纤维中,冲击比吸收能最高。

表 3.8　几种纤维的抗冲击性能比较

性　　能	Spectra900	E-玻璃纤维	芳纶纤维	石墨纤维
总吸收能/J	45.26	46.78	21.83	21.70
比吸收能/(J · m^2 · kg^{-1})	16.4	8.9	6.3	5.4

2. 耐磨性能

由于摩擦因数低,UHMW-PE 具有优良的耐磨性能,其耐磨性能居塑料之冠,比碳钢、黄铜还耐磨数倍。因此,UHMW-PE 纤维的耐磨性也优于芳纶纤维和碳纤维。

3. 介电性能

UHMW-PE 纤维的介电常数和介电损耗低,从而其反射雷达波数很少。UHMW-PE 纤维增强的复合材料的雷达波透过率高于玻璃纤维增强复合材料,几乎能够全部透过,是制造雷达天线罩、光缆加强芯的最优材料。

4. 耐腐蚀性

UHMW-PE 纤维分子链结构中无弱键,同时具有高度的分子取向和结晶,使其具有良好的耐化学腐蚀性能。UHMW-PE 纤维与芳纶纤维在强酸、强碱中浸泡 200 h 后纤维力学性能比较结果表明,UHMW-PE 纤维的强度保持率在 90% 以上,而芳纶纤维的强度下降明显,只有原有强度的 20%。

5. 耐热性能

普通聚乙烯纤维的熔点约为 134 ℃,UHMW-PE 纤维由于分子链的高度取向,其熔点取决于测定条件,一般为 144 ~ 155 ℃,如果纤维受到张力约束,所测得的熔点进一步提高。温度升高,UHMW-PE 纤维的强度会降低。研究表明,Dynecma 纤维在 80 ℃时,强度约比常温下数值损失 30% 左右,而在 -30 ℃时,强度约提高 30%。因此,UHMW-PE 纤维不适于 90 ℃ 以上长时间施加较大负荷的场合使用,一般使用温度应低于 70 ℃。

6. 界面强度

UHMW-PE 纤维表面呈化学惰性,与树脂的黏结性很差,加之蠕变等缺陷,作为树脂基复合材料的增强体使用时,必须对纤维表面进行改性处理。

3.6.3 UHMW-PE 纤维的表面处理

UHMW-PE 纤维的表面能低,不易于树脂基体黏合,为了提高与基体的界面黏合性,有必要对其表面进行处理。通过表面处理可以增大纤维表面积,提高纤维表面极性基团含量或在纤维表面引入反应基团,以提高与树脂基体的黏合。对 UHMW-PE 纤维的表面处理方法主要有如下几种。

1. 表面等离子反应方法

在 N_2、O_2、NH_3、Ar 等气氛下进行等离子处理,纤维表面因部分 H 被夺去而形成活性点,并与空气中的 O_2、H_2O 等作用形成极性基团。不同气体对界面强度的改善程度不同,经 O_2 等离子处理后,它与环氧树脂的界面黏结强度增加 4 倍以上,而用 NH_3 等离子处理时纤维强度不下降,黏结强度提高。

2. 表面等离子聚合方法

纤维表面通过等离子聚合法形成涂层而改善表面性能，即采用有机气体或蒸汽通过其等离子态形成聚合物。例如，选用丙烯胺等离子处理UH-MW-PE纤维，结果在纤维表面生成的聚合物涂层上含有大量的一级胺，少量的二、三级胺及亚胺、氰基团，还有C═O等官能基，它们与空气接触后还会产生少量的羰基、酰基、羧基和醚类等，改善了界面的黏合性，而纤维强度只略有下降。选用表面聚合体系时，注意应与相复合的树脂尽量匹配，使用的常用树脂基体品种有环氧树脂、不饱和聚酯树脂等。

3.6.4　UHMW-PE纤维的应用

UHMW-PE纤维具有高强度、耐光性、耐冲击、耐磨、耐疲劳、耐化学腐蚀等诸多优点，但也存在不耐高温的缺点。因此，可以作为复合材料的增强体广泛应用于航空航天、防御装备等，特别是在低温和常温应用的结构。UHMW-PE纤维可以以纤维或纤维织物的形式直接利用，也可作为复合材料的增强材料使用。

1. 以纤维或纤维织物形式应用

利用UHMW-PE纤维的高强、耐腐蚀、耐光性、低密度的特点，可制作各种捻织编织的耐海水、耐紫外线的拖、渡船和海船的系泊，油船和货船的高强缆绳。利用UHMW-PE纤维比吸收能高的特点，可用于加工各类防弹或防爆服。

UHMW-PE纤维还可针织加工成防护手套和防切割用品，其防切割指数达到5级标准。如用100%的Dyneema长丝针织加工的击剑服的抗击刺力达到1 000 N，还可用于易遭受锯片切割的岗位工人(如机械工人、伐木工人等)的工作服、手套等。

2. 以复合材料的增强体形式应用

UHMW-PE纤维及其织物表面处理后可改善与树脂基体的黏结性能，从而达到良好的增强效果。作为复合材料的增强体，由UHMW-PE纤维制成的单向预浸料等已用于轻质军用、赛车构件和作业用头盔，还用于各种防护板和体育用品、超导线圈管、汽车部件等各种耐冲击吸收部件及扬声器的振动板等，可大幅减轻质量和冲击强度，消振性也明显改善。如Dyneema UD防弹板已用于人体防步枪用的胸插垫板、轻型装甲材料、防弹运钞车、高级警车、坦克、轻型装甲车和运兵车等，能有效防御刚性弹等的射击，与防弹钢板相比，其质量减轻50%左右。

利用UHMW-PE纤维增强复合材料具有的良好介电性能和抗屏蔽效果，可将其用于无线电发射装置的天线整流罩、光缆加强芯、雷达天线罩等。

3.7 无机纤维增强材料

3.7.1 碳化硅纤维

碳化硅纤维是以碳和硅为主要成分的一种陶瓷纤维，按其制备方法分为化学气相沉积法和先驱体法。

碳化硅纤维具有良好的高温性能、高强度、高模量、化学稳定以及优异的耐烧蚀性和耐热冲击性。碳化硅纤维增强树脂基复合材料可以吸收和透过部分雷达波，作为雷达天线罩、火箭、导弹和飞机等飞行器部件的隐身结构材料，还可作为航空航天、汽车工业的结构材料和耐热材料。

1. 碳化硅纤维的制备

碳化硅纤维的主要生产国是美国和日本，美国 Textron 特种纤维公司是碳化硅纤维的主要生产厂家，其系列产品是 SCS_2、SCS_6 等。日本碳公司是采用先驱体法制备碳化硅纤维的主要厂家，其系列产品为 Nicalon 纤维。

先驱体法制备碳化硅纤维是采用有机硅聚合物聚碳酸硅烷作为先驱体纺丝，经低温交联处理和高温裂解制备无机碳化硅纤维。

化学气相沉积法制得的碳化硅纤维是一种复合纤维，以美国 Textron 特种纤维公司生产的 SCS_6 为例，断面中心是碳纤维，向外依次是热解石墨、两层 β-SiC 及其表层。形成的两层 SiC 是热沉积时的两个沉积区造成的，内层晶粒度为 40 ~ 50 nm，外层晶粒度为 90 ~ 100 nm。表层是为了降低纤维的脆性和对环境的敏感性而设计的。

2. 碳化硅纤维的性能

碳化硅纤维的制备方法不同，其性能有很大差异。Nicalon 碳化硅纤维的主要性能特点如下。

①拉伸强度和拉伸模量高，密度小。平均拉伸强度为 2.9 GPa，弹性模量为 190 GPa，密度为 2.55 g/cm^3。

②耐热性好，在空气中长期使用温度为 1 100 ℃。

③与金属反应小，浸润性良好，在 1 000 ℃下几乎不与金属发生反应，适合与金属的复合。

④纤维具有半导体性，通过不同的处理控制温度所生产的纤维具有导电性。

⑤耐腐蚀性优异。

化学气相法制备的碳化硅纤维具有很高的室温拉伸强度和拉伸模量，

突出的高温性能和抗蠕变性能。其室温强度为3.5～4.1 GPa,拉伸模量为414 GPa,在1 371 ℃时的强度仅下降30%。

碳芯碳化硅纤维在高温下比钨芯碳化硅纤维更稳定,其制造成本低且密度小。在气相沉积过程中,碳与碳化硅之间没有高温有害反应。用碳芯碳化硅纤维增强的高温超合金和陶瓷材料,在1 093 ℃下历经100 h,其拉伸强度仍高于1.4 GPa。

3.碳化硅纤维的应用

由于碳化硅纤维具有耐高温、耐腐蚀、耐辐射等优异性能,碳化硅纤维增强复合材料已应用于喷气发动机的涡轮叶片、飞机螺旋桨等受力部件的透平主动轴等。军事上,碳化硅纤维复合材料已用于大口径军用步枪的枪筒套管、M-1作战坦克履带、火箭推进器的传送系统、先进战斗机的垂直安定面、导弹尾部、火箭发动机外壳、鱼雷壳体等。

Nicalon纤维具有优异的耐热性、抗氧化性和力学性能,可作为聚合物、金属、碳及各种陶瓷基复合材料的增强体。其中高体积电阻级的Nicalon纤维(UVR)增强聚合物基复合材料可作为雷达罩和飞行器透波材料,而采用低体积电阻级的碳化硅纤维(LVR)制得的聚合物基复合材料可用于微波吸收材料。

3.7.2　氧化铝纤维

氧化铝纤维是多晶陶瓷纤维,主要成分为Al_2O_3,还含有少量的SiO_2、B_2O_3或Zr_2O_3、MgO等。一般氧化铝质量分数大于70%的纤维可称为氧化铝纤维。而将氧化铝质量分数小于70%,其余为二氧化硅和少量杂质的纤维称为硅酸铝纤维。

氧化铝纤维的突出优点是高强度、高模量、超常的耐热性和耐高温氧化性,可用于1 400 ℃的高温场合。氧化铝纤维的表面活性好,易于与金属、陶瓷基体复合;同时还具有热导率低、热膨胀系数小、抗热振性好、抗腐蚀及独特的电学性能等优点。

氧化铝纤维的原料是容易得到的金属氧化物粉末、无机盐或铝凝胶等,生产过程简单,设备要求不高,不需要惰性气体保护等,与其他陶瓷纤维相比,有较高的性价比和很高的商业价值。

氧化铝纤维的制备方法很多。氧化铝短纤维主要采用熔喷法和离心甩丝法制造。连续氧化铝纤维采用泥浆法、拉晶法、先驱体法、溶胶-凝胶法、基体纤维浸渍溶液法等制备。

目前已商业化的氧化铝纤维品种主要有美国Du Pont公司的FP、PRD-

166，美国3M公司的Nextel系列产品，英国ICI公司的Saffil氧化铝纤维，日本Sumitomo公司的Altel氧化铝纤维等。这些氧化铝纤维已经广泛应用于金属、陶瓷的增强，并应用在航空航天等军工领域以及运动器材、防热隔热等方面。

1. 氧化铝纤维的主要性能

氧化铝纤维的制备方法不同，性能差异较大。其主要原因是Al_2O_3从中间过渡态向稳定的$\alpha-Al_2O_3$转变温度为1 000～1 100 ℃，在此温度下结构和密度的变化导致强度显著下降。添加Si、B、Mg可以控制这种转变并实现Al_2O_3的自发成核，有利于提高纤维的耐热性。

典型的氧化铝系列纤维的基本性能见表3.9。由表可见，氧化铝纤维的拉伸强度最高可达3.2 GPa，弹性模量达420 GPa，长期使用温度在1 000 ℃以上。氧化铝纤维中的成分都是高温下稳定的氧化物，故其抗氧化性好。通过加入其他元素可以控制晶粒在高温下长大，保证高温下的力学性能。

表3.9 典型的氧化铝纤维的基本性能

厂家	牌号	直径/μm	组成(质量分数)/%	密度/$(g\cdot cm^{-3})$	拉伸强度/GPa	拉伸模量/GPa	延伸率/%	长期使用温度/℃
DuPont	FR	15～25	$\alpha-Al_2O_3$ 99	3.95	1.4～2.1	350～390	0.29	1 000～1 100
	PRD166	15～25	$\alpha-Al_2O_3$ 80 ZrO 20	—	2.2～2.4	385～420	0.40	1 400
Sumitomo	Altel	9～17	$\alpha-Al_2O_3$ 85 SiO_2 15	3.2～3.3	1.8～2.6	210～250	0.80	1 250
ICI	Saffil	3	$\alpha-Al_2O_3$ 95 SiO_2 5	2.8	1.03	100	0.67	1 000
		3	$\alpha-Al_2O_3$ 99	3.3	2.0	300	—	1 000
3M	Nextel312	11	$\alpha-Al_2O_3$ 62 SiO_2 24 B_2O_3 14	2.7	1.3～1.7	152	1.12	1 200～1 300
	AC02	10	$\alpha-Al_2O_3$ 70 SiO_2 29 Cr_2O_3 1	2.8	1.38	159	—	1 400
	Nextel440	—	$\alpha-Al_2O_3$ 70 SiO_2 28 B_2O_3 2	3.1	1.72	207～240	1.11	1 430
	Nextel610	10～12	$\alpha-Al_2O_3$ 99 SiO_2 0.3	3.75	3.2	370	0.50	—

2. 氧化铝纤维的应用

氧化铝纤维具有优良的耐热性和抗氧化性，主要用于制造增强复合材料和高温绝热材料，广泛应用于航天航空、汽车、电力等高科技领域。氧化铝纤维与基体（如金属、陶瓷）之间相容性好，因此适用于制造增强金属基复合材料和陶瓷基复合材料。

（1）耐高温绝热材料。

莫来石纤维是氧化铝纤维的主要品种，在结构上主要以莫来石微晶相的形式存在。与一般氧化铝纤维相比，莫来石纤维具有更好的耐高温性，使用温度为1 500～1 600 ℃，特别是高温抗蠕变性和抗热振性均有很大提高，是当今最新型的超轻质高耐热纤维。莫来石短纤维作为耐热材料，在航天工业中已经得到应用。美国航天飞机采用硼硅酸铝纤维制造隔热瓦和柔性隔热材料，哥伦比亚号航天飞机隔热板衬垫用 Saffil 氧化铝纤维。当航天飞机由太空返回大气层时，由于 Saffil 氧化铝纤维能经受1 600 ℃的高温，这种衬垫会防止热量通过隔热板之间的间隙进入防热罩内。莫来石纤维与陶瓷基体界面热膨胀率和热导率相近，莫来石纤维的加入还可以提高陶瓷基体的韧性、增加冲击强度，在耐热复合材料中发展很快。采用莫来石纤维增强的金属基与陶瓷基复合材料，可以用于超声速飞机，也可制造液体火箭发动机的喷管和垫圈，使用温度为2 200 ℃以上。

在导弹中，使用氧化铝纤维增强陶瓷作为射频天线罩的结构材料，这种陶瓷基复合材料的纤维采用单向排列，各层间互成90°，基体材料采用硼硅酸盐玻璃，复合材料的使用温度为600 ℃；基体若采用膨胀系数低的 SiO_2，复合材料的使用温度可高达1 100 ℃。

（2）高性能复合材料。

由于氧化铝纤维与金属基体的浸润性好，界面反应小，因此复合材料的力学性能、耐磨性、硬度均较高，且热膨胀系数低。目前，氧化铝纤维增强的金属基复合材料已在汽车活塞槽部件中得到应用。另外，氧化铝长纤维增强金属基复合材料主要用于高负荷的机械零件、高温高速旋转的零件以及有轻量化要求的高功能构件，如汽车连杆、传动轴、刹车片等零件和直升机的传动装置等。由于氧化铝纤维与树脂基体结合良好，比玻璃纤维模量高，又比碳纤维强度高，所以正逐步在一些领域代替玻璃纤维和碳纤维。特别是在文体用品方面，可制成各种颜色的高强度钓鱼竿、高尔夫球杆、滑雪板、网球拍等。近年来也有研究人员开始将其用于热核反应堆冷却换热装置的衬里。

(3)耐化学腐蚀材料。

氧化铝纤维具有良好的耐化学腐蚀性能,可用于环保和再循环技术领域,如在焚烧电子废料的设备、汽车废气设备上做陶瓷整体衬等,其特点是结构稳定。Saffil 氧化铝纤维可用于铝合金活塞,它的优点是当温度上升时膨胀很小,比纯合金减少约 25%,使活塞和气缸之间吻合良好,可节省燃料。

3.7.3 连续玄武岩纤维

连续玄武岩纤维(简称 CBF),是苏联经过了 30 多年的研究而开发出来的。近年来,由于 CBF 具有良好的综合性能和性价比,故 CBF 被誉为 21 世纪的新材料。美国德州的 CBF 工业联盟指出:"CBF 是 CF 的低价替代品,具有一系列优异性能,尤为重要的是,由于它取自天然矿石而无添加剂,是目前唯一的无环境污染、不致癌的绿色健康玻璃质纤维产品。"

CBF 是以天然的火山喷出岩作为原料,将其破碎后加入熔窑中,在 1 450 ~ 1 500 ℃熔融后,通过铂铑合金拉丝漏板制成的连续纤维。

CBF 纤维与其他纤维相比,力学性能佳、耐高温、耐酸耐碱、抗紫外线性能强、吸湿性低,有更好的耐环境性能,还有绝缘性能好,抗辐射、透波性能好等优点。

CBF 纤维具有突出的耐温性能,使用温度范围为-269 ~ 700 ℃(软化点为 960 ℃),在600 ℃下强度仍能够保持原始强度的 80%。而碳纤维在 300 ℃有 CO 和 CO_2产生;玻璃纤维的使用温度为 -60 ~ 450 ℃;Kevlar 纤维最高使用温度也只有 250 ℃。

CBF 纤维具有突出的抗拉强度,抗拉强度为 3.8 ~ 4.8 GPa,比大丝束碳纤维、Kevlar 纤维、E-玻璃纤维都要高,与 S-玻璃纤维相当。表 3.10 为 CBF 主要性能及与其他纤维的对比。

表 3.10 CBF 主要性能及与其他纤维的对比

纤维类型	密度 /($g \cdot cm^{-3}$)	抗拉强度 /MPa	弹性模量 /GPa	延伸率/%	最高使用温度/℃
CBF	2.80	3 000 ~ 4 840	79.3 ~ 93.1	3.1	650
E-玻璃纤维	2.54	3 100 ~ 3 800	72.5 ~ 75.5	4.7	380
S-玻璃纤维	2.57	4 020 ~ 4 700	83 ~ 86	5.3	300
碳纤维	1.78	3 500 ~ 6 000	230 ~ 600	1.5 ~ 2.0	500
Kevlar 纤维	1.45	2 900 ~ 3 700	70 ~ 160	2.8 ~ 3.6	250

CBF 纤维具有突出的化学稳定性,其含有的 K_2O、MgO 和 TiO_2等成分对提高纤维耐化学腐蚀及防水性能起到重要的作用。CBF 纤维与 E-玻璃纤维在3 h 沸煮后,CBF 的纤维质量损失分数只有 E-玻璃纤维的1/4;在 NaOH 溶液里两者的质量损失分数分别为0.027 5 和0.060;在 HCl 中两者的质量损失分数分别为0.022 和0.389。

CBF 纤维抗热振稳定性好,CBF 纤维在500 ℃下的抗热振稳定性仍然不变,原始质量分数损失不到0.02;900 ℃ 时也仅损失 0.03。

CBF 纤维具有良好的介电性能,它的体积电阻率比 E-玻璃纤维高一个数量级。

CBF 纤维还具有优良的透波性能和一定的吸波性能。对 CBF 纤维增强树脂进行测试结果发现,未加任何其他吸波材料而具有一定的吸波性能。据分析,CBF 中具有金属氧化物的质量分数为20%,金属氧化物可能是氧化铁、TiO_2成分,使其具有了一定的吸波性能。

CBF 纤维增强聚合物复合材料,在航空航天、火箭、导弹、战斗机、核潜艇及军舰、坦克等国防军工领域有广泛的应用前景,并可在某些领域替代碳纤维,以节约相关武器装备的制造成本。

3.7.4　晶　须

晶须是人工制备的以单晶结构形式生长的尺寸细小的短纤维。一般晶须的直径为0.2～1 μm,长度为几十微米,由于直径很小,晶体中缺陷极少,其原子排列高度有序,因而其强度接近原子间键合力的理论值。

自1948 年美国贝尔电话公司首次发现晶须以来,现在已开发出多种晶须。例如,金属类晶须有铁晶须、铜晶须、镍晶须、铬晶须等;陶瓷类晶须有碳化硅晶须、氧化铝晶须、氮化硅晶须等。

晶须的制备方法很多,陶瓷类晶须主要采用热分解法、还原法、化学反应法、高温升华法及电解法等。

表3.11 为陶瓷类晶须的性能。由表可见,晶须具有极高的强度和很高的弹性模量。例如,氧化铝晶须的拉伸强度是氧化铝纤维的7～14 倍,弹性模量是氧化铝纤维的6～7 倍。另外晶须还具有耐腐蚀、耐高温等特点。例如,Al_2O_3晶须在2 070 ℃下拉伸强度仍可达到7 000 MPa。

晶须具有高强度、高模量、耐高温等诸多优异的性能,因此可应用于增强金属、增韧陶瓷、强化树脂等高性能复合材料中。但由于价格高,主要应用在空间和尖端技术领域。

表 3.11 陶瓷类晶须的性能

晶须名	密度/($g \cdot cm^{-3}$)	熔点/ ℃	拉伸强度/GPa	拉伸模量/($\times 10^{-2}$GPa)
氧化铝	3.9	2 080	14 ~ 28	7 ~ 24
氧化铍	1.8	2 560	14 ~ 20	7
碳化硼	2.5	2 450	7.1	4.5
石墨	2.25	3 580	2.1	10
碳化硅	3.15	2 320	7 ~ 35	4.9
氮化硅	3.2	1 900	3.5 ~ 10.6	3.86

3.8 颗粒增强体

颗粒增强体以很细的粉状(<50 μm)加到基体中,主要提高基体的弹性模量、韧性、耐磨性、耐热性等。颗粒增强体按材料成分可分为无机非金属颗粒、聚合物颗粒和金属颗粒。按颗粒增强体的性质分为延性颗粒和刚性颗粒。

颗粒增强体在基体中高度分散,在不同的基体中所起的作用也完全不同。例如,颗粒分散在树脂基体中可阻碍聚合物大分子键的运动;对于金属基体,颗粒可阻止位错的产生;在陶瓷基体中,有裂纹屏蔽效应,从而起到增强基体的作用。其增强效果与颗粒增强体的类型、直径、含量、分布均匀度以及界面黏结性能等有关。

延性颗粒增强体加入到陶瓷、玻璃、微晶玻璃等脆性基体中,主要起到增加基体材料韧性的作用。通常认为其增强机理为:颗粒拦截裂纹尾区塑性伸展,从而消耗能量,同时由于针扎裂纹以及颗粒的塑性变形,对裂纹尖端的外加应力场形成屏蔽,达到提高复合材料的韧性效果。

刚性颗粒增强体一般是具有高强度、高模量、高硬度以及耐热性好的陶瓷颗粒。刚性颗粒增强体的主要作用是提高基体的耐磨性和耐热性,也可以在一定程度上提高脆性基体的抗冲击性能。颗粒与基体有一定的结合力,当复合材料在冲击外力作用下,基体内部产生裂纹并延伸到刚性颗粒时,由于颗粒的高强度、高刚度,促使裂纹绕过刚性颗粒而偏析,从而可抑制内部裂纹的扩展,使材料的韧性得到提高。高耐热颗粒的加入还可提高复合材料的高温力学性能,是制作切割刀具、高速轴承部件等零部件的优良候选材料。

3.9　碳纳米管

碳纳米管,又称巴基管,是一种具有特殊结构(径向尺寸为纳米量级,轴向尺寸为微米量级,管子两端基本上都封口)的一维量子材料。碳纳米管主要由呈六边形排列的碳原子构成数层到数十层的同轴圆管。层与层之间保持固定的距离,约为0.34 nm,直径一般为2~20 nm。并且根据碳六边形沿轴向的不同取向可以将其分成锯齿形、扶手椅形和螺旋形3种。其中螺旋形的碳纳米管具有手性,而锯齿形和扶手椅形碳纳米管没有手性。

由于碳纳米管中碳原子采取sp2杂化,相比sp3杂化,sp2杂化中s轨道成分比较大,使碳纳米管具有高模量和高强度。碳纳米管具有良好的力学性能,CNTs抗拉强度达到50~200 GPa,是钢的100倍,密度却只有钢的1/6,至少比常规石墨纤维高一个数量级;它的弹性模量可达1 TPa,与金刚石的弹性模量相当,约为钢的5倍。对于具有理想结构的单层壁的碳纳米管,其抗拉强度约为800 GPa。碳纳米管的结构虽然与高分子材料的结构相似,但其结构却比高分子材料稳定得多。碳纳米管是目前可制备出的具有最高比强度的材料。若以其他工程材料为基体与碳纳米管制成复合材料,可使复合材料表现出良好的强度、弹性、抗疲劳性及各向同性,给复合材料的性能带来极大的改善。碳纳米管的硬度与金刚石相当,却拥有良好的柔韧性,可以拉伸。在工业上常用的增强型纤维中,决定强度的一个关键因素是长径比,即长度和直径之比。材料工程师希望得到的长径比至少是20∶1,而碳纳米管的长径比一般在1 000∶1以上,是理想的高强度纤维材料。

碳纳米管具有良好的导电性能,由于碳纳米管的结构与石墨的片层结构相同,因此具有很好的电学性能。理论预测其导电性能取决于其管径和管壁的螺旋角。当CNTs的管径大于6 nm时,导电性能下降;当管径小于6 nm时,CNTs可以被看成具有良好导电性能的一维量子导线。

碳纳米管具有良好的传热性能,CNTs具有非常大的长径比,因而其沿着长度方向的热交换性能很高,相对的其垂直方向的热交换性能较低,通过合适的取向,碳纳米管可以合成高各向异性的热传导材料。另外,碳纳米管有着较高的热导率,只要在复合材料中掺杂微量的碳纳米管,该复合材料的热导率可能得到很大的改善。

碳纳米管作为一维纳米材料,质量轻,六边形结构连接完美,具有许多异常的力学、电学和化学性能。近些年,随着碳纳米管及纳米材料研究的深入,其广阔的应用前景也不断地展现出来。

3.10 石 墨 烯

石墨烯是一种由碳原子以 sp2 杂化方式形成的蜂窝状平面薄膜,是一种只有一个原子层厚度的准二维材料,所以又称单原子层石墨。它的厚度大约为0.335 nm,根据制备方式的不同而存在不同的起伏,通常在垂直方向的高度大约为1 nm,水平方向宽度为10~25 nm,是除金刚石以外所有碳晶体(零维富勒烯、一维碳纳米管、三维体向石墨)的基本结构单元。

石墨烯的抗拉强度和弹性模量分别为 125 GPa 和 1.1 TPa。弹性模量约为42 N/m^2、面积为1 m^2 的石墨烯层片可承受4 kg 的质量,其强度约为普通钢的100 倍,用石墨烯制成的包装袋,可以承受大约 2 t 的质量,是目前已知的强度最大的材料。

石墨烯稳定的晶格结构使碳原子具有优秀的导电性。石墨烯中的电子在轨道中移动时,不会因晶格缺陷或引入外来原子而发生散射。由于原子间作用力十分强,在常温下,即使周围碳原子发生挤撞,石墨烯中电子受到的干扰也非常小。

石墨烯还具有饱和吸收特性,当输入的光波强度超过阈值时,这独特的吸收性质会开始变得饱和。这种非线性光学行为称为可饱和吸收,阈值称为饱和流畅性。给予强烈的可见光或近红外线激发,因为石墨烯的整体光波吸收和零能隙性质,石墨烯很容易变得饱和。石墨烯可以用于光纤激光器的锁模运作。用石墨烯制备成的可饱和吸收器能够达成全频带锁模。由于这种特殊性质,在超快光子学里,石墨烯有很广泛的应用空间。

石墨烯不仅是电子产业的新星,应用于传统工业的前途也不可限量。其应用方向包括海洋防腐、金属防腐、重防腐等领域。石墨烯具有良好的导热、导电性能。然而利用石墨烯研制生产的柔性石墨烯散热薄膜用于现有的笔记本计算机、智能手机、LED 显示屏等,能有助于大大提升散热性能。

参考文献

[1] 顾书英,任杰. 聚合物基复合材料[M]. 北京:化学工业出版社,2007.
[2] 倪礼忠,陈麒. 复合材料科学与工程[M]. 北京:科学出版社,2002.
[3] 周祖福. 复合材料学[M]. 武汉:武汉理工大学出版社,2008.
[4] 沃丁柱. 复合材料大全[M]. 北京:化学工业出版社,2000.
[5] 张夏明. 酚醛树脂表面改性碳纤维界面行为与碳化工艺研究[D]. 哈尔滨:哈尔滨工业大学,2013.

第4章　聚合物基复合材料的复合原理

4.1　聚合物基复合材料中的材料设计与结构设计

复合材料区别于任意混合材料的一个主要特征是多相结构存在着复合效应。聚合物基复合材料通常是两相或两个以上的相，其中一相称为基体（或基体材料），另一相对结构复合材料而言称为增强体，而对功能复合材料则称为功能体。增强体在结构复合材料中主要起承受载荷的作用，而基体则起连接增强体、传递载荷、分散载荷的作用；功能体赋予复合材料以一定的物理、化学功能，而基体则主要起连接作用。

复合材料的主要特点之一是不仅保持其原组分的部分优点，而且具有原组分不具备的特性；复合材料区别单一材料的另一个显著特性是材料的可设计性。可通过对原材料组分的选择、各组分分布设计和工艺条件的控制等，保证原组分材料的优点相互补充，同时利用复合材料的复合效应使之出现新的性能，最大限度地发挥复合的优势。

4.1.1　材料设计

材料设计通常是指选用几种原材料组合制成具有所要求性能的材料的过程。这里所指的原材料主要是指基体材料和增强材料（或功能体）。不同原材料构成的复合材料将会有不同的性能，而且纤维的纺织形式不同将会使其与基体构成的复合材料的性能不同。

1. 原材料的选择原则

无论是基体还是增强体（含填料）和功能体，都对复合材料的性能起决定性作用，因此，复合材料设计人员必须熟知复合材料中这些组分本身的独特性能。一般来说，材料的比较和选择标准根据用途而变化，包括材料的物性、成型工艺、可加工性、成本等方面。通常原材料选择依据以下原则。

（1）比强度、比刚度高，质量小。

对于结构物，特别是航空航天结构，在满足强度、刚度、耐久性及损伤容限等要求的前提下，应使结构质量最轻。

(2)材料与结构的使用环境相适应。

通常要求材料的主要性能在整个使用环境条件下,其下降幅值应不大于10%。对于聚合物基复合材料,温度和湿度对材料性能都有较大影响,其主要原因是基体受到影响。因此,可以通过改进或选用合适的基体以达到与使用环境相适应的条件。

(3)满足结构特殊性要求。

除了结构刚度和强度以外,许多结构材料还要求有一些特殊的性能。如雷达罩要求有透波性,隐身飞机蒙皮要求有吸波性等。

(4)满足工艺性的要求。

复合材料的工艺性包括预浸料工艺、固化成型工艺、机加装配工艺和修补工艺4个方面。工艺性要求与选择的基体材料和纤维材料有关。

(5)成本低、效益高。

成本包括初期成本和维修成本,其中初期成本包括材料成本和制造成本。效益指通过减重获得节省材料、提高性能、节约能源等方面的经济效益。

2. 纤维的选择

目前已有多种纤维可作为复合材料的增强材料,如各种玻璃纤维、碳纤维、Kevlar纤维、碳化硅纤维及硼纤维等。选择纤维时,首先要确定纤维的类别,其次要确定纤维的品种规格。选择纤维类别,是根据结构的功能选取能满足一定的力学、物理和化学性能的纤维。

若结构要求有良好的透波、吸波性能,可以选取E-玻璃纤维或S-玻璃纤维、Kevlar纤维、氧化铝纤维等作为增强材料;若结构要求高的刚度,可选用高模量碳纤维或硼纤维;若结构要求高的抗冲击性能,可选用玻璃纤维或Kevlar纤维;若结构要求有很好的低温工作性能,可选用低温下不脆化的碳纤维;若结构要求尺寸不随湿度变化,可选用碳纤维或Kevlar纤维,这两种纤维的热膨胀系数可以为负值,可设计成零膨胀系数的复合材料。

除了选用单一纤维外,复合材料还可由多种纤维混合构成混杂复合材料。这种混杂复合材料既可以由两种或两种以上纤维混合铺层构成,也可以由不同纤维构成的铺层混合构成。混杂纤维复合材料的特点在于以一种纤维的优点来弥补另一种纤维的缺点。

纤维有交织布形式和无纬布或无纬带形式。一般玻璃纤维或Kevlar纤维采用交织布形式,碳纤维两种形式都采用。一般形状复杂处采用交织布容易成型,操作简单,且交织布构成复合材料表面不易出现崩落和分层,适用于制造壳体结构。无纬布或无纬带构成的复合材料的比强度、比刚度大,可使纤维方向与载荷方向一致，易于实现铺层优化设计。另外，材料的表面较平整光滑。

3. 基体的选择

(1)按使用环境条件选材。

使用环境是指材料或制品使用时经受周围环境的温度、湿度、介质等，因此选材主要取决于树脂基复合材料的老化性能，而树脂基复合材料的老化性能则由树脂基体的老化性能决定。树脂基体的老化性能可通过添加增强材料或填料来改善。

(2)根据制品要求的性能选材。

树脂基复合材料在不同应用场合下，会经受各种外力和环境综合作用。在选材时，要注意树脂基体与金属之间的明显差别，对金属而言，其性能数据基本上可用于材料的筛选和制品设计，但黏弹性的树脂基体却不一样，各种测试标准和文献记载的树脂基复合材料性能数据是在许多特定条件下的性能，通常是短时期作用力或者指定温度或低应变速率下的，这些条件可能与实际工作状态差别较大，尤其不适于预测树脂基复合材料的使用强度和对升温的耐力，因此，所有的树脂基复合材料选材都要把全部功能要求转换成与实际使用性能有关的工程性能，并根据要求的性能进行选材。

通常根据性能选材的方法有：对聚合物基复合材料的性能(包括力学性能、热性能、疲劳性能、耐化学性能和电性能等)进行分项考虑、比较后进行选材；同时考虑多项性能综合评价进行选材。

(3)根据制品的受力类型和作用方式选材。

不仅要考虑上述各种环境下的外力作用(包括拉伸、压缩、弯曲、扭曲、剪切、冲击或摩擦，或是几种力的组合作用)，还要考虑外力的作用方式是快速的(短暂)还是恒应力或恒应变，是反复应力还是渐增应力等。

(4)根据使用对象选材。

使用对象指的是复合材料制品的国别、地区、民族和具体使用者的范围。例如，国家不同，其标准规格不同。另外，对色彩、图案及形状的要求也会因国家、民族的习惯和爱好而不同。

(5)根据用途分类选材。

根据用途分类的方法有多种，有的按应用领域分类，如汽车运输工业用的，家用电器设备用的、建筑材料用的、航空航天用的等；有的按应用功能分类，如结构材料(外壳、容器等)、低摩擦材料(轴承、滑杆、阀衬等)、受力机械零件材料、耐热耐腐蚀材料(化工设备、耐热设备和火箭导弹用材料)、电绝缘材料(电气制品)、透光材料。当有几种材料同属一类用途时，应根据其使用特点和材料性能进一步比较和筛选,最好选择2~3种进行试验比较。

4.1.2　结构设计

复合材料设计是将组分材料性能和复合材料细、微观结构同时考虑,以获得人们所期望的材料及结构特性。与传统材料设计不同,复合材料设计是一个复杂的设计问题,它涉及多个设计变量的优化及多层次设计选择。复合材料设计问题要求确定增强体的几何特征(连续纤维、颗粒等)、基体材料、增强材料和增强体的细观以及增强体的体积分数。这样,对于给定的特性及性能规范,要想通过上述设计变量进行系统的优化是一件比较复杂的事。有时复合材料设计依赖于有经验的设计者,借助于已有的理论模型加以判断。

一般来说,复合材料及结构设计一般可以分为以下6个步骤。

(1)确定复合材料及结构所承受的外部环境载荷,如机械载荷、热载荷及潮湿环境等。

(2)根据所承受的环境载荷选择合适的组分材料,包括组分材料(基体、增强体或功能体)种类及几何特征、基体与增强体的界面相互作用。界面、界面效应对复合材料性能的巨大影响正是复合材料区别于一般混合材料的重要标志。为了改善基体与增强体的界面黏结状态,必须对增强体进行表面处理。表面处理的方法有两类:一类是用物理或化学方法使增强体表面结构发生改变(如增加表面粗糙度、增加表面极性基团等);另一类是将"偶联剂"化合物引入到增强体表面以实现改变增强体表面结构的目的。

(3)选择合适的制造方法及工艺条件,必要时需对工艺过程进行优化。复合材料区别于单一材料的另一个显著特征是材料与结构的一致性,即复合材料既是材料,又可看作结构。许多复合材料制件不是由复合材料经二次加工而成的,而是由基体、增强体经过一次成型而得。因此从事复合材料的工程技术人员除了需确定选用适宜的材料外(包括增强体的处理技术),还必须进行结构设计或功能设计,并且结构设计或功能设计还必须考虑工程实施的可能性和合理性。

(4)利用细观力学理论或有限元分析方法或现代试验测量技术,确定复合材料代表性单元的平均性能与组分材料及细、微观结构之间的定量关系,进而确定复合材料梁、板、壳等宏观结构的综合性能。

(5)对于所有外部环境载荷和各种设计参数变化范围,分析复合材料内部的响应,如变形及应力场、温度场、振动频率等。

(6)对复合材料及结构进行损伤演化及破坏过程分析,主要利用损伤力学、强度理论、断裂力学等手段。

正因为复合材料既是材料又是结构,故材料设计与结构设计往往相互交叉而没有明显的分界线,同时这种设计都受到成型技术的制约。通常认为复合材料中的材料设计属于复合材料科学(材料物理及材料化学)的研究范畴,而结构设计则属于复合材料力学的研究范畴。

4.2　聚合物基复合材料的复合效应

复合材料的复合原理是研究复合材料的结构特性、开拓新材料领域的基础,但目前仍处于发展之中,有许多问题亟待研究和完善。

无论是宏观还是微观或亚微观状态,复合材料性能与结构的协同相长特性(即复合后的材料性能优于每个单独组分的性能)使复合材料具备新的特殊性质。这种不同性质材料之间的相互作用也就是耦合,这也是从力学和物理学上理解复合材料多性能的基础。虽然不同类型的复合材料的增强机理可能有所不同(如颗粒状增强体和纤维状增强体),特别是功能类复合材料,但它们在一些具体性能上仍可以遵循一些共同的规律。例如,复合材料内部相与相的界面,这些组分相之间化学成分和物理机械性能有显著变化并且在不同相间起连接和传递相互作用。因此界面也可以视为组分相之间所形成的相互作用的区域。

4.2.1　复合效应

复合效应是复合材料特有的效应,可分为两大类:一类是线性效应;另一类是非线性效应,又可归纳为混合效应和协同效应,见表4.1。结构复合材料基本上通过其中的线性效应起作用,而功能复合材料不仅能通过线性效应起作用,更重要的是可利用非线性效应设计出许多新型的功能复合材料。

表4.1　复合材料的复合效应

线性效应	非线性效应
平均效应	乘积效应
平行效应	诱导效应
相补效应	共振效应
相抵效应	系统效应

1. 平均效应

平均效应是复合材料所显示的一种最典型的复合效应。可以表示为

$$P_c = P_m V_m + P_f + V_f \tag{4.1}$$

式中,P 为材料性能;V 为材料体积分数;下脚标 c、m、f 分别表示复合材料、基体和增强体(或功能体)。例如:复合材料的弹性模量为

$$E_c = E_m V_m + Z_f V_f$$

2. 平行效应

显示这一效应的复合材料,其组成复合材料的各组分在复合材料中均保留本身的作用,既无制约,也无补偿。例如,对于增强体与基体界面结合很弱的复合材料所显示的复合效应,可以看作平行效应。

3. 相补效应

组成复合材料的基体与增强体,在性能上能互补,从而提高了综合性能,显示出相补效应。例如,对于脆性的高强纤维增强体与韧性空体复合时,由两相间能得到适宜的结合所形成的复合材料,其性能显示为两相互补。

4. 相抵效应

基体与增强体组成复合材料时,若组分间性能相互制约,限制了整体性能提高,则复合后显示出相抵效应。例如,脆性的纤维增强体与韧性基体组成的复合材料,当两者界面结合很强时,复合材料整体显示为脆性断裂。同时,这种强结合的界面也会导致复合材料抗冲击性能下降。所以过强的界面结合不一定是最适宜的。

5. 乘积效应

乘积效应是在复合材料两组分之间产生可用乘积关系表达的协同作用。例如,两种性能可以互相转换的功能材料——热 - 形变材料(以$\frac{X}{Y}$表示)与另一种形变 - 电导材料(以$\frac{Y}{Z}$表示)复合,其效果是

$$\frac{X}{Y} \cdot \frac{Y}{Z} = \frac{X}{Z} \tag{4.2}$$

即由于两组分的协同作用得到一种新的热 - 电导功能复合材料。这种耦合的协同作用之间存在一个耦合函数 F,即

$$f_A \cdot F \cdot f_B = f_C \tag{4.3}$$

式中,f_A 为$\frac{X}{Y}$的换能效率;f_B 为$\frac{Y}{Z}$的换能效率;f_C 为$\frac{X}{Z}$的换能效率。$F \to 1$ 表示完全耦合,但这是理想情况,实际上达不到。因为耦合还与相界面的传递效率等因素密切相关,需要深入研究。

6. 诱导效应

在一定条件下,复合材料中的一组分材料可以通过诱导作用使另一组

分材料的结构改变而改变整体性能或产生新的效应。例如,结晶的纤维增强体对非晶基体的诱导结晶或晶形基体的晶形取向作用。又如,在碳纤维增强尼龙复合材料中,由于碳纤维表面对基体的诱导作用,致使界面上的结晶形态与数量发生了改变。

7. 共振效应

两个相邻的材料在一定条件下会产生机械的或电、磁的共振。由不同材料组分组成的复合材料其固有频率不同于原组分的固有频率,当复合材料中某一部位的结构发生变化时,复合材料的固有频率也会发生改变。利用这种效应,可以根据外来的工作频率,改变复合材料固有频率而避免材料在工作时引起的破坏。对于吸波材料,可以根据外来波长的频率特征,调整复合材料频率,达到吸收外来波的目的。

8. 系统效应

这是一种材料的复杂效应,至目前为止,这一效应的机理尚不很清楚,但在实际现象中已经发现这种效应的存在。例如,彩色胶片是以红、蓝、黄3色感光材料膜组成的一个系统,能显示出各种色彩,单独存在即无此作用。

上述的各种复合效应都是复合材料科学所研究的对象和重要内容,也是开拓新型复合材料,特别是功能型复合材料的基础理论问题。

4.2.2　复合材料的结构与复合效果

复合材料的结构与复合效果是复合材料科学的主要研究内容。

1. 复合材料的结构类型

复合材料由两种或两种以上的组分相组成,由于各组分相的性质、形态和分布状态不同,因此可形成几种不同结构类型的复合材料。

复合材料的性质取决于各组分的特性、含量和分布情况。对于不同类型的复合体系,需要引入"连通性"的概念。其基本思想是:各种材料组分具有不同的几何形状,可运用拓扑学方法,将材料进行分类:颗粒状材料的连通性为0,是零维材料(零维);而纤维状材料的连通性为1,是一维材料(一维);片状材料连通性为2,即二维材料(二维);包围颗粒或纤维材料的介质是网络体状的连续材料,连通性为3,即是三维材料(三维)。图4.1为几种常见的两相结构复合材料的连通结构形态。0-3型结构是指基体是三维连续相,而增强体(或功能体)以不连续的颗粒状分布在基体中的结构状态;1-3型结构是指纤维状增强体分散在三维连续的基体中;2-2型结构是指一种或两种组分材料呈层状叠合而成的多层结构复合材料,其最大特点是复合材料中无一组分呈三维连续相状态;3-3型结构是指基体为三维连续相,而增强体(或功能体)为三维网状结构或块状结构镶嵌在基体之中。块状结构镶嵌于基体中时,增强体(或功能体)仍为不连续相,而纤维的三维编织物与基体形成的纤维复合材料则是典型的3-3型复合材料。聚合物互穿网络结构材料(IPN)在微观上也可视为这类复合材料。

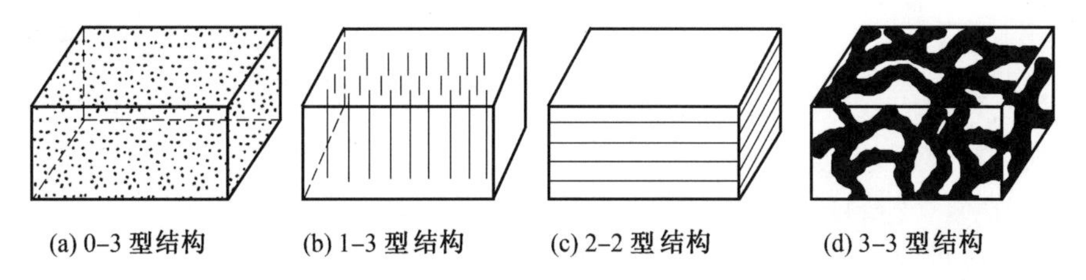

(a) 0–3 型结构　(b) 1–3 型结构　(c) 2–2 型结构　(d) 3–3 型结构

图4.1　几种常见的两相结构复合材料的连通结构形态

根据增强体(或功能体)与基体以不同连接方式复合时得到的连通性知:对两相复合体系有10种可能的连通性复合材料结构(0-0、0-1、0-2、0-3、1-1、1-2、1-3、2-2、2-3、3-3);由3个相组成的复合体系结构有20种可能存在的连通性。复合材料中含有几个组分相时,按照不同的连接方式可能组成的连通结构数量为

$$C_n = \frac{(n+3)!}{n! \times 3!} \tag{4.4}$$

2. 材料的复合效果

对于不同组分形成的复合材料,根据组分本身特点和复合特点,对材料有着不同的复合效果,并可以大致归结为以下几个方面。

(1) 组分效果。

在复合材料的基体和增强体(或功能体)的物理机械性能确定的情况下,仅仅把相对组成作为变量,不考虑组分的几何形态、分布状态和尺度等复杂变量影响时产生的效果称为组分效果。

复合材料中的相对组成,通常用到体积分数和质量分数等。复合材料中组分1的体积分数 V_1(或质量分数 W_1)是指复合材料中组分1的体积 V_1'(或质量 W_1')与复合材料总体积 V_c'(或总质量 W_c')的比值,即

$$V_1 = \frac{V_1'}{V_c'} \tag{4.5}$$

$$W_1 = \frac{W_1'}{W_c'} \tag{4.6}$$

在复合材料计算中,用得较多的是体积分数。但有时,特别是计算复合材料密度时,质量分数也是重要的,它们之间的转换方程为

$$V_1=\frac{\dfrac{W_1}{\rho_1}}{\dfrac{W_1}{\rho_1}+\dfrac{W_2}{\rho_2}+\dfrac{W_3}{\rho_3}+\cdots} \tag{4.7}$$

$$W_1=\frac{\rho_1 V_1}{\rho_1 V_1+\rho_2 V_2+\rho_3 V_3+\cdots} \tag{4.8}$$

式中,V_1,V_2,⋯为各组分的体积分数;W_1,W_2,⋯及ρ_1,ρ_2,⋯分别为相应组分的质量分数和密度。

在复合材料单向板中,所有纤维互相平行排列。圆形纤维间按理想分布时,纤维的体积分数与纤维半径有如下关系(图4.2):

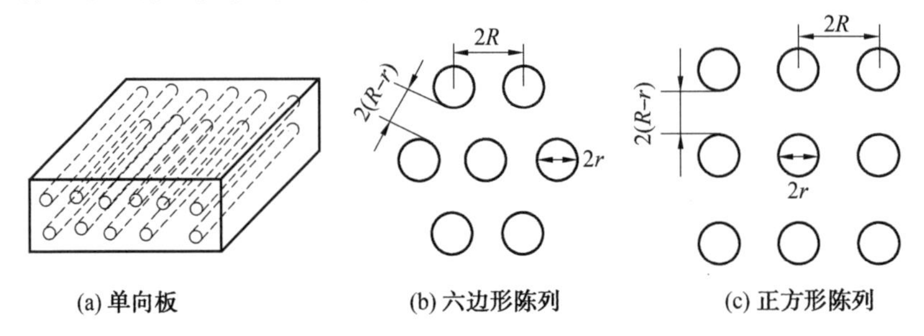

图4.2　典型模型单向板的纤维分布

$$V_f=\frac{\pi}{2\sqrt{3}}\left(\frac{r}{R}\right)^2 \quad (六边形陈列) \tag{4.9}$$

$$V_f=\frac{\pi}{4}\left(\frac{r}{R}\right)^2 \quad (正方形陈列) \tag{4.10}$$

式中,$2R$为相邻两根纤维间的中心距。当纤维相互接触时,即$r=R$时,V_f达到最大值。对于六边形陈列,$V_{fmax}=0.907$;而正方形陈列时,$V_{fmax}=0.785$。纤维间距s与V_f的关系为

$$s=2\left[\left(\frac{\pi}{2\sqrt{3}V_f}\right)^{1/2}-1\right]r \quad (六边形陈列) \tag{4.11}$$

$$s=2\left[\left(\frac{\pi}{4V_f}\right)^{1/2}-1\right]r \quad (正方形陈列) \tag{4.12}$$

当然,上述这些理想分布实际上是不存在的,而仅仅是一种模型假定而已。

(2)结构效果。

结构效果是指复合材料性能用组分性能和组成来描述时,必须考虑组分的几何形态、分布状态和尺度等可变因素产生的效果。这类效果可以用数学关系描述。

结构效果分为以下几种类型：

① 几何形态效果（形状效果）。该效果也可表示出相的连续和不连续效果。对于结构效果，其决定因素是组成中的连续相。对于0维分散质，若为大小相等的球状微粒，则在复合材料中最紧密填充时的体积分数为0.74，此时复合材料的性能在不考虑界面效果的情况下，仍决定于连续相（基体）的性质。当分散质为一维连续相时，若其性质与基体有较大差异时，分散质性能可能会显示出对复合材料性能的支配作用。

② 分布状态效果（取向效果）。对于1－3型、2－3型、2－2型乃至3－3型结构，增强体（或功能体）的几何取向对复合材料性能有着明显的影响。对于1－3型结构，在增强体的轴向与径向，复合材料性能有着明显的差异，而对于2－3型和2－2型结构的复合材料，在增强体（或功能体）的平面平行方向和平面垂直方向其性能截然不同；3－3型结构，主要根据增强体本身在不同方向上的特性，可显示出取向效果。

以2－2型结构的复合材料而言，在增强体所在平面的垂直方向上施加外力时，成为串联式结构，则弹性模量为

$$\frac{1}{E_{\mathrm{c}}}=\frac{V_{\mathrm{m}}}{E_{\mathrm{m}}}+\frac{V_{\mathrm{f}}}{E_{\mathrm{f}}} \tag{4.13}$$

而在平行于增强体平面方向上施加外力时，则成为并联式结构，此时的弹性模量为

$$E_{\mathrm{c}}=E_{\mathrm{m}}\cdot V_{\mathrm{m}}+E_{\mathrm{f}}\cdot V_{\mathrm{f}} \tag{4.14}$$

在式(4.13)与(4.14)中，E为弹性模量；V为组分的体积分数；下脚标m、f、c分别表示基体、增强体和复合材料。

③尺度效果。分散质尺度大小的变化会导致其表面物理化学性能的变化，诸如比表面积、表面自由能的变化以及它们在复合材料中的表面应力的分布和界面状态的改变，从而使复合材料性能发生变化。例如，当SiO_2粉末分散于聚甲基丙烯酸甲酯中时，在通常情况下，相同体积含量粉末经硅烷偶联剂处理后的复合材料强度大于未经处理粉末体系，而当SiO_2粉末微粒尺寸降低到一定尺度时（约500 nm以下），硅烷偶联剂的处理作用反而会导致材料强度下降。

(3)界面效果。

复合材料的界面效果是基体与增强体（或功能体）复合效果的主要因素。只有界面效果的存在，才能充分地显示复合材料的各种优越性能。界面结构（物理结构和化学结构）的变化会引起复合材料性能的明显变化。例如，在增强不饱和聚酯树脂中的玻璃纤维，用不同的处理剂处理时，材料在相同应力条件下，导致纤维承受不同的应力，显示出界面层的不同应力传递

能力和界面层的不同应力梯度。界面除了可以作为复合材料的一个组分而对材料有各种物理性能影响外，其物理结构、化学结构及其尺度变化都会有不同于其他组分相的作用。其原因可解释为 SiO_2 粉末粒度降到一定尺度时，比表面积与表面能的提高增大了表面活性，使之与基体的结合强度高于硅烷偶联剂对基体与 SiO_2 的结合。

4.3　聚合物基复合材料的界面

4.3.1　复合材料界面的研究

对于复合材料来说，这里所说的界面并非是一个理想的几何面。事实证明，复合材料中相与相之间的两相交接区是一个具有相当厚度的界面层，两相的接触会引起多种界面效应，使界面层的结构和性能不同于它两侧相的结构和性质。

例如，在无机-有机复合体系的界面中，常有电子给予体和接受体的相互作用（电荷移动）、氢键作用、偶极作用及化学反应与其附加物等。扩散现象更是各类复合材料界面层的一种常见现象。

聚合物基复合材料一般是由纤维增强体或无机粉料（增强体或功能体）与树脂基体所构成的两相或多相复合材料，在相与相之间同样存在界面层，并且由于界面效应，使纤维或粉体与树脂形成一个整体，通过界面，使增强体阻止基体裂纹的发展，或耗散和吸收外界能量，从而具有新性能。

许多复合材料是聚合物材料与无机材料的复合体系，两组分间的相容性或结合力差，为了改善两相的相容性和结合力，在两相的界面上加入微量的改性剂，如偶联剂等，这样，在基体和增强体或功能体之间，界面形成了一种新的化学结构和物理结构。

此外，在复合体系中两相的交接面上的相互作用，随环境条件的改变，可以发生变化。如温度的改变，可以改变相互间的作用，从而导致界面层厚度、化学结构和界面效应（如应力传递）等的改变。

这样，通常所指复合材料的界面是上述复杂的界面层，除了在性能和结构上不同于相邻两组分相外，还具有如下特点：

①具有一定的厚度。

②性能在厚度方向有一定的梯度变化。

③随环境条件变化而改变。

在不同的复合材料中，存在着各种不同的界面，界面的各种特性也并不十分一致,它影响到复合材料中各组分性能的充分发挥。因此,对界面的控制和界面设计,是复合材料研究的重要内容。

针对聚合物基复合材料,界面问题的研究应包括以下内容:

(1)增强体表面的有关问题。

①增强体表面的化学物理结构与性能。

②增强体与表面处理物质界面层的结构、性质及增强体表面特性的影响。

③增强体表面特性与基体之间的相互关系及两者之间的相互作用。

④增强体与表面处理物质的界面作用。

⑤增强体表面特性与复合材料特性的相互关系。

(2)表面处理物质的有关问题。

①最外层的化学物理结构及内层化学物理结构。

②表面处理物质与基体之间的相互作用,表面处理物质对基体的影响。

③处理条件及处理层的特性。

④处理剂层随时间的变化。

⑤处理剂层与复合材料性能的相互关系。

(3)表面处理优化技术。

(4)粉体材料在基体中的分散。

①分散状态的评价。

②分散技术及机理。

③分散状态与复合材料性能。

(5)复合技术的优化及其机理。

4.3.2　表面及界面化学基础

1.表面张力,表面自由能及比表面自由能

表面现象是自然界最普遍的现象之一。在复合材料中所表现出来的表面现象就更为复杂,但从物理化学的基本理论看,产生这些表面现象与物质的表面能有直接关系,也就是说,物质表面具有的性质是由表面分子所处状态与相内分子所处状态不同而引起的。

从物理化学中可知,物质体表面(或界面)层上的分子能量比相内分子要高,由此相内分子的移动不消耗功而将相内分子迁移到表面时,要反抗分子间的吸引力而做功 W。而物质的张力可以表达为两种形式

$$W = \gamma \cdot l\mathrm{d}x \tag{4.15}$$

$$W = \gamma \cdot \mathrm{d}A \tag{4.16}$$

上两式中,l 为长度;x 为位移;A 为面积;W 为所做的功;γ 为物质的表面张力。对于γ有两种不同的理解。在式(4.15)中,γ为表征层分子作用于单位长度上的收缩力,单位是 N/cm;在式(4.16)中,γ 为物质单位表面积上的能量,即发生单位面积变化时,外力所需做的功,单位是J/cm^2,又称为物质的表面能。

由此,对 γ 有两种等价的解释,即界面上单位长度的力和单位表面积的能量在数学上是相等的。

设在恒温、恒压、恒湿条件下,由于表面变化,环境对体系所做功为 W_1,则体系表面自由能增加值 ΔG 相应为

$$\Delta G = - W \tag{4.17}$$

由此可知,将大块物料粉碎成小颗粒或将大液滴分成小液滴时,需要对物料做功,所消耗的能量转变为表面自由能。一定的物料,粉碎程度越大,表面积就越大,所具有的表面能就越高。对超细微粒(纳米材料),由于表面积巨大,故具有相当高的表面自由能,以致使其表面特性与本体材料相比,发生了巨大的变化。

单位体积(1 cm^3)的玻璃钢,如纤维体积分数的为 50%,纤维直径为 9 μm,则两相的界面积近 2 000 cm^2。

单位体积的物质所具有的表面积,称为比表面积,以 A_s 表示,即 A_s = 表面积/体积,它表示物质的粉碎程度。

设物质的面积增加为 ΔA,则有

$$\frac{\Delta G}{\Delta A} = - \frac{W}{\Delta A} = \sigma \tag{4.18}$$

或者

$$\mathrm{d}G = \sigma \mathrm{d}A \tag{4.19}$$

这样,定义物质单位表面积的自由能 σ 为比表面自由能。

任何物质都具有表面和界面,应当注意,两相之间的界面层上也可以按上述进行讨论,这时应称为界面张力和界面自由能。由于两相之间的界面层都具有一定的厚度,在此层中,分子的分布往往又是不均匀的,故由此得到的比表面自由能,实际上是整层界面性质的总效应。

固体表面的表面张力或表面能,许多情况下要比液体大得多。

表面张力是物质的一种特性,是物质内部分子之间相互作用的一种表现形式。有关表面张力或界面张力,需要明确以下 3 个问题:

①表面张力与物质结构、性质有关。不同物质内部分子之间的相互作用力不同,分子间作用力越大,表面张力越大。现将一些物质的表面张力由大到小排序为:金属键物质(金、银等)、离子键物质(氧化物熔体、熔盐)、极

性分子物质(水等)、弱极性物质(丙酮等)、非极性物质(液氢、液氯等)。

②物质的表面张力与它相接触的另一相物质有关。当与不同性质的物质接触时,表面层分子受到的力场不同,致使表面张力不同。

③表面张力随温度不同而不同,一般温度升高,表面张力下降。这是因为温度升高,物质体积膨胀,即分子间距增大,使分子间作用力变小。

根据热力学概念,在恒温、恒压条件下,任何物质都有自动向自由能减小的方向移动的趋势,因此,表面能也有自动减小的趋势。要降低表面能,一方面可以通过自动收缩表面积实现,另一方面也可以通过降低比表面积实现。

2. 表面吸附作用

固体表面特性之一是吸附气体或溶液中的物质,这是一种物质的原子或分子附着在另一物质表面的现象,或者说,物质在相的界面上,浓度发生自动变化的现象,这种现象称为吸附。

吸附作用可以发生在不同相的界面上,如气-固、液-固、气-液、液-液等界面。

由于固体表面质点处于力场不平衡状态,即具有表面能,这一不平衡的力场为了趋于平衡态,可以吸附别的物质而得到补偿,以降低表面能(表面自由能),所以固体表面自动地吸附那些能够降低其表面自由能的物质。

由于气体(或溶质)的吸附可以看作与液化相当,故吸附过程是放热过程;相反,解吸过程则是吸热过程。

吸附按作用力的性质分为物理吸附和化学吸附。

(1)物理吸附。

固体表面的原子价已被相邻的原子所饱和,表面分子与吸附物之间的作用力是分子间引力,这类吸附称为物理吸附。物理吸附的特点是:

①由于分子间引力普遍存在于吸附剂及吸附物之间,故物理吸附无选择性。但由于吸附剂和吸附物的种类不同,分子间的作用力大小各异,因此,吸附量因物系不同而相差很多。

②在物理吸附中,吸附表面可呈单分子层,也可以是多分子层。

③吸附速度和解吸速度快,易得到平衡。

(2)化学吸附。

当固体表面原子的原子价未被原子所饱和,在吸附剂及吸附物之间有电子转移生成化学键的吸附称为化学吸附。化学吸附的特点是:

①化学吸附是有选择性的,即某一吸附剂只对某些吸附物发生化学吸附。

②由于化学吸附生成化学键,因而只能是单分子吸附,且不易吸附和解吸。

③化学吸附平衡慢,在某些情况下,当吸附物分子和固体表面分子形成较稳定的化合物(即表面化合物)后,就不可能解吸了。

物理吸附和化学吸附是两类毫不相干的吸附,但在外界条件下可以伴发。

3. 黏附功及浸润现象

(1)黏附功与内聚功。

如图4.3所示,将1 cm^2 的AB界面分离为A、B两个面时所需的功称为黏附功,表示为

$$W_{AB} = \gamma_A + \gamma_B - \gamma_{AB} \tag{4.20}$$

式中,W_{AB} 为A、B两表面的黏附功;γ_A、γ_B、γ_{AB} 分别为A、B表面及AB的界面张力。

对于单一的物质A(图4.3),相应的即为内聚功 $W_{AA'}$,可表示为

$$W_{AA'} = 2\gamma_A \tag{4.21}$$

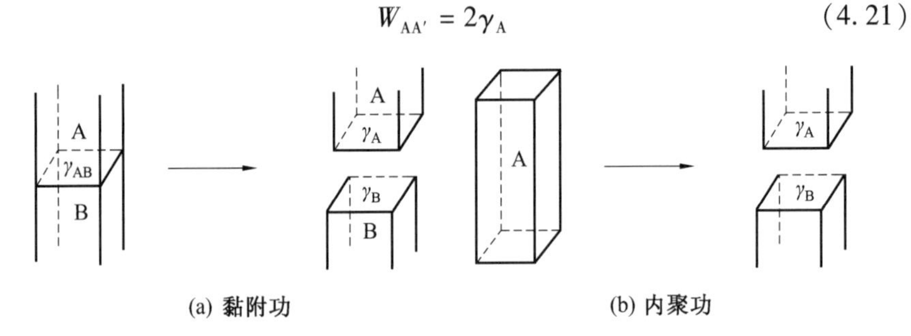

图4.3　黏附功与内聚功

(2) 接触角。

在复合材料制备过程中,要求组分间能牢固地结合,并且具有足够的高度。要实现这一点,必须使两种材料在界面上能形成能量的最低结合,这样,会存在一个液相对固相的相互浸润。

浸润也称润湿,定义为原来的固 - 气界面被新的固 - 液界面置换的过程。固体表面的润湿程度可以由液体分子对其表面的作用力大小来表征。在浸润过程中所释放的能量称为浸润功。

当液滴在固体表面且发生微小位移后,物系处于平衡状态,如图4.4所示。

设液滴发生微小位移时,使覆盖固体的面积改变了 ΔA,伴随的表面自由能变化为

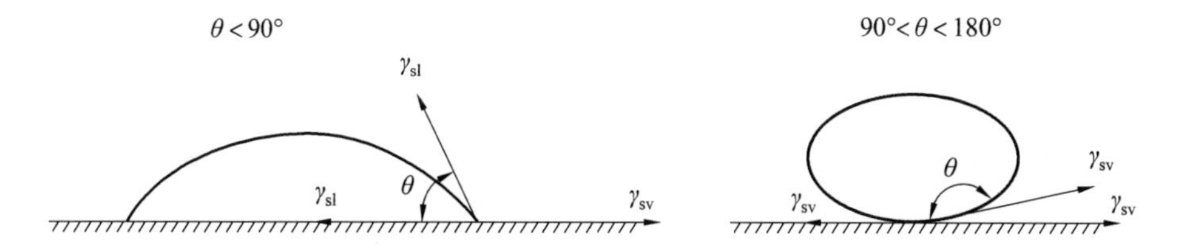

图 4.4　液滴在固体表面形态

$$\Delta G = \Delta A(\gamma_{sl} - \gamma_{sv}) + \Delta A\gamma_{lv}\cos(\theta - \Delta\theta) \tag{4.22}$$

平衡时

$$\lim_{\Delta A \to 0} \frac{\Delta G}{\Delta A} = 0 \tag{4.23}$$

于是

$$\gamma_{sl} - \gamma_{sv} + \gamma_{lv}\cos\theta = 0 \tag{4.24}$$

或

$$\gamma_{lv}\cos\theta = \gamma_{sv} - \gamma_{sl} \tag{4.25}$$

这类吸附浸润中,处于平衡态时的浸润功 W_{sl} 为

$$W_{sl} = \gamma_{sv} - \gamma_{sl} + \gamma_{lv} \tag{4.26}$$

式中,W_{sl} 为固 - 液界面的黏附功,代入式(4.25),即可得到

$$W_{sl} = \gamma_{lv}(1 + \cos\theta) \tag{4.27}$$

式(4.25) 称为 Young 式,而式(4.27) 称为 Dupre 式。两式实际是相同的,前者以力为出发点,后者以黏附功为出发点。

在 Young 式和 Dupre 式中,θ 角称为液相与固相之间的接触角,其确切定义为在气、液、固三相交界处的气 - 液界面与固 - 液界面之间的夹角。

由 Dupre 式可知,当 $\theta = 0°$ 时,界面的黏附功最大为

$$W_{sl,max} = 2\gamma_{lv} \tag{4.28}$$

当 $\theta = 180°$ 时,界面的黏附功最小为

$$W_{sl,min} = 0 \tag{4.29}$$

由此可知,接触角可以衡量液体对固体的浸润效果。

由 Young 式可以得到

$$\cos\theta = \frac{\gamma_{sv} - \gamma_{sl}}{\gamma_{lv}} \tag{4.30}$$

由此可知:

① 当 $\gamma_{sv} < \gamma_{sl}$ 时,$\cos\theta < 0$,$\theta > 90°$,此时固体不为液体浸润。

② 当 $\gamma_{lv} > (\gamma_{sv} - \gamma_{sl}) > 0$,则 $1 > \cos\theta > 0$,即 $0° < \theta < 90°$,此时固体为液体所浸润。

③ 若 $\gamma_{sv} - \gamma_{sl} = \gamma_{lv}$，则 $\cos\theta = 1$，$\theta = 0°$，此时固体表面可以被液体完全浸润，并获得最大黏附功。

接触角与表面张力都是表征物质表面的重要参数。但液体对固体表面的浸润中，前进和后退时表现的接触角是不一样的。如水滴在玻璃表面的滴淌，如图4.5所示。

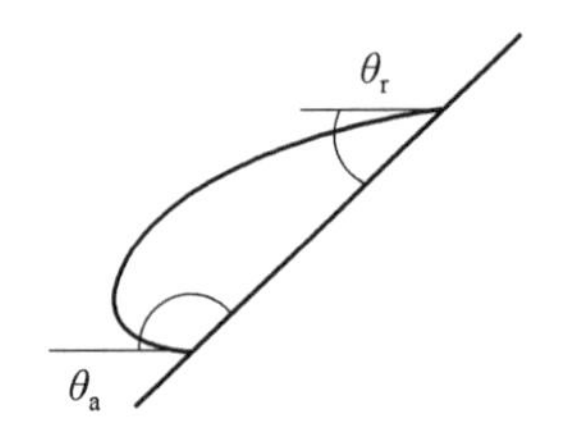

图4.5　水滴在玻璃表面的滴淌

显然，液体对固体表面的浸润随运动状态不同，可以显示出不同的接触角。通常称较大的接触角称为前进角 θ_a，较小的接触角称为后退角 θ_r，两者的差值 $\theta_a - \theta_r$ 称为接触角的滞后效应。

一般认为导致接触角的滞后效应的原因有3个：

(1) 污染。

无论是液体还是固体表面，污染后易引起滞后现象。纯液体处于纯的、不溶解的平滑固体表面上时没有接触角的滞后现象，这就是化学分析时，玻璃仪器洗涤以不挂水珠作为是否洗净的标准的原因。

(2) 亚稳态。

滞后现象的产生，一般要求是存在许多亚稳态。这些亚稳态的能量彼此略有差别，并被小的能垒隔开。平衡接触角应对应于自由能最小的值，但是，体系可以被"冻结"在能量略高一点的亚稳态上。一向很有意义的试验是：表面振动时，θ_a 和 θ_r 会出现相同的值。但是要注意不能利用振动来测定真实接触角 θ。

亚稳态一般是由固体表面的粗糙性或化学不均匀性所引起。所以导致滞后的第二个原因是固体表面的粗糙度。

(3) 表面的化学不均性。

实际的不均匀性起因于表面上富集的杂质、晶格缺陷或者是由于不同的晶面性质，这种实际表面要比理想表面复杂得多。

4. 固体表面的临界表面张力 γ_c

在复合材料和材料黏结中，固体总是通过表面与其他材料联系，表面张力是固体表面的一个重要参数，它是固体表面现象发生的依据，因此，对固体表面张力的研究不但有理论上的意义，而且有很大的实际意义，因为它是固体黏附和黏附能力的重要参数。

此外，要想得到性能较好的复合材料，牢固的界面结合很重要，这一点往往与增强体(或功能体)与基体相互间良好的浸润有关。为了满足这个条件，热力学分析表明，增强体(或功能体)的表面张力必须大于基体的表面张力,因此,必须知道固体的表面张力。

Zisman 等发现对于同系的液体,cos θ(前进角) 通常是单调函数,即

$$\cos\theta = a - b\gamma_1 = 1 - \beta(\gamma_1 - \gamma_c) \tag{4.31}$$

式中,a、b、β 均为常数。

图 4.5 是各种同系液体在 Teflon 上的 cos θ 与 γ_1 的关系。

图中,每条直线外推至 θ 为零时得出一定的 γ_1 值,Zisman 将其称为临界表面张力。因为不同系列的液体外推得到的值大致相同,故此他认为 γ_c 是指定固体的特征量。

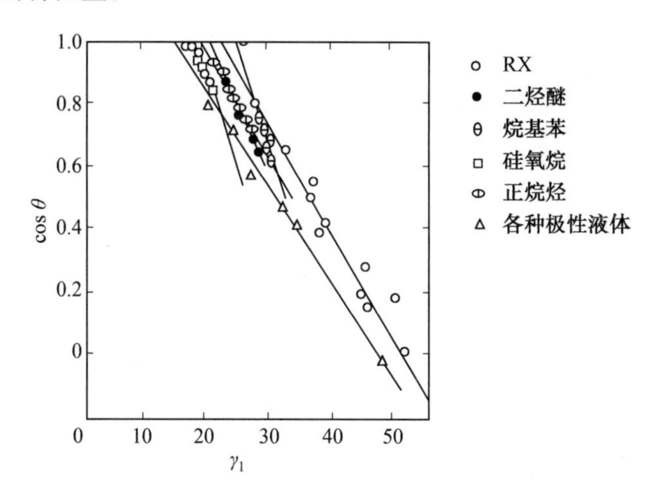

图 4.6 各种同系液体在 Teflon 上的 cos θ 与 γ_1 的关系

临界表面张力概念提供了一种总结润湿性的有用方法,并可通过内插法预示未知的性质。式(4.31)中,β 通常为 0.03 ~ 0.04,因此可以估计各种体系的实际接触角。

5. 浸润的热效应

若将洁净固体表面侵入液体,通常有热释出,即所谓浸润热 $q_{浸润}$,可表示为

$$q_{浸润} = E_s - E_{sl} \tag{4.32}$$

式中,E_s 为固体表面能;E_{sl} 为固-液界面能。

浸润热可以用量热法测定。只要测定洁净固体或固体粉末浸入被研究的液体时放出的热量即可。

浸润热的大小与固体表面的物理化学性能,即结构、极性、不均匀性以及表面与浸润渍液间的相互作用而形成的各种界面现象有关。需要注意的是:

①在复合材料中，作为细微的粉状粒子（0.1 mm以下）的浸润热未必与块状固体相同。

②浸润热是以向固体中渗透、扩散和溶解为前提而讨论的。

通常浸润热很小，约为几百尔格/cm^2。极性固体在极性液体中将有较大的浸润热，而在非极性液体中的浸润热较小。非极性固体的浸润热继续很小，且与固体的性质关系不大；对于极性的固体，$q_{浸润}$基本上是浸润液偶极矩的线性函数。

作为比表面很大的分散体，如粉体、纤维，一般是可以准确推测的。利用浸润热的测定，可以有效地了解粉体、纤维的表面物性。

4.3.3　增强体的表面特性及对复合材料界面结合的影响

在复合材料中，增强体的表面特性是影响复合材料界面特性和材料总体特性的重要因素，它通常是指3个方面，即增强体表面的物理特性、增强体表面的化学特性及增强体的表面能。

1. 增强体表面的物理特性与界面结合

增强体表面的物理特性主要是指其比表面积及表面形态结构，更深入地讲通常涉及比表面积、多孔性、表面极性及表面结构的均一性。

(1)比表面积及多孔性。

增强体的巨大的比表面积是导致复合材料中巨大的界面存在并引起界面效应的根本所在。

而增强体表面总是或多或少地存在部分孔隙，这些孔隙中有气体，在复合材料制备过程中，部分孔隙将被基体填充，排除气体，呈另一种机械镶嵌的结合状态。

在常见的增强体中，玻璃纤维表面光滑，相对粗糙度较小，横截面为对称圆形。硼纤维有类似玉米棒子表面状态的结构，表面相对光滑，有较小的比表面积，显微的横截面为复合结构，即内芯为W2B5和WB4，而外圆是硼，形状为规则圆形。碳化硅钨丝表面呈凹谷状，但还平滑，有较大的纤维直径，较小的比表面积，横截面为规则圆形，类似硼纤维，其内芯为钨丝，外圆为碳化硅。高强型、高模量型碳纤维表面基本类似。以黏胶丝基的碳纤维表面是光滑的、有直沟槽的纤维状结构，横截面为不规则的几何形状；而以聚丙烯腈基的碳纤维，其表面沟槽没有前者明显，较平滑规整。

在复合材料制备过程中，增强体的比表面积对界面结合强度的贡献，一般评价是肯定的。通常认为，增强体的比表面积越大，增强体与基体黏合的物理界面越大，对黏合强度的贡献也越大。同时，液态基体对增强体的浸润,往往是在常压或压力下的毛细浸润过程,浸润效果将直接影响复合材料的性能。这种浸润效果除了与增强体表面的热力学因素有关外,还与影响到浸润速度的表面形态有关。

玻璃纤维表面光滑,不利于和树脂结合,但易使树脂浸透,能使纤维间的空隙被树脂填充得较为密实。而增强体粗糙的表面,虽然能与树脂较好地机械结合,但高黏度的基体有时很难完全浸润其表面,造成很多空隙,成为应力传递的薄弱环节。

碳纤维复合材料界面的结合强度随纤维表面晶体尺寸的增大而下降。这与纤维模量增高,碳纤维复合材料的剪切强度下降的结果相一致的。其原因是随着纤维石墨化程度的提高,晶体晶面增大及模量上升,导致表面更为光滑、更为惰性,表面与树脂黏附性差,所以界面黏合强度下降。

(2)极性、表面结构的均一性、结晶特性及表面能。

增强体表面的极性取决于本身的分子结构、物质结构及外场的作用。当极性的基体与极性的增强体有较强的界面结合时,也就有了较强的界面结合强度及复合材料强度。当同样极性的增强体为极性基体浸润时,也就可能产生较大的浸润热。

增强体表面的均一性实质上是指增强体表面的活性点分布的均一性,包括物理化学活性点及化学活性点。这类活性点的分布,影响到增强体表面与基体的物理化学结合或化学结合效果,也是对整体复合材料性能影响的重要因素。

碳纤维是用含碳量高的高度交联的聚合物通过固相热裂解制成的,因此碳纤维实际上是纯碳。在热裂解时,其他元素被排出,形成石墨晶格结构。由于在高温热裂解时对聚合物施加了张力,所以碳纤维主要是轴向取向。同时,碳纤维表面晶体尺寸越小,表面积就越大,越增大了对基体的黏结面。

增强体的比表面积、多孔性、表面结构的均一性及结晶特性同时都会影响到增强体的表面能。高表面能的增强体与基体形成较强的界面结合。根据粉状填料的比表面能 σ_α 与基体树脂的内聚能密度 CED 的相对大小,往往把填料分为活性填料和非活性填料。当 $CED \geqslant \sigma_\alpha$ 时,为非活性填料;当 $CED < \sigma_\alpha$ 时,为活性填料。

对于高细度的超微细粉末填料,由于其极高的比表面积使其具有极高的比表面能,故对基体有极强的物理化学作用,使这种聚合物复合体系有别于普通粉末填充的效果。

2. 增强体表面的化学性质与界面结合

增强体表面的物理特性会影响到复合材料的界面黏结的效果,但增强体表面的化学特性将对复合材料的界面黏结效果起到更重要的作用。

增强体表面的化学特性包括其表面化学组成和结构及表面的反应特性等,其中增强体的表面反应特性最重要,它关系到增强体是否要进行表面处理、与基体能否形成化学结合、是否容易与环境接触反应而影响复合材料的稳定性。

(1)玻璃纤维的表面化学组成、结构及反应性。

研究玻璃纤维表面的化学组成发现,纤维的整体化学组成与纤维表面的化学组成不尽相同。如E-玻璃纤维,其整体化学组成分析结果为含有Si、O、Al、Ca、Mg、B、F、Na等元素,而其表面的分析结果中,其化学组成仅含有Si、O、Al元素。

对玻璃纤维的结构研究表明,玻璃纤维与块状玻璃具有相似的结构。硅酸盐玻璃是由一个三度空间的不规则连续网络构成的。网络是由多面体(三面体或四面体)构筑起来的。多面体中心是电荷多而半径小的阳离子,其中每个阳离子按照阳离子的配位数被一些氧的阴离子所包围,这些阳离子与周围的阴离子相互作用,认为在玻璃内部这些作用力处于平衡状态。但在玻璃表面则有所不同,阳离子在该处不能获得所需数量的氧离子,因此产生一种表面力,此表面力与表面张力、表面吸湿性有密切关系。当玻璃表面处于力的不平衡状态时,就有吸附外界物质的倾向。大气中存在的水分即是最常遇到的物质,因此玻璃表面常常牢固地吸附着一层水分子。同时,研究表明,一切硅酸盐玻璃是金属氧化物分散于二氧化硅网络结构中的混合物,非二氧化硅组分是以微观不均匀相而存在,其大小估计为1.5～20 nm,它们最多可占玻璃组成的50%,也占玻璃表面的50%,即使在E-玻璃纤维中,非氧化硅组分也占近50%,这些非二氧化硅成分的存在使玻璃表面状态与性质突出地表现为吸湿性。

玻璃表面的吸附水与玻璃组成中的碱金属或碱土金属作用,并在玻璃表面上形成—OH基

$$\sim \mathrm{Si—OD} + \mathrm{H_2O} \longrightarrow \sim \mathrm{Si—OH} + \mathrm{D^+} + \mathrm{OH^-}$$

式中,D代表碱金属或碱土金属。

从上面反应式可以看出,玻璃纤维上所吸附的水具有明显的碱性,而碱性水将进一步与二氧化硅网络反应

$$\sim \mathrm{Si—O—Si} \sim + \mathrm{OH^-} \longrightarrow \sim \mathrm{Si—OH} + \sim \mathrm{Si—O^-}$$

这样,表面的吸附水破坏了玻璃纤维中的二氧化硅网络骨架,致使玻璃纤维的强度下降。反应中生成的$\sim \mathrm{Si—O^-}$将继续与水反应再形成另外的—OH基:

$$Si—O^{-} + H_2O \longrightarrow \sim Si—OH + OH^{-}$$

生成的 OH^{-} 将继续破坏二氧化硅骨架,因此,玻璃纤维成分中含碱量越高,吸附水对二氧化硅骨架的破坏力就越大,纤维强度下降就越多。在玻璃纤维增强的复合材料中,一旦水侵入界面,就会不断破坏界面黏结,导致复合材料性能下降。当然,由于吸附水的作用,使玻璃纤维表面带有 ~Si—OH 基团。

试验也证明,纤维表面的吸附水层不是单分子水膜,由于表面的吸附力可以通过连续水层传递,表面经多层吸附形成厚度约为水分子 100 倍的水层。

同时,纤维表面相邻近的 ~Si—OH 基还可以与氢键结合,成为以下结构:

```
      H
   O     O
   |     |
~ Si — O — Si ~
```

总之,在玻璃纤维表面实际上存在着 3 种结构,即 Si—OH 基团、相邻 Si—OH 基团上的—OH基之间的氢键结合及多层吸附水分子。利用红外光谱分析,可得到 3 个峰值,即 3 750 cm^{-1},为孤立的 ~Si—OH 基团;3 650 cm^{-1},为相邻的 Si—OH 基间形成的氢键结合的羟基;3 450 cm^{-1},为表面吸附的水分子。

如果将玻璃纤维存在的这种结构用一种简单化的模型表示,则是

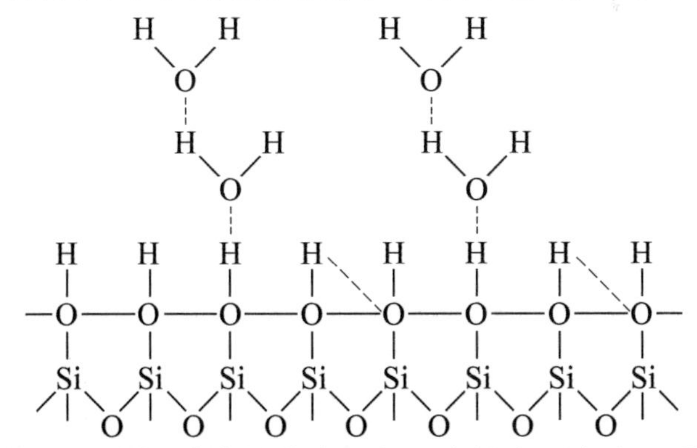

从上述结果可看出,玻璃纤维表面的反应性主要由表面明显的碱性和 ~Si—OH 基团决定,特别是 ~Si—OH 基团,具有一般活泼基团所具有的反应性质,这种性质是复合材料制备时的纤维表面改性和改善纤维与树脂基体界面黏结的有利条件。

(2)碳纤维以及其他纤维表面的化学组成、结构与反应性特性。

石墨纤维整体组成为C、H、N、H及金属杂质等，而其表面的化学组成为C、H、O等。

对其他各种纤维表面基团的分析表明，硼纤维表面有氧化硼，碳化硅纤维表面有氧化硅。从这些纤维的表面化学组成可看出表面均含有氧的成分。试验证实，如果在单位面积上氧的浓度足够高，则该种纤维表面将具有非常相近的亲水性。

碳纤维表面的氧主要以低浓度的羟基、羰基、羧基及内酯基存在，这些基团可与树脂基体中的环氧基、氨基等基团反应。其模型为

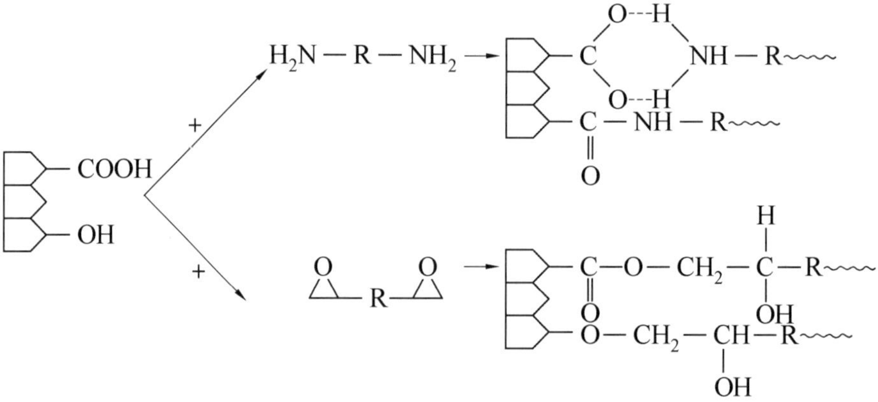

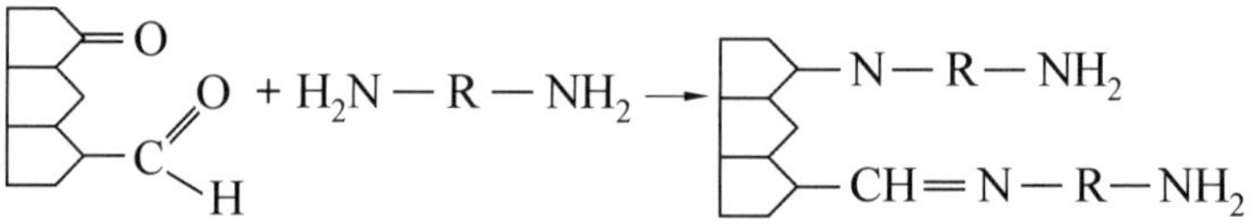

但是，在未处理的碳纤维表面这些含氧基团的浓度很低，反应的活性点很稀少，故在碳纤维增强树脂基的复合材料中，这些基团不能对界面的黏结起很大的作用。实际上碳纤维表面可以认为基本上是惰性的，特别是高模量碳纤维。用未经表面处理的碳纤维制得的聚合物基复合材料表现出很低的层间剪切强度。因此，对碳纤维的表面改性，一方面是使其表面晶棱尺寸减小，增加比表面积；另一方面，作为最重要的途径是力图使其表面增加含氧基团。

通常认为复合材料的界面结合强度随基体对增强体的浸润性提高而提高，这一情况对增强体表面未经偶联剂处理时的体系是正确的，但对那些加入偶联剂的体系的情况则不同，界面结合强度主要决定于增强体表面的偶联反应性。比如，用氯丙硅烷或溴苯硅烷处理的玻璃纤维表面具有相当高的表面能，它与三聚氰胺及苯酚树脂具有良好的浸润性，但由于表面偶联反应性差，结果结合强度不好。相反，它对环氧树脂的浸润性并不是那么好，

结果结合强度高。

4.3.4 复合材料界面形成过程

在复合材料中,增强体与基体之间最终界面的获得,一般分为两个阶段:

第一阶段是基体与增强体在一种组分为液体(或黏流态)时发生接触或润湿过程,或是两种组分在一定条件下均呈液体(或黏流态)的分散、接触及润湿过程;也可以是两种固态组分在分散情况下以一定的条件发生物理及化学变化形成结合并看作一种特殊润湿过程。这种润湿过程是增强体与基体形成紧密的接触而导致界面良好结合的必要条件。

第二阶段是液体(或黏流态)组成的固化过程。要形成复合材料增强体与基体间稳定的界面结合,不论是何种材料(金属、非金属、聚合物)均必须通过物理或化学的固化过程(凝固或化学反应固化)。此时,增强体及基体分子应处于能量最低、结构稳定的状态,从而使复合材料中的界面固定并稳定。这两个过程往往是连续的,有时几乎是同时进行的,对于在固态下制备的非金属基或金属基复合材料,往往难以区分这两个过程。

4.3.5 复合材料的界面结构

热固性树脂基体的固化反应一般有以固化剂诱发树脂官能团反应固化和以树脂本身官能团进行反应固化两类。固化剂在固化过程中,在树脂中所处位置成为固化反应的中心,并以此向四周辐射延伸固化反应,这样形成了中心密度大、边缘密度小的非均匀固化结构。密度大的中心部位称为“胶束”或“胶粒”,密度小的称为“胶絮”,固化反应后,胶束周围留下少量未完全反应或未反应的树脂。而在依靠树脂本身官能团反应的同化过程中,开始固化的反应阶段,同时在多个反应点进行固化反应,在这些反应点附近反应较快,固化的交联密度较大。随着固化反应的进行,固化速度逐渐减慢,因而后期交联的区域交联密度较小。这样,同样形成了类似胶束的高密度区和类似胶絮的低密度区相间的固化树脂结构。即两类固化体系在固化反应中均形成了一系列微胶束。

在增强体和基体形成复合材料的过程中,在增强体表面,由于增强体表面分子的作用,使微胶束倾向于有序排列,而在远离增强体表面处,随增强体表面对基体作用的减弱,胶束排列越来越无序。在增强体表面形成的有序树脂胶束层称为树脂抑制层。在载荷作用下,抑制层内树脂的模量、变形将随微胶束的密度及有序性的变化而变化。

前面已讲过，界面区可以理解为由基体与增强体接触界面和两者表面薄层构成的一定厚度的范围。而基体及增强体的表面层是相互影响和制约的，同时受本身表面的结构和组成的影响。界面区的厚度随外界条件的改变而成为一个变量。它将影响到复合材料的力学行为、韧性及其他特性。

对于用表面处理剂处理过的增强体，其所组成的复合材料界面区包括增强体表面的处理剂层。当然，由此形成的复合材料性能与该处理剂层有关。

在复合材料中，界面区的作用使基体与增强体结合形成材料整体，并实现外力场作用下的应力传递。为使复合材料内部能均匀地传递应力，要求复合材料的基体和增强体有一个完整、均匀的界面区。以环氧树脂的固化，并以微胶束的模型来描述，则在增强体增强时，由于界面上力的作用，影响到复合体系基体内的固化剂分布和固化反应物微胶束的分布，从而改变界面层内的结构和密度。当增强体具有高表面能时，由于其表面的力的作用，界面区形成“致密层”，在“致密层”外侧形成“松散层”，对低表面能的增强体，则界面层往往仅以“松散层”存在。

以连续纤维为增强体的树脂基复合材料，增强体沿纤维的轴向是连续的，但其界面的微观结构与非连续纤维为增强体的复合材料仍是一致的。

增强型复合材料在外力场作用下承受荷载时，基体通过界面将应力传递至增强体，故增强体承受了主要的应力，而基体承受的应力较小。界面区则承受从增强体表面中基体表面梯度分布的应力。

4.3.6　复合材料的界面结合理论

前面提及，在复合材料制备过程中，复合材料的增强体和基体通常总是一相以液态与另一相接触，然后经过固化过程而形成整体。在此过程中两相间的作用形成了界面，这一界面形成的机理也就成为人们关心的问题，但至今仍不完全清楚，这里介绍几种相关理论。

1. 润湿理论

润湿理论指出，要使树脂与增强体紧密接触，就必须使树脂对增强体表面很好地浸润。树脂与增强体润湿不良，会导致界面上出现空隙，并易因此产生应力集中导致局部开裂。当增强体被树脂很好地润湿时，物理吸附所提供的结合强度能超过树脂的内聚能。但是，要使增强体表面完全浸润，液态树脂的表面张力必须低于增强体的临界表面张力。润湿理论认为树脂与增强体两相间的结合属于机械黏结与润湿吸附。前者是一种机械镶嵌现象，在两相间充分润湿的基础上，树脂充分填充于增强体表面，树脂固化后，在树脂与增强体表面的不平的凹陷和缝隙处实现了机械镶嵌连接。而由于充分地润湿,两相界面处产生的物理吸附主要是由范德瓦耳斯力的作用实现黏结,在复合材料中,界面上的这两种作用同时存在。

2. 化学键理论

化学键理论是最早的界面理论,也是应用最广的理论。该理论认为基体树脂表面的活性官能团与增强体表面的官能团能起化学反应。因此基体树脂与增强体之间形成化学链的结合,界面的结合力是主价键力的作用。偶联剂正是实现这种化学键结合的架桥剂。以玻璃纤维为增强体的复合材料,在偶联剂的分子结构中,应带有两部分性质不同的基团。一部分基团能与玻璃表面上的 Si—OH 基反应形成化学键;另一部分基团能与树脂基反应形成化学键。依靠偶联剂两端形成的化学键使树脂与玻璃纤维表面牢固地结合起来。

3. 机械啮合理论

依靠粗糙的纤维表面及基体产生的结合与摩擦力来实现两相的结合,只能在平行与纤维方向上承受载荷。

4. 静电理论

黏合剂与基片具有不同电子带结构,它们相接触时会发生电子转移形成深度双电层,这种双电层产生的静电力是黏结强度主要贡献者,称为静电理论。当胶黏剂与被黏物体形成电子发射体和电子接收体时,电子被激发从发射体转移到接收体,于是在电子发射体和电子接收体接触区域形成了双电层,双电层电荷的性质相反,从而产生了静电引力。此理论的缺点在于:①只有电荷密度达到一定程度时,静电引力才能起主要作用,当电荷密度小于此值时,即使复合材料界面之间存在静电的作用,它对界面之间的黏合作用可以忽略不计;②静电作用只存在于那些能够形成双电层体系的聚合物中,不具有普遍性等。随着对聚合物电子结构研究的深入认识,静电理论将会更趋完善。

5. 优先吸附理论

为解释化学键理论所不能解释的现象,即当偶联剂不具备与树脂反应的基团时,仍然能达到良好的处理效果,有人提出了优先吸附理论。

试验发现,玻璃纤维是否经偶联剂处理,对树脂胶中各组分(包括树脂、固化剂、交联剂或催化剂)的吸附能力有差异,即吸附有选择性。当玻璃纤维被偶联剂覆盖后,偶联剂对树脂中的某些组分“优先吸附”,这样,改变了树脂对玻璃表面的浸润性。

由此,优先吸附理论认为界面上可能发生增强体表面优先吸附树脂中的某些组分，这些组分与树脂有良好的相溶性，可以大大改善树脂对增强体的浸润；同时，由于优先吸附作用，在界面上可以形成所谓的“柔性层”。此“柔性层”极可能是一种欠固化的树脂层，它是“可塑的”，可以起到松弛界面应力集中的作用，故可以防止界面脱黏。如玻璃纤维与树脂的热膨胀系数不同（两者可相差一个数量级），当树脂固化时，可在界面上造成巨大的剪切应力，而这种优先吸附产生的“柔性层”，则允许纤维与树脂这两种模量不同的材料之间传递应力，从而提高了复合材料强度。

6. 防水层理论

为了解释玻璃纤维经偶联剂处理后，所制得的复合材料使湿态强度大大改善的现象，有人提出防水层理论。

由于玻璃纤维表面牢固地吸附一层水膜，此水膜不仅不利于树脂与玻璃纤维的黏结，而且水会侵入纤维表面的微裂纹中，助长裂纹扩展。同时玻璃表面具有明显的碱性，而碱性水将破坏玻璃纤维的二氧化硅骨架，导致纤维强度下降。另外，水也可以通过树脂扩散而进入界面及材料内部，使复合材料性能变坏。

防水层理论认为，清洁的玻璃表面是亲水的，而经偶联剂处理并覆盖的表面变成疏水表面，该表面可以防止水的侵蚀，从而改善复合材料湿态强度。

该理论与实际情况是有出入的。水是不可避免地要侵入界面，即使用憎水的偶联剂处理玻璃表面后当表面暴露于空气中时，会再次吸附水分，这种吸附水仍然会对材料起破坏作用。

7. 可逆水解理论

可逆水解理论也称为可形变层理论、减轻界面局部应力理论。

该理论认为，在玻璃纤维增强的复合材料中，偶联剂不是阻止水分进入界面，而是当有水存在时，偶联剂与水在玻璃表面上竞争结合。由于硅烷偶联剂与玻璃表面的 Si—OH 基形成氢键的能力比水强，足以与水分子竞争表面，故驱去水而与玻璃表面链合。这两个可逆反应建立了键的形成与断裂的动态平衡，依靠这种动态平衡，在界面上起着以下几方面的作用：

①对水产生排斥作用，由于偶联剂与玻璃表面的硅醇的反应能力比水强，因此在竞争中对水产生排斥。然而这种反应产物遇水又可以水解，使键断裂。这种键的形成与断裂对界面上的水不断地产生排斥作用。

②由于这种动态平衡使界面上的应力松弛，偶联剂参与了树脂固化反应，成为树脂固化的一部分，这样，偶联剂的一端与树脂形成了一层刚性较强的聚合物硬膜，这层膜与玻璃的界面代表了玻璃与树脂的界面，而膜与玻

璃表面靠得很近。键受水解后产生的游离硅醇处在两个靠得很近的刚性表面之中而无处可去,又结成原来键,或者由于界面上的应力集中,使键断裂后,两刚性界面发生相对滑移,在新的位置上形成新键。这样,使界面上保持应力的松弛状态。

③这种键的形成—断裂—形成的动态结合状态使树脂与增强体表面始终保持一定的结合强度。这样的黏合机理,就像中间夹着一层水膜的两块平板玻璃,可以滑动而又非脱黏一样;当受到应力作用时,可以滑动,使键断裂;当滑到新的位置时,又形成新键,这是一种力学动态平衡,从界面的化学偶联机理看,由于偶联剂和水在增强体表面的竞争而产生的可逆反应,也在界面上建立了化学动力学平衡。

8. 摩擦理论

该理论认为,树脂与增强体之间的黏结完全基于摩擦作用,增强体与树脂之间的摩擦因数决定了复合材料的强度。偶联剂的重要作用在于增加了树脂基体与增强体之间的摩擦因数。

在试验中发现,玻璃纤维增强复合材料在水中浸泡后性能变差,但经干燥后,又有部分恢复。则该理论认为:当水浸入复合材料界面后,摩擦因数减小,传递应力的能力减弱,故强度降低,干燥后界面水分减少,摩擦因数又增大,传递应力的能力加大,故材料强度有部分恢复的现象。因水对不同树脂的侵蚀能力是不同的,所以以不同树脂基制得的复合材料,对性能影响和恢复也是不同的。

该理论是以嵌在大量树脂中的单丝模型为试验基础的,这与实际情况并不相符。在一个由纤维束或纱与树脂构成的实际复合材料中,很少有单丝是完全单独地为大量树脂所包围。因此,所设想的模型及界面上的所谓摩擦行为与实际有很大的出入。

4.4 聚合物基复合材料界面的破坏机理

聚合物基纤维增强复合材料的理论强度与实际强度的偏离,除有与一般材料相同的原因外,还有它本身的特点。复合材料中分析基体与纤维之间的关系时,有几点矛盾的假设:①从整体上假定复合材料中的纤维与基体是紧密地胶接在一起的;②在分析组分的各自作用时,是假定纤维与基体是完全分割的,各自有自己的应力行为。因此,在无载荷条件下,由于组分的热膨胀系数不同,材料也有内应力存在。

树脂固化时将对纤维产生压应力,而对基体则有拉应力。从简单的力

学关系考虑，内应力大小有如下列关系

$$\sigma_m = E_m \Delta T(\alpha_m - \alpha_f) \tag{4.33}$$

式中，ΔT 为因温度下降后的温差；E_m 为基体的模量；α_m、α_f 分别为基体与纤维的线膨胀系数。

因此，分析复合材料的破坏机理时，要从纤维、基体、界面等方面及在受力下的变化、介质作用下的变化来考虑。但界面包含具有一定厚度的界面区域，故基体与纤维表面界面区的厚度范围、相互有无限制、如何制约，都是需要研究的问题。

聚合物基复合材料界面的破坏机理是一个复杂的问题，至今尚不完全清楚。但对界面微裂纹发展过程的能量变化以及介质引起界面破坏机理的研究较为系统。

4.4.1　界面破坏的能量流散概念

在纤维增强聚合物基复合材料中，无论在基体、纤维还是在界面上，均有微裂纹存在。这些微裂纹受到外力作用或其他条件影响后，都会按它本身的规律发展，最终引起复合材料的破坏。当裂纹受到外界因素作用时，裂纹的发展过程将是逐渐通过树脂最后到达纤维表面。在裂纹扩展过程中，将随着裂纹的发展逐渐消耗能量，并且由于能量的流散而减缓裂纹的发展。对于垂直纤维的裂纹峰还将减缓对纤维的冲击。

假定此过程中没有能量流散，树脂是固结在纤维表面，则所有能量集中在裂纹峰上，裂纹冲击纤维，甚至能穿透纤维，引起材料脆性破坏。通过提高环氧树脂对碳纤维的黏结曾经观察到脆性破坏。另外，也观察到聚酯树脂或环氧树脂基纤维复合材料破坏时是逐渐破坏的形态。破坏开始为全载荷的20%～40%。此时破坏机理可能是裂纹由于界面能量流散而减弱裂纹生长，或能量消耗在界面脱胶而分散了裂纹峰上的能量集中，未造成纤维的破坏。

树脂在玻璃纤维界面上生成的键可分为两种类型：一类是普通的范德瓦耳斯力作用，其键能约为 2.5×10^4 J/mol，类似于氢键；另一类是化学键，键能为$(1.2\sim1.8)\times10^5$ J/mol。显然，当能量流散时，化学键的破坏会吸收更多的能量。界面上化学键的分布与排列可以是混乱的、分散的，也可以是集中的，如图4.7所示。

如果界面上的化学键是集中的，当裂纹发展时，能量流散少或能量集中于裂纹峰，可能没有引起集中键的断裂时就冲断纤维，造成材料的破坏。

另外，也可能有这样一种情况，即键是集中的，类似于两个扣子将树脂

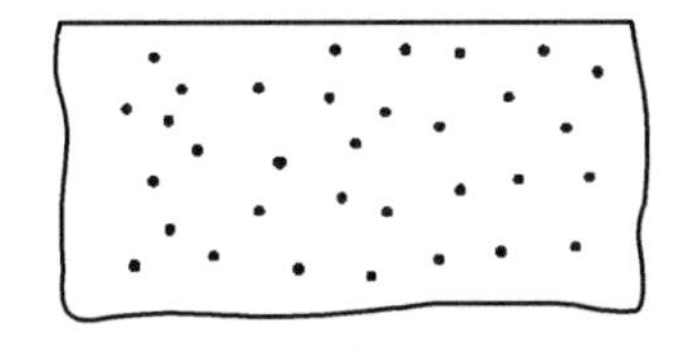

(a) 混乱分布的键

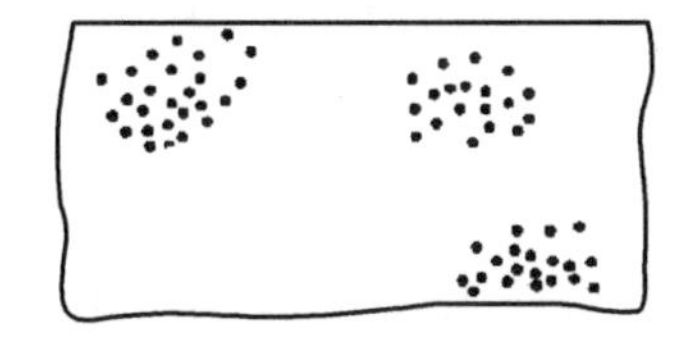

(b) 集中分布的键

图 4.7 复合材料界面上化学键的分布示意图

与纤维扣住,当裂纹扩展时,未冲断纤维仅引起集中键的破坏。这时能量的流散主要在于键能的破坏而造成界面黏接破坏,此时,如果增加能量也可能除冲断集中的键外,还可能引起纤维的破坏。另外,在此过程中除集中的键引起能量损失外,在没有形成化学键的界面区,树脂与纤维接触的界面剥离导致物理作用的破坏,这样,同样也有能量流失,消耗一定的裂纹峰能量。

如果树脂与纤维界面上的化学键是分散的,裂纹发展受能量流散影响使树脂自界面逐渐分离,键逐渐破坏,应力没有集中于裂纹峰而逐渐消耗能量,引起脱黏破坏。如果裂纹在界面上被阻止,由脱黏而分散能量,将有大面积的脱胶层。用高分辨率显微镜观察脱胶层,其可视尺寸达 0.5 μm。可见,能量流散机理在起作用。

4.4.2 介质引起界面破坏的机理

在聚合物基复合材料中,由于介质引起的破坏现象,其机理比较清楚的是由水引起玻璃纤维增强树脂基复合材料的破坏。

清洁的玻璃表面暴露在大气中立刻就会吸附一层水分子。表面的引力可以通过连续的水膜传递,因此,玻璃表面经多层吸附而形成厚的水膜,其厚度约为水分子的 100 倍,并且湿度越大,吸附水层越厚。同时,吸附过程异常迅速,在相对湿度为 60% ~70% 时,仅需 2 ~3 s 即可完成吸附。玻璃纤维较玻璃有大得多的比表面积,吸水量也大得多,一般吸附水量约为0.5% 。纤维越细,其比表面积越大,吸附水量也越多。被吸附的水在玻璃表面上结合得异常牢固,加热到 110 ~150 ℃时,只能除去一半的吸附水,加热到 150 ~250 ℃也只能除去 3/4 的吸附水,只有在真空中(0.013 3 Pa)加热到 800 ℃,方可基本上将物理和化学吸附水除去。

玻璃纤维增强聚合物基复合材料表面上的吸附水侵入界面后,发生水与玻璃纤维和树脂的化学变化,使界面脱黏,引起材料的破坏。

侵入界面的水,首先引起界面的破坏,继而引起玻璃纤维强度破坏、树脂降解。如聚酯树脂的水解活化能在$(4.6 \sim 5.0)\times 10^4$ J/mol 范围内,由于玻

璃纤维受到水的作用形成 OH^-，使水呈碱性，所以与树脂作用的水也是碱性的。碱催化的聚酯树脂的水解反应为

$$R-\overset{\overset{\displaystyle O}{\|}}{C}-O-R + H_2O \xrightarrow{OH^-} R-\overset{\overset{\displaystyle O}{\|}}{C}-OH + ROH$$

由于树脂的水解引起大分子链的断裂，造成树脂层的破坏，进而引起界面脱黏，促使复合材料破坏。

水引起树脂水解表现为界面上树脂的不均破坏，是一小块一小块地损失，并接近试样表面的地方损失得多，中心部位损失得少。复合材料的吸水速率，初期最快，以后逐渐减慢。吸水率与时间的关系一般为

$$R_{pc} = R_\infty(1 - e^{zt}) \tag{4.34}$$

式中，R_{pc} 为吸水率，%；R_∞ 为饱和吸水率，%；z 为常数；t 为时间。

进入界面的水将使树脂发生溶胀，初期的溶胀将抵消在室温下的固化收缩，当溶胀超过了固化收缩时，则界面上产生拉伸应力，如图4.8所示。

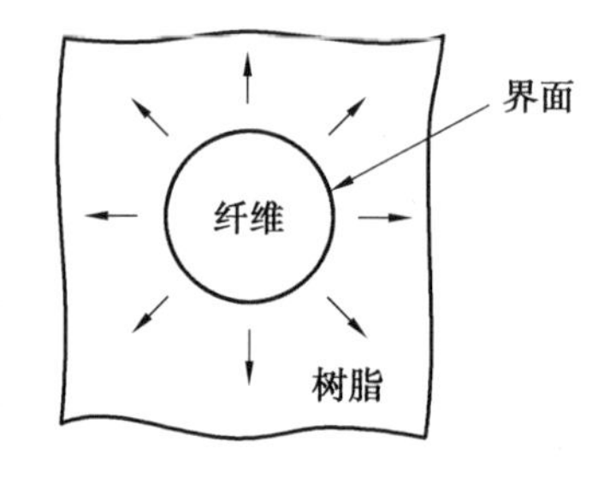

图4.8　界面上产生的界面拉伸应力

当这种应力大于树脂对玻璃纤维的黏结力时，则玻璃纤维与树脂的界面遭受破坏。因此，较理想的状态是水溶胀和热收缩近似地平衡或热收缩稍大于水溶胀。

水主要在工艺过程中进入界面，由于树脂黏度大，将气泡裹入复合材料中，即使采用特殊的办法，也只能减少气体含量，要完全阻止气体的裹入是不可能的。当复合材料存在气泡并受到应力时，引起局部破坏而形成水分侵入的通道，这些微小的气泡往往互相串通，在相界面上形成连续的通道。水分容易沿着这样的界面移动而达到很深的部位。水在材料中顺着纤维方向扩展的速度大约是垂直方向扩散速度的30～60倍。另外，树脂中存在杂质，尤其是水溶性无机物杂质，当水进入时，因渗透压的关系形成高压带，这些高压带将产生微裂纹。树脂的热收缩不仅在树脂相产生微裂纹，而且也将在界面形成微裂纹。这些微裂纹又将是水分的通道，水通过界面的速率将是通过树脂速率的450倍左右。

水引起界面破坏，水介质还促进裂纹的发展，复合材料受力时，当所加应力引起弹性应变所消耗的能量 δ_E，并超过了新形成表面所需的能量 δ_σ 和塑性变形所需要的能量 δ_ω 之和时，裂纹便会扩展，其关系式可表示为

$$\delta_E > \delta_\sigma + \delta_\omega \tag{4.35}$$

式(4.35)只能应用于裂纹迅速扩展的情况，而不能应用于裂纹缓慢扩

展的情况，但此式对讨论水对裂纹扩张的影响提供了一个方便的形式。水的作用减弱了裂纹顶端峰的强度，减小了纤维的内聚能，从而减小了 δ_σ，水在裂纹顶端脆化了纤维材料，因而减少了 δ_ω，可以看出，由于水的存在，在较小的应力下，玻璃纤维表面上的裂纹就可向深处扩张。

水助长裂纹的扩张，除了减小 δ_σ 和 δ_ω 以外，还有两方面的作用，这就是表面腐蚀导致表面缺陷或产生微弱腐蚀产物，以及凝结在裂纹顶端的水能产生相当大的毛细压力，促进纤维中原有裂纹的扩展，引起材料的破坏。

综上所述，复合材料界面破坏机理的观点大体有 3 种：一是微裂纹破坏理论；二是界面破坏理论；三是化学结构破坏理论。这几种观点仍是相当片面和不完善的，而且，这几种破坏现象往往是同时发生的，这就更显出界面破坏的复杂性。

4.5　聚合物基复合材料性能的复合规律

任何材料的性能都是各有不同的，但是都可以认为是材料内部结构、微观粒子的相互作用及其运动的宏观表现。对聚合物基复合材料来说，尽管在宏观或微观上是非匀相材料的结构，但对于任一种组分相，其微观结构上仍是一个均一的连续体，其物理机械性能及化学结构都是确定的，它与该组分相构成的均质材料性质一般是一致的。因此，仍可以使用连续介质的有关理论来确定整个系统的材料性能。

1. 固有性质

固有性质是指复合材料在各相之间不相互作用所表现出来的材料性质。这类性质往往是材料性质的直观表现，如材料的密度、比热容。它们从本质上表示材料所含有的物质量和能量的额度，在数学形式上该量是一个标量。

复合材料的固有性质在组分复合前后，其物质量和能量的总含量不会变化（包括复合过程中的能量变化量）。此时，复合材料的性质是各相组分按含量的加和性，而与各相的几何状态和分析状态无关。

设复合体系的某一性能为 P，对任一相所具有的性能和体积分数分别为 ρ_i 和 V_i，则有

$$P = \sum \rho_i \cdot V_i \tag{4.36}$$

式(4.36)即为混合律。对复合材料而言，属于固有性质的物理量都应服从混合律。

需要注意的是,对于复合材料的某些性质,尽管也近似于服从混合律,但不是从本质上服从混合律,故不属于固有性质。

2. 传递性质

材料的传递性质是指材料受外作用场作用时,表征某种通过材料阻力大小的物理量,诸如导热性质(热导率)、导电性质(电阻率)等。该类性质本质上表征材料中微粒子的运动状态及运动传递能量、物质的能力。

对于复合材料多相体系,由于不同介质的传递性质的差异、相结构及相间边界条件的差异,使传递的路径、速率与均质材料不相同。从物理角度讲,即使由作用场输入的是唯一均匀流,输出量仍是非均匀的杂散流。作为最简单的传递方式,有串联和并联两种基本形式。对于复杂的多相结构,往往采用这两种形式的多次组合。

3. 强度性质

材料的强度特性是材料承受外作用场极限能力的表征,这一概念对于结构体系也是同样的含义。材料的力学强度是材料承受外力的极限能力,如拉伸强度、冲击强度等;材料对电场的承受能力,则为点击穿强度。

对于非均质的复合材料,材料对外作用场的承载能力不是各组分相承载力的叠加,而与外作用场的分布、各组分相之间的相互作用有关,也与组分相的含量、几何状态、分布状态及各相的失效过程有关。对材料强度性能进行预测和设计时,必须弄清与上述因子的函数关系和失效模式。

4. 转换性质

转换性质是指材料在一种外场作用下,转换产生另一种新场量。表征两种场量的相互关系则称为转换关系。如材料在电场作用下产生热量,在热作用下产生光,在应力作用下发生变化,都是材料的转换性质。转换性质是表征材料的微观结构拓扑在外作用场下的变化。材料的转换性质通常是张量。

对于复合材料,其转换性质除了取决于各组分相的微观结构外,还取决于各组分相间的相互作用。由于不同组分的转换性质不同,复合材料的转换性质更为复杂。前面提到的材料复合的相乘效应是复合材料转换性质的典型效应。

由于材料转换性质的复杂性,确定其一般规律是困难的。不同性质的转换具有不同的规律,往往必须根据其特征,分析复合系统的宏观及微观场量才可能确定。

参考文献

[1] 沃丁柱. 复合材料大全[M]. 北京:化学工业出版社,2000.

[2] 闻荻江. 复合材料原理[M]. 武汉:武汉理工大学出版社,2010.

[3] 杜善义. 复合材料及其结构的力学设计应用的评价(第三册)[M]. 哈尔滨:哈尔滨工业大学出版社,2000.

[4] 张志谦,黄玉东. 复合材料界面科学[M]. 哈尔滨:哈尔滨工业大学出版社,1997.

[5] 王震鸣. 复合材料及其结构的力学设计应用的评价(第一册)[M]. 北京:北京大学出版社,1998.

[6] 皮亚蒂. 复合材料进展[M]. 北京:科学出版社,1986.

[7] 曾竟成. 复合材料理化性能[M]. 北京:国防科技大学出版社,1998.

[8] 陈同海, 贾明印, 杨彦峰, 等. 纤维增强复合材料界面理论的研究[J]. 当代化工,2013, 42(11): 1558-1561.

[9] 霍斯金, 贝克. 复合材料原理及其应用[M]. 北京:科学出版社, 1992.

第5章 聚合物基复合材料结构分析与结构设计

5.1 复合材料的力学特性

复合材料不仅保持原组分材料的部分优点和特性，而且还可借助于对组分材料、复合工艺的选择与设计，使组分材料的性能相互补充，从而显示出比原有单一组分材料更为优越的性能。复合材料因其组成特点，具有不同于均质材料的诸多优点。

1. 性能的可设计性

复合材料最显著的特性是其性能（包括力学性能、物理性能、工艺性能等）在一定范围内具有可设计性。可以通过选择基体、增强材料的类型、含量、增强材料在基体中的排列方式及基体与增强材料之间的界面性质等因素，来获得常规材料难以提供的某一性能或综合性能。

2. 比强度高、比模量高

复合材料是由高强度、脆性、低密度的纤维材料与低强度、低模量、低密度、韧性较好的树脂基体组成。因此，复合材料具有较高的比强度和比模量。常用金属材料与复合材料的性能对比见表5.1。

表5.1 常用金属材料与复合材料的性能对比

材料	密度 /($g \cdot cm^{-3}$)	抗拉强度 /MPa	拉伸模量 /GPa	比强度 /($\times 10^6\ cm^{-1}$)	比模量 /($\times 10^8\ cm^{-1}$)
碳纤维/环氧	1.6	1 800	128	11.3	8.0
芳纶/环氧	1.4	1 500	80	10.7	5.7
硼纤维/环氧	2.1	1 600	220	7.6	10.5
碳化硅/环氧	2.0	1 500	130	7.5	6.5
石墨纤维/环氧	2.2	800	231	3.6	10.5
钢	7.8	1 400	210	1.4	2.7
铝合金	2.8	500	77	1.7	2.8
钛合金	4.5	1 000	110	2.2	2.4

复合材料之所以具有相当高的比强度，一是由于组成这种材料的组分

材料密度都较低;二是由于纤维具有很小的直径,其内部缺陷比块状形式的材料少得多。

复合材料的比强度高,意味着在相同强度下,材料的质量小;或相同质量下,材料的强度比其他材料高。比模量高意味着在相同模量下,材料的质量比其他材料小。复合材料的比强度高、比模量高可以减轻构件的质量,这对于航空航天、造船、汽车等部门具有极为重要的意义。

3. 抗疲劳性能好

复合材料具有高疲劳强度。例如,碳纤维增强聚酯树脂的抗疲劳强度为其拉伸强度的70% ~80%,而大多数金属材料的疲劳强度只有其抗拉强度的40% ~50%。究其原因,主要是高强度、高刚度的增强纤维可以起到阻止或延迟疲劳裂纹的扩展。

4. 破损安全性好

纤维增强复合材料是由大量的单根纤维合成,受载后即使有少量纤维断裂,载荷也会迅速重新分配,由未断裂的纤维承担,这样可使丧失承载能力的过程延长,为检测和修复争取宝贵的时间。

5. 减振性能好

工程结构、机械及设备的自振频率除与本身的质量和形状有关外,还与材料的比模量的平方根成正比。复合材料具有高比模量,因此也具有高自振频率,可以有效地防止在工作状态下产生共振及由此引起的失效破坏。同时,复合材料中纤维和基体间的界面有较强的吸振能力,表明它有较高的振动阻尼,故振动衰减比其他材料快。

6. 物理特性

复合材料还具有优异的物理性能,如密度低、热膨胀系数小、导热、导电、吸波、换能、耐烧蚀、耐冲击、抗辐射及其他特殊的物理性能。例如,可以通过调整组分材料的种类、含量和纤维的排列方式,有效降低复合材料的热膨胀系数,甚至在一定条件下可实现零膨胀系数。这对于保持在诸如交变温度作用等极端环境下工作的构件的尺寸稳定性有特别重要的意义。此外,基于不同材料复合在一起所具有的导电、导热、压电效应、换能、吸波及其他特殊性能,近年来相继开发了复合压电材料、导电和超导材料、磁性材料、摩擦和磨耗材料、吸声材料、隐身材料以及各种敏感换能材料等一大批功能型复合材料,其中许多材料已在航空航天、能源、电子、电工等领域获得实际应用。

7. 工艺特性

尽管复合材料的成型及加工工艺因材料种类的不同而各有差异,但大量的实践已表明,各种类型的复合材料相对于其所用的基体而言,成型及加工工艺并不复杂,有时甚至变得更简单。例如,树脂基复合材料可整体成型大型或复杂构件,可大大减少结构中的装配零件数量,进而降低构件的质量和使用可靠性。再如,短纤维或颗粒增强的复合材料可采用传统的金属工艺进行制备和二次加工,因而在工程应用中具有很大的灵活性和实用性,提高了这类复合材料的适应能力。

除上述特性外,复合材料的特点还表现在发展历史短(尤其是先进复合材料),目前所积累的数据和经验不足,复合材料的质量还有待提高,成本也需降低。同时成型技术也有待进一步提高,例如,有关复合材料性能的可靠性评价与测试技术、试验方法和工艺标准化等,不能简单沿用传统金属材料或非金属材料的方法或技术,尚须重新研究和建立相应的新标准。

5.2　复合材料细观力学

复合材料主要是由基体和增强材料复合而成。显然,由不同的基体和增强材料复合而成的复合材料的性能也会不同。因此,建立组分材料的性能和含量与复合材料的性能的定量关系(即复合理论)是复合材料结构分析和设计的最基本问题之一。复合理论旨在提供预测复合材料性能的理论,从而可以有目的、有方向地设计和制造具有某种性能的材料,以服务于工程。在这个富有诱惑力的目标下,国内的学者们在细观力学方面做了大量的努力。

细观力学的研究对象是复合材料的多相结构,但又不能顾及相几何的各种可能。因此,细观力学必须以一系列假设作为其出发点。这些假设归纳起来有:

①单向板是宏观均质的、线弹性的、正交异性的,且无初应力的。

②增强相是均质的、线弹性的、各向同性的(如玻璃纤维)或横观各向同性的(如碳纤维、硼纤维)、排列规则和取向完善的。

③界面无孔隙、黏结牢固。

细观力学既然将复合材料作为结构来分析,就必须建立模型。分析模型可以是从理想化的复合材料中取出的直观模型,也可以是概念化的抽象模型。但对分析模型有两点共同的要求:

① 组分的体积分数比必须与所代表的材料的相应体积分数比相同。

② 模型尺度不妨碍模拟材料的力学响应。

分析方法可分为材料力学方法和弹性力学方法,前者在若干补充假设的基础上使分析简化;后者主要运用弹性力学原理进行分析,结构会更准确,但更烦琐。

不同的分析模型及分析方法,将导致不同的分析结果。因此,复合理论的试验验证就显得格外重要。只有经过试验才能对预测的精度做出判断。有些预测理论是将细观力学分析结果与宏观试验结果结合起来建立的,这就是半经验的方法。半经验的方法通过试验可以将这些不能顾及的影响因素用某种参数做宏观的概括性的描述,往往能使预测的结果更接近于实际。

5.2.1 连续纤维单向板的工程弹性常数预测

1. 纵向弹性模量预测

图5.1为单向板的串联模型,当模型纵向上作用单向应力 σ_1 时,根据静力平衡关系可得

$$\sigma_1 A = \sigma_f A_f + \sigma_m A_m \tag{5.1}$$

式中,A、A_f、A_m 分别为单元、纤维区和基体区的横截面积;σ_f、σ_m 分别为纤维和基体所受应力。

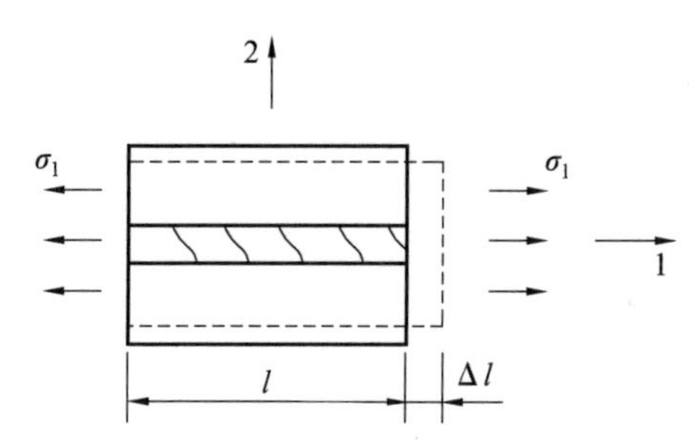

图5.1 单向板的串联模型

式(5.1)两边同除 A 得

$$\sigma_1 = \sigma_f V_f + \sigma_m V_m \tag{5.2}$$

$$V_f = \frac{A_f}{A}, \quad V_m = \frac{A_m}{A}, \quad V_f + V_m = 1 \tag{5.3}$$

式中,V_f、V_m 分别为单向板的纤维体积分数和基体体积分数。

根据纤维和基体黏结牢固假定,纤维和基体应具有相同的线应变,且等于单元的纵向线应变,即

$$\varepsilon_1 = \varepsilon_f = \varepsilon_m \tag{5.4}$$

根据单层、纤维、基体都是线弹性的基本假设,由胡克定律知

$$\sigma_1 = E_L \varepsilon_1, \quad \sigma_f = E_f \varepsilon_f, \quad \sigma_m = E_m \varepsilon_m \tag{5.5}$$

综合式(5.2)、(5.4)及(5.5)可得

$$E_L = E_f V_f + E_m V_m \tag{5.6}$$

由于 $V_f + V_m = 1$，故式(5.6)可写成

$$E_L = E_f V_f + E_m (1 - V_f) \tag{5.7}$$

式(5.7)为已知纤维和基体弹性模量、体积分数下的单向板纵向弹性模量预测式。图5.2为单向板纵向弹性模量的实测值与理论预测值比较，可以看出理论预测值与测试值吻合良好，理论预测值略大于实测值。

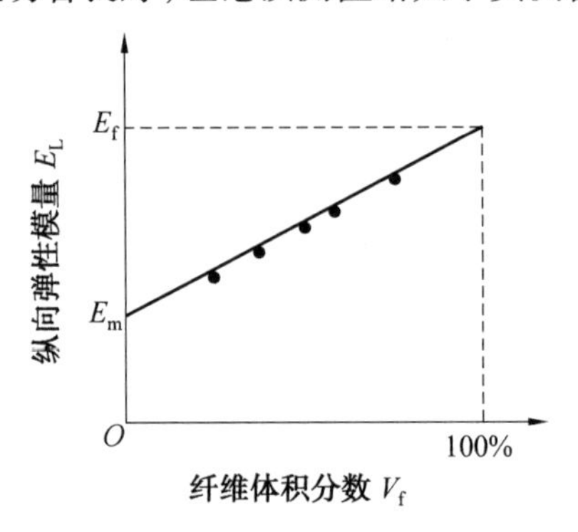

图5.2 纵向弹性模量的理论预测值与实测值比较

2. 单向板横向弹性模量预测

图5.3为单向板并联模型，其横向作用单向应力 σ_2。单元在2方向的总变形量为

$$\Delta B = \varepsilon_2 B \tag{5.8}$$

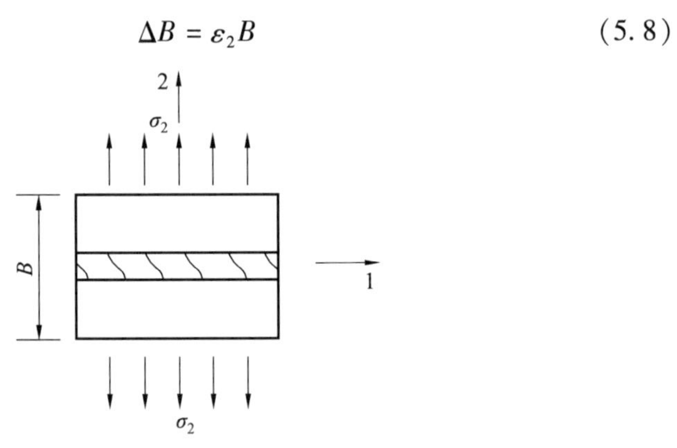

图5.3 单向板并联模型

从细观角度可写成

$$\Delta B = \varepsilon_f B_f + \varepsilon_m B_m \tag{5.9}$$

将式(5.9)代入式(5.8)并整理得

$$\varepsilon_2 = \varepsilon_f V_f + \varepsilon_m V_m \tag{5.10}$$

因为单元模型在 2 方向纤维和基体是并联的,因此各部分的应力相同,即

$$\sigma_1 = \sigma_f = \sigma_m \tag{5.11}$$

纤维、基体及单向板均为线弹性材料,根据胡克定律知

$$\sigma_2 = E_T\varepsilon_2, \quad \sigma_f = E_f\varepsilon_f, \quad \sigma_m = E_m\varepsilon_m \tag{5.12}$$

综合考虑上述几何、物理、静力平衡条件,整理可得

$$\frac{1}{E_T} = \frac{V_f}{E_f} + \frac{V_m}{E_m} \tag{5.13}$$

改写成

$$E_T = \frac{E_f E_m}{E_m V_f + E_f V_m} \tag{5.14}$$

图 5.4 表明,理论预测公式(5.14) 与实测值相差较大,计算值偏低。为此,经大量试验数据归纳结果对式(5.14) 修正得到如下的半经验预测公式

$$\frac{1}{E_T} = \frac{V'_f}{E_f} + \frac{V'_m}{E_m} \tag{5.15}$$

式中

$$V'_f = \frac{V_f}{V_f + \eta V_m}, \quad V'_m = \frac{\eta V_m}{V_f + \eta V_m} \tag{5.16}$$

这里的 η 由试验确定,对于玻璃/环氧复合材料可取 0.5,而碳/环氧复合材料可取 0.97。

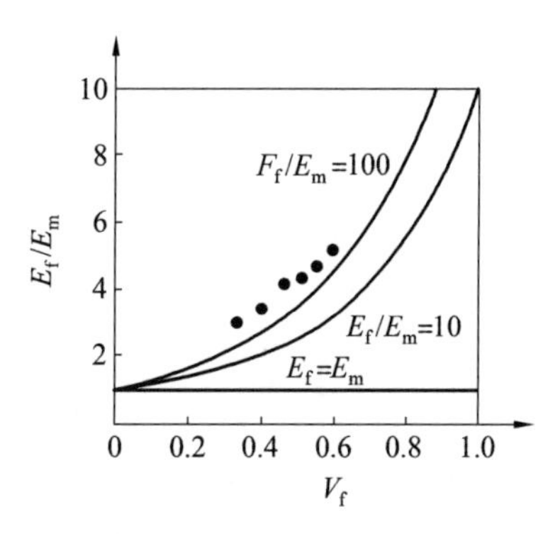

图 5.4 横向弹性模量的理论、预测值与实测值比较

3. 单向板的剪切弹性模量预测

图 5.5 为单向板并联模型上纯剪应力作用时的变形示意图。根据变形协调条件可得

$$\Delta = \Delta_f + \Delta_m \tag{5.17}$$

式中

$$\Delta = \gamma B, \quad \Delta_f = V_f B \gamma_f, \quad \Delta_m = V_m B \gamma_m$$

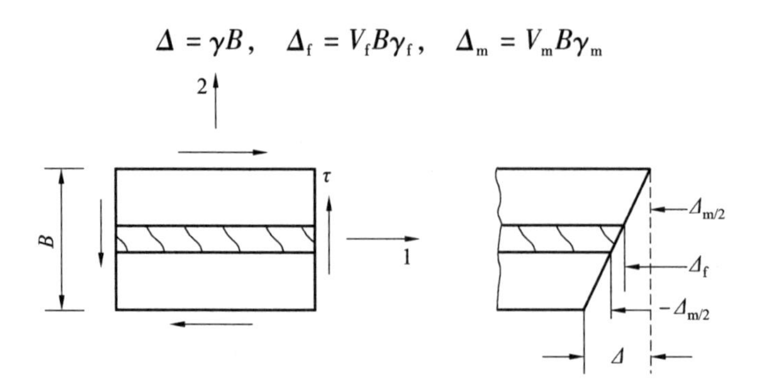

图5.5 模型在纯剪应力作用下的变形图

根据等应力假设,纤维区、基体区及单元板所受的剪应力相等,即

$$\tau = \tau_f + \tau_m \tag{5.18}$$

根据线弹性假设,应满足

$$\gamma = \frac{\tau}{G_{LT}}, \quad \gamma_f = \frac{\tau_f}{G_f}, \quad \gamma_m = \frac{\tau_m}{G_m} \tag{5.19}$$

综合式(5.17)~(5.19)整理得

$$\frac{1}{G_{LT}} = \frac{V_f}{G_f} + \frac{V_m}{G_m} \tag{5.20}$$

由图5.6可知,理论预测式比试验测试结果小很多,因此,根据大量试验数据归纳,可将预测式修正为半经验预测式,即

$$G_{LT} = \frac{V'_f}{G_f} + \frac{V'_m}{G_m} \tag{5.21}$$

式中

$$V'_f = \frac{V_f}{V_f + \eta_{LT} V_m}, \quad V'_m = \frac{\eta_{LT} V_m}{V_f + \eta_{LT} V_m}$$

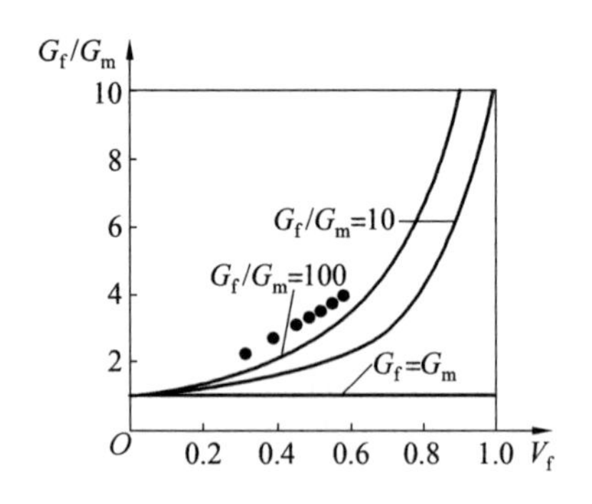

图5.6 剪切模量理论预测式与实测值比较

$$\eta_{\mathrm{LT}} = 0.28 + \sqrt{\frac{E_{\mathrm{m}}}{E_{\mathrm{fT}}}}$$

4. 单向板的泊松比预测

图 5.7 为单向泊松比预测模型上单向应力 σ_1 作用时的预测模型。根据变形协调条件，其横向变形为

$$\Delta B = \Delta B_{\mathrm{f}} + \Delta B_{\mathrm{m}} \tag{5.22}$$

式中

$$\left.\begin{aligned} \Delta B &= -B\varepsilon_2 = Bv_{\mathrm{LT}}\varepsilon_1 \\ \Delta B_{\mathrm{f}} &= BV_{\mathrm{f}}\varepsilon_{2\mathrm{f}} = BV_{\mathrm{f}}v_{\mathrm{f}}\varepsilon_1 \\ \Delta B_{\mathrm{m}} &= BV_{\mathrm{m}}v_{\mathrm{m}}\varepsilon_1 \end{aligned}\right\} \tag{5.23}$$

将式(5.23) 代入式(5.22) 整理得

$$v_{\mathrm{LT}} = v_{\mathrm{f}}V_{\mathrm{f}} + v_{\mathrm{m}}V_{\mathrm{m}} \tag{5.24}$$

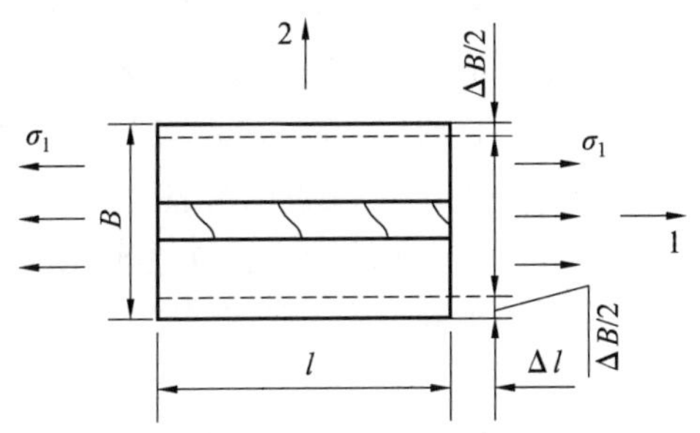

图 5.7　单向板泊松比预测模型

实测结果表明，单向板泊松比预测式(5.24) 与实测结果吻合良好。

例 5.1　某结构要求单向板性能为 $E_{\mathrm{L}} \geqslant 126$ GPa，$E_{\mathrm{T}} \geqslant 8.0$ GPa，要求选择纤维和基体并设计体积分数。

解　根据性能要求选择 T300 碳纤维为增强材料，其纤维纵向和横向弹性模量分别为$E_{\mathrm{fL}} = 230$ GPa，$E_{\mathrm{fT}} = 15.8$ GPa；选择环氧树脂为基体，其弹性模量为 $E_{\mathrm{m}} = 3.43$ GPa。

当单向板纵向满足设计要求时，由单向板纵向弹性模量预测式(5.7) 可计算出纤维的体积分数为

$$V_{\mathrm{f}} = \frac{E_{\mathrm{L}} - E_{\mathrm{m}}}{E_{\mathrm{fL}} - E_{\mathrm{m}}} = \frac{126 - 3.43}{230 - 3.43} = 0.542$$

由单向板横向弹性模量预测式(5.15) 计算得

$$\eta_{\mathrm{T}}=\frac{0.2}{1-v_{\mathrm{m}}}\left(1.1-\sqrt{\frac{E_{\mathrm{m}}}{E_{\mathrm{fT}}}}+\frac{3.5E_{\mathrm{m}}}{E_{\mathrm{ft}}}\right)(1+0.22V_{\mathrm{f}})=0.48$$

$$V'_{\mathrm{f}}=\frac{V_{\mathrm{f}}}{V_{\mathrm{f}}+\eta_{\mathrm{T}}V_{\mathrm{m}}}=0.712,\quad V'_{\mathrm{m}}=1-V'_{\mathrm{f}}=0.288$$

$$E_{\mathrm{T}}=\left(\frac{V'_{\mathrm{f}}}{E_{\mathrm{f}}}+\frac{V'_{\mathrm{m}}}{E_{\mathrm{m}}}\right)^{-1}=7.75\ \mathrm{GPa}$$

显然,横向弹性模量不能满足设计要求,应修改纤维体积分数。重新设计结果表明,当$V_{\mathrm{f}}=0.57$时,$E_{\mathrm{T}}=8.05\ \mathrm{GPa}$,$E_{\mathrm{L}}=132\ \mathrm{GPa}$,两个方向的弹性模量均能满足设计要求。

5.2.2　连续纤维单向板的热膨胀系数预测

通常增强纤维和基体的热膨胀系数有很大差异,一些增强纤维的热膨胀系数甚至为负值,如碳纤维、Kevlar纤维等。纤维和基体的这种热性能差异会造成层间热应力的产生。但是,合理利用这种差异,可以设计出单一材料所不具备的低热膨胀系数的材料,甚至零热膨胀系数材料。

正交异性的单向板的热性能也呈现各向异性,即单向板的纵向和横向热膨胀性能是不同的。因此,单向板的面内两个主轴方向的热膨胀系数与组分性能及含量的关系也要用细观力学方法预测。

1. 纵向热膨胀系数的预测

图5.8为单向板的热膨胀模型,按照细观力学假定,纤维和基体均为各向同性材料,并且两者黏结牢固。当典型单元上无外力作用,只有温差变化时,由于纤维和基体热膨胀系数差异较大,两者黏结牢固时在纤维区和基体区会产生方向相反的热应力$\sigma_{\mathrm{f1}}^{\mathrm{T}}$和$\sigma_{\mathrm{m1}}^{\mathrm{T}}$。根据静力平衡条件应满足

$$\sigma_{\mathrm{f1}}^{\mathrm{T}}A_{\mathrm{f}}=\sigma_{\mathrm{m1}}^{\mathrm{T}}A_{\mathrm{m}} \tag{5.25}$$

由于纤维和基体黏结牢固,单元、基体和纤维区的纵向变形应保持一致,即

$$\Delta_{1}^{\mathrm{T}}=\Delta_{\mathrm{f}}^{\mathrm{T}}=\Delta_{\mathrm{m}}^{\mathrm{T}} \tag{5.26}$$

考虑热应力的影响,式(5.26)中各部分的变形由下式计算

$$\left.\begin{aligned}\Delta_{1}^{\mathrm{T}}&=\alpha_{1}\Delta Tl\\ \Delta_{\mathrm{f}}^{\mathrm{T}}&=\alpha_{\mathrm{f}}\Delta Tl+\frac{\sigma_{\mathrm{f1}}^{\mathrm{T}}}{E_{\mathrm{f}}}l\\ \Delta_{\mathrm{m}}^{\mathrm{T}}&=\alpha_{\mathrm{m}}\Delta Tl+\frac{\sigma_{m1}^{\mathrm{T}}}{E_{\mathrm{m}}}l\end{aligned}\right\} \tag{5.27}$$

将式(5.27)代入式(5.26),并考虑式(5.25)可求得单向板纵向热膨胀

系数预测公式为

$$\alpha_1=\frac{\alpha_f E_f V_f+\alpha_m E_m V_m}{E_f V_f+E_m V_m} \tag{5.28}$$

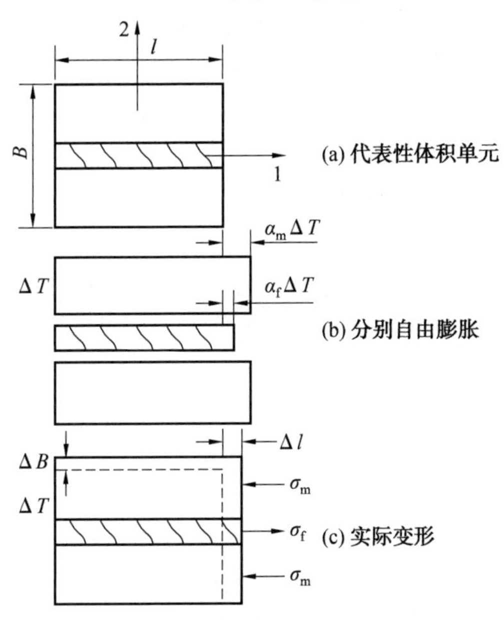

图 5.8　典型单元热膨胀模型

2. 横向热膨胀系数预测

用同一模型，在 2 方向的总变形为

$$\Delta_2^{\mathrm{T}}=\Delta_{m2}^{\mathrm{T}}+\Delta_{f2}^{\mathrm{T}} \tag{5.29}$$

考虑纵向变形引起的泊松效应，各组分的横向变形可写成

$$\left.\begin{aligned}\Delta_2^{\mathrm{T}}&=\alpha_2\Delta TB\\ \Delta_{m2}^{\mathrm{T}}&=\alpha_m\Delta TB_m-v_m\frac{\sigma_{m1}^{\mathrm{T}}}{E_m}B_m\\ \Delta_{f2}^{\mathrm{T}}&=\alpha_f\Delta TB_f-v_f\frac{\sigma_{f1}^{\mathrm{T}}}{E_f}B_f\end{aligned}\right\} \tag{5.30}$$

将式(5.30)代入式(5.29)整理可得单向板的横向热膨胀系数预测公式为

$$\alpha_2=V_f(1+v_f)\alpha_f+V_m(1+v_m)\alpha_m-v_{LT}\alpha_1 \tag{5.31}$$

式中，v_{LT} 为单向板的纵向泊松比，由式(5.24)计算；α_1 为单向板的纵向热膨胀系数。

思考：若纤维为横观各向同性时(即纤维的纵向和横向热膨胀系数不

同),上述热膨胀系数预测式将如何变化?

5.2.3 连续纤维单向板的基本强度预测

由于复合材料的破坏机理复杂,用简单模型预测单向板的基本强度很困难。特别是横向强度和剪切强度,由于界面强度的不确定性尚无较精确的预测方法,只能借助试验测试方法测得。目前只有纵向拉压强度预测方法较为接近实测值。

1. 单向板的纵向拉伸强度预测

(1) 当 $\varepsilon_f < \varepsilon_m$ 时。

如图5.9所示,当纤维的断裂应变小于基体的断裂应变时,运用材料力学方法推导出的纵向拉伸强度为

$$X_t = \begin{cases} V_m X_m & (V_f \geqslant V_{fmin}) \\ X_f(V_f + V_m E_m / E_f) & (V_f < V_{fmin}) \end{cases} \tag{5.32}$$

其中

$$V_{fmin} = \frac{x_m - x_f E_m / E_f}{x_f + x_m - X_f E_m / E_f}$$

$$V_{fcr} = \frac{X_m - X_f E_m / E_f}{X_f - X_f E_m / E_f}$$

式中,X_f、X_m 分别为纤维和基体的拉伸强度;V_{fmin} 为强度由纤维控制的最小纤维体积分数;V_{fcr} 为纤维起到增强作用的临界体积分数。

图5.10为单向板强度随纤维体积分数的变化规律。由该强度曲线可知,只有当 $V_f > V_{fcr}$ 时,单向板的纵向拉伸强度大于基体强度,即纤维才能起到增强基体的作用。以碳纤维/环氧树脂单向板为例,碳纤维的极限应变小于环氧树脂。计算结果见表5.2,只有当碳纤维的体积分数大于2.7%时,纤维才能起到增强树脂的作用。

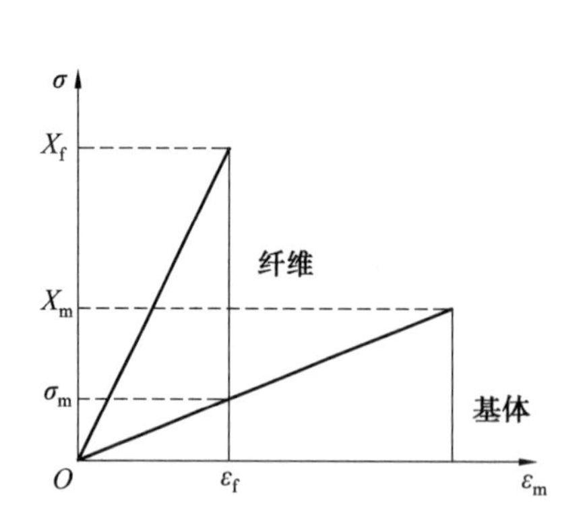

图5.9 纤维和基体的应力-应变曲线

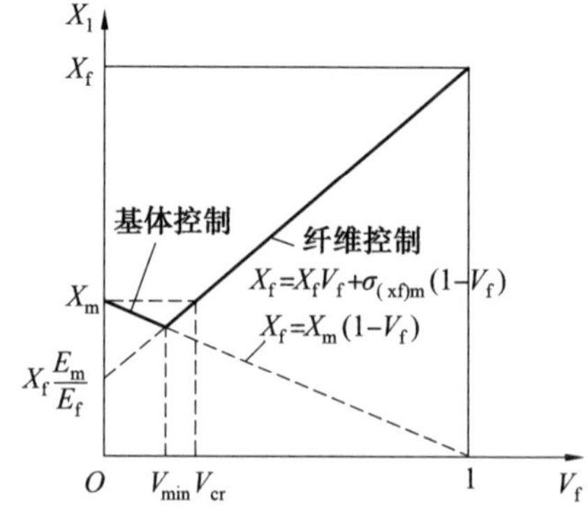

图5.10 纵向强度-纤维体积含量变化曲线

表 5.2 基于线弹性模型下单向板拉伸破坏数据

材料名	弹性模量/GPa	极限应变/%	极限强度/MPa	V_{fmin}%	V_{cr}/%	$X_t(V_f = 50\%)$/MPa
HM - CF	350	0.7	2 500	2.7	2.9	1 267
EP	4	2.0	100			

(2) 当 $\varepsilon_f > \varepsilon_m$ 时。

当纤维的极限应变大于基体的极限应变时,运用材料力学方法推导出的单向板的纵向拉伸强度为

$$X_t = \begin{cases} X_m(V_m + V_f E_f / E_m) & (V_f \geqslant V_{fmin}) \\ V_f X_f & (V_f \leqslant V_{fmin}) \end{cases} \tag{5.33}$$

式中

$$V_{fmin} = \frac{X_m}{X_f + X_m - X_m E_f / E_m}$$

图5.11 为当 $\varepsilon_f > \varepsilon_m$ 时,单向板强度随纤维体积分数变化规律。由该强度曲线可知,当 $V_f > 0$ 时,单向板的纵向拉伸强度大于基体强度,即纤维能够起到增强基体的作用,且当 $V_f > V_{fmin}$ 时,纤维的增强效果明显。

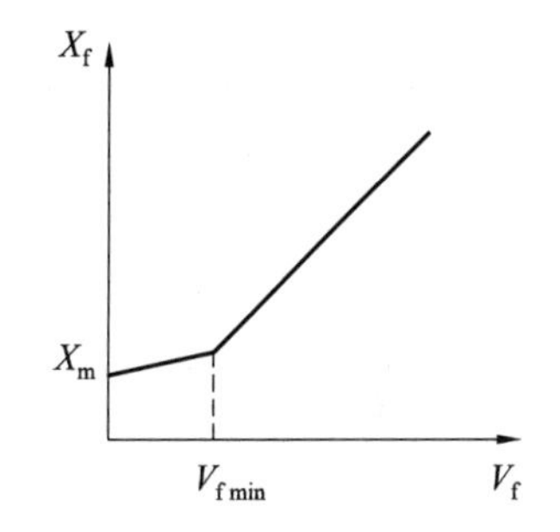

图5.11 当 $\varepsilon_f > \varepsilon_m$ 时单向板强度随纤维体积分数变化规律

2. 单向板的纵向压缩强度预测

图5.12 为单向板纵向压缩强度预测模型。该预测模型认为单向板纵向压缩破坏是由于单向板中的纤维压缩屈曲造成的,并利用能量法对两种模型进行分析,建立单向板的纵向压缩强度预测式。

(1) 拉伸模型。

图5.12(a) 为拉伸失效模型,利用能量法推导的单向板纵向压缩强度预测式为

$$X_c = 2V_f \sqrt{\frac{V_f E_f E_m}{3(1 - V_f)}} \tag{5.34}$$

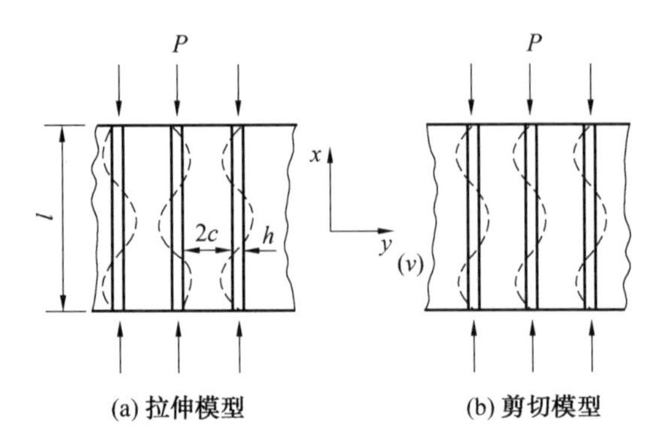

图 5.12　单向板纵向压缩强度预测模型

（2）剪切模型。

图5.12（b）为剪切失效模型，利用能量法推导的单向板纵向压缩强度预测式为

$$X_c = \frac{G_m}{1 - V_f} \tag{5.35}$$

纵向压缩强度 X_c 取用由上述两式计算所得值的小者。即使如此，一般由上述公式计算所得的预测值要高于实测值，因此可采用修正系数（$\beta < 1$）给出的半经验公式，即

$$X_c = \begin{cases} 2V_f\sqrt{\dfrac{\beta V_f E_f E_m}{3(1 - V_f)}} \\ \dfrac{\beta G_m}{1 - V_f} \end{cases} \tag{5.36}$$

式中的 β 由试验确定。

5.2.4　短纤维增强复合材料工程弹性常数和强度预测

短纤维增强复合材料具有与连续纤维增强复合材料完全不同的受力状态和增强机理。相比于连续纤维增强基体的细观应力和应变的均匀分布，短纤维在基体中的纤维断头较多，应力集中现象比较严重，导致纤维的增强效果明显下降。通常在复合材料组分和体积分数相同条件下，连续纤维增强复合材料的纵向刚度和强度比短纤维增强复合材料高出一个数量级。

因此，当复合材料结构所受应力状态明确时，设计者根据受力状态应尽量选择连续纤维合理设计纤维的种类、铺设方向和体积分数，以满足不同方向的强度和刚度要求。只有当复合材料结构所受应力状态不明确，且各向应力近似相等时,宜采用短纤维增强复合材料。此外,难成型复合材料和需二次成型的复合材料结构也常采用短纤维增强基体的形式。

短纤维增强复合材料,由于高模量的短纤维约束,使得基体各部位的变形不同(图5.13),界面处沿纤维方向的剪应力发生变化。因此,连续纤维增强复合材料细观力学分析方法中的等应变条件不满足,混合定律也不适用。

短纤维增强复合材料工程弹性常数的细观预测通常采用剪滞理论。剪滞理论假定基体为理想塑性材料,纤维端部由于应力集中而造成附近基体屈服或基体与纤维脱离等。

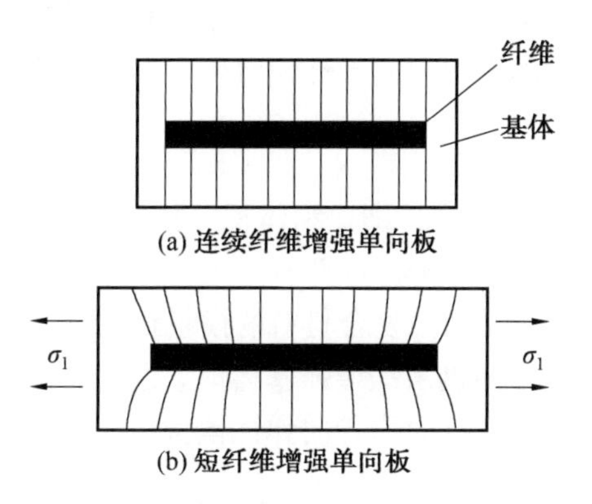

图 5.13　连续纤维增强单向板与短纤维增强单向板的细观变形

1. 短纤维增强复合材料的模量预测

(1) 单向短纤维增强复合材料的模量预测。

试验结果表明,只要纤维体积分数不是接近于1,该式的预测结果就相当好。Halpin - Tsai 对复杂荷载传递做了简化,提出了短纤维定向排列单向板的弹性模量预测公式,即

$$\left.\begin{aligned}\frac{M}{M_{\mathrm{m}}}&=\frac{1+\xi\eta V_{\mathrm{f}}}{1-\eta V_{\mathrm{f}}}\\ \eta&=\frac{M_{\mathrm{f}}/M_{\mathrm{m}}-1}{M_{\mathrm{f}}/M_{\mathrm{m}}+\xi}\end{aligned}\right\}\tag{5.37}$$

式中,M 为要预测的弹性常数,如 E_1、E_2、G_{12};M_{f} 为纤维工程弹性常数,如 E_{f}、G_{f}、V_{f};M_{m} 为基体的工程弹性常数,如 E_{m}、G_{m}、V_{m};ξ 为纤维强度的度量,取 $0\sim\infty$。

在计算纵向弹性模量时,取 $\xi=2l/d$(l 为纤维的长度,d 为纤维的直径),计算横向模量时取 $\xi=2$。于是式(5.37) 可改写为

$$\left.\begin{aligned}\frac{E_1}{E_m}&=\frac{1+(2l/d)\eta_1V_f}{1-\eta_1V_f}\\ \frac{E_2}{E_m}&=\frac{1+2\eta_2V_f}{1-\eta_2V_f}\\ \eta_1&=\frac{E_f/E_m-1}{E_f/E_m+2l/d}\\ \eta_2&=\frac{E_f/E_m-1}{E_f/E_m+2}\end{aligned}\right\}\tag{5.38}$$

(2) 面内短纤维杂乱增强复合材料的模量预测。

当短纤维面内随机杂乱增强基体时,复合材料呈现面内各向同性,此时短纤维增强复合材料的面内各向弹性模量可由经验公式预测,即

$$E_r=\frac{3}{8}E_1+\frac{5}{8}E_2\tag{5.39}$$

式中,E_1、E_2 分别为相同纤维长细比和体积分数的单向短纤维复合材料的轴向与横向弹性模量,由式(5.38)计算。

(3) 空间短纤维杂乱增强复合材料的模量预测。

当短纤维三维空间随机杂乱增强基体时,复合材料呈现空间各向同性,此时短纤维增强复合材料的面内各向弹性模量可由如下经验公式预测:

$$E_r=\frac{1}{5}E_fV_f+\frac{4}{5}E_mV_m\tag{5.40}$$

2. 短纤维增强复合材料的强度预测

(1) 单向短纤维增强复合材料的强度预测。

在连续纤维增强复合材料单向板纵向拉伸强度 X_t 的预测公式(5.33)中,将纤维的拉伸强度 X_{ft} 用平均拉伸强度 $\bar{X}_{ft}$ 代替,纤维的弹性模量用平均弹性模量代替,即

$$\bar{X}_{ft}=\left(1-\frac{l_{cr}}{2d}\right)X_{ft}\tag{5.41}$$

式中,l_{cr} 为纤维的临界长度,表示纤维中点的最大应力正好等于纤维的拉伸强度时的纤维长度,其计算公式为

$$\frac{l_{cr}}{2d}=\frac{X_{ft}}{\tau_s}\tag{5.42}$$

其中,τ_s 为界面屈服剪应力。

(2) 面内短纤维杂乱增强复合材料的强度预测。

面内短纤维杂乱增强复合材料的各向等强度,可由如下经验公式预测:

$$\sigma_b^o=0.3X_t\tag{5.43}$$

式中,X_t 为对应的单向短纤维增强复合材料的纵向拉伸强度,由式(5.33)计算。

(3)空间短纤维杂乱增强复合材料的强度预测。

空间短纤维杂乱增强复合材料三维各向等强度,可由如下经验公式预测

$$\sigma_b = 0.16X_t \tag{5.44}$$

5.2.5 颗粒增强复合材料的弹性模量预测

颗粒增强复合材料为三维空间各向同性体。Paul 提出用最小功原理决定模量的下限,而用最小势能原理决定模量的上限来预测颗粒增强复合材料工程弹性常数的模量区间。

1. 弹性模量 E_c

$$\frac{E_pE_m}{E_mV_p + E_pV_m} \leqslant E_c \leqslant \frac{1+\nu_m+2\lambda(\lambda-2\nu_m)}{1-\nu_m-2\nu_m^2}E_mV_m + \frac{1-\nu_p+2\lambda(\lambda-2\nu_p)}{1-\nu_p-2\nu_p^2}E_pV_p \tag{5.45}$$

式中

$$\lambda = \frac{\nu_m(1+\nu_p)(1-2\nu_p)V_mE_m + \nu_p(1+v_m)(1-2v_m)V_pE_p}{(1+\nu_p)(1-2\nu_p)V_mE_m + (1+v_m)(1-2v_m)V_pE_p}$$

其中,E_p、ν_p、V_p 分别为颗粒的弹性模量、泊松比和体积分数。

特例,当颗粒是立方体形状时,E_c 可近似表达为

$$\frac{E_c}{E_p} = \frac{E_p + (E_m + E_p)(1-\nu_p)^{2/3}}{E_p + (E_m - E_p)(1-\nu_p)^{2/3}[1-(1-\nu_p)^{1/3}]}$$

Paul 用碳化钨/钴复合材料,在不同 V_m 情况下做了试验,发现试验值在上述限值范围内,且与上式吻合良好。

2. 剪切弹性模量 G_c

同样利用最小功原理和最小势能原理可得颗粒增强复合材料剪切弹性模量的预测区间为

$$G_pG_m/(G_pV_m + G_mV_p) \leqslant G_c \leqslant G_mV_m + G_pV_p \tag{5.46}$$

3. 泊松比

因为颗粒增强复合材料为各向同性体,由式(5.45)和式(5.46)的预测结果,计算出颗粒增强的泊松比为

$$\nu_c = \frac{E_c}{2G_c} - 1 \tag{5.47}$$

4. 颗粒增强复合材料的强度预测

颗粒增强复合材料由于界面众多,拉伸强度往往是降低的。当基体与

颗粒无偶联时，可以假定颗粒与基体完全脱开，颗粒占有的体积可视作空洞，此时基体承受全部荷载，颗粒增强复合材料的拉伸强度近似为

$$\sigma_b = \sigma_m(1 - 1.21V_p^{2/3}) \tag{5.48}$$

通常，颗粒增强复合材料的初始模量和抗压强度要比基体材料大，断裂韧性也有不同程度的提高，但拉伸强度未必增加。

5.3　单向板在复杂应力下的刚度和强度准则

复合材料的结构大多为层合结构，而层合板的基本单元为单向板。组成层合板的各单向层，是在复杂应力状态下工作的。因此，在已知单向板的正轴工程弹性常数和强度条件下，如何计算单向板在复杂应力作用下的刚度以及如何确定单向板在复杂应力下的失效基准是复合材料层合结构分析、设计的基础。

1. 单层的正轴刚度

单层的正轴刚度是指复杂应力状态下单层材料的弹性主方向(图5.14)上所显示的刚度性能。

在单向板的宏观力学分析中引入如下基本假定：

① 单向板为连续、均匀、正交各向异性材料。

② 单向板为线弹性材料。

③ 单向板处于平面应力状态。

于是对单层板的分析简化为二维广义平面问题，事实上，该假定与实际符合得很好。表达刚度性能的参数是由应力应变关系确定的。

图5.14所示为单向板在正轴平面应力状态下的3个应力分量，图中标出的应力分量均为正值。在弹性、小变形情况下材料力学中的应变叠加原理仍适用于复合材料，即所有应力分量引起的某一应变分量等于各应力分量引起的该应变分量的代数和。而且在正轴方向一点处的线应变只与该点处的正应力有关，而与剪应力无关。同理，该点处的剪应变也仅与剪应力有关。

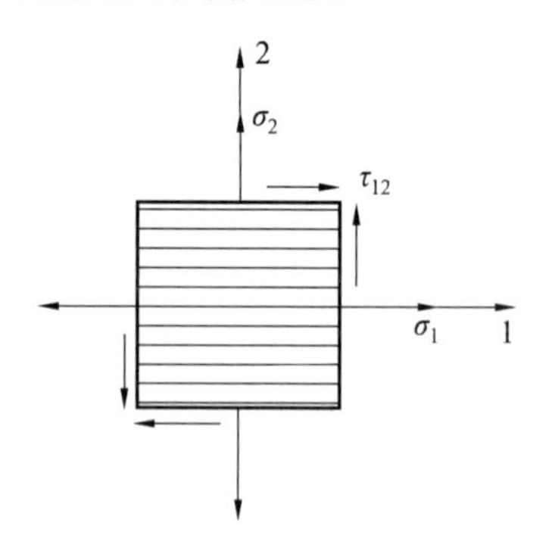

图5.14　单向板的正轴应力

由 σ_1 引起的应变为

$$\varepsilon_1^{(1)} = \frac{1}{E_L}\sigma_1, \quad \varepsilon_2^{(1)} = -\frac{\nu_L}{E_L}\sigma_1 \tag{5.49}$$

由 σ_2 引起的应变为

$$\varepsilon_1^{(2)} = -\frac{\nu_T}{E_L}\sigma_2, \quad \varepsilon_2^{(2)} = \frac{1}{E_T}\sigma_2 \tag{5.50}$$

而由 τ_{12} 引起的应变为

$$\gamma_{12} = \frac{1}{G_{LT}}\tau_{12} \tag{5.51}$$

综合式(5.49)～(5.51),利用叠加原理即可得到单向板正轴应变－应力关系式为

$$\left.\begin{aligned} \varepsilon_1 &= \frac{1}{E_L}\sigma_1 - \frac{\nu_T}{E_T}\sigma_2 \\ \varepsilon_2 &= -\frac{\nu_L}{E_L}\sigma_1 + \frac{1}{E_T}\sigma_2 \\ \gamma_{LT} &= \frac{1}{G_{LT}}\tau_{12} \end{aligned}\right\} \tag{5.52}$$

式中,E_L、E_T 分别为纵向和横向弹性模量;ν_L、ν_T 分别为纵向和横向泊松比。G_{LT} 为剪切弹性模量。这 5 个工程弹性常数中只有 4 个是独立的,它们之间存在如下关系

$$\frac{\nu_L}{\nu_T} = \frac{E_L}{E_T} \tag{5.53}$$

将式(5.52)写成矩阵形式

$$\begin{Bmatrix} \varepsilon_1 \\ \varepsilon_2 \\ \gamma_{12} \end{Bmatrix} = \begin{bmatrix} 1/E_L & -\nu_T/E_T & 0 \\ -\nu_L/E_L & 1/E_T & 0 \\ 0 & 0 & 1/G_{LT} \end{bmatrix} \begin{Bmatrix} \sigma_1 \\ \sigma_2 \\ \tau_{12} \end{Bmatrix} \tag{5.54}$$

为简化,引入如下柔度系数

$$S_{11} = \frac{1}{E_L}, \quad S_{22} = \frac{1}{E_T}, \quad S_{66} = \frac{1}{G_{LT}}, \quad S_{12} = -\frac{\nu_L}{E_T}, \quad S_{21} = -\frac{\nu_L}{E_L} \tag{5.55}$$

因此,用柔度系数表示的应变－应力关系为

$$\begin{Bmatrix} \varepsilon_1 \\ \varepsilon_2 \\ \gamma_{12} \end{Bmatrix} = \begin{bmatrix} S_{11} & S_{12} & 0 \\ S_{21} & S_{22} & 0 \\ 0 & 0 & S_{66} \end{bmatrix} \begin{Bmatrix} \sigma_1 \\ \sigma_2 \\ \tau_{12} \end{Bmatrix} \tag{5.56a}$$

简写为

$$\boldsymbol{\varepsilon}_1 = \boldsymbol{S}\boldsymbol{\sigma}_1 \tag{5.56b}$$

上式求逆可得单向板的正轴应力－应变关系式为

$$\begin{Bmatrix}\sigma_1\\ \sigma_2\\ \tau_{12}\end{Bmatrix}=\begin{bmatrix}Q_{11} & Q_{12} & 0\\ Q_{21} & Q_{22} & 0\\ 0 & 0 & Q_{66}\end{bmatrix}\begin{Bmatrix}\varepsilon_1\\ \varepsilon_2\\ \gamma_{12}\end{Bmatrix} \tag{5.57a}$$

简写为

$$\boldsymbol{\sigma}_1=\boldsymbol{Q}\boldsymbol{\varepsilon}_1 \tag{5.57b}$$

式中,$Q_{ij}(i,j=1,2,6)$称为单向板的正轴刚度系数。由单向板的工程弹性常数求得

$$Q_{11}=mE_{\mathrm{L}},\quad Q_{22}=mE_{\mathrm{T}},\quad Q_{66}=G_{\mathrm{LT}},\quad Q_{12}=m\nu_{\mathrm{T}}E_{\mathrm{L}},\quad Q_{21}=m\nu_{\mathrm{L}}E_{\mathrm{T}}$$
$$m=(1-\nu_{\mathrm{L}}\nu_{\mathrm{T}})^{-1} \tag{5.58}$$

显然,刚度系数与柔度系数之间存在互逆关系,即

$$\boldsymbol{Q}=\boldsymbol{S}^{-1} \tag{5.59}$$

由式(5.55)及式(5.58)知,柔度系数和刚度系数均由工程弹性常数决定。因此,各自独立的弹性系数也为4个。可以证明,刚度系数或柔度系数存在如下对称关系式

$$Q_{12}=Q_{21},\quad S_{12}=S_{21} \tag{5.60}$$

在工程实际中,单向板的工程弹性常数是采用试验方法测到的;而单向板在复杂应力状态下的柔度系数和刚度系数是由上述公式计算得到的。

2. 单向板的偏轴刚度

所谓偏轴是指与材料主方向成一定角度的坐标系。单向板的偏轴刚度是由单向板在偏轴状态下的应力－应变关系确定的。方法上采用与偏轴应力、应变与正轴应力、应变的转换方式获得。

(1)应力转换与应变转换。

同材料力学方法一样,应力转换公式根据静力平衡条件推得,而应变转换公式利用几何关系推得。

图5.15所示为单向板微元体的偏轴应力状态,图中标出的均为正方向应力。

根据静力平衡条件$\sum F_1=0$得

$$\sigma_1=\sigma_x\cos^2\theta+\sigma_y\sin^2\theta+2\tau_{xy}\sin\theta\cos\theta$$

用$\theta+90°$代替上式中的θ很容易得到σ_2;再通过静力平衡条件$\sum F_2=0$,可得到τ_{12}。

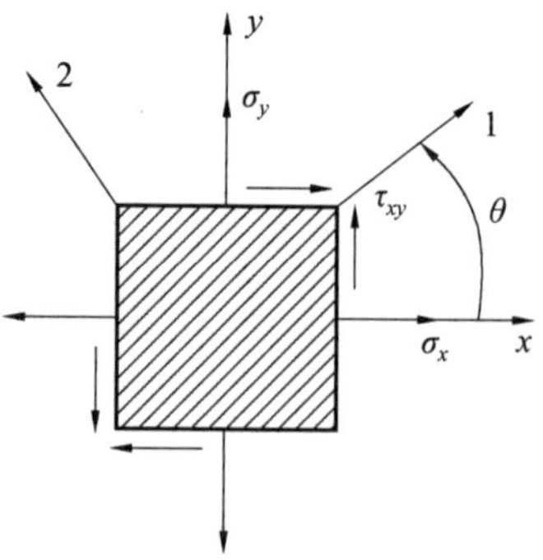

图5.15　单向板微元体的偏轴应力状态

归纳起来,正轴应力与偏轴应力的转换关系为

$$\begin{Bmatrix} \sigma_1 \\ \sigma_2 \\ \tau_{12} \end{Bmatrix} = \begin{bmatrix} m^2 & n^2 & 2mn \\ n^2 & m^2 & -2mn \\ -mn & mn & m^2-n^2 \end{bmatrix} \begin{Bmatrix} \sigma_x \\ \sigma_y \\ \tau_{xy} \end{Bmatrix} \tag{5.61a}$$

简写为

$$\boldsymbol{\sigma}_1 = \boldsymbol{T}_\sigma \boldsymbol{\sigma}_x \tag{5.61b}$$

式中,$m=\cos\theta$,$n=\sin\theta$。θ 为铺层角,它表明材料的弹性主方向与坐标轴之间的夹角,即 1 轴与 x 轴之间的夹角。规定:参考坐标 x 轴至 1 轴逆时针转向为正,反之为负。所以当应力由正轴向偏轴转换时,只需用 $-\theta$ 代替 θ 即可,即

$$\begin{Bmatrix} \sigma_x \\ \sigma_y \\ \tau_{xy} \end{Bmatrix} = \begin{bmatrix} m^2 & n^2 & -2mn \\ n^2 & m^2 & 2mn \\ mn & -mn & m^2-n^2 \end{bmatrix} \begin{Bmatrix} \sigma_1 \\ \sigma_2 \\ \tau_{12} \end{Bmatrix} \tag{5.62a}$$

简写为

$$\boldsymbol{\sigma}_x = \boldsymbol{T}_\sigma^{-1} \boldsymbol{\sigma}_1 \tag{5.62b}$$

采用材料力学中的应变转换公式推导方法,可得到正轴应变与偏轴应变的转换关系为

$$\begin{Bmatrix} \varepsilon_1 \\ \varepsilon_2 \\ \gamma_{12} \end{Bmatrix} = \begin{bmatrix} m^2 & n^2 & mn \\ n^2 & m^2 & -mn \\ -2mn & 2mn & m^2-n^2 \end{bmatrix} \begin{Bmatrix} \varepsilon_x \\ \varepsilon_y \\ \gamma_{xy} \end{Bmatrix} \tag{5.63a}$$

简写为

$$\boldsymbol{\varepsilon}_1 = \boldsymbol{T}_\varepsilon \boldsymbol{\varepsilon}_x \tag{5.63b}$$

以 $-\theta$ 代替上式中的 θ 可得到偏轴应变与正轴应变的转换关系,即

$$\begin{Bmatrix} \varepsilon_x \\ \varepsilon_y \\ \gamma_{xy} \end{Bmatrix} = \begin{bmatrix} m^2 & n^2 & -mn \\ n^2 & m^2 & mn \\ 2mn & -2mn & m^2-n^2 \end{bmatrix} \begin{Bmatrix} \varepsilon_1 \\ \varepsilon_2 \\ \gamma_{12} \end{Bmatrix} \tag{5.64a}$$

简写为

$$\boldsymbol{\varepsilon}_x = \boldsymbol{T}_\varepsilon^{-1} \boldsymbol{\varepsilon}_1 \tag{5.64b}$$

上述转换公式中的 $\boldsymbol{T}_\sigma$、$\boldsymbol{T}_\sigma^{-1}$、$\boldsymbol{T}_\varepsilon$、$\boldsymbol{T}_\varepsilon^{-1}$ 称为转换矩阵,它们之间存在如下关系

$$\boldsymbol{T}_\sigma^{\mathrm{T}} = \boldsymbol{T}_\varepsilon^{-1}, \quad \boldsymbol{T}_\varepsilon^{\mathrm{T}} = \boldsymbol{T}_\sigma^{-1}$$

4 个转换矩阵的唯一变量为 θ,也就是说只要已知铺层角,便能确定上述所有转换矩阵。

(2) 单层的偏轴应力 - 应变关系。

将式(5.56) 代入式(5.62) 并考虑式(5.63) 得

$$\boldsymbol{\sigma}_x = \boldsymbol{T}_\varepsilon^{\mathrm{T}} \boldsymbol{Q} \boldsymbol{T}_\varepsilon \boldsymbol{\varepsilon}_x \tag{5.65}$$

将上式中偏轴应变的系数矩阵相乘并整理得

$$\begin{Bmatrix} \sigma_x \\ \sigma_y \\ \tau_{xy} \end{Bmatrix} = \begin{bmatrix} \bar{Q}_{11} & \bar{Q}_{12} & \bar{Q}_{16} \\ \bar{Q}_{21} & \bar{Q}_{22} & \bar{Q}_{26} \\ \bar{Q}_{61} & \bar{Q}_{62} & \bar{Q}_{66} \end{bmatrix} \begin{Bmatrix} \varepsilon_x \\ \varepsilon_y \\ \gamma_{xy} \end{Bmatrix} \tag{5.66a}$$

简写为

$$\boldsymbol{\sigma}_x = \bar{\boldsymbol{Q}} \boldsymbol{\varepsilon}_x \tag{5.66b}$$

$$\bar{\boldsymbol{Q}} = \boldsymbol{T}_\varepsilon^{\mathrm{T}} \boldsymbol{Q} \boldsymbol{T}_\varepsilon \tag{5.67a}$$

$\bar{Q}_{ij}(i,j = 1,2,6)$ 称为偏轴刚度系数。将上式展开得

$$\begin{Bmatrix} \bar{Q}_{11} \\ \bar{Q}_{22} \\ \bar{Q}_{12} \\ \bar{Q}_{66} \\ \bar{Q}_{16} \\ \bar{Q}_{26} \end{Bmatrix} = \begin{bmatrix} m^4 & n^4 & 2m^2n^2 & 4m^2n^2 \\ n^4 & m^4 & 2m^2n^2 & 4m^2n^2 \\ m^2n^2 & m^2n^2 & m^4 + n^4 & -4m^2n^2 \\ m^2n^2 & m^2n^2 & -2m^2n^2 & (m^2 - n^2)^2 \\ m^3n & -mn^3 & mn^3 - m^3n & 2(mn^3 - m^3n) \\ mn^3 & -m^3n & m^3n - mn^3 & 2(m^3n - mn^3) \end{bmatrix} \begin{Bmatrix} Q_{11} \\ Q_{22} \\ Q_{12} \\ Q_{66} \end{Bmatrix} \tag{5.67b}$$

不难发现$\bar{Q}_{ij} = \bar{Q}_{ji}$,所以偏轴模量只需列出 6 个。

将式(5.57) 代入式(5.64) 并考虑式(5.61) 可得偏轴应力 - 应变关系,即

$$\boldsymbol{\varepsilon}_x = \boldsymbol{T}_\sigma^{\mathrm{T}} \boldsymbol{S} \boldsymbol{T}_\sigma \boldsymbol{\sigma}_x \tag{5.68}$$

将上式展开并整理得

$$\begin{Bmatrix} \varepsilon_x \\ \varepsilon_y \\ \gamma_{xy} \end{Bmatrix} = \begin{bmatrix} \bar{S}_{11} & \bar{S}_{12} & \bar{S}_{16} \\ \bar{S}_{21} & \bar{S}_{22} & \bar{S}_{26} \\ \bar{S}_{61} & \bar{S}_{62} & \bar{S}_{66} \end{bmatrix} \begin{Bmatrix} \sigma_x \\ \sigma_y \\ \tau_{xy} \end{Bmatrix} \tag{5.69a}$$

简写为

$$\boldsymbol{\varepsilon}_x = \bar{\boldsymbol{S}}\boldsymbol{\sigma}_x \tag{5.69b}$$

$$\bar{\boldsymbol{S}} = \boldsymbol{T}_\sigma^{\mathrm{T}}\boldsymbol{S}\boldsymbol{T}_\sigma \tag{5.70a}$$

上式展开得

$$\begin{Bmatrix} \bar{S}_{11} \\ \bar{S}_{22} \\ \bar{S}_{12} \\ \bar{S}_{66} \\ \bar{S}_{16} \\ \bar{S}_{26} \end{Bmatrix} = \begin{bmatrix} m^4 & n^4 & 2m^2n^2 & 4m^2n^2 \\ n^4 & m^4 & 2m^2n^2 & 4m^2n^2 \\ m^2n^2 & m^2n^2 & m^4+n^4 & -m^2n^2 \\ 4m^2n^2 & 4m^2n^2 & -8m^2n^2 & (m^2-n^2)^2 \\ 2m^3n & -2mn^3 & 2(mn^3-m^3n) & mn^3-m^3n \\ 2mn^3 & -2m^3n & 2(m^3n-mn^3) & m^3n-mn^3 \end{bmatrix} \begin{Bmatrix} S_{11} \\ S_{22} \\ S_{12} \\ S_{66} \end{Bmatrix} \tag{5.70b}$$

偏轴柔度系数也具有对称性，即$\bar{S}_{ij}=\bar{S}_{ji}$，因此上式中也只需列出6个。

偏轴刚度与偏轴柔度存在互逆关系，即

$$\bar{\boldsymbol{Q}} = \bar{\boldsymbol{S}}^{-1} \tag{5.71}$$

式(5.69)也可用工程弹性常数表示，即

$$\begin{Bmatrix} \varepsilon_x \\ \varepsilon_y \\ \gamma_{xy} \end{Bmatrix} = \begin{bmatrix} \dfrac{1}{E_x} & -\dfrac{\nu_y}{E_y} & \dfrac{\eta_{x,xy}}{G_{xy}} \\ -\dfrac{\nu_x}{E_x} & \dfrac{1}{E_y} & \dfrac{\eta_{y,xy}}{G_{xy}} \\ \dfrac{\eta_{xy,x}}{E_x} & \dfrac{\eta_{xy,y}}{E_y} & \dfrac{1}{G_{xy}} \end{bmatrix} \begin{Bmatrix} \sigma_x \\ \sigma_y \\ \tau_{xy} \end{Bmatrix} \tag{5.72}$$

式中，E_x、E_y分别为x和y方向的弹性模量；G_{xy}为剪切模量；ν_x、ν_y分别为相应方向的泊松比；$\eta_{x,xy}$、$\eta_{y,xy}$为剪拉耦合系数。

比较式(5.72)与式(5.69)，可知

$$\left.\begin{matrix} \bar{S}_{11} = \dfrac{1}{E_x} & \bar{S}_{12} = -\dfrac{\nu_y}{E_y} & \bar{S}_{16} = \dfrac{\eta_{x,xy}}{G_{xy}} \\ \bar{S}_{21} = -\dfrac{\nu_x}{E_x} & \bar{S}_{22} = \dfrac{1}{E_y} & \bar{S}_{26} = \dfrac{\eta_{y,xy}}{G_{xy}} \\ \bar{S}_{61} = \dfrac{\eta_{xy,x}}{E_x} & \bar{S}_{62} = \dfrac{\eta_{xy,y}}{E_y} & \bar{S}_{66} = \dfrac{1}{G_{xy}} \end{matrix}\right\} \tag{5.73}$$

由于柔度系数$\bar{S}_{ij}=\bar{S}_{ji}$，所以偏轴弹性常数具有如下关系

$$\frac{\nu_x}{\nu_y}=\frac{E_x}{E_y},\quad \frac{\eta_{xy,x}}{\eta_{x,xy}}=\frac{E_x}{G_{xy}},\quad \frac{\eta_{xy,y}}{\eta_{y,xy}}=\frac{E_y}{G_{xy}} \tag{5.74}$$

由单层板偏轴应力-应变关系式(5.70)可知,在偏轴方向上,正应力会引起剪应变,剪应力会引起线应变;反之亦然。这种现象称为交叉弹性效应。反应交叉效应的柔度系数是$\bar{S}_{16}$、$\bar{S}_{26}$,刚度系数是$\bar{Q}_{16}$、$\bar{Q}_{26}$,工程弹性常数是$\eta_{x,xy}$、$\eta_{y,xy}$。

在平面应力状态下,单层板偏轴柔度矩阵和刚度矩阵都是满阵,但是独立的弹性系数仍为4个。为计算方便,在单向板偏轴刚度系数中引入不变刚度,即

$$\left.\begin{aligned}U_1&=\frac{3Q_{11}+3Q_{22}+2Q_{12}+4Q_{66}}{8}\\U_2&=\frac{Q_{11}-Q_{22}}{2}\\U_3&=\frac{Q_{11}+Q_{22}-2Q_{12}-4Q_{66}}{8}\\U_4&=\frac{Q_{11}+Q_{22}+6Q_{12}-4Q_{66}}{8}\\U_5&=\frac{Q_{11}+Q_{22}-2Q_{12}+4Q_{66}}{8}\end{aligned}\right\} \tag{5.75}$$

5个不变刚度中,只有4个是独立的。它们之间有如下关系

$$U_4=U_1-2U_5 \tag{5.76}$$

利用式(5.75)可将式(5.67)改写为

$$\begin{Bmatrix}\bar{Q}_{11}\\\bar{Q}_{22}\\\bar{Q}_{12}\\\bar{Q}_{66}\\\bar{Q}_{16}\\\bar{Q}_{26}\end{Bmatrix}=\begin{bmatrix}U_1 & \cos 2\theta & \cos 4\theta\\U_1 & -\cos 2\theta & \cos 4\theta\\U_4 & 0 & -\cos 4\theta\\U_5 & 0 & -\cos 4\theta\\0 & \frac{1}{2}\sin 2\theta & \sin 4\theta\\0 & \frac{1}{2}\sin 2\theta & -\sin 4\theta\end{bmatrix}\begin{Bmatrix}1\\U_2\\U_3\end{Bmatrix} \tag{5.77}$$

3. 单向板的失效准则

复合材料的强度问题非常复杂,除强度问题固有的复杂性外,主要原因是复合材料是多相的复合体。复合材料的破坏总是从"最薄弱点"处开始,而至整体破坏,有一个复杂的变化过程。

复合材料的“破坏”很难明确定义,往往是指不能使用的状态。因此,更准确地说是材料的失效。宏观强度理论,一方面将材料视为均质体(在复合材料中将单向板视为均质正交异性体);另一方面通过试验观察破坏的现象而提出某种强度假设,即失效准则,以预测材料是否失效。在宏观强度理论的失效准则中,包含若干个表征材料性能的独立的强度参数,这些强度参数需要通过宏观试验来确定。建立在宏观试验基础上的宏观强度理论不能预测材料在何处破坏和怎样破坏,只能预测材料某种力学响应的开始不连续。譬如预测材料线弹性状态的结束而进入新的力学状态(屈服或断裂)等。

对于各向同性材料,宏观强度理论旨在用单向应力状态下的实测强度参数来预测复杂应力状态下材料的强度。这是因为,既不可能对所有可能出现的复杂应力状态下的强度都进行试验,也不可能经常在实验室重现这些复杂应力状态,况且复杂应力状态的试验在技术上很困难。对于各向异性材料,由于强度是方向的函数,因此较之各向同性材料的强度问题复杂得多。这种强度的方向性是由材料的内部结构决定的。正交异性板若只在主方向上承受单向应力,其强度可以通过试验解决;若在主方向上存在复杂应力状态时,就不可能全凭试验来解决强度问题了。即使单向板只承受单向应力,但是,若这个单向应力发生在非主方向上,由于方向角可以有无穷多个,也不可能全凭试验加以解决。若将非主方向的单向应力转换到主方向上,则主方向就成为复杂应力状态。单层板宏观强度失效准则就是试图通过主方向的基本强度来预测单层板复杂应力状态下的强度。

在平面应力状态下,单向板的基本强度有5个,分别为

X_t 为纵向拉伸强度;

X_c 为纵向压缩强度;

Y_t 为横向拉伸强度;

Y_c 为横向压缩强度;

S 为面内剪切强度。

单向板的5个基本强度是由试验确定的。表5.3列出了几种复合材料单向板的基本强度。

单向板的失效准则是用于判别单向板在复杂应力作用下是否失效的准则。由于复合材料破坏机理的复杂性,关于单向板失效准则尚无统一的看法,这里介绍5个最常用的失效准则,即最大应力失效准则、最大应变失效准则、蔡－希尔(Tsai－Hill)失效准则、霍夫曼(Hoffman)失效准则及蔡－胡(Tasai－Wu)失效准则。

表5.3　几种复合材料单向板的基本强度　MPa

复合材料	X_t	X_c	Y_t	Y_c	S
T300/4211(碳/环氧)	1 415	1 232	35.8	157	63.9
T300/5222(碳/环氧)	1 490	1 210	40.7	197	92.3
B(4)/5505(硼/环氧)	1 260	2 500	61	202	67
Kevlar49/环氧	1 400	235	12	53	34
斯考契1001(玻璃/环氧)	1 062	610	31	118	72

(1) 最大应力失效准则。

最大应力失效准则认为,当单向板在平面应力的任何应力状态下,单向板正轴的任何一个应力分量到达极限应力时,单层失效。这个极限应力在单轴应力或纯剪应力状态下即是相应的基本强度。

单向板的最大应力失效准则表示为

$$\left.\begin{array}{l}\sigma_1 = X_t \quad (\text{压缩时}, |\sigma_1| = X_c) \\ \sigma_2 = Y_t \quad (\text{压缩时}, |\sigma_2| = Y_c) \\ \qquad |\tau_{12}| = S\end{array}\right\} \tag{5.78}$$

由于单向板的基本强度在纵向、横向、面内剪切向是不同的,因此其失效准则也是由3个互不影响、各自独立的分准则组成的。因此,只要满足式(5.78)中的任何一个,单向板即失效。这里要注意,失效准则习惯上不写成"≥"的形式,所以满足失效准则式就是指,当等式左边的量等于或大于等式右边的值。当单向板的正轴应力分量为负值(即为压缩应力)时,其绝对值应与相应方向的压缩强度比较。

(2) 最大应变失效准则。

最大应变失效准则认为,当单向板在平面应力的任何应力状态下,单向板正轴方向的任何一个应变分量到达极限应变时,单层就失效。

单向板的最大应变失效准则表示为

$$\left.\begin{array}{l}\varepsilon_1 = \varepsilon_{Xt} \quad (\text{压缩时}, |\varepsilon_1| = \varepsilon_{Xc}) \\ \varepsilon_2 = \varepsilon_{Yt} \quad (\text{压缩时}, |\varepsilon_2| = \varepsilon_{Yt}) \\ |\gamma_{12}| = \gamma_S\end{array}\right\} \tag{5.79}$$

该准则也是由3个各自独立的分准则组成的,式中的极限应变与基本强度间的关系为

$$\left.\begin{aligned}\varepsilon_{Xt} &= \frac{X_t}{E_L}, \quad \varepsilon_{Xc} = \frac{X_c}{E_L} \\ \varepsilon_{Yt} &= \frac{Y_t}{E_T}, \quad \varepsilon_{Yc} = \frac{Y_c}{E_T} \\ \gamma_S &= \frac{S}{G_{LT}}\end{aligned}\right\} \tag{5.80}$$

利用式(5.80)与正轴应变－应力关系式,可将失效准则式(5.79)改写为用应力表示的最大应变失效准则,即

$$\left.\begin{aligned}&\sigma_1 - \nu_L\sigma_2 = X_t \quad (\text{压缩时}: |\sigma_1 - \nu_L\sigma_2| = X_c) \\ &\sigma_2 - \nu_T\sigma_1 = Y_t \quad (\text{压缩时}: |\sigma_2 - \nu_T\sigma_1| = Y_c) \\ &|\tau_{12}| = S\end{aligned}\right\} \tag{5.81}$$

比较式(5.78)与式(5.81)可知,最大应变失效准则考虑了另一弹性主方向应力的影响。只有当泊松比很小时,这一影响才可忽略。

(3) 蔡－希尔失效准则。

单向板的蔡－希尔失效准则表示为

$$\left(\frac{\sigma_1}{X}\right)^2 + \left(\frac{\sigma_2}{Y}\right)^2 - \frac{\sigma_1\sigma_2}{X^2} + \left(\frac{\tau_{12}}{S}\right)^2 = 1 \tag{5.82}$$

式中,若X、Y为拉压强度不同的材料,则对应于拉应力时用拉伸强度,而对应于压应力时用压缩强度。该准则表明,当单向板在平面应力的任何应力状态下,单向板正轴方向的任何3个应力分量满足上式时,单向板就失效。

蔡－希尔失效准则将基本强度X、Y、S联系在一个表达式中,因此考虑了它们之间的相互影响。但是,对于拉压强度不同的材料,这一失效准则不能用一个表达式同时表达拉压应力的两种情况。

(4) 霍夫曼失效准则。

单向板的霍夫曼失效准则表示为

$$\frac{\sigma_1^2 - \sigma_1\sigma_2}{X_tX_c} + \frac{\sigma_2^2}{Y_tY_c} + \frac{X_c - X_t}{X_tX_c}\sigma_1 + \frac{Y_c - Y_t}{Y_tY_c}\sigma_2 + \frac{\tau_{12}^2}{S^2} = 1 \tag{5.83}$$

该准则表明,当单向板在平面应力的任何状态下,单向板正轴方向的任何3个应力分量满足式(5.83)时,单向板就失效。

霍夫曼失效准则不仅将基本强度联系在一个表达式中,而且对于拉、压强度不同的材料可用同一表达式给出。由霍夫曼失效准则的表达式可以看出,当材料的拉、压强度相同时,霍夫曼失效准则转化为蔡－希尔失效准则。

(5) 蔡-胡失效准则。

单向板的蔡-胡失效准则表达式为

$$F_{11}\sigma_1^2 + 2F_{12}\sigma_1\sigma_2 + F_{22}\sigma_2^2 + F_{66}\sigma_6^2 + F_1\sigma_1 + F_2\sigma_2 = 1 \tag{5.84}$$

式中

$$\left.\begin{aligned} F_{11} &= \frac{1}{X_t X_c}, \quad F_{22} = \frac{1}{Y_t Y_c}, \quad F_{66} = \frac{1}{S^2} \\ F_1 &= \frac{1}{X_t} - \frac{1}{X_c}, \quad F_2 = \frac{1}{Y_t} - \frac{1}{Y_c}, \quad \sigma_6 = \tau_{12} \end{aligned}\right\} \tag{5.85}$$

另外,F_{12} 应由包含 σ_1、σ_2 的双轴试验测得,但一般可采用

$$F_{12} = -\frac{1}{2}\sqrt{F_{11}F_{22}} \tag{5.86}$$

为方便今后计算,表5.4给出了几种复合材料的强度参数值。

表5.4 几种复合材料的强度参数值

复合材料	F_{11} /GPa^{-2}	F_{22} /GPa^{-2}	F_{12} /GPa^{-2}	F_{66} /GPa^{-2}	F_1 /GPa^{-1}	F_2 /GPa^{-1}
T300/4211	0.574	182.0	-5.110	244.9	-0.105	22.20
T300/5222	0.555	124.7	-4.160	117.4	-0.155	19.49
B(4)/5505	0.317	81.15	-2.53	222.7	0.393	11.44
Kevlar49/环氧	3.039	1572	-34.56	865.0	-3.541	64.46
斯考契1002	1.543	273	-10.27	192.9	-0.697	23.78

蔡-胡失效准则表达式与霍夫曼失效准则表达式比较可知,如果 $2F_{12} = -F_{11}$,则两式相同。而当材料的拉压强度相同 $2F_{12} = -1/X^2$,蔡-胡失效准则表达式与蔡-希尔失效准则表达式相同。

4. 单层的强度比方程

当用失效准则进行失效判别时,若失效准则表达式左边的量小于1,则表示单向板未失效;若等于或大于1,则表示失效。但它不能定量地说明在不失效时的安全裕度。为此引进强度与应力的比,简称强度比。使失效准则表达式变成强度比方程,根据给定的作用应力分量,能定量地给出它的安全裕度。

(1) 强度比的定义。

单向板在作用应力下,极限应力的某一分量与其对应的作用应力分量之比称为强度/应力,简称强度比,记为 R,即

$$R = \frac{\sigma_{i(a)}}{\sigma_i} \tag{5.87}$$

应用型本科院校"十三五"规划教材

财务报告编制与分析（第2版）

哈爾濱工業大學出版社

6109-3

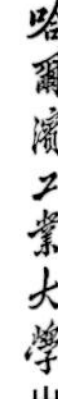

093

元

应用型本科院校"十三五"规划教

The Preparation and Analysis in

财务报告纟

- 适用面广
- 应用性强
- 促进教学
- 面向就业

主编 刘 颖 董莉平

哈爾濱工業大學出版社
HARBIN INSTITUTE OF TECHNOLOGY PRESS

式中，σ_i 为作用应力分量；$\sigma_{i(a)}$ 为对应于 σ_i 的极限应力分量。

这里是基于假设 $\sigma_i(i,j=1,2,6)$ 为比例加载的，也就是说，各应力分量是以一定的比例逐步增加的。在实际结构中也基本上如此，强度比的含义为：

①$R \to \infty$ 表明作用应力为零。

②$R > 1$ 表明作用应力为安全值，具体地说，$R-1$ 表明作用应力到单层失效时尚可增加的应力倍数。

③$R = 1$ 表明作用应力正好达到极限值。

④$R < 1$ 表明作用应力超过极限应力，所以没有实际意义。但设计计算中出现 $R < 1$ 仍然是有用的，它表明必须使作用应力下降，或加大相关尺寸。

(2) 强度比的方程。

在各种失效准则表达式中，如果应力分量等于极限应力分量时，则表达式正好满足。考虑到这一点，并利用强度比定义，则各种失效准则表达式均转化为对应的强度比方程。蔡-胡失效准则表达式(5.84)即可变成对应的强度比表达式为

$$(F_{11}\sigma_1^2 + 2F_{12}\sigma_1\sigma_2 + F_{22}\sigma_2^2 + F_{66}\sigma_6^2)R^2 + (F_1\sigma_1 + F_2\sigma_2)R - 1 = 0 \tag{5.88}$$

式(5.88)是一元二次方程，由此可解出两个根：一个正根，它是对应于给定的应力分量的；另一个是负根，按照强度比的定义，强度比是不应有负值的，而这里的负根，只是表明它的绝对值是对应于与给定应力分量大小相同而符号相反的应力分量的强度比。由此再利用强度比定义式(5.87)即可求得极限应力分量或极限荷载。

例5.2　试求斯考契1002复合材料单向板在 $\theta = 45°$ 偏轴下按蔡-胡失效准则计算的拉伸和压缩强度。

解　(1) 计算正轴应力。

设在 $\theta = 45°$ 偏轴下单轴应力 $\sigma_x = 10$ MPa，利用应力转轴公式，得单向板在正轴下的应力分量为

$$\sigma_1 = m^2\sigma_x = \frac{1}{2} \times 10\ \text{MPa} = 5\ \text{MPa}$$

$$\sigma_2 = n^2\sigma_x = \frac{1}{2} \times 10\ \text{MPa} = 5\ \text{MPa}$$

$$\sigma_6 = \tau_{12} = -mn\sigma_x = -\frac{1}{2} \times 10\ \text{MPa} = 5\ \text{MPa}$$

（2）计算强度比。

将上述应力分量和表5.3的强度参数代入强度比方程式(5.87)中,得

$(0.574 \times 5^2 - 2 \times 5.11 \times 5 \times 5 + 182 \times 5^2 + 2\,449.9 \times 5^2) \times 10^{-6} R^2 + (-0.105 \times 5 + 22.2 \times 5) \times 10^{-3} R - 1 = 0$

整理得

$$10\,431.4 \times 10^{-6} R^2 + 110.48 \times 10^{-3} R - 1 = 0$$

其根为

$$R = \frac{-110.48 \times 10^{-3} \pm \sqrt{110.48 + 4 \times 10\,431.4 \times 10^{-3}}}{2 \times 10\,431.4 \times 10^{-6}} = \begin{cases} 5.84 \\ -16.43 \end{cases}$$

这里 $R = 5.84$ 为拉伸强度比,$R = 16.43$ 表示压缩时的强度比。所以最终得斯考契1002复合材料单向板在 $\theta = 45°$ 偏轴下按蔡－胡失效准则计算的拉伸强度为

$$\sigma_{\mathrm{bt}}^{(45°)} = \sigma_x R = 10\ \mathrm{MPa} \times 5.84 = 58.4\ \mathrm{MPa}$$

压缩强度为

$$\sigma_{\mathrm{bc}}^{(45°)} = -\sigma_x R' = 10\ \mathrm{MPa} \times 16.43 = 164.3\ \mathrm{MPa}$$

5.4　经典层合理论

层合板是由两层或两层以上的单向板层合成为整体的结构单元。层合板可以是由不同材质的单向板构成,也可以是由不同铺设方向的相同材质的各向异性单向板构成。因此,层合板在厚度方向上都是宏观非均质的。这种非均质性使层合板的力学分析变得复杂。

层合板的力学性能取决于组成层合板的各单向板的力学性能、厚度、铺层方向、铺层序列及层数等因素。对层合板的力学分析是建立在如下假设基础上的:

① 层合板各单层之间黏结牢固,有共同的变形,不产生滑移。

② 各单层处于平面应力状态。

③ 变形前垂直于中面的直线段,变形后仍为垂直于变形后中面的直线段,且长度不变。

④ 平行于中面的诸截面上的正应力与其他应力相比很小,可以忽略不计。

⑤ 层合板处于线弹性、小变形。

在上述假设基础上的层合板理论称为经典层合理论。

5.4.1 层合板的表示方法

层合板中各单层的铺设方向、顺序对层合板的性能有重要影响。因此，有必要用一种简单的形式表示出层合板的铺层结构。表 5.5 为层合板的表示法，表中各单层的材料性能与厚度均相同。

表 5.5 层合板的表示法

层合板	表示法	图示	说明
一般层合板	[0/45/90]	90 45 0	(1) 铺层方向用纤维方向与坐标轴 x 之间的夹角示出； (2) 铺层顺序按由下向上或由贴模面向外的顺序写出，图纸表达上则应指出起始面，各铺层方向用斜线“/”分开，全部铺层用“[ ]”括上
对称层合板偶数层	$[0/90]_s$	0 90 90 0	对称层只写一半，括号外加“s”表示对称
奇数层	$[0/\overline{90}]_s$	0 90 0	在对称中面上的铺层用顶标“-”表示
具有连续重复铺层的层合板	$[0_2/90]$	90 0 0	连续重复铺层的层数用数字下脚标示出
具有连续正负铺层的层合板	[0/ ±45]	0,90 ±45	连续正负铺层以“±”或“∓”表示，上面一个符号为前一个铺层符号
具有纺织物铺层的层合板	[(±45)/(0,90)]	0,90 ±45	纺织物铺层用“( )”表示

续表5.5

层合板	表示法	图示	说　明
具有多个子层合板的层合板	$[0/90]_2$	90 0 90 0	子层合板重复数用数字下脚标示出
混杂纤维层合板	$[0_C/45_K]$	45_K 0_C	混杂纤维层合板以英文字母下脚标示出纤维种类： C：碳纤维；K：芳纶；G：玻璃纤维；B：硼纤维
夹层板	$[0/90/C_4]_s$	0 90 C_4 90 0	用C表示夹芯，其下脚标数字表示夹芯

5.4.2　对称层合板的刚度

对称层合板是指那些在几何上或是材料性能上都对称于中面的层合板。单向层合板可以看成特殊的层合板。

1.对称层合板的面内弹性特性

如果将x、y坐标设在层合板几何中面处，z坐标为垂直于板面向下，如图5.16所示，则对称层合板中各单层的铺层角具有如下关系

$$\theta(z)=\theta(-z) \tag{5.89}$$

因此，其各单层的刚度系数也有如下关系

$$\bar{Q}_{ij}(z)=\bar{Q}_{ij}(-z) \tag{5.90}$$

对于这样的层合板，当作用面内的内力，即作用力合力的作用线位于层合板的几何中面时(图5.16)，由于层合板中各单层刚度具有中面对称性，所以层合板不会引起弯曲变形，只引起面内变形。在各单层之间紧密黏结的假设下，在同一x、y坐标处，各层同一方向的应变是一致的，即

$$\varepsilon_x(z)=\varepsilon_x^0,\quad \varepsilon_y(z)=\varepsilon_y^0,\quad \gamma_{xy}(z)=\gamma_{xy}^0 \tag{5.91}$$

层合板的面内内力指层合板中各单层单位宽度上的合力，定义为

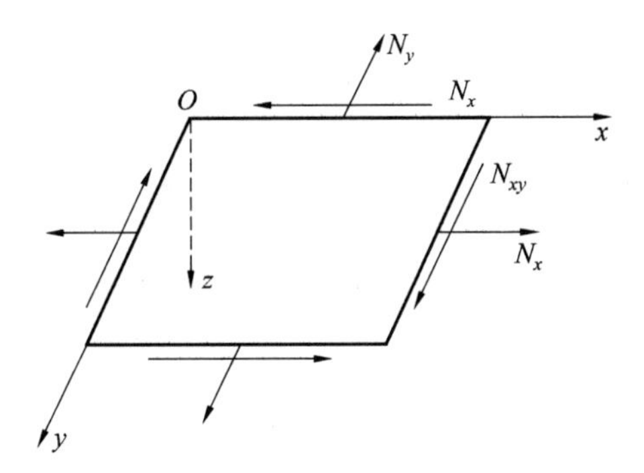

图 5.16　层合板的面内内力

$$
\left.\begin{aligned}
N_x &= \int_{-h/2}^{h/2} \sigma_x^{(k)} \mathrm{d}z \\
N_y &= \int_{-h/2}^{h/2} \sigma_y^{(k)} \mathrm{d}z \\
N_{xy} &= \int_{-h/2}^{h/2} \tau_{xy}^{(k)} \mathrm{d}z
\end{aligned}\right\} \tag{5.92}
$$

式中上标(k)表示第k层的应力。面内内力的单位是Pa·m或N/m,表示厚度为h的层合板横截面单位宽度的力。将偏轴应力－应变关系式(5.66)代入式(5.92)中,并考虑式(5.91),可得面内内力与面内应变的关系式为

$$
\begin{Bmatrix} N_x \\ N_y \\ N_{xy} \end{Bmatrix} = \begin{bmatrix} A_{11} & A_{12} & A_{16} \\ A_{21} & A_{22} & A_{26} \\ A_{61} & A_{62} & A_{66} \end{bmatrix} \begin{Bmatrix} \varepsilon_x^0 \\ \varepsilon_y^0 \\ \gamma_{xy}^0 \end{Bmatrix} \tag{5.93a}
$$

简写为

$$
\boldsymbol{N} = \boldsymbol{A}\boldsymbol{\varepsilon}^0 \tag{5.93b}
$$

式中

$$
A_{ij} = \int_{-h/2}^{h/2} \bar{Q}_{ij}^{(k)} \mathrm{d}z \quad (i,j = 1,2,6) \tag{5.94}
$$

A_{ij}称为面内刚度系数,单位是Pa·m或N/m。层合板的面内刚度系数与单层的刚度系数一样,具有对称性,即

$$
A_{ij} = A_{ji} \tag{5.95}
$$

将式(5.93)做逆变换,可得面内应变－面内内力的关系式为

$$
\begin{Bmatrix} \varepsilon_x^0 \\ \varepsilon_y^0 \\ \gamma_{xy}^0 \end{Bmatrix} = \begin{bmatrix} a_{11} & a_{12} & a_{16} \\ a_{21} & a_{22} & a_{26} \\ a_{61} & a_{62} & a_{66} \end{bmatrix} \begin{Bmatrix} N_x \\ N_y \\ N_{xy} \end{Bmatrix} \tag{5.96a}
$$

简写为

$$\boldsymbol{\varepsilon}^0 = \boldsymbol{a}\boldsymbol{N} \tag{5.96b}$$

式中

$$\boldsymbol{a} = \boldsymbol{A}^{-1} \tag{5.97}$$

a_{ij} 称为层合板的面内柔度系数。可以证明面内柔度系数也具有对称性,即

$$a_{ij} = a_{ji} \tag{5.98}$$

为便于层合板的面内刚度和面内柔度与单层的刚度和柔度换算,做如下正则化处理:

$$\begin{gathered} A_{ij}^* = A_{ij}/h \\ a_{ij}^* = a_{ij}h \\ N_x^* = N_x/h, \quad N_y^* = N_y/h, \quad N_{xy}^* = N_{xy}/h \end{gathered} \tag{5.99}$$

将式(5.93)与式(5.96)分别变换成正则化形式,即

$$\begin{Bmatrix} N_x^* \\ N_y^* \\ N_{xy}^* \end{Bmatrix} = \begin{bmatrix} A_{11}^* & A_{12}^* & A_{16}^* \\ A_{21}^* & A_{22}^* & A_{26}^* \\ A_{61}^* & A_{62}^* & A_{66}^* \end{bmatrix} \begin{Bmatrix} \varepsilon_x^0 \\ \varepsilon_y^0 \\ \gamma_{xy}^0 \end{Bmatrix} \tag{5.100a}$$

简写为

$$\boldsymbol{N}^* = \boldsymbol{A}^* \boldsymbol{\varepsilon}^0 \tag{5.100b}$$

$$\begin{Bmatrix} \varepsilon_x^0 \\ \varepsilon_y^0 \\ \gamma_{xy}^0 \end{Bmatrix} = \begin{bmatrix} a_{11}^* & a_{12}^* & a_{16}^* \\ a_{21}^* & a_{22}^* & a_{26}^* \\ a_{61}^* & a_{62}^* & a_{66}^* \end{bmatrix} \begin{Bmatrix} N_x^* \\ N_y^* \\ N_{xy}^* \end{Bmatrix} \tag{5.101a}$$

简写为

$$\boldsymbol{\varepsilon}^0 = \boldsymbol{a}^* \boldsymbol{N}^* \tag{5.101b}$$

正则化面内内力的单位与应力单位相同,它表明层合板中各单层应力的平均值,又称层合板应力。当对称层合板为单向层合板时,正则化面内刚度系数 A_{ij}^* 与正则化面内柔度系数将分别等于单层的刚度系数$\bar{Q}_{ij}$ 和单层的柔度系数$\bar{S}_{ij}$。

将式(5.94)代入式(5.99),并考虑式(5.67),则可得到单层的不变刚度与正则化面内刚度之间的关系式为

$$\begin{Bmatrix} A_{11}^* \\ A_{22}^* \\ A_{12}^* \\ A_{66}^* \\ A_{16}^* \\ A_{26}^* \end{Bmatrix} = \begin{bmatrix} U_1 & V_{1A}^* & V_{2A}^* \\ U_1 & -V_{1A}^* & V_{2A}^* \\ U_4 & 0 & -V_{2A}^* \\ U_5 & 0 & -V_{2A}^* \\ 0 & V_{3A}^*/2 & V_{4A}^* \\ 0 & V_{3A}^* & -V_{4A}^* \end{bmatrix} \begin{Bmatrix} 1 \\ U_2 \\ U_3 \end{Bmatrix} \tag{5.102}$$

式中

$$\left.\begin{aligned}V_{1A}^{*}=\frac{1}{h}\int_{-h/2}^{h/2}\cos 2\theta^{(k)}\mathrm{d}z,\quad V_{2A}^{*}=\frac{1}{h}\int_{-h/2}^{h/2}\cos 4\theta^{(k)}\mathrm{d}z\\V_{3A}^{*}=\frac{1}{h}\int_{-h/2}^{h/2}\sin 2\theta^{(k)}\mathrm{d}z,\quad V_{4A}^{*}=\frac{1}{h}\int_{-h/2}^{h/2}\sin 4\theta^{(k)}\mathrm{d}z\end{aligned}\right\}\tag{5.103}$$

称为正则化几何因子。对于偶数层的对称层合板可以写成和的形式

$$\left.\begin{aligned}V_{1A}^{*}=\frac{2}{n}\sum_{k=1}^{n/2}\cos 2\theta^{(k)}\mathrm{d}z,\quad V_{2A}^{*}=\frac{2}{n}\sum_{k=1}^{n/2}\cos 4\theta^{(k)}\mathrm{d}z\\V_{3A}^{*}=\frac{2}{n}\sum_{k=1}^{n/2}\sin 2\theta^{(k)}\mathrm{d}z,\quad V_{4A}^{*}=\frac{2}{n}\sum_{k=1}^{n/2}\sin 4\theta^{(k)}\mathrm{d}z\end{aligned}\right\}\tag{5.104}$$

式中,n 是层合板中单层总数;k 为单层序号。由于式(5.103)和式(5.104)是算术平均值的含义,因此又可写成如下形式

$$\left.\begin{aligned}V_{1A}^{*}=\sum_{i=1}^{l}V_{i}\cos 2\theta^{(i)},\quad V_{2A}^{*}=\sum_{i=1}^{l}V_{i}\cos 4\theta^{(i)}\\V_{3A}^{*}=\sum_{i=1}^{l}V_{i}\sin 2\theta^{(i)},\quad V_{4A}^{*}=\sum_{i=1}^{l}V_{i}\sin 4\theta^{(i)}\end{aligned}\right\}\tag{5.105}$$

式中,V_i 为某一定向层的体积分数,且

$$V_i=\frac{n_i}{n}\tag{5.106}$$

式中,n_i 为某一定向层的层数;l 为定向数。

同定义单层的工程弹性常数一样,利用单轴层合板应力或纯剪层合板应力来定义对称层合板的面内工程弹性常数,可得

面内拉压弹性模量为

$$E_x=\frac{1}{a_{11}^{*}},\quad E_y=\frac{1}{a_{22}^{*}}\tag{5.107a}$$

面内剪切弹性模量为

$$G_{xy}=\frac{1}{a_{66}^{*}}\tag{5.107b}$$

泊松比为

$$\nu_x=\nu_{yx}=-\frac{a_{21}^{*}}{a_{11}^{*}},\quad \nu_y=\nu_{xy}=-\frac{a_{12}^{*}}{a_{22}^{*}}\tag{5.107c}$$

拉剪耦合系数为

$$\eta_{xy,x}=\frac{a_{61}^{*}}{a_{11}^{*}},\quad \eta_{xy,y}=\frac{a_{62}^{*}}{a_{22}^{*}}\tag{5.107d}$$

剪拉耦合系数为

$$\eta_{x,xy}=\frac{a_{16}^{*}}{a_{66}^{*}},\quad \eta_{y,xy}=\frac{a_{26}^{*}}{a_{66}^{*}} \tag{5.107e}$$

当层合板具有正交各向异性的性能，且参考轴与正交各向异性的主方向重合时，$A_{16}^{*}=A_{26}^{*}=0$，则式(5.107)可改写为

$$\left.\begin{aligned} E_x=\frac{A_{11}^{*}}{m^{0}},\quad E_y=\frac{A_{22}^{*}}{m^{0}},\quad G_{xy}=A_{66}^{*} \\ \nu_x=\frac{A_{21}^{*}}{A_{22}^{*}},\quad \nu_y=\frac{A_{12}^{*}}{A_{11}^{*}} \end{aligned}\right\} \tag{5.108}$$

式中

$$m^{0}=\left[1-\frac{(A_{12}^{*})^{2}}{A_{11}^{*}A_{22}^{*}}\right]^{-1}$$

此时

$$\eta_{xy,x}=\eta_{xy,y}=\eta_{x,xy}=\eta_{y,xy}=0$$

常用的典型对称层合板包括正交铺设对称板、斜交叉铺设对称层合板、准各向同性层合板等。由于其具有特定的铺层形式，层合板的刚度系数计算式可以得到简化。

(1) 正交铺设对称层合板。

各单层只按0°与90°方向铺设的对称层合板称为正交铺设对称层合板。这样的正交铺设层合板按式(5.105)可得

$$V_{1A}^{*}=V^{(0)}-V^{(90)},\quad V_{2A}^{*}=1,\quad V_{3A}^{*}=V_{4A}^{*}=0 \tag{5.109}$$

将式(5.109)代入式(5.102)得正交铺设对称层合板的正则化面内刚度系数为

$$\begin{Bmatrix} A_{11}^{*} \\ A_{22}^{*} \\ A_{12}^{*} \\ A_{66}^{*} \end{Bmatrix}=\begin{Bmatrix} Q_{11}-(Q_{11}-Q_{12})V^{(90)} \\ Q_{22}+(Q_{11}-Q_{22})V^{(90)} \\ Q_{12} \\ Q_{66} \end{Bmatrix} \tag{5.110}$$

$$A_{16}^{*}=A_{26}^{*}=0$$

上式求逆可得正交铺设对称层合板的正则化柔度系数矩阵

$$\begin{bmatrix} a_{11}^{*} & a_{12}^{*} & a_{16}^{*} \\ a_{21}^{*} & a_{22}^{*} & a_{26}^{*} \\ a_{61}^{*} & a_{62}^{*} & a_{66}^{*} \end{bmatrix}=\begin{bmatrix} \dfrac{A_{22}^{*}}{A_{11}^{*}A_{22}^{*}-(A_{12}^{*})^{2}} & -\dfrac{A_{12}^{*}}{A_{11}^{*}A_{22}^{*}-(A_{12}^{*})^{2}} & 0 \\ -\dfrac{A_{12}^{*}}{A_{11}^{*}A_{22}^{*}-(A_{12}^{*})^{2}} & \dfrac{A_{11}^{*}}{A_{11}^{*}A_{22}^{*}-(A_{12}^{*})^{2}} & 0 \\ 0 & 0 & \dfrac{1}{A_{66}^{*}} \end{bmatrix} \tag{5.111}$$

由(5.110)和式(5.111)可知,$A_{16}^* = A_{26}^* = a_{16}^* = a_{26}^* = 0$,说明正交铺设对称层合板无拉剪和剪拉耦合效应。即正面内内力不引起剪应变,面内剪力也不引起正应变;反之亦然。

(2)斜交叉铺设对称层合板。

凡各个单层只按 $\pm\theta$ 两种方向铺设的对称层合板称为斜交叉铺设对称层合板。如果两个方向的层数相同,则称为均匀斜交叉铺设对称层合板,否则称为非均衡对称。

均匀斜交叉铺设对称层合板,存在两个弹性主方向,如图5.17所示。将坐标轴 x、y 设在主方向上,按式(5.105)可得

$$V_{1A}^* = \cos 2\theta, \quad V_{2A}^* = \cos 4\theta, \quad V_{3A}^* = V_{4A}^* = 0 \tag{5.112}$$

将式(5.112)代入式(5.102),可得斜交叉铺设对称层合板的正则化面内刚度系数矩阵为

$$\begin{bmatrix} A_{11}^* & A_{12}^* & A_{16}^* \\ A_{21}^* & A_{22}^* & A_{26}^* \\ A_{61}^* & A_{62}^* & A_{66}^* \end{bmatrix} = \begin{bmatrix} \bar{Q}_{11}^{(\theta)} & \bar{Q}_{12}^{(\theta)} & 0 \\ \bar{Q}_{12}^{(\theta)} & \bar{Q}_{22}^{(\theta)} & 0 \\ 0 & 0 & \bar{Q}_{66}^{(\theta)} \end{bmatrix} \tag{5.113}$$

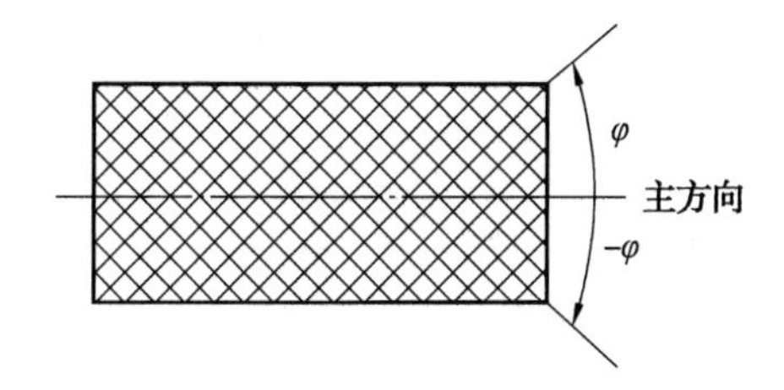

图5.17　斜交叉铺设对称层合板

由式(5.113)可知,斜交叉铺设对称层合板的 $A_{16}^* = A_{26}^* = a_{16}^* = a_{26}^* = 0$,既无拉剪耦合,也无剪拉耦合。

(3)准各向同性层合板。

面内各个方向的刚度相同,且无拉剪耦合也无剪拉耦合效应的对称层合板,称为准各向同性层合板。这种层合板与各向同性层合板的区别是:

① 可以由正交异性的单层组成。

② 厚度方向上的刚度不一定与面内相同。

③ 弯曲刚度性能也不是各向同性的。

根据定义,可以证明准各向同性层合板的充要条件为

$$A_{11}^* = A_{22}^*, \quad A_{66}^* = (A_{11}^* - A_{12}^*)/2, \quad A_{16}^* = A_{26}^* = 0 \tag{5.114}$$

根据式(5.105)可以证明,式(5.114)的充要条件相当于如下条件

$$V_{1A}^* = V_{2A}^* = V_{3A}^* = V_{4A}^* = 0 \tag{5.115}$$

将式(5.114)代入式(5.102)得准各向同性层合板的刚度系数矩阵

$$\begin{bmatrix} A_{11}^* & A_{12}^* & A_{16}^* \\ A_{21}^* & A_{22}^* & A_{26}^* \\ A_{61}^* & A_{62}^* & A_{66}^* \end{bmatrix} = \begin{bmatrix} U_1 & U_4 & 0 \\ U_4 & U_1 & 0 \\ 0 & 0 & U_5 \end{bmatrix} \tag{5.116}$$

由式(5.116)可知,准各向同性层合板的刚度系数与正则化几何因子无关,所以不同方向的正则化面内刚度系数均相同。

实现准各向同性铺层,必须满足式(5.115)。其铺层方法很多,可以采用如下方案:定向层体积分数相同的$m(m \geqslant 3)$种定向层,间隔为$\pi/3$弧度的方向铺设成对称层合板,即为准各向同性层合板。例如,$[-60/0/60]_s$,$[-45/0/45/90]_s$,$[-60_2/0_2/60_2]_s$均为准各向同性层合板。

2. 对称层合板的弯曲刚度

对称层合板在面内内力作用下只发生面内变形,在弯曲力矩作用下只引起弯曲变形。确定层合板的弯曲刚度时,采用力矩和曲率的关系。

对于通常层合板的厚度与结构的其他尺寸相比很小,当板的离面位移比板厚小时,可以认为层合板的几何中面为中性曲面。假定垂直于几何中面的直线段在弯曲变形后仍保持为垂直于弯曲后几何中面的直线段,且保持长度不变(即满足直法线假设),各单层仍可按平面应力状态分析。根据上述假设,层合板在图5.18所示的弯曲力矩的作用下引起的弯曲应变与曲率的关系为

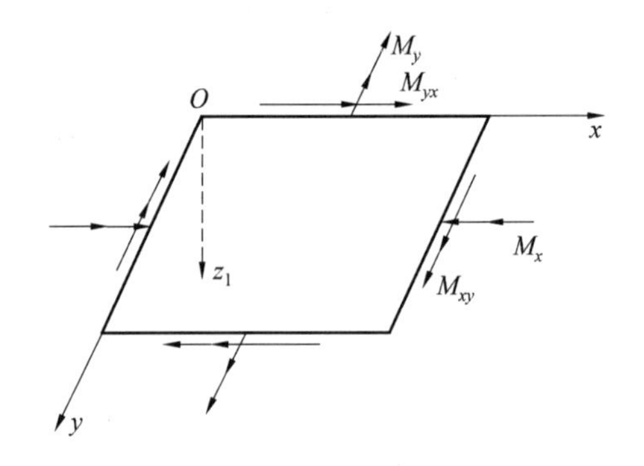

图5.18　层合板的弯曲内力

$$\varepsilon_x = zk_x, \quad \varepsilon_y = zk_y, \quad \gamma_{xy} = zk_{xy} \tag{5.117}$$

式中,k_x、k_y、k_{xy}分别为层合板x、y方向的中面曲率与扭率,与离面位移之间有如下关系

$$k_x = -\frac{\partial^2 w}{\partial x^2}, \quad k_y = -\frac{\partial^2 w}{\partial y^2}, \quad k_{xy} = -2\frac{\partial^2 w}{\partial x \partial y} \tag{5.118}$$

层合板的弯曲内力定义为

$$\left.\begin{aligned} M_x &= \int_{-h/2}^{h/2} \sigma_x^{(k)} z \mathrm{d}z \\ M_y &= \int_{-h/2}^{h/2} \sigma_y^{(k)} z \mathrm{d}z \\ M_{xy} &= \int_{-h/2}^{h/2} \tau_{xy}^{(k)} z \mathrm{d}z \end{aligned}\right\} \tag{5.119}$$

式中,M_x、M_y 为力矩;M_{xy} 为扭矩。其单位为 N,表示厚度为 h 的层合板横截面单位宽度上的力矩。

将平面状态下的单层的应力－应变关系式(5.66)代入式(5.119),并考虑式(5.117)可得对称层合板的弯曲力矩与曲率的关系式

$$\begin{Bmatrix} M_x \\ M_y \\ M_{xy} \end{Bmatrix} = \begin{bmatrix} D_{11} & D_{12} & D_{16} \\ D_{21} & D_{22} & D_{26} \\ D_{61} & D_{62} & D_{66} \end{bmatrix} \begin{Bmatrix} k_x \\ k_y \\ k_{xy} \end{Bmatrix} \tag{5.120}$$

式中

$$D_{ij} = \int_{-h/2}^{h/2} \bar{Q}_{ij}^{(k)} z^2 \mathrm{d}z \quad (i,j = 1,2,6) \tag{5.121}$$

D_{ij} 称为层合板的弯曲刚度系数,而且

$$D_{ij} = D_{ji} \tag{5.122}$$

为了换算方便,将上述各量进行正则化处理

$$\left.\begin{aligned} M^* &= \frac{6}{h^2} M \\ k^* &= \frac{h}{2} k \\ D_{ij}^* &= \frac{12}{h^3} D_{ij} \end{aligned}\right\} \tag{5.123}$$

正则化弯曲力矩在数值上相当于假设弯曲变形引起的应力为线性分布时的底面应力,即最大弯曲应力为

$$M_x = \int_{-h/2}^{h/2} \sigma_x^{(k)} z^2 \mathrm{d}z = \int_{-h/2}^{h/2} \frac{M_x^*}{h/2} z^2 \mathrm{d}z = \frac{h}{6} M_x^*$$

正则化曲率是弯曲变形引起的底面应变为

$$\varepsilon_x = \frac{h}{2} k_x = k_x^*$$

应注意对称层合板的应变沿板厚是线性分布的,而对称层合板中多向层合板的应力一般不是线性分布的,所以 k_x^* 是底面的真实应变,而一般 M_x^* 不是底面的真实应力。

利用式(5.123)可将式(5.120)改写为

$$\begin{Bmatrix} M_x^* \\ M_y^* \\ M_{xy}^* \end{Bmatrix} = \begin{bmatrix} D_{11}^* & D_{12}^* & D_{16}^* \\ D_{21}^* & D_{22}^* & D_{16}^* \\ D_{16}^* & D_{26}^* & D_{66}^* \end{bmatrix} \begin{Bmatrix} k_x^* \\ k_y^* \\ k_{xy}^* \end{Bmatrix} \tag{5.124a}$$

简写为

$$\boldsymbol{M}^* = \boldsymbol{D}^* \boldsymbol{k}^* \tag{5.124b}$$

上式做逆变换,可得正则化曲率与弯曲力矩的关系式

$$\begin{Bmatrix} k_x^* \\ k_y^* \\ k_{xy}^* \end{Bmatrix} = \begin{bmatrix} d_{11}^* & d_{12}^* & d_{16}^* \\ d_{21}^* & d_{22}^* & d_{26}^* \\ d_{61}^* & d_{62}^* & d_{66}^* \end{bmatrix} \begin{Bmatrix} M_x^* \\ M_y^* \\ M_{xy}^* \end{Bmatrix} \tag{5.125a}$$

简写为

$$\boldsymbol{k}^* = \boldsymbol{d}^* \boldsymbol{M}^* \tag{5.125b}$$

式中

$$\boldsymbol{d}^* = \boldsymbol{D}^{*-1} \tag{5.126}$$

如果将式(5.67a)代入式(5.121),并考虑式(5.123),则可得正则化弯曲系数的计算公式为

$$\begin{Bmatrix} D_{11}^* \\ D_{22}^* \\ D_{12}^* \\ D_{66}^* \\ D_{16}^* \\ D_{26}^* \end{Bmatrix} = \begin{bmatrix} U_1 & V_{1D}^* & V_{2D}^* \\ U_1 & -V_{1D}^* & V_{2D}^* \\ U_4 & 0 & -V_{2D}^* \\ U_5 & 0 & -V_{2D}^* \\ 0 & V_{3D}^*/2 & V_{4D}^* \\ 0 & V_{3D}^* & -V_{4D}^* \end{bmatrix} \begin{Bmatrix} 1 \\ U_2 \\ U_3 \end{Bmatrix} \tag{5.127}$$

式中

$$\left.\begin{aligned} V_{1A}^* &= \frac{12}{h^3}\int_{-h/2}^{h/2} \cos 2\theta^{(k)} z^2 \mathrm{d}z, \quad V_{2A}^* = \frac{12}{h^3}\int_{-h/2}^{h/2} \cos 4\theta^{(k)} z^2 \mathrm{d}z \\ V_{3A}^* &= \frac{12}{h^3}\int_{-h/2}^{h/2} \sin 2\theta^{(k)} z^2 \mathrm{d}z, \quad V_{4A}^* = \frac{12}{h^3}\int_{-h/2}^{h/2} \sin 4\theta^{(k)} z^2 \mathrm{d}z \end{aligned}\right\} \tag{5.128}$$

典型对称层合板的弯曲刚度由铺层确定,其弯曲刚度计算式可以得到简化。

(1) 单向层合板。

层合板中所有单层的铺层方向一致时称为单向层合板。单向层合板是对称层合板的特例,它的弯曲性能具有均匀各向异性特性。单向层合板的正则化弯曲刚度系数与正则化面内刚度系数是相同的,即

$$D_{ij}^{*} = A_{ij}^{*} = \bar{Q}_{ij} \tag{5.129}$$

所以

$$d_{ij}^{*} = a_{ij}^{*} = \bar{S}_{ij} \tag{5.130}$$

由此可知,单向层合板弯曲力矩会引起扭转变形,扭矩会引起弯曲变形。面内存在拉剪交叉弹性效应,弯曲存在弯扭交叉弹性效应。

如果将参考坐标系置于单向层合板的正轴方向,也即单层的正轴方向,则由于单层的正轴刚度系数 $Q_{16} = Q_{26} = 0$,所以 $D_{16}^{*} = D_{26}^{*} = 0$、$d_{16}^{*} = d_{26}^{*} = 0$。这时单向层合板将不产生交叉弹性效应。

总之,单向层合板作为均匀各向异性板,不但在面内内力作用下只引起面内变形,弯曲力矩作用下只引起弯曲变形,且弯曲刚度与面内刚度相同。因此,单向层合板处于面内各向正交异性,同时也处于弯曲正交各向异性。

(2) 正交铺设对称层合板。

由式(5.128) 计算正交铺设对称层合板的正则化弯曲几何因子得

$$V_{1D}^{*} = \frac{3}{2m}, \quad V_{2D}^{*} = 1, \quad V_{3D}^{*} = V_{4D}^{*} = 0 \tag{5.131}$$

式中,m 为单层组数,以相同角度连续铺层为一组,且以对称板的一半计数。m 是表征层合板铺层顺序的量。如$[0_4/90_4]_s$、$[0_2/90_2]_{2s}$、$[0/90]_{4s}$,各层合板的层数和定向数均相同,但是单层组数分别为 $m = 2,4,8$。

将式(5.131) 代入式(5.127) 得正交铺设对称层合板的正则化弯曲刚度系数为

$$\begin{Bmatrix} D_{11}^{*} \\ D_{22}^{*} \\ D_{12}^{*} \\ D_{66}^{*} \\ D_{16}^{*} \\ D_{26}^{*} \end{Bmatrix} = \begin{bmatrix} U_1 & 3/2m & 1 \\ U_1 & -3/2m & 1 \\ U_4 & 0 & -1 \\ U_5 & 0 & -1 \\ 0 & 0 & 0 \\ 0 & 0 & 0 \end{bmatrix} \begin{Bmatrix} 1 \\ U_2 \\ U_3 \end{Bmatrix} \tag{5.132}$$

由此可知,这种层合板在弯曲时,$D_{16}^{*} = D_{26}^{*} = 0$,所以无弯扭耦合,呈现正交各向异性;$D_{11}^{*}$ 与 D_{22}^{*} 随单层组数 m 的改变而变化,说明弯曲刚度与层合板的铺层顺序有关,也就是通过改变正交铺设层合板的铺层顺序可以设计不同刚度的层合板。

(3) 斜交铺设对称层合板。

由式(5.128) 计算得均匀斜交叉对称层合板的正则化几何因子为

$$\left.\begin{aligned} V_{1D}^* &= \cos 2\theta, \quad V_{2D}^* = \cos 4\theta \\ V_{3D}^* &= \frac{3}{2m}\sin 2\theta, \quad V_{4D}^* = \frac{3}{2m}\sin 4\theta \end{aligned}\right\} \tag{5.133}$$

上式代入式(5.127)得均匀斜交叉对称层合板的正则化弯曲刚度系数为

$$\begin{Bmatrix} D_{11}^* \\ D_{22}^* \\ D_{12}^* \\ D_{66}^* \\ D_{16}^* \\ D_{26}^* \end{Bmatrix} = \begin{bmatrix} U_1 & \cos 2\theta & \cos 4\theta \\ U_1 & -\cos 2\theta & \cos 4\theta \\ U_4 & 0 & -\cos 4\theta \\ U_5 & 0 & -\cos 4\theta \\ 0 & \frac{3}{4m}\sin 2\theta & \frac{3}{2m}\sin 4\theta \\ 0 & \frac{3}{4m}\sin 2\theta & -\frac{3}{4m}\sin 4\theta \end{bmatrix} \begin{Bmatrix} 1 \\ U_2 \\ U_3 \end{Bmatrix} \tag{5.134}$$

由上述可知,斜交叉铺设对称层合板在弯曲时由于 D_{16}^* 与 D_{26}^* 不等于零,即存在弯扭耦合。可见,斜交叉铺设对称层合板,尽管面内呈正交各向异性,而在弯曲时不是正交各向异性的。另外,由于 $m \neq 0$,不同的铺层顺序也会得到不同的弯曲刚度系数。

(4)准各向同性层合板。

利用正则化几何因子的计算公式(5.128),可得准各向同性层合板的几何因子为

$$\left.\begin{aligned} V_{1D}^* &= -\frac{1}{m^2}, \quad V_{2D}^* = -\frac{1}{m^2} \\ V_{3D}^* &= -\frac{13.8}{8m}, \quad V_{4D}^* = \frac{13.8}{8m} \end{aligned}\right\} \tag{5.135}$$

将式(5.135)代入式(5.127)得准各向同性层合板的正则化弯曲刚度系数为

$$\begin{Bmatrix} D_{11}^* \\ D_{22}^* \\ D_{12}^* \\ D_{66}^* \\ D_{16}^* \\ D_{26}^* \end{Bmatrix} = \begin{bmatrix} U_1 & -\frac{1}{m^2} & -\frac{1}{m^2} \\ U_1 & \frac{1}{m^2} & -\frac{1}{m^2} \\ U_4 & 0 & \frac{1}{m^2} \\ U_5 & 0 & \frac{1}{m^2} \\ 0 & -\frac{13.8}{16m} & \frac{13.8}{8m} \\ 0 & -\frac{13.8}{16m} & -\frac{13.8}{8m} \end{bmatrix} \begin{Bmatrix} 1 \\ U_2 \\ U_3 \end{Bmatrix} \tag{5.136}$$

由上可知,准各向同性层合板在弯曲时 $D_{11}^* \neq D_{22}^*$,说明弯曲不是各向同性的。即准各向同性板面内呈现各向同性,但弯曲时呈现各向异性。只有当 $m \to \infty$时, $V_{iD}^*(i = 1,2,3,4)$ 均为零,此时

$$D_{11}^* = D_{22}^* = U_1, \quad D_{12}^* = U_4$$

$$D_{66}^* = U_5, \quad D_{16}^* = D_{26}^* = 0$$

这时的准各向同性板具有均匀各向异性特性,故称为准均匀各向同性层合板。

5.4.3 一般层合板的刚度

一般层合板是指非对称层合板,即不具有中面对称性的层合板。非对称层合板面内内力不仅引起面内变形,面内内力还会引起弯曲变形;弯曲内力不仅引起弯曲变形,弯曲内力也会引起面内变形,即存在拉弯耦合或弯拉耦合。因此,一般层合板除了面内系数和弯曲刚度系数外,还存在耦合刚度系数。因此,对于一般层合板必须将面内内力、弯曲内力、面内变形及曲率一并讨论。

根据弹性力学原理,处于平面应力状态的一般层合板的面内应变为

$$\left.\begin{aligned} \varepsilon_x &= \varepsilon_x^0 + zk_x \\ \varepsilon_y &= \varepsilon_y^0 + zk_y \\ \gamma_{xy} &= \gamma_{xy}^0 + zk_{xy} \end{aligned}\right\} \tag{5.137}$$

式中,ε_x^0、ε_y^0、γ_{xy}^0 为中面应变;k_x、k_y、k_{xy} 为中面曲率和扭率。将式(5.137)代入面内内力表达式(5.92)和弯曲内力表达式(5.119)中,并利用各单层的应力 - 应变关系可以推得一般层合板的内力 - 应变关系式为

$$\begin{Bmatrix} N_x \\ N_y \\ N_{xy} \\ M_x \\ M_y \\ M_{xy} \end{Bmatrix} = \begin{bmatrix} A_{11} & A_{12} & A_{16} & B_{11} & B_{12} & B_{16} \\ A_{21} & A_{22} & A_{26} & B_{21} & B_{22} & B_{26} \\ A_{61} & A_{62} & A_{66} & B_{61} & B_{62} & B_{66} \\ B_{11} & B_{12} & B_{16} & D_{11} & D_{12} & D_{16} \\ B_{21} & B_{22} & B_{26} & D_{21} & D_{22} & D_{26} \\ B_{61} & B_{62} & B_{66} & D_{61} & D_{62} & D_{66} \end{bmatrix} \begin{Bmatrix} \varepsilon_x^0 \\ \varepsilon_y^0 \\ \gamma_{xy}^0 \\ k_x \\ k_y \\ k_{xy} \end{Bmatrix} \tag{5.138a}$$

简写为

$$\begin{Bmatrix} \boldsymbol{N} \\ \boldsymbol{M} \end{Bmatrix} = \begin{bmatrix} \boldsymbol{A} & \boldsymbol{B} \\ \boldsymbol{B} & \boldsymbol{D} \end{bmatrix} \begin{Bmatrix} \boldsymbol{\varepsilon}^0 \\ \boldsymbol{k} \end{Bmatrix} \tag{5.138b}$$

式中，A_{ij}、D_{ij} 分别为面内刚度系数和弯曲刚度系数，而

$$B_{ij} = \int_{-h/2}^{h/2} \bar{Q}_{ij}^{(k)} z\mathrm{d}z \quad (i,j = 1,2,6) \tag{5.139}$$

称为层合板的耦合刚度系数。将一般层合板的所有刚度系数归纳起来并写成叠加形式为

$$\left.\begin{aligned} A_{ij} &= \sum_{k=1}^{n} \bar{Q}_{ij}^{(k)} (z_k - z_{k-1}) \\ B_{ij} &= \frac{1}{2} \sum_{k=1}^{n} \bar{Q}_{ij}^{(k)} (z_k^2 - z_{k-1}^2) \\ D_{ij} &= \frac{1}{3} \sum_{k=1}^{n} \bar{Q}_{ij}^{(k)} (z_k^3 - z_{k-1}^3) \end{aligned}\right\} \tag{5.140}$$

式中，z_k、z_{k-1} 分别为第 k 层的底面坐标和上面坐标；n 为层合板的层数。

将这些刚度系数进行正则化处理，其中面内刚度系数和弯曲刚度系数的正则化公式与对称层合板完全相同，耦合刚度系数正则化处理为

$$B_{ij}^* = \frac{2}{h^2} B_{ij} \tag{5.141}$$

利用这些正则化参数将式(5.138)改写成如下正则化形式

$$\begin{Bmatrix} N_x^* \\ N_y^* \\ N_{xy}^* \\ M_x^* \\ M_y^* \\ M_{xy}^* \end{Bmatrix} = \begin{bmatrix} A_{11}^* & A_{12}^* & A_{16}^* & B_{11}^* & B_{12}^* & B_{16}^* \\ A_{21}^* & A_{22}^* & A_{26}^* & B_{21}^* & B_{22}^* & B_{26}^* \\ A_{61}^* & A_{62}^* & A_{66}^* & B_{61}^* & B_{62}^* & B_{66}^* \\ 3B_{11}^* & 3B_{12}^* & 3B_{16}^* & D_{11}^* & D_{12}^* & D_{16}^* \\ 3B_{21}^* & 3B_{22}^* & 3B_{26}^* & D_{21}^* & D_{22}^* & D_{26}^* \\ 3B_{61}^* & 3B_{62}^* & 3B_{66}^* & D_{61}^* & D_{62}^* & D_{66}^* \end{bmatrix} \begin{Bmatrix} \varepsilon_x^0 \\ \varepsilon_y^0 \\ \gamma_{xy}^0 \\ k_x \\ k_y \\ k_{xy} \end{Bmatrix} \tag{5.142a}$$

简写为

$$\begin{Bmatrix} \boldsymbol{N}^* \\ \boldsymbol{M}^* \end{Bmatrix} = \begin{bmatrix} \boldsymbol{A}^* & \boldsymbol{B}^* \\ 3\boldsymbol{B}^* & \boldsymbol{D} \end{bmatrix} \begin{Bmatrix} \boldsymbol{\varepsilon}^0 \\ \boldsymbol{k}^* \end{Bmatrix} \tag{5.142b}$$

式中的正则化面内刚度系数正则化弯曲刚度系数仍由式(5.102)和式(5.127)计算，类似地可以计算正则化耦合刚度系数。归纳起来，一般层合板的正则化刚度系数计算公式为

$$\begin{Bmatrix}[A_{11}^*, B_{11}^*, D_{11}^*] \\ [A_{22}^*, B_{22}^*, D_{22}^*] \\ [A_{12}^*, B_{12}^*, D_{12}^*] \\ [A_{66}^*, B_{66}^*, D_{66}^*] \\ [A_{16}^*, B_{16}^*, D_{16}^*] \\ [A_{26}^*, B_{26}^*, D_{26}^*]\end{Bmatrix} = \begin{bmatrix} U_1 & [V_{1A}^*, V_{1B}^*, V_{1D}^*] & [V_{2A}^*, V_{2B}^*, V_{2D}^*] \\ U_1 & -[V_{1A}^*, V_{1B}^*, V_{1D}^*] & [V_{2A}^*, V_{2B}^*, V_{2D}^*] \\ U_4 & 0 & -[V_{2A}^*, V_{2B}^*, V_{2D}^*] \\ U_5 & 0 & -[V_{2A}^*, V_{2B}^*, V_{2D}^*] \\ 0 & \frac{1}{2}[V_{3A}^*, V_{3B}^*, V_{3D}^*] & [V_{4A}^*, V_{4B}^*, V_{4D}^*] \\ 0 & \frac{1}{2}[V_{3A}^*, V_{3B}^*, V_{3D}^*] & -[V_{4A}^*, V_{4B}^*, V_{4D}^*] \end{bmatrix} \begin{Bmatrix}[1,0,1] \\ U_2 \\ U_3\end{Bmatrix} \tag{5.143}$$

式中几何因子由下式给出

$$\begin{Bmatrix}V_{1A}^* \\ V_{2A}^* \\ V_{3A}^* \\ V_{4A}^*\end{Bmatrix} = \frac{1}{h}\sum_{k=1-\frac{n}{2}}^{n/2}\begin{Bmatrix}\cos 2\theta^{(k)} \\ \cos 4\theta^{(k)} \\ \sin 2\theta^{(k)} \\ \sin 4\theta^{(k)}\end{Bmatrix}(z_k - z_{k-1}) \tag{5.144a}$$

$$\begin{Bmatrix}V_{1B}^* \\ V_{2B}^* \\ V_{3B}^* \\ V_{4B}^*\end{Bmatrix} = \frac{1}{h^2}\sum_{k=1-\frac{n}{2}}^{n/2}\begin{Bmatrix}\cos 2\theta^{(k)} \\ \cos 4\theta^{(k)} \\ \sin 2\theta^{(k)} \\ \sin 4\theta^{(k)}\end{Bmatrix}(z_k^2 - z_{k-1}^2) \tag{5.144b}$$

$$\begin{Bmatrix}V_{1D}^* \\ V_{2D}^* \\ V_{3D}^* \\ V_{4D}^*\end{Bmatrix} = \frac{4}{h^3}\sum_{k=1-\frac{n}{2}}^{n/2}\begin{Bmatrix}\cos 2\theta^{(k)} \\ \cos 4\theta^{(k)} \\ \sin 2\theta^{(k)} \\ \sin 4\theta^{(k)}\end{Bmatrix}(z_k^3 - z_{k-1}^3) \tag{5.144c}$$

下面讨论两种按一定规律铺设的非对称正交铺设层合板和反对称层合板。

(1) 规则非对称正交层合板。

非对称正交铺设层合板是按如下规则铺设得到的层合板,如$[0_8/90_8]_T$,$[0_4/90_4]_{2T}$,$[0_2/90_2]_{4T}$,$[0/90]_{8T}$。它们的单层组数分别为 $m=2,4,8,16$。应注意,与对称层合板按一半计数不同,非对称层合板的单层组数 m 是指整个层合板的单层组数。这些规则非对称层合板的0°层和90°层的体积分数相同,即 $v_0 = v_{90}$。利用式(5.144)和式(5.143)计算得

$$
\begin{cases}
A_{ij}^* = D_{ij}^* \\
A_{11}^* = A_{22}^* = \dfrac{1}{2}(Q_{11} + Q_{22}) \\
A_{12}^* = Q_{12}、A_{16}^* = A_{26}^* = 0 \\
B_{11}^* = - B_{22}^* = \dfrac{1}{2m}(Q_{11} - Q_{22}) \\
B_{12}^* = B_{66}^* = B_{16}^* = B_{26}^* = 0
\end{cases}
\tag{5.145}
$$

由式(5.145)可知,$B_{22}^* = - B_{11}^* \neq 0$。因此,这种层合板在弯曲力矩作用下会产生面内变形;在面内内力作用下产生弯曲变形。当 $m \to \infty$时,$B_{ij}^* = 0$,因此为了降低规则非对称层合板的耦合效应,在设计铺层时尽量使单层组数增大。一般认为当 $m \geqslant 8$ 时,耦合效应可忽略。

(2) 规则反对称层合板。

反对称层合板是指包含有两种铺设方向,且相对于中面其铺层角的大小相同,符号相反,即 $\theta(z) = - \theta(-z)$。如$[-\theta_8/\theta_8]_{\mathrm{T}}$、$[-\theta_4/\theta_4]_{2\mathrm{T}}$、$[-\theta_2/\theta_2]_{4\mathrm{T}}$、$[-\theta/\theta]_{8\mathrm{T}}$。它们的单层组数分别为2,4,8,16。

当规则反对称层合板中,两种铺层角的单层体积含量相同,即 $v_\theta = v_{-\theta}$ 时,利用式(5.144)和式(5.143)计算得

$$
\left.
\begin{aligned}
A_{ij}^* &= \bar{Q}_{ij}^{(\theta)} \quad (\text{除 } A_{16}^* = A_{26}^* = 0 \text{ 外}) \\
B_{ij}^* &= - \frac{\bar{Q}_{ij}^{(\theta)}}{m} \quad (\text{除 } B_{11}^* = B_{22}^* = B_{12}^* = B_{66}^* = 0 \text{ 外}) \\
D_{ij}^* &= \bar{Q}_{ij}^{(\theta)} \quad (\text{除 } D_{16}^* = D_{26}^* = 0 \text{ 外})
\end{aligned}
\right\}
\tag{5.146}
$$

由式(5.146)可知,B_{16}^* 和 B_{26}^* 不等于零,因此这种反对称层合板也存在耦合效应。当 $m \to \infty$时 $B_{ij}^* = 0$,即单层组数增大可降低耦合效应,一般认为当 $m \geqslant 8$ 时,耦合效应可忽略。

5.4.4 层合板的强度

层合板通常是由不同方向的单层构成的,在外力作用下一般是多次、逐层失效的。首先从最先达到破坏应力的单层开始,由于该单层(或多层)的失效影响了层板的刚度特性,各层的应力和层合板的刚度重新分配,当荷载继续增加时,又出现下一层破坏,如此循环直至层板的全部单层失效。因此,层合板的强度指标有两个:在外力作用下,层合板最先一层失效时的层合板正则化内力称为最先一层失效强度,其对应的载荷称为最先层失效载荷;而最终失效(即层合板各单层全部失效)时层合板正则化内力称为极限

强度，其对应的载荷称为极限载荷。图 5.19 所示为层合板失效理论模型。

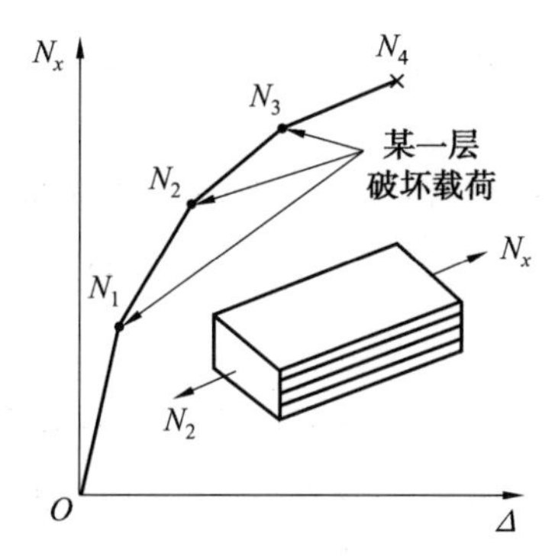

图 5.19　层合板失效理论模型

(1) 最先一层失效强度。

确定层合板在单向载荷下的最先一层失效强度，必须首先通过层合板的单层应力分析计算层合板中各单层的正轴应力，然后代入强度比方程计算层合板各个单层在作用荷载下的强度比，强度比最小的单层最先失效，其对应的层合板正则化内力即为所求层合板的最先一层失效强度。

例 5.3　试计算斯考契 1005 层合板 $[0_4/90_4]_s$ 在 N_x^* 作用下按蔡－胡失效准则计算的最先一层失效强度。

解　① 计算 $[0_4/90_4]_s$ 的正则化刚度系数。按正交对称层合板的正则化面内刚度系数计算式(5.111)得

$$A_{11}^* = A_{22}^* = \frac{1}{2}(Q_{11} + Q_{22}) = 23.44\ \text{GPa},\quad A_{12}^* = Q_{12} = 0.26\ \text{GPa}$$

$$A_{66}^* = Q_{66} = 4.14\ \text{GPa},\quad A_{16}^* = A_{26}^* = 0$$

② 计算 $[0_4/90_4]_s$ 的正则化柔度系数。

$$|A^*| = A_{11}^* A_{22}^* A_{66}^* - A_{66}^*(A_{12}^*)^2 = 2\,274.38(\text{GPa})^3$$

$$a_{11}^* = a_{22}^* = A_{22}^* A_{66}^* / |A^*| = 0.042\,67(\text{GPa})^{-1} = 42.67(\text{TPa})^{-1}$$

$$a_{12}^* = -A_{12}^* A_{66}^* / |A^*| = -0.000\,47(\text{GPa})^{-1} = -0.47(\text{TPa})^{-1}$$

$$a_{66}^* = [A_{11}^* A_{22}^* - (A_{12}^*)^2] / |A^*| = 0.241\,55(\text{GPa})^{-1} = 241.55(\text{TPa})^{-1}$$

$$a_{16}^* = a_{26}^* = 0$$

③ 计算面内应变。对称层合板在面内内力 $N_x^* = 1$ MPa 作用时，由式(5.102)得层合板的应变为

$$\varepsilon_x^0 = a_{11}^* N_x^* = 42.67 \times 10^{-6},\quad \varepsilon_y^0 = a_{12}^* N_x^* = -0.47 \times 10^{-6},\quad \gamma_{xy}^0 = 0$$

④ 计算各层的正轴应变，即

$$\varepsilon_1^{(0)} = \varepsilon_x^0 = 42.67 \times 10^{-6}, \quad \varepsilon_2^{(0)} = \varepsilon_y^0 = -0.47 \times 10^{-6}, \quad \gamma_{12}^{(0)} = 0$$

$$\varepsilon_1^{(90)} = \varepsilon_y^0 = -0.47 \times 10^{-6}, \quad \varepsilon_2^{(90)} = \varepsilon_x^0 = 42.67 \times 10^{-6}, \quad \gamma_{12}^{(90)} = 0$$

⑤ 计算各层的正轴应力,即

$$\sigma_1^{(0)} = Q_{11}\varepsilon_1^{(0)} + Q_{12}\varepsilon_2^{(0)} = 1.647 \text{ MPa}$$

$$\sigma_2^{(0)} = Q_{12}\varepsilon_1^{(0)} + Q_{22}\varepsilon_2^{(0)} = 0.007\,2 \text{ MPa}$$

$$\sigma_6^{(0)} = \tau_{12}^{(0)} = 0$$

$$\sigma_1^{(90)} = Q_{11}\varepsilon_1^{(90)} + Q_{12}\varepsilon_2^{(90)} = -0.007 \text{ MPa}$$

$$\sigma_2^{(90)} = Q_{12}\varepsilon_1^{(90)} + Q_{22}\varepsilon_2^{(90)} = 0.353 \text{ MPa}$$

$$\sigma_6^{(90)} = \tau_{12}^{(90)} = 0$$

⑥ 计算强度比。将0°层的正轴应力代入强度比方程式(5.89)得

$$3.956 \times 10^{-6}R^2 - 0.976\,7 \times 10^{-3}R - 1 = 0$$

解得

$$R^{(0)} = 641.2, \quad R^{(0)'} = -394.3$$

将90°层的正轴应力代入强度比方程式(5.89)得

$$33.57 \times 10^{-6}R^2 + 8.39 \times 10^{-3}R - 1 = 0$$

解得

$$R^{(90)} = 88.1, \quad R^{(90)'} = -338.3$$

⑦ 最先一层失效强度。在 N_x^* 作用下90°层的强度比小于0°层的强度比。因此,90°层最先失效,层合板$[0_4/90_4]_s$的最先一层失效强度为

$$N_{x\text{fmax}}^* = R^{(90)}N_x^* = 88.1 \text{ MPa}$$

(2) 极限强度。

层合板用最先一层失效强度作为强度指标,一般来说似乎保守了些。因为多向层合板各单层具有不同的铺设方向,各单层应力状况不同,强度储备也不同,最弱的单层失效后,只是改变了层合板的刚度特性,并不意味着整个层合板失效。当外力继续增大时,各单层应力重新分配,整个层合板还能继续承受载荷。如此循环,直至全部单层失效。导致层合板所有单层全部失效的层合板的正则化内力称为层合板的极限强度。层合板的失效过程极为复杂,一般对已失效单层进行如下降级处理:当 $\sigma_1 < X$,则 $Q_{12} = Q_{22} = Q_{66} = 0$,$Q_{11}$ 不变;当 $\sigma_1 \geq X$,则 $Q_{11} = Q_{12} = Q_{22} = Q_{66} = 0$。即认为当失效单层的纵向应力 σ_1 尚未达到单层的纵向强度 X 时,破坏发生在基体相,则该层横向和剪切刚度分量为零,纵向刚度分量不变;若纵向应力 σ_1 已达到单层纵向强度时,破坏发生在纤维相,则该层全部刚度系数都为零。失效单层降级后整个层合板仍按经典层合板理论计算刚度。

若已知单层材料的性能参数(包括工程弹性常数及基本强度)和层合板的铺设情况,则利用前述方法即能求得给定载荷下各单层的强度比。强度比最小的单层最先失效。将最先失效单层按失效单层降级准则降级。然后计算失效单层降级后的层合板刚度(即一次降级后的层合板刚度)以及各单层的应力,再求得一次降级后的层合板强度比。强度比最小的单层继之失效,层合板进行二次降级。如此重复上述过程,直至最后一个单层失效。这些单层失效时的强度比中最大值所对应的正则化内力即为层合板极限强度。

例 5.4　计算层合板$[0_4/90_4]_s$的极限强度。

解　① 计算一次降级后层合板的刚度系数。90°层失效时的应力$|\sigma_1^{(90)}|=0.6167\ \text{MPa} < X_c$,所以根据一次降级准则,降级后 90°层的刚度系数为

$$Q_{11}^{(90)} = 38.6\ \text{GPa},\quad Q_{22}^{(90)} = Q_{12}^{(90)} = Q_{66}^{(90)} = 0$$

因此,一次降级后的层合板刚度系数为

$$A_{11}^* = \frac{1}{2}Q_{11} = 19.8\ \text{GPa}$$

$$A_{12}^* = \frac{1}{2}Q_{12} = 0.13\ \text{GPa}$$

$$A_{22}^* = \frac{1}{2}(Q_{11} + Q_{22}) = 23.44\ \text{GPa}$$

$$A_{66}^* = \frac{1}{2}Q_{66} = 2.07\ \text{GPa}$$

$$A_{16}^* = A_{26}^* = 0$$

② 计算一次降级后的层合板柔度系数为

$$|A^*| = A_{11}^*A_{22}^*A_{66}^* - A_{66}^*(A_{12}^*)^2 = 960.68(\text{GPa})^3$$

$$a_{11}^* = A_{22}^*A_{66}^*/|A^*| = 50.50(\text{TPa})^{-1}$$

$$a_{22}^* = A_{11}^*A_{66}^*/|A^*| = 42.66(\text{TPa})^{-1}$$

$$a_{12}^* = -A_{12}^*A_{66}^*/|A^*| = -0.28(\text{TPa})^{-1}$$

$$a_{66}^* = [A_{11}^*A_{22}^* - (A_{12}^*)^2]/|A^*| = 483.09(\text{TPa})^{-1}$$

$$a_{16}^* = a_{26}^* = 0$$

③ 计算一次降级后的面内应变。一次降级后仍为对称层合板,因此在面内内力$N_x^* = 1\ \text{MPa}$时,由式(5.101)得

$$\varepsilon_x^0 = a_{11}^*N_x^* = 50.50\times10^{-6},\quad \varepsilon_y^0 = a_{12}^*N_x^* = -0.28\times10^{-6},\quad \gamma_{xy}^0 = 0$$

一次降级后单层的正轴应变为

$$\varepsilon_1^{(0)} = \varepsilon_x^0 = a_{11}^* N_x^* = 50.50 \times 10^{-6}$$

$$\varepsilon_2^{(0)} = \varepsilon_y^0 = a_{12}^* N_x^* = -0.28 \times 10^{-6}, \gamma_{12}^{(0)} = 0$$

④计算一次降级后的正轴应力为

$$\sigma_1^{(0)} = Q_{11}\varepsilon_1^{(0)} + Q_{12}\varepsilon_2^{(0)} = 1.949 \text{ MPa}$$

$$\sigma_2^{(0)} = Q_{12}\varepsilon_1^{(0)} + Q_{22}\varepsilon_2^{(0)} = 0.011 \text{ MPa}$$

$$\sigma_6^{(0)} = \tau_{12}^{(0)} = 0$$

⑤计算一次降级后的强度比。将0°层的正轴应力代入蔡－胡强度比方程式(5.88)得

$$5.454 \times 10^{-6} R^2 - 1.097 \times 10^{-3} R - 1 = 0$$

解得

$$R^{(0)} = 540.4, \quad R^{(0)'} = -339.3$$

⑥层合板$[0_4/90_4]_s$的极限强度。层合板$[0_4/90_4]_s$所有单层均失效时，层合板所受平均应力即层合板的极限强度为

$$N_{x\max}^* = R^{(0)} N_x^* = 540.4 \text{ MPa}$$

5.5　复合材料的连接

从强度、外观及生产效率等角度考虑，设计和使用者都希望构件整体化。复合材料具有工艺简单、易成型的特点，因此常用于成形大型、复杂构件。然而，在构件的尺寸特别大、复杂或破损件修补时，由于生产条件及运输、安装等方面条件的制约仍难免进行必要的连接。如何连接才能很好地满足使用要求，这便是连接设计的任务。

对于任何连接形式，总会发生应力集中。以机械连接为例，需在被连接件上钻孔，从弹性力学知，孔边将发生应力集中。复合材料是各向异性、非均质材料，其应力集中程度比一般均质材料高。因此，复合材料构件的连接设计比起均质材料显得更为重要。

复合材料连接方式主要分为3类，即机械连接、胶接连接和混合连接。采用何种连接形式要根据具体使用条件确定。通常对于受力不大的薄壁构件，应尽量采用胶接形式。而连接构件较厚受力较大的结构，多采用机械连接形式。在某些情况下为了提高结构的安全性，采用混合连接形式。

5.5.1　胶接与机械连接的比较

胶接与机械连接各有其优缺点。在实际结构中，要根据连接接头的受力特点、使用环境及连接表面外观要求等综合考虑，选择和设计合适的连接

形式。

1. 胶接连接

胶接连接的优点有:① 不消弱构件截面;② 连接部位质量较小;③ 成本低;④ 耐腐蚀性好;⑤ 永久变形小;⑥ 外观平整。

胶接连接的缺点有:① 胶接表面要求严格;② 强度分散性大,且胶接强度受温湿环境的影响较大;③ 质量检验困难;④ 不可拆卸。

与金属材料构件之间的胶接相比,复合材料胶接连接还具有如下特点:① 金属胶接接头易在胶接接头处产生剥离破坏,而复合材料由于层间强度低,易在层间产生剥离破坏;② 由于复合材料构件与金属材料构件之间的膨胀系数相差很大,所以这两者连接时会产生较大的内应力。

2. 机械连接

机械连接的优点:① 表面无须仔细清理,即能获得较高的连接强度,强度主要取决于紧固件的强度、数量和分布;② 强度分散性小;③ 抗剥离能力强;④ 易于拆卸。

机械连接的缺点:① 开孔会削弱断面,且引起应力集中;② 接头质量较大;③ 可能发生电化学腐蚀。

复合材料机械连接的特点:① 复合材料层间强度低,故连接时应尽量避免过盈配合;② 同胶接一样,复合材料与金属构件连接时同样由于两种材料的湿热膨胀系数不同,会产生较大的内应力。

3. 连接的发展趋势

连接向胶黏剂的高性能化、形式的组合化发展。

(1) 研究更优良的胶黏剂:没有万能胶黏剂,要在分析不同被连接件的化学构成前提下,有针对性地研究开发胶黏剂。

(2) 胶接与机械连接联合使用。

(3) 胶接和缝合组合。

5.5.2　胶接接头的力学分析

一般来说,对于受力不大的结构,尤其是纤维增强塑料结构件,采用胶接连接是比较适合的。胶接连接的形式有单面搭接、双面搭接、斜面搭接及阶梯搭接等形式,如图 5.20 所示。

1. 搭接接头的应力分析

为了确保胶接连接的安全可靠,避免胶接连接接头的提前破坏,必须正确分析胶接接头的内力与应力。下面以搭接为例进行分析计算。为简化计算引入如下假设:

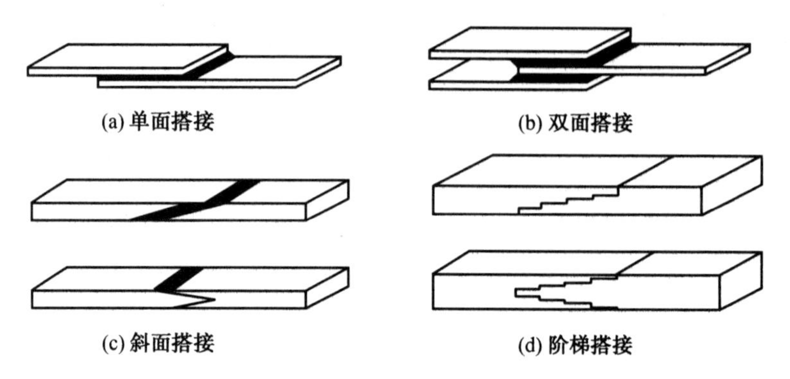

图 5.20　胶接接头基本连接形式

① 忽略载荷偏心造成的弯矩。

② 胶层仅承受剪力作用。

③ 胶层内的剪应力与两搭接板的相对位移成正比。

图 5.21 所示为单面搭接接头的受力模型。根据假设 ① 微元体上不出现弯矩。由微元体的静力平衡条件可得

$$\left.\begin{aligned}\frac{\mathrm{d}N_1}{\mathrm{d}x}+\tau=0\\ \frac{\mathrm{d}N_2}{\mathrm{d}x}-\tau=0\end{aligned}\right\}\tag{5.147}$$

式中，N_1、N_2 分别为搭接板 1 与搭接板 2 单位宽度的纵向内力。

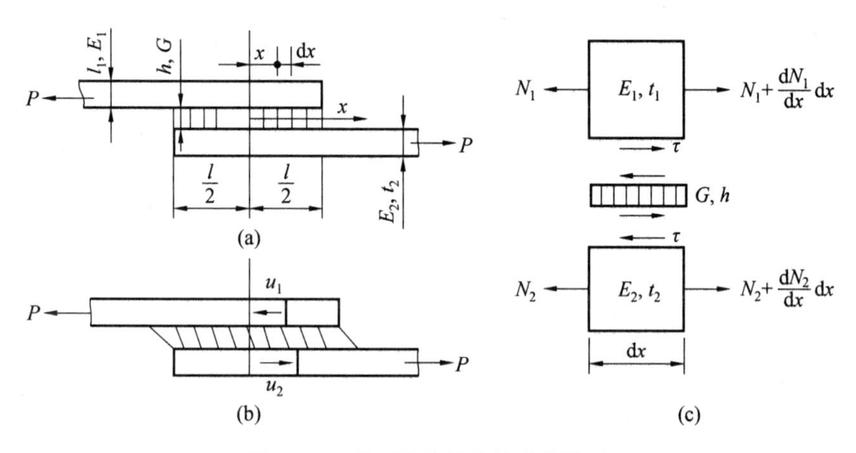

图 5.21　单面搭接接头的受力模型

以 ε_1、ε_2 分别表示板 1 和板 2 的线应变；u_1、u_2 分别表示板 1 和板 2 的 x 方向的位移；h 表示胶层的厚度，则

$$\left.\begin{aligned}\varepsilon_1 &= \frac{\mathrm{d}u_1}{\mathrm{d}x}\\ \varepsilon_2 &= \frac{\mathrm{d}u_2}{\mathrm{d}x}\\ \gamma &= \frac{u_2 - u_1}{h}\end{aligned}\right\}\tag{5.148}$$

若板 1 和板 2 的弹性模量分别为 E_1、E_2；胶层的剪切模量为 G，上下板厚为 t_1、t_2，则根据胡克定律知

$$\left.\begin{aligned}\tau &= G\gamma\\ \frac{N_1}{t_1} &= E_1\varepsilon_1\\ \frac{N_2}{t_2} &= E_2\varepsilon_2\end{aligned}\right\}\tag{5.149}$$

利用上述关系式可解得上述所有内力、应力和应变。当两搭接板的厚度和沿 x 方向的弹性模量均相同，即 $E_1 = E_2 = E$，$t_1 = t_2 = t$ 时，并考虑到如下边界条件

$$N_1 \mid_{x=-l/2} = P,\quad N_2 \mid_{x=l/2} = 0$$

可解得

$$\left.\begin{aligned}N_1 &= \frac{P}{2}\left[1 - \frac{\mathrm{sh}\,\lambda x}{\mathrm{sh}\,\frac{\lambda x}{2}}\right]\\ N_2 &= \frac{P}{2}\left[1 + \frac{\mathrm{sh}\,\lambda x}{\mathrm{sh}\,\frac{\lambda x}{2}}\right]\\ \tau &= \frac{P\lambda}{2}\frac{\mathrm{ch}\,\lambda x}{\mathrm{sh}\,\frac{\lambda x}{2}}\end{aligned}\right\}\tag{5.150}$$

式中

$$\lambda = \sqrt{\frac{2G}{hEt}}\tag{5.151}$$

由式(5.150)可知胶层中最大剪应力发生在 $x = \pm\frac{l}{2}$ 处，则

$$\tau_{\max} = \frac{P\lambda}{2}\mathrm{cth}\,\frac{\lambda t}{2}\tag{5.152}$$

引入平均值 $\bar{\tau}$ 的概念

$$\bar{\tau} = \frac{1}{l}\int_{-l/2}^{l/2}\tau\,\mathrm{d}x = \frac{P}{l}\tag{5.153}$$

则搭接接头的应力集中系数为

$$\eta = \frac{\tau_{\max}}{\tau} = \frac{1}{2}\lambda l \mathrm{cth}\,\frac{\lambda t}{2} \tag{5.154}$$

由式(5.150)可知,搭接接头端部的内力和剪应力最大,故破坏发生在端部。由式(5.154)可知,接头端部应力集中系数 η 随 λl 的增加而增大,剪应力分布随 G/h 值的减小趋于均匀。因此,在搭接长度一定的条件下,为了降低 η、提高接头的剪切强度,应该选用剪切模量 G 较低的韧性胶黏剂,胶层厚度 h 宜大些。但是在成型工艺中若控制不当,则增加胶层厚度容易产生空隙,反而会降低胶层的剪切强度,较好的办法是在胶层内铺放薄毡。

胶接长度 l 具有两重性,一方面随着 l 的增加,应力集中系数亦提高,对承载性能不利;另一方面,l 的增加,使平均剪应力降低,即承载能力得到提高。试验结果表明,当 l 增加一倍后,其极限承载能力仅提高1/6,效果不明显。所以,一般认为,胶接长度宜在某一范围内,过大无实际意义,如有可能,增加胶接宽度将会更有效。

以上分析结果对外胶接件厚度为 t、端部荷载为 P,内胶接件厚为 $2t$、端部荷载为 $2P$ 的双面搭接胶接接头也可适用。

2. 塑性阶段后的接头极限荷载计算

由胶黏剂浇铸体扭转试验可知,胶层在塑性区的剪应力可以认为是一常数 τ_0。现假定在接头端部的部分胶层进入塑性阶段。其进入塑性后胶接接头受力模型如图5.22所示。

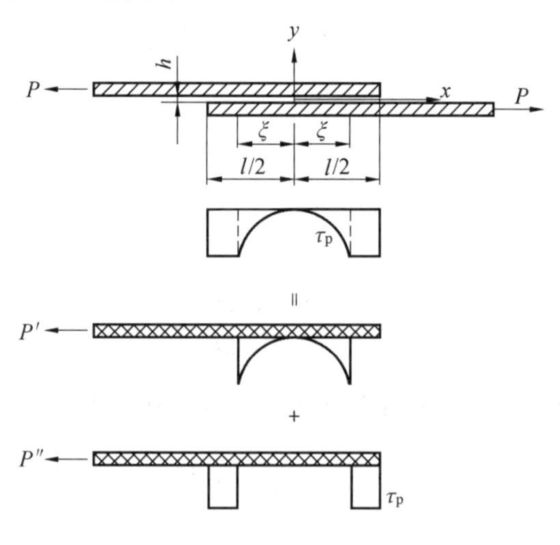

图5.22　进入塑性后胶接接头受力模型

① 当 $x \leqslant |\xi|$ 时,即在弹性区域内,仍可利用式(5.152)进行计算,即

$$\tau_{\max} = \tau_0 = \frac{P_\xi \lambda}{2} \mathrm{cth}\ \lambda \xi \tag{5.155}$$

② 当 $x > |\xi|$时,即进入塑性阶段,$\tau = \tau_0$,由静力平衡条件可得

$$P_\xi = P - 2\tau_0(l/2 - \xi) \tag{5.156}$$

③ 当 $x = \pm l/2$ 时,胶层剪应变达到最大值 $\gamma_{\max}$。设在 $x = \xi$ 时的剪应变为 γ_p,则在塑性区(即 $|l/2 - \xi|$ 范围内)的胶接件弹性变形为

$$\Delta l = \Delta l_{上} - \Delta l_{下} = \frac{p - \tau_0(l/2) - \xi}{Et}\left(\frac{l}{2} - \xi\right) = (\gamma_{\max} - \gamma_p)h$$

由此可得

$$P = \frac{Eth(\gamma_{\max} - \gamma_p)}{(l/2 - \xi)} + \tau_0(l/2 - \xi) \tag{5.157}$$

由于 $\gamma_{\max}$、γ_p、τ_0 是与胶层特性有关的已知数,而 P、P_ξ、ξ 为未知数,利用式(5.155)、式(5.156)和式(5.157)3 个方程联立求解,可求得接头极限载荷 P。

3. 胶接连接设计

单面搭接接头的破坏形式有 3 种,即板拉断、剥离和胶层剪切破坏。因此,要想使接头安全,必须使接头处的拉伸强度、剥离强度、剪切强度均满足许用条件。为了使接头处发生的所有应力满足所有强度条件,应在材料选择、铺层设计、尺寸大小、连接形式等诸方面采取相应的措施。

从强度角度来看,当胶接构件较薄时,宜采用简单的单面搭接形式。当胶接构件较厚时,由于偏心载荷产生的偏心力矩较大,宜采用阶梯形搭接或斜面搭接形式。图 5.23 给出被胶接件厚度对选择连接形式的影响。设计者可根据接头强度要求及连接板的厚度选择适宜的胶接形式。

胶接连接按强度设计时,应考虑选用适当的安全系数。一般在静载荷环境时安全系数取不小于 3;而在动载环境下安全系数取 10。

5.5.3 机械连接接头的力学分析

机械连接主要包括螺栓连接和铆钉链接。铆钉链接一般用在受力较小的复合材料薄板上,螺栓连接广泛用于承载力较大的比较重要的受力构件上。机械连接的几种主要形式如图 5.24 所示。

机械连接接头的破坏形式有两种,即紧固件破坏和连接件破坏。以单面搭接接头为例,内力与变形分析如图 5.25 所示。

图 5.25 描述的载荷传递机理,在所有接头中都不同程度地发生,显然,接头端部是危险区,在该区内,紧固件的内力最大,承受着剪切与拉伸的联合作用,同时被连接板也要能够承受这些荷载。复合材料层合板,沿厚度方

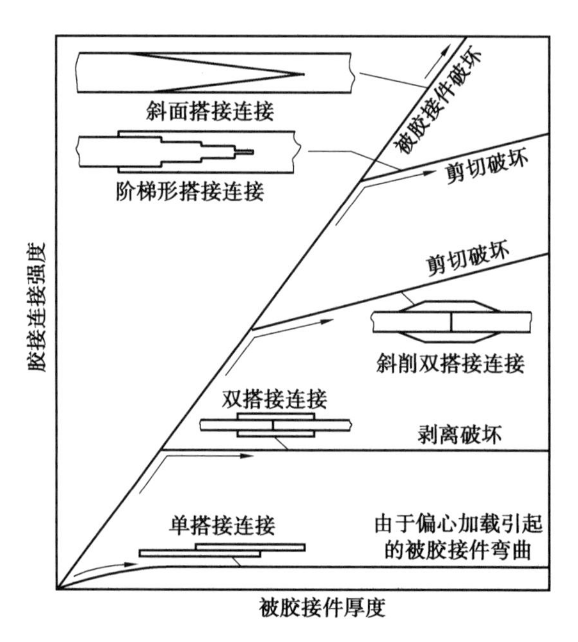

图5.23　被胶接件厚度对选择连接形式的影响

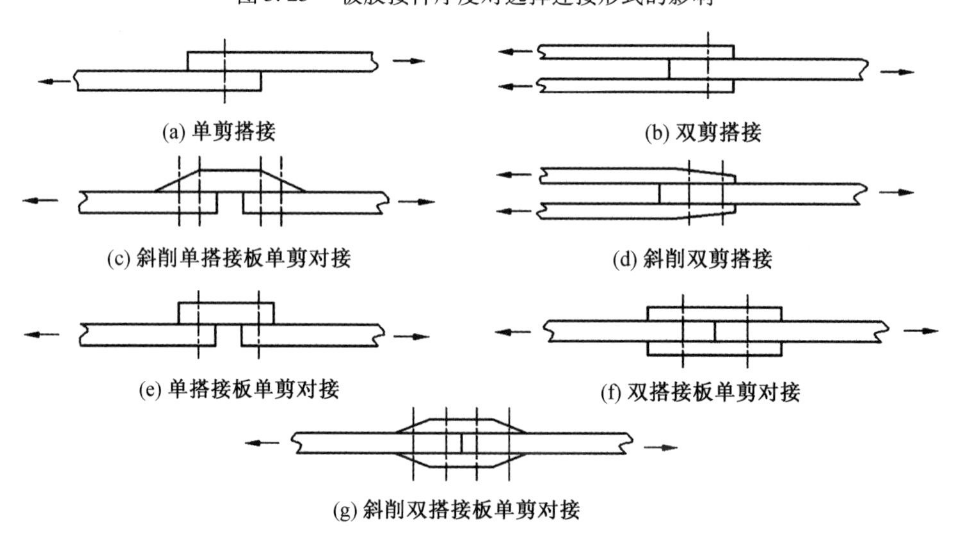

图5.24　机械连接的几种主要形式

向承受拉伸能力较弱，所以破坏常常是由剥离应力引起的，因此，复合材料连接设计的主要目标之一是尽量减小剥离应力。

机械连接的基本破坏形式有：空剖面的拉伸断裂破坏，螺栓对孔边的挤压破坏，沿孔边剪切破坏，螺栓从层合板中拔出破坏，螺栓剪切破坏，以及某些破坏的组合型破坏。机械连接的破坏形式主要与其几何参数和纤维铺层

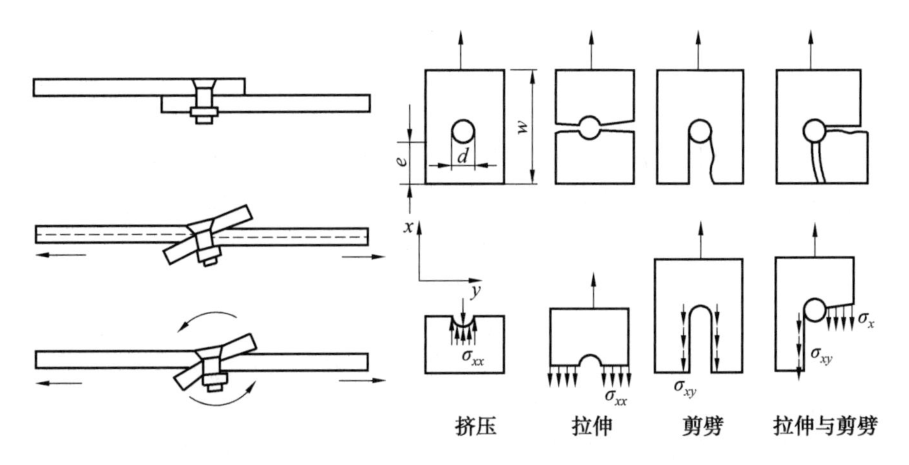

图 5.25　单面搭接接头的内力与变形分析

方式有关。剪切和劈裂破坏是两种低强度破坏形式,应防止发生。等厚度等直径的多排钉连接时一般为拉伸型破坏形式,挤压破坏是局部性质的,通常不会引起复合材料结构的灾难性破坏。所以,既要从保证连接的安全性又要从提高连接效率出发,尽可能使机械连接设计产生与挤压型破坏有关的破坏形式。

1. 紧固件的破坏分析

复合材料的紧固件材料,根据连接件材料的不同应选择不同的材料。如玻璃纤维增强塑料可选用通用金属紧固件,而碳纤维增强复合材料为防止电化学腐蚀需选用钛合金或不锈钢紧固件。紧固件的破坏分析计算方法仍采用金属连接中紧固件的计算方法。以铆钉为例其破坏形式有铆钉剪切破坏、铆钉挤压破坏和铆钉拉伸破坏 3 种形式。

当铆钉受剪切破坏时其强度条件为

$$\tau = \frac{P_{s}}{n\dfrac{\pi d^{2}}{4}} \leqslant \tau_{b} \tag{5.158}$$

式中,P_s 为作用于连接板的拉力或压力;n 为钉数;d 为钉径;τ_b 为钉的剪切强度。由式(5.158) 可知,铆钉受剪切破坏时,外载为

$$P_{s\max} = \frac{\pi d^{2}}{4} n \tau_{b} \tag{5.159}$$

当铆钉受挤压破坏时,其强度条件为

$$\sigma = \frac{P_{B}}{dtn} \leqslant \sigma_{B} \tag{5.160}$$

式中,P_B 为作用于连接板的拉力或压力;t 为连接板厚度;σ_B 为铆钉的挤压强

度。由式(5.160)可知,铆钉被破坏时,外载为

$$P_{Bmax} = dtn\sigma_B \tag{5.161}$$

2. 连接件的破坏分析

由于复合材料层合板的各向异性、脆性、层间强度低等特性,复合材料连接板的破坏分析比金属连接板更复杂,破坏形式也更加多样。其中有3种主要的破坏形式,即拉伸破坏、剪切破坏和挤压破坏。下面分别对3种破坏形式进行受力分析。当连接板拉伸破坏,即连接板被拉断时,破坏载荷为

$$P_T = (w - d)t\sigma_b \tag{5.162}$$

式中,w为连接板宽;d为孔直径;σ_b为连接板的拉伸破坏应力;t为连接板有孔处的厚度。

当连接板剪切破坏,即紧固件使连接板拉脱时,对应的破坏载荷为

$$P_s = 2et\tau_b \tag{5.163}$$

式中,e为平行于载荷方向孔中心至板端距离,称为端距;τ_b为连接板剪切破坏应力。

当w/d和e/d均较大时,连接板孔边被挤压而发生分层破坏,或者使孔的变形量过大影响其继续使用,这种破坏称为挤压破坏。挤压破坏时板面内荷载为

$$P_b = ndt\sigma_B \tag{5.164}$$

式中,σ_B为连接板挤压破坏应力。它是孔直径伸长4%时的挤压应力为基准通过试验测得的。

对一定厚度的板材进行板机械连接时,孔径和钉材的最佳设计条件应为钉的剪切破坏和孔边挤压破坏同时发生。由式(5.159)和式(5.164)可得最佳设计条件为

$$\frac{d}{t} = \frac{4\sigma_B}{\pi\tau_b} \tag{5.165}$$

3. 机械连接设计参数的确定方法

机械连接设计的一般原则是,在任何载荷作用下对于各种形式的破坏都不应使连接板发生拉伸或剪切拉脱破坏,而应使接头产生挤压破坏,且使机械连接接头的强度高于连接构件的强度,至少为同量级。为此机械连接接头可采取如下相应措施:

① 确定适当的边距与端距。

② 尽量不采用过盈配合,即使在过盈配合时,也应使过盈量很小。

③ 连接接头的质量要轻。

除此之外,机械连接设计时还应根据具体情况考虑抗电化学腐蚀的要求,可靠性和疲劳寿命的要求,加工制造和装配方便的要求,防渗要求及耐

高温要求等。表5.6和表5.7给出了两种材料的连接板接头的边距、端距、行距和列距的一般要求。

表5.6 玻璃纤维复合材料机械连接接头的端距、边距、行距和列距

板厚/mm	端距	边距	行距	列距
< 3	$3d$	$2d$	$5d$(至少$4d$)	$4d$以上
3 ~ 5	$2.5d$	$1.5d$		
> 5	$2d$	$1.25d$		

表5.7 碳/环氧层合板的端距、边距、行距和列距

板厚	端距	边距	行距	列距
$d/t \geqslant 1$	$2.5d$	$2.5d$	$\geqslant 5d$	$\geqslant 4d$

设计紧固件直径(或钉孔直径)d时应考虑连接板的厚度t。当连接板为玻璃纤维复合材料时,应使$d/t \leqslant 1$,且板厚不得小于2.3 mm,否则应局部加强,或增大垫圈直径,以防拉脱。当连接板为硼/环氧或碳/环氧复合材料时,d/t值可达到3。若板较薄时,钉孔附近应局部加强或增大垫圈直径。对于沉头紧固件连接,要求连接板厚度至少比倒角深度大0.76 mm。

试验表明,拧紧力矩可赋予接头侧向限制(即增加连接板垂直压力),将使接头的挤压强度有明显提高。但在给定板厚情况下,当拧紧力矩达到某一确定值后,挤压强度趋于定值。通常,对于不同厚度和铺层情况的层合板连接,其最佳拧紧力矩由试验确定。

机械连接接头强度设计时,应考虑选取适当的安全系数。通常玻璃纤维复合材料接头安全系数可保守地取3,而对其工艺质量控制较严格时可取2。对于硼/环氧、碳/环氧、Kevlar/环氧接头,安全系数可取到1.5,但对于重要接头可提高到2;动载环境下安全系数一般取10。

5.6 复合材料结构设计方法

复合材料与金属材料的不同点是材料设计阶段具有更大的设计自由度,材料设计与结构设计紧密相关是其重要的特点。即组分材料的成分、含量、铺层以及成型方法不同,得到的复合材料性能会有很大差异。因此,在进行复合材料的结构设计时,材料的细观设计及工艺设计要同步进行。这就要求设计者充分了解各种组分材料的性能特点,合理运用复合原理,充分发挥复合材料的特性,采用最适宜的成型方法制备出满足使用要求的最优化复合材料结构。

5.6.1 复合材料结构设计的过程

复合材料的结构设计是选用不同材料且综合各种设计(包括组分设计、单向板设计、层合板设计、连接设计等)的反复过程。在综合设计过程中必须考虑的因素有结构的轻量化、制造工艺的合理化、质量控制、结构性能验证、工装模具的通用性及设计经验等。复合材料制品设计包括功能设计、结构设计和工艺设计,且3项设计是相互关联的,要同步设计。复合材料结构设计的框图如图5.26所示。

①功能设计。必须充分考虑制品的使用目的和使用条件,使设计出的制品能符合使用功能要求。

②结构(强度、刚度、稳定性)设计。根据使用工况和环境,设计出不使结构产生破坏和发生有害变形的结构尺寸,确保安全、可靠。

③工艺设计。尽可能使成型方法简便、成本低廉。

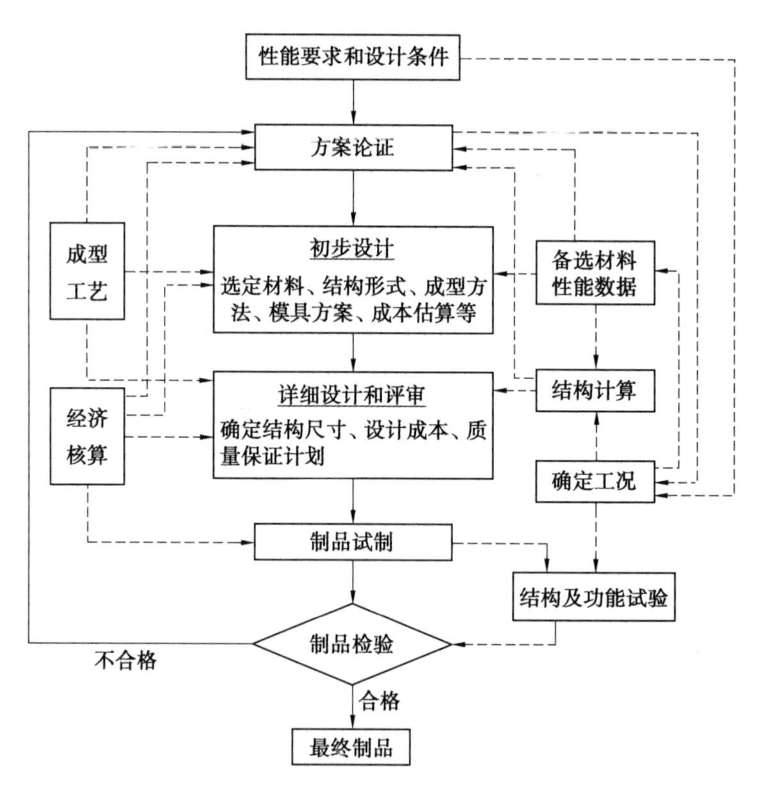

图5.26 复合材料结构设计的框图

1. 复合材料结构设计步骤

复合材料的结构设计大致分为3个步骤：

①明确设计条件：性能要求、载荷状况、环境条件、形状限制等。

②材料设计：包括原材料选择、铺层性能确定、层合板设计等。

③结构设计：包括典型构件（如杆、梁、板、壳等）的设计，以及复合结构（如桁架、刚架、硬壳式结构等）的设计。

2. 设计条件

在结构设计时，应首先明确设计条件，即根据使用要求提出结构的性能要求，明确载荷情况、使用环境以及几何形状和尺寸限制等。当外形和工况不清楚的情况（如新产品、新结构、新用途），首先假定结构的外形，以便确定环境条件下的荷载工况，为此需反复多次才能确定合理的结构形式。

（1）结构性能要求。

体现结构性能要求的主要内容包括：

①结构所能承受的各种荷载，确保在使用寿命期内的安全。

②提供装置所需的各种配件、仪器等附件的空间，对结构形状和尺寸有一定限制。

③隔绝外界的环境状态而保护内部物体。

④严格控制结构质量，复合材料结构的轻量化是航空航天等结构的重要指标，它是结构设计的重要任务之一。

⑤功能要求，许多复合材料结构在满足力学性能要求的前提下，还需满足耐腐蚀、电磁性能、绝缘、无毒、智能等一些特殊要求。

（2）载荷状况。

结构承载分静载和动载，静载是指缓慢地由零增加到某一定数值之后保持不变的载荷；动载是使构件产生加速度，因而产生惯性力的荷载。动载又分瞬时荷载、冲击荷载和交变荷载。

瞬时荷载指在荷载几分之一秒内从零增加到最大值，如火车启动的荷载。冲击荷载是指载荷施加的瞬间，产生荷载的物体具有一定的动能，如打桩机打桩时产生的载荷。交变荷载是指连续周期性变化的荷载，如风扇叶片、螺旋桨、连杆、汽车弹簧等受到的载荷。

对不同荷载有不同的设计基准。在静载作用下，结构一般应设计成具有抵抗破坏和抵抗有害变形的能力。在冲击载荷下，结构应具有足够的抵抗冲击荷载的能力。在交变荷载下，疲劳问题较为突出，应按疲劳强度和疲劳寿命设计结构。

(3)环境条件。

设计结构时,不仅要明确材料的使用目的,还要明确结构的保管、包装、运输、工作等整个使用期内的环境条件,以确保结构在寿命期内安全正常使用。环境条件一般分为以下4种:

①物理环境:温度、湿度等。

②气象环境:风雨、冰雪、日光等。

③大气环境:放射线、霉菌、盐雾、风沙等。

④多种环境同时作用。

物理环境主要指影响结构的物理性能,如湿热膨胀系数、热导率等。气象环境和大气环境主要指影响结构的腐蚀、磨损、老化等与材料的理化性能有关的性能。在大多数情况下,多种环境同时作用于结构。因此,材料设计时应充分考虑使用环境下的性能和性能变化规律,以确保在使用环境下的安全性和可靠性。

5.6.2　材料设计

材料设计过程是指选用几种合适的原材料组合制成具有所要求性能的复合材料的过程。这里指的原材料主要指基体材料和增强材料。不同的原材料组成的复合材料性能不同,相同的原材料相对含量不同、铺层方法不同,复合材料的性能也不同。因此,复合材料结构的设计过程可分为:

(1)原材料的选择。

(2)单层材料性能的确定。

(3)复合材料层合板设计。

1.原材料的选择

原材料的选择对复合材料的结构影响甚大,它不仅对性能而且对工艺、成本的影响都较大。因此,只有正确地选择原材料,才能设计制备出最优化的复合材料。

(1)原材料的选择。

①比强度、比模量高原则。用于航空航天、交通运输等的结构件,在满足强度、刚度、耐久性和损伤容限等前提下,应使结构质量最轻。

②材料与结构的使用环境相适应原则。要准确分析确定使用环境条件(如温度、湿度、腐蚀介质等),充分分析和论证各种原材料在使用环境下的性能特点,使选择或改性的原材料最大限度地满足使用环境。

③满足结构特殊性要求原则。特殊功能要求,如飞机雷达罩要求透波性、隐身飞机要求吸波性、客机内饰材料要求阻燃性等,根据具体要求选择

具有相应性能的原材料。

④满足工艺性要求的原则。工艺性包括预浸料工艺性、固化成型工艺性、机加装配工艺性和修补工艺性4个方面。预浸料的工艺性是指挥发物含量、黏性、树脂含量、储存期等;固化成型工艺性是指浸润性、固化制度(温度、时间、压力、升温速度)、固化收缩率等;机加装配工艺性是指后期机加工工艺性;修补工艺性是指已固化的复合材料与未固化的复合材料或与其他材料通过胶黏剂黏结和机械连接的能力。

⑤成本低、效益高原则。成本包括初期成本和寿命期内成本。初期成本是指材料成本和制造成本;寿命期内成本包含材料在整个服役期内的初期成本、运行成本和维修成本。效益是指减重量获得的节省材料、性能提高、节省能源等方面的经济效益和社会效益。

(2)纤维的选择。

纤维的种类众多,且性能相差很大。根据结构的性能要求和成本要求,要选择最适宜的纤维种类和品种。在满足结构的力学、物理、化学性能和功能要求的前提下,实现成本最低。作为聚合物基复合材料的增强纤维主要有玻璃纤维、碳纤维、Kevlar 纤维、氧化铝纤维、碳化硅纤维、硼纤维、超高分子聚乙烯纤维等。不同种类纤维又有多种品种,因此,在选择纤维前应充分了解各类、各种纤维的性能特点,并根据结构性能要求合理选择设计。

①要求良好的透波性和吸波性,可选 E 玻璃纤维或 S 玻璃纤维、Kevlar 纤维、Al_2O_3纤维或异形截面碳纤维等作为增强材料。

②要求高刚度,则可选用高模量碳纤维、硼纤维作为增强材料。

③要求高的抗冲性能,可选用玻璃纤维、Kevlar 纤维或超高分子聚乙烯纤维。

④要求较好的低温工作性能,宜选用低温下不易脆化的碳纤维。

⑤要求高温差条件下尺寸稳定性好,可选用具有负热膨胀系数的 Kevlar 纤维或碳纤维与正热膨胀系数的树脂复合。

⑥强度和刚度都要求较高时,可选择碳纤维或硼纤维作为增强材料。

在单种纤维无法满足结构性能要求时,还可以考虑混杂纤维增强。如结构要求高刚度、高抗冲击时,可采用碳纤维和 Kevlar 纤维混杂增强的办法。

(3)树脂的选择。

用于复合材料的树脂分为两大类,即热固性树脂和热塑性树脂。热固性树脂有环氧树脂、不饱和聚酯树脂、酚醛树脂、聚酰亚胺树脂和呋喃树脂等;热塑性树脂主要有聚醚砜、聚砜、聚醚醚酮等。不同的树脂由于其分子组成和结构不同,性能也不同。选择复合材料基体树脂时,要根据复合材料的物理化学性能要求、界面要求及其成型工艺要求,选择最适宜的树脂。通常按如下要求选取。

①使用温度要求。各类树脂的使用温度不同,一般认为使用温度应低于树脂的玻璃化温度30 ℃,使用温度下层合板的模量下降率小于8%,短期高温使用环境下性能下降率小于15%。

②力学性能要求。对飞机结构件的复合材料基体,要求树脂的弹性模量大于3 GPa,延伸率大于2.5%。

③延伸率要求。要求基体的断裂延伸率不小于纤维的断裂延伸率,以确保充分发挥纤维的增强作用。

④理化要求。物理性能要求纯树脂的吸湿率为1.5%~4.5%,吸湿率小于1.5%。化学性能主要指耐介质、耐候性好。对内装饰件要求阻燃、低烟和低毒。

⑤工艺性要求。主要指黏性、凝胶时间、挥发分含量、预浸料的保存期和固化温度、压力,固化后的尺寸收缩率等。

2. 单层性能的确定

复合材料的单层是由增强纤维和树脂基体组成的。细观力学方法中的混合法则只是在理想状态下,对复合材料单层的密度及单向板工程弹性常数等性能的近似预测。实际上,单层的一些性能与混合法则预测值有较大偏差,特别是单向板的横向性能和剪切性能,由于界面的不确定性,很难满足界面牢固黏结的假定。总之,通过已知原材料的性能准确确定单层宏观性能较为困难。但是,在初步设计阶段以及原材料选择种类和相对含量的确定与层合板和结构的初步设计,必须提供单层的性能参数,特别是刚度和强度参数。

因此,初步设计阶段有必要采用细观力学方法预测的单向板的刚度和强度。但是到最终设计阶段,为了单层性能参数的真实可靠,使设计更加合理,单层性能的确定需用试验方法直接测定。

3. 复合材料层合板设计

层合板是由诸多单层按一定规律铺设并黏结在一起的多层复合结构。当单层的性能确定后,设计层合板时应考虑如下设计参数:

①各单层的取向,即铺层角。

②铺层顺序。

③定向层数及其体积分数。

④总层数(或总厚度)。

层合板设计时,应遵守以下基本原则:

①铺层定向原则。取向过多会造成设计及成型工作的复杂化,尽量采用0°、90°、±45°;缠绕成型时缠绕角可根据结构性能要求设计,不局限于上述角度。如需设计成准各向同性层合板,可采用$[0/45/90/-45]_s$或$[60/0/-60]_s$设计方案。

②均衡对称铺层原则。除特殊需要外,一般设计成均衡对称层合板,避免耦合效应引起固化后的翘曲等有害变形。

③铺层取向按承载选取原则。受拉压荷载时按0°铺设;受剪切荷载时按±45°斜交叉对称铺设;受双轴向荷载时按0°+ 90°正交对称铺设;承受复杂荷载时按0°、90°、±45°多向铺层或准各向同性铺层。

④铺层最小比例原则。为降低基体承载,减少湿热应力,使复合材料与相连接的金属的泊松比相协调,以减少连接诱导应力等,对于方向为0°、90°、±45°的铺层中,任意一个方向的铺层最小比例应达到6% ~10% 。

⑤铺层顺序原则。单层组数尽量大,即每一单层组中的单层数小,一般不大于4层,这样可减小两种定向层之间分层的可能性,而且有利于降低耦合效应。如果层合板中含有±45°、0°、90°铺层,应尽量使±45°层之间用0°层或90°层隔开,以降低层间应力。

⑥冲击荷载区设计原则。冲击荷载区层合板应有足够的0°层,以承受局部冲击荷载;也要有一定量的±45°层,以分散荷载;还需局部加强,确保足够的强度。

⑦防边缘分层破坏设计原则。沿边缘区包一层玻璃布,以防边缘分层破坏。

⑧抗局部屈曲设计原则。对有可能形成局部屈曲部位的区域,将±45°层尽量铺设在层合板的表面,可提高局部屈曲强度。

⑨连接区设计原则。沿钉载方向的铺层比例大于30%,保证足够的挤压强度;与钉载方向成±45°,铺层比例大于40%,以增加剪切强度,同时有利于扩散荷载减少孔边应力集中。

⑩变厚设计原则。变厚零件铺层阶差、各层台阶设计宽度应相等,其台阶宽度不小于2.5 mm。

为防止台阶出现剥离破坏,表面应有连续铺层覆盖。

5.6.3 结构设计方法

复合材料结构设计是在给定结构的设计条件下,通过材料设计和结构计算，以满足结构的强度、刚度和功能要求的过程。目前采用的结构设计方法有等代设计法、网格设计法、复合材料力学设计法、有限元法和毯式曲线设计法等。

1. 等代设计法

等代设计法是指结构物形状、荷载、使用条件都不变的条件下，用复合材料代替其他材料，设计方法也沿用原设计方法，适当考虑复合材料的特点，有时只做等强度、等刚度计算。由于复合材料的比强度和比刚度较高，由复合材料代替其他材料一般可以减轻结构的质量。

由于复合材料独特的材料性质和成型工艺方法，在有些情况下，如果保持原有的构件形状显然是不合理的，至少不是优化的设计。因此，可适当地改变结构的形状和尺寸，但仍按原来的设计方法进行强度和刚度设计，这样的设计仍可归类于等代设计的范畴。例如，某一构件用复合材料代替金属材料时，不可能将复合材料设计成与金属材料相同的厚度，这时的等代设计是通过结构计算实现复合材料构件与原有金属结构等强度或等刚度的过程。

等代设计法没能充分考虑复合材料各向异性特点和可设计性强、易成型的特点。

2. 网格设计法

网格设计法是指忽略基体的刚度和强度，仅考虑纤维对结构强度和刚度的贡献，按照结构所受的应力大小和方向，设计纤维铺设分布和层数等参数以满足结构使用要求的设计方法。该方法假定荷载全部由纤维承担，基体树脂仅起到黏接作用。

网格设计法适用于层合板只受面内拉伸、压缩构件的设计。这种设计在特定荷载条件下很准确，如内压容器、内压管道的设计。但不适用于层合板受弯曲、剪切荷载的构件和结构稳定性问题。

3. 复合材料力学设计法

采用经典层合理论，从复合材料的各向异性和非均质概念出发，充分考虑复合材料特性而建立的结构设计方法。因为考虑复合材料的自身特点，设计结果较为准确，但是由于各向异性材料的复合及层合理论，考虑的变量较多、公式烦琐，这种方法更适合于结构较规整的构件设计。而复杂异形结构分析与设计难度大，甚至无法进行。

4. 有限元法

采用有限元法，将大尺寸和复杂构件的力学分析转化为对微小单元的力学分析，并考虑复合材料的各向异性特点及失效准则，分析和设计复合材料结构的方法。这种方法适用于复杂形状、复杂荷载作用下的复合材料构件。

5.6.4　结构设计基准

复合材料结构设计的一般原则，除已经讨论过的连接设计原则和层合板设计原则外，还应遵守满足强度和刚度原则，它是结构设计的最基本任务。复合材料的结构设计基准为

工作应力<极限强度/安全系数

1. 极限强度

(1)极限强度的种类。

①以材料的破坏强度为基准。这里的破坏强度是指使用环境下的材料强度。

②以结构的刚度、屈服极限为基准。在板材较薄、尺寸较大时，虽然材料没有任何破坏，但可能发生大变形在使用上出现问题，即材料的弹性模量和结构尺寸出现问题。此时通常以结构变形值作为基准。

(2)规定极限强度时应考虑的事项。

①载荷的种类。区别短期荷载、长期荷载以及静载和动载，如为长期荷载应考虑蠕变强度，重复荷载应以疲劳强度作为极限强度。

②使用环境状况。极限强度须采用使用环境下的数据，如接触腐蚀性药品的容器必须考虑耐腐蚀性；在高温高湿环境下构件必须考虑由此而引起的老化、强度降低。

③应力集中效应。对于缺口、开孔或截面形状突变的部位，要考虑应力集中造成的强度下降。

2. 安全系数 k 的确定

为确保结构安全可靠地工作，结构设计时通常要留出一定的安全裕度，但又从经济性考虑，要求质量轻、成本低，所以在保证结构安全可靠的条件下，应尽量降低安全系数 k。

确定结构的安全系数时，应考虑材料本身性能的分散性、荷载特点、工艺的稳定性等诸多因素。复合材料安全系数的计算公式为

$$k=k_0\times k_1\times k_2\times k_3\times\cdots\times k_n$$

式中，k_0为基本安全系数，当以材料破坏强度为基准时 $k_0=1.3$；当以结构刚度为基准时 $k_0=1.2$；k_n为各种因素的影响系数。

选择安全系数时主要考虑的因素如下：

①载荷的稳定性。作用在结构上的外力,一般是经过力学简化或估算得到的,很难与实际情况完全相符。动载应比静载选较大的 k。

②材料性质的均匀性和分散性。材料内部组织的非均质和缺陷对结构强度有一定的影响。材料组织越不均匀,其强度试验结果的分散性越大,k 要选大些。

③理论计算式的近似性。因实际结构经过简化或假设推导的公式,选择 k 时要考虑计算公式的近似程度。

④构件的重要性与危险程度。如果构件的损坏会引起严重事故,则 k 取大些。

⑤加工工艺技术的准确性。由于加工工艺技术的限制或水平,不可能完全没有缺陷或偏差,因此工艺准确性差,则 k 应取大些。

⑥无损检验的局限性。

⑦使用环境条件。

通常 GFRP 可保守地取 $k=3$,民用产品 k 可取至 10;而对质量要求严格的构件,取 $k=2$;对 B/E、C/E、K/E 构件,取 $k=1.5$,重要构件也可取 2。由于复合材料构件在一般情况下开始损伤的荷载(即使用荷载)约为最终破坏荷载(即设计荷载)的 70%,故 k 取 1.5 ~ 2 是合适的。

5.6.5 结构设计的工艺性要求

工艺性包括构件的制造工艺性和装配工艺性,复合材料结构设计时应兼顾工艺性,主要包括:

①遇到构件的拐角部位应设计为较大的圆角半径,避免在拐角处出现纤维断裂、富树脂、架桥等缺陷。

②复杂件设计时要考虑制造工艺上的可行性,遇到分离面合理的设计是分成两个或多个构件;对于外形突变处应设计成光滑过渡;壁厚变化应避免突变可采用阶梯形变化。

③构件的表面质量要求较高时,表面应设计为贴模面。

④复合材料的壁厚一般控制在 7.5 mm 以下,对于壁厚大于 7.5 mm 的构件采取相应的工艺措施以保证质量,设计时应适当降低力学性能参数。

⑤机械连接区的连接板应尽量在表面贴一层织物铺层。

⑥为减少装配工作量,在工艺上可能的条件下应尽量设计成整体件,并采用共固化工艺。

参考文献

[1] 李顺林,王兴业. 复合材料结构设计基础[M]. 武汉:武汉理工大学出版社, 2004.

[2] 陆关兴,王耀先. 复合材料结构设计[M]. 上海:华东化工学院出版社, 1991.

[3] 沃丁柱. 复合材料大全[M]. 北京:化学工业出版社, 2000.

[4] 顾震隆. 短纤维复合材料力学[M]. 北京:国防工业出版社, 1987.

[5] 杜善义. 复合材料及其结构的力学设计应用的评价(第三册)[M]. 哈尔滨:哈尔滨工业大学出版社,2000.

[6] CMH-17 协调委员会. 复合材料手册:3. 聚合物基复合材料:材料应用、设计和分析[M]. 汪海,沈真,译. 上海:上海交通大学出版社,2015.

第6章　聚合物基复合材料

6.1 概　　述

聚合物基复合材料是以聚合物为基体，由多组分的材料通过一定工艺方法复合而成的多相固体材料。增强体的高强度、高模量等特性使其具有承载功能，聚合物基体具有良好的黏结性能，将增强材料可靠地黏结，同时使载荷均匀分布。与传统的均质材料相比，聚合物基复合材料具有更加优异的性能。

由于聚合物基复合材料的原材料选择、结构设计、方法确定及成型工艺等具有较大的自由度，因此，影响聚合物基复合材料性能的因素也是复杂多样的。首先，增强材料的强度与弹性模量以及基体材料的强度与化学稳定性等，是决定聚合物基复合材料性能的最重要因素。而原材料一旦选定，增强材料的含量及其排布方式便又跃居重要地位。此外，采用不同成型工艺，最终制品的性能也有所差异。最后，增强材料与基体树脂的界面黏结状况在一定条件下也可能成为影响复合材料性能的重要因素。由此可见，复合材料的基本性能是一个多变量函数。

6.2 聚合物基复合材料的力学性能

聚合物基复合材料的力学性能是工程应用上对材料进行选择与结构设计的重要依据。复合材料具有比强度高、比模量大、抗疲劳性能及减振性能好等优点，用于承力结构的复合材料必然充分利用复合材料的这些优良的力学性能，而利用各种物理、化学和生物功能的功能复合材料，在制造和使用过程中也必须考虑其力学性能，以保证产品的质量和使用寿命。

与金属及其他材料相比，纤维增强聚合物基复合材料(FRP)的机械性能如下。

1. 比强度、比模量高

复合材料的突出优点是比强度和比模量高。例如，密度只有 1.8 g/cm^3 的碳纤维的强度可达3 700 ~ 5 500 MPa；石墨纤维的模量可达 550 GPa；硼纤维、碳化硅纤维的密度为2.50～3.40 g/cm^3，模量为350～450 MPa。加入高性能纤维作为复合材料的主要承载体，使复合材料的比强度、比模量较基体有成倍的提高。用高比强度、比模量复合材料制成的构件质量轻、刚性好、强度高，是航空航天技术领域理想的结构材料。

2. 各向异性

聚合物基复合材料的机械性能呈现明显的方向依赖性，是一种各向异性材料。因此，在设计和制造聚合物基复合材料时，应尽量在最大外力方向上排布增强纤维，以求充分发挥材料的潜力，降低材料消耗。

3. 抗疲劳性好

金属材料的疲劳破坏是没有明显预兆的突发性破坏，而纤维增强聚合物基复合材料中纤维与基体的界面可在一定程度上阻止裂纹扩展。因此，纤维复合材料疲劳破坏总是从纤维的薄弱环节开始，逐渐扩展到结合面上，破坏前有明显的预兆。大多数金属材料的疲劳极限是其抗拉强度的40%～50%，而复合材料可达70%～80%。

4. 减振性能好

构件的自振频率除了与其本身结构有关外，还与材料比模量的平方根成正比。纤维复合材料的比模量大，因而其自振频率很高，在通常加载速率下不容易出现因共振而快速脆断的现象。同时，复合材料中存在大量纤维与基体的界面，由于界面对振动有反射和吸收作用，所以复合材料的振动阻尼强，即使激起振动也会很快衰减。

5. 可设计性强

通过改变纤维、基体的种类及相对含量、纤维集合形式及排布方式等可满足复合材料结构与性能的设计要求。

6. 弹性模量和层间剪切强度低

玻璃纤维增强塑料的弹性模量较低，因此作为结构件使用时常感到刚度不足。例如，含玻璃纤维30%的单向FRP板，其弹性模量为5×10^5 MPa，为钢的1/4，铝的7/10。双向FRP板的主应力方向弹性模量为钢的1/14，铝的1/5。至于准各向同性板，其弹性模量与木材接近。玻璃纤维增强塑料的剪切弹性模量更低。一般金属的剪切弹性模量为其拉压弹性模量的40%。而双向FRP的弹性模量仅为拉压的20%，单向FRP的弹性模量则不到10%。再者，FRP的层间剪切强度也很低，一般不到其拉伸强度的10%。以上问题在FRP用作结构件时必须认真考虑。采用先进复合材料CFRP、KFRP等，可以不同程度地弥补上述缺陷。

7. 性能分散性大

由于聚合物基复合材料的性能受一系列因素（包括材料制备过程中操

作人员工作态度和熟练程度)的影响,使其性能具有一定的分散性。例如,3号钢屈服强度极限的离散系数为3.0%,而手糊平衡型双向FRP的强度离散系数有时可达15%。

6.2.1　复合材料的刚度

复合材料的刚度特性由组分材料的性质、增强材料的取向和所占体积分数决定。对复合材料的力学研究表明,对于宏观均匀的复合材料,弹性特性的复合是一种混合效应,表现为各种形式的混合律,它是组分材料刚性在某种意义上的平均,界面缺陷对其作用不是很明显。

复合材料的细观力学的有效(宏观)模量,通过给出简化假设、抽象出几何模型、构造力学和数学模型,然后进行分析求解,以建立弹性模量与材料细观结构之间的关系,但能找到严格解的,似乎只有颗粒增强复合材料和单向连续纤维增强复合材料。事实上,理论公式由于假设和模型偏于理想化,其预测结果往往不及经验、半经验公式准确。对于相物理和相几何复杂的复合材料,如短纤维随机分布复合材料、混杂纤维复合材料、纤维编织复合材料等,很难找到简便、适当的力学模型,弹性模量的理论分析更为困难。弹性模量的计算模型和分析方法种类繁多,但从结果来看,只有对连续纤维增强复合材料纵向模量的预测最为成功,各种方法的计算结果几乎相同且与试验值有很好的一致性。其他弹性常数,如横向模量、剪切模量、泊松比等与试验值有一定的差距,且各种方法所得试验结果具有较大的分散性。应用较多的刚度公式是Halpin-Tasi公式,它简便、实用,公式中含有经验性参数,对横向弹性模量、剪切模量和泊松比等公式的改进和研究一直持续至今。此外,它还可应用于单向短纤维增强复合材料。

由于制造工艺、随机因素的影响,在实际复合材料中不可避免地存在各种不均匀性和不连续性,残余应力、空隙、裂纹、界面结合不完善等都会影响材料的弹性性能。此外,纤维(粒子)的外形、规整性、分布均匀性也会影响其弹性性能。但总体而言,复合材料的刚度是相材料稳定的宏观反映,理论预测相对于强度问题要准确得多,成熟得多。

对于复合材料的层合结构,基于单层的不同材质、性能及铺层方向可出现耦合变形,使得刚度分析变得复杂。另一方面,也可以通过对单层的弹性常数(包括弹性模量和泊松比)进行设计,进而选择铺层方向、层数及顺序对层合结构的刚度进行设计,以适应不同场合的应用要求。例如,可设计出面内各向同性、耦合刚度全部为零、一种泊松比为负值或大于1及均衡对称的层合结构。

6.2.2 复合材料的强度

材料的强度首先和破坏联系在一起。复合材料的破坏是一个动态过程,且破坏模式复杂。各组分性能对破坏的作用机理、各种缺陷对强度的影响,均有待于具体深入的研究。

复合材料强度的复合是一种协同效应,从组分材料的性能和复合材料本身的细观结构导出其强度性质,即建立类似于刚度分析中混合律的协同率时遇到了困难。事实上,对于最简单的情形,即单向复合材料的强度和破坏的细观力学研究也还不成熟。其中研究最多的是单向复合材料的轴向拉伸强度,但仍然存在许多问题。试验表明,加载到极限载荷的60%时,就有部分纤维发生断裂,当然也可以勉强使用材料力学半经验法导出的强度混合律,但这样的预测往往不成功。据报道,对于单向增强的玻璃纤维聚酯体系,其实际拉伸强度不超过根据混合律计算所得数值的65%,而在模量上却几乎与计算结果完全相符。当然,在实际应用中,这样的预测作为对比和参考还是有益的。

单向复合材料的轴向拉伸强度、压缩强度不等,而且轴向压缩问题比拉伸问题复杂。其破坏机理也与拉伸不同,它伴随有纤维在基体中的局部屈曲。试验得知:单向复合材料在轴向压缩下,碳纤维是剪切破坏的;凯芙拉(Kevlar)纤维的破坏模式是扭结;玻璃纤维一般是弯曲破坏。

单向复合材料的横向拉伸强度和压缩强度也不同。试验表明,横向压缩强度是横向拉伸强度的1~7倍。横向拉伸的破坏模式是基体和界面破坏,也可能伴随有纤维横向拉裂;横向压缩的破坏是由基体破坏所致,大体沿45°斜面剪切破坏,有时伴随界面破坏和纤维压碎。单向复合材料的面内剪切破坏是由基体和界面剪切所致,这些强度数值的估算都需依靠试验取得。

短纤维增强复合材料尽管不具备单向复合材料轴向上的高强度,但在横向拉、压性能方面要比单向复合材料好得多,在破坏机理方面具有自己的特点:编织纤维增强复合材料在力学处理上可近似看作两层的层合材料,但在疲劳、损伤、破坏的微观机理上要更加复杂。

复合材料强度性质的协同效应还表现在层合材料的层合效应及混杂复合材料的混杂效应上。在层合结构中,单层表现出来的潜在强度与单独受力的强度不同,例如0/90/0层合拉伸所得90°层的横向强度是其单层单独试验所得横向拉伸强度的2~3倍,面内剪切强度也是如此,这一现象称为层合效应。混杂复合材料的混杂效应是指几种纤维以某种形式混合使用后表现出来的强度性能不同于单独使用时的性能，它又可分为层内混杂效应和层间混杂效应。

至于颗粒填充体系的强度问题，同样存在着非常复杂的影响因素。对于不同的复合体系，应力集中、损伤、破坏的模式各不相同，如在颗粒填充聚合物体系中，硬填料-软基体、软填料-硬基体、硬填料-硬基体等各种体系的强度复合效应有着显著的不同，材料强度的定量计算存在困难。

复合材料强度问题的复杂性来自其可能的各向异性和不规则的分布，诸如通常的环境效应，也来自上面提及的不同的破坏模式，而且同一材料在不同条件和不同环境下，断裂有可能按不同的方式进行。这些包括基体和纤维（粒子）的结构变化，例如由于局部的薄弱点、空穴、应力集中引起的效应。除此之外，对界面黏结的性质和强弱、堆积的密集性、纤维的搭接、纤维末端的应力集中、裂缝增长的干扰以及塑性与弹性响应的差别等都有一定的影响。复合材料的强度和破坏问题有着复杂的影响因素，且具有一定的随机性。近年来，强度和破坏问题的概率统计理论正日益受到人们的重视。

6.2.3 复合材料的力学特性

在温度、环境介质和加载速度确定的条件下，复合材料的力学性能受加载方式（即应力状态）的影响。聚合物基复合材料的基本静载特性包括拉伸特性、压缩特性、弯曲及剪切特性以及其疲劳特性、蠕变特性及冲击特性等动态力学特性。

1. 拉伸特性

试验表明，对于单向增强 FRP 而言，沿纤维方向的拉伸强度及弹性模量均随纤维体积的增大而呈正比例增加。对于采用短切纤维毡和玻璃布增强的 FRP 层合板来说，其拉伸强度及弹性模量虽不与 V_f成正比例增加，但仍随 V_f的增加而提高。一般来说，等双向 FRP 其纤维方向的主弹性模量大约是单向 FRP 弹性模量 E_L的 50% ~55%，随机纤维增强 FRP 近似于各向同性，其弹性模量大约是单向 FRP 弹性模量 E_L的 35% ~40%。而且，即使纤维体积含量相同，但方向不同，其拉伸特性也大不相同。表 6.1 给出了 E-42 环氧 FRP 拉伸性能的方向性。

2. 压缩特性

聚合物基复合材料的压缩特性的理论分析及试验结果与拉伸特性的情形类似。在应力很小、纤维未压弯时，压缩弹性模量与拉伸弹性模量接近：玻璃布增强 FRP 的压缩弹性模量大体是单向 FRP 的压缩弹性模量 E_L的 50% ~55%；纤维毡增强 FRP 的压缩弹性模量则大致为 E_L的 40%。与拉伸破坏不同,压缩破坏并非纤维拉断所致。因此,尽管单向 FRP 的压缩强度也有随着纤维体积含量增加而提高的趋势,但并非成比例增长。表 6.2 为 E-42环氧 FRP 压缩性能的方向性。

表 6.1 E-42 环氧 FRP 拉伸性能的方向性

性能		方向						
		0°	15°	30°	45°	60°	75°	90°
拉伸强度/MPa	比例极限	178	84	50	45	50	80	160
	破坏强度	269	210	173	168	163	194	263
	离散系数	12.6	7.9	17.3	11.3	12.8	8.3	11.9
弹性模量/MPa	$E_1 \times 10^{-4}$	1.67	1.33	1.11	1.0	1.00	1.25	1.52
	$E_2 \times 10^{-4}$	1.43	0.63	0.16	0.13	0.16	0.50	1.22
延伸率/%	ε	1.6	2.5	4.8	4.8	4.8	2.6	1.9

注:原材料为无碱 100 平纹布 9 层,E-42 环氧树脂;试验温度为 15 ~ 22 ℃;144 根试件

表 6.2 E-42 环氧 FRP 压缩性能的方向性

性能	方向				
	0°	22.5°	45°	67.5°	90°
压缩强度/MPa	256	159	134.1	167	218.7
压缩模量/GPa	19.5	13.6	10.8	12.9	17.5
试件数/根	4	4	6	5	4

注:原材料为无碱 100 平纹布 184 层,E-42 环氧树脂;树脂含量为 42.3%

3. 弯曲及剪切特性

试验表明,FRP 的弯曲强度及弹性模量都随纤维体积含量 V_f 的上升而增加。纤维制品类型及方向不同,则弯曲性能也不同。

FRP 的剪切强度与纤维的拉伸强度并无较大关系,而与纤维-树脂界面黏结强度及树脂本身强度有关。因此,FRP 的剪切强度与纤维体积含量有关,常取值为 100 ~ 130 MPa。试验表明,随纤维体积含量的增大,FRP 的剪切弹性模量上升,FRP 的剪切特性也随之呈现方向性。

4. 疲劳特性

影响 FRP 疲劳特性的因素是多方面的。试验表明,静态强度高的 FRP,其疲劳强度也高。若以疲劳极限比(疲劳强度/静态强度)表示,应力交变循环 10^7 次时,其比值为 0.22 ~ 0.41。短切纤维毡增强 FRP 层合板,尽管静态强度低,但强度保持率较高。

一般来说,静态强度随纤维体积增加而提高,但疲劳强度则不一定。试验结果表明,每种 FRP 都存在一个最佳体积,如无捻粗纱布增强 FRP 层合板的最佳体积为35%,缎纹布增强 FRP 层合板的最佳体积为50%。实际上,体积低于或高于最佳值,其疲劳强度都会下降。就方向性而言,试验表明,随加载方向与纤维方向的夹角由0°上升到45°,疲劳强度急速下降。此外,当 FRP 上存在孔洞或沟槽等缺陷时,将产生应力集中,因此疲劳强度下降。试验还发现,环境温度上升,导致 FRP 疲劳强度下降。

5. 蠕变特性

即使常温下 FRP 也存在蠕变现象。如果定义经 10 000 h 使 FRP 产生 0.1% 的蠕变变形的应力为蠕变极限,则 FRP 的蠕变极限约为静态强度的40%。

6. 冲击特性

FRP 的冲击特性主要决定于成型方法和增强材料的形态。不同成型法的制品的冲击强度范围如下:注射成型制品小于20 kJ/m^2;BMC 制品为10～30 kJ/m^2;SMC 制品为50～100 kJ/m^2;玻璃毡增强 FRP 为100～200 kJ/m^2;玻璃布增强 FRP 为200～300 kJ/m^2;纤维缠绕制品约为500 kJ/m^2。试验表明,纤维体积含量上升,FRP 冲击强度随之提高;而疲劳次数增加,冲击强度随之降低。

6.3　聚合物基复合材料的物理性能

复合材料许多物理性能的实际复合效果已为人们所熟知,但通过定量关系来预测这种作用的理论则远远落后于复合材料的力学性质,因此物理性能的复合效应现在仍需依靠大量的经验来判断。作为粗略的近似,经常应用如下通式的混合定律

$$P_c = \sum P_i V_i \tag{6.1}$$

式中,P_c 和 P_i 分别为复合材料和组分的某一物理性质;V_i 为组分的体积分数。

或者应用其倒数形式

$$\frac{1}{P_c} = \frac{\sum V_i}{P_i} \tag{6.2}$$

复合材料的物理性能主要有热学性质、电学性质、磁学性质、光学性质、摩擦性质等。对主要利用其力学性质的非功能复合材料,要考虑在特定的使用条件下材料对环境的各种物理因素的响应,以及这种响应对复合材料的力学性能和综合使用性能的影响。而对于功能性复合材料,所注重的则是通过多种材料的复合而满足某些物理性能的要求。

6.3.1 复合材料的热学性能

材料使用环境的温度一般是变化着的，复合材料也不例外，环境温度的变化将以一定的方式在某种程度上改变材料的结构与性能。作为结构材料使用的复合材料能否适应其工作环境的变化，主要取决于其热学性能。复合材料的热学性能包括热传导、比热容、热膨胀系数和热稳定性等。

1. 热传导

(1) 概述。

当材料的内部存在温度梯度时，热能将从高温区流向低温区，这一过程称为热传导。通过宏观的(现象的)研究，寻找在不同边界条件下，热在各种物质中传导的规律，并运用数学手段，通过求解微分方程，把温度场、热流量、研究对象的物理性质以及几何外形条件等联系起来，进而解决系统中的热传导问题，即

$$q = -\lambda(\mathrm{d}t/\mathrm{d}x) \tag{6.3}$$

$$q = -\lambda \,\mathbf{grad}\, T \tag{6.4}$$

式中，q 为热流量(热流密度)，表示单位时间通过单位面积的热量；$\mathbf{grad}\,T$ 表示温度梯度；λ 表示单位温度梯度下的热流量，直接表征材料的导热能力，称之为热导率，W/(m·K)。该式被称为简化的傅里叶导热定律。

不同的材料，热导率有很大的差别，且一般是温度的函数。同时，不仅复合材料大多数情况下有热性能的各向异性，有的组分材料也呈现出热性能的各向异性。另外，同种材料在不同密度时也具有不同的导热性能。

(2) 复合材料热传导的影响因素。

复合材料热传导的影响因素主要从组分材料、复合状态及复合材料的使用条件等方面给予考虑。

① 材料组分因素。

a. 组分材料的种类。

表6.3列出了几种典型热固性树脂在35 ℃下的热导率。

表6.3 典型热固性树脂在35 ℃下的热导率

材料	密度/(g·cm^{-3})	热导率/[W/(m·K)$^{-1}$]
酚醛	1.36	0.27
	1.25	0.29
环氧	1.22	0.20
	1.18	0.29
聚酯	1.22	0.26
	1.21	0.18

b. 组分材料的含量。

如果纤维(增强材料) 比基体导热性能好,则随着纤维(增强材料) 含量的增加,该复合材料纤维方向的导热性能直线上升,横向热导率也随之增加。而事实上,一般而言,不管复合材料的复合状态如何,导热性能好的组分材料增加,总是有利于改善复合材料的导热性能。当然,导热性能好的纤维或填料多到基体不足以将其黏结成致密实体时,复合材料中的孔隙将使其导热性能下降。

② 复合状态因素。

a. 分散相组分的连续性。

如果分散相是颗粒状的,复合材料的导热性能将基本上呈各向同性,否则,一般都具有各向异性。而且,随着分散相连续性的增强,复合材料导热性能各向异性也增加。例如,单向连续碳纤维增强复合材料,其纤维方向的热导率比垂直纤维方向的热导率大 10 倍以上,且随着纤维体积含量的增加,这种差别越来越大。另外,就纤维方向的热导率而言,纤维连续时比不连续时导热性能也提高了 1.5 倍。

b. 分散相组分的取向。

和分散向组分的连续性一样,分散相组分的取向也在很大程度上影响复合材料的导热性能。首先,分散相组分的取向程度越大,则复合材料的导热性能各向异性越明显;其次,分散相组分与基体材料间导热性能差异越大,分散相的取向所带来的复合材料导热性能各向异性越明显;最后,不管分散相组分的导热性能比基体材料好还是差,复合材料的导热性能总是纵向的比横向的好。

③ 使用条件因素。

一般情况下,组分材料的热导率受温度的影响,这种影响反映到复合材料中便是复合材料的热导率与温度有关。从表 6.4 可知,温度对复合材料的导热性能确实影响很大。

表 6.4 3 种纤维体积含量的 E 玻璃纤维增强环氧复合材料热导率与温度的关系

温度 /℃	纤维体积分数下的热导率 /[W/(m · K)$^{-1}$]		
	0.195%	0.375%	0.478%
32 ~ 46	0.30	0.32	0.49
57 ~ 63	0.30	0.39	0.49
88	0.35	0.43	0.55
109 ~ 113	0.38	0.52	0.62
135 ~ 137	0.43	0.60	0.69

2. 比热容

(1) 概述。

单位质量的物质升温 1 ℃ 所需的热量称为比热容。作为物质的基本热性能,比热容是评价、计算和设计热系统的主要参数之一。

复合材料的使用范围极其宽广,不同的使用场合对其比热容有不同的要求。如对于短时间使用的高温防热复合材料,希望其具有较高的比热容,以期在使用过程中吸收更多的热量;而对于热敏功能复合材料却希望其具有较小的比热容,以便具有更高的敏感度。

(2) 复合材料比热容的影响因素。

复合材料比热容的复合效应与其复合状态无关,而只与组分材料有关,表现为最简单的平均效应。表 6.5 列出一组复合材料在常温下的比热容。

表 6.5 一组复合材料常温下的比热容

复合材料	比热容 /($kJ \cdot kg^{-1} \cdot K^{-1}$)
环氧 / 酚醛复合树脂	1.92
玻璃小球 / 硅橡胶	1.96
玻璃纤维 / 硅橡胶 / 酚醛	1.34
尼龙 / 酚醛	1.46
玻璃纤维 / 酚醛	1.67
高硅氧玻璃纤维 / 酚醛	1.0
石墨纤维 / 环氧	1.5

3. 热膨胀系数

(1) 概述。

热膨胀系数是表征材料受热时的线度或体积的变化程度,是材料的重要物理性能之一。在工程技术中,对于那些处于温度变化条件下使用的结构材料,热膨胀系数不仅是材料的重要使用性能,而且是进行结构设计的关键参数。特别是在复合材料的结构设计中常常使用各向异性的二次结构,材料的热膨胀系数及其方向性显得尤其重要。热膨胀系数分为线膨胀系数 α 和体膨胀系数 β。

一些常用材料的线膨胀系数见表 6.6 及表 6.7。

表6.6　一些组分材料的热膨胀系数

材料	$\alpha/(\times 10^{-5}K)$	材料	$\alpha/(\times 10^{-5}K)$	材料	$\alpha/(\times 10^{-5}K)$
石英玻璃	0.5	聚酯树脂	100	尼龙6	30 ~ 100
A玻璃	10	酚醛	55	尼龙66	30 ~ 100
铁	12	聚乙烯	120	尼龙11	15
铝	25	聚丙烯	100	橡胶	250
钢	15	聚苯乙烯	80	聚碳酸酯	70
环氧树脂	50 ~ 100	聚四氟乙烯	140	ABS塑料	90
碳化硅	3.5	氧化铝	7.5	镍	13.5

表6.7　一些复合材料的热膨胀系数

复合材料	$\alpha/(\times 10^{-5}K)$	复合材料	$\alpha/(\times 10^{-5}K)$
30% 玻璃纤维/聚丙烯	40	短玻璃纤维/聚酯	18 ~ 35
40% 玻璃纤维/聚乙烯	50	30% 碳纤维/聚酯	9
35% 玻璃纤维/尼龙66	24	石棉纤维/聚丙烯	25 ~ 40
40% 碳纤维/尼龙66	14	30% 玻璃纤维/聚四氟乙烯	25
单向玻璃纤维/聚酯	5 ~ 15	玻璃纤维/ABS	29 ~ 36
玻璃纤维布/聚酯	11 ~ 16	25%(质量分数)SiC/Al	18

(2)复合材料热膨胀系数的影响因素。

① 组分材料。组分材料热膨胀系数的改变会很大程度地导致复合材料热膨胀系数的改变。而组分材料间的热膨胀系数差别很大,有时甚至符号相反。两种常见纤维的热膨胀系数见表6.8。

表6.8　两种常见纤维的热膨胀系数

	碳纤维	芳纶纤维
轴向($\times 10^{-5}$/K)	-1	-2
径向($\times 10^{-5}$/K)	28	59

组分材料的含量和模量共同影响复合材料的热膨胀性能。从复合材料的热膨胀性能理论计算结果来看,无论是不连续填充还是连续填充的复合材料,热膨胀都与其中含量及模量的乘积值($E \cdot V$)有关。高的组分材料热膨胀系数对复合材料相应参数的影响占主导地位,实际情况也是如此。表6.9列出一种单向玻璃钢的热膨胀系数与组分材料有关参数间的关系数据。尽管复合材料中环氧树脂的体积分数达到70%,但由于玻璃纤维的 $E \cdot$

V值远比环氧的大，因而复合材料的热膨胀系数更加接近于玻璃纤维的热膨胀系数，而与环氧相差甚远。

表 6.9　玻璃钢热膨胀系数与组分材料有关参数间的关系数据

材料	$\alpha/(\times 10^{-5}\text{K})$	E/GPa	V/%	$E \cdot V$
6027 环氧	55	3.72	70	2.6
玻璃纤维	5	68.5	30	20.6
玻璃钢	10.5			

②复合状态因素。增强(填充)材料在基体中的分布连续与否以及其排布方式均对复合材料的热膨胀系数有重大影响。如果复合材料中的填料不连续，并且是无规则分布，则复合材料的热膨胀性能是各向同性的；如果填料是连续的，或者是按一定方向排布的，则复合材料的热膨胀性能一般是各向异性的，并且有时还会因不对称的热膨胀而产生扭曲、翘起等形式的变形。

③ 使用条件因素。组分材料的热膨胀系数一般受温度影响，同时其模量也随温度而变化，因此复合材料的热膨胀系数与温度有关。只有在某一特定的温度区间里，复合材料的相对伸长量才与温度大体保持直线关系。

热循环对复合材料热膨胀系数也有影响。如果复合材料经受热循环，其内部应力应发生某种程度的松弛，如果这种热循环进一步导致界面产生微裂纹，则热膨胀过程中各组分材料的应力 - 应变关系将发生改变，复合材料的热膨胀行为受到一定影响。对于高聚物基复合材料而言，基体可能在热循环过程中进一步固化，线膨胀系数和模量都将发生改变，从而影响复合材料的热膨胀系数。

复合材料在老化的同时，也可能出现上述情况，当对热膨胀系数有严格要求时，复合材料的设计和使用须充分考虑到上述因素。

4. 耐热性

(1) 概述。

复合材料在温度升高后，首先是产生热膨胀和一定的内应力，当温度升高的幅度进一步加大时，复合材料的组分材料会逐步发生软化、熔化、分解甚至燃烧等一系列变化，而使复合材料的机械性能急剧降低，复合材料抵抗其性能因温度升高下降的能力称为复合材料的耐热性。一般可以用其温度升高时的强度和模量保留率来表征。与均质材料不同的是，复合材料的组分材料间因热膨胀性能的差异而在温度变化时产生内应力，这种内应力大到一定程度时，组分材料间的界面被破坏而使复合材料的性能下降。这样，复合材料的耐热性能不仅与组分材料的耐热性能直接有关，而且还与组分材料间热膨胀系数的匹配情况密切相关。

相对于金属基和陶瓷基复合材料而言，聚合物基复合材料的界面黏结情况较好，所以热应力引起的界面脱黏不是决定其耐热性能的主要因素。而且，聚合物基体的耐热性往往不如增强材料或填料，因此聚合物基复合材料的耐热性主要决定于其聚合物基体的耐热性能——用玻璃化温度来表征。

(2) 影响复合材料耐热性能的因素。

① 填料种类对复合材料耐热性能的影响。填料的加入一般都能提高复合材料的耐热性，但由于各种填料本身的耐热性以及它们与聚合物基体材料间的相互作用可能有较大差别，填料的种类对复合材料有较大影响。图6.1为环氧树脂以及3种纤维（碳、玻璃及芳纶纤维）增强的环氧树脂基复合材料的拉伸模量与温度的关系。Kerlar纤维与环氧树脂的界面作用最弱，Kerlar纤维在3种纤维中对环氧基体的影响最小。

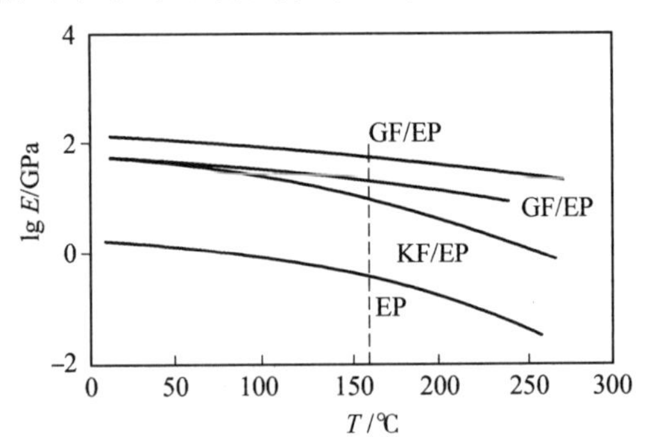

图6.1 4种材料的拉伸模量与温度的关系

② 填料含量对复合材料耐热性的影响。影响复合材料耐热性的第二个重要因素是填料含量。图6.2是石棉/聚苯乙烯复合材料纤维软化点-石棉体积分数曲线，可见填料的含量能明显地影响复合材料的耐热性。另外，两种以上增强材料间的混杂比也影响复合材料的耐热性。

6.3.2 复合材料的电性能

聚合物基复合材料的电性能一般包括介电常数、介质损耗角正切值、体积和表面电阻系数、击穿强度等。复合材料的电性能随着聚合物基体品种、增强体类型以及环境温度和湿度的变化而不同。此外，FRP的电性能还受频率的影响。

FRP的电性能一般介于纤维的电性能与树脂的电性能之间。因此，改善

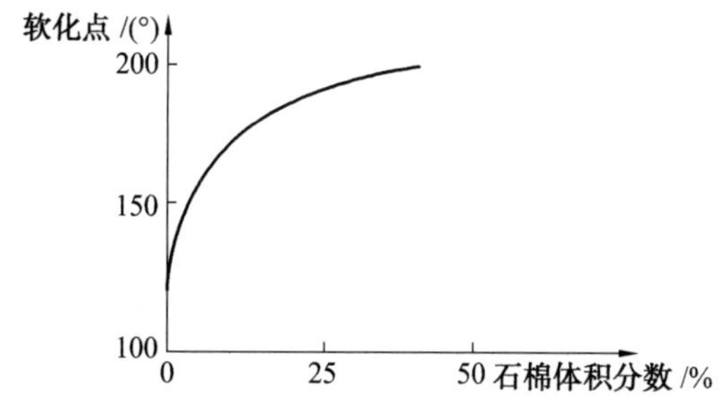

图 6.2 石棉/聚苯乙烯复合材料纤维软化点 - 石棉体积分数曲线

纤维或树脂的电性能对于改善 FRP 的电性能是有益的。FRP 的电性能对于纤维与树脂的界面黏结状态并不敏感，但杂质尤其是水分对其影响很大。对于玻璃纤维增强塑料而言，若选用无碱布并进行偶联剂表面处理，则可提高其电绝缘性能。树脂的电性能与其分子结构密切相关。一般来说，分子极性越大，电绝缘性越差。分子中极性基团的存在以及分子结构的不对称性均影响树脂分子的极性，也就影响复合材料的电性能。

应该特别指出水对 FRP 电性能的影响。当 FRP 处于潮湿环境中或在水中浸泡之后，其体积电阻、表面电阻以及电击穿强度急速下降。

6.3.3 复合材料的阻燃性及耐火性

当 FRP 接触火焰或热源时，温度升高，进而发生热分解、着火、持续燃烧等现象。阻燃性 FRP 即指采用阻燃、自熄或燃烧无烟的树脂制造 FRP，其阻燃性主要决定于树脂基体。随着 FRP 用途的不断扩大，人们对于不饱和聚酯树脂的阻燃性要求越来越高，特别在建筑设施、电器部件、车辆、船舶等领域。国外如日本早已制定了阻燃性规范，目前阻燃性树脂产量占总产量 50% 以上。获得阻燃性的方法，一般是在树脂中引入卤素或者添加锑、磷等化合物以及难燃的无机填料等。阻燃型树脂可分为反应型和添加型。表 6.10 列出了聚酯树脂中可引入的元素。表 6.11 列出了如引入上述元素可采用的原料。

表 6.10 获得阻燃性必须引入的元素

元素	质量分数 /%	组合
磷	5	磷与氧的质量比:1/(15 ~ 20)
氯	25	磷/溴的质量比:1/3
溴	12 ~ 15	三氧化二锑/氯的质量比:1/(8 ~ 9) 三氧化二锑/溴的质量比:2/(8 ~ 9)

表 6.11　阻燃材料

类型	种类		原料名称
反应型	合成聚酯时使用的卤素化合物	二元酸	HET 酸、HET 酸酐、氯代苯二甲酸酐、四溴代苯二甲酸酐、四氯代马来酸酐
		二元醇	二溴带新戊二醇、二氯代丙二醇、含锑二元醇、氯代丙二醇、四溴代双酚 A
	卤素直接加成		在聚酯不饱和双键上直接加成卤素化合物
	有机卤素化合物		氧化石蜡、六溴代苯、六溴代二苯醚、十溴代二苯醚、八溴代联苯
添加型	磷酸酯类		磷酸二苯酯、磷酸三丙烯酯、磷酸(2、3 二溴代) 丙基酯、磷酸三(二溴代) 苯酯、烷基二丙烯基磷酸酯
	无机阻燃剂		三氧化二锑(与卤素化合物共用)、硼酸锌、水合氧化铝、明矾、甲基硼酸锌
	交联剂		2、4、6 三溴代苯基丙烯酸酯、HET 酸二丙烯酯、氯代苯乙烯
	含水聚酯		水

当向聚酯引入卤素时,溴用量只要相当于氯用量的一半,便具有同等阻燃效果。三氧化二锑单独使用时无阻燃作用,但与卤素并用时,效果却很显著。磷化合物单独用作阻燃剂时,由于用量很大,成本和物性都不理想。若与卤素并用,则具有显著的加和效果。在阻燃性无机填料中,氢氧化铝和水合氧化铝效果最佳;若与卤素共用,则效果愈加显著。与其他塑料相比,FRP 燃烧发烟量少,这是受不燃烧纤维的影响。Keiting 指出,玻璃纤维体积含量升高,长度增大,均可抑制发烟量。

6.3.4　复合材料的隔声性能

材料的隔声性能通常是用声音的透过损失 R 表示。当射入材料的声强为 I_i,从材料背面传出的声强为 I_t 时,则 R(单位为 dB) 定义为

$$R = 10\lg \frac{I_i}{I_t} \tag{6.5}$$

气密材料透过损失中最重要的是散射时的透过损失,可表示为

$$R = 20\lg\frac{\pi f m}{\rho c} - 10\lg\left\{I_n\left(1 + \frac{\pi f m}{\rho c}\right)\right\} \tag{6.6}$$

式中,f 为声波的频率,Hz; m 为材料面密度,kg/m^2; ρ 为空气密度,kg/m^3;c 为空气中的声速,m/s; I_n 为散射的声强,W/m^2。

按此公式,声音的频率或材料面密度每增加 1 倍,其透过损失约增加 5 dB。因此,提高面密度是改善 FRP 隔声性能的重要条件。

6.3.5　复合材料的光学性能

影响聚合物基复合材料透光性的主要因素有:

①增强体和基体玻璃纤维及树脂的遮光性。

②增强体和基体的折射率。

③其他(如复合材料的厚度、表面形状和光滑程度,增强体的形态、含量,固化剂的种类和用量,着色剂、填料的种类和用量)。

例如在 FRP 制品中,采用 FRP 波形板和平板的透光性最好,其全光透过率为 85% ~90%,接近普通平板玻璃的透光率。由于其散射光占全透过光的比例很大,因此没有普通平板玻璃那样透明,主要是由于树脂和玻璃纤维折射率不同引起的。

④原材料折射率的匹配。

玻璃纤维、单体和不饱和聚酯树脂的折射率见表 6.12。

表 6.12　原材料的折射率

原材料	品种	折射率	备注
玻璃纤维	E 玻璃	1.548	
	C 玻璃	1.532	
单体	聚苯乙烯	1.592	浇注品
	聚甲基丙烯酸甲酯	1.485 ~ 1.50	
不饱和聚酯树脂	乙烯基酯树脂	1.55 ~ 1.57	固化树脂
	丙烯酸树脂	1.50 ~ 1.57	
	聚醋酸乙烯甲基丙烯酸	1.53 ~ 1.54	

为使玻璃纤维与树脂的折射率相互匹配,一般普通聚酯树脂与无碱玻璃纤维组合,丙烯酸树脂则与玻璃纤维组合。聚醇树脂的折射率与其组成及反应程度有关,也与交联剂的种类和用量有一定关系,因此其折射率可以广泛调节。市售树脂固化后的折射率虽与无碱玻璃接近,但固化树脂的折射率还与固化剂种类和成型温度等有关。因此,为了提高 FRP 的透光性,就要再次调整组分。树脂的折射率以及玻璃纤维与树脂的折射率之差与遮光量的关系,可表示为

$$I_r = I_i\left[\frac{n_c - n_R}{n_c + n_R}\right]^4 \tag{6.7}$$

而

$$I_t = I_i - I_r \tag{6.8}$$

式中，n_c为玻璃纤维的折射率；n_R为树脂的折射率；I_i为入射光量；I_r为反射光量；I_t为折射光量（透过光量）。

上式表明，纤维与树脂的折射率之差越大，则反射光量越大，折射光量因而减少。因此，若要提高 FRP 的透光率，应使树脂的折射率与纤维的折射率尽量接近。

6.4　聚合物基复合材料的化学性能

大多数的复合材料处在大气环境中、浸在水或海水中或埋在地下使用，有的作为各种溶剂的贮槽，在空气、水及化学介质、光线、射线及微生物的作用下，其化学组成和结构及其性能会发生变化。在许多情况下，温度、应力状态对一些化学反应有着很重要的影响。特别是航空航天飞行器及其发动机构件在更为恶劣的环境下工作，要经受高温的作用和高热气流的冲刷，其化学稳定性至关重要。金属基复合材料主要发生氧化、锈蚀等化学反应，在高温下长期使用时，可能使基体与增强材料之间发生化学反应，出现增强材料的混溶或凝聚现象。陶瓷基复合材料一般具有优良的化学稳定性。这里主要介绍聚合物基复合材料的降解和老化问题。聚合物的化学分解可以按不同的方式进行，它既可通过与腐蚀性化学物质作用而进行，又可间接通过产生应力作用而进行。聚合物基体本身是有机物质，可能被有机溶剂侵蚀、溶胀、溶解或者引起体系的应力腐蚀。所谓的应力腐蚀，是指在承受应力时材料与某些有机溶剂作用产生过早的破坏，这样的应力可能是在使用过程中施加的，也可能是鉴于制造技术的某些局限性带来的。根据基体种类的不同，材料对各种化学物质的敏感程度不同，例如常见的玻璃纤维增强塑料耐强酸、盐、酯，但不耐碱。

一般情况下，人们更注重的是水对材料性能的影响。水一般可导致聚合物基复合材料的介电强度下降，水的作用使得材料的化学键断裂时产生光散射和不透明性，对力学性能也有重要影响。未上胶的或仅热处理过的玻璃纤维与环氧树脂或聚酯组成的复合材料，其拉伸强度、剪切强度和弯曲强度都明显受沸水的影响，使用偶联剂可明显地降低这种损失。水及各种化学物质的影响与温度、接触时间有关，也与应力的大小、基体的性质及增强材料的几何组织、性质和预处理有关，此外还与复合材料表面的状态有关。

聚合物的降解包括热降解、辐射降解、生物降解和力学降解。

1. 热降解

聚合物的热降解有多种模式和途径,其中可能几种模式同时进行。如可通过"拉链"式的解聚机理导致完全的聚合物链的断裂,同时产生挥发性的低分子物质。其他方式包括聚合物链的不规则断裂产生较高相对分子质量的产物或支链脱落,还有可能形成环状的分子链结构。填料的存在对聚合物的降解有影响,某些金属填料可通过催化作用加速降解,特别是在有氧存在的地方,如锕和铁都可缩短剧烈分解的诱导期。复合材料的着火与降解产生的挥发性物质有关,通常加入阻燃剂减少着火的危险,常见阻燃剂有氢氧化铝、碳酸钙、氧化锑及含磷化合物。某些聚合物在高温条件下可产生一层耐热焦炭,这些聚合物与尼龙、聚酯纤维等复合后,因这些增强物本身的分解导致挥发性物质产生,可带走热量而冷却烧焦的聚合物,进一步提高耐热性,同时赋予复合材料以优良的力学性能,如良好的抗振性。

2. 辐射降解

许多聚合物因受紫外线辐射或其他高能辐射的作用而受到破坏,其机理是当光和射线的能量大于原子之间的共价链链能时,分子链发生断裂前填充的聚合物可用来防止高能辐射。紫外线辐射则一般受到更多的关注,经常使用的添加剂包括炭黑、氧化锌和二氧化钛,其作用是吸收或者反射紫外线辐射,有些无机填料可以和可见光一样传输紫外线,产生荧光。

碳纤维增强树脂基复合材料在我国主要应用于航空航天领域。这个领域对材料各方面的性能要求极为严格,需要对材料进行全方位研究。自然环境中太阳光照射会对材料的性能和结构产生严重的影响,而紫外线是太阳光谱中辐照活性最大的,所以必须研究其对复合材料的影响。而对冲击损伤较为敏感,严重限制了复合材料在使用过程中优异性能的发挥,尤其是低能量冲击会使复合材料产生较大的安全隐患。因此,必须综合考虑紫外线辐照和冲击对复合材料的影响。

石冠鑫以 G803 编织型碳纤维为增强体,以 914 环氧树脂为基体,热压成型制备的 CFRP 层合板,研究紫外线辐照对 CFRP 层合板的影响以及探讨紫外线辐照后其力学性能的变化规律;研究低能量冲击对 CFRP 层合板造成的损伤状态,以及探讨冲击与紫外线辐照叠加作用后其力学性能的变化规律。图 6.3 为他展示的不同环境条件下 CFRP 合层板的表面形貌。

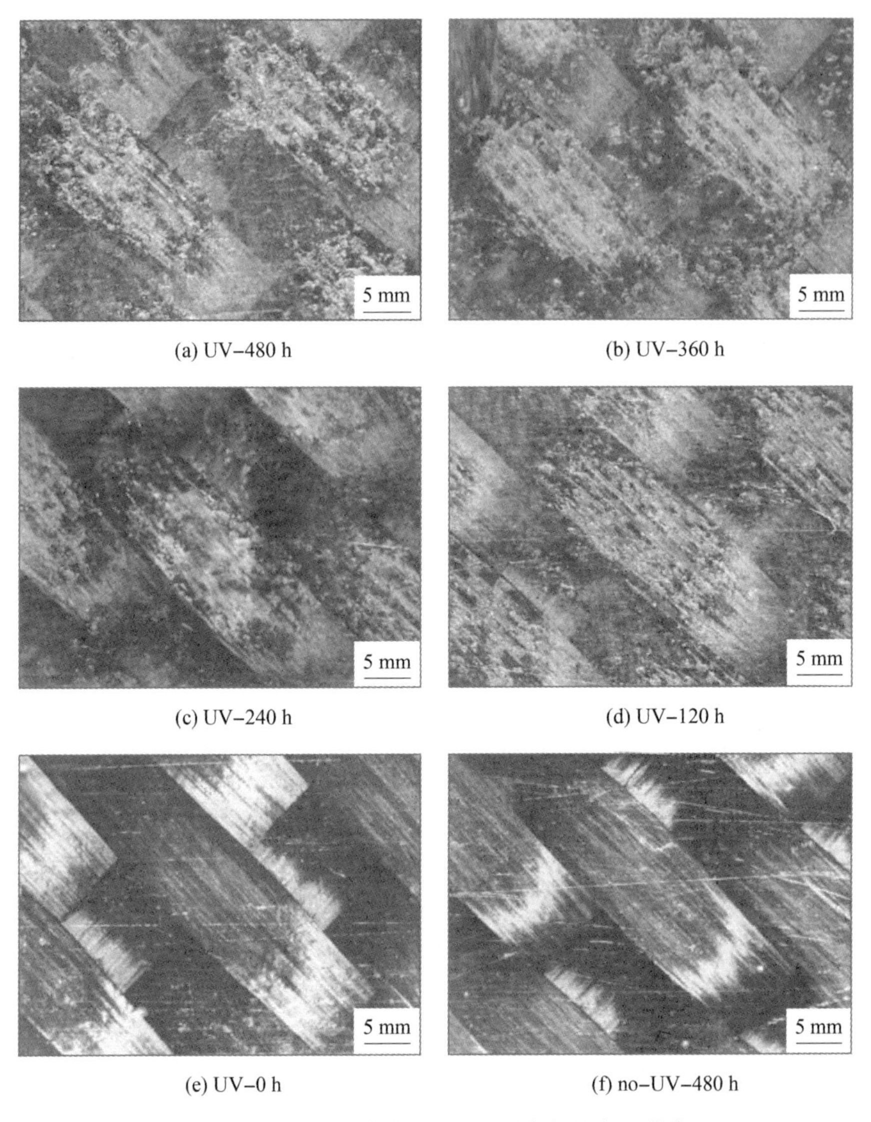

(a) UV-480 h　(b) UV-360 h

(c) UV-240 h　(d) UV-120 h

(e) UV-0 h　(f) no-UV-480 h

图 6.3　不同环境条件下 CFRP 层合板的表面形貌

研究表明,紫外线辐照后 CFRP 层合板表面会产生密集的裂纹,并发生树脂脱落等现象,同时还伴随着质量损失,硬度和固化度下降。XPS 分析表明,长时间的紫外线辐照将会使 CFRP 表面的 C—C 键的摩尔分数减少,经过 480 h 辐照后其降低了 22.02%。FTIR 分析表明,没有新的官能团生成,仅是经过 480 h 紫外线辐照后各个官能团的相对吸收强度减弱。紫外线辐照对 CFRP 层合板的弯曲强度影响较大,经过 240 h 辐照后提高了 8.99%,但是辐射时间再增加,强度会发生下降,经过 480 h 辐照后强度低于未辐照时的强度,紫外线辐照对拉伸强度影响较小。当 CFRP 层合板受到低能量冲击后,其前表面的损伤特征主要为基体裂纹和凹坑,背表面则主要是纤维断裂,内部的层间分离的损伤特征较为明显。随着作用在 CFRP 层合板上的冲击能量的增加,损伤状况越来越严重,凹坑深度和损伤面积不断增大,同时也会发生凹坑深度随时间的推移不断变小的凹坑回弹现象;冲击作用比紫外线辐照对 CFRP 层合板力学性能影响更大。冲击能量越大,紫外线辐照时间越长,CFRP 层合板力学性能下降得越快,抗冲击性能越差。当受到 15 J 冲击能量作用后的层合板再经过 480 h 紫外线辐照时,拉伸强度下降了 47.60%,弯曲强度下降了 60.47%,如图 6.4 所示。

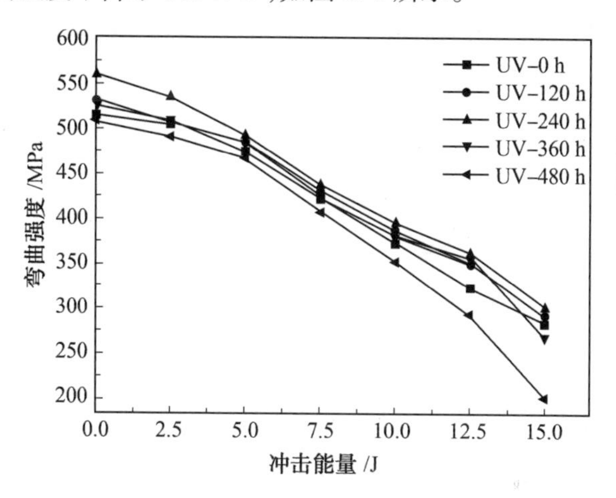

图 6.4 不同紫外线辐照时间后 CFRP 层合板,冲击能量与弯曲强度的关系

3. 生物降解

合成聚合物的生物降解虽然不像天然聚合物那样严重,但在某些情况下,如加入天然聚合物作为填充材料时,必须认真对待细菌和真菌等微生物的作用、昆虫甚至啮齿动物的侵蚀都可能导致复合材料的力学破坏。另一方面,也可以在聚合物基体中加入有机填料来制作可生物降解的材料和制品。

4. 力学降解

力学降解时发生键的断裂,由此形成的自由基还可能对下一阶段的降解模式产生影响。硬质和脆性聚合物基体应变小,可进行有或者没有链断裂的脆性断裂,而较软但黏性高的聚合物基体大多是由力学降解的。

聚合物基复合材料的老化是上述因素综合作用的结果,只不过在不同使用环境下,起主导作用的因素不同而已。

6.5 聚合物基复合材料的失效分析

聚合物基复合材料无论作为结构复合材料还是功能复合材料,在实际使用中都会不同程度地发生失效,从而带来各种损失和危害。因此,复合材料的损伤研究和失效分析引起了人们的高度关注。

工程材料尤其是金属材料,在断裂失效方面的研究已有大量的成果,比较成熟、完整,而对于复合材料还没有较为系统化的失效分析。复合材料制件的断裂取决于多种失效模式的起始以及它们之间的相互作用,而且复合材料的失效依赖于很多参数,如纤维、树脂的性能、叠层顺序、固化过程、环境、温度以及使用条件等。

6.5.1 复合材料层合板静载作用下的失效分析

大多数工程上应用的复合材料都是多向铺层结构,然而要比较详细透彻地研究其失效行为,首先应对单向板进行系统的研究。一维单向长纤维增强复合材料其受载方式有5种,即沿纤维方向的拉伸和压缩,垂直于纤维方向的拉伸和压缩及面内剪切等。下面分别阐述这5种受载失效方式各自的断口形貌、失效机制及模式。

1. 纵向拉伸破坏的断口形貌分析和破坏模式机理讨论

单向纤维增强复合材料拉伸破坏的宏观断口形式如图6.5所示。其微观断口也有3种形式:①胡须状,此类常发生于界面结合很弱的体系;②拔出状,纤维在微观断口上呈拔出形式;③平齐型,常出现于界面结合很强的复合体系,基体的断口特征由其自身特性决定。

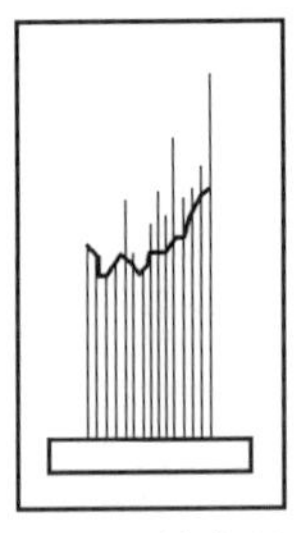

(a) 界面结合弱

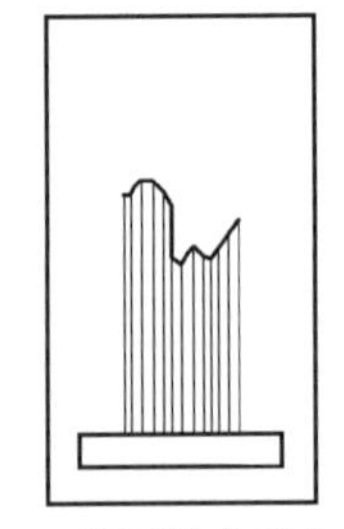

(b) 界面结合适中

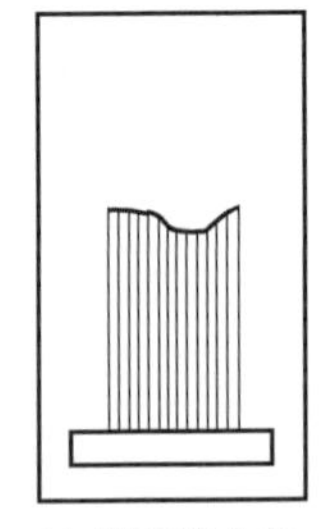

(c) 界面结合强

图6.5 单向纤维复合材料拉伸破坏的宏观断口形式

单向纤维增强复合材料在静载荷作用下的失效机制多种多样,有个别碳纤维的断裂或受到局限而导致复合材料的进一步破坏,或造成纤维与基体脱黏,或造成相邻基体的破坏,继而裂纹扩展到邻近的纤维中,造成这些纤维的断裂及材料的整体破坏。破坏过程如何发展主要决定于界面的结合强度。界面结合强度决定于纤维与基体的物理化学作用程度。物理化学作用程度弱,界面结合强度则低,断裂纤维与基体脱黏,从基体中拔出,如图6.5(a)所示。界面结合强度大,纤维的断裂伴有基体开裂,基体中的裂纹立即扩展到邻近的纤维中,使材料整体破坏,断口平齐,具有典型的脆性断裂的特征,如图6.5(c)所示。具有此类断口的树脂基复合材料强度高。如果纤维与基体的物理化学作用程度适中,则界面结合强度适宜,断口参差不齐,有一定数量的纤维拔出,但拔出长度较短,如图6.5(b)所示,具有此类断口的金属基复合材料的强度都较高。

上述讨论的是一种理想情况,在实际复合材料中,纤维与基体的相互作用程度不可能均匀一致,因此可能具有3种断口的特征,但其中一种占主导地位。

复合材料的断裂失效机制可分为以下几种:

(1)累积破坏机制。

累积破坏机制是一种随着载荷的增加部分纤维相继地、独立地断裂,损伤逐步累积,当损伤数很大时造成复合材料的总体过载而破坏的机制。界面黏结弱的复合材料具有这种破坏机制,损伤均匀分布在材料的整个体积中,破坏时伴有纤维的拔出。复合材料的强度由组元的性质、纤维的体积分数及界面黏结点的密度决定。

(2)非累积破坏机制。

非累积破坏机制是一种脆性断裂机制,个别纤维的断裂立即造成材料的整体破坏或在增加一定载荷后破坏。界面黏结强度高的金属基复合材料具有这种破坏机制,破坏时无纤维拔出。非累积破坏机制有3种类型:①拉力破坏机制。当一根纤维的断裂引起邻近纤维中应力集中而过载时,发生断裂,以此类推,最终使材料整体破坏。这便是拉力破坏机制。此时复合材料的强度主要决定于组元的性质(其中纤维的表面缺陷将起重要作用)、纤维的排列情况、材料的体积、纤维的体积分数和界面黏结点的密度。②脆性黏性破坏机制。这是由于纤维的开裂在其周围的基体中造成应力集中使这部分基体发生破坏,最终导致材料整体破坏的机制,此时复合材料的强度主要决定于组元的性质(其中基体的破坏功将起重要作用)、纤维的体积分数和界面黏结点的密度。③最弱环节机制。在这种破坏机制下,一旦与基体黏结强的纤维断裂,则立即造成复合材料的整体破坏,这种机制复合材料的强度与纤维的平均强度密切相关,此时纤维的长度应是界面强黏结的复合材料体积中所有纤维的总长度。

(3)混合破坏机制。

在实际的复合材料中,往往有些地方界面黏结性很强,有些地方界面黏结性很弱,因此复合材料的破坏机制常是混合型的,既有累积破坏,又有非累积破坏。

2. 纵向压缩和横向拉伸破坏的断口形貌分析与破坏模式

纵向压缩与横向拉伸有着共同之处。对于结构复合材料来说,失效并不一定要发生断裂,而当构件受纵向压缩产生屈曲变形或剪切变形而不能有效工作时,就将失效,所以纵向压缩和横向拉伸时产生的断裂行为通常有两种模式:①基体撕裂;②界面脱黏或纤维横向撕裂,或是二者同时发生,故其断口形貌呈界面拉脱或剪切破坏。

3. 横向压缩破坏的断口形貌分析与破坏模式

断口截面与应力方向大致成45°,能在周围观察到剪切唇状区域,是典型的剪切断裂,其破坏模式则是基体发生剪切破坏,同时可能伴随部分界面脱黏及纤维横向破断。Collings 经过研究指出,失效是由于平行于纤维的平面上与纤维的垂直剪切作用引起的,且发生在那些可预料的角度上,纤维与基体的脱黏破坏同时也造成材料的破坏。

4. 面内剪切破坏的断口形貌分析与破坏模式

这种断口的形貌与横向压缩破坏的断口形貌基本相同,只是多了一种情况,即断口上可能观察到裸露的纤维及纤维拔出或切断的破坏,此时的剪切作用平面是垂直于纤维方向的。

5. 单向短纤维复合材料断裂失效的主要影响因素

复合材料构件制作工艺的复杂性导致材料内部存在各种不可避免的缺陷及损伤,如气泡、空隙、富胶、夹杂物、不正确的纤维取向等,甚至外部环境造成的轻微划伤、擦伤、冲击、表面氧化等,都会对复合材料起破坏作用。

材料失效主要取决于3个微观结构,即基体、纤维和界面、增强纤维的几何形状和分布以及纤维实际长度和临界长度的关系。通过大量的研究表明了以下事实:

①基体的断裂能在复合材料的总断裂能中只占一部分。若基体呈现较大脆性,则它所占的比例要比其他两个因素少;如果基体较韧,则其对能量吸收的贡献要比与纤维有关的能量吸收大,因而随着 V_t 的增加,G_c 有所下降。

②纤维的长径比越大,材料断裂韧性越大。而当长径比较小时,纤维的加入并不能形成其他任何能量吸收机制,如纤维拔出,而只能使基体变脆,随着 V_t 的增大就更加限制基体断裂能的完全发挥。另外,若要获得较高的

断裂抗力,纤维取向应尽可能垂直于裂纹表面,若纤维沿裂纹轴向排布,则断裂韧性最低。

③界面结合差则容易脱黏,这是一种断裂机制,例如,在界面结合较好的纤维上常可看到附有基体拔出的碎片,表明在脱黏前基体发生了必要的塑性变形,使材料吸收了更多的能量。

6.5.2 复合材料层合板冲击载荷下的失效分析

复合材料层合结构受到冲击而诱发损伤的问题越来越受到重视。分析许多工程事故的原因发现,复合材料结构被冲击力作用后,内部所产生的损伤破坏及聚合都是导致结构失效的主要原因。复合材料层合结构宏观上呈各向异性,而细观上呈多相非均质性及呈层性,其损伤破坏模式完全不同于各向同性材料及一般的均质各向异性材料。被冲击力作用时,金属材料主要凭借冲击部位的某种塑性变形来吸收冲击能量,而层合结构则是凭借材料的弹性变形以及损伤破坏来吸收冲击能量。损伤破坏的模式主要有穿透、侵入、基体开裂、纤维断裂、纤维与基体界面脱胶开裂和分层。各种损伤模式可能单独发生或结合在一起出现,这和材料所受到冲击能量和冲击速度有关系,同时还受到冲击方向的影响,冲击物的质量、硬度和形状也是重要影响因素。基体、纤维、界面三者的相对强度、刚度及层合结构的尺寸、铺层方式等因素也会对其造成影响。金属材料受到外物作用时,其损伤是单一主裂纹以预料的方式发展,复合材料损伤在宏观上的产生和扩展却是毫无规则的,损伤的扩展受到材料细观结构的影响,这是一个同时受到多种因素影响而发展的过程。层合结构冲击损伤破坏机制和损伤扩展机制的研究十分困难。复合材料层合结构冲击损伤的研究多与计算机模拟技术相结合,已取得一定的进展。

复合材料层合结构在冲击载荷作用下,损伤模式并不单一,破坏机理十分复杂。当复合材料的增强材料和基体材料的种类和比例的设计及各层的铺设方式发生变化时,不同的组合产生性能各不相同的材料结构,其损伤破坏模式也各不相同。

丁萍对 5 种不同厚度的 T300 碳纤维增强环氧树脂基复合材料进行了低能量冲击试验,利用千分尺对凹坑深度进行测量,对冲击后凹坑深度随时间的演变规律进行探索研究,并利用超声 C 扫描,对冲击损伤进行检测;对冲击后的复合材料层合板进行弯曲试验,探究冲击损伤位置对弯曲性能的影响;最后利用有限元计算软件对冲击和弯曲过程进行计算。试验结果表明,复合材料层合板冲击凹坑深度随时间变化分为两个阶段:第一阶段,在冲击后的24 h内,凹坑深度变化速率较快,主要是由于树脂基体变形后,短时间内回弹较快;第二阶段,24 h以后,凹坑深度基本维持不变。材料受到冲击时吸收的能量在24 h内基本全部释放。不同厚度的层合板所受不同最大冲击能量下凹坑回弹率见表6.13。

表6.13 不同厚度的层合板所受不同最大冲击能量下凹坑回弹率

板厚/mm	最大冲击能量/J	凹坑初始深度/mm	凹坑最终深度/mm	回弹率/%
3.2	25	0.063	0.047	25
3.8	30	0.097	0.078	20
5.7	40	0.119	0.092	22
7.6	55	0.112	0.081	27
9.5	65	0.119	0.089	22

超声C检测的结果说明,材料所受的冲击损伤会随冲击能量的提高而增大,冲击凹坑周围会出现分层损伤。层合板冲击后的弯曲试验表明,冲击凹坑所在平面的正向弯曲与反向弯曲相比,反向弯曲的强度较大。冲击后的正向弯曲强度下降20%~60%,反向弯曲强度下降10%~50%;正向弯曲时,损伤纤维和基体受到挤压,相当于冲击损伤区域受到压缩载荷。图6.6为层合板受冲击后正向弯曲损伤照片。反向弯曲时,损伤纤维和基体受到拉伸,相当于冲击损伤区域受到拉伸载荷。图6.7为层合板受冲击后反向弯曲损伤照片。研究表明,含冲击损伤的材料压缩强度下降最为严重,所以在正弯和反弯的试验中,反弯强度大于正弯强度,与理论预测相符。运用ANSYS/LS-DYNA对冲击行为进行有限元计算,所得结果与试验结果基本吻合,对冲击后凹坑所在平面正向弯曲和反向弯曲的有限元计算结果误差均在15%以内。

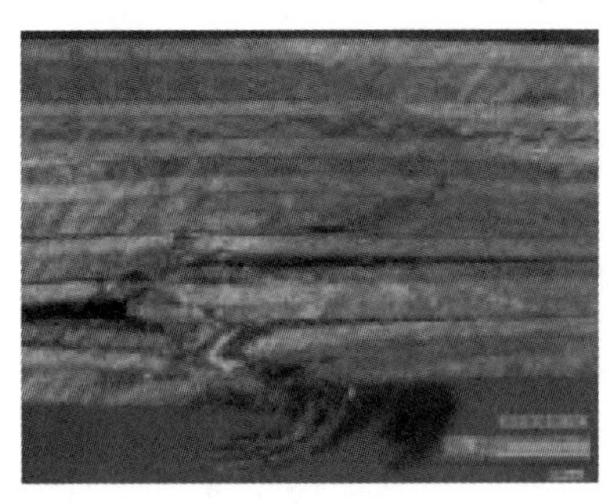

(a) 弯曲侧面

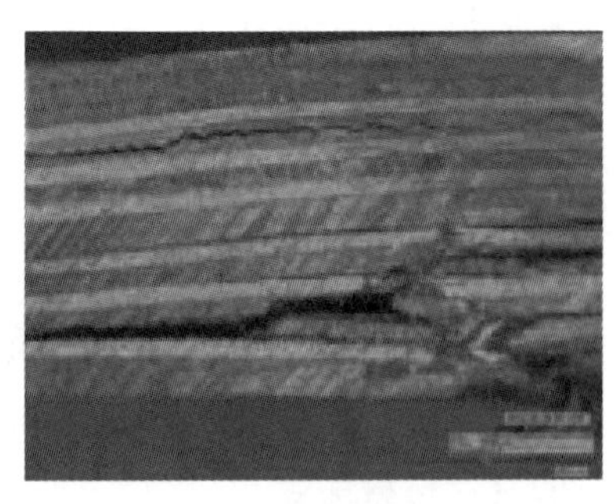

(b) 弯曲侧面

(c) 凹坑正面

(d) 凹坑正面

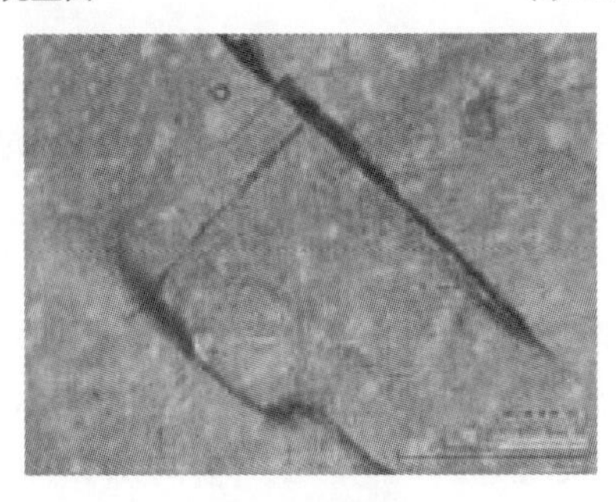

(e) 凹坑反面

图 6.6　层合板受冲击后正向弯曲损伤照片

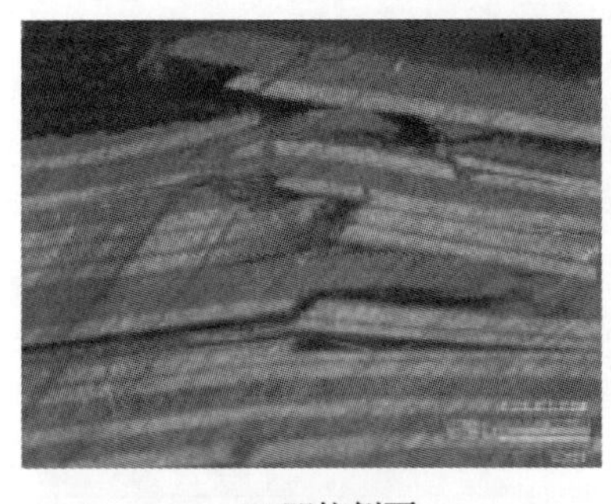

(a) 凹坑侧面

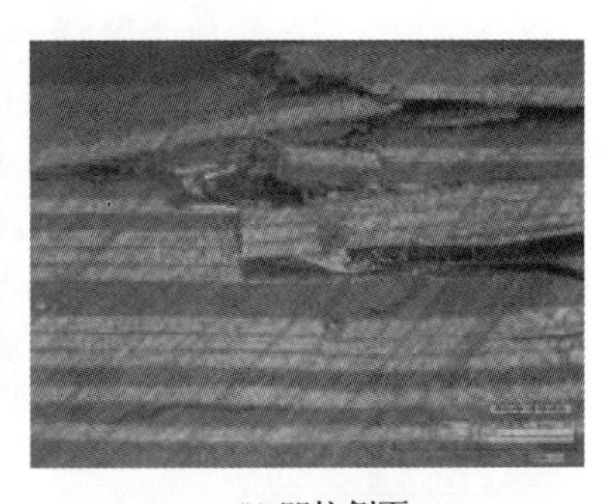

(b) 凹坑侧面

(c) 凹坑正面

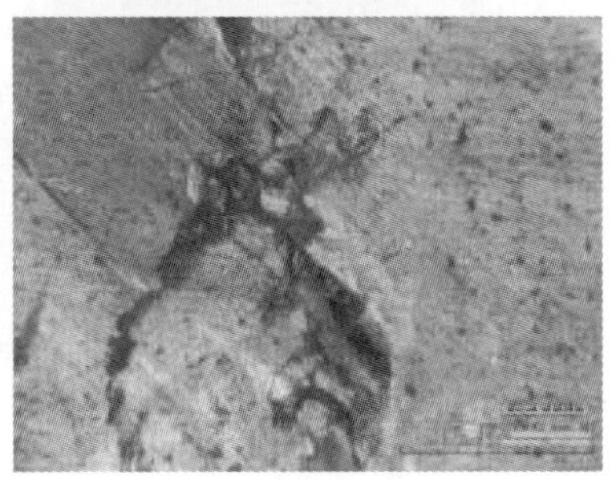

(d) 凹坑正面

(e) 凹坑反面

(f) 凹坑反面

图6.7　层合板受冲击后反向弯曲损伤照片

飞行器结构在应用中常会遇到冲击问题，如飞鸟的撞击、维修中不慎掉落的工具、跑道上溅起的沙石等，复合材料构件应用的一大局限是它对冲击载荷的敏感性，外来物低速冲击后对其性能会产生极大的影响。高能量或中等能量冲击可能会造成复合材料结构的穿透或侵入，这些损伤破坏容易被检测出来并进行修补。而复合材料构件受到低速冲击后，表面损伤一般较小，甚至目视难以直接观察到，但是层压板内部和冲击内表面往往会发生基体开裂、基体挤压破坏、分层和纤维挤压、纤维断裂等微观损伤。这些内部损伤破坏将使层合结构的力学性能严重退化，强度可削弱35% ~40%，从而导致层合结构承载能力大大降低，对结构形成严重安全隐患。这已经成为限制复合材料层合结构得到更广泛应用的一个重要因素。哈尔滨工业大学材料学院纤维增强树脂基复合材料课题组通过试验，研究了碳纤维复合材料板在不同冲击能量作用下的凹坑形貌及损伤情况，得到了凹坑深度的变化规律（表6.14）。

表6.14　凹坑表观形貌及凹坑云图

试验件	冲击能量	凹坑表观形貌	凹坑云图
Ⅰ	20 J		

续表 6.14

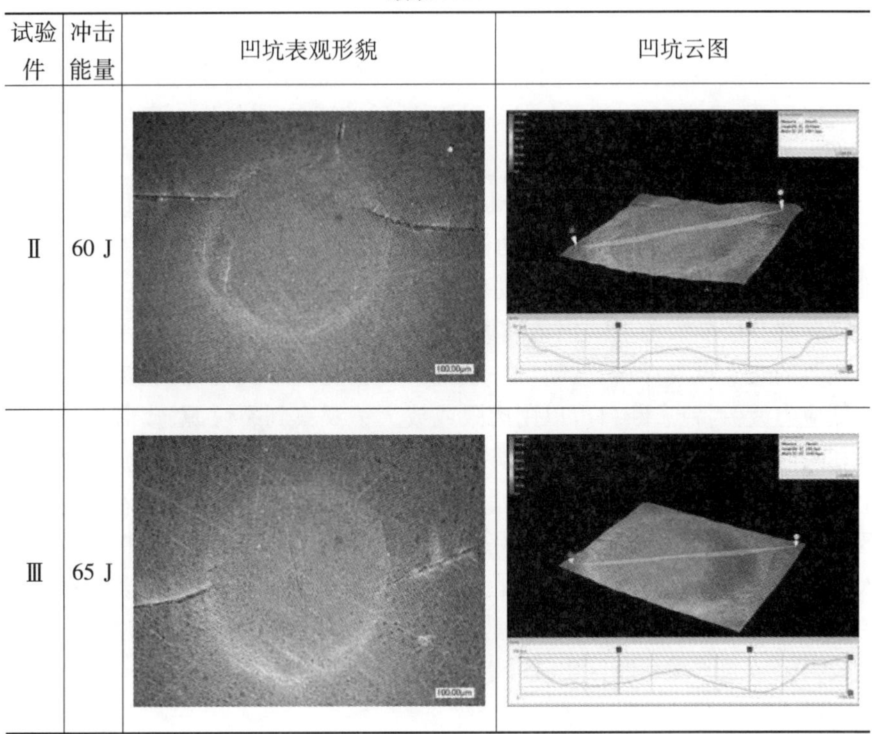

试验件	冲击能量	凹坑表观形貌	凹坑云图
Ⅱ	60 J		
Ⅲ	65 J		

通过超景深三维显微系统对试验件进行观测发现，冲击能量为 5 J 时，所有试验件均无明显冲击痕迹；随冲击能量增加，冲击凹坑深度增加；冲击能量超过 20 J 时，凹坑周围出现裂纹，冲击能量为 55 J、60 J、65 J 时，凹坑底部出现裂痕。随冲击能量增加，在冲击点位置出现内部分层现象，向板内部呈发散状扩展。在相同能量冲击作用下，随试验件厚度增加凹坑深度减小，凹坑周围裂痕数量减少、长度减小；凹坑回弹值降低；试验件反面冲击痕迹减弱。试验件凹坑在 24 h 内回弹值较大，24 h 后，回弹值降低趋于平缓。随冲击能量增加，回弹值增加。

6.5.3　复合材料层合板疲劳断裂及失效分析

迄今为止，在航空、动力、海洋结构及交通运输部门的运行事故中，疲劳失效占主要地位，随着层合板的广泛使用，其疲劳行为分析显得相当重要，在层合板的实际使用过程中，构件或制品常常在比屈服强度低得多的应力下发生失效，这通常与复合材料的加工过程存在较多不可避免的缺陷有关，如气泡、微损伤、夹杂和表面局部应力集中等。同时，由于复合材料本身的复杂特点，使得其在疲劳过程中一般不会出现主裂纹现象，且损伤机理相当复杂。对层合板而言,初步研究表明,它的疲劳损伤行为一般包括基体产生裂纹或龟裂,界面脱黏、纤维断裂或拔出和铺层分层等,疲劳损伤可以是其中的一种模式或混合模式,同时层合板疲劳失效的准则也与一般金属材料有所区别,它常常以刚度减小到一定程度为准则,而不是像金属材料以整体破坏来衡量。

层合板疲劳破坏断口形貌分析分为3部分:一是对主承力层即纤维方向与载荷方向平行或成较小角度的铺层的断口形貌分析;二是对偏轴层即纤维方向与载荷方向呈较大角度或垂直的铺层的观察分析;最后一部分则是最终导致分层断裂的层间损伤破坏的形貌分析。主承力层由于承受绝大部分载荷的交变反复作用,故断口一般呈平齐型脆性断裂特征,它类似于金属的低应力疲劳特点,断口可以用肉眼或放大镜观察到裂纹源、疲劳裂纹扩展区和瞬断区。微观下则可观察到许多由放射状小台阶构成的线疲劳源。每个台阶就是一个裂纹源,裂纹开始扩展的区域很平坦,当裂纹进入快速扩展区域时,出现类似金属疲劳脆断的贝壳状疲劳弧线。通常在瞬断区还出现人字形花样,人字指向缓慢扩展区。瞬断区的形貌特征取决于该区域材料的韧塑性、韧性较大区域则一般呈纤维状,脆性较大区域则呈结晶状,而韧性较大区域通常在中断区出现较亮的剪切唇。

1. 主承力层的疲劳裂纹

主承力层的疲劳裂纹起源于界面脱黏处或纤维的薄弱截面,这也与金属疲劳裂纹的萌生极大相似,裂纹扩展方向基本与纤维方向垂直,局部严重损伤的纤维便首先断裂,这就会在界面上产生很大的剪应力,若界面结合强度大,疲劳裂纹在附近基体中扩展便延伸到另一界面上,造成邻近纤维的断裂,正是这种裂纹横向的结果导致层合板的低应力疲劳破坏,当然也有少量的纤维拔出和孔洞开裂,这与某些界面结合较弱有利于裂纹沿界面扩展有关。

2. 偏轴层的疲劳断口形貌分析

偏轴层的疲劳失效不是由纤维断裂引起的,它类似于横向拉伸破坏,其裂纹产生的方式是基体开裂,或界面在垂直于纤维的正应力作用下开裂。这类断口普遍存在两种情况:一是断口截面参差不齐,平整度很差,整个截面各处都有纤维裸露在外,纤维表面很少附有残余基体;第二种情况属基体开裂,这类断口较平整,在宏观上能观察到贝壳状疲劳弧线,当然,它的具体形貌与基体的韧塑性、载荷变化及环境介质等密切相关,脆性较大的基体或在载荷过大的条件下便没有特别明显的疲劳弧线,这时裂纹扩展区与瞬断区无明显分界线,在微观下通常看到裂纹扩展初期的断裂小台阶和裂纹快速扩展阶段的疲劳裂纹,它们与局部裂纹扩展方向垂直,一般每条裂纹代表一次载荷循环,脆性较大的基体则没有那么明显清晰的疲劳裂纹。

3. 层间损伤形貌分析

层合板的分层疲劳破坏形式通常是横向裂纹与自由边缘交界处的分层,其破坏顺序一般是由边及里,由表向内,在微观下断口可出现类似于聚合物疲劳破坏的银纹、剪切带。银纹总是垂直于最大主应力的方向,在交变载荷作用下,一方面从银纹与基体界面上拉出更多的纤维进入银纹区,另一方面进入银纹区的纤维本身以蠕变的方式变形。银纹通过这两种方式向前扩展,而剪切带总是位于最大切应力方向上,在断口上还存在类似于金属疲劳的条纹,这些条纹是疲劳裂纹在每一循环加载中连续扩展所形成的,其间距等于疲劳裂纹的宏观扩展速率。

当然,由于层合板铺层的复杂性,其疲劳失效通常还有上述的部分分层、界面开裂及纤维间基体开裂等损伤模式。

4. 疲劳破坏机制讨论

显而易见,层合板的疲劳损伤主要是由纤维和基体控制,前者是低周疲劳下的纤维断裂失效,后者是高周疲劳的基体开裂破坏,但事实上疲劳是由多种破坏形式共同作用的,诸如基体开裂、界面脱胶、纤维断裂、层间分层等。

层合板的主承力层与偏轴层的强度和模量相差很大,在交变载荷作用下,通常是偏轴层的界面先剥离,产生大量裂纹并同时伴随基体开裂,由于主承力层与偏轴层的泊松比不同,便会引起层间剪应力和层间正应力,而较低的层间强度则导致分层。裂纹出现后,偏轴层内横裂纹的纵向正应力为零,而离裂纹较远处应力较大,随着裂纹的进一步发展,偏轴层在纵向正应力较大的区域又产生新的裂纹,使裂纹的密度逐步趋于饱和,此时偏轴层便失去承载能力,仅依靠界面将其与其他铺层黏合在一起,偏轴层对主承力层的泊松变形的抑制作用又诱发了主承力层中的裂纹萌生,于是便出现纵横裂纹交叉现象,它一方面使附近的界面脱黏而导致纤维断裂,另一方面在层面处产生严重的局部分层,这双方面的相互影响、相互作用最终导致纤维断裂而发生疲劳破坏。

总之,在层合板疲劳破坏中,各种损伤形式并非同时发生,而总是在某时某种损伤占主导地位。

6.5.4 复合材料在湿热环境下的失效分析

聚合物基复合材料与其他工程材料一样,都是在一定的环境条件下使用。常见的环境条件包括湿度、温度、腐蚀性介质、紫外线辐射、载荷等。对于航天器用复合材料来说,其环境条件更为复杂,如高低温交变、粒子云冲刷等。这些环境因子以不同的机制作用于复合材料,造成其降质退化、状态改变直至损坏变质。其中,对复合材料力学性能影响比较严重的是温度和湿度,湿热老化是树脂基复合材料的一种主要腐蚀失效形式,因此,对于复合材料湿热环境是必须考虑的总体环境。

1. 复合材料的吸湿老化机理

聚合物基复合材料吸湿老化主要是对树脂基体、增强纤维、基体/纤维界面造成退化的过程。其中包括复杂的物理和化学过程,前者一般是可逆变化,经过高温脱湿后这部分性能变化基本可以恢复,而后者为不可逆变化,永久的破坏,是造成复合材料性能失效的主要原因。

(1)基体的老化机理。

树脂基体的湿热老化机理主要包括如下几方面:

①水分首先扩散到复合材料上下两侧面的树脂基体中,占据高分子内部的自由体积,使得高分子自由链之间距离增大,削弱分子间范德瓦耳斯力,部分刚性基团活化,基体体积增大发生溶胀,产生所谓的“增塑”效果。

②由于纤维和树脂基体的湿热膨胀系数不同,基体增塑会导致沿纤维方向的拉应力,促进基体本身含有的微裂纹、气孔等缺陷吸湿,并使裂纹尖端锐化,促进裂纹的形成和扩展,加速树脂吸湿。

③树脂中的部分可溶组分遇水溶出,在基体局部形成浓度差,导致渗透压存在,在此压强作用下,树脂基体内部易产生微裂纹、裂缝和其他微小的形态变化,加速吸湿。

④在较高温度下,极性水分子由于相似相容原理,溶解高分子树脂中的某些极性基团,使得树脂内部形成微空洞,为水分渗入提供了便利条件。此外,水可以与树脂中的醚键、胺基等亲水基团发生化学反应,导致高分子水解、断链,破坏交联结构。

由于碳纤维无法吸湿,复合材料中的水分扩散行为主要受树脂性能影响。Apicella 等人指出环氧树脂有 3 种吸湿方式:a. 聚合物网络的水分扩散;b. 水分在玻璃态聚合物的空洞中扩散;c. 聚合物的亲水集团与水分子之间形成氢键。如果前两种吸湿方式同时发生,则产生双相吸附模型。

环氧树脂中也有可能出现不规则的水分运输机制。Alfrey 等人发现 Case Ⅱ扩散特征后指出:a. 当溶剂分子渗透进入聚合物中时,就将聚合物分成内部的玻璃态区域和外部的溶胀区域;b. 玻璃态区域和溶胀区域边界的扩散距离或者说吸湿率随着时间线性增加。当环氧树脂基体吸湿时,其局部溶胀的程度取决于局部的水分浓度。因此,更多的溶胀区域承受压缩应力,而越来越少的区域承受拉应力。拉应力可以加速水分的扩散速率,因此,这样一种自身产生的压力就会造成如 Case Ⅱ的非 Fick 扩散行为。

(2)纤维的老化机理。

对于碳纤维增强的树脂基复合材料,碳纤维的吸湿问题基本不用考虑。但是对于诸如玻璃纤维、芳纶纤维之类的常用纤维,其吸湿问题则不容忽略。纤维的微观扫描图片显示,其表面有起伏,直径不均,有一些气孔、沟槽或者裂缝以及杂质微粒,当水分通过树脂及界面到达纤维时,水分就会沿着其中的裂缝迅速扩散,并促进裂纹的形成和扩展,破坏纤维的结构,进而影响纤维的性能,降低其有效传递载荷的能力。在航空航天领域应用最多的纤维增强复合材料中,碳纤维的耐湿性能最优异,次之是玻璃纤维,耐水性最差的是芳纶纤维。对于后两者,纤维中含有一些极性化学官能团,当水分浸入时会与这些官能团发生化学反应,造成官能团的水解,进而破坏纤维。

(3)界面的老化机理。

纤维/树脂复合材料的界面在很大程度上决定了材料的整体性能,包括物理性能和机械性能。当基体树脂吸湿时,由于纤维和基体树脂的湿膨胀系数的差异,在两者界面之间产生了剪应力,当此应力的数值超过界面黏结应力时,就会引起界面脱黏,降低界面传递载荷的能力,从而导致其性能下降。当复合材料处于高温环境中时,由于基体树脂和纤维的热膨胀系数不同,将产生另一内应力,它更会加剧以上现象。除此之外,当剪应力超过一定数值后引起界面上裂纹的形成或者已有裂纹的扩展,加速界面的吸湿和降解。水分子还可以同界面树脂中的一些极性基团发生化学反应,造成基体水解,削弱界面黏结性能。以上所述的这些影响都是不可逆、不可恢复的永久破坏。

2. 复合材料的吸湿扩散特性

图 6.8 为复合材料层合板拉伸、弯曲、压缩试样在 70 ℃和 25 ℃水浸下的吸湿特性曲线。从图中可以看出,在两种温度下,复合材料试样的吸湿曲线在一定时间后,吸湿速率变小,材料的吸湿率达到平衡状态。

水分的扩散一般取决于水分浓度和溶胀应力。在吸湿初期,水分主要通过在浓度梯度作用下扩散进入基体树脂占据自由体积、由"毛细"作用扩散达到界面、通过微裂纹或孔隙达到材料的内部,因此初期材料的吸湿速率比较快。在吸湿后期,吸湿主要由溶胀应力和聚合物松弛决定,受溶胀应力的负面影响,吸湿率在很小的范围内变化,此时的扩散系数减小。但是从图中可以看到,复合材料吸湿已达到平衡态,但是其吸湿量仍在缓慢增加,短

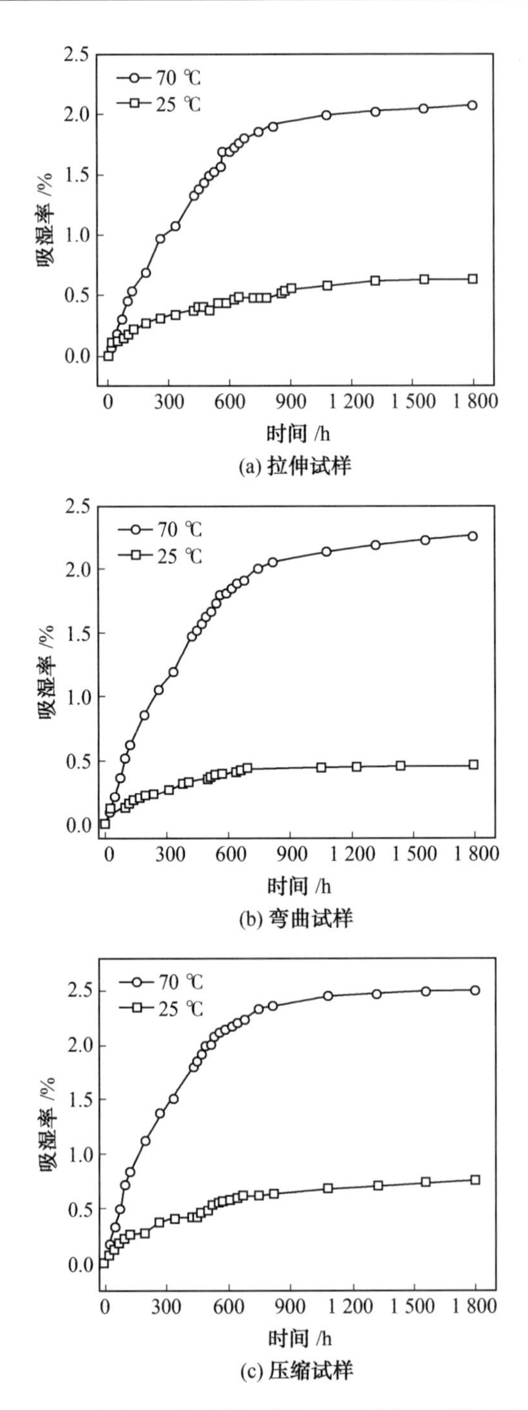

(a) 拉伸试样

(b) 弯曲试样

(c) 压缩试样

图6.8 70 ℃和25 ℃水浸下复合材料试样的吸湿特性曲线

期内难以达到饱和。

观察吸湿曲线还可以发现,随着环境温度的升高,吸湿初期材料的吸湿速率,即线性段斜率和吸湿量均增大,达到吸湿平衡的时间延长,平衡吸湿量也增大,这表明吸湿速率、平衡吸湿率均与环境温度有关。

随着温度的升高,扩散进入复合材料的水分子活性增加,扩散能力增强,与此同时,由于温度升高,环氧树脂基体内部的链段分子的运动也变得剧烈,从而导致吸湿初期吸湿速率增快,吸湿量增加,最终平衡吸湿量也较大。除此之外,在高温高湿条件下(80 ℃,100% RH),水分子与基体内部的极性官能团发生水解或基体中部分可溶组分或杂质溶解析出,在材料内部造成空洞甚至微裂纹,加速材料吸湿。

3. 湿热对复合材料静态力学性能的影响

聚合物基复合材料的性能对湿热环境较为敏感,对于复合材料结构而言,湿热环境对材料性能的影响是必须考虑的问题,即在最严酷的湿热条件下引起的物理及力学性能的降低,以及长期的湿热老化环境对材料力学性能及寿命的影响。

复合材料的湿热老化主要是树脂基体和界面的老化,一般与碳纤维的关系不大。树脂基体的退化一般分为3类:一是物理老化,是指在复合材料使用范围内,材料的模量、强度以及延展性由于时效发生变化,其显著特点是复合材料的熵、焓、自由体积的变化,而以上因素的变化将对复合材料的力学性能产生极大的影响;二是化学老化,是指树脂聚合物的分子链发生降质退化,如进一步交联和断链等,老化机理主要有热氧老化、热老化、水解;三是机械老化,是一个不可逆的降质过程,宏观可见,主要包括基体开裂、层间分离、纤维断裂、界面脱黏以及聚合物基复合材料的蠕变、应力松弛、塑性变形。

(1)湿热对 CFRP 层合板拉伸性能的影响。

图6.9为25 ℃和70 ℃湿热环境中复合材料试样的拉伸强度和拉伸模量在未吸湿、吸湿168 h、336 h、504 h 和吸湿平衡后的变化情况。从图中可以看到,70 ℃下吸湿 336 h 和504 h时,复合材料的拉伸强度分别下降了26.66%,32.33%;而在吸湿时间达到 840 h 时材料的拉伸强度值反而较前两者升高,总体下降了 20.89%,拉伸模量也出现了类似的起伏变化趋势。在25 ℃下复合材料的拉伸强度和模量随吸湿时间一直呈下降趋势,但下降程度没有70 ℃时大。

对于编织型复合材料,双向排布的纤维在很大程度上限制了环氧树脂基体的收缩,形成空洞、孔隙,其残余固化应力值也都比较高。吸湿平衡时

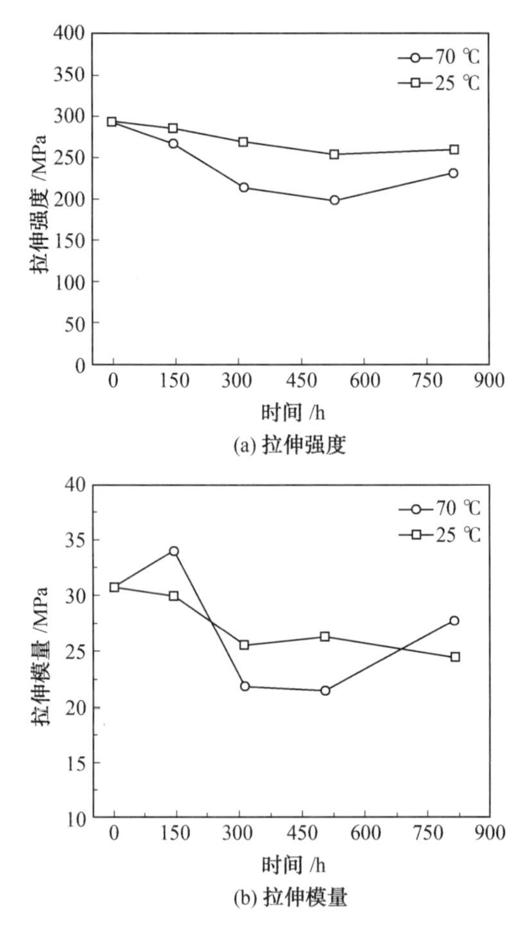

图6.9　25 ℃和70 ℃湿热环境中复合材料试样的拉伸强度和拉伸模量随吸湿时间的变化

吸湿率大，由于基体溶胀会造成溶胀应力，这在一定程度上能抵消固化残余应力的作用，从而使复合材料的性能有所提高，除此之外，在高温下，复合材料中未充分固化的环氧树脂有可能发生二次固化反应，这也有利于材料性能的改善。

树脂基体吸湿产生的溶胀使碳纤维承受剪应力，当该应力达到一定数量级超过纤维/基体界面黏结力时，就会造成界面脱黏，降低界面的传载能力；且基体增塑，其对碳纤维的支撑作用削弱，会进一步应力传递。同时，水分渗入到材料表面层的某些部位，导致局部增塑，极易在较小的应力作用下发生取向，形成较多的银纹。吸湿导致基体大分子增塑，增大分子链之间的距离，可以破坏分子间的范德瓦耳斯力。以上是吸湿导致复合材料发生的物理老化形式。此外,水分扩散进入树脂基体后,可能与基体中的某些极性基团发生化学反应,造成基体水解或断链,削弱分子间的化学结合力;还可造成基体与碳纤维之间化学结合和摩擦结合的破坏,改变界面自由能和应力状态,削弱界面黏结强度。

正是由于以上两方面相反的影响导致了复合材料吸湿后力学性能的起伏变化。但是湿热老化的有利影响相对于不利影响来说是比较微弱的,因此总体上复合材料的拉伸强度和模量呈现下降趋势。

在25 ℃下复合材料的吸湿量比较低,吸湿导致的溶胀应力也较小,而且湿热温度低,不会引起树脂的二次固化反应。因此,复合材料的拉伸性能一直呈下降趋势,但下降程度小。由于复合材料的拉伸性能主要受碳纤维控制,而碳纤维几乎不吸湿,因此拉伸性能的下降主要是由界面破坏,有效传载能力下降引起的。

(2)湿热对 CFRP 层合板压缩性能的影响。

图6.10为25 ℃和70 ℃湿热环境中复合材料试样的压缩强度在未吸湿、吸湿168 h、336 h、504 h和吸湿平衡后的变化情况。从图中可以看到,70 ℃下随着吸湿时间的增加,材料的压缩强度呈现明显下降趋势。在浸泡504 h之前,压缩性能随时间下降的趋势比较剧烈,在504 h之后,下降趋势则趋于平缓。这是因为复合材料的压缩性能主要受吸湿率的影响,而试样的吸湿率在吸湿后期逐渐达到平衡,因此材料的压缩性能在吸湿后期下降趋于平缓。在吸湿平衡时,层合板的压缩性能下降了约44.34%,可见湿热环境对由树脂基体控制的压缩性能影响非常严重,25 ℃下材料的压缩性能变化趋势与70 ℃时类似。

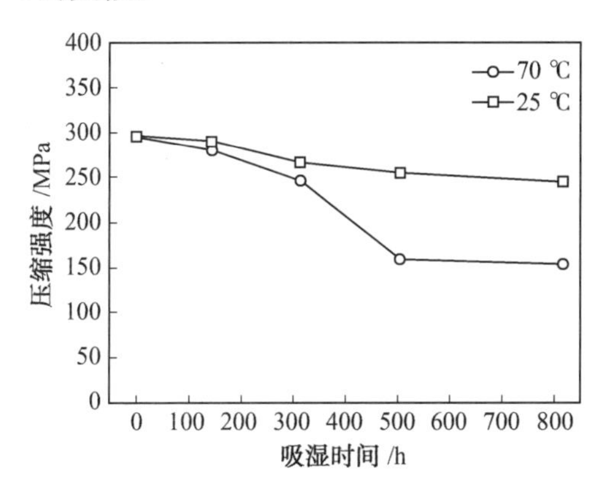

图6.10　25 ℃和70 ℃湿热环境中复合材料试样的压缩强度随吸湿时间的变化情况

吸湿会导致树脂基体增塑,模量下降,削弱其对纤维的支撑能力。此外,由于树脂基体湿热膨胀系数比纤维的湿热膨胀系数大,导致碳纤维承受拉应力,基体承受压应力,在两者界面上还会产生剪切应力,这对于基体的支撑作用、纤维的承载及界面的传载能力都有影响。扩散进入复合材料中的水分还可以诱发基体和界面上裂纹的产生和扩展,在承受外载荷时,极易造成基体开裂,大大削弱基体树脂的力学性能。复合材料的纵向压缩性能主要取决于树脂基体,界面对其也有影响,因此,相对于拉伸性能,材料的压缩性能受湿热影响严重很多,湿热温度对于复合材料压缩性能的影响及原因和拉伸性能相同。

(3)湿热对 CFRP 层合板弯曲性能的影响。

图6.11为复合材料层合板分别在25 ℃和70 ℃湿热环境中弯曲强度在未吸湿、吸湿168 h、336 h、504 h和吸湿平衡后的变化情况。从图中可以看出,在70 ℃和25 ℃下材料的弯曲强度随着吸湿时间的延长、吸湿率的增加呈现下降的趋势。尤其是在吸湿168~504 h,试样的弯曲强度随时间的下降趋势非常剧烈,而在吸湿504 h之后直至吸湿平衡,材料弯曲强度随时间延长的降低趋势较缓慢,甚至有所升高,这主要是因为在吸湿后期材料的吸湿接近平衡状态。在吸湿平衡后层合板最终的弯曲强度分别下降了12.91%、8.61%,介于压缩强度和拉伸强度之间。在三点弯曲试验中,试样一侧承受拉应力,一侧承受压应力,还存在剪切应力的影响。湿热会造成基体增塑和溶胀、界面处化学键水解、诱发微裂纹产生以及界面脱黏等不利的化学和物理老化,以及溶胀应力抵消部分残余热应力、二次固化等有利的影响。以上因素对于复合材料弯曲性能的变化都有影响。

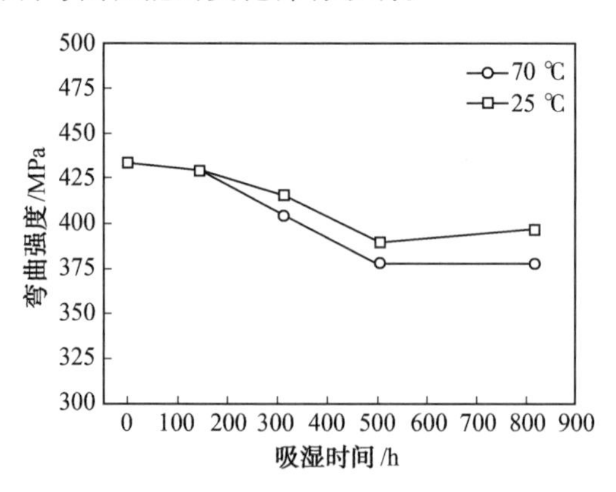

图6.11 25 ℃和70 ℃湿热环境中复合材料层合板的弯曲强度随吸湿时间的变化情况

4. 湿热老化对复合材料物理性能的影响

聚合物基复合材料的吸湿可以导致材料的物理性能发生变化，随着吸湿量的增加，玻璃化转变温度随之下降。

Goertzen W K 等人研究了 DMA 测试参数对修复石油管道的碳纤维/环氧复合材料 T_g 的影响。结果表明，随着频率增加，T_g 随之增加。对于室温固化的复合材料由于试验后期高温造成的树脂后固化，使得在橡胶态区域材料的模量上升。从损耗模量的峰值获得的 T_{g1} 比 tan δ 曲线上获得的 T_{g2} 均小，两种方法所得的 T_g 值最大相差 20.6 ℃。在 T_g 测试中，由于频率改变而造成的 T_g 最大差值为 15.7 ℃，而由于加热速率变化造成的最大差值为 4.2 ℃。一般，在 T_g 测试过程中，在较低升温速率下，频率的影响比较显著，而在较高频率下升温速率则成为主要的影响因素。

Hameed N 等人认为纤维增强复合材料的动态机械性能和很多因素相关，如纤维承载、纤维取向以及纤维/基体界面性质。该作者对聚苯乙烯-丙烯腈共聚物（SAN）改性的环氧树脂/玻璃纤维复合材料的热力学性能进行了研究。随着增强玻璃纤维的加入，载荷能有效地传递到界面，基体树脂的储能模量迅速增加，在一定程度上表明了纤维的增强效果。当纤维体积分数为 50%（ESG）时，复合材料的储能模量达到最大值，约为纯树脂的 460%。而随着纤维体积分数的进一步增加，储能模量反而呈现下降趋势。纤维的加入使得复合材料内部自由体积和自由链数目增加，造成损耗模量峰的宽化。而且复合材料测试曲线呈现两个峰值，分别是 SAN 富集相和环氧富集相，随着纤维体积增加，T_g 向高温区移动。

复合材料的湿热性能主要取决于湿、热膨胀系数的大小。复合材料的纵向热膨胀系数可表示为

$$\alpha_L = \frac{\alpha_f E_f V_f + \alpha_m E_m V_m}{E_f V_f + E_m V_m} \tag{6.9}$$

其横向热膨胀系数、纵向和横向湿膨胀系数的预测表达式分别为

$$\alpha_T = V_f(1 + \nu_f)\alpha_f + V_m(1 + \nu_m)\alpha_m - (\nu_f V_f + \nu_m V_m) \tag{6.10}$$

$$\beta_L = \frac{\beta_f E_f V_f C_{fm} + \beta_m E_m V_m}{(E_f V_f + E_m V_m)(V_m \rho_m + V_f \rho_f)}\rho \tag{6.11}$$

$$\beta_T = \frac{\beta_f(1 + \nu_f)V_f C_{fm} + \beta_m(1 + \nu_m)V_m}{(V_m \rho_m + V_f \rho_f)}\rho - (\nu_f V_f + \nu_m V_m)\beta_L \tag{6.12}$$

冯青等人采用千分表对环氧 5228A 树脂和碳纤维/5228A 复合材料在 3 种不同的湿热环境（70 ℃水煮、70 ℃水浸及 70 ℃ 85% HR）下的湿膨胀系数进行了测试，结果如图 6.12 所示。在同一湿热条件下，环氧树脂和碳纤维/环氧树脂复合材料层合板的湿膨胀系数均随吸湿率的增大而呈增加趋

势，三者数值非常接近；不同湿热条件下，同一吸湿率下水煮时树脂的湿膨胀系数最大，70 ℃、85% HR 下最小，材料内的湿应力和湿应变主要由吸湿率决定。

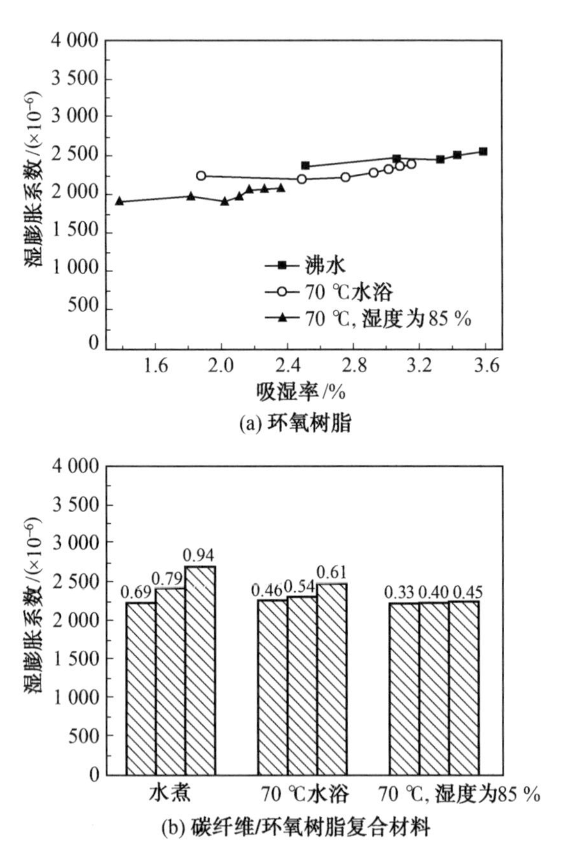

图 6.12　不同湿热条件下不同材料的湿膨胀系数曲线

5. 外载荷对复合材料湿热性能的影响

不同方向的外载荷对复合材料吸湿行为影响是不同的，拉应力能够在较大程度上加速复合材料吸湿，压应力则相反，能够削弱复合材料的吸湿，但削弱程度较小。外载荷的存在并没有改变复合材料3种主要的吸湿机制：树脂基体吸湿、纤维/树脂界面吸湿及增强纤维吸湿。随着载荷的增加，材料的吸湿速率、平衡吸湿量均增大。

南田田等人研究了不同水平的弯曲载荷对碳纤维增强环氧复合材料的吸湿特性、吸湿扩散机理的影响。研究结果表明，在弯曲载荷作用下（30%、60%），CFRP 的平衡吸湿量提高到2.42%、2.75%（未加载时为2.25%），扩散系数 D、扩散速率也均增大。Fick 模型和 Langumir 模型拟合曲线与试验结果均有很高的一致性,相关系数在 0.998 以上。不同水平(0、30%、60%)的弯曲载荷并没有改变 CFRP 的两阶段吸湿曲线形状和吸湿扩散机制:弯曲载荷增大,材料的吸湿速率、平衡吸湿率相应增加;Langmuir 扩散模型的拟合结果较 Fick 扩散模型更贴近吸湿试验数据,表明湿-热、弯曲载荷-湿-热两种情况下材料中的水分均包括自由扩散相和结合相两部分。

图 6.13 为在不同水平弯曲载荷作用下复合材料层合板的吸湿曲线及初始吸湿段的线性拟合,从中也可以直接看到,不同加载情况下的吸湿扩散系数 D 的相对大小。从图中可以明显看到,随着载荷水平的增大,复合材料吸湿初期的扩散系数 D 也是呈增加趋势。

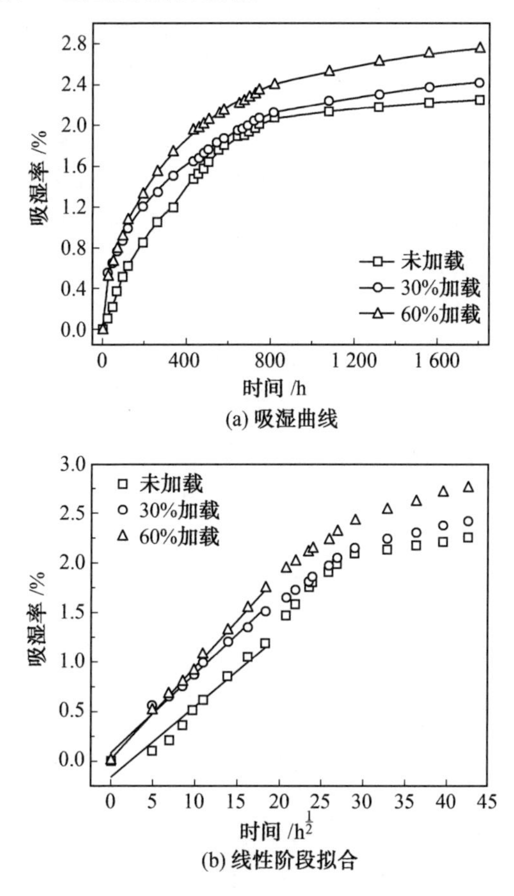

图 6.13 在不同水平弯曲载荷作用下复合材料层合板的吸湿曲线及初始吸湿段的线性拟合

吸湿对树脂基体的影响包括物理老化(增塑、溶胀)、化学老化(水解、后固化)和机械老化(开裂)3 部分。吸湿对于复合材料的纤维/树脂界面的影响也包括两方面:一方面,水分能与界面上的化学键发生化学反应,降低纤维/树脂黏附力,进而能够造成界面"毛细现象"的吸湿;另一方面,吸湿一般会导致基体溶胀,使得纤维轴向应力降低,当吸湿量达到一定量级时,会导致纤维承受的压应力转变为拉应力。此种高水平的拉应力会沿着纤维/树脂界面扩展,同时轴向应力由于应力腐蚀机制会加速纤维强度降解,径向应力加速界面脱黏。此外,界面上局部亲水区域吸湿导致高渗透压,加速界面水解。

弯曲载荷对于以上所说的基体和界面吸湿两个过程均有促进作用。基体吸湿导致局部增塑,此区域的大分子链段在弯曲载荷作用下易取向,从而导致更多银纹的出现。当水分沿着银纹扩散进入时,使得银纹末端应力集中处进一步增塑,此区域的链段活动更自由,在弯曲载荷作用下也更易发生取向、解缠,从而促进银纹的形成和扩展,当银纹增加到一定数目时,就形成裂纹并导致基体开裂。对于基体中存在的裂纹或孔隙缺陷,弯曲载荷使得缺陷处产生应力集中,加速裂纹的形成和扩展,促进基体进一步吸湿,此机制称为"应力开裂"机制。此外,弯曲载荷能促进界面"毛细"现象,加速界面水解和脱黏,称为"应力诱发脱黏"。

6. 外载荷对复合材料力学性能的影响

由于外载荷会促进复合材料中裂纹的生成和扩展,加速基体的吸湿膨胀及界面的脱黏水解,加速复合材料吸湿,而复合材料的性能直接受吸湿率影响。因此,外载荷的存在会加剧湿热中复合材料的力学性能下降,对其破坏模式也有一定的影响。

南田田等人通过试验对不同弯曲载荷水平下碳纤维增强环氧复合材料的吸湿后静态力学性能及破坏机制、脱湿特性、脱湿后力学性能恢复以及化学结构进行了分析。试验结果表明,弯曲载荷没有改变复合材料的吸湿机制,但能够促进树脂基体和界面吸湿。通过力学性能试验发现吸湿会造成CFRP力学性能的下降,弯曲载荷水平越高,下降越严重。红外光谱分析表明两种情况下材料均没有发生水解、断裂等化学反应,化学老化不是造成材料性能下降的原因。通过SEM和金相显微镜观察分析表明,吸湿导致复合材料中界面脱黏和基体微裂纹的出现,弯曲载荷在一定程度上加剧了这两种不可逆损伤。DMA测试结果进一步证实,弯曲载荷会加剧吸湿造成的物理老化(增塑、溶胀)和机械老化(界面脱黏、基体开裂),但后固化作用可以忽略,并无不可逆的化学老化。湿热循环下5种典型试样(弯曲、压缩、弯曲加载、开孔弯曲及冲击试样)的吸湿特性和力学性能变化表明,CFRP的吸湿历程会影响其再吸湿率和再脱湿率,频繁的湿热冲击能造成材料力学性能的降解,尤其是含损伤的弯曲加载试样力学性能下降最严重。湿-热、弯曲载荷-湿-热耦合作用下 CFRP 的寿命预估结果表明,弯曲载荷会大大缩减材料的使用寿命,进一步说明弯曲载荷对复合材料构件可靠性的重大影响。

图 6.14 为不同水平弯曲载荷作用下,复合材料试样 70 ℃水浸不同时间后的弯曲强度变化图。从图中可以看出,随着吸湿时间的增加,3 种不同水平弯曲载荷下试样的弯曲强度均呈下降趋势。当弯曲载荷由 30% 增加到 60% 时,弯曲强度的下降趋势更剧烈。

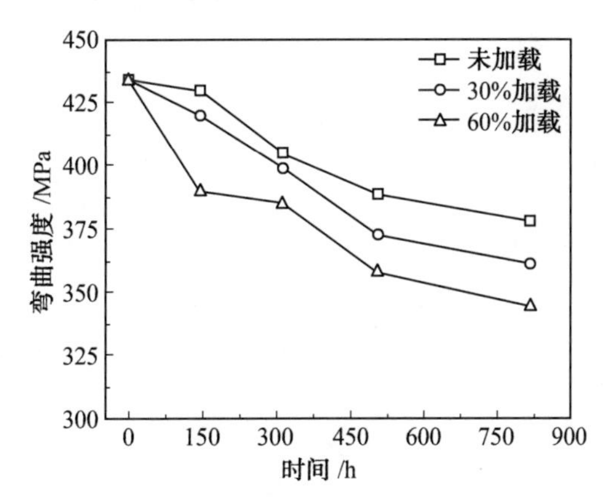

图 6.14 不同水平弯曲载荷作用下复合材料试样 70 ℃水浸不同时间后的弯曲强度变化

弯曲载荷加速基体和界面上微裂纹的形成和扩展,促进复合材料吸湿、吸湿量增大,使碳纤维和树脂基体的湿热膨胀不匹配性加剧从而在界面上产生内应力。当应力达到一定量级后就会引发界面脱黏和分层,进一步促进吸湿。由此可见,外载荷作用下复合材料的吸湿过程是一个加速的恶性循环。由于复合材料的弯曲强度-吸湿量之间存在对应关系,因此,弯曲载荷水平越高,材料吸湿率越大,其弯曲强度下降越严重。

图 6.15 为未承载和 60% 弯曲载荷作用下 70 ℃吸湿平衡复合材料试样的横截面电镜图。从图 6.15(b)可以看出,弯曲载荷作用下,复合材料吸湿后在纤维/树脂界面上出现明显的脱黏现象,弯曲加载前这一现象并不明显,如图 6.15(a)所示。比较图 6.15(c)和图 6.15(d)可以看出,未加载时吸湿后复合材料基体中出现了相对微小的开裂现象,而加载后裂纹扩大数百倍。

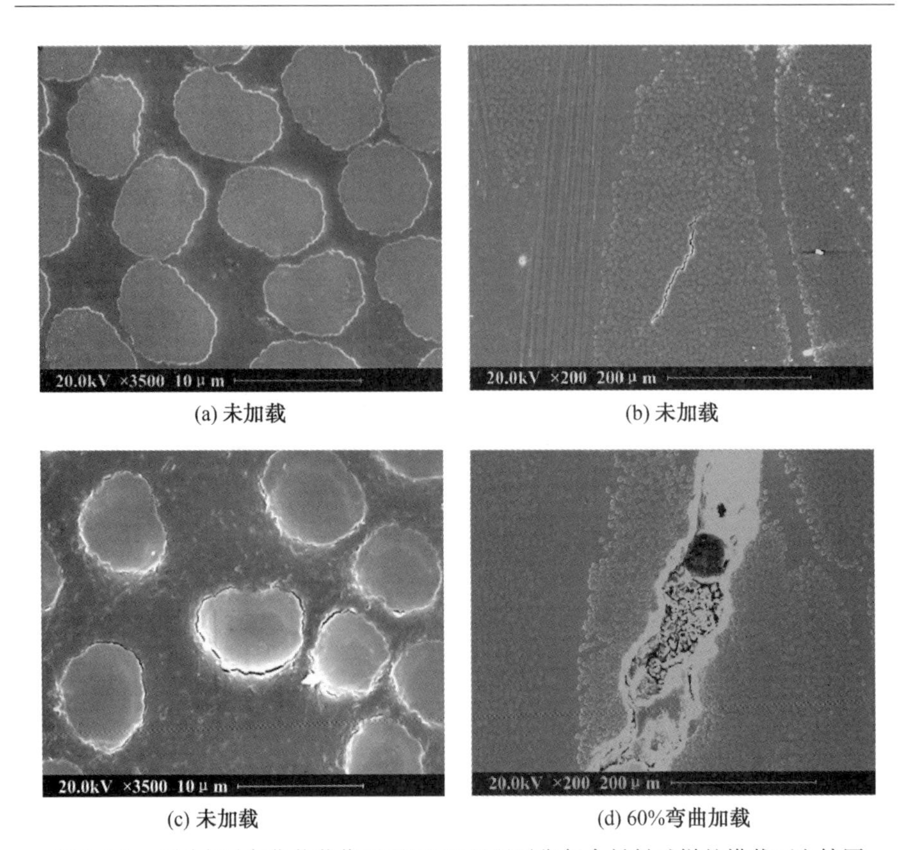

(a) 未加载　(b) 未加载

(c) 未加载　(d) 60%弯曲加载

图6.15　不同水平弯曲载荷作用下70 ℃吸湿平衡复合材料试样的横截面电镜图

当水分渗入到复合材料表面层某些部位时,导致树脂基体局部增塑,增塑区域的链段活动能力增强,对于弯曲加载的试样,在高水平的应力作用下,该部分区域会形成大量的银纹。银纹形成初期,一般是笔直的,末端尖锐。随着继续吸湿,应力集中的银纹末端进一步增塑,链段更易取向、解缠,并逐渐汇合、发展,甚至形成宏观可见的裂纹,能在很大程度上降低材料的力学性能。弯曲载荷作用下复合材料的吸湿量增大,碳纤维由于基体和纤维湿热膨胀差异而承受的剪应力增大,当该应力达到一定数量级超过界面黏结力时,就会造成界面脱黏,影响界面有效传递载荷的能力,从而削弱材料的力学性能。

6.5.5　孔隙对复合材料层压板性能的影响

纤维增强聚合物基复合材料与金属材料相比具有比强度、比模量高和抗疲劳性好等特点,在航空航天领域得到了广泛的应用。国外第四代军机复合材料的结构系数已达到27%～28%。未来以F-22为目标的复合材料用量比例需求为35%左右,其中碳纤维复合材料将成为主体材料。国外的一些轻型飞机和无人驾驶飞机已经实现了结构的复合材料化。

但是聚合物基复合材料加工过程产生的孔隙缺陷也越来越受到人们的重视,这是因为在加工过程中孔隙的产生几乎是不可避免的,尤其是在复合材料构件形状的突变处,而且孔隙的存在对力学性能会产生不利影响。国外的学者在这方面进行了大量的试验研究,得出的结论是:无论树脂、纤维的类型和纤维表面的处理如何,孔隙率对复合材料的层间剪切强度影响最大,其他的力学性能同样也受孔隙含量的影响,但影响程度不如层间剪切强度大。但进行相关研究的学者所得出的结果相差很大,即在孔隙率相同的情况下,孔隙率对复合材料力学性能的影响程度不同,而且孔隙率对复合材料力学性能的影响还表现为离散性大、重复性差等特点。由此可见,对碳纤维增强环氧树脂基复合材料内孔隙率及其对力学性能的影响进行综合评价是非常必要的,这对保证碳纤维复合材料结构的可靠性,防止意外事故的发生有重大意义。随着聚合物基复合材料在航空领域的普遍应用,国内的相关企业也做了大量的关于复合材料的基础研究,但针对飞机结构典型铺层的孔隙率对强度的影响的研究还很少。

1. 孔隙对复合材料层压板静态力学性能的影响

朱洪艳对孔隙的形成机理进行了分析研究。针对T300/914碳纤维增强环氧树脂复合材料,根据孔隙生长模型,对热压罐固化工艺参数对孔隙率的影响进行了理论预测和试验分析,得到了热压罐压力对层压板孔隙的影响关系。采用光学显微镜和图像分析方法研究了复合材料层压板的孔隙的形貌特征。如图6.16所示,孔隙大多出现在层间树脂富集区,而且孔隙都会沿着层间发展。当热压罐压力较低时,少数孔隙在层内出现,尺寸和纵横比都较小。随着热压罐压力的增大,孔隙的面积、长度和纵横比都不断地增大,面积较大的孔隙也逐渐增多。复合材料层压板的铺层影响了孔隙的分布和孔隙的形貌。

建立了孔隙和复合材料层压板的拉伸强度和模量、压缩强度和模量与层间剪切强度的定量关系,分析了孔隙对破坏机制的影响,并采用物理模型和神经网络模型对孔隙的影响进行了模拟,如图6.17~6.20所示。孔隙率对复合材料层压板的压缩强度和模量以及层间剪切强度的影响比较大,对拉伸强度的影响比较小,对拉伸模量的影响由于层压板铺层的不同差别较大。孔隙促进了裂纹的产生和扩展。在压缩载荷作用下,孔隙还使得增强纤维出现了微屈曲和屈曲折断。在层间载荷作用下,层间孔隙也会使得增强纤维折断。

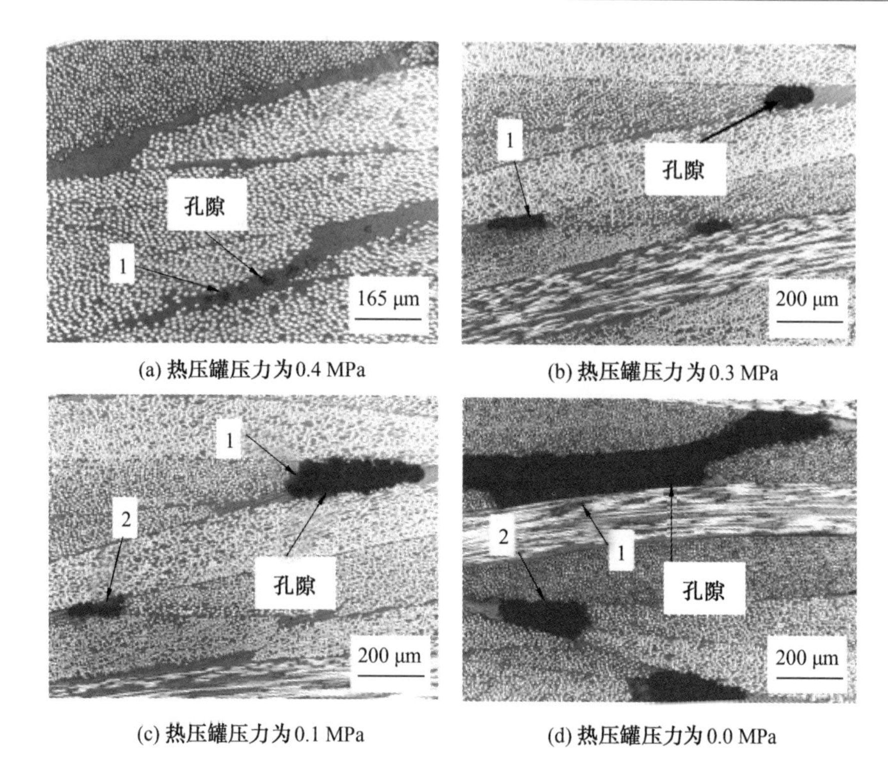

(a) 热压罐压力为0.4 MPa　(b) 热压罐压力为0.3 MPa

(c) 热压罐压力为0.1 MPa　(d) 热压罐压力为0.0 MPa

图6.16　层压板在不同热压罐压力下孔隙的显微照片

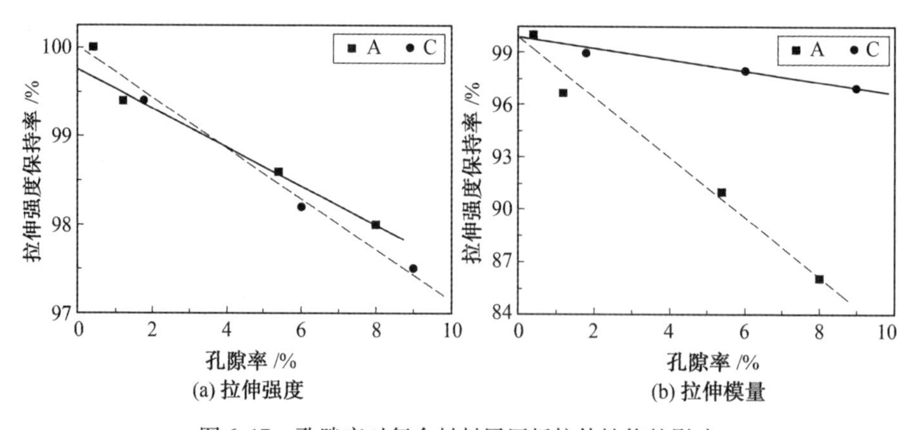

(a) 拉伸强度　(b) 拉伸模量

图6.17　孔隙率对复合材料层压板拉伸性能的影响

2. 孔隙对复合材料层压板动态力学性能的影响

朱洪艳还研究了孔隙与复合材料层压板受冲击后层间剪切强度的定量关系,并采用光学显微镜和X射线分析了孔隙对冲击损伤的影响。如图6.21所示,孔隙的存在促进了冲击裂纹的产生。冲击后的复合材料层压板

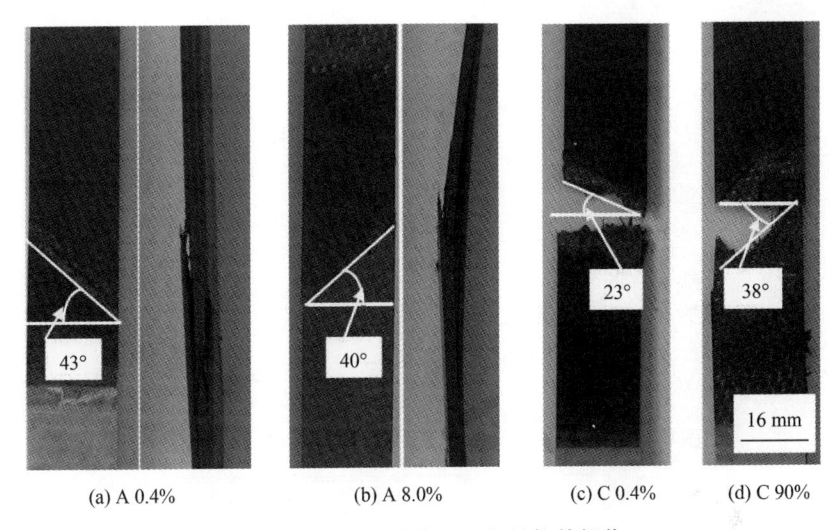

图 6.18 不同孔隙率层压板的拉伸损伤

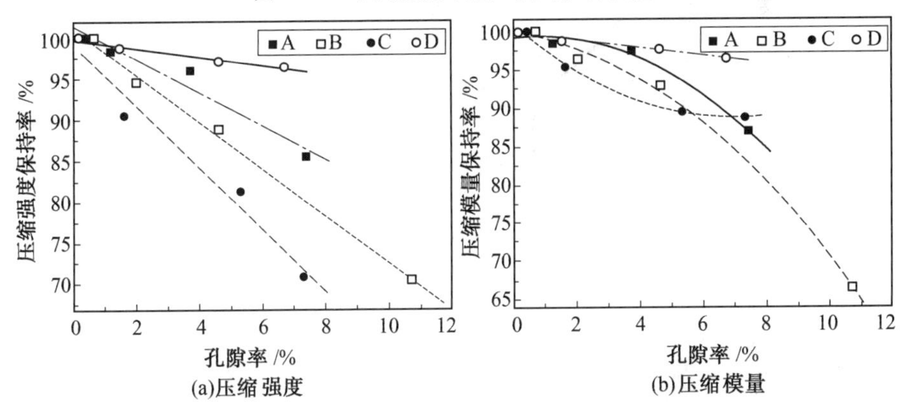

图 6.19 孔隙率对复合材料层压板压缩性能的影响

的层间剪切强度随着孔隙率的增加降低很多。她还研究了孔隙与复合材料层压板的层间剪切疲劳寿命的定量关系,并采用光学显微镜和 X 射线分析了孔隙对疲劳损伤的影响。如图 6.22 所示,随着孔隙率的增加,复合材料层压板的疲劳寿命降低。孔隙的存在促进了疲劳裂纹的产生和扩展。最后她还研究了不同湿热条件下孔隙对复合材料层压板吸湿性能和湿热老化的层间剪切性能的影响,建立了孔隙率与吸湿量和脱湿后层压板的层间剪切强度的定量关系。如图 6.23 和图 6.24 所示,复合材料层压板的吸湿率和最大吸湿量均随着孔隙率的增加不断增大。由于后固化现象的存在,复合材料层压板湿热老化后的层间剪切强度随着孔隙率的变化较为复杂。孔隙在湿热环境下影响了裂纹的产生与扩展。

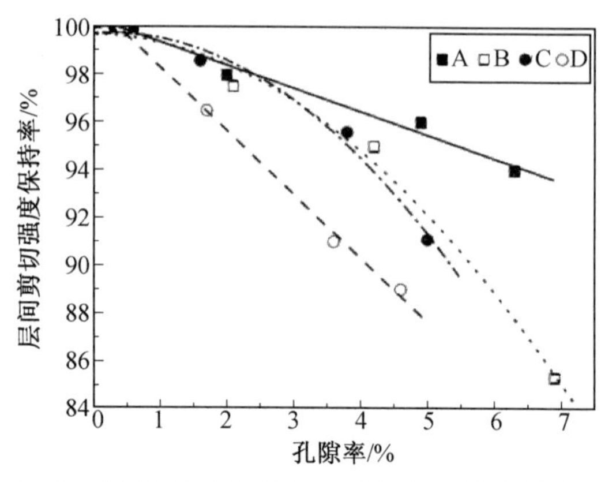

图 6.20　孔隙率对复合材料层压板层间剪切强度的影响

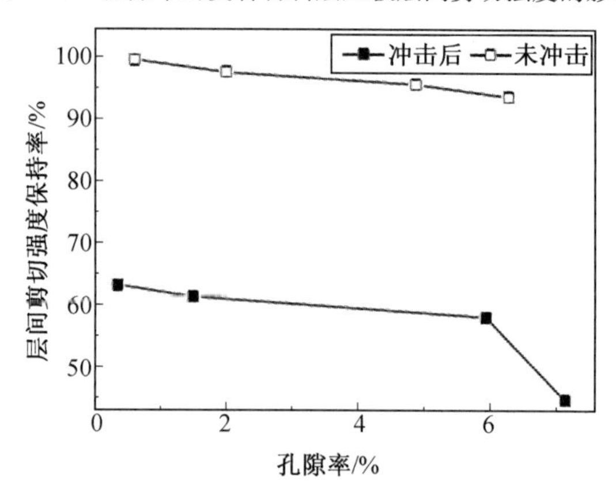

图 6.21　孔隙率对层压板冲击后层间剪切强度的影响

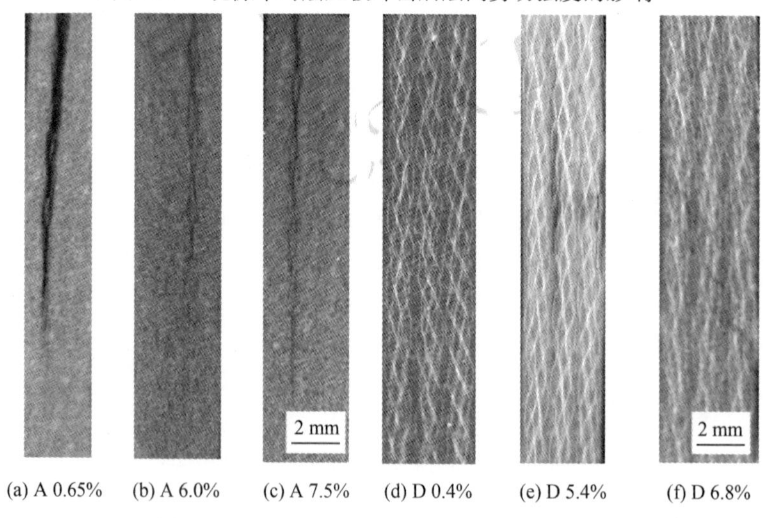

(a) A 0.65%　(b) A 6.0%　(c) A 7.5%　(d) D 0.4%　(e) D 5.4%　(f) D 6.8%

图 6.22　层压板 A 和 D 疲劳后 X 射线照片

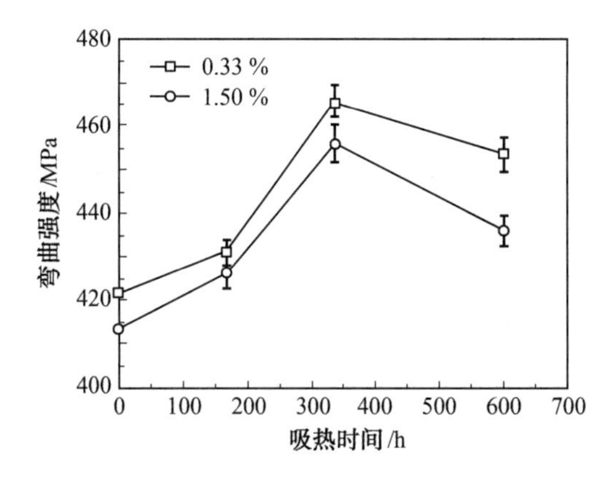

图 6.23　不同孔隙率试样弯曲强度随吸湿时间变化的曲线

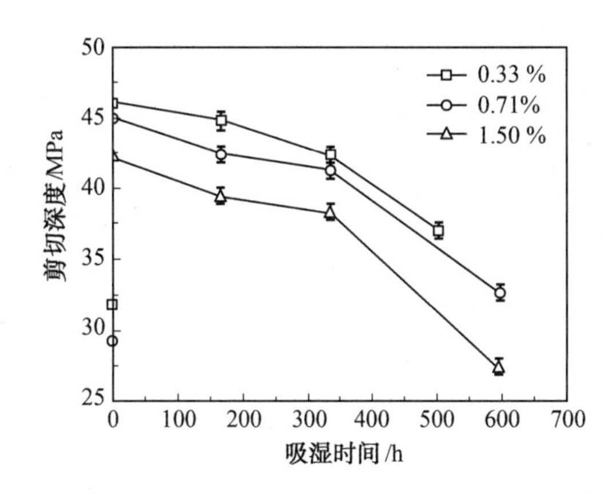

图 6.24　不同孔隙率试样层间剪切强度随吸湿时间变化的曲线

张阿樱研究了孔隙率及湿热环境对 CFRP 层合板的孔隙形貌、固化度、巴氏硬度及静态力学性能的影响规律。试验结果表明,孔隙率对 CFRP 层合板试样的静态力学强度均存在不利影响。随着孔隙率的增长,层间剪切强度及压缩强度的下降值较大,拉伸强度下降值较小。她还研究了湿热环境对 CFRP 层合板试样的静态力学性能的影响,与未老化试样相比,相同孔隙率的湿热老化试样的层剪切强度及压缩强度下降值较大。相同孔隙率的脱湿试样的拉伸强度、压缩强度及层间剪切强度均低于未老化试样,而高于湿热老化试样。相同孔隙率的湿热老化试样及脱湿试样的弯曲强度高于未老化试样的弯曲强度。采用金相显微镜及扫描电子显微镜观测破坏后试样发现,由于应力集中作用,裂纹由孔隙处产生,并且孔隙之间的基体裂纹发生相互贯通。

张阿樱还针对孔隙率对湿热处理后 CFRP 层合板试样的弯曲疲劳性能及疲劳后剩余弯曲强度的影响规律进行了分析和研究。试验结果表明,孔隙率对弯曲疲劳性能的影响比对静态弯曲强度的影响程度更加显著。采用金相显微镜及扫描电子显微镜观测疲劳后的试样发现,CFRP 层合板在循环荷载作用下产生不可逆的结构性损伤,进而对 CFRP 层合板试样的剩余弯曲强度进行测试,研究累积损伤对复合材料宏观力学性能的改变规律。如图 6.25 所示,CFRP 层合板试样的剩余弯曲强度保持率随着孔隙率的增加呈下降趋势。他们分析了孔隙率、环境因素与冲击能量对 CFRP 层合板试样的冲击阻抗性能及损伤容限性能的影响规律。在相同冲击能量作用下,孔隙率对凹坑深度及冲击损伤投影面积均存在不利影响。CFRP 层合板冲击后剩余拉伸强度随着冲击能量的提高显著下降,然而孔隙率对 CFRP 层合板冲击后剩余拉伸强度的影响并不明显。如图 6.26 所示,CFRP 层合板试样的冲击阻抗性能及损伤容限性能均在冲击能量为 9 J 处发生突变。采用热揭层方法观测发现,当冲击能量超过 9 J 后,除基体裂纹和分层两种冲击损伤形式外,试样表面开始出现纤维折断现象,揭示了当冲击能量超过阈值 9 J 后层合板冲击损伤发生突变的破坏机理。

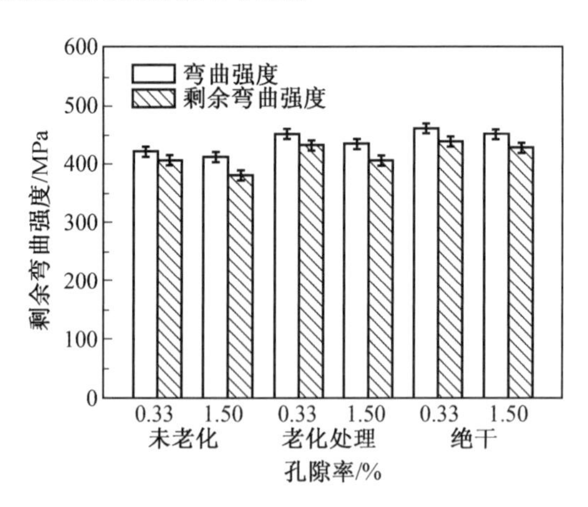

图 6.25 不同孔隙率试样弯曲强度及剩余弯曲强度

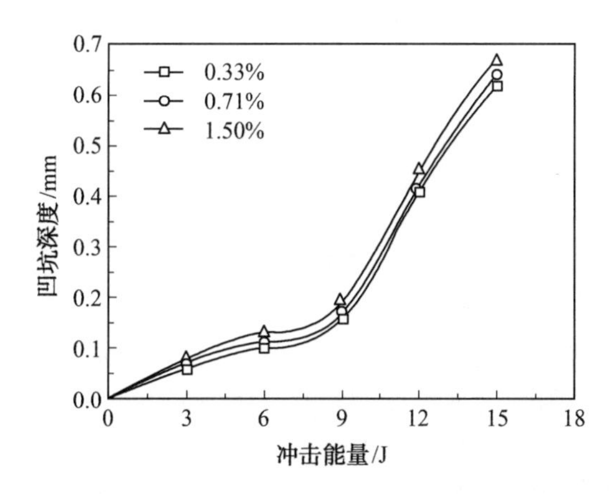

图 6.26　不同孔隙率 CFRP 层合板冲击能量-凹坑深度曲线

6.5.6　介质对复合材料的腐蚀行为及性能影响

1. 复合材料的腐蚀类型

(1)物理腐蚀。

所谓物理腐蚀是指环境中的腐蚀介质渗透、扩散进入高分子材料的缺陷或孔隙中,使材料发生溶胀或者溶解,导致材料性能下降。

①渗透扩散。复合材料受成型工艺和材料属性的限制,其内部含有大量的孔隙和缺陷,所以处于液相或气相中的高分子材料,渗透作用主要表现在两方面:一方面,腐蚀介质由高浓度区域向高分子材料内部的缺陷区域扩散迁移;另一方面,高分子内部的可溶性小分子和腐蚀产物向环境介质中的迁移过程。

一般将介质的渗透归纳如下:腐蚀介质在高分子材料内部分布广泛的分子级缺陷之间迁移以及腐蚀介质在复合材料的基体和界面区域渗透扩散。由于材料特性和工艺的影响,界面总是不可避免地存在较多的缺陷,所以经由界面的渗透可以产生严重的破坏性腐蚀。

渗透扩散过程十分复杂,主要影响因素包括:高分子材料的孔隙和缺陷含量、结晶度及交联密度;添加剂或增强材料的抗渗透能力;介质的组成、浓度以及温度等。介质的渗透系数可以表示为

$$S = \frac{mh}{At\Delta p} \tag{6.13}$$

式中,S 为渗透系数;m 为渗透物质量,g;h 为膜厚,mil(密尔);A 为接触面积,m^2;T 为接触时间,d;Δp 为压差(大气压)。

谢晶研究了 GFRP 在海水中的腐蚀机制。试验研究表明,可以利用 Fick

第二定律来描述GFRP树脂基体在海水中的吸湿行为。GFRP的湿致扩散系数随着海水盐度的上升而降低。当海水中的盐度较低时,GFRP树脂基体的吸湿行为接近于一维扩散。当海水中的盐度较高时,GFRP树脂基体的吸湿行为接近于三维扩散的反Jardon函数。

刘观政等研究了海洋盐雾环境中的玻璃钢材料的性能演变机制。试验研究表明,腐蚀试验初期,玻璃钢试样的表面出现明显的树脂溶解现象。随着腐蚀试验时间的延长,玻璃钢试样中树脂基体溶解、脱落更加严重。在树脂基体较少的试样部分,甚至出现部分纤维增强体的裸露,且玻璃钢试样的玻璃化温度、巴氏硬度、弯曲强度等均随着腐蚀试验时间的增长而下降。

②溶解和溶胀。高聚物的溶解过程与其交联后结构和聚集状态结构有关。由于材料的结构比较复杂,所以一般分为溶胀和溶解两个阶段。

材料的非晶态结构分子间结合不紧密,所以溶剂分子可以渗透进入材料内部削弱聚合键强度,材料产生溶剂化作用。对于线型结构,分子间的相互束缚小,溶胀作用可以扩展成溶解反应,促使材料充分溶剂化。但是对于网状结构,分子间网络节点相互缠绕束缚,大分子在介质中运动困难,溶胀很难使得交联键断裂,所以不易发生溶解过程。对于晶态结构的高分子,其分子间作用力足够大,属于热力学的稳定相态,溶剂分子很难渗入与材料发生溶剂化反应,几乎不能发生溶胀和溶解。

刘观政等进行了海洋盐雾环境中的玻璃钢材料的腐蚀机制试验。试验现象表明,玻璃钢试样的厚度随着腐蚀试验的延长而增加。这是因为随着腐蚀时间的延长,腐蚀介质的渗透扩散进入玻璃钢试样内部后,玻璃钢试样产生溶胀现象,从而降低聚合键强度,产生溶剂化作用。

(2)化学腐蚀。

所谓化学腐蚀是指环境中的腐蚀介质与高分子材料中的活性基团发生化学反应,或者引起高分子结构的破坏,导致材料失强、变形等现象。

高分子材料中最常见的腐蚀反应如下:

①水解反应。高聚物的结构决定着腐蚀介质对材料的破坏程度。例如,水溶液与高分子大分子链中的醚键(—O—)、酯键($\text{—}\overset{\text{O}}{\overset{\|}{\text{C}}}\text{—O—}$)、酰胺键($\text{—}\overset{\text{O}}{\overset{\|}{\text{C}}}\text{—NH—}$)等极性键作用,破坏高分子结构,使材料发生降解破坏。

树脂基复合材料在酸溶液、碱溶液中发生的水解反应为

$$\text{R—}\overset{\text{O}}{\overset{\|}{\text{C}}}\text{—OR}' + H_2O \xrightleftharpoons{H^+} \text{R—}\overset{\text{O}}{\overset{\|}{\text{C}}}\text{—OH} + \text{HOR}' \quad \text{(酸式水解)}$$

$$R-\overset{O}{\overset{\|}{C}}-OR' + NaOH \rightleftharpoons R-\overset{O}{\overset{\|}{C}}-ONa + HOR' \quad \text{(碱式水解)}$$

高分子材料中常见的水解反应见表6.15。

表6.15 高分子材料中常见的水解反应

被腐蚀的主链键	水解产物	典型的高分子材料
$-\overset{\vert}{\underset{\vert}{C}}-O-\overset{\vert}{\underset{\vert}{C}}-$	$-\overset{\vert}{\underset{\vert}{C}}-OH \quad HO-\overset{\vert}{\underset{\vert}{C}}-$	聚醚、纤维素
$-\overset{\vert}{\underset{\vert}{C}}-\overset{O}{\overset{\|}{C}}-NH-\overset{\vert}{\underset{\vert}{C}}-$	$-\overset{\vert}{\underset{\vert}{C}}-\overset{O}{\overset{\|}{C}}-OH + H_2N-\overset{\vert}{\underset{\vert}{C}}-$	聚酰胺
$-\overset{\vert}{\underset{\vert}{C}}-\overset{O}{\overset{\|}{C}}-NH-\overset{\vert}{\underset{\vert}{C}}-$	$-\overset{\vert}{\underset{\vert}{C}}-OH + CO_2 + H_2N-\overset{\vert}{\underset{\vert}{C}}-$	聚氨酯、聚亚氨酯

②氧化反应。高分子链上某些分子易与氧发生作用,导致材料发生腐蚀破坏。高分子碳链除发生氧化反应外,在光和热的作用下也可以与氯、氟等生成活性取代基,取代基发生酸式或者碱式水解反应,腐蚀材料。此外,高分子材料自身增塑剂的挥发或分子间的自交联反应导致材料硬化变脆,也是一种常见的腐蚀方式。

降解和交联往往同时出现在高分子材料的老化过程中,只是在不同的环境中主反应不同,但是无论哪种反应,都会导致高分子材料性能的下降。

(3)应力腐蚀。

①银纹和裂纹。树脂基复合材料受到应力和环境的影响,表面局部发生大分子重新取向,发展为银纹。银纹是具有一定质量的纤维状空洞状微裂纹,具有一定的增韧作用。即使出现银纹,高分子材料仍能保持一定的强度且可以承受载荷,且银纹在玻璃化转变温度以上可以自行愈合。

但是在更大的应力作用下,材料内部的大分子完全割裂,银纹继续发展,便会发生裂纹的产生、扩展和迅速断裂。银纹附近是应力集中容易发生的区域,也是材料发生脆性断裂的前提。

Jevan Furmanski 对超高相对分子质量聚乙烯裂纹扩展进行了研究。试验结果表明,相对于施加的应力范围而言,裂纹的扩展对施加的应力峰值更敏感。

②应力开裂。应力开裂是指在环境和腐蚀介质中,长时间或反复施加低于材料正常断裂的应力,而引起材料内部或者外部产生裂纹的现象。

环境和介质的不同导致应力开裂的类型不同。当高分子材料表面活性基团与腐蚀介质反应时，材料表面形成银纹，便出现应力集中点，增大腐蚀介质向材料内部的渗透扩散动力，构成银纹的扩大与汇合直至发展成为裂纹，造成脆性断裂，这种行为称为环境应力开裂。Ravi Ayyer 进行了聚乙烯应力开裂方面的研究。试验结果表明，加载速率、频率、温度对聚乙烯的应力开裂产生重大影响。James F. Wilson 进行了泡沫材料疲劳冲击性能的相关研究。试验结果表明，当冲击强度达到某一范围时，材料中便会出现单元的破坏。

当高分子材料接触强氧化物质时，高分子中的活性基团与介质发生氧化反应，改变高分子结构以及链段连接形式和作用力，产生应力集中点，形成银纹并最终扩展成为裂纹的应力开裂称为氧化应力开裂。

2. CO_2 环境对玻璃钢的腐蚀行为

目前，随着石油开采工业中广泛采用 CO_2 作为驱油剂，随着 CO_2 资源的不断开发和利用，随着 CO_2 驱油工艺的不断推广，用于输油的玻璃钢管材在 CO_2 介质环境中的腐蚀问题日益受到人们的关注。

周立娜采用芳胺固化和酸酐固化两种类型的环氧玻璃钢管材为试验研究对象，在实验室的条件下进行 GFRP 管材在含有原油、CO_2 和水介质中的腐蚀试验。试验研究表明，芳胺固化和酸酐固化两种环氧玻璃钢管材的羟基(—OH)减少，C—O—C 官能团有所增加，且酸酐固化 GFRP 管材的羰基(C ═O)数量也略有减少，但是这些官能团的数量变化不大。可见在 CO_2 腐蚀环境中，两种玻璃钢管材发生了化学腐蚀反应，但是化学腐蚀作用非常微弱。推断化学腐蚀主要是 CO_2 与管材表面的羟基(—OH)发生化学反应，产生 C—O—C 官能团，同时有水产生；而且酸酐固化 GFRP 管材的部分羰基(C ═O)也发生反应。扫描电镜分析表明两种 GFRP 管材在 CO_2 介质环境中发生了物理腐蚀现象。腐蚀后管材内表面粗糙、不平整，缺陷数量增加、增大、变深，甚至出现了微裂纹，表面的树脂发生脱落，纤维裸露出来，环刚度、巴氏硬度、固化度、树脂含量、密度和玻璃化转变温度 T_g 均有一定程度的降低。推断物理腐蚀作用主要有介质渗透扩散作用、CO_2“气体炸弹”效应、应力腐蚀效应、流体冲蚀作用等。压力是一个非常重要的环境因素，具有加速腐蚀的作用。随着压力的增大，两种 GFRP 管材的腐蚀程度越来越严重，性能也降低得越来越多。

芳胺固化玻璃钢管材腐蚀前后内表面扫描电镜 SEM 图对比如图 6.27 所示。从图中可看出，腐蚀前试样的内表面比较光滑、平整，缺陷较少，主要是小而浅的孔隙，扫描过程中未发现大孔洞，未见纤维裸露出来。而腐蚀后试样的内表面缺陷变大，树脂沿着纤维方向发生脱落，出现一条条细细的沟槽,并有部分树脂存留在大缺陷中。

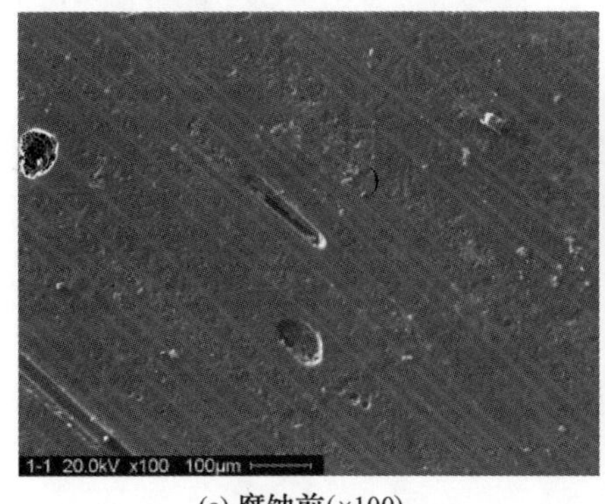

(a) 腐蚀前(×100)

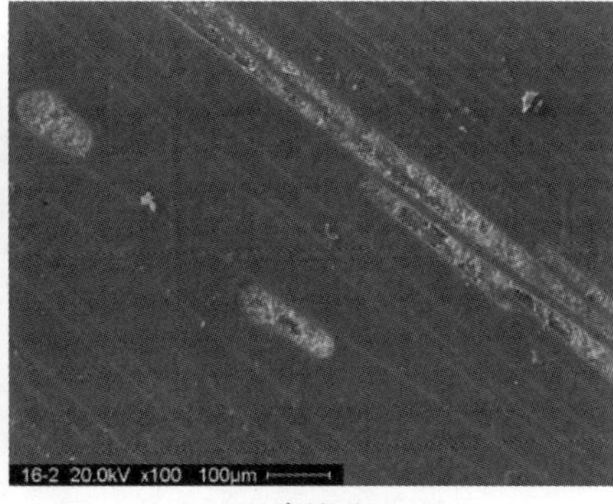

(b) 腐蚀后(×100)

图 6.27 芳胺固化玻璃钢管材腐蚀前后内表面扫描电镜 SEM 图

酸酐固化环氧玻璃钢管材腐蚀前后内表面扫描电镜 SEM 图对比如图 6.28 所示。从图中可以看到,腐蚀前试样的表面比较平整、光滑,缺陷较少,且沿着纤维的方向分布,一般是在两根纤维之间产生的。腐蚀后试样的内表面不再光滑完整,表面缺陷增加,沿着纤维方向树脂发生剥落,使试样的内表面出现大量的沟槽;在沟槽中,发现有玻璃纤维发生断裂,较内层的玻璃纤维暴露出来,一些脱黏的树脂残留在大缺陷中。

环刚度是玻璃钢管道抗外负载能力的重要参数。按照国家标准 GB/T 9647—2003 测定腐蚀前后芳胺固化和酸酐固化环氧玻璃钢管材的环刚度,测试所用的设备为 XGW 系列微机控制环刚度试验机,采用的压缩速度为 2 mm/min。其试验结果见表 6.15。

表 6.16 GFRP 管材腐蚀前后试样环刚度对比 N/m^2

管材类型	腐蚀前	腐蚀后
芳胺固化环氧玻璃钢	6 785	6 504
酸酐固化环氧玻璃钢	6 445	6 106

由表 6.15 可知,两种类型的环氧玻璃钢管材腐蚀后比腐蚀前试样的环刚度均有一定程度的减小。经过在 CO_2 介质环境腐蚀后,树脂基体从管材内壁脱落,导致纤维暴露出来,而且管体缺陷增多、增大、变深,引起环向刚度的降低,管材被腐蚀后的抗外负载能力下降。

3. 玻璃钢管材在酸性介质中的腐蚀

刘兆松采用石油集输管道中常用的酸酐类玻璃纤维增强环氧树脂管材作为试验研究对象,石油混合液作为腐蚀介质,在实验室条件下通过设定不同的温度、压力及试验周期进行了相关试验。

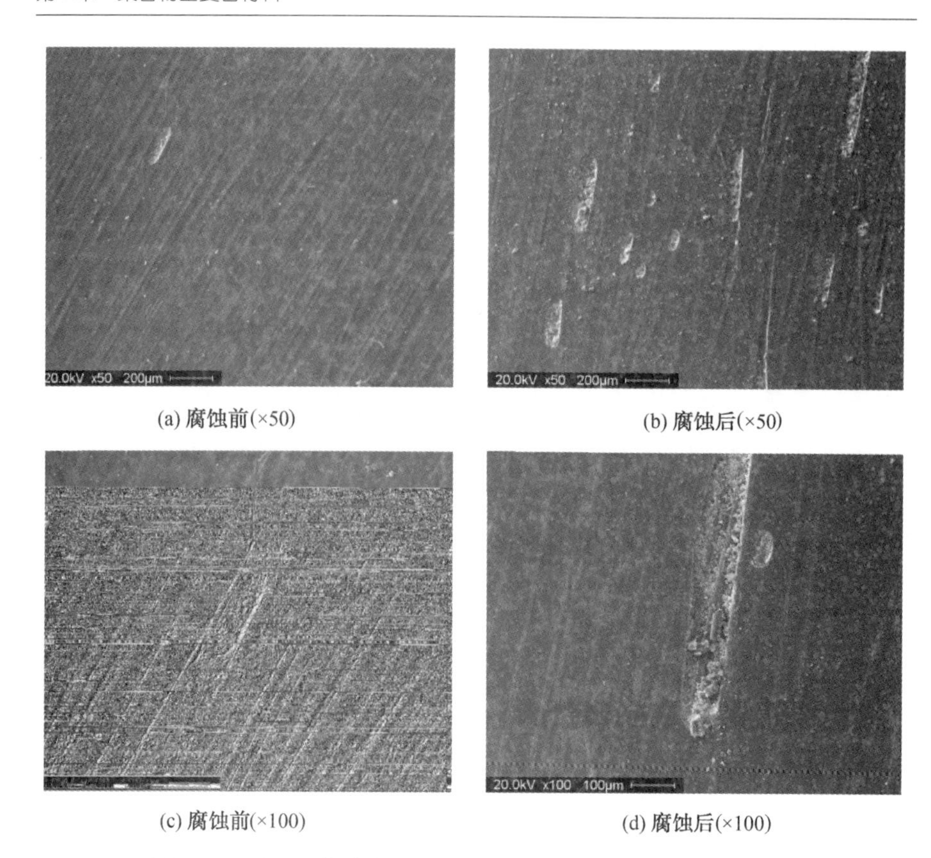

(a) 腐蚀前(×50)　(b) 腐蚀后(×50)

(c) 腐蚀前(×100)　(d) 腐蚀后(×100)

图 6.28　酸酐固化玻璃钢管材腐蚀前后内表面扫描电镜 SEM 图

表面作为直接并长期暴露在介质中的部分,最容易受到介质的腐蚀。而由于 GFRP 复合材料的层状结构,表层的破坏将引起介质进一步的向深层腐蚀。因此,通过观察表面的腐蚀形貌可以判断材料腐蚀的基本情况。不同温度条件下腐蚀前后试样分别在 200 倍和 500 倍电镜下的表面形貌如图 6.30 所示。

由图 6.29 可以发现,相比原始试样,经不同温度条件腐蚀后的试样都出现了腐蚀的痕迹。在 200 倍电镜下,原始试样的表面较为平整光滑,放大到 500 倍时也较为平整;而 25 ℃条件下腐蚀过后的试样虽然在 200 倍电镜下整体形貌也较为光滑,但在 500 倍电镜下则可以看出已经出现了很小的空洞;在 45 ℃和 65 ℃条件下腐蚀的试样则在 200 倍电镜下可以清楚地看到较大的点蚀坑,放大至 500 倍时发现,点蚀部分已有纤维裸露出来。

经上述分析可以看出,在材料的表面,在试验时间范围内已经发生了腐蚀现象。另外,随着温度的升高,为化学反应提供的能量增加,加速了化学反应的进行,使腐蚀速度加快。

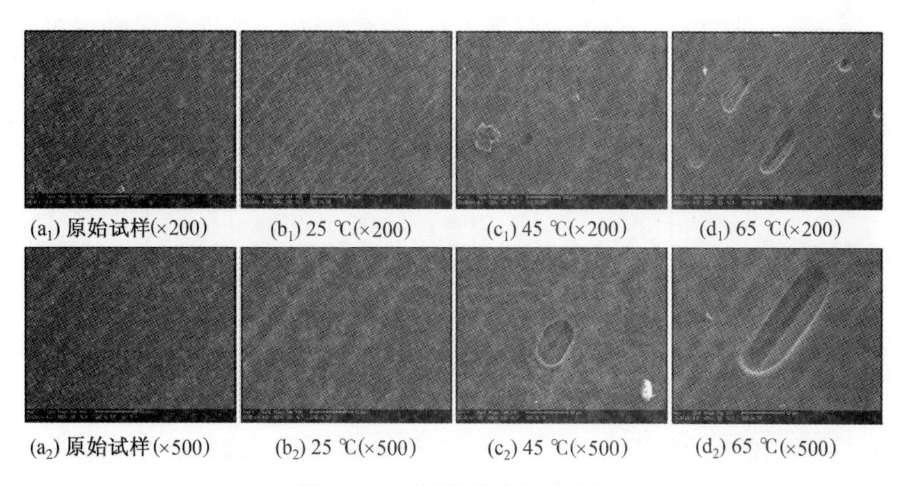

图 6.29 不同温度下表面形貌

通过上述腐蚀现象的分析可以确定,在试验过程中 GFRP 复合材料发生了一定程度的腐蚀行为,但在本研究时间范畴之内这些腐蚀行为造成材料性能的衰退的严重性及规律并不确定。根据试验所得数据,发现 GFRP 管材的刚度、轴向压缩强度及轴向弹性模量随时间的演化规律相近。其总体表现为:随着时间的增长,材料力学性能起初下降较快,而后期随着时间进一步延长,力学性能下降变得缓慢。以常压 65 ℃条件下刚度为例,其性能变化如图 6.30 所示。

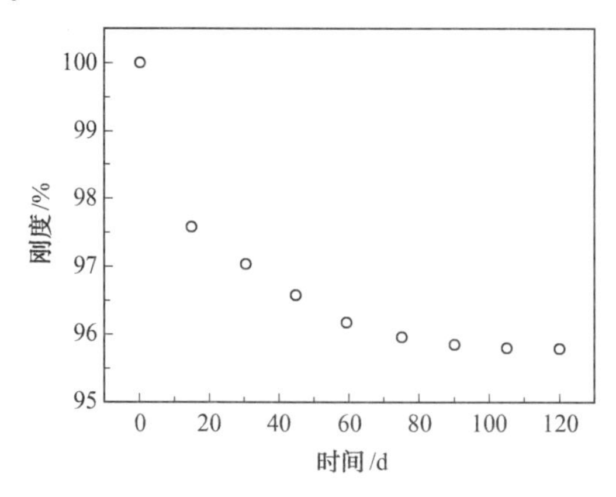

图 6.30 刚度随时间变化图

根据试验数据,本书中 GFRP 管材腐蚀过程中力学性能随时间的变化满足下式

$$\ln\left(\frac{S_t}{S_0}\right) = B\exp\left(\frac{-t^{\alpha}}{k}\right) + C \tag{6.14}$$

式中，S_t 为材料腐蚀 t 时间后的力学性能；S_0 为材料的原始力学性能；B 为材料的退化性能系数；C 为力学性能渐进截断值；k 为材料的退化速率系数；α 为时间加速因子。

将式(6.14)整理变形后可得

$$\frac{S_t}{S_0}=\exp\left[B\exp\left(\frac{-t^{\alpha}}{k}\right)+C\right]=\exp(C)\exp\left[B\exp\left(\frac{-t^{\alpha}}{k}\right)\right] \tag{6.15}$$

若令 $A=\exp(C)$，则式(6.15)转化为

$$\frac{S_t}{S_0}=A\exp\left[B\exp\left(\frac{-t^{\alpha}}{k}\right)\right] \tag{6.16}$$

根据经验 α 取值为0.5 ~ 2，利用式(6.16)，分别对 α 取不同数值，通过对试验数据的拟合发现，当 $\alpha=1$ 时，曲线与试验数据拟合关系最好，因此本节采用的GFRP管材力学性能随腐蚀时间的演化规律模型为

$$\frac{S_t}{S_0}=A\exp\left[B\exp\left(\frac{-t}{k}\right)\right] \tag{6.17}$$

由此可以利用试验数据进行拟合，得到相应腐蚀条件下的参数 A、B、k，进而可以得到材料相关力学性能退化到一定数值时所经过的时间，即可以通过此模型对GFRP管材在不同条件下的使用寿命进行简单预测。

6.6　仿生复合材料摩擦性能研究

生物充满了功能性结构。这些生物结构的关键特点是它们的动态性、响应行为和普遍的多功能性。越来越多的研究者开始采用复杂的设计方法来设计与生物结构相似的智能人造材料，使其具有生物或植物的优良性能，如超高的机械性能、光学性能、黏着性能、摩擦性能、自清洁性能和传感功能等。

由于壁虎脚具有一系列的微/纳米纤维结构，因此壁虎脚具有很强的黏附力，并且可以快速脱黏。这些纤维结构使壁虎脚与对磨面之间的接触面积变得很大，从而使纤维结构与对磨面间的作用力最大化。在过去的几十年仿壁虎脚材料有许多潜在的应用，例如，无痕胶带、医用胶带、高摩擦表面、材料运输和可攀爬机器人。这些广泛应用使许多研究者开始研究仿壁虎脚材料的制备并对其性能进行测试。哈尔滨工业大学材料学院纤维增强树脂基复合材料课题组与美国加州大学伯克利分校合作对仿壁虎脚纤维阵列结构进行设计，建立纤维黏着和失稳模型。用模板法制备聚二甲基硅氧烷(Polydimethylsilxane，PDMS)纤维阵列材料，研究工艺参数对纤维阵列形貌和润湿性的影响，研究PDMS微/纳米纤维阵列材料的摩擦特性，并研究复

合材料微米纤维阵列弹性模量和润湿性能。

6.6.1 PDMS 仿壁虎脚阵列结构设计及制备

为了制备高黏附性的仿壁虎脚纤维阵列材料需要对纤维阵列结构进行设计。由设计结果可知,不同形状、尺寸和弹性模量的纤维在受力后有微观变形,找出影响纤维阵列黏着性的因素,为材料制备和性能分析提供理论基础。关于高黏附性仿壁虎脚纤维阵列材料与对磨面之间的黏着理论有很多,但其适用范围各不相同。为更好地理解纤维阵列材料与对磨面之间的摩擦力,结合实际情况建立与之相符的黏着理论模型。在纤维阵列材料使用时,如果发生纤维聚集或倒塌,会使纤维阵列黏附力降低,缩短材料的使用寿命。因此,需建立纤维失稳模型,找到纤维失稳临界条件,为高黏附性的纤维阵列结构制备提供依据。

通过数值模拟方法对不同长径比受力后变形的分析可知,纤维受力后的最大位移随纤维长径比的增加而逐渐加大,且最大位移增大速率加快。纤维的长径比越大,其受力后变形越大,柔顺性越好,与对磨面的接触面积越大,纤维与对磨面之间的摩擦力也较高。对不同弹性模量纤维受力后的变形研究可知,纤维的最大位移随纤维弹性模量的增大而减小,且减小速率减慢。由悬臂梁理论推导出适合试验用的黏着理论模型,发现纤维阵列的黏着力随有效纤维数量的增多和纤维与对磨面之间的最大接触面积增大而增大。根据挠曲线微分方程建立最小脱黏力模型,发现纤维脱黏时的最大挠度随纤维受力的增大,长径比的增大和弹性模量的减小而增大。建立纤维受压失稳模型,发现纤维失稳时的最大临界力随纤维弹性模量增大和长径比减小而增大。根据数值模拟和建模结果,找到适合的纤维阵列材料工艺和结构。模塑成型前后的样品扫描电镜图片如图 6.31 所示。

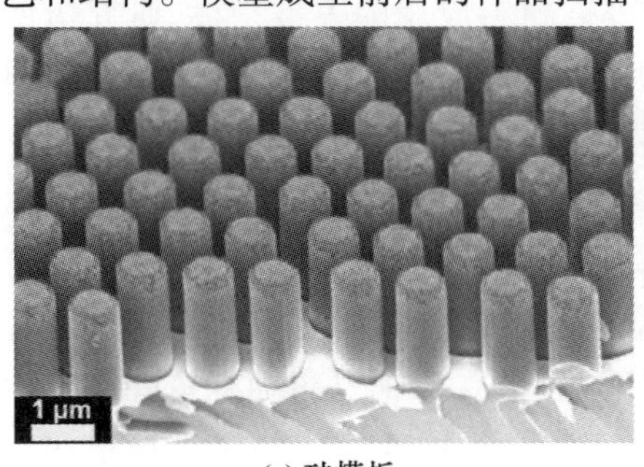

(a) 硅模板

(b) PDMS 纳米纤维阵列

图 6.31 模塑成型前后的样品扫描电镜图片

田野等人对不同长度全氟癸烷基三氯硅烷(1H,1H,2H,2H-perfluorodecyltrichlorosilane，PFTS）和十八烷基三氯硅烷（octadecyltrichlorosilane，ODTS）分子自组装涂层修饰的硅纳米线阵列表面润湿性研究表明，当纤维直径为500 nm时，硅纳米线阵列的疏水性随硅纳米线长度的增加而增大，当纤维长度大于0.5 μm时，硅纳米线阵列的润湿性保持不变，水/空气接触角度保持在160°，使PDMS更易于剥离，得到完整的PDMS纤维阵列，提高工艺稳定性。根据液滴接触线移动微小距离时整个体系表面能的变化，结合两相不相容液体下的弹性方程，得到适合的Wenzel/Cassie-Baxter（Wenzel/CB）模型（在非润湿环境下，后退角接近0°）和Cassie-Baxter/Cassie-Baxter（CB/CB）（接触角接近前进角）。根据仿生阵列结构设计分析结果，采用模板法制备PDMS纤维阵列材料，探讨氧等离子体刻蚀和化学刻蚀等制备工艺参数对纳米纤维结构的影响。结果表明，当氧等离子体刻蚀功率为30 W，流量为100 mL/min时，硅纳米线直径随刻蚀时间的增加而减小，当刻蚀时间超过8 min时，刻蚀速度加快；硅纳米线长度随化学刻蚀时间的增加而增加，当刻蚀时间超过16 min时，刻蚀速度变慢。比较不同固化方式对样品尺寸和形貌的影响发现，以硅纳米线阵列为模板，采用室温（20 ℃）固化12 h加高温（100 ℃）固化1 h的固化方式模塑制备PDMS纤维阵列，得到形貌完好且与模板尺寸相同的PDMS纤维阵列材料。对粒了增加PDMS纤维阵列复合材料的形貌和表面粗糙度的研究表明，增强粒子都包裹在PDMS基体内，粒子对纤维阵列形貌几乎没有影响；粒子尺寸、含量及在基体中分散程度的不同导致纤维顶端表面粗糙度的不同。PDMS及其微米纤维阵列复合材料的扫描电镜图如图6.32所示。

6.6.2　PDMS微米纤维阵列复合材料的摩擦特性

良好的摩擦特性是仿壁虎脚纤维阵列材料应用的关键指标，研究仿壁虎脚材料的摩擦特性是此类材料推广应用的重要环节。为了扩大纤维阵列材料的使用范围，需考虑其在不同对磨面上的摩擦力。在材料的使用过程中，一些材料本身因素或外部条件会直接或间接地影响纤维阵列材料的摩擦特性，进而造成样品的失稳或脱黏，影响其使用寿命。要想让材料保持更高的摩擦力，需要增加材料的刚度来增加材料的失稳临界值。通过对纤维阵列结构进行调控，改变阵列结构的刚度，使其在保证材料拥有较好摩擦性能的同时提高材料的弹性模量，可以防止高长径比的纤维倒塌或聚集在一起，提高纤维阵列材料的使用寿命。在实际使用过程中，仿生材料不可避免地接触到水等其他环境，因此，解决仿生材料的润湿性和自清洁能力可以扩大其使用范围。

(a) PDMS　　(b) Fe_3O_4/PDMS

(c) SiO_2/PDMS　　(d) Al_2O_3/PDMS

图 6.32　PDMS 及其微米纤维阵列复合材料的扫描电镜图

1. 固化剂含量对复合材料摩擦特性的影响

长径比高的纤维阵列材料,其摩擦力较高,使纤维失稳的最小脱黏力和失稳最大临界力减小。若使材料保持更好的稳定性,需要增加材料的刚度来增加材料的失稳临界值。提高材料刚度的方法主要有两种:一种是增大材料的尺寸;一种是提高材料的弹性模量。材料的尺度过大,会使材料的摩擦性能下降。材料的刚度提高,失稳临界力增大,纤维的稳定性提高,增强后的纤维阵列在受到同样大小的力后更不容易发生弯曲失稳,可以拥有更高的摩擦力。不同 Fe_3O_4 含量时 PDMS 复合材料微米纤维阵列的形貌如图 6.33 所示。

固化剂的质量分数对 PDMS 微米纤维阵列材料摩擦力的影响如图 6.34 所示。从图中可知,PDMS 固化剂与基体的质量比从 0.075 增加到 0.12,随着固

(a)　(b)　(c)

图6.33　不同 Fe_3O_4 含量时 PDMS 复合材料微米纤维阵列的形貌

化剂比例的增多,PDMS 微米纤维阵列材料的摩擦力逐渐降低,由3.50 N降低至2.20 N。当固化剂与基体的质量比从0.075 变化到0.1 时,材料的摩擦力缓慢下降。当固化剂质量分数继续增加时,材料的摩擦力急剧下降。

分析认为,用增加固化剂质量分数的方法增大材料的刚度是改变材料的宏观或介观因素的有效方法。纤维阵列的黏着力和纤维与对磨面之间的接触面积及实际接触的纤维数量有关。纤维的 PDMS 微米纤维阵列材料摩擦力的降低主要归结于两方面的因素:一方面是随着固化剂质量分数的增加,材料的弹性模量增加,导致材料纤维结构的顶端与对磨面实际接触的面积减小,因此,材料的摩擦力降低;另一方面,固化剂有交联作用,可以促使材料固化,形成网状结构。固化剂越多,即交联剂含量越多,材料的网状结构越完全,即 PDMS 分子链的扩散变得困难。因此,当 PDMS 纤维阵列材料与对磨面相接触受力时,固化剂质量分数较高的材料,其与对磨面实际接触的纤维数量减小,导致高固化剂含量时材料的摩擦力降低。

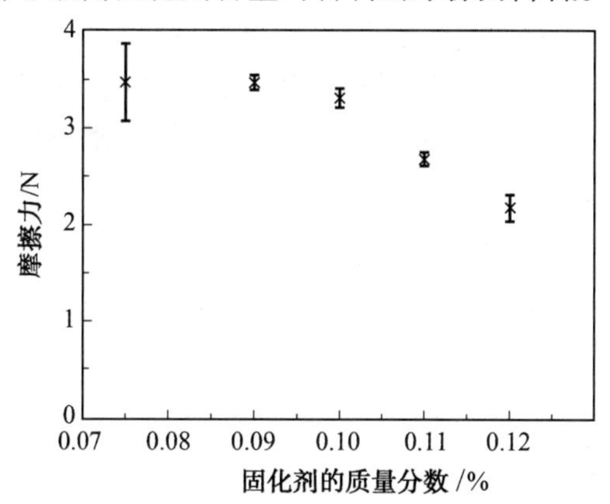

图 6.34 PDMS 微米纤维阵列材料摩擦力与固化剂的质量分数的关系曲线

2. 粒子种类对复合材料摩擦力的影响

为使纤维受力后的变形小于纤维失稳临界值,需要提高纤维阵列的刚度。为了使材料在提高刚度的同时,拥有较好的摩擦特性,采用在纤维阵列中加入第二相颗粒的办法来改变材料的微观尺度作用,通过颗粒增强作用提高材料弹性模量来提高纤维阵列的刚度。对比图 6.35 与图 6.36,两者均是粒子增强 PDMS 微米纤维阵列复合材料,且两种增强粒子的有效粒径相同,均为 0.3 μm。但两种不同粒子增强 PDMS 微米纤维阵列复合材料所表现出的摩擦行为很不一样。

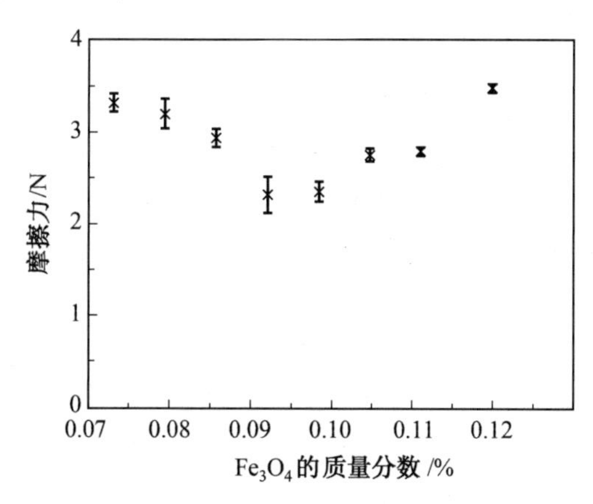

图 6.35 不同质量分数的 Fe_3O_4 对 Fe_3O_4/PDMS 微米纤维阵列复合材料摩擦力的影响

由图 6.35 可知,对于 0.3 μm 的 Fe_3O_4 粒子,随着其在 PDMS 中质量分数的增加,复合材料的摩擦力呈现先减小后增加的趋势。而对于0.3 μm的SiO_2粒子,随着质量分数的增加,复合材料的摩擦力基本保持不变。对于粒径相同的不同粒子增强PDMS复合材料,其摩擦行为是不同的。分析其原因是粒子组成不同,粒子与PDMS基体之间形成的键或相容性不同,因而,粒子在PDMS纤维阵列复合材料中的分散和分布不同导致不同粒子增强复合材料的摩擦行为不同。

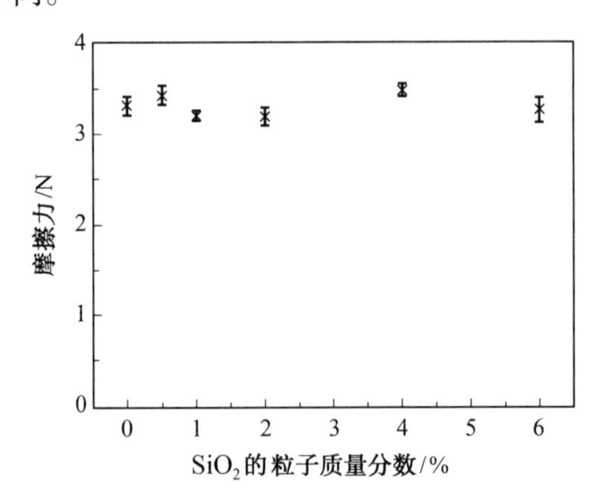

图6.36　不同含量SiO_2粒子对SiO_2/PDMS微米纤维阵列复合材料摩擦力的影响

3. 粒子质量分数对复合材料摩擦力的影响

不同质量分数的Fe_3O_4粒子对PDMS微米纤维阵列复合材料摩擦力的影响如图6.36所示。Fe_3O_4在PDMS中的质量分数从0变化到40%。总体来看,随着Fe_3O_4在PDMS中质量分数的增多,PDMS微米纤维的摩擦力呈现先降低后回升的U形曲线。当Fe_3O_4的质量分数小于20%时,PDMS微米纤维的摩擦力随着Fe_3O_4质量分数的增加而降低。当Fe_3O_4的质量分数高于25%时,复合材料的摩擦力随着Fe_3O_4质量分数的增多而降低。分析认为,当Fe_3O_4质量分数低于20%时,摩擦力的降低是由于复合材料弹性模量的提高,导致与对磨面实际接触的复合纤维的数量和每根纤维与对磨面之间的接触面积减小,因此摩擦力降低。

但当Fe_3O_4的质量分数高于25%时,复合材料的摩擦力竟然随着Fe_3O_4质量分数的增多而增大。分析认为,随着Fe_3O_4质量分数的增多,Fe_3O_4/PDMS复合材料体系的黏度增大,这可能会抑制Fe_3O_4粒子在PDMS中的均匀分散。发生团聚的粒子,抑制在材料中尤其是在纤维内部的均匀分散。这会导致Fe_3O_4质量分数较高的复合材料的纤维顶端的Fe_3O_4的密度降低,使纤维顶端的区域仍然保持柔软。而摩擦力主要取决于与对磨面相接触的纤维顶端的表面,因此柔软的纤维顶端使复合材料的摩擦力增大。

不同质量分数的 SiO_2粒子对 PDMS 微米纤维阵列复合材料摩擦力的影响如图 6.37 所示。由图可知，随着 SiO_2粒子质量分数的提高，SiO_2/PDMS 复合材料的摩擦力没有变化，始终保持在 3.25 N 左右。由此可知，SiO_2/PDMS 微米纤维阵列复合材料的摩擦力与 SiO_2粒子的质量分数没有关系。分析认为，SiO_2在复合材料中分散均匀，导致材料的摩擦力没有随着 SiO_2质量分数的增多而降低。气相 SiO_2是一种具有高孔隙率结构的粒子，其物理特性不仅取决于整个 SiO_2 的表面积，还取决于 SiO_2 的空隙体积。由于气相 SiO_2 的表面积很大(约为 400 m^2/g)，因此，气相 SiO_2 的行为取决于表面的硅醇官能团和表面硅氧烷键。氧化物骨架的硅醇官能团和 PDMS 表面的硅氧烷键使得在气相 SiO_2 纳米粒子和 PDMS 之间形成一个很强的物理吸附或化学键。一旦 SiO_2 粒子嵌入到 PDMS 材料中，非常小的粒子将发生团聚。尽管一些粒子可能会团聚或聚集，聚集后粒子的尺寸也很小。因此，气相 SiO_2 粒子可以在 PDMS 中均匀分散。而且，可以推测 PDMS 和 SiO_2 之间的反应是硅醇官能团的相邻骨架和氧原子形成的氢键，导致 SiO_2 粒子被 PDMS 包裹住。因此，即使有更多的 SiO_2 粒子加入，纤维顶端仍然很柔软。PDMS 包裹着纤维的顶端和 SiO_2 纳米粒子在 PDMS 中的均匀分散，使得 SiO_2/PDMS 微米纤维阵列复合材料具有较高的摩擦特性。

4. 粒子尺寸对复合材料摩擦力的影响

图 6.38 为不同粒径的 Al_2O_3粒子质量分数对增强 PDMS 微米纤维阵列复合材料摩擦力的影响。图 6.37(a)是粒径为 1 μm 的 Al_2O_3增强 PDMS 微米纤维阵列复合材料的摩擦力与粒子质量分数的关系。从图中可知，随着 Al_2O_3质量分数的增加，微米纤维阵列复合材料的摩擦力几乎没有变化，摩擦力仍然维持在较高的数值，约为 3.2 N。分析认为，1 μm 的 Al_2O_3粒子在 PDMS 基体中质量分数均匀，虽然材料的弹性模量随着加入的 Al_2O_3而有所提高，但在纤维顶端的 Al_2O_3粒子很少，即纤维顶端与对磨面接触的面积没有减小，因此，Al_2O_3增强复合材料的摩擦力基本不变，仍然保持在较高的数值。当 Al_2O_3粒子直径为 0.3 μm 时，如图 6.37(b)所示，随着 Al_2O_3粒子质量分数的增加，Al_2O_3粒子对增强 PDMS 复合材料的摩擦力没有影响。对于粒子直径为 50 nm 的 Al_2O_3粒子来说，如图 6.37(c)所示，随着粒子质量分数的增加，复合材料的摩擦力基本没有变化，仍保持在较高的状态。

比较 3 种不同粒径的 Al_2O_3粒子增强的 PDMS 微米纤维阵列复合材料的摩擦力，整体来看，3 种复合材料的摩擦力都没有随着 Al_2O_3粒子质量分数的增加而发生明显的变化。这可能是由于粒子组成相同，粒子与 PDMS 之间的结合力一样，虽然粒子的粒径不同，但并没有对粒子增强复合材料的摩擦行

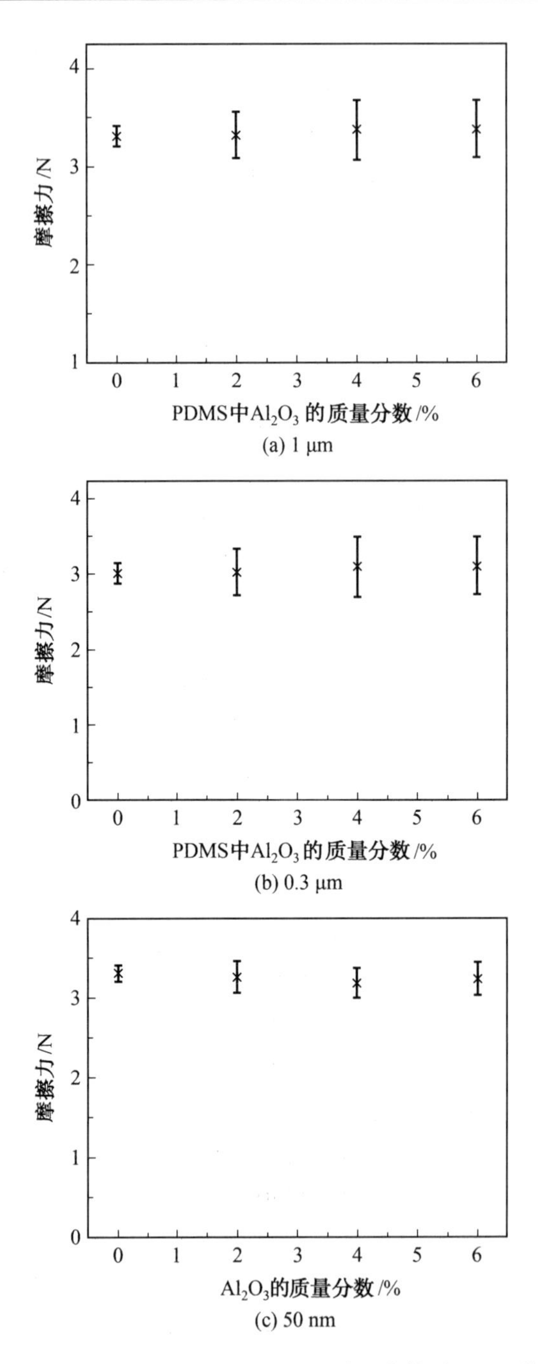

图6.37　不同粒径的 Al_2O_3 粒子质量分数对 Al_2O_3 增强 PDMS 复合微米纤维摩擦力的影响

为产生太大的影响。

分析认为，Al_2O_3粒子含有羟基，可以与 PDMS 基体中的氧原子发生反应形成氢键。使增强粒子和基体之间的结合力增强，粒子在基体中均匀分布，且粒子都被 PDMS 基体所包裹。因此，在纤维结构顶端刚度比较低，导致纤维与对磨面相接触时，纤维易弯曲，与对磨面之间的接触面积较大，纤维阵列复合材料具有较大的摩擦力。

5. 薄膜厚度对复合材料摩擦力的影响

为了研究 PDMS 微米纤维阵列复合材料的薄膜厚度对摩擦力的影响，并获得最佳的摩擦性能，不同厚度的 PDMS 薄膜(0.004 ~2 mm)被制备出来。而 PDMS 微米纤维阵列的复合材料高度保持不变(为 20 μm)，因此，PDMS 薄膜的厚度变化就是纤维阵列材料衬底厚度的变化，如图 6.38 所示。随着薄膜厚度的增加，摩擦力由 5.0 N 逐渐降低到 0.7 N。分析认为，由于较厚

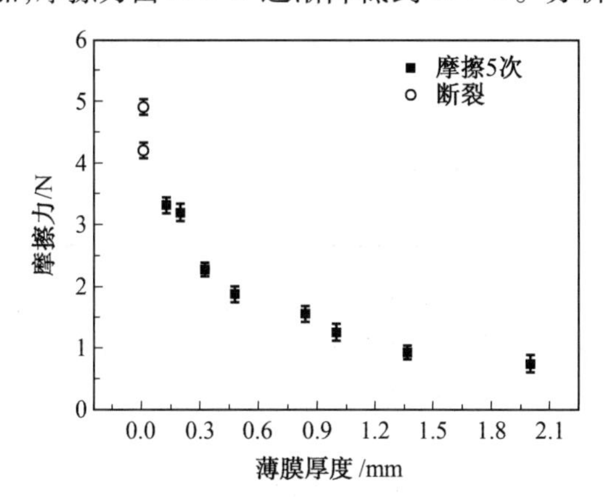

图 6.38 不同 PDMS 薄膜厚度对 PDMS 微米纤维阵列材料摩擦力的影响

的衬底边缘容易产生应力集中，因而导致材料的摩擦力降低，而较薄的衬底更有利于材料的各个部分承受同样的载荷，因此摩擦力较大。当样品厚度为 0.004 mm 和 0.009 mm 时，材料的摩擦力很大，分别为 4.9 N 和 4.4 N。但由于样品过薄，强度很低，很容易在测试过程中破裂，不利于实际应用。因此，为了保持样品的一致性，应选择摩擦力较高且又有较好强度的样品厚度，即 0.13 mm 作为试样的厚度。

6. PDMS 纤维阵列材料的摩擦因数

为了更直观地比较 PDMS 纤维阵列材料与其他材料的摩擦性能，将 PDMS 纤维阵列材料的摩擦力转化为摩擦因数。试验中，所有样品的尺寸相同，均为 1 cm × 1 cm。纳米纤维阵列样品上施加的正压力为 0.1 N，微米纤

维阵列样品上施加的正压力为0.18 N。PDMS纤维阵列材料的摩擦因数见表6.17。

表6.17　PDMS纤维阵列材料的摩擦因数

组成	纤维尺寸/($D\times L$)	对磨面	摩擦因数
PDMS	500 nm× 1 μm	玻璃	49
PDMS	700 nm× 1 μm	玻璃	59
PDMS	850 nm× 1.5 μm	玻璃	32
PDMS	700 nm× 1.5 μm	玻璃	49
PDMS	700 nm× 1.5 μm	ODTS	5
PDMS	700 nm× 1.5 μm	PFTS	2
PDMS	10 μm × 20 μm	玻璃	19
PDMS+5% Fe_3O_4	10 μm × 20 μm	玻璃	18
PDMS+15% Fe_3O_4	10 μm × 20 μm	玻璃	13
PDMS+25% Fe_3O_4	10 μm × 20 μm	玻璃	15
PDMS+SiO_2	10 μm × 20 μm	玻璃	18

由表6.17可知,各种PDMS纤维阵列材料的摩擦因数都大于1,证明仿壁虎脚纤维阵列材料具有较高的摩擦特性。纳米尺度的纤维阵列材料由于其长径比高,纤维的灵活性和柔顺性好,其摩擦因数高于微米尺度的纤维阵列材料。其中,纳米纤维阵列材料与对磨面玻璃的最大摩擦因数高达59。当纤维阵列材料与高表面能表面接触时,其摩擦因数也大于1,表明纤维阵列材料与高表面能表面之间有很好的适应性,即制得的PDMS仿壁虎脚纤维阵列材料可以适应各种表面能的表面,使用范围较广。

7. PDMS微米纤维阵列复合材料的表面形貌

为了更好地理解PDMS微米纤维阵列复合材料的摩擦行为,采用SEM表征复合材料的微观形貌,以分析复合材料表面及第二相颗粒在基体中的分散状态。图6.39为PDMS微米纤维阵列材料的横截面SEM结果。从图6.39可以看出,PDMS微米纤维的边长为10 μm,长度为20 μm,相邻纤维之间的中心距离为17 μm,所有纤维直立规整排列,外观光滑完好。

图6.40为Fe_3O_4质量分数为15%时的PDMS纤维阵列复合材料的扫描电镜图片。当Fe_3O_4质量分数为15%时,复合材料的摩擦力最低。从图6.40中可以看出,在纤维顶端、侧面和基底,Fe_3O_4粒子都均匀地分散在PDMS中。只有少数的Fe_3O_4粒子发生团聚,并有部分团聚的粒子出现在纤

维顶端。由此推测,均匀分散的粒子可增大材料的整体弹性模量,使纤维的灵活性降低,且纤维顶端的粒子减小纤维与对磨面的接触面积,进而减小复合纤维的摩擦力。

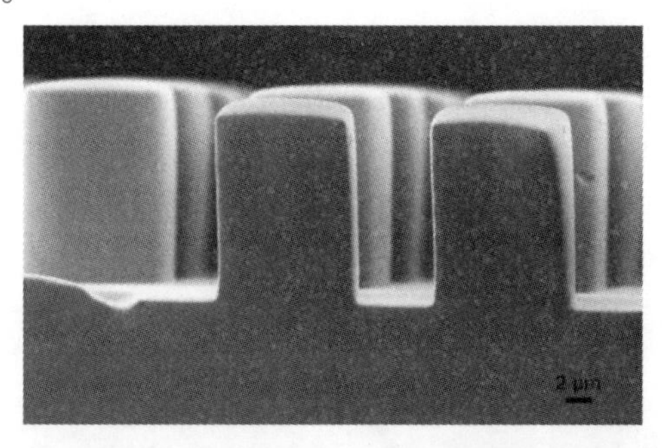

图6.39 PDMS微米纤维阵列材料的横截面扫描电镜图片

(a) 纤维阵列横截面

(b) 靠近纤维部分的基底、横截面

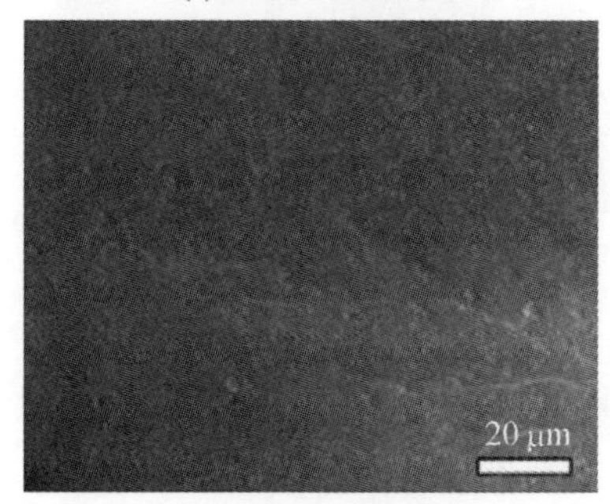

(c) 远离纤维部分的基底横截面

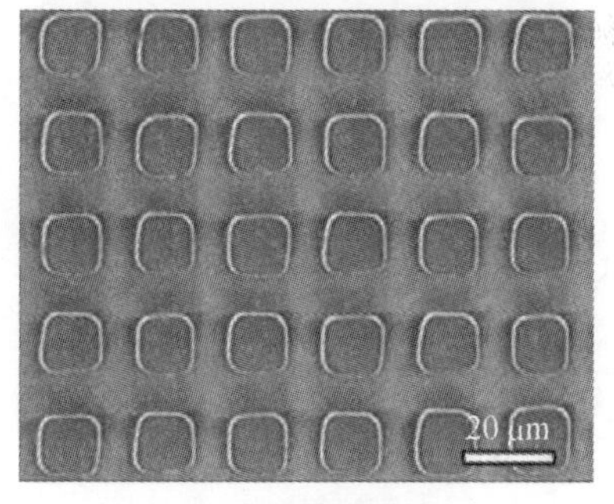

(d) 纤维阵列顶端

图6.40 质量分数为15%的 Fe_3O_4/PDMS 微米纤维阵列复合材料的扫描电镜图片

Fe_3O_4质量分数为35%时的PDMS纤维阵列复合材料的扫描电镜图片如图6.41所示。从图6.41(a)可以看出,在纤维顶部只有极少数粒子存在,大部分粒子都发生了团聚,可以明显看到由粒子团聚而产生的孔洞。从6.41(b)和6.41(c)可知,复合材料中填料颗粒发生团聚,且粒子分布呈现不均一分布。图6.41(b)靠近纤维部分的基底,粒子密度相对较低,而远离纤维部分的基底(图6.41(c)),粒子密度相对较高。由此可以推断,在纤维内部的粒子分布也是不均匀的。与基底粒子分布情况相似,纤维顶端部分的粒子密度相对较低,而靠近纤维底部的粒子密度相对较大。分析认为,粒子质量分数较高导致体系的黏度增大,粒子分散困难。团聚后粒子体积增大,更难在PDMS中均匀分散。部分大体积的团聚后的粒子被抑制,沉积到边长为10 μm的纤维中,因此,在纤维顶端部分的粒子相对含量较小,材料仍然较为柔软,使得材料的摩擦力升高。

(a) 纤维阵列顶端

(b) 靠近纤维部分的基底、横截面

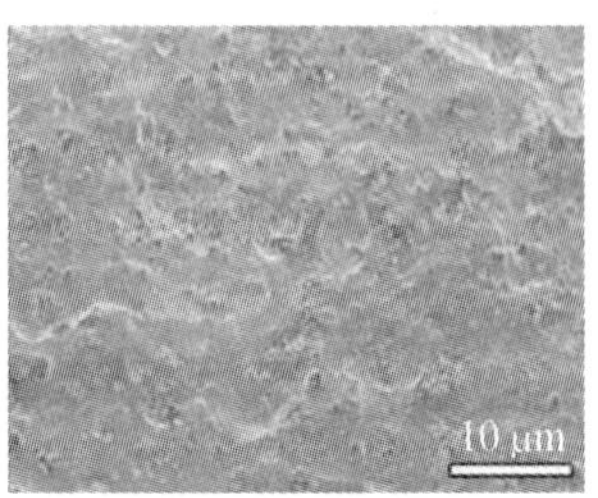

(c) 远离纤维部分的基底横截面

图6.41　质量分数为35%的 Fe_3O_4/PDMS微米纤维阵列复合材料的扫描电镜图片

质量分数为6%的 SiO_2/PDMS微米纤维阵列复合材料的横截面扫描电镜图片如图6.42所示。从图中可以看出,SiO_2 增强PDMS纤维阵列复合材料的基底非常光滑,粒子均匀分散。粒子在靠近纤维的衬底(图6.42(b))和远离纤维的衬底(图6.42(c))处浓度一样,由此可知,粒子在材料中分布均匀。可以推测在微米纤维内部,SiO_2 粒子分布和分散均匀。

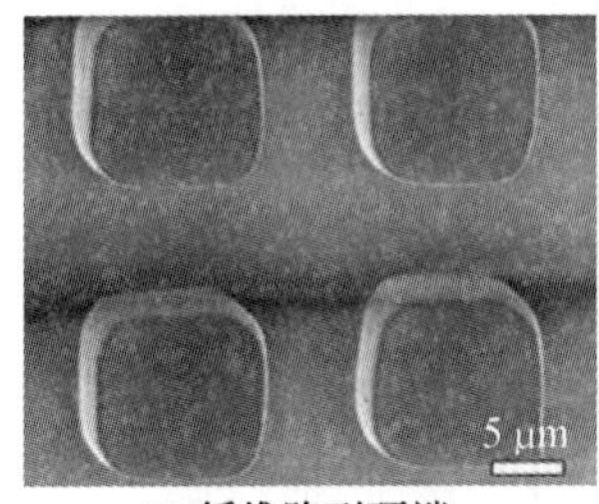

(a) 纤维阵列顶端

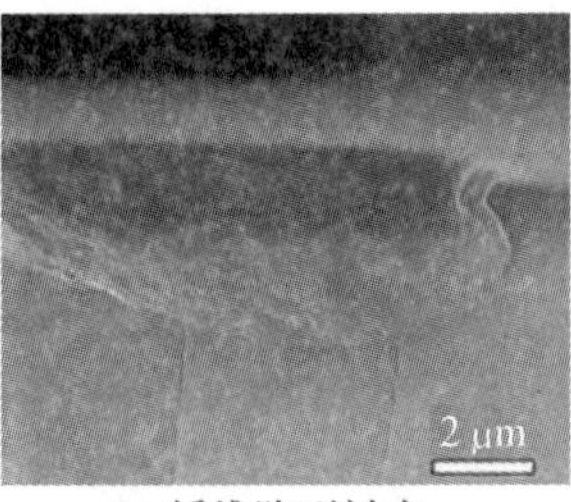

(b) 纤维阵列衬底

(c) 远离纤维阵列的基底

图6.42　质量分数为6%的 SiO_2/PDMS微米纤维阵列复合材料的横截面扫描电镜图片

在纤维顶端(图6.42(a))可以看到纤维顶端光滑平整,没有明显的粒子团聚。正如前面讨论到的,气相 SiO_2 和PDMS之间可以产生氢键,使 SiO_2 粒子和PDMS可以更好地结合,让PDMS包裹在 SiO_2 粒子表面。由于气相 SiO_2 粒子本身的粒径很小,且分散均匀,因此,当微米纤维与对磨面相接触时,均匀分布在纤维顶端的PDMS包裹的 SiO_2 粒子并没有减小纤维顶端与对磨面之间的接触面积,因此,加入 SiO_2 增强粒子后的纤维仍然可以保持较高的摩擦力。

Al_2O_3增强 PDMS 微米纤维阵列复合材料的扫描电镜图片如图 6.43 所示。从图 6.43(a)可以看出,复合材料的纤维顶端较为光滑规整,没有明显的 Al_2O_3粒子团聚。从纵向来看(图 6.43(b)),纤维阵列表面较为光滑,没有明显的粒子团聚。从纤维内部来看(图 6.43(c)),纤维内部材料比较均匀,没有孔洞。由此可以推测,Al_2O_3粒子与 PDMS 基体相容性较好,粒子较好地分散在基体中。

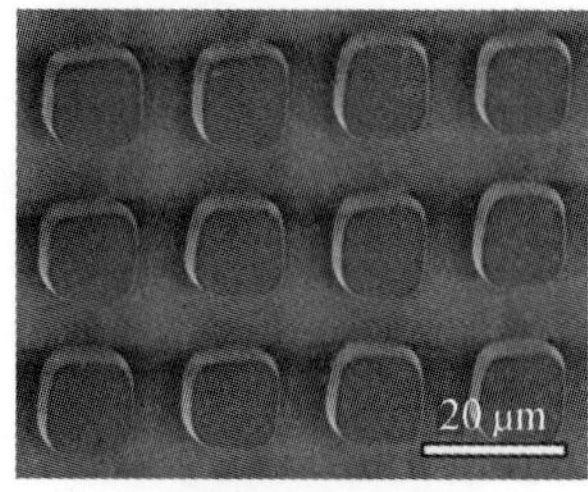

(a) 纤维阵列顶端

(b) 纤维阵列横截面

(c) 纤维阵列内部横截面

图 6.43　4% Al_2O_3/PDMS 微米纤维阵列复合材料的扫描电镜图片

参考文献

[1] 徐祖耀. 中国材料工程大典：材料表征与检测技术:第 26 卷[M]. 北京：化学工业出版社, 2006.

[2] 沃丁柱. 复合材料大全[M]. 北京:化学工业出版社, 2000.

[3] 马鸣图. 材料科学和工程研究进展[M]. 北京:机械工业出版社, 2000.

[4] 石冠鑫. CFRP 层合板紫外线辐照后性能演变与抗冲击性能研究[D]. 哈尔滨:哈尔滨工业大学,2013.

[5] 张铱芬, 穆建春. 复合材料层合结构冲击损伤研究进展Ⅱ[J]. 太原理工大学学报, 2000, 1(31): 1-8.

[6] 冯培峰, 杜善义. 层合板复合材料的疲劳剩余刚度衰退模型[J]. 固体力学学报, 2003, 1(24): 46-52.

[7] YANG F J, CANTWELL W J. Impact damage initiation in composite materials[J]. Compos Sci. Technol., 2010, 70: 336.

[8] AKTAS M, ATAS C, ICTEN B M, et al. An experimental investigation of the impact response of composite laminates[J]. Composite Structure, 2009, 87:307-313.

[9] WANG S X, WU L Z, LI M. Low velocity impact and residual tensile

strength analysis to carbon fiber composite laminates[J]. Materials and Design, 2010, 31:118-125.

[10] POLIMENO U, MEO M. Detecting barely visible impact damage detection on aircraft composites structures[J]. Composite structure, 2009, 91:398-402.

[11] 张丽,李亚智. 复合材料层合板在低速冲击作用下的损伤分析[J]. 科学技术与工程,2010,5(10):1170-1174.

[12] 赵颖华. 复合材料损伤细观力学分析[D]. 北京:清华大学,1996.

[13] 赵桂平,赵钟斗. 复合材料壳受冲击破坏的试验研究[J]. 航空学报,2006,2(27):250-252.

[14] 张力,张恒. 复合材料损伤与断裂力学研究[J]. 北京工商大学学报,2004,1(22):34-38.

[15] 赵稼祥. 复合材料在风力发电上的应用[J]. 高科技纤维与应用, 2003, 28(4):1-4.

[16] AGHAJANAN M K, IANGENSIEPEN R A, ROCAZELLA M A, et al. The effect of particulate loading on the mechanical behavior of Al_2O_3/Al metal matrix composites[J]. Journal of Materials Science, 1993,28(24): 6683-6690.

[17] TASDEMIRCI A, HALL I W. The effects of plastic deformation on stress wave propagation in multi-layer materials[J]. International Journal of Impact Engineering,2007,34:1797-1813.

[18] BAIK K H,LEE G C. Interface and tensile behavior of squeeze cast Al_2O_3 composite[J]. Script Metal Et Mater, 1994, 30(1):235-239.

[19] SODEN P D , HINTON M J, KADDOUR A S. A comparison of the predictive capabilities of current failure theories for composite laminates[J]. Composites Science and Technology, 1998, 58:1225-1254.

[20] PUCK A, SCHÜRMANN H. Failure analysis of FRP laminates by means of physically based phenomenological models[J]. Compos, Sci. Technol., 1998, 58(7):1045.

[21] 丁萍. CFRP 层合板低能量冲击行为与力学损伤[D]. 哈尔滨:哈尔滨工业大学, 2012.

[22] 张阿樱, 张东兴, 李地红. 碳纤维/环氧树脂层合板湿热性能研究进展[J]. 中国机械工程, 2011, 22(4): 494-497.

[23] APICELIA A, NICOLAIS L, CATALDIS C D E. Sorption modes of water

in glassy epoxies[J]. Journal of membrane, 1984, 18: 211-225.

[24] APICELIA A, NICOLAIS L, CATALDIS C D E. Characterization of the morphological fine structure of commercial thermosetting resin through hygrothermal experiments[J]. Advanced Polymer, 1985, 66: 189-207.

[25] ALFREY T, GURNEE E F, LLOYD W G. Diffusion in glassy polymers [J]. Polymer Science, 1966, 12(1): 249-261.

[26] GOERTZEN W K, KESSLER M R. Dynamic mechanical analysis of carbon/epoxy composites for structural pipeline repair[J]. Composites Part B: engineering, 2007, 38(1): 1-9.

[27] NISHAR H, SREEKUMAR P A, BEJOY F. Morphology, dynamic mechanical and thermal studies on poly (styrene-co-acrylonitrile) modified epoxy resin/glass fibre composites[J]. Composites Part A: applied science and manufacturing, 2007, 38(12): 2422-2432.

[28] 冯青，李敏，顾铁卓. 不同湿热条件下碳纤维/环氧复合材料湿热性能试验研究[J]. 复合材料学报，2010，27(6)：16-20.

[29] 南田田. 湿热环境下弯曲载荷对 CFRP 性能的影响[D]. 哈尔滨:哈尔滨工业大学，2013.

[30] 朱洪艳. 孔隙对碳/环氧复合材料层压板性能的影响与评价研究[D]. 哈尔滨:哈尔滨工业大学，2010.

[31] 张阿樱. 湿热处理后含孔隙 CFRP 层合板力学损伤行为与强度预测[D]. 哈尔滨:哈尔滨工业大学，2012.

[32] 黄祥瑞. 塑料防腐蚀应用(Ⅰ)[J]. 腐蚀与防护，1997，18(6)：34-36.

[33] 黄祥瑞. 塑料防腐蚀应用(Ⅱ)[J]. 腐蚀与防护，1998，19(1)：36-38.

[34] 谢晶. GFRP 在海水环境下的性能演变规律与寿命预测模型[D]. 哈尔滨：哈尔滨工业大学，2010.

[35] 刘观政，李地红，张东兴，等. 玻璃钢在盐雾环境中腐蚀机制和性能演变规律的试验研究[J]. 玻璃钢/复合材料，2008(1)：35-40.

[36] 王增品，姜安玺. 腐蚀与防护工程[M]. 北京：高等教育出版社，1991.

[37] 从文. 浅述塑料聚合物的防腐蚀理论与实践[J]. 有机氟工业，2003(3)：13-19.

[38] 邱永坚，顾里之. 复合材料腐蚀机理研究的一些进展[J]. 中国腐蚀与防护学报，1986，6(2)：157-166.

[39] 王小军, 文庆珍. 高分子材料的老化表征方法[J]. 弹性体, 2010, 20(3): 58-61.

[40] 王铁军, 尹征南. 玻璃态高分子材料银纹力学研究进展[J]. 力学进展, 2007, 37(1): 48-66.

[41] JEVAN F. Peak stress intensity dictates fatigue crack propagation in UHMWPE[J]. Polymer, 2007, (48): 3512-3519.

[42] RAVI A. A fatigue-to-creep correlation in air for application to environmental stress cracking of polyethylene[J]. Journal of Materials Science, 2007, 42: 7004-7015.

[43] JAMES F W. Impact-induced fatigue of foamed polymers[J]. Impact Engineering, 2007, 34: 1370-1381.

[44] 周立娜. 玻璃钢在 CO_2 环境中的腐蚀行为及其性能研究[D]. 哈尔滨: 哈尔滨工业大学,2012.

[45] 田洁. CO_2 腐蚀玻璃钢的数值模拟及寿命预测[D]. 哈尔滨:哈尔滨工业大学,2012.

[46] 刘兆松. GFRP 管材在酸性介质中的腐蚀行为及性能研究[D]. 哈尔滨:哈尔滨工业大学,2015.

[47] TIAN Y, ZHAO Z H, GINA ZAGHI, et al. Tuning the friction characteristics of gecko-inspired polydimethylsiloxane micropillar arrays by embedding Fe_3O_4 and SiO_2 particles[J]. ACS Applied Materials & Interface, 2015, 7: 13232-13237.

第 7 章　混杂复合材料

7.1　混杂复合材料概述

混杂复合材料是指两种或两种以上的增强体增强同一基体或多种基体而制成的复合材料,其中基体可以是塑料、金属、木材等。增强材料可以选择玻璃纤维、碳纤维和 Kevlar 纤维等。

GFRP 因具有高比强度、成型容易、耐腐蚀、电绝缘、热导率低、材料价格低廉等诸多优点而得到广泛应用。但是 GFRP 比模量低,限制了其在高刚度要求的结构中的应用。碳纤维具有高比模量、低热膨胀等优点,但是材料价格较高。如果在 GFRP 中添加部分 CF 制成混杂复合材料,使得两种增强材料的性能互补,不仅能抑制材料价格,又能提高复合材料的性能。通过材料的混杂化,使结构设计自由度提高,可以根据使用要求,设计出更为优化的复合材料结构。

7.1.1　混杂化的目的

混杂增强复合材料的主要目的是:

(1)充分发挥各种增强纤维的性能,并起到性能互补的作用。

这是混杂化的基础。复合材料是可设计性材料,如果通过合理设计使各种增强材料充分发挥其特点,并赋予较好的经济性,则可以制备出性能优异的材料。

(2)可以降低先进复合材料(ACM)的成本。

ACM 用的纤维大多价格较高,只限于高附加值商品中应用。因此,混杂复合材料中的 CF、KF 的使用量限制在以其达到使用目的的最小用量。而以 GF 作为增强材料的主体,不仅可以大幅度地抑制成本的过分提高,还可以制备较高性能复合材料制品。

(3)具有力学混杂效应。

混杂效应是林毅首先提出的。以单向板为例,当采用两种以上纤维增强时,初始破坏应力和破坏应变比混合预测结果更大。

图 7.1 为 CF/GF 单向混杂增强复合材料的拉伸性能。由于 CFRP 的破

坏应变 ε_C 比 GFRP 的破坏应变 ε_G 小，如果忽略两者黏结效果，当拉伸应变达到 ε_C 时，CFRP 首先开始破坏（初始破损应力为 σ_M），之后只有 GFRP 承载，并顺次破坏直至最终破坏。但是混杂的两种纤维是很好地黏结在一起的，当应变达到 ε_C 时，CF 即使局部断裂，由于黏结牢固，没有断裂部位的 CF 还能继续承载。使得混杂复合材料具有比 ε_C 更大初始破损应变 ε_{CG} 和比 σ_M 更大的初始破损应力 σ_b。此后，随着 CF 破损增多，应力开始下降，变形也逐步增加。

（4）制备结构/功能一体化的混杂结构。

CFRP、GFRP 或 KFRP 与其他功能材料混杂层合，可以制备出既能满足结构的力学性能要求，又能提供结构所需功能的超混杂复合材料。如具有较高强度和刚度的抗冲击结构、吸能减振结构、隐身结构等，很难用单一材料实现其结构/功能一体化，超混杂复合材料结构是最理想的结构形式。

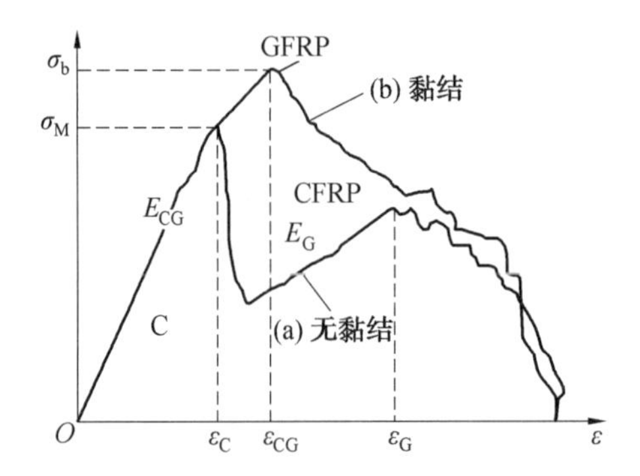

图 7.1　CF/GF 单向混杂复合材料的拉伸性能

7.1.2　混杂复合材料的混杂方式

混杂纤维复合材料根据铺层方式可以分为层内混杂、层间混杂、超混杂等方式，如图7.2 所示。

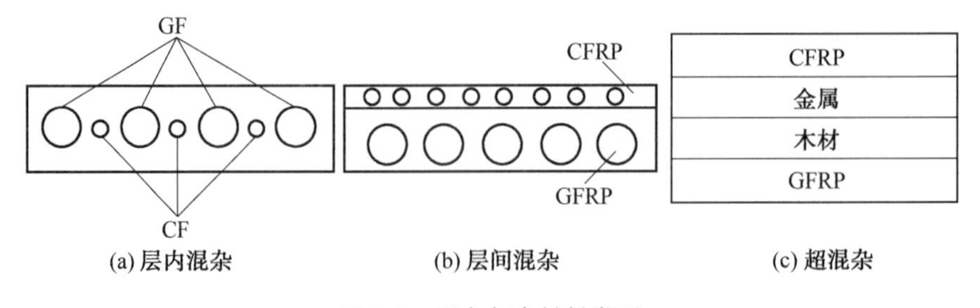

图 7.2　混杂复合材料类型

(1)层内混杂复合材料。

如图7.2(a)所示,一层内将两种以上纤维在一个方向间隔排列,或者两个方向用不同纤维制成的织物等混杂增强的复合材料。近来用各种短纤维面内随机分布混杂的SMC作为增强材料制备的复合材料也属此类。

(2)层间混杂复合材料。

如图7.2(b)所示,单种纤维的毡、织物、纤维纱等增强纤维组成的FRP与另一种纤维组成的FRP层合而成的混杂复合材料。

(3)超混杂复合材料。

当增强体和基体都多于一种的混杂复合材料称为超混杂复合材料。如将塑料、FRP、FRM以及金属、木材等完全不同的材料层合在一起形成的复合材料,如图7.2(c)所示。滑雪板即属此类。

(4)其他混杂复合材料。

①短纤维混杂复合材料是将两种或两种以上短切纤维按一定比例在基体内随机分布增强的复合材料。

②三向编织混杂复合材料。三向编织混杂复合材料是在一种三维方向上使用不同类型或不同性能的纤维编织增强的复合材料。如在航空航天领域使用的一些工字梁复合材料构件,不仅应具有一般工字梁的受力能力,还要求上下面板有不同的性能。这样的构件使用一般的设计和工艺很难实现,但通过三维编织增强,可以大大提高工字梁复合材料构件的层间强度。

7.1.3 混杂复合材料的几个基本概念

1. 混杂效应

混杂复合材料的某些性能偏离混合定律关系的现象称为混杂效应。向增加方向的偏离称为正偏离;向减少方向的偏离称为负偏离。

2. 混杂效应系数及其表达式

混杂效应通常以混杂效应系数(R)表示,即

$$R = \frac{M_t - M_{mr}}{M_{mr}} \tag{7.1}$$

式中,M_t为混杂复合材料某性能的试验值;M_{mr}为某性能按混合定律计算的值。

3. 拉伸应变的混杂效应系数

拉伸应变的混杂效应系数定义为

$$R_t = \frac{\varepsilon(H) - \varepsilon(I)}{\varepsilon(I)} \tag{7.2}$$

式中,$\varepsilon(H)$和$\varepsilon(I)$分别表示两种纤维的断裂应变。

R_t 与两种纤维的断裂应变差值成正比，同时也与混杂比、界面数有较大关系。一般随界面数增多而提高。

4. 混杂复合材料的界面和界面数

混杂复合材料的界面从概念上与复合材料的界面含义相同，但在混杂复合材料中由于两种以上的纤维又有不同的混杂形式，因此，复合材料中所形成的界面将有几种不同的类型与不同的界面数。

界面数是指不同纤维层相接触的数量。界面数的不同将引起混杂复合材料的热性能、物理、力学性能的变化。

5. 混杂比

混杂比是指组成混杂复合材料的各种纤维的体积分数之比。

6. 分散度

分散度是指不同纤维之间相互分散的程度。

7. 铺层形式

铺层形式是指不同纤维层的铺层方式和相对位置。

8. 临界含量

临界含量是指混杂复合材料性能的某一规律发生转折时的某一纤维的相对体积分数。

7.1.4　混杂复合材料的特点

混杂复合材料相比于单一复合材料，因其增强材料的选择自由度大，其结构具有如下特性。

1. 结构设计与材料设计的统一性

混杂纤维复合材料可以根据结构使用性能要求，通过不同类型的纤维、不同纤维的相对含量、不同的混杂方式进行设计，以满足对复合材料结构和功能的双重要求。

2. 扩大构件设计自由度与工艺实现的可能性

混杂复合材料构件的设计自由度较单一纤维复合材料要大。由于混杂复合材料实现多种铺层的可能性超过单一纤维复合材料，相应又进一步扩大构件的设计自由度。如玻璃纤维复合材料飞机机翼的翼尖部位刚度不够，可在翼尖部位适当使用碳纤维，制成混杂复合材料构件来增加刚度。而这种混杂复合材料构件的设计工艺是不难实现的。

3. 提高与改善复合材料的某些性能

通过不同类型纤维、不同纤维的相对含量、不同的混杂方式进行设计，可得到不同的混杂复合材料，以提高或改善复合材料的某些性能。

例如,在碳纤维复合材料中混杂 15% 的玻璃纤维,其冲击强度较单一碳纤维复合材料提高 2 ~3 倍。

又如,玻璃纤维复合材料的弹性模量较低,若引入 50% 的碳纤维作为表层,其弹性模量可达到碳纤维复合材料的 90%。

碳纤维和 Kevlar 纤维的纤维方向具有负热膨胀系数,若与具有正热膨胀系数的纤维混杂,则可以得到预计热膨胀系数的材料,甚至可以得到零热膨胀系数的材料。这对飞机、卫星等高精密构件是非常重要的。

相对于普通纤维复合材料,混杂复合材料的疲劳强度大有改善,在某些特定纤维体积含量及铺层下,混杂复合材料的疲劳强度高于构成它的普通复合材料中的最高者。如 GFRP 的疲劳强度随应力循环次数呈非线性递减,由于碳纤维具有较高的模量和损伤容限,所以加入碳纤维后,混杂复合材料的疲劳性能将得到改善,当加入 50% 的碳纤维时,混杂复合材料的疲劳强度转变为线性递减,加入 65% 的碳纤维时,混杂复合材料的疲劳强度可接近于单一碳纤维复合材料的水平。

4. 降低制品成本

一方面,先进增强材料如 CF、KF、BF、SiC 等的弹性模量比普通玻璃纤维高出一个数量级以上,但是它们的价格是玻璃纤维的几倍甚至数十倍。因此,在性能允许的情况下,用价格低的纤维取代高价纤维制成混杂复合材料构件可以降低制品成本。另一方面,使用适量高价、高性能的纤维制成混杂复合材料构件,获得材料的高性价比同样可获得大的经济效益。

7.1.5　混杂复合材料存在的问题

混杂复合材料虽然具有许多有益的性能,但是还存在一些不足和有待进一步研究的课题。设计和应用混杂复合材料时还应注意如下问题:

(1)破坏强度与构成的单种纤维 FRP 比未必增加。

GFRP 中混杂 CF 时,混杂复合材料的刚度明显增大,弹性模量及弯曲刚度等可根据复合材料力学中的复合梁理论或层合理论很容易计算出来。但是混杂复合材料的破坏强度未必能够达到单独 GFRP 和 CFRP 的破坏强度的平均值,有时甚至比单独 GFRP 和 CFRP 的破坏强度低。

究其原因,构成纤维中破坏应变较小的 CF 层首先开始破坏,造成承载截面积减小,其次当层间混杂型的层合板弯曲变形时,由于层间剪切强度较低,层间界面剥离破坏也是重要原因。这种状态虽非最终破坏,但初始破坏后的承载能力下降,极限载荷就会下降,因此设计时有必要加以注意。

(2)界面强度低。

特别是层间混杂型复合材料,由于层间容易剪切破坏,弯曲强度会较低。以 GF 和 CF 混杂为例,两种纤维的弹性模量以及热膨胀系数相差很大,而且不同类型的纤维与基体树脂的黏结性能也不同,因此成型后两者的成型收缩率也不同,会产生热应力等界面应力,促使剥离现象的发生。

(3)成型后产生反力。

如上所述,如果各层的成型收缩率不同,成型后板状层合板中容易产生翘曲力。因此,为了避免这种耦合效应现象,层合板铺层时应尽量采取中间对称设计。

(4)经济性。

因为 ACM 用增强纤维价格高,因此在混杂设计时要综合考虑附加值和成本后合理选用。

7.1.6 混杂复合材料的发展状况及其应用

20 世纪 40 年代玻璃纤维增强不饱和树脂的出现,标志复合材料由原始复合材料向现代复合材料迈进。此后,玻璃纤维的进一步改善和各种树脂的相继问世,特别是 20 世纪 60 年代表面处理剂的出现,使玻璃纤维复合材料发展到相当完善的地步,并在航空、造船、电气、化工等领域得到了广泛的应用。但是随着技术进步对结构性能的要求进一步提高,逐步显现出玻璃纤维的致命弱点,即弹性模量太低(比一般钢材低一个数量级)。研究表明,通过调整玻璃纤维的成分使玻璃纤维弹性模量进一步提高已相当困难,且成本太高。这就阻碍了它在刚度要求较高的结构件上的应用(如飞机的机翼、尾翼、导弹的尾翼等)。为了解决这一矛盾,研制了聚丙烯腈(PAN)基碳纤维,用它制作的聚合物基复合材料的模量可以接近或超过一般金属材料,其比刚度和比模量远超出一般金属材料,但是缺点是性脆和价格高。其他高性能纤维(如硼纤维、碳化硅纤维等)增强的复合材料也有同样的弱点。于是人们自然想到混合采用碳纤维、玻璃纤维共同增强树脂,可能得到既具有高的比强度、比刚度,又有较好的断裂韧性、价格适中的混杂复合材料。实践证明,这种思路是正确的。最早研制出的混杂复合材料是碳-玻/环氧复合材料。此后又出现了其他类型的混杂复合材料。

混杂复合材料的许多优点使得它在许多领域得到了成功的应用。航空方面最成熟的例子是直升机旋翼。与金属旋翼相比,混杂复合材料旋翼不仅使用寿命大幅延长,而且可以避免灾难性脆断引起的机毁人亡事故,并能克服金属材料难以克服的动强度与外形设计要求的矛盾。另外,飞机蒙皮、垂直和水平尾翼、起落架护板和舱门、涡轮发动机叶片和盒型梁均有用混杂复合材料制作的例子。

在宇航方面,混杂复合材料曾作为导弹头部防热材料,载人时还可抵抗外物冲击。混杂复合材料所具有的优异抗冲击性能,还使得它在武器及防护材料方面得到应用,如主战坦克炮塔到士兵的防弹头盔等。

为了节省能源,各类车辆构件日趋轻量化。目前汽车承力结构部件也向复合材料发展,例如混杂复合材料板簧和驱动轴已装备车辆,与金属板簧相比,节省材料达 70% 。

混杂复合材料在外科整形手术方面可作为人造骨骼,在外科治疗与护理方面可作为外部支撑系统,它可以节省材料 60% ,这给骨骼系统有生理缺陷的人(如小儿麻痹症患者)带来福音。

在体育器械和民营建筑领域,混杂复合材料也崭露头角。随着碳纤维等高性能增强纤维价格的下降,混杂复合材料在国防和国民经济各领域的应用将会越来越广泛。

7.2 混杂复合材料的混杂效应

7.2.1 混杂效应

混杂效应是一种相乘效应,即混杂化后得到的复合材料,其某些性能偏离复合律关系的现象。其中,当混杂后的复合材料性能高于复合律的预测值时称为正混杂效应,而混杂后的复合材料性能低于复合律预测值时称为负混杂效应。

混杂效应是混杂复合材料特有的一种现象,不仅与材料的组分结构、性能有关,而且与混杂结构的类型、受力形式、界面状况以及对能量的不同响应等有关,正确理解和应用混杂效应是发挥混杂复合材料特性的重要工作。

最初发现这种效应的是林毅。林毅通过单向 CF/GF 混杂复合材料的拉伸试验发现了一个有趣的现象,即当 CF 拉断时荷载降低,此后荷载逐步向 GF 层转移,但同时发现混杂复合材料初始破坏(CF 断裂)时的应变比 CFRP 单体破坏时的应变大很多。林毅把这种现象称为混杂效应。Baders 等人采用层间混杂复合材料试件进行了 CF 层的分散度变化试验,结果表明,CF 的含量越小且分散度越大时,CF 层的破坏应变具有变大的趋势,即混杂效应越明显。

通常混杂效应是指混杂后应变的增加效应。但是混杂复合材料的拉伸强度、断裂功、疲劳强度等也存在增加效应，即存在混杂效应。

1. 拉伸强度的混杂效应

面内混杂型“碳 - 玻 / 环氧” 混杂复合材料，当基体承载能力忽略不计时，则混合律计算的初始拉伸强度为

$$\sigma_{Ht} = (1 - V_m)\varepsilon_C(E_C V_C + E_G V_G) \tag{7.3}$$

式中，σ_{Ht} 为混杂复合材料的初始拉伸强度；V_m 为树脂的体积分数；ε_C 为碳纤维的断裂应变；E_C、E_G 分别为碳纤维和玻璃纤维的拉伸弹性模量；V_C、V_G 分别为碳纤维和玻璃纤维的体积分数。

将此结果与试验值相比较发现，试验值高于计算值。超过的多少依相对体积分数而异，最多达43%。

由于断裂延伸率有约40% 的正混杂效应，式(7.3) 中的应变 ε_C 应取作混杂后的应变 ε_{Ht}。这样，对拉伸强度的混杂效应的解释就与断裂延伸率的混杂效应统一起来了。

2. 断裂功的混杂效应

断裂功的混合律表达式为

$$\gamma_H = \gamma_A V_A + \gamma_B V_B \tag{7.4}$$

式中，γ_H 为混杂复合材料的断裂功；γ_A、γ_B 分别为单一 A 和单一 B 增强材料所构成的复合材料的断裂功；V_A、V_B 分别为 A、B 两种单一增强材料在混杂复合材料中的体积分数。

用3种类型的混杂复合材料进行冲击试验测定断裂功，发现在大多数铺层形式和通常的相对体积分数的情况下均出现负的混杂效应，只有少数情况下出现正的混杂效应。

3. 疲劳强度的混杂效应

一般情况下，单向混杂复合材料的疲劳强度与混合律的计算值接近。例如，在给定的应力比下循环至 N_o 次时，玻璃纤维复合材料的最大破坏应力为 S_G，碳纤维复合材料的最大破坏应力为 S_C，它们的体积分数分别为 V_G 和 V_C，它们构成的单向混杂复合材料在同一应力比和同样循环次数 N_o 下的最大破坏应力为

$$S_H = S_C V_C + S_G V_G \tag{7.5}$$

不少研究者发现，只有在碳、玻的体积分数比为 3 ∶ 1 的情况下，单向混杂复合材料才有正的混杂效应，且混杂复合材料的 S-N 曲线位于其所含的单一复合材料中 S-N 曲线位置较高者（此处是单向碳纤维复合材料）上面；同时还发现，对于准各向同性的混杂复合材料（例如，碳纤维以1 ∶ 1在 0°和 90°方向铺放，玻璃纤维以±45°方向铺放），当碳、玻的体积分数比为 3 ∶ 1

时,也具有正的混杂效应,其 $S-N$ 曲线也位于单一碳纤维复合材料的 $S-N$ 曲线之上。

此外,用作功能材料的混杂复合材料,在声、光、电、热等性能方面都可能存在混杂效应。

7.2.2 混杂效应的影响因素

1. 层间黏结性能的影响

Bunsell 等人通过 CF/GF 层间混杂试件研究了层间黏结性能的影响,试验结果如图 7.3 所示。层间无黏结试件,CF 破坏的同时荷载急剧下降。而层间黏结良好的试件,CF 达到破坏应变时,荷载下降比较平缓,之后荷载继续增加。多重破坏发生在界面黏结良好的试件中,即层间黏结强度直接影响混杂复合材料的混杂效应。

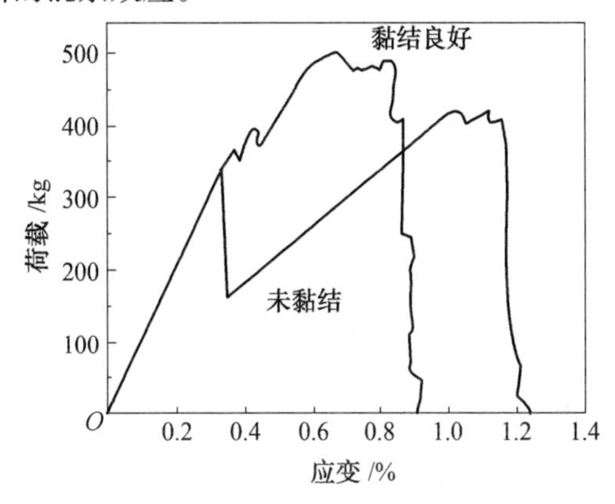

图 7.3 层间黏结性能对 CF/GF 层间混杂复合材料荷载-应变关系的影响

2. 固化残余热应变的影响

有学者提出,混杂复合材料的混杂效应可能来自于两种增强纤维热膨胀系数的差异,造成混杂复合材料固化成型并冷却至室温后,在不同纤维处产生不同的残余热应变。如 Bunsell 等人试图通过 CF 和 GF 的热膨胀系数的差异,在 CF/GF 混杂复合材料成型时产生的 CF 上的压缩应力和 GF 上的拉伸应力所引起的热应变来解释混杂效应。但是计算结果表明,残余热应变值只占断裂延伸率混杂效应实测值的 10% 左右,影响很小。因此,残余热应变引起的混杂效应只是全部混杂效应的一小部分。

3. 分散度对混杂效应的影响

纤维增强复合材料的破坏过程是由纤维、基体、界面等不规则的破坏达到最终破坏的复杂累积过程。对这样复杂的破坏过程的解析,最有效的方法是利用电子计算机的蒙特卡罗法模拟。金原熏等对纤维混杂增强复合材料的破坏过程的解析进行蒙特卡罗法模拟研究。

混杂复合材料中含有两种及以上增强纤维,所以即使是最基本的单向纤维增强的情况,除了要考虑纤维和基体种类、纤维含量外,还要考虑异种纤维的组合、混杂比、排列形式等新的变量。

下面以典型单向 CF/GF 层内混杂复合材料单向板为例进行介绍。如图 7.4 所示,以 11 根纤维构成的 11 个模型模拟混杂复合材料分散度。在 HF-1 到 HF-9 模型中考虑不同的碳纤维混杂比(碳纤维的体积/全部纤维体积,以下用 F_C表示)以及纤维分散性(其中,HF-1 ~ HF-4 称为玻璃纤维组,HF-5 ~ HF-9 称为碳纤维组)。其中,HF-2 和 HF-6 为碳纤维集中型模型,而 HF-3 和HF-7为碳纤维分散型模型。图 7.5 为根据模拟结果绘制的拉伸应力-应变关系曲线。由图可见,HF-2 的应力-应变特征介于 CFRP 和 GFRP 之间。

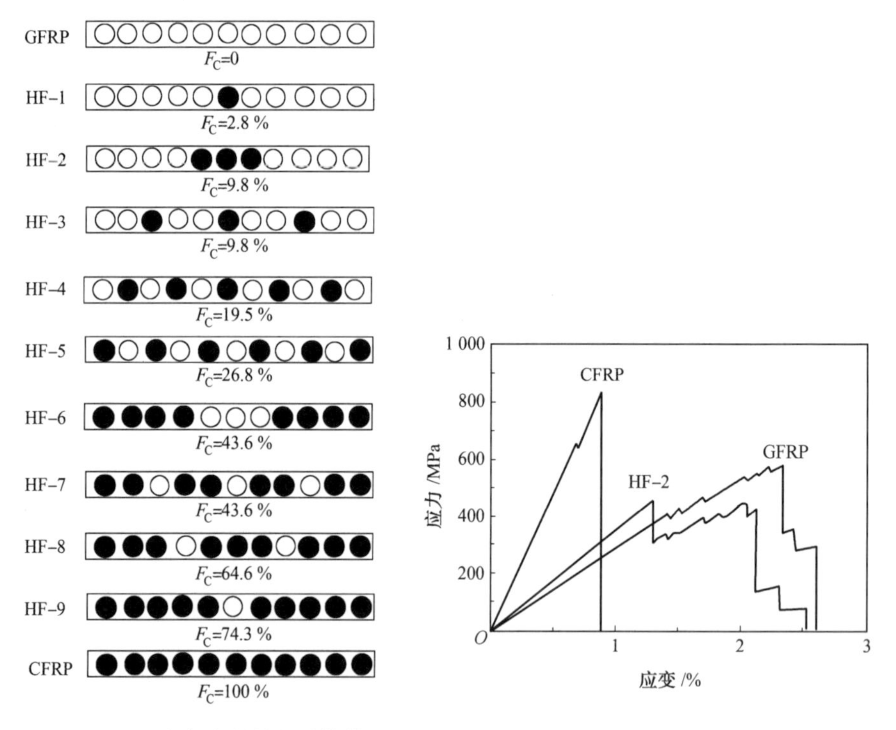

图 7.4　混杂复合材料的计算模型　图 7.5　CFRP、GFRP 及 HF-2 模型的模拟应力-应变曲线

如前所述,所谓混杂效应是指 CFRP 初始破坏应变的增大现象。表 7.1 是混杂复合材料(HF-1 ~ HF-9)的全部纤维中发生初始破坏时的应变平均

值相对于 CFRP 初始破坏应变平均值的增大率。可见,混杂复合材料的初始破坏应变均比 CFRP 初期破坏应变大。观察混杂复合材料破坏过程可知,在众多纤维中如果有一根纤维破坏,单层板的强度不一定下降,这是因为单个纤维破坏后立即把应力通过基体传递给其他纤维承担,只有基体破坏,并有多个纤维破坏后才会出现应力明显下降现象。因此,把初始破坏应变定义为应力下降到某一程度时的应变更为妥当。例如,将应力下降 5% 时的应变作为初期破坏应变进行解析,结果见表 7.2。

表 7.1　单向 CF/GF 混杂复合材料的初始破坏应变的增加率

构成	增加率/%
HF-1	28.9
HF-2	18.5
HF-3	17.1
HF-4	8.9
HF-5	9.4
HF-6	2.3
HF-7	2.7
HF-8	2.5
HF-9	0.4

由表 7.2 可知,玻璃纤维复合材料组(HF-1 ~ HF-4)的混杂效应较大,碳纤维复合材料组(HF-5 ~ HF-9)的混杂效应较小。HF-3 虽然是玻璃纤维组,但是混杂效应较小,分析其原因可能是由于 CF 集中排布,纤维容易发生束状破坏,从而在纤维束破坏的同时应力明显下降。与此相反,HF-5 虽然是碳纤维组,但是混杂效应较大,这是由于 CF 分散排布造成的。

表 7.2　应力下降 5% 时的初始破坏的应变增加率

构成	应变增加率/%
HF-1	57.6
HF-2	3.9
HF-3	42.4
HF-4	34.2
HF-5	20.0
HF-6	2.7
HF-7	0
HF-8	0.2
HF-9	0.2

10Manders 等人的试验结果也表明,在混杂比一定的情况下,分散度越大,混杂效应越明显。

通过以上分析可以认为,混杂效应是混杂比和分散度不同而产生的结构效果。对比结果表明,Manders 等人的试验结果与模拟的结果高度一致。

7.3　混杂复合材料的力学性能

7.3.1　混杂单向板的复合法则

为了对混杂复合材料结构进行材料和结构设计,有必要将混杂复合材料的基本静态特性与纤维的混杂比之间建立定量计算的复合法则。

下面以单向增强 CF/GF 混杂复合材料为例进行说明。如图 7.6 所示,假定 A 点为 GFRP 的特性值,D 点为 CFRP 的特性值,此时单纯复合规律可由直线 AD 给出。试验结果表明,混杂复合材料的刚度与单纯复合规律吻合良好,而其他特性值与单纯复合法不完全吻合。特别是强度,一般按折线 ACD 的变化规律。由于 CF 的断裂延伸率比 GF 低,在混杂复合材料中 CF 首先断裂,所以 CF 断裂之前在混杂复合材料中的平局应力如图 7.6 中的 BD 直线。当 CF 断裂后的荷载全部转移给 GF 单独承载时,其承力曲线如图 7.6 中 AE 所示。因此,在 CF 含量较少区间内,CF 断裂后 GF 仍可承载,强度按直线 AC 变化;但当 CF 含量较高时,CF 断裂的同时混杂复合材料也将破坏,强度按直线 CD 变化。该强度曲线与 GFRP 当作基体的单向增强复合材料的强度曲线完全一致。

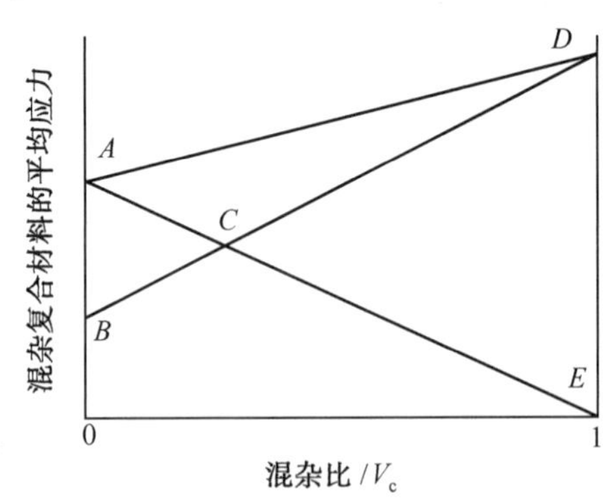

图 7.6　混杂复合材料的复合规律

上述复合律曲线没有考虑混杂效应的影响。因此不能完全反映混杂复合材料的性能特点。由于现有混杂复合材料的各种试验结果数据是在不同纤维和基体、不同结构、不同成型及不同试验方法条件下得出的，很难得出混杂复合材料各类性能在不同混杂比、分散度等条件下的变化规律。因此，金原熏通过设计合理的混杂模型，并采用数值模拟计算分析得出混杂复合材料在不同混杂比、不同分散度条件下弹性模量、破坏应变、强度、应变能等的变化规律。模拟计算结果表明：

①混杂复合材料的刚性与混合率理论计算结果非常接近。

②混杂复合材料的拉伸强度符合上述强度复合规律，即 *ACD* 折线。

③混杂复合材料的弯曲强度大于拉伸强度，并向单纯复合规律 *AD* 偏离。

④CF 的加入对混杂复合材料无增强效果。

⑤混杂复合材料的破坏能遵循单纯复合规律。

层内混杂单向板的弹性模量

考虑由 n 种纤维增强一种基体的混杂复合材料单向板，并假定：

①复合前后各组分的性能不变。

②纤维和基体黏结牢固利用。

③纤维、基体以及单向板均为线弹性。

采用 Voigt 等人研究的应变模型和 Reuss 等人的应力模型，通过对典型单元的静力、几何、物理关系分析可得层内混杂单向板的工程弹性常数预测公式，即层内混杂单向板的工程弹性常数为

$$\left.\begin{aligned}
E_L &= \sum_{i=1}^{n} E_{\mathrm{f}Li} v_{fi} + E_{\mathrm{m}} v_{\mathrm{m}} \\
E_T &= \left(\sum_{i=1}^{n} \frac{v_{\mathrm{f}i}}{E_{\mathrm{f}Ti}} + \frac{v_{\mathrm{m}}}{E_{\mathrm{m}}} \right)^{-1} \\
G_{LT} &= \left(\sum_{i=1}^{n} \frac{v_{\mathrm{f}i}}{G_{\mathrm{f}i}} + \frac{v_{\mathrm{m}}}{G_{\mathrm{m}}} \right)^{-1} \\
\nu_L &= \sum_{i=1}^{n} \nu_{\mathrm{f}Li} v_{\mathrm{f}i} + E_{\mathrm{m}} v_{\mathrm{m}} \\
\nu_T &= \nu_L E_T / E_L
\end{aligned}\right\} \tag{7.6}$$

式中，$E_{\mathrm{f}Li}$、$E_{\mathrm{f}Ti}$、$G_{\mathrm{f}i}$、$\nu_{\mathrm{f}Li}$ 分别为 i 纤维的纤维向、横向弹性模量、剪切模量及泊松比；E_{m}、G_{m}、ν_{m} 分别为树脂的弹性模量、剪切弹性模量和泊松比；$V_{\mathrm{f}i}$、V_{m} 分别为 i 纤维及基体的体积分数，它们之间应满足关系式

$$\sum_{i=1}^{n} v_{\mathrm{f}i} + v_{\mathrm{m}} = 1 \tag{7.7}$$

Chamis 等人建立了不同纤维增强复合材料的两相单元分析模型，如图

7.7 所示，并用材料力学方法进行了计算。两相的体积比分别为 V_P、V_S($V_P + V_S = 1$)，各相内的纤维体积分数分别为 k_{fP}、k_{fS}，假定各相中的基体材料也不同，分别标记为 P、S。此时纤维方向的弹性模量可写成

$$E_L = V_P[k_{fP}E_{fP} + (1 - k_{fP})E_{mP}] + V_S[k_{fS}E_{fS} + (1 - k_{fS})E_{mS}] \quad (7.8)$$

如果 $E_{mP} = E_{mS} = E_m$(基体相同)，则 $V_P k_{fP} = V_{fP}$，$V_S k_{fS} = V_{fS}$。则式(7.8)可简化成式(7.6)。

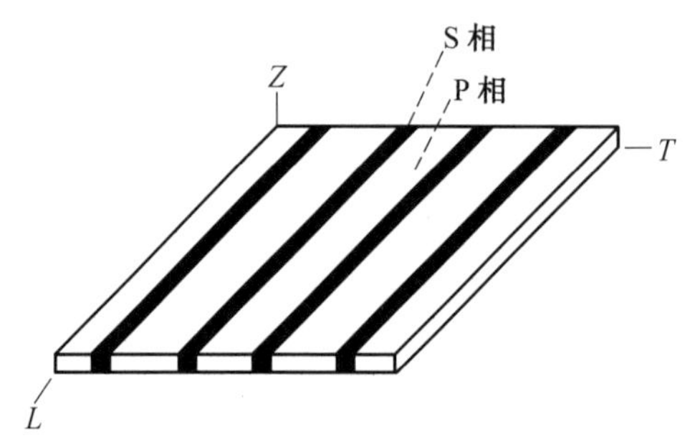

图 7.7　Chamis 的层内混杂模型

T 方向，若各相的横向弹性模量分别为 E_{PT}、E_{ST}，则横向弹性模量为

$$\frac{1}{ET} = \frac{V_P}{E_{PT}} + \frac{V_S}{E_{ST}} \quad (7.9)$$

类似地可以推导出混杂复合材料单向板的剪切弹性模量、泊松比的细观预测式。

7.3.2　混杂层合板的刚度

由相同的层内混杂单向板层合构成的层内混杂层合板的情况，仍可采用经典层合理论计算层合板刚度和强度，只是单向板的工程弹性常数要采用层内混杂单向板的试验数据。

如果是层间混杂的情况，例如由 CFRP 层合 GFRP 层混杂时，计算各单层的刚度系数 Q_{ij} 仍可采用经典层合理论预测混杂层合板的刚度和强度，只是在计算过程中考虑铺层中第 k 层单向板的刚度系数时，应代入相应 CFRP 层或 GFRP 层的数据。

层合板的刚度也可用工程弹性常数表征，以下为已知组成混杂层合板的各单层工程弹性常数，预测混杂层合板的刚度和强度的方法。

1. 混杂层合板的面内刚度

假定组成混杂复合材料层合板的各单层的工程弹性常数已知，当层合板的弹性主轴为 x 和 y 时，层合板的各向弹性常数为

$$\left.\begin{aligned}
&E_x = \sum_{i=1}^{n} K_{xi}t_i - \frac{\left(\sum_{i=1}^{n} \nu_{xi}K_{yi}t_i\right)^2}{\sum_{i=1}^{n} K_{yi}t_i}, \quad E_y = \sum_{i=1}^{n} K_{yi}t_i - \frac{\left(\sum_{i=1}^{n} \nu_{yi}K_{xi}t_i\right)^2}{\sum_{i=1}^{n} K_{xi}t_i} \\
&\nu_x = \frac{\sum_{i=1}^{n} \nu_{xi}K_{yi}t_i}{\sum_{i=1}^{n} K_{yi}t_i}, \quad \nu_y = \nu_x \frac{E_y}{E_x}, \quad G_{xy} = \sum_{i=1}^{n} G_{xyi}t_i
\end{aligned}\right\} \tag{7.10}$$

$$K_{xi} = \frac{E_{xi}}{1 - \nu_{xi}\nu_{yi}}, \quad K_{yi} = \frac{E_{yi}}{1 - \nu_{xi}\nu_{yi}}$$

式中,t_i 为第 i 层相对于总厚度的板厚比,$\sum_{i=1}^{n} t_i = 1$;E_{xi}、E_{yi}、G_{xyi}、V_{xi}、V_{yi} 分别为各单层的参考轴方向的工程弹性常数。

试验结果表明,按上述公式计算得到的主轴方向的拉伸弹性模量、泊松比以及剪切弹性模量理论值与试验值误差范围为 ±4%。因此,混杂层合板的刚度可以用层合理论预测。

根据上述计算结果表明,GFRP 层合板的表面层用 CFRP 层替换后,混杂层合板的面内弹性模量增大20% ~70%,其混杂效果明显,但是剪切模量反而略有降低。

2. 混杂层合板的弯曲刚度

以层合梁的弯曲刚度为例,当第 i 层外缘到中间的距离为 $h_i/2$ 时,层合梁的弯曲刚度为

$$\begin{aligned}
(EI)_M &= \frac{b}{12}\sum_{i=1}^{N} E_i(h_i^2 - h_{i-1}^2) = \\
&\frac{b}{12}[E_N(h_N^2 - h_{N-1}^2) + \cdots + E_i(h_i^2 - h_{i-1}^2) + \cdots + E_1h_1^2]
\end{aligned} \tag{7.11}$$

其中,梁的弯曲弹性模量为

$$E_M = \frac{(EI)_M}{bh^2/12} = \frac{1}{h^2}[E_N(h_N^2 - h_{N-1}^2) + \cdots + E_i(h_i^2 - h_{i-1}^2) + \cdots + E_1h_1^2] \tag{7.12}$$

对于混杂层合板,在板厚一定的情况下比较混杂效果时,弯曲弹性模量有意义,但是在讨论混杂结构形式和板厚变化问题时,还是采用弯曲刚度值讨论更为合理。

试验结果表明，弯曲弹性模量和弯曲刚度实测值比理论计算值略小，平均约低5%。但是大体上混杂层合材料的弯曲刚度是可以通过复合梁理论预测的。

将混杂层合板的表面层由 GFRP 改为 CFRP 时，弯曲刚度可以提高28% ~ 42%，弯曲弹性模量可以提高50% ~ 100%，可见混杂效果非常明显。

7.3.3　混杂层合板的强度

混杂层合板在0°拉伸和45°拉伸时，有不同的变形形态，因此其拉伸强度计算采用不同的预测模式。

①0°方向拉伸时，应力 - 应变关系显示为直线，因此可假定为线弹性。采用层合理论计算作用于各单层的应力，并通过比较单层板的拉伸强度预测层合板的拉伸强度。

②45°方向拉伸时，因为不能忽视材料的非线性，因此要根据试验得到的单层板的应力 - 应变曲线计算混杂层合板的拉伸强度。

1. 0°方向的拉伸强度

利用层合理论求出各层的分配应力，并采用最大应力失效准则计算层合板的强度。其中，最先一层单层破坏对应的层合板应力即为初始破损应力。将破损单层的弹性模量设定为零，层合板中剩余各单层应力重新分配，计算下一层破损时层合板的应力，即第2破损应力。这样逐层计算各层破损时的应力，当层合板中的所有单层都破损时对应的层合板应力即为层合板的拉伸强度。

若 x、y 轴与各单层的弹性主轴一致，则第 m 层的弹性特性可表示为

$$\begin{Bmatrix} \varepsilon_x^{(m)} \\ \varepsilon_y^{(m)} \\ \varepsilon_{xy}^{(m)} \end{Bmatrix} = \begin{bmatrix} 1/E_x^{(m)} & -\nu_y^{(m)}/E_y^{(m)} & 0 \\ -\nu_x^{(m)}/E_x^{(m)} & 1/E_y^{(m)} & 0 \\ 0 & 0 & 1/G_{xy}^{(m)} \end{bmatrix} \begin{Bmatrix} \sigma_x^{(m)} \\ \sigma_y^{(m)} \\ \sigma_{xy}^{(m)} \end{Bmatrix} \tag{7.13}$$

简写为

$$\{\varepsilon\}_m = [A^{(m)}]\{\sigma\}_m \tag{7.14}$$

式中

$$\frac{\nu_x^{(m)}}{E_x^{(m)}} = \frac{\nu_y^{(m)}}{E_y^{(m)}} \tag{7.15}$$

对式(7.13)求逆，可得应力 - 应变关系为

$$\begin{Bmatrix} \sigma_x^{(m)} \\ \sigma_y^{(m)} \\ \tau_{xy}^{(m)} \end{Bmatrix} = \begin{bmatrix} K_x^{(m)} & K_{xy}^{(m)} & 0 \\ K_{xy}^{(m)} & K_y^{(m)} & 0 \\ 0 & 0 & K_s^{(m)} \end{bmatrix} \begin{Bmatrix} \varepsilon_x^{(m)} \\ \varepsilon_y^{(m)} \\ \gamma_{xy}^{(m)} \end{Bmatrix} \tag{7.16}$$

简写为

$$\{\sigma\}_m = [K^{(m)}]\{\varepsilon\}_m \tag{7.17}$$

式中

$$K_x^{(m)} = \frac{E_x^{(m)}}{1-\nu_x^{(m)}\nu_y^{(m)}}, \quad K_y^{(m)} = \frac{E_y^{(m)}}{1-\nu_x^{(m)}\nu_y^{(m)}}$$

$$K_x^{(m)} = \frac{\nu_y^{(m)}E_x^{(m)}}{1-\nu_x^{(m)}\nu_y^{(m)}}, \quad K_s^{(m)} = G_{xy}^{(m)}$$

这些单层板组成的对称层合板的应变 - 应力关系为

$$\begin{bmatrix} \varepsilon_x \\ \varepsilon_y \\ \varepsilon_{xy} \end{bmatrix} = \begin{bmatrix} 1/E_x & -\nu_y/E_y & 0 \\ -\nu_x/E_x & 1/E_y & 0 \\ 0 & 0 & 1/G_{xy} \end{bmatrix} \begin{bmatrix} \sigma_x \\ \sigma_y \\ \sigma_{xy} \end{bmatrix} \tag{7.18}$$

简写为

$$\{\varepsilon\} = [A]\{\sigma\} \tag{7.19}$$

式中,当各单层的板厚比为 t_m 时,有

$$\left.\begin{aligned}
E_x &= \sum_{m=1}^{N} K_x^{(m)} t_m - \frac{\left(\sum_{m=1}^{N} \nu_x^{(m)} K_y^{(m)} t_m\right)^2}{\sum_{m=1}^{N} K_y^{(m)} t_m} \\
E_y &= \sum_{m=1}^{N} K_y^{(m)} t_m - \frac{\left(\sum_{m=1}^{N} \nu_y^{(m)} K_x^{(m)} t_m\right)^2}{\sum_{m=1}^{N} K_x^{(m)} t_m} \\
\nu_x &= \frac{\sum_{m=1}^{N} \nu_x^{(m)} K_y^{(m)} t_m}{\sum_{m=1}^{N} K_y^{(m)} t_m}, \quad \nu_y = \frac{E_y}{E_x}\nu_x \\
G_x &= \sum_{m=1}^{N} K_s^{(m)} t_m = \sum_{m=1}^{N} G_{xy}^{(m)} t_m \\
&\sum_{m=1}^{N} t_m = 1
\end{aligned}\right\} \tag{7.20}$$

因此,各层分布应力与作用于层合板的平均应力间的关系为

$$\{\sigma\}_m = [K^{(m)}][A]\{\sigma\} \tag{7.21}$$

于是当层合板受单向拉伸应力 $[\sigma_x \quad \sigma_y \quad \tau_{xy}] = [\sigma \quad 0 \quad 0]$ 时,各层拉伸

应力的分配率为

$$\frac{\sigma_x^{(m)}}{\sigma}=\frac{K_x^{(m)}-\nu_x K_{xy}^{(m)}}{E_x} \tag{7.22}$$

当 m 层单向板的 x 方向拉伸强度为 $F_x^{(m)}$ 时,将 $\sigma_x^{(m)}=F_x^{(m)}(m=1\sim N)$ 代入式(7.22)计算出对应 σ 最小时的 m。然后,令该破损层的弹性模量等于零,再计算层合板的 E_x,如此反复,求出最大值即为层合板的拉伸强度。

表7.3为各类混杂层合板的铺层及板厚构成。表7.4为单层板的力学性能,其中C1为碳纤维单向布,C2为缎纹编织碳纤维布,G2为GF无捻粗砂布,G3为GF短切毡,CG为CF/GF混编布。层合板的板厚比采用表7.1中的值。将F型和H型所有层合板的初始破损应力作为拉伸强度进行计算对比。结果表明,破损发生在F型的G3层及H型的CF层。所有计算结果列于表7.5,理论值与试验值吻合良好。

表7.3　混杂层合板的铺层及板厚构成

编号	铺层	各类层厚度/mm×层数	总厚度/mm	各层的板厚比					不同纤维层的厚度比		
F1	$[G2/G3/\bar{G2}]_s$	0.54×3 1.01×2	3.64	0.14	0.55	0.31	—	—	0.44	0.56	—
F2	$[G2/G3/G2/G3/\bar{G2}]_s$	0.54×5 1.01×4	6.74	0.08	0.30	0.16	0.30	0.16	0.4	0.6	—
F3	$[G2/G3/\bar{G3}]_s$	0.54×2 1.01×3	4.11	0.25	0.49	0.26	—	—	0.26	0.74	—
H1	$[C1/G3/\bar{G2}]_s$	0.39×2 0.98×2 0.56×1	3.29	0.17	0.59	0.24	—	—	0.17	0.59	0.24
H2	$[C2/G3/\bar{G2}]_s$	0.65×2 0.98×2 0.56×1	3.81	0.15	0.51	0.34	—	—	0.15	0.51	0.34
H3	$[CG/G3/\bar{G2}]_s$	0.55×2 0.98×2 0.56×1	3.62	0.15	0.54	0.31	—	—	0.15	0.54	0.31
H4	$[C2/G3/G2/G3/\bar{G2}]_s$	0.65×2 0.98×4 0.56×3	6.90	0.08	0.28	0.14	0.20	0.20	0.24	0.56	0.20
H5	$[C2/G3/\bar{G3}]_s$	0.65×2 0.98×3	4.24	0.21	0.48	0.31	—	—	0.69	0.31	—

表 7.4 单层板的力学性能

构成	弹性常数 /(kg · mm^{-2})			拉伸强度 /(kg · mm^{-2})	
	E_x	E_y	ν_x	F_x	F_y
C1	6 280	86.6	0.276	76.2	5.97
C2	4 050	4 060	0.0755	45.9	45.9
G2	2 370	2 370	0.168	33.4	33.4
G3	857	857	0.345	118	11.8
CG	4 210	1 787	0.178	28.4	—

表 7.5 0° 方向的拉伸强度 F_x 的计算结果

层合板编号		铺层	破坏层	F_x/(kg · mm^{-2})	
				计算值	试验值
F 型	F1	$[G2/G3/\bar{G}2]_s$	G3	20.6	21.6
	F2	$[G2/G3/G2/G3/\bar{G}2]_s$	G3	19.8	—
	F3	$[G2/G3/\bar{G}3]_s$	G3	17.1	—
H 型	H1	$[C1/G3/\bar{G}2]_s$	C1	29.1	28.3
	H2	$[C2/G3/\bar{G}2]_s$	C2	24.4	22.6
	H3	$[CG/G3/\bar{G}2]_s$	CG	14.8	—
	H4	$[C_2/G3/G2/G3/\bar{G}2]_s$	C2	20.8	—
	H5	$[C2/G3/\bar{G}3]_s$	C2	20.7	—

2. 90°方向拉伸强度 F_y

将 0°和 90°方向的强度不同的 C1 材料作为表面层,计算不同芯材的对称铺层混杂层合板的 90°方向的拉伸强度。选择两种芯材铺层形式,其中一种芯材选择 G2(R,玻璃纤维织物)和 G3(M,玻璃纤维短切毡)交互铺层方式,另一种芯材只有 G3 的铺层方式。

第一种芯材的铺层层数选择 1 层(只有 M)、3 层(MRM)、5 层(MRMRM)、7 层(MRMRMRM)和 9 层(MRMRMRMRM)5 种铺层形式。第二种芯材的铺层的 G3 层选择 1 ~7 层。两种铺层形式的上下表面分别设置 C1 层为 1 层和 2 层的混杂层合板进行计算。各单层的板厚如下:B1(C1)层厚 0.387 mm;B3(G2)层厚 0.561 mm;B4(G3)层厚 0.977 mm。

以上铺层条件下的混杂层合板的 90°方向的拉伸强度 F_y,采用与0°方向相同的方法进行计算，计算结果如图7.8所示。对于0°方向的情况，C1层的破损（初始破损）将直接导致层合板的全体破坏。而对于90°方向的情况，同样C1层初始破损，但芯材还剩余承受荷载能力，计算结果表明，最终破坏应力（虚线）比初始破损应力（实线）更大。

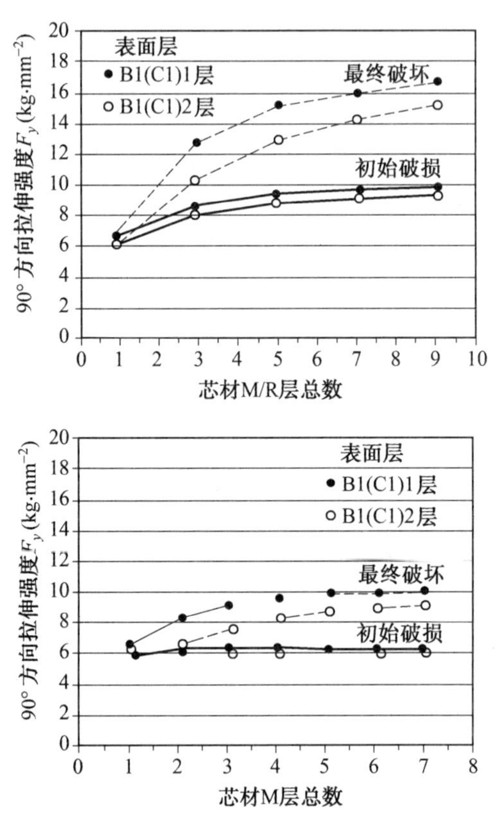

图7.8　混杂复合材料90°方向的拉伸强度

3. 压缩强度

表7.6为基本单层板B1（C1）、B2（C2）以及B5（CG）的压缩特性与拉伸特性比较。B1（C1）材料的压缩强度和拉伸强度大致相同，但是B2（C2）材料的压缩强度明显低（减小44%）。B5（CG）材料的压缩强度也只有拉伸强度的71%。而拉伸弹性模量和压缩弹性模量相差不大。碳纤维的纤维方向的拉伸强度和压缩强度不同，是由两者的破坏机理不同所致。即拉伸强度取决于CF的拉伸强度，而压缩强度决定于CF在树脂内的屈曲及基体的剪切特性。

表 7.6 单层板的压缩强度与拉伸强度比较

构成	压缩强度/(kg · mm^{-2})		拉伸强度/(kg · mm^{-2})	
	E_x	F_x	E_x	F_x
C1	6 640	71.0	6 510	76.2
C2	4 220	25.6	4 060	45.9
CG	4 140	20.3	4 210	28.4

压缩破坏后的试件可以观察到倾斜方向的剪切破坏传播轨迹以及屈曲破坏的形态,可知压缩破坏过程的复杂性。而且破坏在瞬间完成,很难观测到完整的破坏过程。

表7.7 为 F1、H2 型试样的混杂效应和拉伸特性比较。由表可知,F1、H2 型试样的压缩强度远大于拉伸强度。而 B1、B2、B3 型单层板不会出现这种现象,其压缩强度会明显低于压缩强度。F1 和 H2 的试验结果的比较可以看出,混杂化后,压缩强度下降 28%,但是刚性增加 32%。H2 的 45°方向的弹性模量只约有 0°方向的一半,而压缩强度变化不是很大。

表 7.7 混杂层合板的压缩和拉伸特性

编号	铺层	方向	压缩强度/(kg · mm^{-2})		拉伸强度/(kg · mm^{-2})	
			弹性模量	强度	弹性模量	强度
F1	$[G2/G3/\bar{G}2]_s$	0°	1 490	28.2	1 560	21.6
H2	$[C2/G3/\bar{G}2]_s$	0°	1 970	20.3	2 100	22.6
		45°	1 025	18.4	989	10.9

4. 剪切强度

对 F1 型和 H2 型进行层间剪切试验,两者表面分别由 GF 和 CF 构成,总厚度大约为4.0 mm(F1 型为 4.00 mm,H2 型为 3.82 mm),芯材相同,都是由 G3/G2/G3 构成,由此探讨表面材料不同的对称层合板。

F1 型和 F2 型的剪切强度采用短梁三点弯曲法测试,并通过下式计算中平面处产生的层间剪切应力和层间剪切强度,即

$$\left.\begin{aligned}\tau_{\mathrm{t}}&=\frac{3Q}{2bh}=\frac{3P}{4bh}\\F_{1\mathrm{s}}&=\frac{3Q_{\max}}{2bh}=\frac{3P_{\max}}{4bh}\end{aligned}\right\}\tag{7.23}$$

式中,Q 为剪切应力;P 为荷载;b、h 分别为板宽和板厚。表7.8 为 F1 型和 H2 型的剪切强度 F_{1s}。

表 7.8 F1 型和 H2 型的层间剪切强度 F_{1s}

FRP	A 试件	B 试件	C 试件	平均值
F1 型的 F_{1s} /(kg·mm^{-2})	—	3.38 (6 根 5.3%)	3.80 (6 根 7.9%)	3.58 (12 根 9.0%)
H2 型的 F_{1s} /(kg·mm^{-2})	2.16 (5 根 9.86%)	2.15 (5 根 6.98%)	—	2.15 (10 根 8.06%)

注:% 为误差范围

表 7.9 为 F1 型和 H2 型 5 层的对称层合板的铺层和板厚尺寸。引入表中数值计算下列参数

$$\alpha_1 = \frac{h_{g2}}{h},\quad \alpha_2 = \frac{h_c}{h},\quad \beta_1 = \frac{E_{g2}}{E_{g1}},\quad \beta_2 = \frac{E_c}{E_{g1}}$$

表 7.10 ~ 7.11 为 F1 型和 H2 型层合板的铺层参数值及材料的基本性能。图 7.9 为层合板的铺层。

表 7.9 铺层与板厚

编号	铺层	板厚/mm			
		h_{g1}	h_{g2}	h_c	h
F1	$[G2/G3/\bar{G}2]_s$	0.561	0.964	1.122	3.636
H2	$[C2/G3/\bar{G}2]_s$	0.561	0.954	1.200	3.715

表 7.10 单层板的厚度与性能

构成	板厚/mm	弹性模量/(kg·mm^{-2})
C1	0.387	6 550
C2	0.600	4 100
G2	0.561	2 370
G3	0.977	857
CG	0.612	4 200

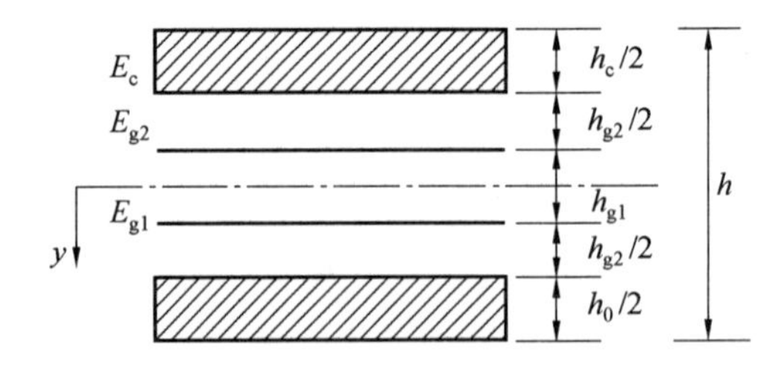

图 7.9 层合板的铺层

图7.10为F1型和H2型的剪切应力分布曲线。通过比较可以看出，F1比H2的τ_{max}小，但是τ_1略大。另外可以看到，剪切应力分布曲线在H2型的G3/C2界面处斜率发生突变。

表7.11 板厚比和弹性模量比

型号	α_1	α_2	β_1	β_2
F1	0.537	0.308	0.36	1.00
H2	0.526	0.323	0.36	1.73

表7.12为计算得到的F1型与H2型发生层间剪切破坏时，中平面上发生的剪应力τ_1，以及CF/GF的两个界面处的剪应力$(\tau_i)_1$、$(\tau_i)_2$。由此分析可知F1型及H2型的层间剪切强度的差异。

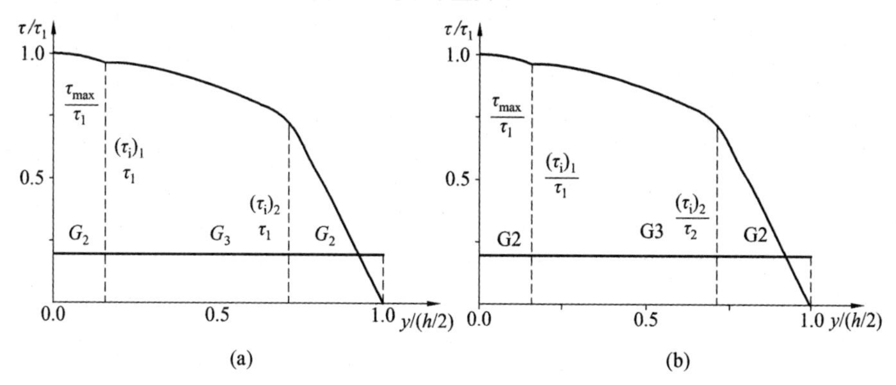

图7.10 F1型和H2型的剪切应力分布曲线

表7.12 层间剪切破坏时各层间剪切应力值

型号	$(\tau_i)_1$ GF/CF	$(\tau_i)_2$ CF/GF	τ_{max}	$\tau_1 = F_{1s}$
F1	3.11 (0.87)	2.32 (0.65)	3.22 (0.9)	3.58 (1.00)
H2	1.81 (0.84)	1.54 (0.72)	1.84 (0.86)	2.15 (1.00)

注：( )内数据为$\tau_1 = 1$时的应力比

如图7.10所示，由短梁三点弯曲测得的混杂板在集中荷载作用点附近的应力分布可以看出与普通均质梁不同的分布特征，但是无法反映出混杂材料的层间剪切强度较低的原因。分析认为，CF和GF的弹性模量和热膨胀系数的不同，使其在成型固化过程中，在界面附近产生复杂热应力是主要影响因素。由此可以推测，混杂复合材料的剪切强度比单种纤维增强的FRP

低。

由以上试验分析结果注意到，随着混杂化，复合材料的剪切刚度虽然是增加的，但是剪切强度却是下降的。

5. 弯曲强度

对 F1 ~ F3、H1 ~ H5 的各试样进行弯曲试验结果表明，H 型各试样有共同的破坏形式，而 F 型试样破坏形式未必相同，例如 F3 型就有 3 种不同的破坏形式。

H 型的最外层是碳纤维层，由于该层的断裂延伸率较低，因而具有以下特殊的破坏形式：

(1)受载初期可以听到较大声响，但没有发现外伤及荷载-弯曲位移关系图的异常变化，如图 7.11 所示的初始破坏 a。

(2)受压侧的基体出现白化现象。在这个阶段，荷载-挠度曲线从初始破坏(初始破坏 b)前的线性关系产生偏离现象，如图 7.11 所示。

(3)上述白化现象扩展到整个试件的压缩侧，在表面横向纤维间产出凹凸变形，并伴随碳纤维层的微观屈曲。这时荷载会明显下降如图 7.11 的初始破坏 c 所示。

(4)这以后，靠拉伸侧的承载，荷载随变形继续增加，直至拉伸侧的碳纤维层的层间剥离或碳纤维拉断，如图 7.11 的最终破坏 d 所示，失去承载能力。

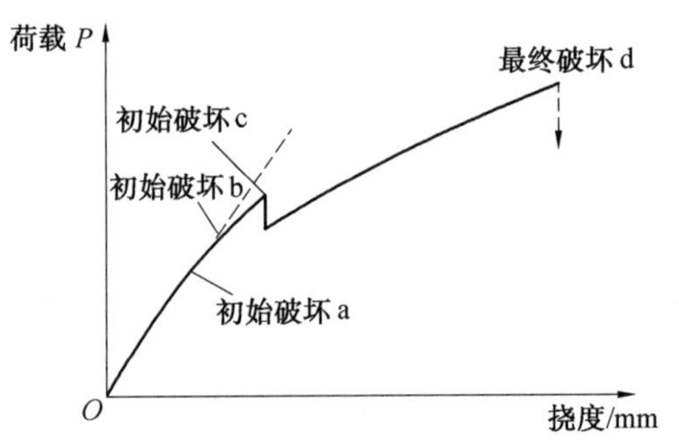

图 7.11　荷载-挠度曲线

另一方面，F 型的最外层是断裂应变较大的玻璃纤维织物，所以 F 型破坏形式不同于 H 型。F 型的 H 型破坏形式有如下特点：

(1)当拉伸侧出现若干白化点时，拉伸侧发生层间剥离，在纤维没有断裂的情况下丧失承载能力。

(2)压缩侧看不到白化和剥离，只有在拉伸侧剥离，纤维断裂时发生破坏。

F 型的荷载-挠度曲线，没有明显的段差，近似为单调增加曲线。对不同厂家提供的试件试验结果表明，同种铺层状态下弯曲破坏有按(A)型破坏形式，也有按(B)型破坏形式，这可能与试样的制作方法不同有关。

综上可见，弯曲破坏形式很复杂，各种各样的因素交互影响使之发生破坏。因此，层合板(包括混杂层合板)的弯曲破坏强度，很难求出直接应用于设计的数据。这里作为尝试，对已有明确定义的初始破坏和最终破坏强度的解析方法进行探讨。

6. 初始破坏的解析

初始破坏 c 时，伴随荷载急剧下降。因此，实际设计时设计荷载大多以初始破坏为基准。如上所述，初始破坏 c 对应于压缩侧最外层的压缩破坏或局部屈曲。于是下面通过解析分析研究弯曲初始破坏强度与最外层的压缩强度之间的关系。

表 7.13 列出了最外层单层板的压缩弹性模量、压缩强度以及层合板的弯曲弹性模量与初始弯曲强度的试验平均值。如图 7.12 所示，对于均质梁，弯曲强度是指假定横截面上的应变沿厚度方向直线分布的条件下，最外层外缘的应力值为 σ_b。而非均质的层合板梁初始破坏 c 时的真实最外缘的应力为 σ_1。计算真实应力值，需要依据复合梁理论。

$$\sigma_b = \frac{M}{I} \cdot \frac{h}{2} = \frac{Pl}{bh^2} \tag{7.24}$$

$$\sigma_1 = \frac{M}{E_N I} E_{out} \cdot \frac{h}{2} = \frac{Pl}{bh^2} \cdot \frac{E_{out}}{E_N} \tag{7.25}$$

式中，P 为荷载；M 为弯矩；b、h、l 分别为试件截面的宽度、厚度以及梁长；E_N 为梁的弯曲弹性模量；E_{out} 为最外层的压缩弹性模量；I 为梁截面的惯性矩。

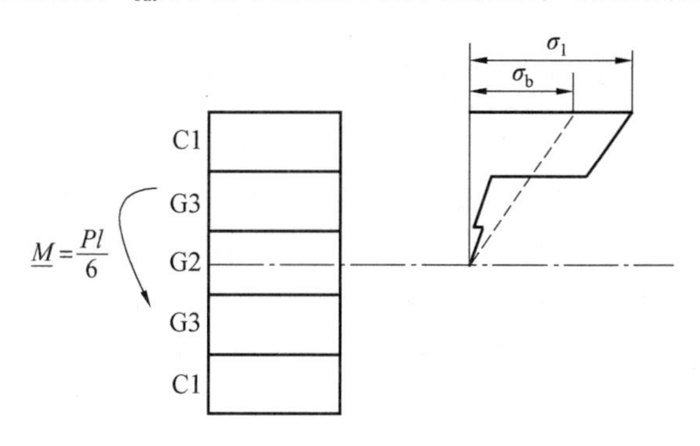

图 7.12　层合梁截面应力分布

由式(7.24) 和式(7.25) 可得

$$\sigma_1 = \frac{E_{out}}{E_N} \cdot \sigma_b \tag{7.26}$$

式中，E_N 和 E_{out} 采用实测值。根据式(7.26) 计算的 σ_1 值见表 7.13。

考虑到弯曲试验时的大挠度效果，其修正值为

$$\frac{\sigma_2}{\sigma_1}=1+\frac{4\,644}{529}\left(\frac{\delta}{l}\right)^2-\frac{162}{23}\frac{h}{l}\frac{\delta}{l}-\frac{324}{23}\frac{R}{l}\frac{\delta}{l} \tag{7.27}$$

由表 7.13 可知，初始破坏 c 时，根据层合梁理论计算的最外层的压缩应力值 σ_1(或者修正值 σ_2)，与 H 型铺层最外层单向板的压缩强度大致相同。因此，对 H 型铺层，初始破坏 c 的弯曲强度可以采用最外层碳纤维层的压缩破坏强度。

表 7.13　初始破坏强度的解析　　kg/mm²

型号	最外层单层板			弯曲弹性模量	初始弯曲强度		
	种类	压缩弹性模量	压缩强度		σ_b	σ_1	σ_2
H2	C2	4 320	27.6	2 520	18.3	31.4	31.1
H4	C2	4 320	27.6	2 130	11.8	23.9	23.7
H5	C2	4 320	27.6	2 960	16.5	24.1	23.9

7. 最终破坏的解析

一般认为，最终破坏是由于拉伸侧最外层的拉伸破坏造成的。那么最终破坏时的弯曲强度到底与最外层的拉伸强度有什么关系，下面在假定直到最终破坏时为线弹性条件下进行解析分析。

表 7.14 中列出了 H1 ~ H5、F1 ~ F3 型铺层的最外层单层板的拉伸弹性模量、拉伸强度以及对应均质梁的弯曲弹性模量、弯曲强度 σ_b 的试验值。如前所述，σ_1 由式(7.26)求出。此时的 E_{out} 为最外层的拉伸弹性模量。σ_2 仍由式(7.27)求出。

表 7.14　最终破坏强度的解析　　kg/mm²

型号	最外层单层板			弯曲弹性模量	初始破坏强度		
	种类	拉伸弹性模量	拉伸强度		σ_b	σ_1	σ_2
H1	C1	6 490	70.3	3 660	50.1	88.8	89.9
H2	C2	3 710	42.3	2 520	26.7	39.3	49.1
H3	CG	4 680	31.1	2 750	22.4	38.0	42.3
H4	C2	3 710	42.3	2 130	26.0	45.3	48.0
H5	C2	3 710	42.3	2 960	29.9	36.2	42.7
F1	G2	2 260	31.6	1 680	38.4	51.7	56.3
F2	G2	2 260	31.6	1 640	32.0	44.1	49.3
F3	G2	2 260	31.6	1 730	35.1	45.9	54.4

由表7.14可知,最终破坏时根据层合梁理论计算的最外层单层板的拉伸应力 σ_1(或者修正值 σ_2)与H型铺层材料的最外层单层板的拉伸强度吻合良好。即可以认为,对H型铺层结构,最终破坏是由于最外层的碳纤维层的拉伸破坏引起的。只不过在最终破坏之前伴随着局部破坏(压缩、层间),也会受到相邻层的约束等的影响。F型铺层结构时却得不出明确的结论。F型的计算应力比最外层单层板拉伸强度实测值更高。分析其原因可能是相邻层的约束以及破坏形式的复杂性造成的。

7.4 混杂复合材料的结构设计

混杂复合材料的结构设计包括材料设计和结构设计两大部分。与传统单一纤维增强复合材料不同,设计混杂复合材料的结构时,不仅要考虑材料的各向异性特征,还应着重考虑混杂比、分散度、混杂界面数等影响混杂效应的因素,并要充分利用增强纤维和基体数的增加所带来的设计自由度增加。

由于混杂复合材料组成的特殊性,混杂复合材料的具体设计方法与其他材料的设计方法不同。如何在结构设计中应用,满足使用需要,同时又要能充分发挥混杂复合材料的特点,需要考虑诸多方面因素。因此,在混杂复合材料的结构设计中,正确了解组分、材料、结构与工艺之间的关系,合理地确定混杂复合材料的应力状态和采用合适的设计准则,是混杂复合材料结构设计的关键性问题,是材料设计正确与否的焦点。

7.4.1 混杂复合材料的材料设计

材料设计是指根据使用要求选择几种原材料,并通过一定的工艺将这些材料复合制成所要求的物理化学和力学性能的复合材料的过程。这里所指的材料设计是指细观和宏观设计。

混杂复合材料是一种可设计性材料。除了原材料有广阔的选择余地外,还可以通过调整铺层角、纤维体积含量、混杂比、分散度、界面数等参数设计出性能不同的混杂材料。这正是混杂复合材料得以迅速发展和应用的重要原因之一。

混杂复合材料在不同使用条件下的性能要求不同。例如,在某些使用条件下要求刚性好、变形小,有些情况下要求强度高、耐疲劳,有时又要求韧性好、抗冲击,还有时要求耐湿热老化和耐环境介质腐蚀等。所有这些要求是不可能同时满足的。因此,在材料设计时要在充分了解使用要求的前提下，重点考虑满足主要性能要求，并尽可能地兼顾其他性能要求，合理地选择基体材料和增强材料，设计合适的纤维体积含量、混杂比、铺层方式及复合工艺。

混杂复合材料不仅可以作为结构材料，还可以作为功能材料。因此，进行材料设计时侧重点是不同的。作为结构用混杂复合材料，必须具备：①力学性能优良；②性能数据分散性小；③成型工艺简单方便；④加工性好；⑤经济性合理。

作为混杂复合材料结构的材料设计，应包括原材料设计、单向板设计及层合板设计 3 个部分。

1. 原材料设计

(1)增强材料的选择。

增强材料是复合材料的主要承载体，它的种类和含量决定复合材料的强度和刚度等力学性能。目前，用于混杂复合材料的增强纤维主要有碳纤维、Kevlar 纤维、玻璃纤维、超高分子聚乙烯纤维、硼纤维、碳化硅纤维、氮化硅纤维、氮化硼纤维等。虽然可选用的种类有限，但是每种纤维都有各种不同性能的系列产品，例如，碳纤维就有 40 多种类型，玻璃纤维也分 S 型、E 型、A 型和 C 型。这些类型各自有不同的纤维强度、模量及其他物理化学性能。所以，在选择混杂复合材料的增强材料时，在充分了解各种增强纤维的物理化学及力学性能的前提下，如何选择最合适纤维种类和混杂比以满足使用要求，是增强材料设计的主要目标。

从力学性能角度考虑的增强材料设计依据是细观力学方法得出的复合规律。首先分析构件在使用荷载工况下对层合板的性能要求，采用宏观力学方法分析并提出对组成层合板的各单层的性能和铺层要求，利用细观力学方法得出混合率公式，选择增强纤维种类、纤维含量及其混杂比，以满足各单层的性能要求。

(2) 基体树脂的选择。

①选择树脂体系的原则。混杂复合材料与普通复合材料一样，其性能除了与增强材料特性有关外，还与基体材料的性能密切相关。虽然荷载主要由增强材料承担，基体主要起传递荷载、均衡荷载和保护增强材料的作用，但在某些受载状态下(如弯曲、扭转等)，基体的损坏可使纤维部分或全部失去承载能力。特别是在严酷的使用环境(如潮湿、高腐蚀介质等)条件下，基体的作用是至关重要的。

选择树脂体系时应首先满足使用要求，其次还要满足成型工艺要求。选择基体应考虑以下因素：使用环境(如使用温度、腐蚀介质等)；良好的界面黏结性能;工艺性好;满足复合材料的性能要求。

选择树脂体系首先要考虑结构的使用环境,包括使用温度、腐蚀介质、沙尘、辐射等,必须保证树脂体系在使用环境条件下性能稳定。

所选树脂体系与所选增强纤维能够有良好的界面黏结特性,这是发挥基体基本特性的前提,只有保证良好的界面黏结,才能有效地传递荷载、均衡荷载。

工艺性要考虑成型工艺的可实施性和方便性,不同复合材料成型工艺对树脂体系有不同的要求,合适的成型工艺应在保证性能的条件下,力求简单方便。除此以外,还要考虑复杂结构可能提出的二次黏结性和后加工的可行性。

作为结构还要保证所选树脂体系使复合材料的力学性能满足设计条件,包括复合材料的初始强度、极限强度(含拉伸、剪切、弯曲、疲劳和断裂性能)、刚度及其在使用环境下的保留率。

当然,成本因素也是不可忽视的,特别是在民用领域,不追求性能更高,而应遵循在满足使用要求下价格最低的设计原则。

②混杂复合材料常用的树脂体系及其性能。混杂复合材料中应用最多的树脂体系是中模量环氧树脂。因为它所构成的复合材料有较好的综合性能。然而不饱和聚酯树脂由于其具有低黏度、常温固化、价格低的优良特性而受到重视,特别是其改性物乙烯基酯树脂的力学性能和抗腐蚀性能也很好,故改性的不饱和聚酯树脂也用作混杂复合材料的基体。

酚醛树脂主要用在耐温性要求较高的场合,如导弹的鼻锥。类似的树脂还有呋喃树脂、夫瑞德耳-克拉夫茨(Friedel-Crafts)树脂,它们的耐温性和耐化学介质的性能都比较好。特别是环氧交联的 Friedel-Crafts 树脂,可以采用与环氧树脂基复合材料一样的热压工艺制成混杂复合材料,这种复合材料在 200 ℃下的性能好于环氧树脂基复合材料,即具有优异的力学性能、耐水性、电化学性能以及阻燃性能,且其价格在环氧树脂和聚酰亚胺之间。

有机硅树脂和聚酰亚胺树脂是耐温性很高的树脂,用于耐高温的部件。

树脂体系的性能除与树脂本身分子结构有关外,还与其他助剂(如固化剂、促进剂、增韧剂、阻燃剂等)密切相关。

2. 单向板设计

层内混杂单向板设计是根据层合板对单向板的强度和刚度性能要求,通过细观力学方法设计增强纤维和基体种类、纤维体积含量及其混杂比的过程。由 7.3 节中分析知,混杂单向板的刚度满足复合律,而拉伸强度、弯曲强度和复合能由于具有混杂效应会偏离复合律。因此,在层内混杂单向板设计时,可按刚度要求采用混杂单向板的复合律公式设计增强纤维、基体种类以及相对含量和混杂比,然后按照设计结果制备混杂单向板试件,并测试其所有工程弹性常数和基本强度作为层合板设计的依据。这样可以避免混杂效应难以定量计算的难题,试验结果自然体现出混杂效应带来的效果。

3. 混杂层合板设计

混杂层合板的设计是在单向板力学性能已知的条件下,设计混杂层合板各混杂单层的类型、铺层角、铺层顺序及层数,以满足结构对层合板的刚度和强度要求。

目前,大多数混杂复合材料层合板的分析采用线性层板理论(Linear Laminate Theory,LLT)。应用线性层板理论可以达到下述目的:

①确定结构分析所需的剖面性质。

②一旦给出剖面上的力,就可以计算各层的应力。

在已知混杂层合板各单层的工程弹性常数的条件下,利用LLT理论推导出层合板的面内刚度计算式(7.9)和弯曲刚度计算式(7.10)计算混杂层合板的刚度。

应用式(7.9)和式(7.10)计算混杂复合材料层合板的刚度基于两条基本假设:①直到断裂,混杂复合材料的应力-应变曲线是线性的;②构成层合板各单层的性质在复合前后性质不变。

一般来说,以树脂为基体的混杂复合材料基本上满足条件①,但条件②是难以满足的。例如,计算得到的混杂复合材料中的某一层纤维方向性质和单独测试该单层得到的性质多数不能很好地吻合。

能否将式(7.9)和式(7.10)应用于混杂复合材料,主要取决于在使用温度范围内应变-温度关系是否接近于线性。试验结果证明,某些层间混杂型复合材料从(-53~121)℃范围内应变-温度关系仍为线性,但在121~176℃范围内应变-温度关系偏离线性。由图7.13~7.15可以看出,在前一个温度范围内,热应变与温度关系接近线性。

综上得出结论:在一般的许用温度范围内,LLT适用于计算混杂复合材料层合板的截面性能和热应力。这里所指的许用温度通常由基体树脂控制,它低于树脂的玻璃化转变温度 T_g。

将非线性层合板理论用于混杂复合材料是一个新的研究方向,可以期待,只要应用相应层的应力-应变-温度关系就能建立起适用于混杂复合材料的非线性分析方法。

混杂复合材料层合板的强度是在确定层合板铺层的条件下,采用层合理论计算各单层所受的应力,并通过强度理论预测相应单向荷载下的层合

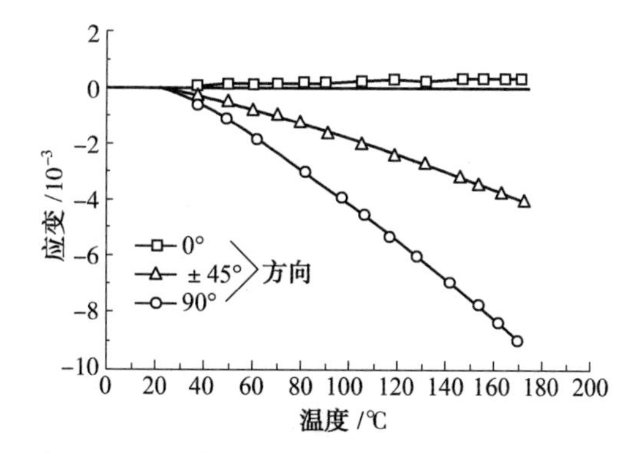

图 7.13 混杂纤维复合材料的 Kevlar 层中的热应变

材料:[0°Kevlar/±45°Gr/0°Gr]$_s$或[±45°Gr/0°Kevlar/0°Gr]$_s$

基体:环氧树脂　Gr:高模量碳纤维

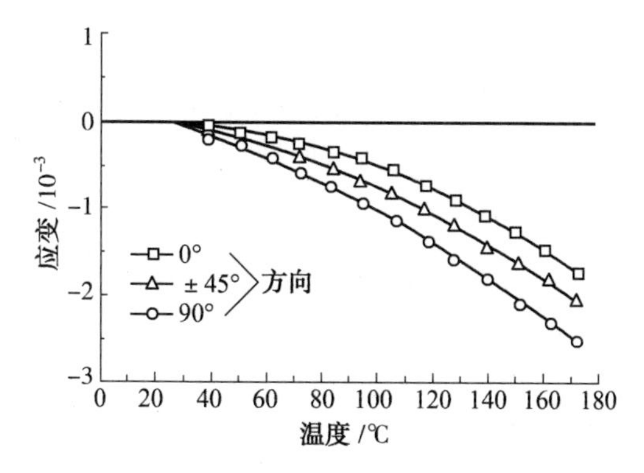

图 7.14　混杂纤维复合材料的碳层中的热应变

(材料的组分同图 7.13)

板破损或破坏时的应力,包括初始破损强度和极限强度,参见 7.3.3 小节。因此可以利用层合理论建立的定量关系,在已知单向板性能的条件下,通过铺层参数改变实现混杂复合材料层合板强度的设计。

确定混杂复合材料应力集中的方法与一般复合材料相同,通常包括正交各向异性板理论、一般或特殊目的的有限元分析方法。通过 LLT 获得的结果与复合材料层中或者整个复合材料范围内的试验值依次比较发现,LLT 算出的有孔混杂复合材料的强度低于试验值,这是因为孔边材料具有非线性性质。孔的自由面附近的层间应力可以采用有限元或有限差分法计算。

混杂复合材料断裂力学所采用的分析方法是直接确定裂纹尖端及其附近的应力状态。可以采用正交异性弹性理论,也可以采用一般或特殊的有限元方法。在这个领域中争论的焦点是:在众多断裂模式中,究竟是材料的

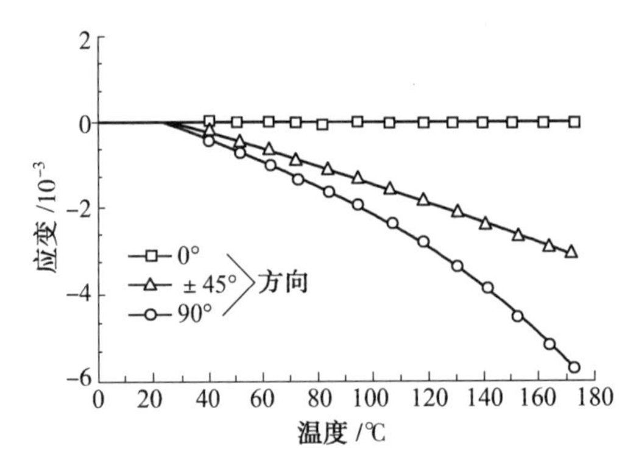

图7.15　混杂纤维复合材料的玻璃层中的热应变

材料：[0°S玻璃/±45°Gr/0°Gr]$_s$或[±45°Gr/0°S玻璃/0°Gr]$_s$

基体：环氧树脂

哪一种性质控制裂纹的失稳扩展。

混杂复合材料具有固有的缺口不敏感性，或者说存在止裂机理。这种止裂性质是由混杂复合材料中存在的两种不同种类、具有不同刚度和断裂应变的纤维造成的。

7.4.2　混杂复合材料结构设计的一般原则

1. 结构设计的强度准则

结构设计要求结构的材料应满足下列条件：

①结构件具有所要求的安全性。

②在使用载荷作用下不产生永久变形。

③满足安全使用寿命要求。

为了更好地描述和确定强度基准，需要明确3个概念，即使用载荷、设计载荷和安全系数。使用荷载指结构在实际使用中受到的最大荷载；设计荷载指使用荷载乘以安全系数；安全系数指在结构使用中，有可能遇到目前的知识和技术还未掌握的附加荷载、材料本身的缺陷、理论不成熟、制造工艺精度不高和工艺不严格等问题的影响，为了确保结构的安全，要求设计强度比计算强度高，即要有一定的设计余量。定义设计强度与计算强度之比为安全系数。

根据以上定义可给出结构设计的强度基准，即：

①在设计荷载下不导致破坏。

②在使用荷载下不产生有害变形。

③对疲劳结构件应具有安全性，并确保寿命期内安全。

这些强度基准看起来并不复杂,但是设计一个具体结构件时,满足这些基准难度较大。对于一个具体用途的结构往往受到多种荷载,甚至有些荷载是预料不到的。在这种情况下,应首先根据以往的使用经验,将所遇到的载荷分门别类,确定几种具有代表性的荷载,要求满足强度基准,而对于意想不到的荷载,通常通过安全系数将这种因素考虑进去。

对于具体应用的结构件,除了要考虑上述力学安全性要求外,还需要考虑结构的质量要求、成本要求、工艺性要求和使用环境要求等。

2. 结构的质量要求

结构是按性能要求设计的,而结构的性能又与结构的质量有关。无论什么样的结构,都具有一定的质量,在满足同一设计要求时,质量轻的结构设计是最合理的,混杂复合材料的特点之一是密度小,因此结构的轻量化潜力很大。所以将混杂复合材料应用于运输用的结构(飞机、船舶、汽车等)、体育器材(网球拍、高尔夫球杆、棒球棍等),可以减轻自身的质量,从而增加装载能力、降低燃料消耗以及增加航程、提高运动成绩。

结构的轻量化对于飞机以及航天器等尤为重要,因为飞行器的具体结构件质量减轻1 kg,可能使整体质量减轻数千克乃至数百千克。使得飞行器的发射和运行成本大幅度降低,性能大幅度提高。

综上可见,结构质量与结构性能之间有着密切联系,也就是说,结构轻量化是提高性能的不可缺少的手段。

3. 成本要求

混杂复合材料的成本也是结构设计中要考虑的一个重要内容。复合材料构件采用混杂增强的重要目的之一就是在保证性能的前提下降低材料成本。一般先进增强纤维价格很贵,而韧性好、强度较高的玻璃纤维价格便宜。因此,设计者应充分理解和掌握混杂复合材料的性能与纤维体积含量及铺层的关系,通过材料的优化组合,达到用最低的成本制造出符合使用要求的混杂复合材料构件的目的。

4. 工艺性要求

工艺问题是混杂复合材料应用研究中的一个重要问题,正确地了解与分析组分材料和结构与工艺之间的关系,是混杂复合材料设计首先要考虑的问题。只有充分考虑这种关系的设计,才能算是合理的设计。比较用不同工艺制成的结构质量时,最重要的是材料的固有特性。尤其是与基体有关的性质,对制造过程中的变动或差错是很敏感的,强烈地依赖于工艺性。

另外,混杂复合材料在使用中大多要与其他构件连接,同时难免要进行二次加工。这些工序不仅与选择层合板的种类有关,而且与合理的成型工艺有很大关系。因此,混杂复合材料的结构设计和工艺设计要在同一个工序中进行,要兼顾性能和工艺可行性。

5. 使用环境要求

在设计结构系统时,一般应该明确使用目的及完成的使命,并有必要确定包括储存、包装、运输等在内的整个使用期的环境条件以及这些过程中的运行条件等。作为环境条件应该考虑以下几个方面:

(1)机械条件方面,包括加速度、冲击振动等。

(2)物理条件方面,包括压力、温度、湿度等。

(3)大气条件方面,包括放射性、霉菌、盐雾、风沙等。

前两者主要与结构的强度及刚度有关,它们构成材料的机械特性。后两者与材料的腐蚀、磨损、老化等有关,成为化学特性或物理特性的影响因素。

对于混杂复合材料的结构,由于基体对某些环境因素很敏感,因此必须了解它的使用环境。上述列举的各种环境条件虽有单独作用的场合,但是受两种以上条件共同作用的情况更多。例如,高空环境是由真空和低温组合作用的,而且它们之间不是简单的算术叠加关系,而是复杂的相互影响。因此,在进行环境试验时,需尽可能地模拟实际情况来施加各种环境条件。例如,当温度与湿度综合作用时会加速腐蚀剂霉变。

7.4.3　典型混杂复合材料构件的设计

1. 面内二维零膨胀混杂复合材料层合板设计

零膨胀或近零膨胀复合材料已在要求尺寸稳定性高或热应力平衡的部件上得到应用,如飞机的活动翼面、光学仪器部件、人造卫星本体、微波天线反射盘和太阳能电池基板等。特别是宇航飞行器是在温度交变环境中工作,如无源卫星设备工作最大环境温差高达 350 ℃,这就要求复合材料结构件在此环境中保持良好的尺寸稳定性,因而面内二维零热膨胀复合材料层合板的设计制作在实际应用中具有特别重要的意义。

利用碳纤维和 Kevlar 纤维所具有的纤维方向负热膨胀系数特点,设计制作单一方向零热膨胀系数的层合结构的研究已有不少报道。但是由于碳纤维和 Kevlar 纤维的横向热膨胀系数较大,因此实现层合结构在面内二维零热膨胀较为困难。下面从层内混杂单向板细观力学分析入手,利用经典层合板理论推导出层内混杂层合板参考轴方向的热膨胀系数计算理论,并以此为基础设计面内二维零热膨胀系数层合板铺层。

(1)层内混杂单向板工程弹性常数预测。

利用层内混杂单向板正轴工程弹性常数预测式(7.6)可得两种纤维增强单一树脂的工程弹性常数为

$$\left.\begin{aligned}
E_L &= E_{fL1}V_{f1} + E_{fL2}V_{f2} + E_m V_m \\
E_T &= \left(\frac{V_{f1}}{E_{fT1}} + \frac{V_{f2}}{E_{fT2}} + \frac{V_m}{E_m}\right)^{-1} \\
G_{LT} &= \left(\frac{V_{f1}}{G_{f1}} + \frac{V_{f2}}{G_{f2}} + \frac{V_m}{G_m}\right)^{-1} \\
\nu_L &= \nu_{fL1}V_{f1} + \nu_{fL2}V_{f2} + E_m V_m \\
\nu_T &= \nu_L E_T / E_L
\end{aligned}\right\} \tag{7.28}$$

式中,E_{fL1}、E_{fT1}、G_{f1}、ν_{fL1} 分别为纤维 1 的纤维向、横向、剪切弹性模量和泊松比;E_{fL2}、E_{fT2}、G_{f2}、ν_{fL2} 分别为纤维 2 的纤维向、横向、剪切弹性模量和泊松比;E_m、G_m、ν_m 分别为树脂的弹性模量、剪切弹性模量和泊松比;V_{f1}、V_{f2}、V_m 分别为纤维 1、纤维 2 及树脂的体积含量,它们之间应满足以下关系

$$V_{f1} + V_{f2} + V_m = 1 \tag{7.29}$$

定义混杂比为

$$V_H = \frac{V_{f1}}{V_{f2}} \tag{7.30}$$

(2) 层内混杂单向板热膨胀系数预测。

① 纤维方向热膨胀系数。

当混杂单向板不受外力作用时,根据静力平衡条件应满足

$$\sigma_{fL1}V_{f1} + \sigma_{fL2}V_{f2} + \sigma_{mL}V_m = 0 \tag{7.31}$$

式中,σ_{fL1}、σ_{fL2}、σ_{mL}分别为各组分的纤维方向残余热应力。

根据层内混杂单向板的 Voigt 等应变模型,纤维方向各组分变形一致,即

$$\varepsilon_L = \varepsilon_{fL1} = \varepsilon_{fL2} = \varepsilon_{mL} \tag{7.32}$$

式中,ε_L、ε_{fL1}、ε_{fL2}、ε_{mL} 分别为单向板、纤维 1、纤维 2 和树脂的纤维方向应变。

当混杂单向板受温差作用时,其应变与各组分残余热应力之间关系可写作

$$\left.\begin{aligned}
\varepsilon_L &= \alpha_{HL}\Delta T \\
\varepsilon_{fL1} &= \frac{\sigma_{fL1}}{E_{fL1}} + \alpha_{fL1}\Delta T \\
\varepsilon_{fL2} &= \frac{\sigma_{fL2}}{E_{fL2}} + \alpha_{fL2}\Delta T \\
\varepsilon_{mL} &= \frac{\sigma_{mL}}{E_m} + \alpha_m\Delta T
\end{aligned}\right\} \tag{7.33}$$

式中，α_{HL}、α_{fL1}、α_{fL2}、α_{m}分别为单向板、纤维1、纤维2和树脂的纤维方向热膨胀系数。

由式(7.31)～(7.33)解得各组分中产生的残余热应力为

$$\left.\begin{aligned}
\sigma_{mL} &= \frac{E_m A}{E_L}\Delta T \\
\sigma_{fL1} &= E_{fL1}\left(\frac{A}{E_L}+\alpha_m-\alpha_{fL1}\right)\Delta T \\
\sigma_{fL2} &= E_{fL2}\left(\frac{A}{E_L}+\alpha_m-\alpha_{fL2}\right)\Delta T \\
A &= (\alpha_{fL1}-\alpha_m)E_{fL1}V_{f1}+(\alpha_{fL2}-\alpha_m)E_{fL2}V_{f2}
\end{aligned}\right\} \tag{7.34}$$

将式(7.34)代入式(7.33)，并考虑式(7.31)可解得混杂单向板的纤维方向的热膨胀系数为

$$\alpha_{HL}=\frac{\alpha_{fL1}E_{fL1}V_{f1}+\alpha_{fL2}E_{fL2}V_{f2}+\alpha_m E_m V_m}{E_{fL1}V_{f1}+E_{fL2}V_{f2}+E_m V_m} \tag{7.35}$$

② 横向热膨胀系数。

根据层内混杂单向板的Reuss等应力模型，混杂单向板的横向应变可写作

$$\varepsilon_T=\varepsilon_{fT1}V_{f1}+\varepsilon_{fT2}V_{f2}+\varepsilon_{mT}V_m \tag{7.36}$$

式中，ε_T、ε_{fT1}、ε_{fT2}、ε_{mT}分别为单向板、纤维1、纤维2和树脂的垂直纤维方向应变。其中

$$\left.\begin{aligned}
\varepsilon_T &= \alpha_{HT}\Delta T \\
\varepsilon_{fT1} &= -\nu_{fL1}\frac{\sigma_{fL1}}{E_{fL1}}+\alpha_{fT1}\Delta T \\
\varepsilon_{fT2} &= -\nu_{fL2}\frac{\sigma_{fL2}}{E_{fL2}}+\alpha_{fT2}\Delta T \\
\varepsilon_{mT} &= -\nu_m\frac{\sigma_{mL}}{E_m}+\alpha_m\Delta T
\end{aligned}\right\} \tag{7.37}$$

式中，α_{HT}、α_{fT1}、α_{fT2}分别为单向板、纤维1、纤维2的垂直纤维方向热膨胀系数。

将式(7.34)代入式(7.37)，并考虑式(7.35)得

$$\left.\begin{aligned}
\varepsilon_T &= \alpha_{HT}\Delta T \\
\varepsilon_{fT1} &= [\alpha_{fT1}-\nu_{fL1}(\alpha_{HL}-\alpha_{fL1})]\Delta T \\
\varepsilon_{fT2} &= [\alpha_{fT2}-\nu_{fL2}(\alpha_{HL}-\alpha_{fL2})]\Delta T \\
\varepsilon_{mT} &= [\alpha_m-\nu_m(\alpha_{HL}-\alpha_m)]\Delta T
\end{aligned}\right\} \tag{7.38}$$

将式(7.38)代入式(7.36)解得层内混杂单向板横向热膨胀系数为

$$\alpha_{HT} = V_m(1+\nu_m)\alpha_m + \sum_{i=1}^{2} V_{fi}(\alpha_{fTi} + \nu_{fLi}\alpha_{fLi}) - \nu_L\alpha_{HL} \tag{7.39}$$

(3)混杂对称层合板的热膨胀系数预测。

根据经典层合理论,可推导出层合板在温差作用下各单层中产生的弹性主方向残余温度应力为

$$\left.\begin{aligned} \sigma_{xi} &= E'_{xi}[\varepsilon_x + \nu_{yi}\varepsilon_y - (\alpha_{xi} + \nu_{yi}\alpha_{yi})\Delta T] \\ \sigma_{yi} &= E'_{yi}[\varepsilon_y + \nu_{xi}\varepsilon_x - (\alpha_{yi} + \nu_{xi}\alpha_{xi})\Delta T] \\ E'_{xi} &= E_{xi}/(1-\nu_{xi}v_{yi}) \\ E'_{yi} &= E_{yi}/(1-\nu_{xi}v_{yi}) \end{aligned}\right\} \tag{7.40}$$

式中,σ_{xi}、σ_{yi} 为第 i 层单向板参考轴方向的残余热应力,E_{xi}、E_y、ν_{xi}、ν_{yi} 为第 i 层单向板参考轴方向的弹性模量和泊松比,α_{xi}、α_{yi} 为第 i 层单向板参考轴方向的热膨胀系数。

当层合板只受温差作用时,根据静力平衡条件可知

$$\left.\begin{aligned} \sum_{i=1}^{n} t_i\sigma_{xi} &= 0 \\ \sum_{i=1}^{n} t_i\sigma_{yi} &= 0 \end{aligned}\right\} \tag{7.41}$$

式中,t_i 为第 i 层的厚度。

将式(7.40)代入式(7.41),整理可得层合板弹性主方向的热膨胀系数计算式,即

$$\left.\begin{aligned} \alpha_x &= \varepsilon_x/\Delta T = \left[\sum_{i=1}^{n} E'_{xi}t_i(\alpha_{xi}+\alpha_{yi}\nu_{yi})\sum_{i=1}^{n} E'_{yi}t_i - \sum_{i=1}^{n} E'_{yi}t_i(\alpha_{yi}+\alpha_{xi}\nu_{xi})\sum_{i=1}^{n} E'_{xi}t_i\nu_{yi}\right]/D \\ \alpha_y &= \varepsilon_y/\Delta T = \left[\sum_{i=1}^{n} E'_{yi}t_i(\alpha_{yi}+\alpha_{xi}\nu_{xi})\sum_{i=1}^{n} E'_{xi}t_i - \sum_{i=1}^{n} E'_{xi}t_i(\alpha_{xi}+\alpha_{yi}\nu_{yi})\sum_{i=1}^{n} E'_{yi}t_i\nu_{xi}\right]/D \\ D &= \sum_{i=1}^{n} E'_{xi}t_i\sum_{i=1}^{n} E'_{yi}t_i - \left(\sum_{i=1}^{n} E'_{yi}t_i\nu_{xi}\right)^2 \end{aligned}\right\} \tag{7.42}$$

(4)零膨胀混杂层合板铺层设计。

基于上述细观力学分析和经典层合板理论分析结果,编写层内混杂复合材料层合板面内二维热膨胀系数设计软件,可用于设计混杂层合板各向热膨胀系数,并对其影响因素进行分析。

图7.16和图7.17分别为碳纤维(M40JB)和Kevlar-49层内混杂层合板 $[\theta_i/-\theta_i]_s$ 纤维体积含量和混杂比一定时,层合板热膨胀系数及弹性模量随

铺层角的变化规律。由图7.16和7.17可知,均衡斜交叉对称铺层无法通过铺层角的改变实现面内二维零膨胀和两个弹性主方向同时保证较大的弹性模量。

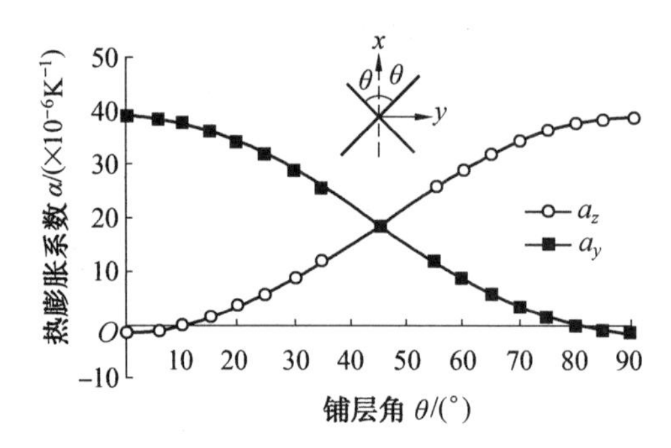

图7.16　斜交叉层合板热膨胀系数随铺层角的变化规律($V_f=0.7,V_H=0.5$)

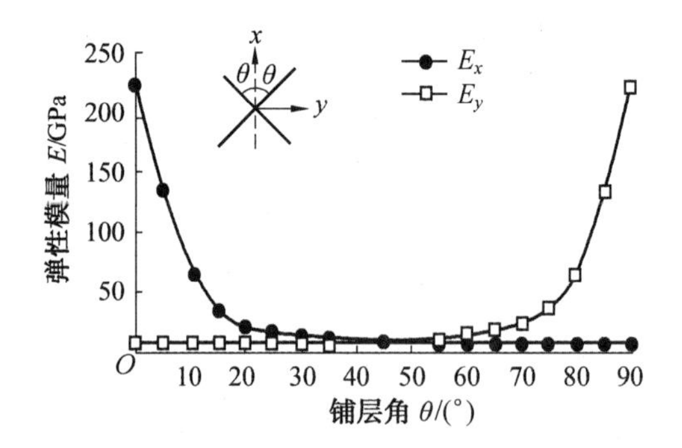

图7.17　斜交叉层合板弹性模量随铺层角的变化规律($V_f=0.7,V_H=0.5$)

图7.18和图7.19分别为C/K层内混杂层合板纤维体积含量和铺层一定时层合板热膨胀系数和弹性模量随混杂比的变化规律。由图7.18可见,层内混杂均衡斜交叉对称层合板的混杂比减小(即Kevlar纤维含量增大)反而使弹性主方向的热膨胀系数增大,这是由于Kevlar纤维的横向热膨胀系数明显大于碳纤维的横向热膨胀系数造成的。由此可知在这种铺层下,CFRP中混杂负热膨胀系数更大的Kevlar纤维并不能降低层合板弹性主方向的热膨胀系数。

图7.20和图7.21分别为面内混杂均衡正交对称层合板在纤维含量一定时层合板的热膨胀系数和弹性模量随混杂比变化的理论值和试验值比较,表明试验值与理论值吻合良好。由图7.20可见,混杂比的降低(Kevlar纤维含量增加)有利于降低两个主方向的热膨胀系数。若将热膨胀系数绝对值小于0.5×10^{-6}/K定义为零膨胀,则这类层内混杂层合板实现面内二维

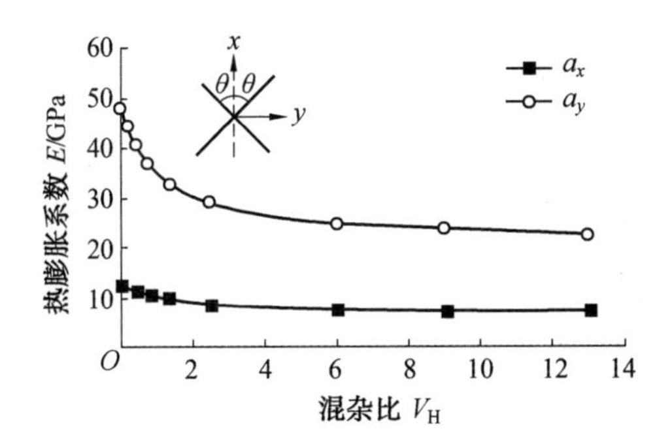

图 7.18 斜交叉层合板热膨胀系数随混杂比的变化规律($V_f=0.7,\theta=30°$)

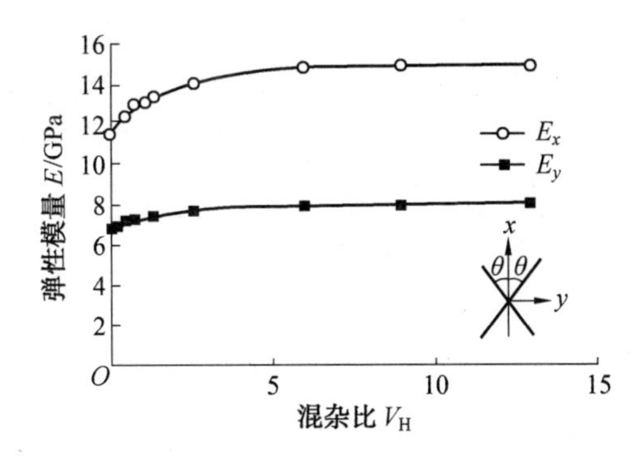

图 7.19 斜交叉层合板弹性模量随混杂比的变化规律($V_f=0.7,\theta=30°$)

零膨胀系数的设计自由度较大,且可保证两个主方向均具有较高的高弹性模量。由图7.20和图7.21还可发现,当混杂比达到一定程度后(如 $V_H>6$),热膨胀系数和弹性模量趋于稳定,因此适当比例的混杂 Kevlar 纤维不仅有利于降低 C/K 混杂层合板的热膨胀系数,还对层合板的弹性模量影响很小。

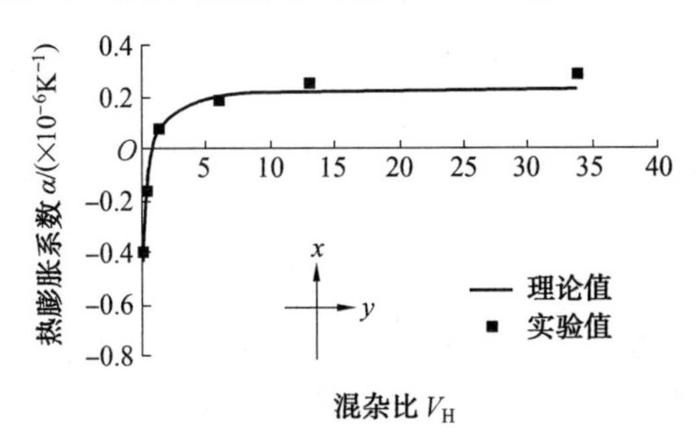

图 7.20 正交层合板热膨胀系数随混杂比的变化规律($V_f=0.7,[0_n/90_n]_s$)

根据上述分析计算,在结构要求面内二维零膨胀,并有两个主方向弹性

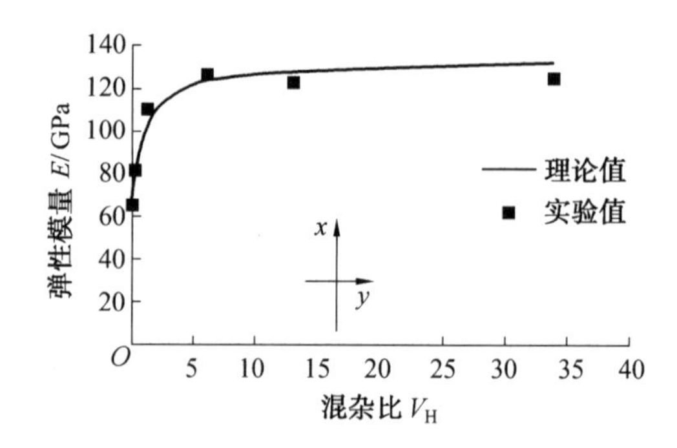

图 7.21　正交层合板弹性模量随混杂比的变化规律（$V_f=0.7$，$[0_n/90_n]$）

模量约束条件时，可采用 C/K 层内混杂正交对称铺设层合板形式。表 7.15 为几种面内二维零膨胀指标、铺层形式和弹性模量设计界限。由表可见，当某一方向的弹性模量要求较高时，必须以放宽二维膨胀指标为代价。

表 7.15　面内二维零膨胀铺层设计

膨胀指标/($\times10^{-6}$K^{-1})		弹性模量界限/GPa		铺层	V_f	V_H
α_x	α_y	E_x	E_y			
0.4	1.2	156～177	81～92	$[0_2/90]_s$	0.7	3.67→∞ *
0.2	0.7	140～160	96～109	$[0_3/90_2]_s$	0.7	3.43～∞
0.1	0.1	86～108	86～108	$[0_n/90_n]_s$	0.7	0.56～1.8

注：* $V_H\to\infty$ 表示 Kevlar 纤维体积含量为零，为纯碳纤维复合材料

综上分析结果可得出以下结论：

①层内 C/K 混杂均衡斜交叉铺设层合板不能实现面内二维零膨胀系数设计。

②合理设计的层内 C/K 混杂正交铺设层合板可以实现面内二维零膨胀系数设计。

③当单方向的弹性模量要求较高时，必须以放宽二维热膨胀系数指标为代价。

2. 滑雪板设计

在早期滑雪运动中，滑雪板设计和制造都局限于原材料的可用性，木材是理所当然的选择。木材具有密度低、强度高、易操作、容易制作出各种所需的形状等特点。木材尽管有许多明显的优点，但也有许多不足。因为它的纤维结构形成高度的各向异性，在扭转状态下强度较低。而且它对湿度敏感，容易吸湿，导致变形、扭曲及质量增加。另外，木质滑雪板柔软，耐磨性能较差，容易损坏。

历经多年探索后,到20世纪70年代滑雪板发展为超混杂复合材料结构,滑雪板结构中包括FRP板基、芯层、侧墙、顶层、加强层和缓冲层的复杂设计。超混杂的夹层结构一般由较薄的、高刚度和高强度的面板夹以较厚的、具有一定剪切刚度的低密度芯材组成。这种结构具有如下优点:

①质量轻,运动灵活性好。芯材可使用木材或者聚氨酯硬质泡沫塑料,而上、下面板采用比模量高的复合材料。

②扭转刚性大,旋转时变形小,滑雪板可以做得更薄。

③振动衰减快,吸收冲击性能好。

④疲劳特性优异,耐久性好。

当然,不同的滑雪形式,如高山滑雪、大回转、小回转、速降以及不同的滑雪对象对滑雪板的性能要求也有所不同。例如在障碍滑雪中,运动员使用短滑雪板,就能灵活地转向,而在速度竞赛时,运动员会使用长滑雪板。

20世纪90年代中叶研制出新型的改良的雪板。例如,造型雪板和切刻雪板被设计用来弯道滑行。它们有适宜的硬度,可以满足在不同滑雪条件下的准确性、柔韧性和多功能性。造型雪板的板头和板尾比普通的雪板的板腰宽。而切刻雪板有多种形状,它有更窄的板腰,可以在坚固的、平滑的雪面上使用。这些新型的滑雪板通常要比普通类型的雪板短10~25 cm。因此,它们更轻便、敏捷。

目前,最常用的雪板制作材料是铝和玻璃纤维。除了这两种材料外,金属钛、碳纤维、硼纤维等也用来制作雪板。滑雪板结构现已发展到包括基板、芯层、侧墙、顶层、加强层和缓冲层的复杂设计。图7.22为一种比较典型的超混杂非对称复合材料夹层滑雪板结构。

(1)滑雪板的上表面层是顶层保护塑料薄片ABS,顶层薄片不仅防止滑雪板的内部被损坏,而且能够防止紫外线辐射,还可以在表面做出一个非常精美的图形。

(2)第二层为上部CFRP面板,提供雪板所需的强度和刚度。

(3)第三层为由木质或泡沫塑料组成滑雪板的核心层,对上、下面板提供支撑,较厚的尺寸保证滑雪板具有合适的刚度,还起到抗振、消振的作用。

(4)第四层为下部GFRP面板,与上面板共同提供强度和刚度。

(5)底部是一层超高相对分子质量聚乙烯塑料板,提供光滑的表面,且耐磨损性好。

(6)周边保护材料:塑性边和橡胶起保护内部材料和装饰作用,钢质边提供转弯时的边切效果。

为了保证滑雪板的优良运动性能,不仅要求其具有合理的截面刚度分

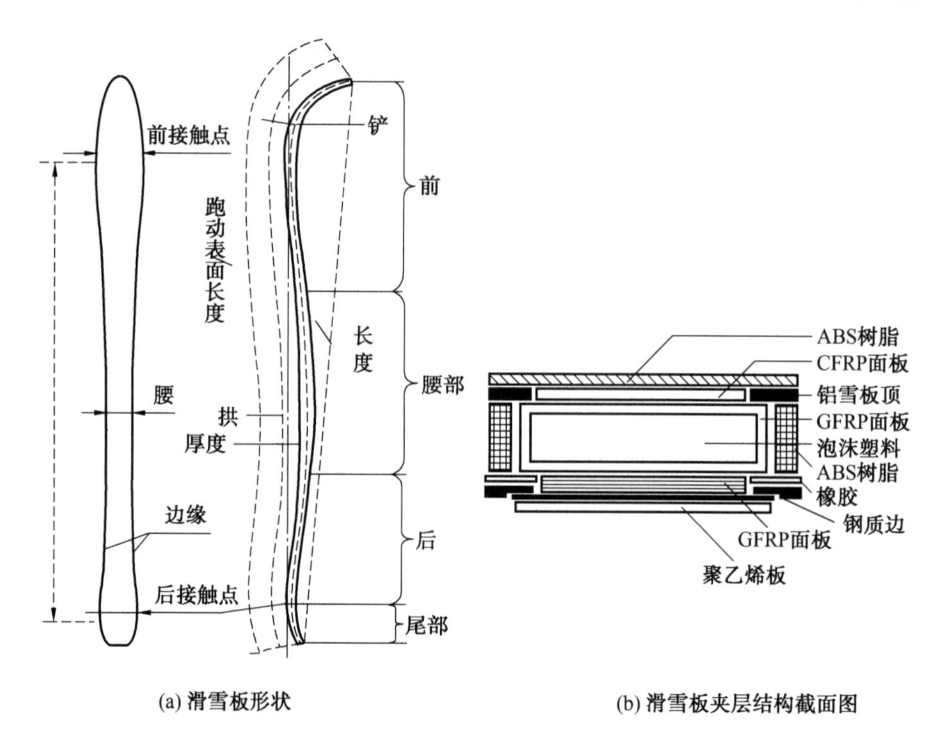

(a) 滑雪板形状

(b) 滑雪板夹层结构截面图

图 7.22 超混杂非对称复合材料夹层滑雪板结构

布，又要求其质量尽量轻、减振等。因此，采用比模量高的复合材料作为面板和具有一定剪切刚度、轻质的材料作为芯材的超混杂复合材料结构形式。通过超混杂结构的材料设计、铺层设计、变板宽设计、形状设计等满足滑雪板截面刚度分布等要求。在滑雪板外形和刚度分布要求确定条件下，刚度设计主要任务是沿滑雪板长度方向截面的各组分材料设计、材料铺设层次设计以及厚度计算。

图 7.22 为超混杂非对称铺层结构，由于产生耦合效应而发生扭曲变形。另外，由于滑雪板在滑动特别是转弯、变向过程中还受到较大的横向荷载和扭曲力作用，还应考虑泊松效应和剪切变形对刚度的影响。由于这些影响因素的存在，采用纯弯曲刚度分布设计的结果，一定存在偏差。但要综合考虑这些影响因素，设计会非常复杂，甚至难以实现。

实际上，结构设计时首先采用纯弯曲刚度分布设计法设计结构铺层，并制作滑雪板试样测试实际弯曲刚度分布。经过弯曲刚度的理论值与实测值比较，对弯曲刚度分布函数加以修正。

具体的设计顺序如下：

(1) 确定滑雪板的宽度 b 和抗弯刚度 EI 的分布要求，即

$$b = b_0(x)\ ,\quad EI = EI_0(x)\ ,\quad 0 \leqslant x \leqslant l$$

(2) 选择各层材料的类型。

(3) 采用层合理论(LLT),按弯曲刚度分布要求和板宽分布函数设计滑雪板各截面的铺层形式。

(4) 按弯曲刚度要求设计的理论结果制作滑雪板试样,测出测试试样的弯曲刚度实际分布,并提出刚度修正函数 $C(x)$。

(5) 以修正函数 $C(x)$ 修正后的弯曲刚度分布函数 $EI_M(x)$ 为设计基准,重新设计各截面铺层。

3. 汽车驱动轴的设计

混杂复合材料制造的驱动轴是混杂复合材料用于汽车工业的一个典型范例。这种驱动轴可以通过缠绕或拉挤成型制造。用混杂复合材料设计的驱动轴,可由原来的双件型驱动轴变成单件型驱动轴,从而增加刚度,提高自振频率,适用于高速行驶,改善衰振特性,可提高驾驶操作的可靠性。

这种驱动轴的主要设计参数是扭转刚度、静动态强度、弯曲刚度和动态响应参数等。

驱动轴的第一弯曲模式共振频率是结构设计的重要依据,其共振频率为

$$f = \frac{1}{2\pi}\left(\frac{\pi^2}{l^2}\right)\left(\frac{E_L I}{m}\right)^{1/2} \tag{7.43}$$

式中,f 为共振频率;D 为支承点间的距离;E_L 为纵向弹性模量;I 为惯性矩;m 为单位长度质量。

如果是 n 层结构的混杂复合材料,式(7.43) 可写成

$$f = \frac{1}{2\pi}\left(\frac{\pi^2}{l^2}\right) R\left(\frac{E_L t}{2\sum_{i=1}^{n}\rho_i t_i}\right)^{1/2} \tag{7.44}$$

式中,R 为轴的半径;ρ 为密度;t 为单层厚度;下标 i 表示第 i 层。

由式(7.44) 可知,共振频率与$(E/\rho)^{1/2}$ 成正比。即 ρ 越小,E 越大,则 f 也越大。设计时发挥混杂复合材料比模量高的优点,使驱动轴共振频率偏离于构件的运行频率,以达到减振的目的。

对扭转强度的要求,主要通过 ±45° 方向上缠绕玻璃纤维实现。要求驱动轴厚度满足

$$\frac{T}{2\pi R^2 t} \leqslant [\tau] \tag{7.45}$$

式中,T 为最大使用扭矩;$[\tau]$ 为剪切强度。

碳纤维环向缠绕可以增加管轴的径向刚度,并可以防止扭转失稳引起

的横截面变形。但是与管轴成±45°、90°的层对纵向刚度贡献很小，因此有必要用高模量碳纤维进行小角度缠绕，不仅保证纵向刚度，而且通过这种混杂可以在最低成本条件下满足动态响应的要求。加入碳纤维还可以改善管状轴的疲劳强度。

混杂复合材料驱动轴在减重效果方面非常明显，例如美国福特汽车公司已批量应用的CF/GF混杂复合材料制造的小轿车传动轴，质量仅为5.2 kg，比钢质件轻4.3 kg。用于载重汽车的传动轴为37 kg，比钢质件轻16 kg。由于轴的质量减轻，可以加快轴的旋转速度并节约燃料，同时可以改善轴的动态性能。

7.5　混杂复合材料的应用

自从20世纪60年代末开发出碳纤维、Kevlar纤维等先进复合材料(ACM)以来，ACM大量应用于航空航天结构材料中。近年来，为了进一步实现ACM的多功能化、高性能及轻量化，出现混杂复合材料结构的趋势。ACM大多具有高比强度、高比模量的特点，但是单纯的ACM耐冲击性能、耐疲劳性能较差，材料价格又较高，限制了ACM应用范围的进一步扩大，特别是在民用领域的应用。为了缓解ACM的高价格，并改善ACM的耐冲击性能以及GFRP的低刚性，在适当的成本下实现高性能，正逐步研究推广各种混杂复合材料的设计和制备技术。

混杂复合材料自20世纪70年代初开发以来受到人们普遍重视。目前，混杂复合材料作为结构材料或者功能材料，不仅广泛应用于航空航天、汽车、船舶工业等领域，还作为建筑、体育休闲用品、医疗卫生材料等广泛采用。

事实证明，混杂复合材料的应用不仅能够满足设计性能的要求，而且还可以降低产品成本，减轻质量，延长产品使用寿命，提高经济效益。

7.5.1　混杂复合材料在宇航器件中的应用

混杂复合材料作为宇航器件材料，因具有单一复合材料所不具备的诸多优异特性，已得到广泛应用。目前主要应用于卫星搭载通信天线、卫星主体结构、航天飞机、空间站及其他器械等。下面介绍几种典型构件。

1. 卫星器件

(1)卫星搭载通信天线。

一般卫星搭载通信天线要求满足以下条件：

①天线的镜面精度高。

②热尺寸稳定性好。

③为耐受发射时的荷载,要有足够的刚度和强度。

卫星的外部通信天线和太阳能电池板一般在-160~100 ℃的温度范围内工作。当太阳照射的入射角和接受面的夹角成90°时温度达到100 ℃,而当卫星转向地球阴面运行时,温度急剧降到-160 ℃。在这样的温度范围内工作的天线应该是热稳定的,即不能受温度变化的影响而产生大的变化。因此,需要选择热膨胀系数近似为零的复合材料。合理铺层的碳纤维复合材料及其混杂复合材料是最佳候选材料之一。

碳纤维混杂复合材料在卫星天线上的应用状况表明,这种材料不仅能满足上述要求,而且作为通信天线,其反射系数也较为满意。

作为满足上述要求的结构材料,多采用以 CFRP 为面板、铝合金芯材的夹层结构。

(2)卫星摄像机支架。

作为探测卫星摄像系统是必不可少的,而摄像系统的支架是由混杂复合材料制成的。因为支架与摄像精度直接相关,将两种热膨胀系数截然不同(一正、一负)的纤维进行合理组合,可以得到热膨胀系数为零的混杂复合材料。用这种混杂复合材料制作的卫星摄像机支架可以防止温差变形,即可以消除焦距受太空温度剧烈变化的影响,可以保证卫星摄像精度。

(3)三轴控制卫星用太阳能电池板。

卫星发射到太空后,提供电力保障的是太阳能电池板。随着卫星的大型化,质量由数百千克达到数吨,从而电池板的大型化和轻量化成为重要课题。该结构是在高弹性 CFRP 角型框架上黏贴 CFRP 和聚酰亚胺强力膜组成的混杂结构体。另外,各板间的展开铰链的壳体也由原来的金属材料改为高弹性 CFRP,并与角型框架一体化。整个结构几乎没有金属部件,不仅能够满足刚度、剪切、扭转等性能要求,而且能实现轻量化。

2. 卫星主体结构

过去,卫星主体结构主要采用铝合金、锂合金等金属材料,随着 ACM 的发展,特别是 CFRP 的开发和结构设计、解析技术、制造技术的大幅进展,目前多采用 ACM 作为主体结构材料。

图 7.23 为卫星用主体结构,是用于 INTELSAT 的 CFRP 制中央推力管。其壳体使用 CFRP 面板和铝合金蜂窝芯材的非对称夹层结构。表层的 CF 是高强碳纤维织物和单向高弹性胶带复合而成的混杂复合材料。该结构除卫星与火箭结合部的连接组件外,所有部件全部采用先进复合材料和混杂复

合材料，质量比传统采用的铝制圆筒/纵梁结构减轻约9 kg。

此外，卫星的遥控协调电机的壳体也是由碳纤维/玻璃纤维混杂复合材料制成的。

3. 航天飞机

将更大质量的货物向空间站运送是航天飞机的最大使命。因此，减轻航天飞机的自身质量是增加载货量，提高运输效率的重要课题。目前，为了航天飞机的轻量化，已经使用了CFRP货舱门、KFRP压力容器等复合材料。

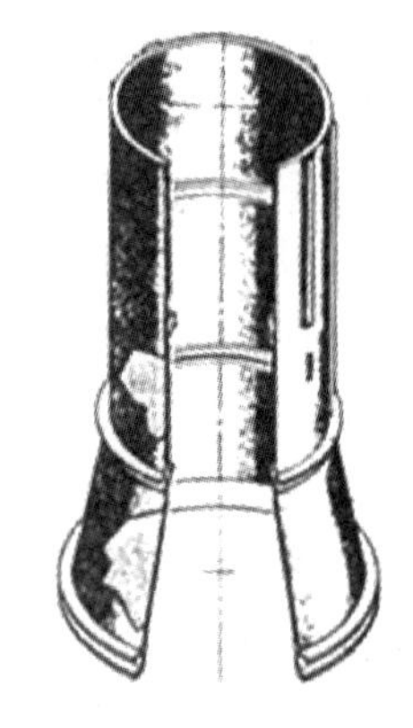

图7.23　CFRP中央推管结构

航天飞机结构中最为注目的混杂复合材料构件是将原来采用的铝合金机体用碳纤维/聚酰亚胺复合材料替代，并在其表面上直接黏贴绝热胶带。机体采用CFRP后不仅实现了结构自身轻量化，而且省去了机体采用铝合金时，为了调节铝合金与绝热胶带间的热变形差异，加入应变绝缘胶带过渡层。按此估算，今后采用这样的CFRP混杂防热结构系统，将使航天飞机整体质量减轻约6 500 kg。而且随着进一步研究采用大量混杂复合材料，可以不断减轻质量，进一步提高运输能力。

4. 空间站

NASA正在计划构建的空间站中具有科学观测数十米至数百米尺度的几种概念平台。该规划中比较大规模的系统如图7.24所示，是由圆截面管材为基本元件的组合桁架结构。计划在地面上制造管件，用航天飞机运送到轨道上，由宇航员组装构成空间平台。

图7.24　空间站结构平台

该系统的基本元件圆截面管件已由 R. L. Vaughn 等开发试制。其尺寸为:直径最大部位为 10 cm,最小部位为 5 cm,厚度为 0.6 mm,长度为 2.6 m。铺层为环向(90°)采用高强度碳纤维(厚度为 0.16 mm)、轴向(0°)采用高模量碳纤维(厚度 0.4 mm)的混杂结构,并在管件的端部与铝合金连接件黏结。一根 CFRP 管件的设计质量仅为 840 g,但可以承受 400 kg 的压缩力。

7.5.2　混杂复合材料在航空器上的应用

目前作为航空器的结构材料使用的混杂复合材料主要是层间混杂复合材料。使用的增强纤维仅限于 PAN 型碳纤维、Kevlar 纤维以及 E 玻璃纤维,并将各种纤维的预浸布根据使用目的混杂层合、共固化成型结构部件。因此,为了使成型固化材料的性能稳定,预浸布的树脂必须能够在同一固化制度下固化,于是原则上采用同一配比的树脂体系的预浸布。

航空器设计中采用复合材料的目的是利用材料的高比强度达到轻量化的目的。于是以 PAN 碳纤维复合材料为中心进行混杂化是目前的主流。混杂复合材料的使用目的主要有以下几方面。

(1)为了弥补碳纤维的缺点而加入其他纤维。

其目的是冲击强度。碳纤维虽然高强度,但是韧性较差,冲击强度低。但是如果碳纤维中加入高强度、高断裂延伸率的纤维,因其混杂效应,可以获得混合律以上的冲击强度,见表7.16。

表 7.16　复合材料的冲击强度的混杂效应

混杂构成(质量分数)/%	无缺口冲击强度/(J · m^{-1})
100% CFRP	1 495
75% CFRP+25% KFRP	1 815
50% CFRP+50% KFRP	2 349
100% KFRP	2 562
75% CFRP+25% GFRP	2 349
50% CFRP+50% KFRP	2 989
100% GFRP	3 843

在航空器中,为了防止复合材料结构部件在受到外部冲击时的损伤,多采用在 CFRP 结构件的最外层层合 KFRP 的方法。

(2)为了发挥碳纤维的优异特性,在其他纤维中加入碳纤维。

KFRP 的缺点是压缩强度低,可采用碳纤维补强的方法。在表 7.17 中,当 Kevlar 纤维中加入等量的碳纤维混杂时,可以得到混合律以上的压缩强度。由表 7.18 可知碳纤维和硼纤维按质量比 1 : 1 混杂层合时,压缩强度和压缩弹性模量可以达到硼纤维单体时的90%以上，质量和成本都达到极好的效果。此外，对于疲劳强度也有类似的效果，如在E-玻璃纤维复合材料中加入碳纤维混杂可以显著提高疲劳强度。

表7.17　T300和Kevlar49混杂复合材料（单向）的特性

纤维混杂比率		比重	拉伸性能		压缩性能	剪切强度/MPa	预浸布价格/(美元·kg^{-1})
T300	Kevlar49		弹性模量/GPa	断裂强度/MPa	破坏强度/MPa		
100	0	1.6	145	1 564	1 605	91	132
75	25	1.56	120	1 282	1 357	76	106
50	50	1.51	108	1 213	1 102	56	77
0	100	1.35	77	1 261	633	49	22

表7.18　BFRP/CFRP层间混杂复合材料的0°方向的强度

材料类型	层合形式	拉伸破坏强度/MPa	压缩破坏强度/MPa	压缩弹性模量/GPa
BFRP	$[0_3/\pm45/90]_s$	827	1 516	131
CFRP	$[0_3/\pm45/90]_s$	772	758	90
BF/CF混杂复合材料	$[0_{3B}/\pm45_C/90_C]_s$	689	1 474	124

（3）为了低成本化，碳纤维的使用量降低到最小，而加入其他纤维。

目前通用PAN碳纤维的价格在300元/kg以上，Kevlar纤维的价格也在200元/kg以上，而E-玻璃纤维价格只有10元/kg左右。从成本角度考虑，使用玻璃纤维对降低成本绝对有利。

以上为航空器用混杂复合材料的基本思想，如何合理地选择和匹配各种材料，设计和制备混杂复合材料是航空结构的复合材料化的重要内容。

1. 固定翼飞机

美国海军F-14机翼表面的整流罩由CF/GF混杂复合材料等制作，这个整流罩以CF/GF混杂复合材料为面板，芯材为蜂窝结构的夹层混杂复合材料。与同样的金属结构相比，这种结构能减重25%，并能节约40%的费用。另外混杂复合材料还用于军用飞机的肋、机翼及机身等受力构件。

民用飞机与军用飞机不同，军用飞机主要着眼于质量的减小和性能的提高，而民用飞机则重视成本的下降和效益的提高，同时更注重安全性、可靠性和耐久性。

近年来随着混杂复合材料在民用机上的应用，使民用飞机结构质量减轻、增加商用载荷、节省燃油方面取得可喜成绩。根据民用飞机与军用飞机的不同特点,在民用飞机上可以在受力不大的构件上广泛使用混杂复合材料。例如,B757、B767 上的前后翼整流罩、襟翼滑轨整流罩、垂直尾翼固定后缘板、水平尾翼固定后缘板、主起落架舱门等都采用 CF/KF 混杂复合材料制造。除此以外,混杂复合材料还制造发动机舱皮、货舱衬里等。B767 客机上共采用了246 kg混杂复合材料。波音公司计划除发动机和起落架外,飞机的大部分结构材料均采用碳纤维、Kevlar 及其混杂复合材料。

1982 年试飞的日、美等国共同开发的 767 型民营运输机,最初设计时便采用了大量复合材料。复合材料的使用量是机体外表面的 30%,约减重 560 kg。

该机采用的复合材料中,70% 为 KFRP 和 CFRP 的混杂复合材料,包括主翼-机身结合部的整流罩、主起落架舱门、前起落架舱门以及襟翼整流罩等。

美国麦克唐纳·道格拉斯公司开发的 DC-9 型中短程客机的主翼-机身结合部的整流罩、尾椎以及发动机短舱中均采用复合材料,其中发动机短舱采用 KFRP 和 CFRP 的混杂复合材料。

另外,空客 A-310 民航客机的垂直尾翼采用 KFRP 和 CFRP 的混杂复合材料。

2. 直升机

直升机包括舵、机头罩、阻滞板、稳定箱、骨架和蒙皮等机身和旋翼等。

在直升机机体结构中,旋翼和机身结构的功能及性能有很大差异,因此在采用复合材料时必须区别考虑。

(1)旋翼。

旋翼主要受震动和重负荷载。因在较苛刻的动荷载条件下工作,设计时重点考虑材料的震动性能和疲劳性能。过去直升机旋翼全部用金属材料制造。20 世纪 70 年代以后几乎全部改用混杂复合材料制造,如美国的 YOH-60A、德国的 BO-117、法国的海豚等。直升机的旋翼桨叶由金属材料改为混杂复合材料,能够使旋翼和桨毂成为刚性连接。从而使桨毂结构大大简化,结构质量大幅度下降,可减重 40%。与此同时,不仅可以缩短制造周期,而且可以提高飞行安全性,使用寿命可高达上万小时。

又如,美国海军服役的 H3 直升机的主旋翼叶片也是由 CF/GF 混杂复合材料制造的。设计这种叶片时,一方面考虑到承受扭转荷载的需要而采用石墨纤维±45°铺层,另一方面考虑离心力及弯曲荷载的作用,又采用玻璃纤维 0°方向铺层。这样既能满足性能要求,又可减轻结构质量。

一般来说,用混杂复合材料制造的飞机部件,其抗冲击性能和抗疲劳性能优异。Lucas 对 Sikorsky 公司生产的装有桨叶的尾旋翼系统进行全尺寸下的冲击试验结果表明，混杂复合材料制作的旋翼系统在实战环境条件下具有较高的生存能力。

另外，混杂复合材料制造的旋翼在沿海或沙漠地带使用时，其抗冲击性、耐腐蚀性均比铝合金旋翼好。

(2)机身结构。

机身结构中应用复合材料的直升机，如 AH-64 型、S-76 型、234 型等，均采用 KFRP 外板和 Nomex 蜂窝芯材的夹层结构，在强度和刚度要求较高处用 CFRP 补强，形成混杂复合材料夹层结构。

综上可见，直升机上的复合材料化大幅度领先于固定翼飞机。1976 年，美国陆军委托波音公司研究全复合材料的多用途直升机。研究结果表明，质量及成本两方面都比全金属造机体优越。

(3)特殊用途。

①耐冲击结构。美陆军为了开发满足 MIL-STD-1290 规范的全复合材料直升机，曾经开展了 ACAP(Advanced Composite Aircraft Program)研究计划。

该计划的中心课题是开发对冲击荷载耐破损的机体结构。直升机在发动机等驱动系统出现异常时，虽然可以通过旋翼的自动旋转进行着陆，但这时要确保防止机体的破损和生命安全。因此，要求机身结构能够吸收高加速度着陆时的冲击能量。

根据这个计划开展了各种研究。J. K. Sen 等采用各种材料组合制作了如图 7.25 所示试件，并进行了冲击破坏试验。其中 CFRP 为蒙皮的工字形纵梁，其腹板内部填充泡沫塑料结构的破坏能量最大，其次为 CFRP 和 KFRP 的混杂复合材料构成的同一结构形状的试件。但是混杂复合材料构成的试件，破坏后仍能保持形状，耐冲击性能更加突出。

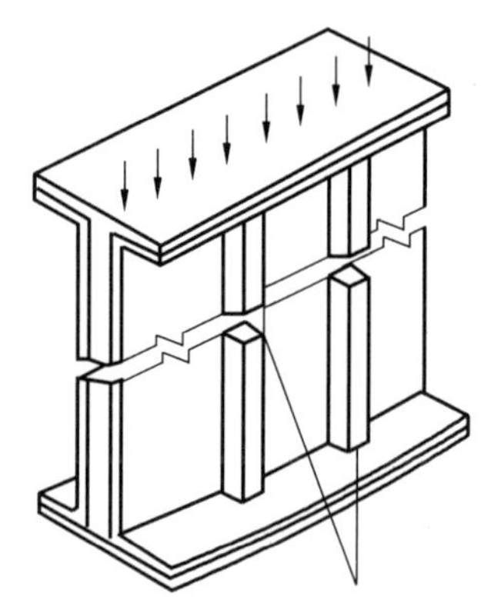

图 7.25　耐冲击试件

基于该研究成果，贝尔直升机公司开发出 292 型军用直升机。该机为了满足 MIL-STD-1290 规范的耐破损性要求，机身结构设计采用这种能量吸收结构，并采取一系列措施抑制由此带来的成本上升。如减少小型部件个数和连接部位，尽量整体成型、机体结构的开口部位统一、减少边角料等。

②耐火性结构。小型商用飞机的全复合材料化是发展趋势。其中美国2100机型在该领域处于领先地位。按照美国FAR规范要求,飞机发动机周边的防火壁在1 093 ℃的火焰下要维持形状,并能够防护内部结构材料15 min以上。目前大部分飞机防火壁使用不锈钢或者钛合金。但金属制防火壁对周边结构的热遮蔽性差,发动机舱内一旦出现火焰时,有可能引起周边复合材料发生二次火灾,尤其是全复合材料机体的情况下,更加危险。

2100机型的发动机周围的防火壁采用3M公司的陶瓷纤维Nextel-312织物和CFRP织物混杂增强双马来酰亚胺制备,其耐火焰性能完全满足FAR规范要求。

7.5.3 体育休闲器械上的应用

体育器械追求尽可能好的性能,因而设计者们试图通过材料的复合化、混杂化等措施制备满足不断提高的各种高性能要求。

体育本身是向人能力极限挑战的运动,因此对器械的要求也非常明确。但这并不意味着器械本身性能越高越好,适合自己是最关键的要素。因此人和器械的关系应该是一对一的。

设计理念要从性能第一转变为使用感觉第一,比如滑雪板的滑行感、网球拍和高尔夫杆的球感。不同的使用者(从选手到一般初学者)对器械的要求也会不同。

1. 网球拍

目前网球拍大多采用混杂复合材料制作。混杂复合材料代替原有木质球拍的原因主要有以下两点:①混杂材料网球拍可使打球面积更大,且整体框架质量轻,这是因为与木质球拍比,复合材料的比强度、比模量高;②混杂复合材料球拍可以在金属模具中一次成型,木质难以实现的框架形状、截面形状,可由混杂复合材料轻易制作,结构设计自由度更大。

目前,混杂复合材料网球拍的代表性结构主要有两类,即夹层结构型和盒型结构型。相应的混杂复合材料球拍的制作方法也有两种:①芯材采用密度为0.05~0.1 g/mm^{3}的发泡材料,在发泡体周围缠绕浸有树脂的增强纤维,并在金属模具中组合后高温高压下成型;②将在空心管上缠绕浸有树脂的增强纤维组合在模具中,并通过空心管通入高压空气,进行内压成型。

夹层结构的混杂材料球拍,由于使用了CFRP可以将拍杆的截面积减小。以网球球拍为例,木质球拍的拍杆部分厚度为17 mm,而混杂复合材料球拍拍杆的厚度只有12 mm。

2. 棒球棒

棒球棒中复合材料最先应用于软球球棒,后来发展到硬球球棒。早期复合材料球棒是在聚氨酯泡沫芯上缠绕浸有树脂的玻璃纤维，并固化成型。但 GFRP 的比强度和比模量较低，这种球棒较重，因此又开发出新型混杂复合材料球棒。

新型球棒是在玻璃纤维缠绕聚氨酯泡沫芯材上缠绕高模量碳纤维制成的混杂复合材料结构。这种球棒还可以根据打球部位的需要，采用碳纤维局部增强。

混杂复合材料球棒质量轻、强度高、平衡性好，挥棒容易。且由于拍杆的薄层化，击打球时，截面呈圆弧形，有利于产生理想的快速回弹，充分有效地将动量、动力集中于球上，给球以更大加速度，还可以准确地控制球，同时振动吸收好，打球者的手腕不易损伤。另外球棒的价格也适中。

用混杂复合材料制作的球棒，设计自由度大，通过碳纤维铺层角度和厚度调整，可以进行多种多样的平衡设计，以便握棒部位舒适，具有一定的缓冲性，还可提高棒球的飞行距离。

3. 高尔夫球杆

高尔夫球杆由杆部、手握部和头部 3 部分组成。以前多采用具有良好各向异性的柿树木材等制作。现在采用连续碳纤维-石墨混杂复合材料制成。由于材料的高性能和设计自由度大，使得混杂复合材料高尔夫球杆的性能大幅度提高。其球杆头部具有如下特征：

(1)使球的飞行距离增加。决定飞行距离的主要因素是球的初速度。初速度又取决于球杆头部的速度、质量、重心位置和反弹系数。而混杂复合材料可合理地调节这些因素，使球的初速度得到提高，故球的飞行距离增大。

(2)反弹系数高。混杂复合材料比其他材料制作的球杆反弹系数高出 5% 以上。

(3)方向确定性好。由于混杂复合材料球杆的惯性矩大，有利于提高方向的稳定性和准确性的。

(4)稳定性好。碳-石墨混杂球杆的头部受温度和湿度变化所产生的伸缩变形非常小，尺寸变化很小。

(5)另外，这种球杆的振动衰减性也比柿木、钢质的优越，打球手感也更好。

4. 其他

(1)自行车车架。用石墨纤维、硼纤维和 Kevlar 纤维混杂复合材料制作的自行车车架，除具有充足的静动态强度和抗冲击性以外，还可以使车的外形成水滴状流线型。风洞试验证明，这种车架的气动阻力比原来下降 19%，有骑手时还可再降低5%~7%,而且平稳,振动小。

(2)撑竿。现在大部分撑竿都采用混杂复合材料制作。

(3)标枪。用CF/GF混杂复合材料制作的标枪具有理想的气动外形,可以减少标枪飞行中的尾部颤动,有利于增加投掷距离。

(4)混杂复合材料还用于制作汽车头盔、箭弓、钓竿、冰球棍、雪橇、曲棍球球棍、羽毛球拍等。

7.5.4 混杂复合材料在船艇中的应用

随着先进复合材料的开发,CFRP、KFRP及混杂复合材料在船舶工业中也开始广泛应用。特别是CF/GF混杂复合材料在制作高速船艇和赛艇方面取得了较快的发展。据统计,20世纪90年代初,用混杂复合材料建造的船艇占船舶市场的30%。

由于船舶使用环境的要求,用于船舶的结构材料除了具有一定的强度和刚度外,还应耐海水腐蚀、抗压;作为现代理想的船舶材料,还应具备韧性好、减振性好等优点,同时还希望材料的密度小,能够节约能耗。

传统木质、金属质乃至单一玻璃钢船舶已不能满足现代船舶的性能要求,而混杂复合材料则被认为是现代船艇最有希望的材料之一。由于混杂复合材料具有良好的综合性能和高设计自由度,因此能够较好地满足现代船艇的设计要求。例如,混杂复合材料的一个明显特点是直至破坏前所产生的永久变形非常小,且除去外力可迅速恢复原来的形状。这种性能对高速艇很重要。由于高速艇受波浪的冲击,在极短的时间内要受到很大的外力作用,在这种情况下,希望艇体能够通过适度的变形来吸收冲击能,除去外力后变形又迅速恢复。

目前,混杂复合材料在造船工业中应用的基本思想是,在船体结构中用碳纤维取代一部分玻璃纤维,在保证结构刚度的前提下,使船体轻量化,并提高船艇的各种性能和降低燃料费以及降低发动机功率,以提高经济效益。

1981年日本建造的40英尺的2 t型快艇“ToGo-Ⅶ”,外板结构采用碳纤维,外壳及甲板全部采用498 g/m^{2}的CF/GF混编织物平纹布蒙皮,芯材为轻质木材的夹层结构。具体的外壳铺层为:胶衣层+M230+C/G+M230+C/G+M230+轻质木材12 mm+M450+C/G+M230+C/G+M230+丙烯酸泡沫塑料15 mm+M230+C/G。与GFRP外板结构相比,刚度明显提高,截面变形非常小,减重35%,时速超过50海里/小时。

1983年日本建造了长为48 m,总吨位为493 t,时速为14海里/小时的复合材料超豪华游艇,该艇共使用150 t复合材料,其中包括相当数量的混杂复合材料,碳纤维用量达到1 t。

除了这些甲板外壳外,方向舵转盘、导杆、标桩以及控制手柄等也全部使用混杂复合材料。另外,安装发动机的基座的各加强板也多采用碳纤维带制造。整个快艇中使用碳纤维的质量达到153 kg,减重达到90 kg。

7.5.5 混杂复合材料在汽车中的应用

汽车工业是目前复合材料应用中最活跃的领域之一。混杂复合材料可以用作汽车的弹簧、车身壳体、支架、引擎、驱动轴、保险杠、操纵杆、方向盘、电器部件、客舱隔板、底盘、结构梁、发动机罩、散热器罩以及车门等上百个部件上。

近年来,复合材料及混杂复合材料在汽车上的应用有了长足的发展。以美国为例,应用在汽车上的复合材料1983年仅为6万t,到1989年猛增至29万t。

复合材料在汽车上的应用主要基于以下两方面考虑:

(1)材料性能。因为复合材料具有耐腐蚀、质量轻、比强度及比刚度高、尺寸稳定、易实现整体化、耐磨损、耐水及减振、隔声等特点,所以是良好的汽车用材料。

(2)应用效果。复合材料及混杂复合材料在汽车上的应用,其最明显的一个优点是可以使整车质量大大减轻,从而使汽车在节约能源、提高速度、降低成本等方面获得良好的效果。

1.弹簧

混杂复合材料在汽车上应用的另一个有效例子是制作弹簧。目前,混杂复合材料制造的汽车弹簧有两种:一种是板式弹簧;另一种是圈式弹簧。

(1)板式弹簧。

作为一种弹性构件,设计时首先要考虑弹性效率。即弹簧的效率是混杂复合材料板式弹簧设计的重要参数。这种弹性效率与混杂形式和混杂程度密切相关。CFRP弹性模量高,具有线弹性特性,是弹簧的理想材料。但是碳纤维的价格高,会降低总体经济效益。若采用CFRP作为板簧的面层,GFRP作为芯层的层间混杂复合材料结构,则在满足性能的前提下兼顾成本。GFRP的加入还可提高板簧的冲击韧性。

(2)圈式弹簧。

图7.26是混杂复合材料圈式弹簧。这种实心棒或管卷成螺旋的构建主要承受剪切力,采用玻璃纤维、碳纤维和Kevlar纤维的混杂复合材料制作。碳纤维因其刚性好,故占主要成分。但从成本和韧性方面考虑,采用CF、

GF、KF 混杂增强的复合材料制作。奥迪公司早在 2011 年就已提出了用这种材质生产汽车减振弹簧的概念，并在 2012 年的巴黎车展上应用到了一款名为 Crosslane Coupe Concept 的概念车上。

图 7.26　复合材料圈式弹簧

2. 车身壳体

以碳纤维复合材料为骨架的混杂复合材料制作汽车壳体，可以在车体质量减小的同时增加刚度，减少振动，并能保持高速所需的气动外形，有利于提高车速，增加载质量。例如，冷藏车壳，用 CF/GF 混杂复合材料做面板，泡沫芯材做绝热层，可大大减轻质量，增加运输能力。

3. 引擎

引擎采用混杂复合材料，可使惯性载荷减少 50%，振动大幅降低，使噪声下降 30%，寿命提高 2 倍。轻引擎传递功大，可增加时速。另外，由于混杂复合材料的热传导低，可以保持更多的预热，在低速时就能产生更大的功率，从而节省燃料。

4. 支架

混杂复合材料在汽车零件上最早应用于压缩机的安装支架上。它用 SMC 制作，并沿主应力方向加入 20% 的碳纤维，使其结构性能大大提高。此构件只有 0.77 kg，比原金属件节省了 70% 的质量。

7.5.6　混杂复合材料在叶片上的应用

混杂复合材料在通用机械上应用很成功的例子就是风扇叶片和涡轮叶片。例如，大型的 20 m 长的风力发电机叶片就是用 CF/GF 混杂复合材料和硬质泡沫塑料芯材制成的夹层结构，现在发展到制作更大型的叶片。

混杂复合材料风扇叶片的设计按一般悬臂梁计算。但是考虑混杂复合材料的特征，设计时需注意以下几个方面：

(1)要满足刚度和强度要求，即在弯曲及扭转载荷作用下，不能超过允许的变形值，在离心力及风力下不会破坏。

(2)保持最佳的气动外形。

(3)要有良好的动态特性，即在循环荷载作用下不会引起微裂纹扩展而破坏。

(4)避免发生共振是控制动态响应的有效措施，故在设计叶片时往往把它作为一个重要的目标。在弯曲振动模式下，叶片的固有频率为

$$\omega^2 = \frac{E_\theta \int_0^1 I(x)\left(\frac{\mathrm{d}^2 y}{\mathrm{d}x^2}\right)^2 \mathrm{d}x}{\rho \int_0^1 S y^2 \mathrm{d}x} \tag{7.46}$$

式中，S 为横截面积；ρ 为密度。

在最简单的情况下，有

$$\omega^2 = K\left(\frac{E}{\rho}\right)^{1/2} I^{1/2} \tag{7.47}$$

由式(7.47)可见，比刚度与构件固有振动频率是直接相关的。而混杂复合材料应用于叶片的优越性就在于能够通过改变混杂比和混杂方式较容易地调节这个比刚度参数。

由此看来，应用混杂复合材料制作叶片时，不仅可以减轻叶片的自身质量，还可以节省叶毂和支持结构的质量，同时能够改善转子的动态响应特性。

混杂复合材料还用于风力发电机的能量转换器、风动桨叶、薄壁轴承套等构件中。

7.5.7　混杂复合材料在防弹领域的应用

混杂复合材料具有耐冲击性好、质量轻、比强度高、功能性强、性能优异、制备工艺成熟、可设计性强等优势，因此可作为轻质防弹甲板材料，广泛应用于军事防弹领域。

通常情况下，利用复合材料来抗冲击的主要结构为：陶瓷作为支撑板在中间，前后为弹性模量较大的纤维铺层，中间为胶黏层，纤维通过与树脂的浸润，形成铺层与陶瓷板黏结在一起，如图7.27所示。这样做的目的是：陶瓷层为硬性，且具有高模量、高抗压缩性，能起到碰撞、硬阻止的作用，而破碎后还可以用来减慢弹体，对弹体进行损毁。而纤维复合材料的作用相当于编织的网格，对弹体起到吸收能量的效果，这些结构是一种坚固软硬的复合型设计。

1. 防弹混杂复合材料中纤维材料的选择

通常情况下，纤维的强度、模量和弹性延伸率是影响复合材料的关键因素，其弹性模量的大小与纤维自身的抗拉伸性是矛盾的，太大的弹性模量容易让纤维破裂，太小还达不到抗冲击的要求，因此选材要力求二者平衡。

纤维复合材料防护甲板与其他防弹材料相比较具有很多优点，这些优点也确定了其在防弹领域里的地位。其主要优点有：

(1)可以根据不同的实际情况来设计甲板，任意组合变换排列顺序都会

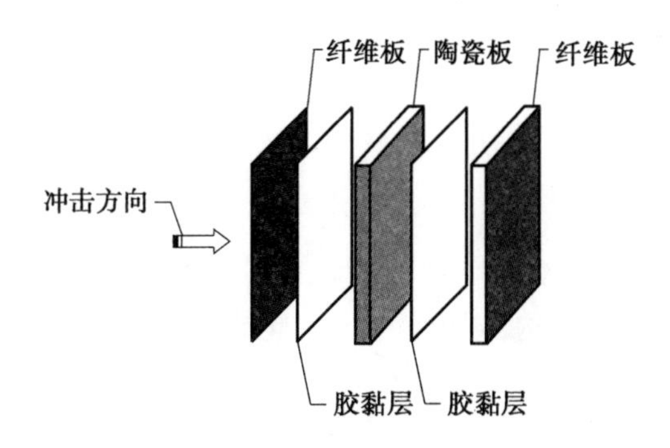

图 7.27　防弹混杂复合材料的基本结构

产生不同的效果，这样可以有更多的选择性。

(2)设计出的甲板质量较轻，能够便于携带，增强人在战场中的灵活性，节省物质消耗，延长物资的使用时间，降低使用成本。

(3)防护性能较强，能够防御轻质武器及不同程度的弹片损伤，而且操作灵活，耐腐蚀，温度适应范围广。

对于抗冲击纤维的选择通常有超高相对分子质量聚乙烯纤维(UHMWPE)、凯芙拉纤维、PBO 纤维等，相关属性及价格见表 7.19。

表 7.19　防弹纤维的属性及价格比较

防弹纤维	密度 /(g · cm^{-3})	弹性模量 /GPa	抗拉强度 /MPa	断后延伸率 /%	参考价格 /(元 · kg^{-1})
高强玻璃纤维	1.73	400	4 800	5.7	120
凯芙拉纤维	1.44	340	2 900	2.4	400
UHMWPE	0.97	408 ~ 451	3 900	3.7	500
碳纤维 T700	1.8	570	4 900	2.0 ~ 2.1	1 000

从表 7.19 可以看出，从拉伸强度和弹性模量看，碳纤维都是最高的，物理性能稳定，但是其变形性是最差的，而且密度较大，会造成质量加大，价格较高；高强玻璃纤维的抗拉强度仅次于碳纤维，而断后延伸率最大，能够有较大的韧性，价格较低，可以用来做次要增强材料，突出其形变量大的特点，能增强其吸能效果；直链聚乙烯纤维的综合力学性能是最好的，各种性能参数比较适中，但它是一种以热塑性树脂体系为主的纤维，其热压工艺往往需要较高的成型温度和较大的成型压力，同时必须在温度为 50 ℃以下才能出模，成型工艺要求较高是其主要的缺点。

从几种纤维的对比来看，凯芙拉纤维的综合性能是最优异的，其主要原因是它具有稳定的化学特性和成熟的工艺。凯芙拉纤维是一种聚对苯二甲

酰对苯二胺纤维，其化学结构为

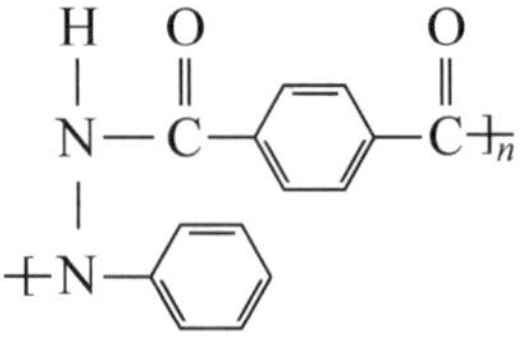

$$\begin{array}{c} \text{H} \quad \text{O} \qquad\quad \text{O} \\ | \quad\ \ \| \qquad\quad\ \| \\ \text{N}-\text{C}-\text{C}_6\text{H}_4-\text{C}\!\!+\!_n \\ | \\ +\text{N}-\text{C}_6\text{H}_4 \end{array}$$

由于具有伸展链结构，规整性高，并且有几乎完整的结晶堆砌，因此可以在力学性能上达到最大断裂强度。正是在这种微观结构上的特殊性，使凯芙拉纤维具有较高的比吸能，能够具有较大的拉伸长度，较宽的使用温度，性能稳定，能够对应力波的传播起到反射作用，耐热性能高。加工工艺上能够应用很多方法，如手糊法、缠绕成型法等，加工过程简单，成型温度要求不高，容易成型。

2. 防弹混杂复合材料中基体材料的选择

纤维层板能否更好地发挥作用，树脂基体材料的选择尤为重要，这其中涉及树脂自身的属性特点及其在纤维层板中的含量。涉及防护方面的树脂主要有两种，即热固性树脂和热塑性树脂。其中热固性树脂主要为环氧树脂、不饱和聚酯以及硅醚树脂等。这一类树脂由于分子间交联，形成网状结构，因此刚性大、硬度高、耐温性好、不易燃烧、制品尺寸稳定性好，工艺成熟简单，但成型后较脆。热塑性树脂主要有聚氯乙烯、聚砜类等，其优点是加工很容易，性能比较稳定；缺点是耐热性和刚性较差，因其黏度较低，在侵彻过程中容易出现分层，这样会降低整体装甲的抗毁能力。针对抗冲击的复合轻量形装甲，根据以上树脂的特性，为了增加其抗毁能力，以对刚度的要求为主，同时考虑原料的获得及制备过程的难易程度，故选择热固性树脂中常用的环氧树脂。

树脂含量对抗冲击性能的影响一直受到人们的广泛关注，通过 Cunningh-amd 及梅树清等人分别对聚乙烯纤维层压复合头盔和高强玻璃纤维复合材料的弹道性能及比吸能的研究，分别对比不同的树脂含量对弹体的贯穿效果的影响，得到树脂的含量在一定的范围内对防弹效果影响很小，每种树脂的黏结程度不同，树脂含量的影响范围也不同：其一，如果树脂的含量过小，会使纤维含量增加，黏结力降低，导致甲板的硬度不够，而纤维在弹体的冲击下发生分离，容易撕裂；其二，如果树脂的含量过多，会使整体的甲板的质量增加，每个铺层之间厚度增加，纤维含量降低，会使整体材料变脆，就失去复合材料的优势，吸能效果大大降低。不同树脂在复合材料中的含量范围见表7.20。

表 7.20　不同树脂在复合材料中的含量范围

防弹纤维	基体	织物组织	最佳基体的体积分数/%
高强玻璃纤维	环氧树脂	平面织物	24.70
凯芙拉纤维	酚醛树脂/PVB	平面织物	14～20
UHMWPE	LDPE	正交	26

从表 7.20 中可以看出，树脂在抗冲击复合材料中最佳的体积分数都在 20% 左右，不高于 30%，主要因为树脂在抗侵彻过程中主要起黏结纤维的作用，以防止弹体在冲击过程中分离纤维，同时能够更好地传递应力波，促使纤维增强对应力波的反射，其本身并不具备防弹能力。

3. 防弹混杂复合材料中陶瓷材料的选择

陶瓷材料因其具有较大的抵抗瞬时压缩强度的能力，且质量较轻的特点取代了金属在便携式防弹领域中的作用，而随着科技的不断发展，其不同尺寸也应用在不同的领域里。在轻量级的防弹装甲中，陶瓷面板作为整体材料中硬度最强的部分，它的防弹能力的大小直接决定了整体装甲的性能。其密度小，能够大大地减轻质量，具有高的抵抗压缩的能力。在弹体冲击中会出一种现象，即陶瓷断裂锥的形成。弹体冲击陶瓷板的防护过程如图7.28 所示。

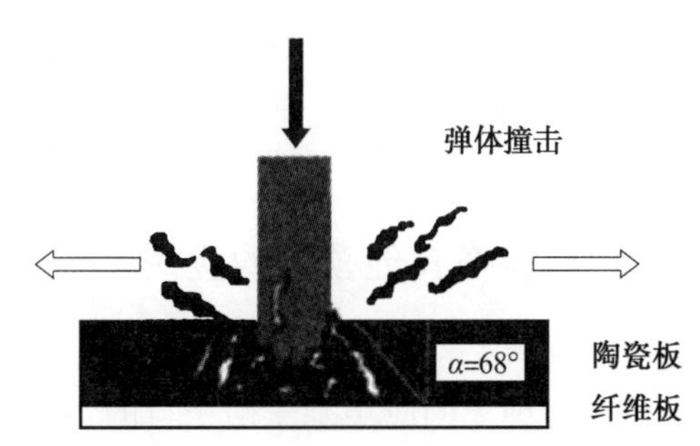

图 7.28　弹体冲击陶瓷板的防护过程

首先，弹体冲击陶瓷面板，弹体的前端受到硬碰撞，此时陶瓷板收到强力的压缩载荷；然后，陶瓷板在弹体应力的破坏下发生碎裂，形成倒锥状的碎片，碎片具有对弹体的摩擦、破坏作用；最后，随着弹体的运动，陶瓷锥不断对弹体进行消磨，将弹体的动能消耗，降低其贯穿能力。因此，陶瓷面板材料的选择要注重硬度大、弹性模量高、密度低的特点。

目前，国内外主要使用的特种防弹陶瓷有 Al_2O_3、B_4C、SiC、TiB_2、AlN、Si_3N_4、Sialon 等，其性能见表 7.21。

表7.21　几种常用装甲陶瓷的性能

陶瓷种类	密度/(g·cm^{-3})	弹性模量/GPa	努氏硬度
B_4C	2.5	400	2 900
Al_2O_3	3.6~3.9	340	1 800
SiC	3.12~3.28	408~451	2 500
TiB_2	4.5	570	2 600
AlN	2.9~3.2	33	1 200
Si_3N_4	3.2	310	1 700
Sialon 101	3.23~3.26	288	—

从表7.21可知，TiB_2的弹性模量最大，但是其密度较大，可以考虑将其应用于坦克等重型装甲上进行防护。而B_4C的综合性能最好，但其价格较贵应用于高级防弹领域。SiC的弹性模量较高，硬度比B_4C略低，但是其制作工艺相对较苛刻，不适于大范围应用。AlN的弹性模量较低，Si_3N_4和Sialon 101的综合性能略低，因此防弹领域应用得较少。对于Al_2O_3来说，其制作工艺成熟，性能稳定，价格较低，可以适应于大范围的成品制造，是比较理想的材料。

综合以上数据，根据其性价比选择Al_2O_3为陶瓷面板。在冲击过程中，很容易形成陶瓷锥，其颗粒的耐磨性能使弹体变形、损伤，达到钝化弹头的作用。

7.5.8　混杂复合材料在其他领域的应用

1. 导弹上的应用

混杂复合材料在战术导弹上的应用基于两个目的：一是轻量化；二是降低成本。从早期的战术导弹的雷达罩开始，目前已应用于战术导弹的弹体和弹簧。

在战略导弹上，采用碳纤维/玻璃纤维增强酚醛树脂混杂复合材料制作导弹头锥，可以有效地解决再入大气时结构材料与烧蚀材料一体化问题。当气动热使玻璃纤维熔化时，黏稠的玻璃液可使碳纤维不被气流冲刷掉，充分发挥其烧蚀及吸热性能。而采用三维混杂复合材料更具有优异的抗冲刷和抗冲击性能，对于再入到冰雹环境的导弹具有重要意义。新一代战略导弹要求使用将隐身、耐烧蚀、隔热、抗核力强及承受气动荷载等多功能于一体的先进材料。兼具上述综合性能，只能求助于超混杂结构复合材料。

2. 用于电子设备

CF/GF 混杂复合材料也是电子设备的理想材料。这是因为 GFRP 属于电绝缘材料,会产生静电而带电的性质,若用其制作电子设备外壳,常会使电子设备产生错误信号和噪声等。而碳纤维是导电、非磁性材料,与玻璃纤维混杂制备的电子设备外壳可起到去除静电的作用。另外,玻璃纤维复合材料有透波性,碳纤维有导电性,可以反射电波,两者混杂使用,可用于电视天线,也可以解决电子设备中的电波障碍及无线电工作室的屏蔽问题。

3. 在成型设备中的应用

CF、KF 均为高强度、高模量纤维,CF 又是导电发热材料。由其增强的 FRP 不仅强度和刚度高,而且成型收缩率小。由于这种复合材料的纤维方向的热膨胀系数极低,因此在温差环境下的尺寸稳定性好。所以用混杂复合材料制作的模具具有如下两个突出优点:

(1)模具自身发热以提高固化均匀性和固化速度。这是利用 CF/GF 混杂复合材料中 CF 的导电性而导致电阻发热的原理。

(2)模具自身尺寸稳定性。利用混杂复合材料中各种纤维和树脂的热膨胀系数的差异,特别是利用碳纤维和 Kevlar 纤维的负热膨胀系数的特点,合理设计含量和方向,可得到特定方向上复合材料模具的热膨胀系数接近于零。因此,这种模具可有效地降低成型温度造成的模具尺寸变化。

4. 医疗设备中的应用

(1)作为人体体内置换材料。

混杂复合材料在外科整形医疗中具有重要作用,可以用于制造人造骨骼、人造关节及人造韧带等。这是因为混杂复合材料在人的体温变化范围内,通过调节混杂比和混杂方式,可以使其热膨胀系数与人体骨骼等膨胀系数相匹配,大大减轻了患者的痛苦。同时,由于 CF 混杂复合材料与人体组织具有良好的相容性,消除了人体组织对植入物的排异反应。如将 CF-GF 混杂增强 PMMA 的复合材料作为颅骨修补材料。

(2)作为人体外部的支撑材料。

采用混杂复合材料制作的人体外部支撑系统为残疾人和瘫痪者带来福音。例如,采用CF-GF混杂复合材料制成假肢接受腔的支撑构架,再配合聚丙烯软性接受套,能有效地分离假肢接受腔的接受功能和承力功能,减轻结构质量,增加使用寿命,改善患者残肢与接受腔的配合状况,消除患者的痛苦。另外,对于患小儿麻痹症而下肢瘫痪及脊椎开裂的儿童,可采用混杂复合材料制作的胸-腰-骶歪扭部整直器(TLSO)和臀部-膝盖-踝关节支撑器

(HKAO)。这种支撑器可以固定患者的脊椎、臀部、膝盖和踝关节，帮助患者丢掉拐杖行走，使身体质量落在腿骨上，刺激骨骼生长和臀部关节发展，满足医学治疗和护理功能。

混杂复合材料不仅有效地应用于与人体直接相关的医用制品中，而且在医疗设备方面也将碳纤维、玻璃纤维、Kevlar 纤维混杂复合材料用于制作诊断肿瘤位置的 X-射线发生器上的悬臂式支架。这种支架除了能满足刚度要求外，还能满足最大放射性衰减限制值的要求。混杂复合材料还用于制作 X-光床板样机和 X 光底片暗盒等。

附录　符号说明

R：混杂效应系数；

$\varepsilon(H)$、$\varepsilon(I)$：两种纤维的断裂应变；

σ_{Ht}：混杂复合材料的初始拉伸强度；

E_c、E_g：碳纤维和玻璃纤维的拉伸弹性模量；

V_c、V_g、V_m：碳纤维、玻璃纤维及树脂的体积分数；

γ_H：混杂复合材料的断裂功；

γ_A、γ_B：单一 A 和单一 B 增强材料所构成的复合材料的断裂功；

V_A、V_B：A、B 两种单一复合材料在混杂复合材料中的体积分数；

S_g：循环 N_o 次时，玻璃纤维复合材料的最大破坏应力：

S_c：循环 N_o 次时，碳纤维复合材料的最大破坏应力；

S_H：循环 N_o 次后的最大破坏应力；

F_c：碳纤维混杂比(碳纤维的体积/全部纤维体积)；

E_L、E_T、G_{LT}、ν_L、ν_T：层内混杂单向板的工程弹性常数；

E_{fLi}、E_{fTi}、G_{fi}、ν_{fLi}：i 纤维的各向工程弹性常数；

E_m、G_m、ν_m：树脂的工程弹性常数；

V_{fi}、V_m：i 纤维及基体的体积分数；

V_P、V_S：各相复合材料的在混杂复合材料中的体积比；

k_{fP}、k_{fS}：各相内的纤维体积分数；

E_{PT}、E_{ST}：各相的横向弹性模量；

E_x、E_y、ν_x、ν_y、G_{xy}：混杂复合材料层合板的工程弹性常数；

t_i：第 i 层相对于总厚度的板厚比；

$\omega^2 = K\left(\frac{E}{\rho}\right)^{1/2} I^{1/2}$：各单层的参考轴方向的工程弹性常数；

$(EI)_M$:混杂层合梁的弯曲刚度;

E_M:混杂层合梁的弯曲弹性模量;

$F_x^{(m)}$:m 层单向板的 x 方向拉伸强度;

F_y:混杂层合板的 90° 方向的拉伸强度;

E_N:梁的弯曲弹性模量;

E_{out}:最外层的压缩弹性模量;

α_{HL}、α_{fL1}、α_{fL2}、α_m:单向板、纤维1、纤维2和树脂的纤维方向热膨胀系数;

E_{fL1}、E_{fT1}、G_{f1}、ν_{fL1}:纤维 1 的纤维向、横向、剪切弹性模量和泊松比;

E_{fL2}、E_{fT2}、G_{f2}、ν_{fL2}:纤维 2 的纤维向、横向、剪切弹性模量和泊松比;

E_m、G_m、ν_m:树脂的弹性模量、剪切弹性模量和泊松比;

V_H:两种增强纤维的体积比(混杂比);

σ_{fL1}、σ_{fL2}、σ_{mL}:各组分的纤维方向残余热应力;

ε_L、ε_{fL1}、ε_{fL2}、ε_{mL}:单向板、纤维 1、纤维 2 和树脂的纤维方向应变;

σ_{mL}、σ_{fL1}、σ_{fL2}:各组分中产生的残余热应力;

α_{HL}:层内混杂单向板纤维方向的热膨胀系数;

ε_T、ε_{fT1}、ε_{fT2}、ε_{mT}:单向板、纤维 1、纤维 2 和树脂的垂直纤维方向应变;

α_{HT}、α_{fT1}、α_{fT2}:单向板、纤维 1、纤维 2 的垂直纤维方向热膨胀系数;

α_{HT}:层内混杂单向板横向热膨胀系数;

σ_{xi}、σ_{yi}:第 i 层单向板参考轴方向的残余热应力;

E_{xi}、E_y、ν_{xi}、ν_{yii}:第 i 层单向板参考轴方向的弹性模量和泊松比;

α_{xi}、α_{yi}:第 i 层单向板参考轴方向的热膨胀系数;

α_x、α_y:层合板弹性主方向的热膨胀系数;

f:共振频率;

I:为惯性矩;

m:单位长度重量。

ρ:密度;

t:单层厚度

T:最大使用扭矩;

ω:叶片的固有频率

S:横截面积;

ρ:密度。

参考文献

[1] 植村益次,福田博. ハイブリッド複合材料[M]. 东京:シーエムシー出版,2002.

[2] 周泽雄. 混杂纤维复合材料[M]. 北京:北京航空航天大学出版社,2006.

[3] 余顺海,唐羽章. 混杂复合材料[M]. 北京:国防科技大学出版社,1987.

[4] 张锡昌,居筱曼. 碳纤维/环氧复合材料典型层的热膨胀系数及其计算[J]. 材料工程,1987(6):17-22.

[5] 李娟,梁夫彧,栗欣. 浅谈地球同步卫星温控系统的管理[J]. 中国航天,2006,(1):23-25.

[6] 孙志杰,吴燕,仲伟虹,等. 零膨胀单向混杂纤维复合材料研究[J]. 玻璃钢/复合材料,2002(1):15-16.

[7] 黄龙男,王新波,张东兴. 面内二维零膨胀混杂复合材料层合板设计[J]. 哈尔滨工业大学学报, 2009,41(10):91–94.

[8] 张汝光. $[(\pm 45°)_n/0°_{2n}]$s 层板的热膨胀性能和零热膨胀的设计[J]. 玻璃钢/复合材料,1999(1):4-7.

[9] 棚桥良次. スキー複合構造体のねじり剛性の計算[J]. 日本复合材料学会志,1993,19(6):224-232.

[10] 棚桥良次. スキー複合構造体の曲げ剛性の設計法[J]. 日本复合材料学会志,1994,20(5):178-186.

第 8 章　热塑性复合材料

8.1 概　　述

热塑性复合材料是以玻璃纤维、碳纤维、芳纶纤维及其他材料增强各种热塑性树脂的总称，可缩写为 FRTP(Fiber Rinforced Thermo Plastics)。自 1951 年 R. Bradit 首次采用玻璃纤维增强聚苯乙烯制造复合材料以来，对热塑性复合材料的基体树脂、增强材料及成型方法的研究不断深入，其产量与应用领域不断扩大。

据美国 Lucintel 公司最近发布的市场调研报告《2012 ~ 2017 全球热塑性复合材料市场机遇：起势、预测和机遇分析》所述，热塑性复合材料正在成为替代钢、铝、木材等传统材料的材料选择，其发展速度超过热固性复合材料。预计在今后 5 年中，全球热塑性复合材料市场将以 4.9% 的复合年均增长率增长，在 2017 年达到 82 亿美元。有人预测，到 2015 年全球 50% 的复合材料将以热塑性塑料为基体。

FRTP 已进入汽车、轨道交通、运输、航空航天、能源(风能、海上油气)、基础设施、建筑、3C(计算机、通信、消费电子类)、防卫、船艇、工业、医疗、体育娱乐等市场。Lucintel 的研究表明，热塑性复合材料尤其在要求减轻质量、节省燃料及其他性能效益的用途中推广应用。交通运输是热塑性复合材料的最大市场，并且将在未来几年内继续推动热塑性复合材料市场的发展。美国和西欧的汽车市场预期稳定增长，而全球汽车应用市场的增长则将向亚洲和东欧地区推动。虽然受到能源费用上升的限制和更低成本材料的竞争，在中国、俄罗斯、巴西、印度等新兴经济国家，由于汽车产量的提高和热塑性复合材料在汽车中的应用增加，热塑性复合材料有着显著的机遇。Lucintel还预测，消费品如计算机零部件)和体育器械种类的增多也将强劲刺激亚洲热塑性复合材料的发展。

热塑性复合材料的特殊性能如下：

(1)密度小、强度高。热塑性复合材料的密度为 1.1 ~ 1.6 g/cm^3，仅为钢材的 1/7 ~ 1/5，比热固性复合材料轻 1/4 ~ 1/2。它能够以较小的单位质量获得更高的力学强度。一般来讲，不论是通用塑料还是工程塑料，用玻璃纤维增强后都会获得较高的增强效果，提高强度应用档次。

(2)性能设计的自由度大。热塑性复合材料的物理性能、化学性能及力学性能都是通过合理选择原材料种类、配比、加工方法、纤维体积含量和铺层方式进行设计的。由于热塑性复合材料的基体材料种类比热固性复合材料多很多,因此，其选材设计的自由度也大得多。

(3)热性能。一般塑料的使用温度为50～100 ℃,用玻璃纤维增强后,可提高到100 ℃以上。PA66的热变形温度为65 ℃,用30%玻璃纤维增强后,热变形温度可提高到250 ℃。PEEK树脂的耐热性达220 ℃,用30%玻璃纤维增强后,使用温度可提高到310 ℃,这样高的耐热性,热固性复合材料是达不到的。热塑性复合材料的线膨胀系数比未增强的塑料低1/4～1/2,能够降低制品成型过程中的收缩率,提高制品尺寸精度。其热导率为0.3～0.36 W/(m·K),与热固性复合材料相似。

(4)耐水性。热塑性复合材料的耐水性一般优于热固性复合材料。

(5)电性能。热塑性复合材料都具有良好的介电性能,不反射无线电波,透过微波性能良好等。由于热塑性复合材料的吸水率比热固性复合材料小,故其电性能优于后者。在热塑性复合材料中加入导电材料后,可改善其导电性能，防止产生静电。

(6)废料能回收利用。热塑性复合材料可重复加工成型,废品和边角余料能回收利用,不会造成环境污染。

(7)成型加工效率高。由于热塑性复合材料可采用注射法等工艺成型加工，因此其生产效率比热固性复合材料一般高出几倍甚至几十倍。

(8)成型加工成本低。由于热塑性复合材料加工方法先进，加工效率较高，一般不需要二次加工,因此其加工成本较热固性复合材料低。

(9)质量一致性好。热塑性复合材料一般采用模具一次成型加工,因此其外观及尺寸等都由模具保证,在相同成型工艺下产品质量一般保持一致。

(10)可成型加工形状复杂的制件。与热固性复合材料制品相比,热塑性复合材料制品结构可设计性强,制件结构受成型方法约束较少,并且一些工艺可借助于先进设备,因此可成型加工形状较为复杂的制件。

热塑性复合材料和热固性复合材料的特性对比见表8.1。

表8.1　热塑性复合材料和热固性复合材料的特性对比

热塑性	热固性
无紫外线照射时,能长期室温储存	低温储存(单组分树脂)、室温储存(两种以上组分)
无运输局限	有特殊运输条件(冷态)
无REACH'苛求	某些情况下REACH要求高(应注册)
黏度高(浸渍需高压)	黏度低(容易浸渍增强材料)
熔融/固结温度高(大于200 ℃)	固结温度低至中等(环氧小于200 ℃)
成型时间短(以分钟计)	成型时间长(以小时计)
可复用/循环利用(重新熔融)	循环利用有限(焚烧、磨碎)

注:REACH即化学品注册、评估和授权规则

8.2 短纤维增强热塑性复合材料

8.2.1 短纤维增强热塑性复合材料的原料

1. 增强材料

(1)玻璃纤维。

玻璃纤维是使用最广泛的增强成分。玻璃纤维之所以优于其他增强成分,主要是因为其具有较高的性价比,包括尺寸稳定性、耐腐蚀性、耐热性和易加工性等。

大多数短玻璃纤维增强成分是由 E-玻璃制成的。E-玻璃最初是从电气应用中发展来的,通常由钙-铝-氟化硅配制而成;良好的性能和低廉的成本使其广泛应用于各个领域。E-玻璃除了具有优良的介电性能和力学性能外,还具有良好的耐水性、防水性以及较好的抗碱性,但抗酸性较弱。

(2)碳纤维。

碳纤维(Carbon Fiber,CF)是由有机纤维在惰性气氛中经高温碳化而成的纤维状聚合物。碳纤维具有很高的抗拉强度,其抗拉强度是钢材的 2 倍,铝的 6 倍;模量是钢材的 7 倍,铝的 8 倍。与玻璃纤维相比,碳纤维具有更高的强度和模量、更低的密度、优异的导热和导电性,但成本很高。此外,它们还具有良好的耐化学腐蚀性和自润滑性。在制备具有特殊性能的复合材料时,碳纤维的低密度和高力学性能体现出很大的灵活性。由于碳纤维直径通常比玻璃纤维小,所以临界尺寸也相对减小,因此为碳纤维提高基体材料的性能提供了更大的空间。与热塑性树脂复合后,更能进一步提高热塑性树脂的性能,扩大应用范围。以 PPS 为例,CF 增强 PPS 复合材料已应用在空客 A340 和 A380 飞机机翼的主椽上。美国新泽西 Summit 的高尔夫球杆制造商 Phoenix Golf 公司选用 CF 增强线型 PPS 来制造高尔夫球杆。

(3)芳纶纤维。

芳纶纤维具有密度小、抗拉强度高、抗拉模量较高、耐曲折、耐疲劳等性能。芳纶纤维不像玻璃纤维或碳纤维那样呈直棒状,而是呈卷曲状或扭曲状。这个特点使得芳纶复合材料中的芳纶纤维在加工过程中并不完全沿着流动方向取向,因而在各向性能分布上更加均匀。近年来,芳纶纤维增强热塑性复合材料发展很快,正受到人们的重视。用 35% 芳纶纤维增强尼龙 66、聚苯硫醚、聚甲醛和热塑性聚酯弹性体,其性能都有较大提高。这类复合材料可用于汽车刹车器、离合器和换向器。

2. 基体材料

(1)尼龙。

尼龙,又称聚酰胺,是指聚合物主链上含有酰胺基团(—NHCO—)的高分子化合物。

尼龙主要分为尼龙 6 和尼龙 66 两种类型,还有许多特殊类型如 46、610、612、1212、11 和 12。具有特殊性质的尼龙 6-66 共聚物的抗冲击性和耐热性介于不同均聚物成分之间,"非晶"尼龙和"芳香"尼龙的大分子链中含有各种芳香族单体,主要是为了提高耐热性和降低吸水性。尼龙具有良好的韧性和耐磨损性能,耐化学腐蚀性也很好,尼龙 6 和尼龙 66 尤其如此。尼龙具有摩擦因数低、介电性能好、抗疲劳性优异等特点。而且,因尼龙具有极好的加工特性,与增强成分和填料间具有极好的黏附作用,因此在尼龙基体中可以添加高含量的改性剂,并制得复合材料。经过恰当改性,还可以得到阻燃性较好的尼龙材料。

(2)聚丙烯。

丙烯是最重要的聚烯烃品种之一,是由丙烯聚合而得的高分子化合物,其分子结构式为

$$\left[CH_2 - \underset{\underset{CH_3}{|}}{CH} \right]_n$$

聚丙烯是一种晶态均聚物,它具有耐化学腐蚀性、耐热性、低密度、低成本等优良的综合性能。通过聚丙烯的共聚可提高韧性,但却降低刚度和耐热性。然而,作为复合材料的树脂基体,聚丙烯共聚物更受欢迎。虽然没被列为工程塑料,但在许多低应力、低环境温度下的应用中,增强 PP 复合材料比那些使用较贵基体树脂的复合材料更具有竞争力。

(3)聚碳酸酯(PC)。

聚碳酸酯是指聚合物分子主链上含有 $\left[O - R - O - \overset{\overset{O}{\|}}{C} \right]_n$ 结构的线型高分子化合物。聚碳酸酯是一种非晶态的碳酸聚酯。添加增强成分后会损失自身的两个优异性能,即透明性和韧性,但能提高尺寸稳定性和抗蠕变性。它的介电性能和阻燃性能都相当好,但耐化学腐蚀性却一般。聚碳酸酯能与其他聚合物如 PBT 和 ABS 进行共混,总体来说,它的性价比很好。目前正在研制开发耐温度较高的聚碳酸酯共聚物。

(4)聚苯硫醚(PPS)。

聚苯硫醚是以硫化钠和对二氯苯为原料制备的,在其分子链中含有苯

硫基,分子结构式为

$$\left[\!-C_6H_4-S-\right]_n$$

聚苯硫醚是一种半晶态聚合物,有极好的尺寸稳定性、优异的耐热性和化学惰性;具有自阻燃性,一旦燃烧,发烟量和燃烧率都很低。加入增强成分可提高基体的冲击强度,PPS 很少在未增强的情况下加工成型,需要在高温下进行加工。

(5)聚砜(PSU)和聚醚砜(PES)。

聚砜是指分子主链中含有砜基和芳核 $\left[\!-C_6H_4-SO_2-C_6H_4-\right]_n$ 的树脂。聚砜是 20 世纪 60 年代中期开始生产的,以后相继出现了聚芳砜和聚醚砜。

聚砜和聚醚砜是一种刚性的、具有良好耐热性和低吸湿性的高成本非晶态聚合物。虽然添加增强成分可以提高材料的韧性和尺寸稳定性,但却使原本透明的材料变得不透明。砜类聚合物的高度芳香化结构使其具有自阻燃性,并在燃烧时也只有很低的发烟量。

(6)丙烯腈-丁二烯-苯乙烯(ABS)。

丙烯腈-丁二烯-苯乙烯名义上是三元共聚物,但实际是苯乙烯-丙烯腈共聚物(SAN)和丁二烯接枝 SAN 橡胶颗粒的非晶混合物。通过改变这些化学链段的种类和数量,可以合成一系列具有不同韧性、刚度、表面性能和加工性的产品。ABS 的优势在于具有适中的耐热性、耐湿性和耐化学腐蚀性。填充少量玻璃纤维后,可提高 ABS 的尺寸稳定性,阻燃性也能得到提高。

(7)聚醚醚酮(PEEK)。

聚醚醚酮是分子主链中含有 $\left[\!-O-C_6H_4-O-C_6H_4-CO-C_6H_4-\right]_n$ 的高分子化合物。

尽管聚醚醚酮的发展历史仅为短短的二十几年,但是由于它具有突出的耐热性、耐化学腐蚀性、耐辐射性以及高强度、易加工性,已在核工业、化学工业、电子电器、机械仪表、汽车工业和宇航领域中得到了广泛的应用。尤其是作为耐热性能优异的热塑性树脂,可用作高性能复合材料的基体材料。

8.2.2 短纤维增强热塑性复合材料的特点

短纤维增强热塑性复合材料的特点是用短切纤维增强的热塑性复合材

料，一般做成粒料，采用常规的挤混法使短切纤维与塑料熔体混合后造粒。这是最早实现工业化生产的FRTP粒料，粒料中纤维长度为2～4 mm。这种粒料在成型过程中经过螺杆、注嘴、模腔内流动等作业后变得更短，最终制品中的纤维平均长度不到1 mm（约0.4 mm），因此对制品的力学性能帮助有限，其性价比介于纯塑料与长纤维增强热塑性塑料之间。

尽管如此，对短纤维增强热塑性复合材料的需求仍在持续增长，特别是在汽车和电气电子工业中，用它们来替代金属，制造性能良好同时要求经济性的轻质零部件。此外，研发性能更优的短纤维复合材料将应用于燃料罐、导电制品之类的更多产品。1951年，美国首先采用短切玻璃纤维增强聚丙烯；20世纪60年代中期，螺杆式注塑机广泛应用，热塑性复合材料得以大规模生产和使用。短纤维增强热塑性复合材料的强度、刚度和尺寸稳定性均优于未增强聚合物基体材料。在近半个世纪中，短纤维增强热塑性复合材料一直统治着纤维增强热塑性复合材料的市场。据德国增强塑料协会AVK 2010年9月发表的报告估计，按平均玻璃纤维体积分数为30%计算，2011年欧盟加上一些东欧国家，短纤维增强热塑性复合材料的产量超过100万t，与2010年相比，以两位数增长。对于中国来说，2011年中国热塑性复合材料的产量为118万t，短纤维增强热塑性复合材料的产量为109万t，占其总产量的90%以上。

短纤维增强的热塑性复合材料可根据最终用途配制。在一般配方中，玻璃纤维体积分数为10%～50%。纤维增强的效果半晶态聚合物中更为明显，尤其是韧性。短纤维增强热塑性复合材料的增强材料主要有玻璃纤维、芳纶纤维和碳纤维。增强纤维在热塑性基体材料中呈无规则分布，纤维质量分数一般为30%左右。

短纤维增强热塑性复合材料的热塑性基体聚合物非常广泛，从通用塑料的聚丙烯、聚氯乙烯到各类工程塑料，如尼龙、PET、PBT、聚碳酸酯等，以及高性能工程塑料，如PPS、PES、PEEK等。

8.2.3　短纤维增强热塑性复合材料的工艺技术

短纤维增强热塑性复合材料的制造技术主要分为：

（1）短纤维增强粒料制备工艺——中间产品。

（2）模压成型工艺——型材制造。

（3）注射成型工艺——复杂部件制造。

1. 短纤维增强粒料制备工艺

短纤维增强粒料制造方法是玻璃纤维增强热塑性塑料生产的一个发展

方向。其生产流程如图 8.1 所示,其工艺路线是:高分子树脂由加料口、连续玻璃纤维由进丝口直接定量加入双螺杆,挤出机混炼后挤出料条,再冷却切粒。其主要设备有双螺杆混炼挤出机、冷却水槽、牵引切粒机等。

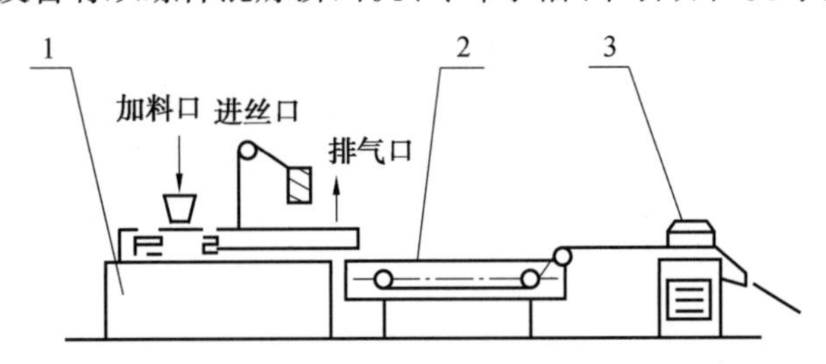

图 8.1 短纤维法生产流程简图

1—双螺杆混炼挤出机;2—冷却水槽;3—牵引切粒机

2. 型材的制备

热塑性树脂成型中广泛使用模压成型工艺制备。模压成型工艺的基本过程是将一定量的经过预处理的模压料放入预热的压模内,施加较高的压力使模压料充满模腔,在预定的温度条件下,模压料在模腔内逐渐固化,然后将制品从压模中取出,再进行必要的辅助加工。其制备流程如图 8.2 所示。

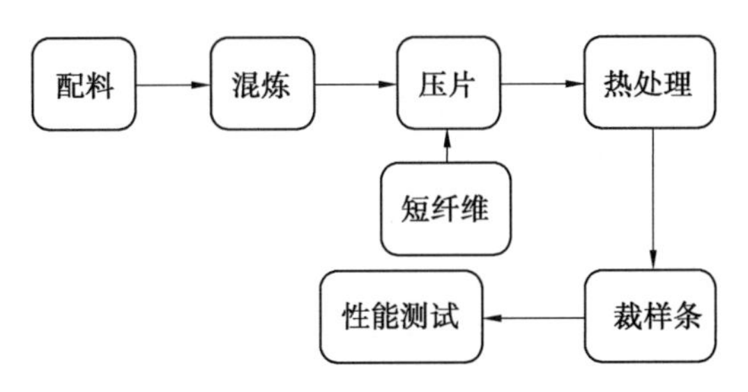

图 8.2 试样制备流程图

影响制品的最终质量因素有模压料、压模模具、加压加温用的热压机等,其中最重要的是压制工艺。模压成型工艺的优点是生产效率高、制品尺寸准确、表面光洁,适用于大批量生产,对结构复杂的制品可以一次成型,无须有损于制品性能的辅助加工(车、铣、刨、磨、钳等),制品的外观及尺寸的重复性好。主要缺点是模具设计与制造复杂、初次投资较高、易受设备限制,一般只限于中小型制品的批量生产。

3. 复杂部件制造

注射成型方法是短切纤维或片状增强材料增强的 RIM,在基体中加入增强材料,将其加热塑化成熔融状态,在高压作用下,高速注射到模具中,赋予熔体模腔的形状,经冷却而使热塑性复合材料固化,然后开启模具,取出制品，至此就完成了一次注射成型过程。短切碳纤维增强尼龙用得最多的便是此种办法。例如，吉林化学工业公司研究院彭树文用注射机成功制出碳纤维尼龙的复合材料试样；英国 ICI 公司开发的长碳纤维增强尼龙加工技术，先使连续纤维浸渍树脂，然后再加工成粒料，可注射成型，由于其碳纤维体积分数很高，故制品强度高、冲击韧性好；中国矿业大学的葛世荣等用微型注塑机制得短切碳纤维和尼龙复合材料试样，得到的碳纤维分布比较均匀；中山大学材料科学研究所和华侨大学材料科学与工程学院的曾汉民和林志勇等也是用注塑成型的方法制得了分布较为均匀的复合材料，此方法的突出特点是生产效率高、能耗低。注射加工短切碳纤维增强尼龙材料时，经常出现表面凹陷、内部空洞、开裂等现象，这是由于注塑时进料不充分而引起的。

8.2.4　短纤维增强热塑性复合材料的生产及应用

1. 碳纤维增强热塑性复合材料

(1)CF 增强 PA。

聚酰胺树脂(PA)是具有许多重复的酰胺基的线型热塑性树脂的总称，俗称尼龙，商品有 PA6、PA1010 等。PA6 本身就是性能优异的工程塑料，但吸湿性大，制品尺寸稳定性差，强度和硬度也不如金属。用 CF 增强改性后，大大提高了 PA 的力学性能，改性后既可作为结构材料承受载荷，也可作为功能材料发挥作用。孙伟等用双螺杆混炼挤出机挤出制备了 CF/PA6 复合材料(CFRPA6)，并考查了 CF 表面处理方法、CF 的质量分数和初始 CF 长度对 CFRPA6 性能的影响。研究发现经过表面处理的 CF 增强效果较未经表面处理的明显变好，用液相氧化+硅烷偶联剂复合处理法比气相氧化和液相氧化的表面处理法要好；当 CF 的质量分数为 9% 时，CFRPA6 的力学性能最好。

尼龙作为一种重要的工程塑料，人们不断通过物理和化学改性的方法使其高性能化、多功能化，碳纤维的出现更使其在激烈的市场竞争中处于领先地位。碳纤维增强尼龙复合材料以其优异的性能，广泛地应用于汽车工业、电子电器、体育设施、家用电器等领域。随着人们对这一先进材料的深入研究和开发，碳纤维增强尼龙复合材料的应用将扩展到人类生产生活的各个领域。

(2)CF 增强 PES。

PES 是英国 ICI 公司在 1972 年开发的一种综合性能优异的热塑性高分子材料，是目前得到应用的为数不多的特种工程塑料之一。由于它具有优良的自润滑性,加之电绝缘性及阻尼性好,并且可以采用挤出和注塑成型,因而特别适合用于制作干滑动元件,用 CF 作为填料的 CFRPES 摩擦因数低且耐磨性好。赵伟岩等采用模压工艺制备 CFRPES,并考察 CF 体积分数及长度对 CFRPES/固体润滑剂/PTFE(聚四氟乙烯)复合材料摩擦性能的影响。研究发现,随着 CF 体积分数的增加,复合材料的硬度增加;抗冲击强度随 CF 体积分数的增加,先增加后下降,在体积分数为 10% ~20% 时达到最高;随着 CF 体积分数的增加,材料储能模量增加,而损耗角正切逐渐减小,并在 CF 体积分数达到 20% 以后渐趋平缓。

(3)CF 增强 PC。

PC 是一种应用广泛的工程塑料,把 CF 与 PC 复合后可进一步提高 PC 的各种性能,扩展其应用领域。李春华等用双螺杆挤出法制备 CFRPC,并研究了纤维表面处理、纤维长度、纤维体积分数及挤出成型工艺对复合材料性能的影响。研究发现,用液相氧化+硅烷偶联剂复合处理法比气相氧化和液相氧化的表面处理法要好;CF 体积分数增加后,复合材料的力学性能得到显著提高,热变形温度也得到明显提高;当 CF 体积分数为 13% 时,抗屈服强度比纯 PC 提高了 32%,弹性模量提高了近 1 倍,热变形温度提高了 43 ℃;CF 长度为 10 mm 的比长度为 5 mm 的更有利于增强复合材料的各项力学性能。

(4)CF 增强 PPS。

PPS 是一种半结晶热塑性树脂,具有卓越的力学性能、耐化学侵蚀性和阻燃性等。张随山等对碳纤维增强热塑性树脂基复合材料用悬浮熔融法制备 CFRPPS 预浸带,采用模压工艺制备了 CFRPPS。制备的复合材料有很好的力学性能及优良的耐溶剂性,PPS 与 CF 之间的黏结性能优良,证明用悬浮熔融法制备连续 CF 增强 PPS 预浸料是可行的。

美国肯塔基州 Ticona 工程聚合物公司的全球技术营销经理 Michael Favaloro 表示,有许多航空航天制造品厂商提高了对热塑性塑料的兴趣,其中线性聚苯硫醚(PPS)热塑性塑料的物理性能及其在航空航天部件及结构中的应用已确立了良好的市场地位。Favaloro 考察了碳纤维/PPS 复合材料在空客 A340/A380 飞机机翼主缘上的应用后发现,这是一种 PPS 薄膜与碳纤维织物,经热成型的片材制成弯曲状部件,构成机翼主缘。碳纤维/PPS 还被用在 Fokker50 飞机起落架门,构成应力肋和桁,以及用在 A340 飞机副翼结构上。Favaloro 认为,线性 PPS 也是几种飞机内饰件的候选材料,包括座椅架、支架、横梁及管道等。

(5)CF 增强 PEEK。

PEEK 是新一代耐高温热塑性树脂,其 CFRTP 已经用于机身、卫星部件和其他空间结构,PEEK 的 CFRTP 可在 250 ℃条件下连续使用。针对 PEEK 熔融黏度大、难于浸渍的特点,隋月梅设计了 PEEK/DPS(二苯砜)混合体系冻胶浸渍工艺,在 PEEK 中加入一定比例的 DPS 形成固体混合物,再将 PEEK/DPS 混合物以熔融浸渍的方法浸渍 CF,完全浸渍后,去除多余的溶剂,形成 CF/PEEK 预浸料;考察了纤维张力对熔融浸渍效果及复合材料力学性能的影响,研究发现一定的纤维张力有利于纤维的分散,张力过大时,纤维易集束,不利于浸渍;纤维张力的大小对其复合材料的抗拉伸强度和抗拉伸模量有较大的影响。

如图 8.3 所示,飞机机体或导弹弹体的电力连接部件为 40% 碳纤维增强聚醚醚酮。其性能为:在工作温度及 285 ℃下,具有高硬度、阻燃、低发烟率等优点;表面可镀金属成为导电外壳并且屏蔽电磁干扰/射频干扰;可替代金属。

图 8.3 飞机机体或导弹弹体的电力连接部件

2. 玻璃纤维增强热塑性复合材料

随着汽车工业的迅速发展,安全、节能和舒适已成为人们追求的目标。为了实现这些目标,复合材料开始成为汽车生产的必需品。20 世纪 80 年代中期,西欧国家生产轿车采用的复合材料为 40 ~ 50 kg/辆。1987 年美国轿车平均耗用纤维增强塑料(FRP)约为 36.3 kg/辆,占汽车原材料总耗量的 3.2%;1990 年为 40.9 kg/辆,占材料耗量的 3.7%;1992 年约为 56.8 kg/辆,占材料耗量的 5.3%。其中热塑料性复合材料占有很大比例。例如,GMT 作为汽车内部承重件已得到应用,BMW3 系列汽车已用它生产座椅骨架,并用于 Mercedes S luxury 运动车型的仪表板框架以及 Golf 车的后舱盖、车前端等。

西欧的玻璃纤维增强复合材料主要应用于汽车发动机消声罩、保险杠、座椅、电瓶槽、车前体、承载件;还应用在集装箱、电子/电器、建筑等领域。

玻璃纤维增强复合材料还可用于军事领域,它的质轻和抗弹片性能被用来制造防弹头盔、弹药箱、简易桥面和梯子、地雷盖、防卫用的尖桩、汽车装甲、手枪柄等。热塑性复合材料在电子电器方面的应用也很广泛,过去使用的一些传统热固性复合材料的部件现已改用热塑料性复合材料,例如,玻璃纤维增强尼龙可用来制造电动工具罩壳、仪表罩壳、按线盒、蓄电池外壳、电动机风扇叶片等。总之,随着热塑性复合材料的不断发展,应用前景越来越广泛。

3. 芳纶纤维增强热塑性复合材料

近年来,芳纶纤维增强热塑性复合材料发展很快,正受到人们的重视。用35%芳纶纤维增强尼龙66、聚苯硫醚、聚甲醛和热塑性聚酯弹性体,性能都有较大提高。芳纶纤维增强聚苯硫醚,其耐磨性比未增强的提高18倍,磨耗降低为原来的0.34%,芳纶纤维增强聚甲醛,其抗拉强度提高50%,抗冲击强度提高4倍,热变形温度从160 ℃提高到174 ℃;芳纶纤维增强尼龙66,其抗拉强度提高50%,抗冲击强度提高到2.7倍,热变形温度从80 ℃提高到254 ℃,磨耗系数降低为原来的25%。这类复合材料可用于汽车刹车器、离合器和换向器。

芳纶纤维复合材料存在两大问题,即层间性能比较差及纤维发挥系数比较低。芳纶纤维复合材料的工艺性能并不比碳纤维和玻璃纤维差,成型方法和工艺设备也大体相同。但是要想制出高性能的复合材料制品,必须解决上述两个问题,重点突破工艺技术难关,这方面的潜力还是很大的。例如,Kevlar-49的T-981型纤维,其预浸材料拉伸强度比T-969只提高10%;但采用新工艺方法制成的压力容器,其待征系数PV/W却提高50%。

推动芳纶纤维复合材料工业发展的最初动力是固体火箭发动机壳体、航空气瓶、航空结构以及其他军用制品的需求。到目前为止,这些领域的应用仍然是我们开发的重点,应给予特别的关注。主要利用芳纶纤维增强的热塑性复合材料的高强度、耐冲击、耐热、抗磨损及低摩擦性能,制造齿轮、轴承保持架、轴瓦、离合器、动密封部件以及高温密封垫等。杜邦公司用Kevlar增强尼龙66,纤维长度为0.625~1.27 cm。据称,尼龙的热变形温度仅有87.5 ℃,而采用芳纶纤维增强后则提高到254 ℃,耐磨性提高了4~8倍。

8.3 长纤维增强热塑性复合材料

纤维增强聚合物复合材料的强度、刚度和尺寸稳定性等均优于未增强聚合物基体材料。近年来,以玻璃纤维(GF)、碳纤维(CF)和芳纶纤维为增强材料的长纤维增强热塑性复合材料已应用于汽车、航空航天、电子电气、机械等领域。其强度高、密度小、价格低、易于回收利用，被认为是可替代钢材而使汽车轻量化的理想材料，加快了高性能塑料替代金属材料的步伐。

当今，随着汽车数量持续增加，降低汽车油耗、减少尾气排放、保护大气环境已成为全球最为关注的问题。汽车轻量化设计可以降低油耗，而采用高性能的汽车轻量化材料制作汽车零部件是最有效的手段之一。另外，航空航天等对先进高性能材料的需求也日益增加。因此，对长纤维增强热塑性复合材料的研究开发引起了复合材料界的高度重视。目前，长纤维增强热塑性复合材料在工业发达国家（美国、法国、日本等）发展和应用较快，并走在世界的前列。我国长纤维增强热塑性复合材料的研制工作起步较晚，长纤维增强热塑性复合材料在国内汽车零配部件上的开发、设计与应用也只有少量制品，总体上还处于刚起步阶段。

8.3.1　长纤维增强热塑性复合材料的特点

与传统的短纤维增强粒料相比，长纤维增强热塑性复合材料在结构上有着显著不同：在长纤维粒料中，纤维在树脂基体中沿轴向平行排列和分散，纤维长度等于粒料长度，且被树脂充分浸渍；而在短纤维粒料内，纤维无序地分散于基体当中，其长度远小于粒料的长度且不均匀。

短纤维与长纤维粒料结构上的不同主要取决于制备工艺的不同：后者在制备过程中纤维一直处于连续状态，经切粒后得到固定的长度，而前者在制备之前要先进行粉碎，然后再与树脂基体通过螺杆挤出机挤出后造粒制得，或者是连续纤维与树脂基体经螺杆挤出机共同挤出后造粒制得。可见，短纤维粒料在制备过程中经过螺杆挤出机的挤出工序，而在这个过程中因为受到螺杆和熔体的剪切力作用，大部分纤维被严重损坏，纤维长度大大缩短。

短纤维与长纤维粒料结构的不同导致两者在性能上也存在明显差异。与短纤维增强热塑性复合材料相比，长纤维增强热塑性复合材料具有以下优点：

①长纤维增强热塑性复合材料的纤维长度较长，而且纤维分散较为均匀，可以显著提高复合材料的力学性能，如拉伸、弯曲、冲击性能等。

②比刚度和比强度高，抗冲击性能好，更适用于制作汽车部件。

③耐蠕变性能高，尺寸稳定性好，可以提高制件的精度。

④耐疲劳性能优良，在高温和潮湿的环境中稳定性更好。

8.3.2 长纤维增强热塑性复合材料的发展状况

1. 国外状况

汽车产业在世界各地发展的同时,也带来环境污染与能源短缺的严重负面影响。据调查,石油消费品中,35%是作为汽车的燃料被使用(图8.4),这种状况必将导致汽车行业的研究方向进行相应调整,轻量、节能和环保始终是汽车工业的研究主题。

汽车轻量化技术包括汽车结构的合理化设计和轻量化材料的使用两大方面。车身结构轻量化方法包括改进汽车结构,使部件薄壁化、中空化、小型化和复合化,对内饰件、外饰件、发动机和底盘等汽车零部件进行结构和工艺改进等;车身材料轻量化方法是采用轻量化的金属和非金属材料,主要是指铝合金、镁合金、高强度钢材、工程塑料及纤维增强复合材料等。

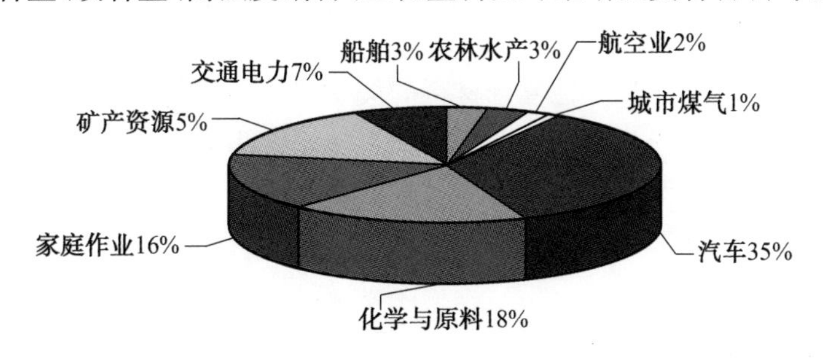

图8.4 石油消耗分布图

自20世纪80年代以来,将开发的长纤维增强热塑性复合材料(LFRT)应用于汽车工业,使其向着以减轻车身自重为主要目标的节能降耗方向发展。目前,已把塑料的用量作为衡量一个国家汽车工业水平的重要标志之一。轻质高强的LFRT材料也已从小批量的、少数的汽车零部件扩展到大批量的、广泛的汽车零部件,逐步成为制作汽车零部件的主流材料,尤其是在机械强度要求高的部位,如前端框架、吸能防撞保险杠、座椅骨架、车身底护板等。

2011年末,复合材料厂商沙伯基础创新塑料公司和建筑物资供应商墨西哥Meccano公司联合开发了一种整体的、可复用的混凝土模板。该模板用SABIC的LNP Verton长玻璃纤维增强热塑性复合材料制成,可取代笨重的多件式钢模板,用来模塑建房用的混凝土板。相对于需用30个零件组装形成,可能花费数小时的传统金属模板,采用整体式设计的Meccano模板几分钟就可做成,这就使承包商能更快地建造房屋,降低建房总成本,且方便操作。LNP Verton复合材料比铝轻20%,比碳钢轻40%。

2. 国内状况

LFRT在国内的开发和应用起步相对较晚。直到20世纪90年代后期，国内一些研发实力较强的公司才开始进行该材料的研发工作。由于国内汽车家电产量增长很快，对LFRT的需求很旺盛，外资企业看重国内巨大的消费市场，也加大了在中国的投资，如RTP、沙特基础工业公司(SABIC)、韩国湖南石化等专业公司都在国内投资建厂，以提高在中国的生产能力。

近几年，中国的汽车产销已突破1 000万辆，汽车产销量均居世界第一。汽车行业的LFRT消耗量约占世界LFRT行业总消耗量的80%，从这一统计数字来看，中国LFRT材料大有市场。中国有实力的塑料改性企业也加入到LFRT材料的研发之中，其中，南京聚隆科技发展有限公司、广州金发科技、上海杰事杰等公司研发的LFRT产品，占有一定的市场份额。

8.3.3　长纤维增强热塑性复合材料的制备

制备长纤维增强热塑性复合材料的关键在于纤维能否在较高的纤维体积含量的树脂中获得良好的浸渍，或者说制备长纤维增强热塑性复合材料的关键所在是其成型工艺。实际上，长纤维增强热塑性复合材料的制备工艺包括浸渍工艺和成型工艺两类。在一些工艺中，两者同时进行；在另一些工艺中，两者分别进行。

1. 浸渍工艺

绝大多数高性能的热塑性树脂在熔融温度下，因其黏度仍然较高而不能很好地浸渍纤维织物，因此热塑性复合材料成型的最大困难在于热塑性树脂的高黏度；而相比之下，热固性树脂在固化之前可以很容易地转变为低黏度状态，在这种状态下易于浸渍纤维或粗纱。因此，对于长纤维增强热塑性复合材料近年来发展了许多方法，以使高黏度的热塑性树脂能充分浸渍纤维。

(1)溶液浸渍法。

溶液浸渍法(Solution Impregnation Technique)是选择一种合适的溶剂，也可以是几种溶剂配成的混合溶剂，将树脂完全溶解制得低黏度的溶液，并以此浸渍纤维，然后将溶剂挥发制得预浸料。其工艺流程如图8.5所示。

单向平行张紧的纤维通过喂丝架输送到树脂槽内浸渍溶液状树脂，然后通过干燥箱将水分或其他溶剂烘干，再经压辊系统压实，在树脂非固化状态下由卷带装置卷绕成卷，制成预浸料。

这种方法有利于克服热塑性树脂熔融黏度大的缺点，可以很好地浸渍纤维。但这种方法也存在不足：一是溶剂的蒸发和回收费用昂贵，且有环境

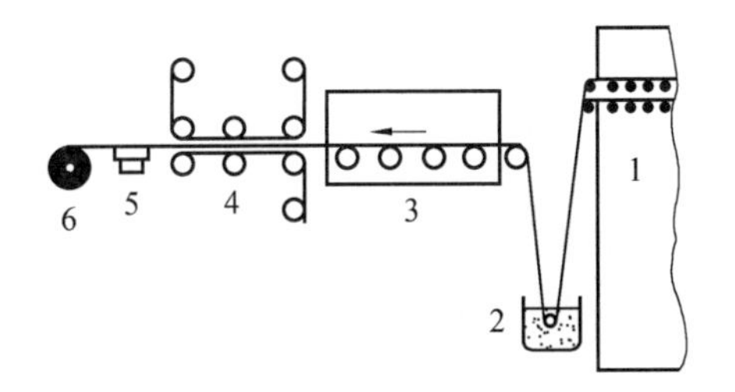

图 8.5 溶液浸渍工艺流程

1—喂丝架；2—树脂浸渍槽；3—干燥箱；4—压辊；5—光检测系统；6—预浸料

污染问题;如果溶剂清除不完全,在复合材料中会形成气泡和孔隙,影响制品的性能;二是采用这种预浸料的复合材料在使用中耐溶剂性会受到影响;三是一些热塑性树脂很难找到合适的溶剂。

(2)熔融浸渍法。

熔融浸渍法(Melt Impregnation Technique)是国外 20 世纪 70 年代初发展起来的一种制备预浸料的工艺方法。与溶液浸渍法相比较,熔融浸渍法由于工艺过程无溶剂,因此可减少环境污染,节省材料,预浸料树脂含量控制精度高,可提高产品质量和生产效率。

熔融法又可分为直接浸渍法和热熔胶膜法两种预浸方法。前者是通过纤维或织物直接浸在熔融液体的树脂中制造预浸料。通过熔融技术,在高黏度下浸渍纤维,因为熔体黏度高,将树脂压入纤维很困难,实际的办法是在一定的张力下将平行的丝束从树脂熔体中拉过而浸渍纤维,为了得到很好的浸渍效果,熔体的黏度不能太高。

热熔胶膜法的工艺原理如图 8.6 所示。将树脂分别放在加热到成膜温度的上下平板上,调节刮刀与离型纸间的缝隙以满足预浸料树脂含量的要求,开动机器,主要通过牵引辊使离型纸与纤维一起移动,上下纸的胶膜将纤维夹在中间,通过压辊将熔融的树脂嵌入到纤维中浸渍纤维,通过夹辊控制其厚度,经过冷却板降温,最后收起上纸,成品收卷。由于热熔胶膜法工艺的特殊性,并非所有的树脂基体都能满足这一工艺要求。采用热熔法制备预浸料的树脂必须满足以下 3 个基本要求:①能在成膜温度下形成稳定的胶膜;②具有一定的黏性,以便预浸料的铺贴;③熔融树脂的最低黏度不要太高,以便于预浸纤维。

(3)粉末工艺法。

粉末工艺法(Powder Impregnation Technique)是将粉状树脂以各种不同方式施加到增强材料上。这种工艺生产速度快,效率高,工艺控制方便,在

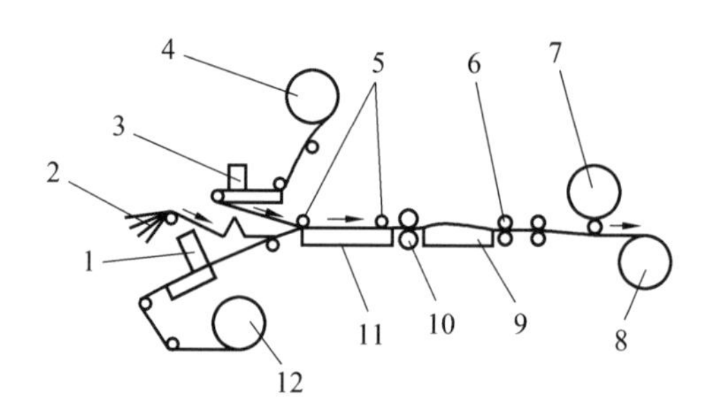

图8.6　热熔胶膜法预浸工艺原理

1—下刮刀；2—纤维；3—上刮刀；4—顶纸放卷；5—压辊；6—牵引辊；7—顶纸收卷；8—产品收卷；9—冷却板；10—夹辊；11—加热板；12—底纸收卷

一条生产线上可以浸渍广泛的树脂基体,其中一些方法在国外已经完成由研究向生产的转化。

根据工艺过程的不同及树脂和增强体结合状态的差异,粉末预浸法可分为以下几种方法。

①悬浮液浸渍法。悬浮液浸渍法是制备纤维增强热塑性树脂基复合材料的一种新的工艺方法。近年来,国内外有关这方面的报道日益增多。

这种工艺是将树脂粉末及其他添加剂配制成悬浮液,增强纤维长丝经过浸液槽,在其中经悬浮液充分浸渍后,进入加热炉中熔融、烘干。也可通过喷涂、刷涂等方法使树脂粉末均匀地分布于增强体中。经过加热炉处理后的纤维/树脂束可制成连续纤维预浸带或短切纤维复合材料粒料。

②流化床浸渍工艺。流化床浸渍工艺是使每束纤维或织物通过一个有树脂粉末的流化床,树脂粉末悬浮于一股或多股气流中,气流在控制压力下穿过纤维,所带的树脂粉末沉积在纤维上,随后经过熔融炉使树脂熔化并黏附在纤维上,再经过冷却成型段,使其表面均匀、平整,冷却后收卷。

③静电流化床工艺。静电粉末喷涂流化床工艺是在流化床工艺的基础上,增加静电场的作用,使树脂粉末带电,从而大大增加树脂在增强体上的沉积和对增强体的附着作用。

高分子聚合物特别是新型热塑性树脂,多是电阻率很高的电介质,只有处在一个特殊的带电环境中,才能带上电荷。采用静电发生器产生的电场,使附近的空气电离而形成电离区,静电电压强度越大,空气的电离程度越厉害,使带电的空气与树脂粉末接触,粉末即可带电,从而实现静电流化床工艺。

2. 成型工艺

由于长纤维增强热塑性复合材料是从复合材料和塑料两个不同领域开

发出的一种新型复合材料，因此其成型工艺具有塑料和复合材料工艺的特征，同时由于它可以进行热成型，因此还具有金属材料成型的特点。

(1)隔膜成型工艺。

隔膜成型工艺是制造具有双曲面大型热塑性复合材料结构制品的一种最有希望的成型方法。它是近来以金属超塑性成型和复合材料热压罐成型为基础而开发出的一种新型的适合于热塑性复合材料的成型方法。它是将未固结的热塑性预浸料平铺在两个可以变形的隔膜之间，放置在热压罐内，然后在隔膜之间抽真空，并加热加压将铺层固结在一起。

(2)热成型工艺。

热成型工艺也称预热坯料成型，与热固性复合材料的对模模压成型类似，是一种快速、大量成型热塑性复合材料制品的工艺方法。用热成型工艺制造复合材料制品与制造纯塑料制品不同，预浸料在模具内不能伸长，也不能变薄。模具闭合之前，预浸料要从夹持框架上松开，放至下半模具上，闭合模具时，预浸料铺层边缘将向模具中滑移，并贴敷到模具型面上，预浸料层厚保持不变。

(3)树脂注入成型。

树脂注入成型也称树脂传递模塑，也是一种从热固性复合材料成型借鉴过来的新的热塑性复合材料成型方法。在成型制品时，首先将环状齐聚物树脂粉末在室温下放入不锈钢压力容器中，绝热的容器开始逐渐加热，当到达注入温度时，加入引发剂粉末，搅拌均匀，再用氮气给压力容器充压，树脂通过底部开口和加热管道注入纤维层状物或预成型物的模腔中，当树脂充满模腔后，将模具温度提高到聚合温度，树脂进一步聚合，聚合完成后，将模具按要求降温，开模即得到最终制品。

(4)拉挤成型。

拉挤成型是一种连续制造复合材料型材的工艺方法，也是制造恒定截面型材的工艺方法。最初用于制造单向纤维增强实心截面的简单制品，目前逐渐发展成为可以制造实心、空心以及各种复杂截面的制品，并且可以设计型材的性能，能够满足各种工程的结构要求。采用的工艺是在一组拉挤模具中边浸渍边拉挤，一般难以用它制造断面形状急剧变化的结构。

(5)缠绕成型。

如果能解决用热塑性聚合物浸渍连续纤维，就能够得到一类新的高性能复合材料。目前热塑性复合材料在纤维缠绕制品中的应用研究工作正在积极进行。缠绕时预浸带必须加热至树脂熔点以上，并借助张力和加热绕丝头或其他装置，给缠绕到芯模上的预浸带施加一定的压力。

8.3.4 长纤维增强热塑性复合材料的性能影响因素

长纤维增强热塑性复合材料的性能主要由纤维体积含量、纤维长度、界面状态以及注塑过程中纤维的取向等因素决定。

1. 纤维体积分数

一般来讲,随纤维体积分数的增加,复合材料的力学性能和尺寸稳定性增强,但当纤维体积分数高时,在加工过程中熔体的流动性变差,纤维分布不均匀,从而导致其力学性能增加的幅度随纤维体积分数继续增加而下降,甚至有些性能反而会下降。

2. 纤维长度

纤维长度对复合材料的力学性能影响很大,在一定长度范围内,其力学性能随纤维长度的增加而提高。当纤维增强材料受到外力作用时,纤维在界面剪切力的作用下拔出和断裂,吸收能量越多,材料的力学性能越好。当纤维长度大时,纤维的拔出和断裂可吸收较多能量;当纤维长度小时,纤维未断裂之前,就与基体分离,纤维未能充分发挥其增强作用,甚至只起填充材料的作用。长纤维复合材料经过加工成制件后,其纤维长度虽有破坏,但保留长度仍远大于短玻璃纤维增强产品,所以其综合性能优于短纤维增强复合材料。但当纤维长度达到一定数值后,随纤维长度的增加,复合材料力学性能提高明显减小,甚至一些性能会下降。这是因为纤维长度很长时,纤维在复合材料中弯曲、缠结,纤维承力的有效长度没有变大。

3. 界面状态

界面存在于纤维和树脂基体之间,其功能为传递载荷。而纤维增强复合材料的界面面积很大,因此对复合材料性能影响很大。均匀、恒定、适当强度大小的界面可以抵抗多种热应力和变形应力,以保证把树脂基体受到的载荷有效地传递给纤维。

4. 纤维取向

纤维增强复合材料性能直接与纤维分布取向相关联,在纤维取向方向上复合材料具有更高的强度和刚度。因此,复合材料中纤维取向性越小,其分布越均匀,制品的各向异性越小。

8.3.5 长纤维增强热塑性复合材料的发展趋势及展望

长纤维增强热塑性复合材料具有高强度、高抗冲击性能、耐蠕变性能及尺寸稳定等优点,广泛应用于汽车、航空航天、建筑、机械、体育器械、电子/电气、包装等行业。其中,长玻璃纤维增强热塑性复合材料在汽车制造中的应用最为广泛,因为它们出众的强度和模量可以大量减轻质量,并且相对易于制造和加工。总体来说,车辆质量的减轻可提高燃料的利用率,在这方面降低生产成本实质上是获得了环境效益和经济效益。通常,长玻璃纤维增强热塑性复合材料的一些优点甚至超过了金属,包括高的抗冲击性能、好的韧性、改善阻尼和抗腐蚀性,并且易于成型和循环利用。

长纤维增强热塑性复合材料已广泛用于汽车、建材、电子电器、机械等行业。我国汽车、建材等行业正处于快速发展阶段。而目前我国各行业所用的长纤维增强热塑性复合材料主要靠进口。因此,如何在已有的基础上,自主研究开发高性能的长纤维增强热塑性复合材料,加快推动其产业化进程,是目前复合材料领域面临的一项重要任务。

8.4 连续纤维增强热塑性复合材料

连续纤维增强热塑性复合材料(FRTP)有大约25年的发展历史,此材料是纯塑料SFT、LFT和GMT的延伸和发展,可提供比它们更好的结构性能,在抗冲击性、耐腐蚀性、成型周期时间、成本和可持续性等方面都明显优于热固性复合材料。

8.4.1 连续纤维增强热塑性复合材料的材料组成

CFRTP是由热塑性树脂基体、连续增强纤维以及一些助剂组成的复合材料,其中树脂基体赋予CFRTP优良的力学性能、热性能、耐化学腐蚀性和易加工性能,而增强纤维则主要决定复合材料的机械性能。

1. 热塑性树脂基体

大部分热塑性树脂都可作为CFRTP的基体,从通用树脂PP、PE、PVC到特种树脂PPS、PEEK等均可根据材料的性能及成本加以选用。

2. 增强纤维

玻璃纤维、碳纤维和芳纶纤维是制造CFRTP的主要纤维品种。玻璃纤维由于其高强度、高模量、优良的耐热性及低成本,用量最大。用于CFRTP增强的玻璃纤维大多选用机械性能高、绝缘性能好的无碱玻璃纤维(E玻璃纤维),并根据CFRTP制备方式的不同,纤维形态有连续原丝针刺毡、单向随机玻璃纤维毡、连续波纤织物和短切原丝等。其中针刺毡用于制作热塑性复合材料时,由于毡中的纤维呈三维分布,因此有利于树脂的流动,并在冲压制品时容易排气,减少制品的缺陷。因而是目前制造通用CFRTP的最重要的增强材料。

碳纤维是制备高性能 CFRTP 的重要原料。碳纤维具有高比强、高模量、耐磨、导电、耐高温、长期受力而不发生蠕变和疲劳等优点。用其增强的 CFRTP 主要用于航空航天、医学、精密仪器及部分民用产品上。

芳纶纤维也是以高强度高模量的突出优点用于制造高性能热塑性复合材料,其拉伸模量远高于玻璃纤维且质轻。用芳纶纤维制造的 CFRTP 在很多领域得到应用,尤其是宇航工业。

8.4.2 连续纤维增强热塑性复合材料的成型工艺与技术

1. CFRTP 的浸渍制备技术

CFRTP 是以热塑性树脂对连续纤维进行浸渍而制得的。由于热塑性树脂的熔体黏度一般都超过 100 $N \cdot s/m^2$,很难使增强纤维获得良好浸渍。因此制备 CFRTP 的技术关键是如何解决热塑性树脂对连续增强纤维的浸渍。对此,各国科学家进行了大量研究,主要开发了溶液浸渍、熔融浸渍、粉末浸渍、悬浮浸渍、混编以及反应浸渍等多种制备技术。

(1)溶液浸渍制备技术。

溶液浸渍制备技术是将树脂溶于合适的溶剂,使其黏度下降到一定水平,然后采用热塑性树脂浸渍时所使用的工艺来浸润纤维,最后通过加热除去溶剂。这种制备技术工艺简便、设备简单,但必须将溶剂完全除去。因为极少的残余溶剂都有可能导致制品耐溶剂性的下降,此外在去除溶剂的过程中还存在物理分层,溶剂可能沿树脂纤维界面渗透,也可能聚集在纤维表面的小孔和空隙内,造成树脂与纤维界面结合不好。尽管如此,目前一些采用其他制备技术不易浸渍的高性能树脂基复合材料的制备大多仍采用这一浸渍技术。

(2)熔融浸渍制备技术。

熔融浸渍是将热塑性树脂加热熔融后再浸渍纤维的一种制备技术。早在 1972 年,美国 PPG 公司就采用这一技术生产连续玻璃纤维毡增强聚丙烯复合材料,如图 8.7 所示。采用的工艺是将两层玻璃纤维原丝针刺毡夹在 3 层聚丙烯层之间,中间层是挤出机挤出的熔融树脂,上、下两层树脂既可用挤出机挤出,也可直接用树脂薄膜,然后将这种夹层结构置于高于树脂基体熔化温度下进行热压,随后使之冷却成型。目前这一技术已成功应用于连续玻璃纤维毡增强 PP、PBT、PET 及 PC 等热塑性复合材料中,然而这种生产方法技术复杂、设备投资较大,一条年产万吨复合片材的生产线约需投资 1 千万美元以上。

熔融浸渍也可采用拉挤技术,即采用一种特殊结构的拉挤模头,使纤维束经过这一充满高压熔体的模头时，反复多次承受交替变化，促使纤维和熔体强制性浸渍，达到理想的浸渍效果，但这一方法只能用于生产长纤维增强粒料（一般切割成6~10 mm）而非片材。

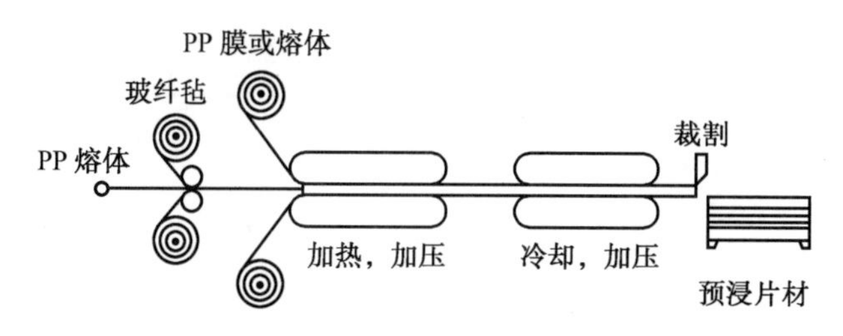

图8.7　熔融涂覆工艺流程示意图

（3）粉末浸渍制备技术。

粉末浸渍制备技术是在流化床中通过静电作用将树脂细粉吸附于纤维束中纤维单丝的表面，然后加热使粉末熔结在纤维的表面，最后在成型过程中使纤维得以浸润，如图8.8所示。适合于这种技术的树脂细度以5~10 μm为宜，因为粉末直径与纤维直径相近时，可以取得较佳的浸润效果。粉末浸渍技术的不足之处是浸润仅在成型加工过程中才能完成，且浸润所需的时间、温度、压力均依赖于粉末直径的大小及其分布状况。

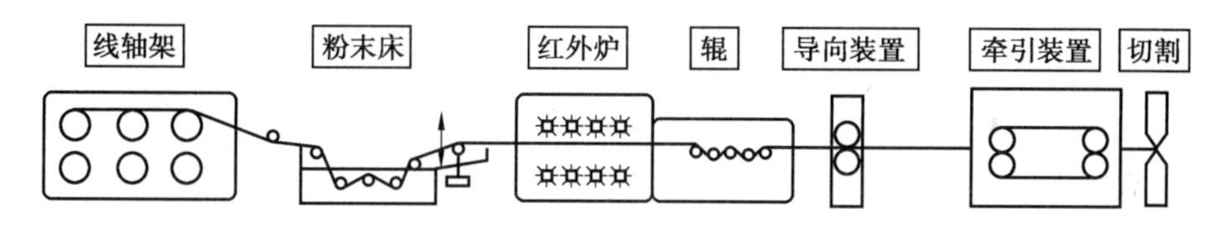

图8.8　粉末浸渍制备技术流程示意图

（4）悬浮浸渍制备技术。

悬浮浸渍制备技术是法国造纸公司Arjomari和英国Wiggins Teape公司开发的，其工艺与造纸工艺相似，如图8.9所示。Arjomari公司将6~25 mm的短切玻璃纤维、树脂粉末和乳化剂一起分散在水中，成为水悬浮液，然后加入絮凝剂，使它们凝聚在液压成型机的滤网上，使凝聚物与水分离，所得毡状凝聚物进行热压，使之熔化成片。Wiggins Teape公司则采用泡沫体取代水，通过在悬浮液中加入适当的表面活性剂，并通入空气形成泡沫体，然后使泡沫体摊铺在多孔传送带上，形成湿毡，再经烘干，热压成片材。

悬浮浸渍技术生产的预浸片材中，玻璃纤维分布均匀，成型加工时预浸料流动性好，适合制作复杂几何形状和薄壁结构制品，但与熔体浸渍制备方法一样，存在技术难度高、设备投资高的缺点。目前仅国外少数大公司如美

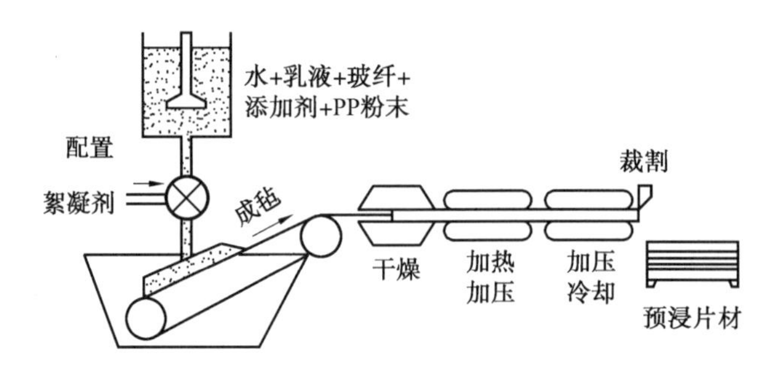

图8.9　悬浮浸渍制备技术流程示意图

国GE Plastics公司、Exxon公司、日本新日铁集团及法国Arjomari公司和英国Wiggins Teape公司应用该技术。

(5)混编制备技术。

混编制备技术是将纺成细丝的热塑性树脂与增强纤维制成混合纱,再进行进一步加工。这一技术始见于美国NASA公司制备碳纤维与PBT、PET和液晶聚合物(LCP)的混杂纤维束并发展而来。混编制备技术最大的优点是具有良好的加工性能,混合纱可以织成各种复杂形状,包括三维结构,也可以直接缠绕,制得性能优良的复合材料制品。但由于制取极细的热塑性树脂纤维非常困难,同时编织过程中易造成纤维损伤,限制了这一技术的应用。

(6)反应浸渍制备技术。

反应浸渍制备技术是利用单体或预聚体初始相对分子质量小、黏度低及流动性好的特点,使纤维与之一边浸润一边反应,从而达到理想的浸渍效果。采用反应浸渍技术要求单体聚合速度快,反应易于控制。目前主要对聚氨酯、尼龙6等一些可以进行阴离子型聚合的体系进行了研究。存在的主要问题是工艺条件比较苛刻,反应不易控制,不具有实用价值。

2. CFRTP的成型方法

采用上述工艺技术制备的CFRTP只是半成品,即预浸料,通过进一步成型加工才可制得最终产品。热塑性预浸料的成型加工与热固性预浸料(即片状或团状模塑料)的成型加工相比有许多优越之处,如成型时无化学变化、成型周期短,因而可使用快速成型方法。下面介绍CFRTP的几种重要成型方法。

(1)冲压成型。

冲压成型是通过将按模具大小裁切好的CFRTP预浸片材在加热炉内加热至高于树脂熔化的温度,然后送入压模中,快速热压成型,成型周期一般在几十秒至几分钟内。这种成型方法能耗及生产费用均较低,且生产效率高,是目前 CFRTP 成型加工中最重要的一种成型方法。

(2)辊压成型。

辊压成型是金属成型放置加工中常见的工艺,用于 CFRTP 的片材加工时,把几层放好的预浸料在连续放置的基础上用远红外或电加热的方法加热软化,然后通过牵引经过热辊、冷却辊,从而逐渐成型为所需形状的制品。这种方法可连续成型,生产效率高,制品尺寸在长度方向不受限制。

(3)拉挤成型。

拉挤成型一般用于对 CFRTP 薄带或纤维束(包括粉末包裹的纤维)进行成型加工。预浸料被预加热后,被牵引通过一个或多个模具,最后成型为最终形状的制品。目前这种方法主要用于成型几何形状较为规整的制品,如杆、槽、梁等。

(4)真空模压成型。

真空模压也适用于片状 CFRTP 的成型。成型时,将剪裁成要求尺寸的片材经预热后移到金属模具上,密封片材和金属模具的外周边,然后在模腔内抽真空,使片料铺贴在模腔上,冷却后脱模即得所需形状的制品。

(5)层压成型。

纤维毡、布预浸料和共混织物、混合纤维织物适合于层压成型。Friedrich K 和 Hou M 报道了用层压法成型 PP 半管状制品(图 8.10)。其加工过程为:在两块热平板之间加热板状预浸料,加热温度高于 PP 基体的熔点;快速将热板送入处于室温的成型系统中,传送时间控制在几秒内,以防止明显的冷却发生;热压、冷却定型压成制品。

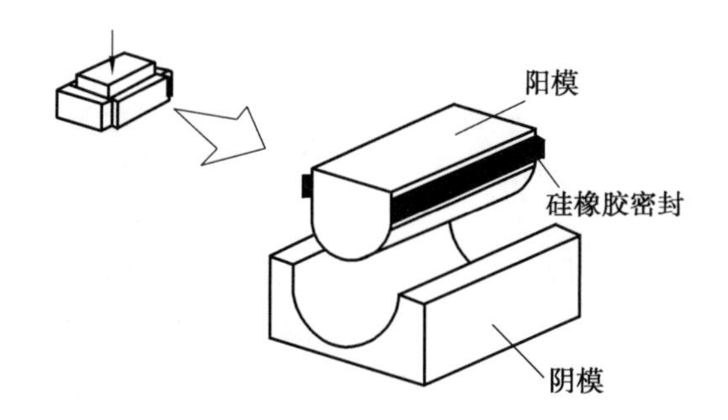

图 8.10 半管状制品层压成型模具示意图

8.4.3 连续纤维增强热塑性复合材料产品

CFRT 的产品形式有纤维预浸料、织物预浸料、复合纱、拉挤产品等。据 Lucintel 公司的一份报告称,CFRT 尚处于生命周期曲线的发展阶段,2014 年

CFRT 的市场达到 1.887 亿美元,2010 ~ 2014 这 5 年间全球增长率为 12%。历史上,CFRT 多用于航空、防卫等一些特殊用途,近年来在汽车、体育器械、运输、工业、医疗、船艇等领域的应用越来越多。

1. 预浸带/片材

用热塑性树脂浸渍增强纤维形成单向或多向带材或片材,这些材料在高温下重新成型,制成最终制品。制造厂商及产品举例如下。

(1)美国 Polystrand 公司。

该公司经过 10 多年的研发,克服了聚丙烯之类聚合物黏度高、不易渗入细直径纤维空隙的技术壁垒,采用专有工艺完全浸透和涂覆纤维束中的每一根单丝,制成预浸带或片材。主要有以下两类产品:

①ThermoPro@ 工业材料。用聚乙烯、聚丙烯或 PET 浸渍 E 玻璃纤维形成的带/片,宽度为318 mm或 636 mm,纤维体积分数为 50% ~70%。典型产品形式有纵向纤维单向带、0°/90°双向纤维带(称为 X-Ply)。其用途为车辆板材、管道、内衬、建筑构件等。

②ThermoBallistic@ 防弹材料。用聚丙烯或聚乙烯浸渍 E 玻璃、S 玻璃或芳纶纤维制成,纤维体积分数为 60% 或 80%,纤维取向为单向或 0°/90°双向(X-Ply),用途为防弹板和防爆板。

(2)美国 PMC 公司及其子公司 Bay-comp 单向带。

该公司经营 CFRT 有 20 多年历史,产品名为 CFRT@,如图 8.11 所示。其单向带的宽度为 165 mm(也可定制其他宽度),也可做成多层产品。所用纤维为玻璃纤维或碳纤维,用来增强聚丙烯、PET、PA6(汽车用途)、热塑性聚氨酯(娱乐用途)、高密度聚乙烯(防弹用途)和 PC-ABC (3C 用途,可与镁、铝金属和热固性复合材料相竞争)。

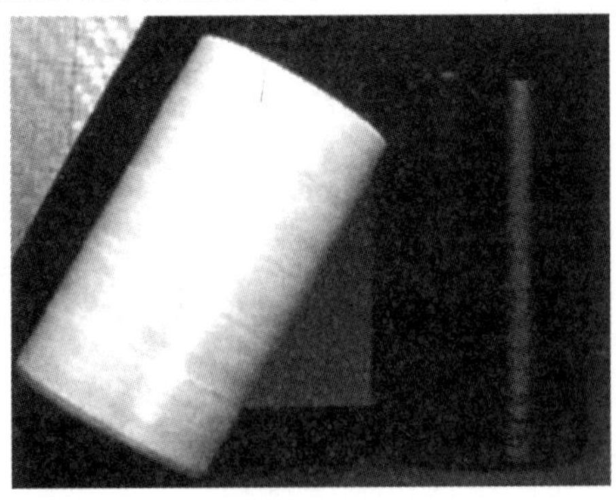

图 8.11 CFRT@

(3)德国弗劳恩霍夫生产技术研究所特制 FRP 坯料(连续纤维增强热

塑性片材)。

由单向且无屈曲的连续纤维预浸带层合而成,可形成近似精确仿形的多向和多材料坯料(可并用玻璃纤维、玄武岩纤维、天然纤维和碳纤维),在局部可以增厚、做缺口等。该所使用激光辅助铺带技术,把几层预浸带按照任何所需纤维取向铺叠成荷载优化的全固结片材。各层预浸带的纤维体积分数达60%,铺带速度可达160 m/min。

该所设计了整体工艺链,在生产线上铺带后即进入热成型工序,可实行轻质部件的自动化量产。

2. 织物预浸料

增强纤维织物经过热塑性树脂浸渍可制成预固结片材(图8.12)或板材。片材经各种成型方法制成最终制品。织物预浸料的厂商举例如下。

(1)跨国滕卡特公司CETEX片材。

此品牌片材在20世纪80年代研制成功,标准产品有两种:Cetex PPS和Cetex PEI。它们分别是以聚苯硫醚(PPS)和聚醚酰亚胺(PEI)为基体,以玻璃纤维、碳纤维或芳纶纤维织物为增强材料而制成的预固结片材。典型尺寸为3 660 mm×1 220 mm,或切成可进入压机的尺寸供货。

图8.12 预固结片材

用途:飞机主结构、次级结构、发动机舱罩、雷达罩等。

(2)德国邦德层合品公司Tepex®片材。

此片材的增强纤维为玻璃纤维、碳纤维或芳纶纤维,基体塑料可用聚丙烯、聚酰胺、热塑性聚氨酯或聚苯硫醚。

长久以来,使用高黏度的热塑性熔体浸渍织物是一个难题。邦德公司系统地改进了其双带压机技术,在此压机上压制热塑性片材。其孔隙率小于2%,纤维体积分数为25%~85%,片材厚度为0.05~6.5 mm,标准宽度为620 mm和860 mm(根据要求可供1 270 mm),长度不限。此片材主要用于航空工业。

(3)法国博舍工业公司 PiPreg® 织物预浸料(图8.13)。

该公司从20世纪90年代开始制售此品牌产品,此系列产品由聚醚醚酮、聚苯硫醚、聚醚酰亚胺、聚碳酸酯、热塑性聚氨酯、聚酰胺66、聚酰胺12等热塑性树脂浸渍E玻璃纤维、S玻璃纤维、碳纤维或芳纶纤维织物形成,其制品用于航空航天、陆地运输、体育娱乐等。

PiPreg® 预浸料有两种供货形式,即卷装(在室温下储存)和层合片材。博舍还有两种压机,即中试压机和工业压机,用来把热塑性预浸料压塑成制品。

图8.13　织物预浸料

欧洲一个联合体在研制的半挂车底板中使用了织物预浸料。此预浸料是用环构PBT熔膜浸渍三轴向缝编玻璃纤维织物和单向布制成的预浸料。预浸料铺层经加热至200 ℃以上引发聚合反应,冷却至60 ℃后制件脱模。所制13.6 m长、2.5 m宽的半挂车底板是迄今最大的热塑性复合材料制件。

3. 粉末预浸料

粉末预浸料是美国赫氏公司 TowFlex® 技术。连续的增强纤维从纱架退出后进入流化床粉末涂层室,然后通过红外线加热炉,将粉末熔结在纤维表面上,经过一对拉辊后卷装,供织布、织带或制成粒料。

①典型增强纤维:E玻璃纤维、S玻璃纤维、碳纤维。

②典型基体树脂:聚丙烯、聚酰胺、聚苯硫醚、聚醚酰亚胺、聚醚醚酮。

③典型产品形态:柔性预浸丝束、单向带、机织布、编织套管。

4. 复合纱

由增强纤维和聚合物纤维并合而成,其中聚合物纤维为基体材料。知名产品如下。

(1)TWINTEX®。

这是原圣戈班 Vetrotex 公司发明的产品,是在玻璃纤维成型过程中直接与聚合物纤维复合的产品。E玻璃纤维从漏板拉出,与此同时,用挤出机挤出塑料长丝,两种纤维随即并合,成为 Twintex 粗纱,制作过程如图 8.17 所示。粗纱经过进一步加工,可制成织物或预固结片材。Twintex 中玻璃纤维体积分数为 60% 或 75% 。所用基体聚合物主要是聚丙烯,近来也用 PET。

美国 FGI 公司购买了 TWINTEX@ 的技术许可证后生产的粗纱及织物名为 GLASS POLYPRO@ 。这种粗纱适用于缠绕、拉挤、型材挤塑和织造。

(2)COMFIL@ 。

这是丹麦 COMFIL 公司的产品,利用压缩空气使热塑性纤维与增强纤维紧密混合,成为单根粗纱。增强纤维可用玻璃纤维、碳纤维、芳纶纤维、玄武岩纤维、液晶聚合物纤维、高强力 PET 纤维等。基体纤维有多种,大多数为半晶态。

这种复合纱可直接用于拉挤和缠绕成型工艺,也可织成布,用于层压、模压、热冲压、真空袋成型、隔膜法成型等。

COMFIL 公司的复合纱产能为 3 000 t/a。

5. 热塑性拉挤

(1)法国 CQFD 公司的 Thermo Glass@ 拉挤技术。

以玻璃纤维无捻粗纱等无机纤维为增强材料,经热塑性基体均匀浸渍,拉挤成结构型材,用于承载、防腐、电绝缘和热绝缘等。无机纤维体积分数可高达 80% 。拉挤的高强度热塑性结构型材可用来大量替代铝型材和传统的热固性复合材料。

CQFD 公司拥有两项专利,可对用户进行技术转让,与用户联合开发产品或帮助用户生产型材。

(2)美国 Fulcrum 复合材料公司的 Fulcrum@ 热塑性复合材料棒、管用连续玻璃纤维以硬质热塑性聚氨脂为原料,利用专利拉挤技术制造实心或空心型材。制品强度、刚度、韧性、耐化学性优良,废料可以循环利用于其他热塑性过程。

8.5 纤维增强热塑性复合材料的应用

近年来,热塑性复合材料在各行各业中都得到了广泛应用,随着 PPO、PEEK、PEI、PPS、PSF 等高性能热塑性树脂的开发及快速发展,热塑性复合材料的应用更加广泛,其中在汽车行业中的应用最为突出,约占热塑性复合材料总量的 50% 以上。

8.5.1 热塑性复合材料在汽车工业中的应用

当前,世界汽车材料技术发展的主要方向是轻量化和环保化。减轻汽车自重是降低汽车排放，提高燃烧效率的最有效措施之一，汽车的自重每减少10%，燃油消耗可降低6%～8%。为此，增加热塑性复合材料在汽车中的使用量便成为降低整车成本及其自重，增加汽车有效载荷的关键。自20世纪90年代以来，随着汽车材料国产化的开展，我国汽车用热塑性复合材料步入了世界发展的轨道。在我国，塑料件约占汽车自重的7%～10%，例如，在轿车和轻型车中，CA7220小红旗轿车中的塑料用量为88.33 kg，上海桑塔纳为67.2 kg，奥迪为89.98 kg，富康为81.5 kg，依维柯0041则为144.5 kg；在重型车中，斯太尔1491为82.25 kg，斯太尔王为120.5 kg。据有关部门统计，我国汽车用热塑性塑料的品种按用量排列依次为PP、PVC、ABS、PE、PA、PC等及其复合材料。

但是，与汽车工业发达国家相比，我国还存在很大差距，德国、美国、日本等国的汽车塑料用量已达到10%～15%，有的甚至达到20%以上。虽然各国使用的塑料品种不尽相同，但大体相似。就不同品种的塑料用量来看，如果按使用数量排列，德国是PVC、PU、PP、PE、ABS；美国是PU、PP、PE、PVC、ABS；日本是PVC、PP、PU、ABS、PE。

汽车用热塑性复合材料零部件分为3类，即内饰件、外饰件和功能件。

(1)内饰件。

一辆汽车最容易出彩的是内饰件，因为汽车的外观是给别人看的，而人们真正享受的是汽车的内饰，内饰强调触觉、手感、舒适性和可视性等。内饰产品主要包括以下几个方面。

①仪表板。欧洲汽车的仪表板一般以ABS/PC及增强PP为主要材料；美国汽车的仪表板多用苯乙烯/顺丁烯二酸酐，这类材料价格低，耐热、耐冲击，具有良好的综合性能；日本汽车的仪表板曾采用过ABS和增强PP，目前则以玻璃纤维增强SAN为主，有时也采用耐热性更好的改性PPO。目前，我国使用的仪表板可分为硬仪表板和软仪表板两种。硬仪表板常被用在轻/小型货车、大货车和客车上，一般采用PC、PP、ABS等一次性注射成型。斯太尔7001产品采用钢板骨架，也有用ABS、改性PP、玻璃纤维增强热塑性复合材料作为骨架的；桑塔纳、捷达、富康及斯太尔7001均采用PVC/ABS或PVC材料。为了便于回收利用，正在发展用热塑性聚烯烃表皮和增强改性PP骨架的仪表板。

②车门内板。车门内板的构造基本上类似于仪表板，以红旗轿车和奥迪轿车为例，车门内板的骨架部分由ABS注塑而成。中低档轿车的门内板可采用木粉填充改性PP复合板材等。在美国，车门内板用ABS或PP注塑成型的居多。现在我国国产的卡车——斯太尔王也使用同类板。日本开发

了一种冲压成型、连续生产全PP车门内板的技术。

③方向盘。方向盘骨架一般选用钢骨架与铝压注而成,考虑到轻量化,现在也有用玻璃纤维增强PA替代铁芯的趋势。

(2)外饰件。

外饰件除了要具有内饰件的功能外,还要求具有高强度、高韧性、耐环境条件性能及抗冲击性能等。

①汽车保险杠。保险杠是汽车的主要外饰件之一。保险杠一般采用改性PP,或用玻璃纤维增强塑料经模压或注塑成型。

②脚踏板。脚踏板是中、重型汽车或客车的重要外饰功能件,因对其强度要求较高,且需具有耐磨、抗冲击的特性,有些车用玻璃纤维增强塑料、PUR或SMC制作,如黄河王子是用玻璃纤维增强塑料制作的脚踏板。

③翼子板。翼子板也称挡泥板,其作用是在汽车行驶过程中防止被车轮卷起的砂石、泥浆溅到车厢的底部。重卡斯太尔王的翼子板采用玻璃纤维增强塑料制作。

④导流板。导流板通常具有轻量、高刚性、设计新颖并呈流线型等特点。根据不同车型的要求,一般可采用SMC(片材模塑材料)、玻璃纤维增强塑料、mPPO等材料。重卡斯太尔王的导流板就是用玻璃纤维增强塑料制作的。

(3)功能件。

功能件必须满足特殊的使用功能,因此对其有特殊的要求。

暖风机、空调是汽车重要的功能件。以斯太尔王暖风机、空调为例,其上、中、下壳体由PP+20%玻璃纤维增强注塑而成,转动板、臂、拨叉、齿轮等连接件则是由增强PA66注塑而成。

8.5.2 热塑性复合材料在航空航天中的应用

复合材料已在航空航天飞行器上获得多种应用,如飞机机身、机翼、内装件、火箭和导弹发动机壳体、导弹弹药箱、喷管、发射筒、雷达罩和压力容器等。由于热塑性复合材料具有比强度和比刚度高,断裂韧性大、疲劳强度高、耐热、耐腐蚀好等性能,以及可重复成型等优点,在飞机上也得到一定的应用。美国洛克希德马丁公司在一份报告中指出,用碳纤维增强热塑性复合材料制造发动机进气道,可使成本降低30%。

玻璃纤维增强热塑性复合材料因其内在特性在航空领域越来越受欢迎,尤其是在军用飞机上。例如,在欧洲新型的Eurofighter Typhoon战斗机中(图8.14),碳纤维和玻璃纤维复合材料占据飞机骨架表面部分的85%左右,机翼前沿就使用了 GRTP。欧洲 A400M 军用运输机(图 8.15)也使用 20 多米长的 GRTP 机翼罩。

图 8.14　Eurofighter Typhoon 战斗机

图 8.15　A400M 军用运输机

在航天和军事工程方面,纤维增强热塑性复合材料早就用作火箭、导弹的外壳或其发动机的外壳。例如美国"鹅"牌导弹就全部使用玻璃钢制作外壳,"民兵(图 8.16)""北极星""先锋""海神"等导弹使用纤维增强热塑性复合材料制作发动机壳体。最近美国波音公司为 X-37 航天飞机制造的复合材料机翼是为下一代可复用航天飞行器而设计的。这种 5.5 m 跨度的三角形机翼是夹层结构,其面层是碳纤维布增强双马来酰胺树脂,芯层是玻璃钢/酚醛蜂窝结构。面层和芯层都具有优异的耐热性。

图 8.16　"民兵"洲际导弹

“神舟六号”载人飞船的成功发射令复合材料行业非常自豪。“神舟六号”载人飞船多项技术出自复合材料界，其中包括许多先进热塑性树脂基复合材料结构件，主要用在发动机点火触头、推进舱内安装的变轨发动机、氧化剂储箱、燃料储箱等飞船内的关键设备上。经专家测算，采用复合材料后，“神舟六号”飞船结构质量减轻30%以上，从而保持了飞船在空间激烈交变的温度环境下结构尺寸的稳定性，有利于提高推进系统的精度。同时，因复合材料良好的减振性能，也提高了飞船上仪器设备的稳定性；飞船仪表板在舱内航天员座椅的前方，是被称为返回舱心脏的一个大型的仪表板，上面安装着各种仪器仪表，它在发射和返回过程中起到举足轻重作用。

8.5.3 热塑性复合材料在军事领域中的应用

热塑性复合材料在军事领域中也得到了广泛应用，主要包括枪用材料、弹用材料以及地面车辆、火炮、舰船等部分零部件用材料。另外，许多枪支和弹药等的包装箱也都采用热塑性复合材料成型加工而成。中外现役的大部分枪支的上下护木、弹匣、机匣等大多采用纤维增强热塑性复合材料注射成型。许多穿甲弹弹托也是采用碳纤维或玻璃纤维增强热塑性复合材料注射成型的。

8.5.4 纤维增强热塑性复合材料在海洋船舶中的应用

热塑性复合材料坚韧、可回收、生产周期短等优点，使其成为船用复合材料轻量化的发展方向之一。近年来，英国罗斯柴尔德的Plastiki塑料瓶船就符合材料可生物降解和可循环利用的发展方向，引起了不小的轰动。英国VT Halmatic舰船制造商利用真空袋固化工艺制造了简单的热塑性塑料底船DUC，采用玻璃纤维/聚丙烯材料制造，完美实现了轻量化。此船已被英国军队采用作为Mk6军事突击艇，试验登陆沙滩时非常坚韧。

8.5.5 纤维增强热塑性复合材料在承压输配水管道上的应用

随着我国经济的高速发展，基本建设中管道工程的投资越来越大，各类管道的用量与日俱增，成为国家基本建设的重要组成部分，成为城市生活和工业生产的命脉。

目前，国内采用的自来水等流体的压力输送的管材种类很多，主要有普通铸铁管（IP）、钢管（SP）、预应力钢筋混凝土管（PCCP）、球墨铸铁管（DIP）、玻璃钢管（FRP、FGP或GRP）、钢筒混凝土管（DIP）、硬聚氯乙烯管（UP-VC）和聚乙烯管（PE）等。所有这些管材在使用过程中都有一定的局限性,存在着技术缺陷和经济性能问题,受到相应使用条件的限制。针对大口径塑料管道,德国克拉公司采用世界先进技术生产出高品质的塑料管材——“大口径塑料管道”(图8.17),因其优越的物理和化学特性得到了认可,并被快速地推广。

图8.17　大口径塑料管道

德国克拉公司的高密度聚乙烯大口径塑料管分为两大类:①非承压的塑料加强管道,简称PKS管,主要用于非承压流体输送,如城市污水管道等;②塑料压力管道,简称KPPS管,主要用于承压流体输送,如自来水输送等。因为PKS和KPPS管道都是以HDPE为原料制成的,所以管道具有化学稳定性好(耐腐蚀)、水力摩阻小、韧性佳、弹性好、质量轻、施工方便、施工接头快等一系列优点。

KPPS管道是采用适当比例的短纤维增强的高密度聚乙烯HDPE为原料,借助往复缠绕方式制成的可以承受内压1.0 MPa(或更高)的管道。由于材料中混合了玻璃纤维,使管道的抗张强度大大提高,管道的环刚度也得到极大改善,管道的制造成本大大降低。这种管道的材料成本比钢管和以直接挤塑方式生产的塑料管便宜,有很大的市场潜力。

德国克拉公司已经成功解决大口径塑料压力管道的生产技术问题。用DR-700塑料压力管道生产线可以制造满足输水、输气、输油要求的大口径塑料压力管道,其工作压力可以达到1.2 MPa,直径达300～4 000 mm。由于使用了短玻璃纤维增强复合材料,使管道的成本大大降低,低于钢管10%,低于挤塑方式生产的塑料压力管道50%。德国克拉管工艺制管现场如图8.18所示。

大口径塑料压力(KPPS)管是以缠绕方式制造的,在塑料管道制造过程中,配合料从料仓送至挤塑机,在挤塑机中被加热、塑化、均化后,经流道、口模分别挤出成型的平料带或弧形料带,等距缠绕在回转着的模具表面,熔化的高密度聚乙烯原料以带状螺旋地卷绕在一个已加热的圆柱形不锈钢芯体

图8.18 德国克拉管工艺制管现场

上,从而形成具有高精度内直径和均匀光滑的内管壁。

德国克拉公司制造承压缠绕管材所用原料为短纤维增强的高密度聚乙烯材料,其中纤维的长度不大于0.7 mm,根据管材材料等级的划分为PE160。

北京化工大学发明的“连续长纤维缠绕增强塑料管材”专利(专利申请号:2005100632093),其主要特征是采用连续长纤维增强高密度聚乙烯、聚丙烯和聚氯乙烯等热塑性塑料缠绕成型制造承压塑料管,特别是大口径塑料管,设计压力可达到1.2 MPa,设计壁厚可比同类塑料管的壁厚减少10%~50%,具有强度高(可达到环应力强度为20~30 MPa)、成本低、质量轻的特点。

连续长纤维增强热塑性塑料管材的纤维可采用玻璃纤维、碳纤维、金属纤维等。对于玻璃纤维,可用无碱或中碱玻璃纤维,表面经硅烷偶联剂处理,纤维直径为0.01~0.02 mm,合股丝束为1 000根单丝以上;对于碳纤维和金属纤维的表面处理方法基本相同。热塑性塑料采用具有等级为PE63、PE80和PE100的高密度聚乙烯;等级为PP 80的PPB、PPR和等级为PVC 120的PVC-U等材料。与纤维结合的相溶剂(黏结剂)采用马来酸酐接枝改性的高密度聚乙烯、线性低密度聚乙烯以及乙烯与丙烯酸的共聚物(EAA)、乙烯与醋酸乙烯的共聚物(EVA)等。连续长纤维增强热塑性塑料的复合纤维材料的制造采用挤出涂覆的方法将纤维连续地通过电缆机头(模具),同时在纤维的外围包覆一层上述黏结剂材料。

连续长纤维包覆黏结剂的工艺可以采用类似于挤出电线一样的工艺,将黏结剂包覆在纤维材料外部,如图8.19所示。然后再缠绕到已经有底层的塑料管上,也可以是在线复合挤出涂覆,就地缠绕到一个已加热的圆柱形不锈钢模芯上,一层一层地叠加,从而形成具有规定内径和均匀光滑的内管壁的连续长纤维增强热塑性塑料缠绕管。纤维在材料中所占的体积分数为5%~50%。

由此方法制得的管材50年长期工作压力可达到1.2 MPa或者更高,或者是在1 MPa工作压力的状态下,可使壁厚大大减少。根据长纤维的体积分数可以设计成应力为20~25 MPa或更高等级的材料。

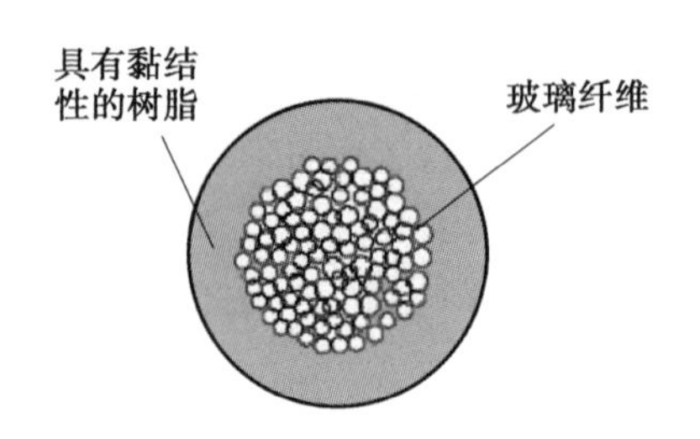

图 8.19　连续长纤维增强热塑性塑料管材的纤维包覆截面示意图

连续长纤维增强热塑性塑料管材截面图如图 8.20 所示，采用该方法缠绕的热塑性塑料管直径为 100 ~ 4 000 mm，特别适用于直径为 300 ~ 4 000 mm的承压输配水热塑性塑料管。

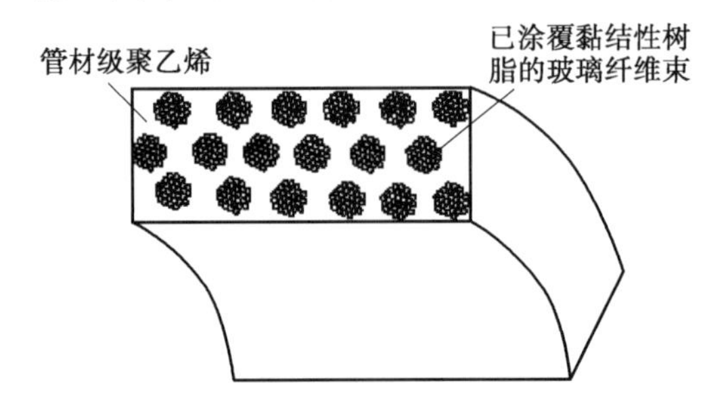

图 8.20　连续长纤维增强热塑性塑料管材截面图

生产实例：将长玻璃纤维经电线涂覆机头挤出成如图 8.20 所示的复合线材，玻璃纤维为无碱 E 玻璃纤维，直径为 0.013 mm，丝束由 2 000 根单丝并股，表面经硅烷偶联剂处理，玻璃纤维涂覆料为乙烯与醋酸乙烯的共聚物(EVA18/3)，涂覆厚度为 0.2 mm。涂覆后的线材拉伸强度为 280 MPa。在直径为 1 000 mm 的不锈钢滚筒上预先涂覆高密度聚乙烯底层，然后再用加热源加热表面，将该涂覆 EVA 的玻璃纤维线材绕在这层管材上，然后再覆盖一层高密度聚乙烯料(PE80 级)，重复 4 次，壁厚达到 40 mm。所得管材内径为 1 000 mm，壁厚为 40 mm，试压压力 3.0 MPa 通过。根据应力计算，材料等级为 PE200。

8.5.6　其他应用情况

热塑性复合材料在其他领域的应用也十分广泛。在建筑行业，产品有管件(弯头、三通、法兰)、阀门、管道、百叶窗等部件；在机械工业方面，产品有水泵叶轮、轴承、滚轮、电机风扇、发动机冷却风扇、空气滤清器、音响零件等；在油田领域，近年来，热塑性复合材料在油田中的应用也越来越广泛，其中用于扶正器的玻璃纤维增强 PA 材料年消耗量近万吨；另外，在电子、能源、医疗器械、体育运动器材、船舶制造等领域也有广泛的应用。

1. 在其他交通工具上的应用

热塑性复合材料可应用于火车上的部件有窗框、窗导轨、百叶窗、电池箱、洗手间地板、洗手间水槽、顶棚、电扇扇叶、头等舱移动门、窗台及储水箱。在火车上其他应用还有:日本的浴缸、压力饮水箱,废水箱;英国的不透明窗、门,椅、废物箱,高速列车的帽罩;荷兰的墙面、齿轮箱;匈牙利、法国及意大利还用热塑性复合材料制造水箱和油箱。

荷兰 Ge Piastics of Bergen Opzoom 公司用 AZDEL 牌玻璃纤维毡增强聚丙烯制成小型电动摩托车的空心骨架,在降低车体质量的同时可储存更多的电能。

用 VETRON 长玻璃纤维增强聚丙烯代替钢制成的柴油发动机冷却风扇,可大大降低成本,提高性能,且寿命可达 20 000 h,可在-40 ~ 50 ℃下工作。

美国 Rigid Inflatable Boat of Costa Mesa 公司正用玻璃纤维增强热塑性塑料制造小船。而第三代气垫船也将用纤维增强的热塑性塑料制成轻质、防腐的船壳,该材料可吸收撞击,抵抗岩石和砂砾对船壳的磨损。

美国 Propulsion Techniques of Bronx-Ville 公司用 PET 填充 55% 玻璃纤维制成的复合材料生产小艇推进器。当推进器遇到岩石或水下硬物时会使这些硬物破碎,从而减少对发动机的损害,并且可以提高行驶速度。

2. 在交通设施上的应用

玻璃纤维增强 PP 路标质量轻,运输方便,更适于沿海地区的气候,既可以防腐蚀,又免去铝质路标易被盗的麻烦。因为水和油都可腐蚀钢质容器,使其泄漏并污染环境,所以许多国家正积极替换地下的钢铁油箱和管道,而采用玻璃增强的热塑性塑料,这样可以节省维修费用,降低油箱漏油的概率,防止生锈,并有 16 年的寿命。为了消除静电现象,可将导电剂如炭黑、乙醇盐胺添加到聚合物中。1993 年,南非通过一项法律,规定地下油箱必须有玻璃纤维增强塑料覆层以防止土地受污染。

3. 在家具制造业中的应用

早在 20 世纪 20 年代,塑料就开始应用于家具行业,但最初只是作为木制家具的黏合剂和涂料。进入 60 年代,工业发达国家由于木材资源不足和为了保护生态环境而限制森林滥采滥伐,家具行业也因此只能采取以塑代木的措施,随着石油化工的发展,并随着高分子材料和塑料加工工艺技术的发展,塑料及其复合材料在家具工业中的应用也越来越广泛,其应用程度已与木、钢并驾齐驱,成为家具的第 3 种基材。

西欧塑料家具行业强调,塑料就是塑料,要利用它本身的特点,这些特点是木制家具行业所选不到的,例如:

①塑料可以根据要求进行改性,配方可以精确复制。

②塑料家具在制造过程中工序少,生产效率高。

③塑料家具在造型设计上可更新颖,色调可任意发挥,准确复制。

④塑料家具抗腐蚀、耐潮湿、易清洗、不变形。

塑料组合家具的兴起,适合了“弹性生活”的要求。人们随着年龄的增长,生活习惯不断变化,需要周围环境适合他们的新要求。塑料组合家具是由不同的单元件如抽屉、板、小门等组成的,因而组合家具可以随意向高、宽发展,可根据室内情况任意组装,还可以根据需要和经济状况逐步添置。塑料部件很容易拆卸和组装,而木制部件装拆时易卷边,造成拆卸后不易再组装。所以塑料家具不仅是日用品,而且还成为环境艺术和生活中的装饰品。

4. 在建筑业中的应用

在基础建设中采用复合材料,目前仍然不能推广的原因在于缺乏长期使用的测试数据,现在是确定其能否打入这个最终的潜力巨大的建材市场的时候了。

在美国、日本和中国台湾,塑料模板的使用量日益增大。日本大和技研株式会社率先开发以聚丙烯替代木材而制成的全塑混凝土浇注用模板,具有强度高、可反复使用及再生处理简单等优点,故一经投放市场便受到建筑行业的关注。这种 PP 模板目前产量为 70 t/月,4 ~ 5 年后月产量预计可达到 700 t,其强度高的原因是:①聚丙烯树脂中加入玻璃纤维和碳酸钙混合改性;②将 6 mm 厚的 PP 板与肋板构成了“井”字形梁框;③模板抗挠性高于 JAS(日本建筑标准)要求。

1995 年夏季,在西弗吉尼亚大学美军建筑生产研究计划的资助下,诞生了第一座桥面采用塑料筋水泥路面的公路桥,该桥面的加强筋采用增强的复合材料制成,代替环氧树脂包覆的钢筋,可以降低质量和避免腐蚀。

美国俄亥俄州的 Marshall Industries Composites 公司及得克萨斯州的 International Grating 公司都在制造复合材料筋骨,以玻璃纤维增强的热塑性树脂为内芯,氨基甲酸酯改性的乙烯基酯为表层。另外美国爱荷华州合成材料公司生产的一种工程塑料筋代替钢筋,用来加固混凝土构件,该种塑料筋的质量仅为钢筋的 19% ,强度和技术指标可与钢筋相媲美,并具有耐腐蚀、绝热、绝缘等性能,成品率约为钢筋的 70% ,适合于工程建筑。该塑料筋以合成材料为芯,表面复合有加固的纤维。采用玻璃纤维增强复合材料屋顶成为建筑业的一种趋势,屋顶通信塔可建在大型建筑顶上,为移动通信和微波用户提供服务。因为电子信号可以透过玻璃纤维而不会失真。另外，玻璃纤维复合材料屋顶可以使建筑更加美观。

大多数复合材料都具有相当的稳定性，它们成为制作毒性废料箱的首选材料，并作为纸浆厂、造纸厂车间的屋顶材料，因为那些地方的 H_2S 气体含量较高，该气体具有强烈腐蚀性。在加拿大，一家造纸厂就采用玻璃纤维增强复合材料建了 17 000 平方英尺（1 平方英尺≈0.092 9 m^2）的屋顶。

复合材料具有持久耐用、质轻的优点。虽然复合材料比传统的建材价格贵一点，但从长远利益来看，它的耐用性可减少维修次数，并使维护费用降低。

参考文献

[1] 叶鼎铨. 国外纤维增强热塑性塑料发展概况（1）[J]. 玻璃纤维，2012，4：33-36.

[2] 琼斯. 短纤维增强塑料手册[M]. 詹茂盛，等，译. 北京：化学工业出版社，2002.

[3] 吴松林. 芳纶纤维及其复合材料的最新进展[J]. 宇航材料工艺，1993，4：83-84.

[4] 龙有焜. 短纤维增强粒料生产辅机的设计[J]. 玻璃纤维，1990，6：14-16.

[5] 张艳霞. 碳纤维增强尼龙复合材料的研究[D]. 上海：东华大学，2010.

[6] 毕鸿章，碳纤维/聚苯硫醚热塑性复合材料在航空航天上的应用[J]. 中国建材报，2010（18）：3.

[7] 尹翔宇，朱波，刘洪正，等. 碳纤维增强热塑性树脂基复合材料的研究现状[J]. 高科技纤维与应用，2011，36（4）：42-47.

[8] 汪济奎，张麟峰，戴于策. 玻璃纤维增强热塑性复合材料的加工技术[J]. 化工进展，1998，2：48-50.

[9] 余剑英，周祖福. 连续纤维增强热塑性复合材料的制备成型技术及其应用前景[J]. 武汉工业大学学报，1998，20（4）：22-31.

[10] 唐倬，吴智华，牛艳华，等. 连续玻璃纤维增强热塑性塑料成型技术及其应用[J]. 塑料工业，2003，31（6）：1-4.

[11] 叶鼎铨. 国外纤维增强热塑性塑料发展概况[J]. 国外塑料，2012，30（5）：34-40.

[12] 宋清华，肖军，文立伟. 玻璃纤维增强热塑性塑料在航空航天领域中的应用[J]. 玻璃纤维，2012，6：40-43.

[13] 肖德凯,张晓云,孙安垣. 热塑性复合材料研究进展[J]. 山东化工, 2007,36(2):15-21.

[14] 施军,黄卓. 复合材料在海洋船舶中的应用[J]. 玻璃钢/复合材料(增刊),2012:269-273.

第9章　聚合物基复合材料制备

9.1 概　　述

9.1.1 复合材料成型工艺的发展状况

复合材料的发展和复合材料工艺的发展是密切相关的。复合材料工艺的发展是复合材料发展的重要基础和条件,材料和工艺二者相辅相成、互相推进。复合材料工艺利用和借鉴其他材料的成型工艺及设备,根据复合材料成型过程的特殊要求而不断发展和完善。针对不同类型复合材料及产品的特殊要求,已有20余种成熟的工艺方法在工业生产中广泛采用。

最初的复合材料制品是1940年出现的玻璃纤维增强聚酯树脂军用飞机雷达罩。这个制品采用手工糊制的方法,它基本上继承了有数千年历史的裱糊工艺,由于它除了普通材料制作的单面模具之外不需要特殊设备,因此适用于制造各种形状复杂的大中型制品。1942年,美国用手糊工艺制造了第一艘玻璃钢渔船,以后又推广用于糊制石油化工容器、贮槽以及汽车壳体等。

手糊制品的缺点之一是材料质地比较疏松,严重影响材料的强度。为了克服这一缺点,1950年起发展了真空袋、压力袋固化成型的方法,基体固化过程中放出的低分子物被真空泵抽走,同时工件因大气压力或外加压力而被压缩致密,大大减少了制品中的空隙。

手糊工艺的另一缺点是生产效率低,工人劳动条件较差。为了提高铺糊的速度,20世纪60年代出现了喷射工艺。喷射成型也可以归为手糊工艺一类。它们的主要不同之处是增强材料改用短切纤维代替玻璃布,短切纤维和树脂分别经过喷枪混合后被压缩空气喷洒在模具上,达到预定厚度后,再用手工用橡胶辊按压,然后固化成型。喷射成型较之手糊工艺适应性提高,制品的质量也获得改善,更重要的是提高了工作效率,使复合材料成型的手工劳动比例大大下降。

20世纪50年代,环氧树脂获得了实际应用。1956年,采用层压工艺生产出了玻璃布/环氧树脂板,迄今为止,它仍被认为是制造印刷电路板的理想材料。与手糊和喷射成型不同，层压是逐层铺叠的浸胶玻璃布放置于上下板模之间加压加温固化，因此产品质量改善，易于实现连续化大批量生产，这种工艺直接继承了木胶合板的生产方法与设备。

与层压工艺相近的复合材料工艺是模压。利用此种工艺可在对模中加温加压一次得到所需形状的制品。模压工艺参照了金属成型的铸造、锻模等工艺，模压制品作为一种复合材料，它的历史较之玻璃钢要更早一些，可以追溯到19世纪末。模压制品内外表面光洁，尺寸准确，材料质量均匀，强度提高，适用于大批量生产。初期开始是湿法成型，即将纤维与树脂直接放入模具内加压固化。它的缺点是混料不易均匀，劳动条件差，费时费工。从1949年开始，市面有事先混合好的面团状模塑料(DMC)出售，是由专门厂家将不饱和聚酯树脂、短切玻璃无捻粗纱、填料、颜料、固化剂等混合搅拌均匀呈半干态的团状料作为原料出售。由于原料准备工作由专业工厂集中进行，极大地改善了模压条件，也在一定程度上提高了工作效率，改善了制品质量。为了适应大尺寸薄壁制品模压件的要求和降低压机吨位，20世纪60年代初在联邦德国出现了片状模塑料(SMC)，1965年美日等国相继发展了片状模塑料的成型工艺。现在这种成型工艺被广泛应用于汽车车身、船身、浴盆等薄壁深凹形制品的自动化连续生产。

1946年，美国发明了用连续玻璃纤维缠绕压力容器的工艺方法。该工艺应用于制造发动机壳体、高压气瓶和管道等承压结构件，可以保证增强材料按承力需要的方向和数量配置，可充分发挥纤维的承载潜力，体现了复合材料的可设计性及各向异性的优点。纤维缠绕的主要设备缠绕机是参考纺织技术设计发展的，充分继承了纺织工业的一些古典技术，同时汲取了车床走刀系统的工作原理。和模压工艺类似，缠绕工艺也经历了从湿法→半干法→干法，从而改善了操作条件，提高了生产效率。

为了节省能源，近年来国外出现了反应注射模塑(RIM)和增强反应注射模塑(RRIM)等新工艺。它将从液态单体合成高分子聚合物，再从聚合物固化反应为复合材料的过程改为直接在模具中同时一次完成，既减少了工艺过程中的能量消耗，又缩短了模塑周期。

复合材料工艺的出现和发展是为了适应生产新品种复合材料及制品的要求，同时，复合材料工艺的不断完善，又保证了复合材料性能的实现；复合材料工艺的发展基于复合材料学理论的发展，又保证和促进了复合材料新理论的发展。复合材料工艺经历了由手工操作单件生产到机械化、自动化和智能化的连续大批量生产，从初级的原始形态逐渐发展为高级的系列化整套工艺方法，既继承和汲取了历代各种相关的传统工艺，又充分应用了当代高新技术成果。复合材料工艺的发展过程,实际是人们对复合材料性能影响因素及构成特点的认识深化过程,复合材料工艺的关键是要在满足制品形状尺寸及表面光洁度的前提下,使增强材料能够按照预定方向均匀配置并尽量减少其性能降低,使得基体材料充分完成固化反应,通过界面与增强材料良好的结合,排出挥发的气体,减小制品的空隙率。同时,还应考虑操作方便和对操作人员的健康影响。所选择的设备与工艺过程应与制品的批量相适应,使得单件制品的平均成本降低。

复合材料成型工艺是复合材料工业的发展基础和条件。随着复合材料应用领域的拓宽,复合材料工业得到迅速发展,其老的成型工艺日臻完善,新的成型方法不断涌现,目前聚合物基复合材料的成型方法已有20多种,并成功地用于工业生产,如:手糊成型工艺——湿法铺层成型法;喷射成型工艺;树脂传递模塑成型技术(RTM技术);袋压法(压力袋法)成型;真空袋压成型;热压罐成型技术;液压釜法成型技术;热膨胀模塑法成型技术;夹层结构成型技术;模压料生产技术;ZMC模压料注射技术;模压成型工艺;层合板生产技术;卷制管成型工艺;纤维缠绕制品成型技术;连续制板生产工艺;浇铸成型技术;拉挤成型工艺;连续缠绕制管技术;编织复合材料制造技术;热塑性片状模塑料制造技术及冷模冲压成型工艺;注射成型工艺;挤出成型工艺;离心浇铸制管成型工艺;其他成型技术。视所选用树脂基体材料的不同,上述方法分别适用于热固性和热塑性复合材料制品的生产,有些工艺两者都适用。

9.1.2 复合材料成型工艺的特点

与其他材料加工工艺相比,复合材料成型工艺具有如下特点:

(1)材料制造与制品成型同时完成。

一般情况下,复合材料的生产过程也就是制品的成型过程。材料的性能必须根据制品的使用要求进行设计,因此在选择材料、设计配比、确定纤维铺层和成型方法时,都必须满足制品的物化性能、结构形状和外观质量要求等。

(2)制品成型比较简便。

一般热固性复合材料的树脂基体成型前是流动液体,增强材料是柔软纤维或织物,因此,用这些材料生产复合材料制品,所需工序及设备要比其他材料简单得多,对于某些制品仅需一套模具便能生产。

(3)复合材料成型工艺选择原则及方法。

成型工艺选择原则:组织复合材料制品生产时,成型方法的选择必须同时满足材料性能、产品质量和经济效益等基本要求，具体应考虑如下几方面：

①产品外形构造及尺寸大小。

②满足材料性能和产品质量要求，如材料的物理化学性能要求、产品强度及表面质量要求。

③产品生产批量大小及供货时间。

④工厂设备条件、流动资金及技术水平等。

⑤经济效益，要综合考虑生产条件，保证企业盈利。

一般来讲，产品尺寸精度和外观质量要求高的大批量、中小型产品，应选择模压成型工艺；大型产品，如渔船、雷达罩等，则常采用手糊工艺；压力容器与管道，可采用缠绕成型工艺。

9.1.3　复合材料成型工艺的选择

1. 复合材料成型的三要素

聚合物基复合材料的成型基本上可分为3个要素，即赋形、浸渍及固化。

(1)赋形。

赋形的基本问题在于增强材料如何达到均匀；或在设定方向上，如何可信度很高地进行排列。将增强先行赋形的过程称为预成型。其赋形的程度进行到与制品最终形状相近似，而最终形状的赋形则靠成型模具进行。

(2)浸渍。

所谓浸渍意味着将增强材料间的空气置换为基体树脂。浸渍的机理可分为脱泡和浸渍两部分。影响浸渍好坏与难易的主要因素是基体树脂黏度、基体树脂与增强材料的配比以及增强材料的品种、形态。

(3)固化。

固化意味着基体树脂的化学反应，即分子结构上的变化，由线性结构变成网状结构。固化要采用引发剂、促进剂，有时还需加热，促使固化反应的进行。

赋形、浸渍、固化3要素互相影响，通过对其进行有机的调整与组合，可经济地成型复合材料制品。

2. 复合材料成型工艺的选择

选择何种成型方法，是组织生产时的首要问题，生产复合材料制品的特点是材料生产和产品成型同时完成。因此，在选择成型方法时，必须同时满足材料性能、产品质量和经济效益等多种因素的基本要求。一般来讲，生产批量大、数量多及外形复杂的小产品，多采用模压成型，如机械零件、电工器材等;对造型简单的大尺寸制品,适宜采用 SMC 大台面压机成型,也可用手糊工艺生产小批量产品;对于压力管道及容器,宜采用缠绕工艺;对批量小的大尺寸制品,常采用手糊、喷射工艺;对于板材和线型制品,可采用连续成型工艺。几种主要成型工艺的特点及条件见表 9.1。

表 9.1 几种主要成型工艺的特点及条件

成型工艺	成型温度/℃	成型周期	成型压力/MPa	模具形式及材质	优 点	缺 点
手糊成型	25 ~ 40	30 min ~ 24 h	接触压力	单模,木模,玻璃钢模,水泥模	产量及产品尺寸不受限制;操作简便,投资少,成本低;合理使用增强材料,在任意部位增厚	操作技术要求高,质量稳定性差;产品只能单面光洁;生产效率低;劳动条件差
袋压成型	25 ~ 40	30 min ~ 24 h	0.1 ~ 0.5	阴模,玻璃钢模,木模	产品两面光洁;模具费用低;产品质量优于手糊;适用于中等产量	操作技术要求高;生产效率低;不适用于大制品
喷射成型	25 ~ 40	30 min ~ 24 h	接触压力	单模,璃钢模,木模	生产效率较手糊高;尺寸大小不受限制,适用于大产品;设备简单,可现场施工;产品整洁性好	强度低;产品单面光洁;劳动条件差;操作技术要求高
树脂注射成型	25 ~ 40	4 ~ 30 min	0.1 ~ 0.5	玻璃钢模,镀金属玻璃钢对模	产品两面光洁;模具设备费用低;能成型形状复杂的产品;适用中批量生产	模具要求高,使用寿命短;纤维体积分数低;产品强度低
模压成型	100 ~ 170	4 ~ 30 min	3 ~ 20	金属模	产品质量均匀;制品外观质量高,尺寸精度高;可成型复杂形状的产品;适于大批量生产	设备费用高;模具质量要求高;成型压力大;不适于小批量生产
缠绕成型	20 ~ 100		缠绕张力决定	铝模,钢模	充分发挥玻璃纤维强度;产品强度高	设备投资大;仅限于生产回转体产品等
连续成型	80 ~ 100	连续出产品	0.02 ~ 0.2	连续成型机组	生产效率高;质量稳定;产品长度不限	设备投资大;只能生产板或线型产品

9.1.4 复合材料设计制造的一体化

复合材料设计制造能够使得制造成本有很大的变化空间。因为微观和宏观结构有广泛的可选择性,所以即使复合材料的成型工艺相同,不同设计也会带来成本的明显差异。

1. 降低成本的设计方法

为了降低先进复合材料的制造成本，可以采用两种不同、但却互相补充的方法进行设计。一种设计强调建立准确的成本预算工具来指导前期设计，用这种设计方法可达到成本与性能的折中，优化应用设计；其二强调部件整体设计，换句话说，该设计的目的是利用大结构部件的整体共固化成型来减少零件数量，这种方法不仅能节省大量的装配成本，而且能充分利用固化前复合材料的灵活性特点。

2. 零件整体成型和共固化

部件的整体设计是减少甚至消除装配成本的一个很好的策略，这是注射模塑、片材模压等工艺通过一次注射成功制备结构复杂的大部件的关键。

在先进复合材料领域中，这种理念是通过在大型模具中进行整体共固化实现的。因为复合材料装配相当困难，共固化整体成型具有多方面积极的影响。例如，先进复合材料共固化不仅可以减少甚至不用特殊的连接件，而且避免了烦琐、困难的高精度孔的加工。另外，也可以解决用垫片带来的翘曲或者不匹配等诸多问题。

共固化的限制和整体件的尺寸还受修理、维修和检验的限制，而制造限制是出于风险和模具成本的增加。随着部件尺寸的增加，附加在这个不可逆固化部件上的价值非常高，因此出现废品则会使成本非常高。因为问题复杂及环境不同，所以在一些时候，成功实行这项技术很可能存在争论。尽管如此，它仍然是降低复合材料结构成本的主要方法。

3. 尺寸效应与复杂性效应

制造过程中尺寸效应意味着在部件尺寸和制造时间之间存在一定的关系。最近对许多手工和自动化生产的先进复合材料过程进行分析表明，尺寸效应对基本工序的影响可以通过假设尺寸变量 λ 是速率的一阶动态函数而得到关系式

$$v_\lambda=\frac{\mathrm{d}\lambda}{\mathrm{d}t}=v_0(1-\mathrm{e}^{\frac{-t}{\tau_0}}) \tag{9.1}$$

式中，v_0为稳态速率；τ_0为给定过程的时间常数。

积分该方程并进行数量转换形成时间 t 和尺寸 λ 之间的关系，这样就可以与试验数据进行对比。其优点在于允许用 τ_0和 λ_0两个基础物理参数代表任何过程，这样就允许通过相似的方法来比较 τ_0和 λ_0。

部件复杂性是制造时间的另一个显而易见的影响因素。然而，对于复杂性效应没有一个被普遍认可的缩放法则，其原因在于此效应的影响因素太多、太复杂。因此即使是估算单个因素，如何处理这样的数据的观点也不

一致,不同公司和估算者提出了许多直观的经验方法处理它们的特殊情况。

9.2 手糊成型工艺

手糊成型又称接触成型,是用纤维增强材料和树脂胶液在模具上铺敷成型,室温或加热、无压或低压条件下固化、脱模成制品的工艺方法。

9.2.1 原料的选择

针对手糊成型工艺合理地选择原材料是满足产品设计要求、保证产品质量、降低成本的重要前提。因此必须满足下列要求:

①产品设计的性能要求。

②手糊成型的工艺要求。

③价格便宜,材料容易取得。

作为手糊用原材料,要求增强材料必须有良好的浸润性与铺覆性。对树脂及固化剂要求黏度小并能在室温或低温下固化。

常用的主要原材料有增强材料、合成树脂、固化剂、脱模剂、填料及颜料糊。

1. 聚合物基体的选择

选择手糊成型用树脂基体应满足下列要求:

①能在室温下凝胶、固化,并在固化过程中无低分子物产生。

②能配制成黏度适当的胶液,适宜手糊成型的胶液黏度为0.2 ~0.5 Pa·s。

③无毒或者低毒。

④价格便宜。

手糊成型用的树脂包括不饱和聚酯树脂及环氧树脂,其中不饱和聚酯树脂用量约占各类树脂的80%。目前在航空结构制品上开始采用耐湿热性能和断裂性优良的双马来酰亚胺树脂以及耐高温、耐辐射和良好电性能的聚酰亚胺等高性能树脂。它们需在较高压力和温度下固化成型。

2. 增强材料的选择

增强材料的主要形态为纤维及其织物,它赋予复合材料以优良的机械性能。手糊成型工艺用量最多的增强材料是玻璃纤维,少有碳纤维、芳纶纤维和其他纤维。

9.2.2 模具设计要则

模具是手糊成型工艺中唯一的重要设备,合理设计和制造模具是保证

产品质量和降低成本的关键。由于手糊形成制品的几何形状、尺寸精度和表面质量主要取决于模具,因此模具设计必须遵循以下要求:

①根据制品的数量、形状尺寸、精度要求、脱模难易、成型工艺等条件确定模具材料与结构形式。

②模具应有足够的刚度和强度,能够承受脱模时的冲击,确保在加工和使用过程中不变形。

③模具表面光洁度应比制品表面光洁度高出两级以上。

④模具拐角处的曲率应尽量大,制品内层拐角曲率半径应大于2 mm,避免由于玻璃纤维的回弹,在拐角处形成气泡空洞。

⑤对于整体式模具,为了成型后易于脱模,可在成型面设有气孔,采用压缩空气脱模;脱模深度较大时,应有拔模斜度,一般以2°为宜。

⑥拼装模或者组合模,分模面的开设除了满足容易脱模要求外,注意不能开设在表面质量要求高或者受力大的部位。

⑦有一定的耐热性,热处理变形小。

⑧质量轻,材料易得,造价便宜。

9.2.3　工艺流程

先在模具上涂一层脱模剂,然后将加有固化剂的树脂混合料刷涂在模具上,再在胶层上铺放按制品尺寸裁剪的增强材料,用刮刀、毛刷或者压辊迫使树脂胶液均匀地浸入织物,并排除气泡。待增强材料树脂胶液完全浸透之后,再铺下一层。反复上述过程直到所需层数,然后进行固化。待制品固化脱模之后,打磨毛刺飞边,补涂表面缺胶部位,对制品外形进行最后检验。手糊成型工艺流程图如图9.1所示。

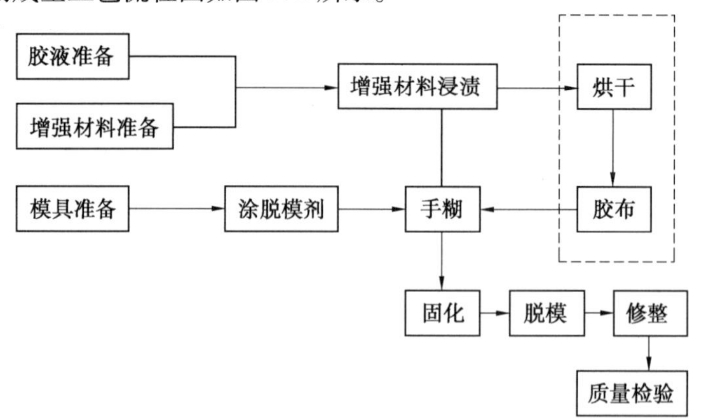

图9.1　手糊成型工艺流程图

9.2.4　制品厚度与层数计算

1. 制品厚度的预测

手糊制品厚度的计算式为

$$t=m\times k$$

式中，t 为制品厚度，mm；m 为材料单位面积质量，kg/m^2；k 为厚度常数，$mm/(kg\cdot m^{-2})$，其值见表 9.2。

表 9.2　材料厚度常数 k 值

	玻璃纤维			聚酯树脂			环氧树脂			填料(碳酸钙)		
	E型	S型	C型									
密度/$(kg\cdot m^{-3})$	2.56	2.49	2.45	1.1	1.2	1.3	1.4	1.1	1.3	2.3	2.5	2.9
$k/(mm\cdot kg^{-1}\cdot m^2)$	0.391	0.402	0.408	0.909	0.837	0.769	0.714	0.900	0.769	0.435	0.400	0.345

2. 铺层层数计算

铺层层数的计算公式为

$$n=\frac{A}{m_f(k_f+ck_r)} \tag{9.2}$$

式中，A 为手糊制品总厚度，mm；m_f为增强纤维单位面积质量，kg/m^2；k_f为增强纤维的厚度常数，$mm/(kg\cdot m^{-2})$；k_r为树脂基体的厚度常数，$mm/(kg\cdot m^{-2})$；c 为树脂与增强材料的质量比；n 为增强材料铺层层数。

9.3　喷射成型工艺

喷射成型工艺是利用喷枪将纤维切断、喷散，树脂雾化，并使两者在空间混合后沉积到模具上，然后用压辊压实的一种成型方法。该工艺是一种在手糊工艺基础上发展起来的，借助于机械的手工操作工艺，因此也称半机械手糊法。

9.3.1　原料的选择

合理地选择原材料是保证产品质量、降低产品成本的重要环节。原料的选择必须满足以下要求：①满足产品设计的性能要求；②适应喷射成型工艺的特点要求；③价格便宜，货源充足。

1. 符合喷射成型工艺的树脂

从喷射成型工艺角度考虑，树脂应该满足以下条件：

①黏度。对于喷射成型工艺，要求树脂易于喷射并易于雾化，易浸润玻璃纤维，易于脱泡，若树脂黏度大，则无法进行喷射成型。

②触变性。触变性在喷射成型和手糊成型中很重要，因为在成型大型玻璃钢制品或者在垂直面操作时，树脂容易向下流动，如果单纯采用高黏度树脂，一方面不易浸渍玻璃纤维制品，树脂中的气泡也不易排出；另一方面工艺无法进行，这就需要控制树脂的触变性。

③促进剂。促进剂采用钴盐时，可显著地降低树脂的黏度触变性，同时也容易使树脂流失，作业时必须注意。

④固化特性。因制品的形状、大小、作业时的温度、树脂的黏度不同，树脂的喷射量、脱泡作业时间有变化，应选择具有适合于固化特性的树脂。

⑤稳定性。对双喷头喷射机，树脂的稳定性特别重要，所以含有固化剂的料罐和含有促进剂的料罐要保持一定的温度。

⑥浸渍脱泡性。要求树脂对玻璃纤维的浸润性好，且易脱泡。

2. 符合成型工艺的纤维

静电从成型工艺角度考虑，纤维应满足以下条件：

①硬挺度适当，切割性良好。

②不产生静电，分散性好。

③与树脂的浸渍性好，易脱泡。

④高速开卷时不乱。

⑤附脱性良好。

9.3.2　设备的分类

喷射设备分为3种类型，即引发剂注射型、引发剂喷射型及复合喷射型。

1. 引发剂注射型

树脂与引发剂分别用泵或压力罐的压力喂到喷枪，在喷嘴的小混合室中混合，然后送到喷头。树脂与引发剂是经准确计量的，引发剂量可按0.5% ~5%（质量分数）范围调节。引发剂由压力罐系统在低压下送到喷枪，再注射到树脂中。树脂加促进剂则用泵直接供应到喷枪，与引发剂混合。喷枪有1 ~2个喷嘴，其中单嘴喷枪适用于窄的、构形较复杂的部件，产量较低。双嘴喷枪用于面积大、构形不复杂的部件，产量较高。纤维切割的出口位于喷嘴上方，切断的纤维落入树脂中共同喷出。纤维到达模具表面前已浸泡树脂。喷枪还附设溶剂稀释系统，在停工时可以用溶剂洗涤混合室与喷嘴。喷枪由空气马达驱动，其工作原理如图9.2所示。

2. 引发剂喷射型

与引发剂注射型相似，所用喷枪有所不同。枪中不设混合室，引发剂离开喷嘴后,喷射入树脂流中,在枪外混合。其优点是免除了丙酮冲洗喷头的工序,减少了起火危险。引发剂喷射型喷嘴工作原理如图9.3所示。

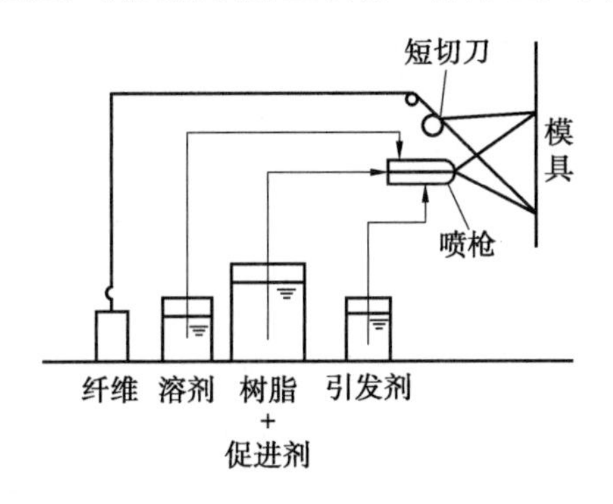

图9.2 引发剂注射型喷枪工作原理

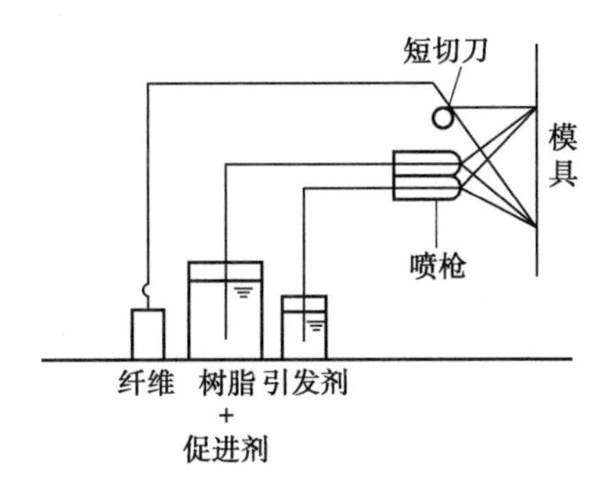

图9.3 引发剂喷射型喷嘴工作原理

3. 复合喷射型

预促进与预引发的两种树脂分别喂入喷枪,在喷嘴口以预定比例一起喷射到模具表面,混合方式可以在喷嘴内或喷嘴外。玻璃纤维纱经切割后落入树脂流股中。

9.3.3 工艺流程

喷射成型工艺流程图如图9.4所示。

9.3.4 工艺参数

1. 纤维

选用处理过的专用无捻粗纱。制品纤维体积分数控制在28%~83%。小于25%时,滚压容易,但强度太低;大于45%时,滚压困难,气泡较多。纤维长度在25~50 mm为宜,长度小于10 mm时,强度要降低;大于50 mm时,

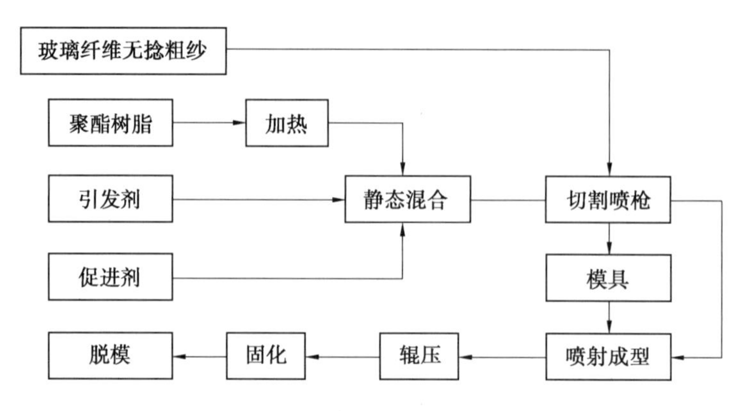

图9.4　喷射成型工艺流程图

纤维不易分散，而且输送也较困难。

2. 树脂含量

喷射制品采用不饱和聚酯树脂，含胶量约为60%。含胶量过低，纤维浸胶不均，黏结不牢。通过调节喷枪气缸中的气体压力，可以控制单位时间内的树脂喷射量。

3. 胶液黏度

黏度要满足易于喷射雾化、易于浸渍玻璃纤维、易于排除气泡而又不易流失要求。黏度应为0.3～0.8 Pa·s，触变指数为1.5～4较好。

4. 喷射量

在喷射成型中，应始终保持胶液喷射量与纤维切割量的比例。在满足这一条件情况下，喷射量太小，生产效率低；喷射量过大，影响制品质量。喷射量与喷射压力和喷嘴直径有关。喷嘴直径选定在1.2～3.5 mm，可使喷胶量在8～60 g/s之间调节。

5. 喷枪夹角

喷枪夹角对两种不同组分树脂在枪外的混合均匀度影响极大。不同夹角喷射出来的树脂混合交距不同，为了操作方便，一般选用20°夹角为宜。喷枪口与成型表面距离350～400 mm。确定操作距离主要考虑产品形状和树脂胶液飞失等因素。如果改变操作距离，则需调整喷枪夹角以保证树脂在靠近成型面处交集混合。

6. 喷雾压力

喷雾压力大小要能保证两种树脂组分均匀混合，同时还要使树脂损失最小。压力太小，树脂组分混合不均，太大时树脂流失过多。压力大小与树脂的黏度有关，喷射成型的树脂黏度为2 000 Pa·s时，树脂容器内的压力为49～147 kPa，雾化压力选择294～343 kPa为宜。当树脂黏度降低时，喷雾压力可适当减小。

9.4 模压成型工艺

9.4.1 模压成型工艺的特性及分类

模压成型工艺是将一定量预浸料放入金属模具的对模腔中,利用带热源的压机产生一定的温度和压力,合模后在一定的温度和压力作用下使预浸料在模腔内受热软化、受压流动、充满模腔成型和固化,从而获得复合材料制品的一种方法,如图9.5所示。模压成型可兼用于热固性塑料、热塑性塑料和橡胶材料。模压成型工艺是复合材料生产中一种最古老而又富有无限活力的成型方法,是将一定量的预混料或预浸料加入对模内,经加热、加压固化成型的方法。

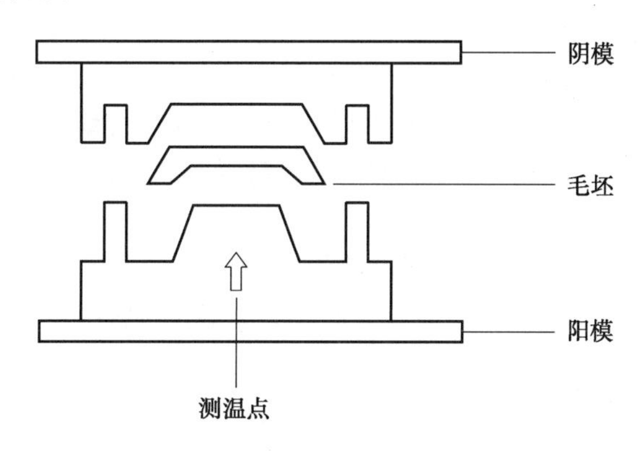

图9.5 模压成型原理示图

模压成型工艺的特点是在成型过程中需要加热,加热的目的是使预浸料中树脂软化流动,充满模腔,并加速树脂基体材料的固化反应。在预浸料充满模腔过程中,不仅树脂基体流动,增强材料也随之流动,树脂基体和增强纤维同时填满模腔的各个部位。只有树脂基体黏度很大、黏结力很强,才能与增强纤维一起流动,因此模压工艺所需的成型压力较大,这就要求金属模具具有高强度、高精度和耐腐蚀,并要求采用专用的热压机来控制固化成型的温度、压力、保温时间等工艺参数。

模压成型与热压罐成型的不同之处模压成型无须像热压罐成型时将预浸坯料连同工装模具放入罐体内。它具有良好的可观察性且压力调节范围较大,结构内部质量易于保证,外形尺寸精度较高,因而广泛应用于型面复杂的复合材料结构构件制造。

成型方法生产效率较高,制品尺寸准确,表面光洁,尤其对结构复杂的复合材料制品一般可一次成型,不会损坏复合材料制品的性能。其主要不足之处是模具设计与制造较为复杂,初次投入较大。尽管模压成型工艺有上述不足之处,目前模具成型工艺方法在复合材料成型工艺中仍占有重要的地位。

模压成型工艺按增强材料物态和模压料品种可分为如下几种:

(1)纤维料模压法。

纤维料模压法是将经预混或预浸的纤维状模压料投入到金属模具内,在一定的温度和压力下成型复合材料制品的方法。该方法简便易行,用途广泛。根据具体操作的不同,分为预混料模压和预浸料模压法。

(2)碎布料模压法。

碎布料模压法是将浸过树脂胶液的玻璃纤维布或其他织物,如麻布、有机纤维布、石棉布或棉布等的边角料切成碎块,然后在模具中加温加压成型复合材料制品。

(3)织物模压法。

织物模压法是将预先织成所需形状的两维或三维织物浸渍树脂胶液,然后放入金属模具中加热加压成型为复合材料制品。

(4)层压模压法。

层压模压法是将预浸过树脂胶液的玻璃纤维布或其他织物裁剪成所需的形状,然后在金属模具中经加温或加压成型复合材料制品。

(5)缠绕模压法。

缠绕模压法是将预浸过树脂胶液的连续纤维或布(带),通过专用缠绕机提供一定的张力和温度,缠在芯模上,再放入模具中进行加温加压成型复合材料制品。

(6)片状塑料(SMC)模压法。

片状塑料(SMC)模压法是将SMC片材按制品尺寸、形状、厚度等要求裁剪下料,然后将多层片材叠合后放入金属模具中加热加压成型制品。

(7)预成型坯料模压法。

预成型坯料模压法是先将短切纤维制成形状和尺寸相似的预成型坯料,将其放入金属模具中,然后向模具中注入配制好的黏结剂(树脂混合物),在一定的温度和压力下成型。

9.4.2 短切纤维模压料的制备与成型工艺

在高强度玻璃纤维模压料的制备与成型工艺中,应用最广、发展最快的是短切纤维模压料的成型工艺。

1. 短切纤维模压料的制备

短切纤维模压料呈散乱状态，纤维无一定方向。模压时流动性好，适宜制造形状复杂的小型制品。它的缺点是制备过程中纤维强度损失较大。比容大，模压时装模困难，模具需设计较大的装料室，并需采用多次预压程序合模，劳动条件欠佳。

短切纤维模压料可用手工预混和机械预混方法制造。手工预混适于小批量生产，机械预混适于大批量生产。制备工艺流程如图9.6所示。

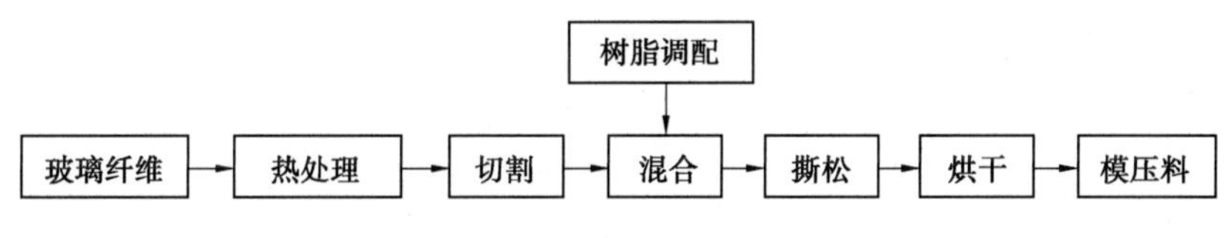

图9.6 短切纤维模压料制备工艺流程

现以玻璃纤维（开刀丝）/镁酚醛模压料为例，说明机械预混法生产步骤：

①将玻璃纤维在180 ℃下干燥处理40～60 min。

②将烘干后的纤维切成30～50 mm长度并使之疏松。

③按树脂配方配成胶液，用工业酒精调配胶液密度为1.0 g/cm^3左右。

④按$g_{纤维}:g_{树脂}=55:45$（质量比）的比例将树脂胶液和短切纤维充分混合。此步在捏合机内进行。

⑤捏合后的预混料，逐渐加入撕松机中撕松。

⑥将撕松后的预混料均匀铺放在网格上晾置。

⑦预混料经自然晾置后，再在80 ℃烘房中烘20～30 min，进一步去除水分和挥发物。

⑧将烘干后的预混料装入塑料袋中封闭待用。

2. 短切纤维模压料的质量控制

模压料的质量指标有3项，即树脂含量、挥发物含量及不溶性树脂含量。模压料质量对其模塑特性及模压制品性能有极大影响，因此，必须在生产过程中对原材料及各工艺的工艺条件严格控制，主要控制下列各项：

（1）树脂胶液黏度。

降低树脂胶液黏度有利于树脂对纤维的浸透和减少纤维强度损失。但若黏度过低，在预混过程中会导致纤维离析，影响树脂对纤维的黏附。在树脂中加入适量溶剂（稀释剂）可调控黏度。由于黏度与密度有一定关系，而黏度测定又不如密度测定简单易行，因此，通常用密度作为黏度控制指标。

(2)纤维短切长度。

纤维过长易相互纠缠产生料团。机械预混,纤维长度一般不超过40 mm;手工预混,纤维长度一般不超过50 mm。

(3)浸渍时间。

在确保纤维均匀浸透情况下应尽可能缩短时间。捏合时间过长既损失纤维强度,又会使溶剂挥发过多而增加撕松困难。

(4)烘干条件。

烘干温度和时间控制是控制挥发物含量与不溶性树脂含量的主要因素,此外还应注意料层的厚度和均匀性。

(5)其他合理的设备。

设计合理的捏合机桨叶形式、桨叶与捏合锅内壁的间隙以及撕松机的结构、速度等,都是保证模压料质量的重要因素。

9.4.3　压模结构

典型的压模结构如图9.7所示。该结构由装于压机上压板的上模和装于下压板的下模两大部件组成。上、下模闭合使装于加料室和型腔中的模压料受热受压,变为熔融态充满整个型腔。当制品固化成型后,上、下模打开,利用顶出装置顶出制件。压模由以下部件组成。

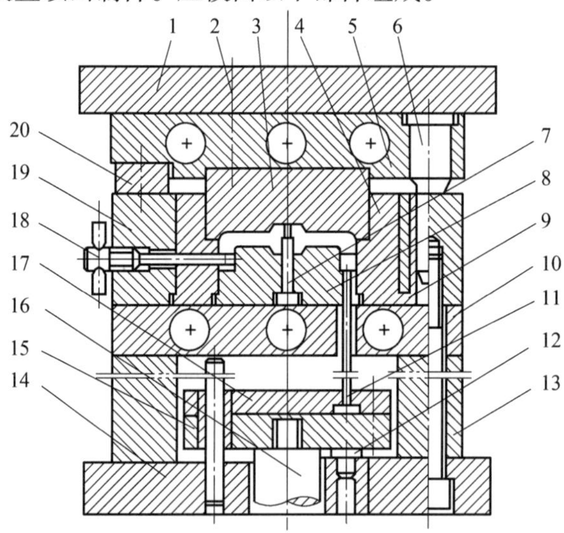

图9.7　典型压模结构

1—上板;2—螺钉;3—上凸模;4—凹模;5,9—加热板;6—导柱;7—型芯;8—下凸模;10—导向套;11—顶杆;12—限位钉;13—垫板;14—底板;15—垫板;16—拉杆;17—顶杆固定板;18—侧型芯;19—型腔固定板;20—承压板

(1)型腔。

型腔指直接成型制品的部位。图9.7所示的模具型腔由上凸模3(通常称阳模)、下凸模8、凹模4(通常称阴模)构成。凸模和凹模有多种配合形式,对制品成型有很大影响。

(2)加料室。

加料室是指凹模4的上半部。由于模压料比热容较大,成型前单靠型腔往往无法容纳全部原料,因此在型腔之上设一段加料室。

(3)导向机构。

图9.7中由布置在模具上模周边的四根导柱6和装有导向套10的导柱孔组成。导向机构用以保证上、下模合模的对中性。为保证顶出机构运动,该模具在底板上还设有两根导柱,在顶出板上有带导向套的导向孔。

(4)侧向分型抽芯机构。

模压带有侧孔和侧凹的制品,模具必须设有各种侧向分型抽芯机构,制品方能脱出。图9.7所示制件带有侧孔,在顶出前用手动丝杆抽出侧型芯。

(5)脱模机构。

图9.7所示脱模机构由预杆固定板17、顶杆11等零件组成。

(6)加热系统。

热固性塑料压制成型需在较高温度下进行,因此模具必须加热。常见加热方式有电加热、蒸汽加热等。图9.7中加热板5、9分别对上凸模、下凸模和凹模进行加热。加热板圆孔中插入电加热棒。压制热塑性塑料时,在型腔周围开设温度控制通道,在塑化和定型阶段,分别通入蒸汽进行加热或通入冷水进行冷却。

9.4.4 压模分类

按模具在压机上固定方式可以将模压工艺分为以下几类:

(1)移动式模具(机外装卸模具)。

移动式模具的分模、装料、闭合及成型后模压件由模具内取出等均在机外进行。模具本身不带加热装置且不固定装在机台上。这种模具适用于成型内部具有很多嵌件、螺纹孔及旁侧孔的制品、新产品试制以及采用固定式模具加料不方便等情况。

移动式模具结构简单,制造周期短,造价低,但操作劳动强度大,且生产率低,模具尺寸及质量都不宜过大。

(2) 固定式模具(固装在压机上)。

固定式模具本身带有加热装置,整个生产过程为分模、装料、闭合、成型及顶出制品等,都在压机上进行。固定式模具使用方便,生产效率高,劳动强度小,模具使用寿命长,适用于批量、尺寸大的制品生产。缺点是模具结构复杂,造价高,且安装嵌件不方便。

(3)半固定式模具。

半固定式模具介于上述两种模具之间,即阴模做成可移动式,阳模固定在压机上。成型后,阴模被移出压机外侧的顶出工作台上进行作业,安放嵌件及加料完成后,再推入压机内进行压制。

9.4.5 成型工艺

由于高强度短切纤维模压料中玻璃纤维体积分数较高,所用纤维又比较长,因而要使玻璃纤维产生对树脂的附随流动是相当困难的。只有当成型时树脂的黏度很大,与纤维紧密地黏结在一起的条件下,才能产生树脂和纤维的同时流动。这一特点就决定了高强度短切纤维模压成型工艺中需采用比其他模压工艺更高的成型压力。模压工艺的简要流程如图9.8所示。其成型工艺全过程可分为压制前的准备和压制及成品两个阶段。

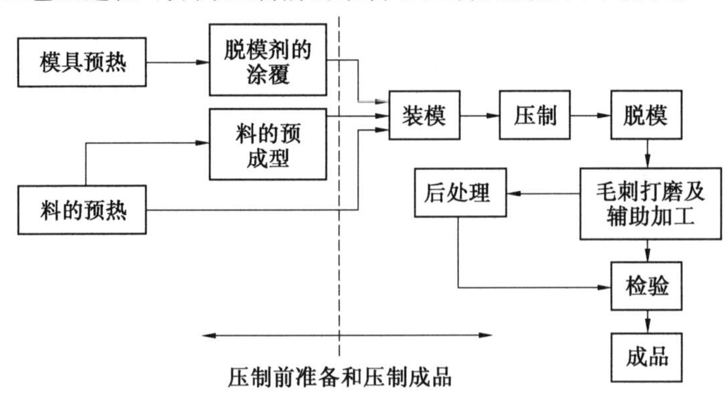

图9.8 短切纤维模压料的成型工艺流程

9.5 热压罐成型工艺

9.5.1 系统简介

热压罐成型工艺是一种用于成型先进复合材料结构的工艺方法,是一个具有整体加热系统的大型压力容器,工程上采用率比较高。如图9.9所示。

其工作原理是利用罐体内部均匀温度场和空气压力对复合材料预浸料叠层毛坯施加温度与压力,以达到固化的目的。当前要求高承载的大多数

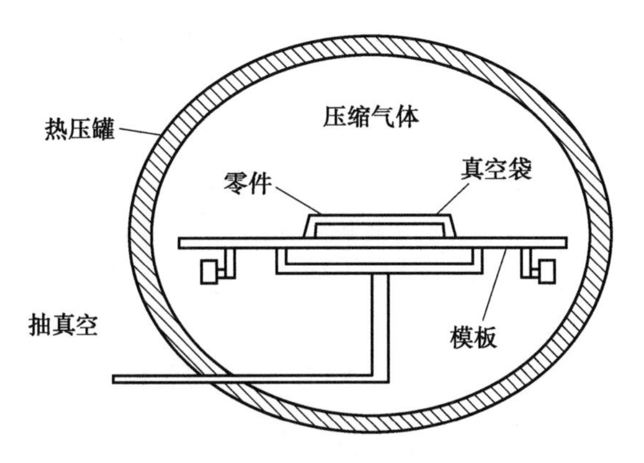

图9.9 热压罐系统

复合材料结构依然采用热压罐成型。这是因为由这种方法成型的零件、结构件具有均匀的树脂含量、致密的内部结构和良好的内部质量。由热固性树脂构成的复合材料,在固化过程中,作为增强剂的纤维是不会起化学反应的,而树脂却经历了复杂的化学过程,经历了从黏液态、高弹态、到玻璃态等阶段。这些反应需要在一定温度下进行,更需要在一定的压力下完成。

热压罐的主要优点之一就是适用于多种材料的生产,只要是固化周期、压力和温度在热压罐极限范围内的复合材料都能生产。另一优点是它对复合材料制件的加压灵活性强。通常制件铺放在模具的一面,然后装入真空袋中,施加压力到制件上使其紧贴在模具上,制件上的压力通过袋内抽真空而进一步被加强。因此,热压罐成型技术可以生产不同外形的复合材料制件。由于上述优点,热压罐被广泛用于航空航天先进复合材料制件的生产。

9.5.2 成型工序

航空航天用热固性复合材料制件的生产全过程大体包括以下8道程序:

①准备过程:包括工具和材料的准备。

②材料铺贴:包括裁切、铺层和压实。

③固化准备:包括模具、坯件装袋以及在某些情况下坯件的转移等。然而在特殊情况下铺层和固化用不同的模具时,此项操作也包括从铺贴模具,并将完成铺贴的制件转移到干净的固化模具上。

④固化:包括坯件流动压实过程和化学固化反应过程。这一步是复合材料生产必经的步骤,包括加热、压实和固化。对热固性复合材料这一步是不可逆的,因此热固性复合材料一旦固化,由铺层或者固化过程本身引起的缺陷就不可改变地固定下来。在所有批次处理工艺步骤中这一步是非常独特的。也就是说,工业化热压罐相当大,可同时批量加工许多零件,然而这

种批量在体现热压罐高效率使用的同时，也给工厂内部如何保持零件传递均匀流动带来了挑战。

⑤检测：包括目测、超声或X射线无损检测。

⑥修正：通过刨机、高速水切割机或铣床修整。

⑦二次成型：某些复合材料制件需要进行热压罐二次成型。

⑧装配：包括测量、垫片、装配。通常采用机械装配，但有的情况下采用胶接装配。如果采用热固性胶黏剂的固化或层间热塑性胶黏剂的熔融和固化工艺进行复合材料制件的装配，则需要经过热压罐二次成型。胶接装配工艺在很大程度上增加了热压罐的负荷，导致很多复合材料制件的热压罐成型过程要经历两倍于常规工艺周期的加热和冷却时间。为了提高热压罐成型的效率，这类复合材料制件的成型应尽可能采用共固化工艺。共固化工艺能一次固化成型一个完整的复合材料结构件，这种工艺同时需要复杂的固化模具，但它免除了垫片和装配。

9.6　缠绕成型工艺

纤维缠绕成型是在控制纤维张力和预定线型的条件下，将连续的纤维粗纱或者布带浸渍树脂胶液、连续地缠绕在相应于制品内腔尺寸的芯模或内衬上，然后在室温或加热条件下使之固化制成一定形状制品的方法。

9.6.1　工艺分类

纤维缠绕成型工艺按其工艺特点，通常分为以下3种：

(1)干法缠绕成型。

干法缠绕成型是将连续的玻璃纤维粗纱浸渍树脂后，在一定温度下烘干一定时间，除去溶剂，并使树脂胶液从A阶段转到B阶段。然后络纱制成纱锭，缠绕时将预浸带按给定的缠绕规律直接排布于芯模上的成型方法。

(2)湿法缠绕成型工艺。

湿法缠绕成型工艺是将连续的玻璃纤维粗纱或玻璃布带浸渍树脂胶后，直接缠绕到芯模或内衬上而形成的增强塑料制品，然后再经固化的成型方法。

(3)半干法缠绕成型工艺。

半干法缠绕成型工艺与湿法相比增加了烘干工序，与干法相比，缩短了烘干时间，降低了胶纱烘干的程度，可在室温下进行缠绕。这种成型工艺，既除去了溶剂，提高了缠绕速度，又减少了设备，提高了制品质量。

9.6.2　原料的选择

1. 增强材料的选择

纤维缠绕常用的增强材料是玻璃纤维,碳纤维和芳纶纤维在高级制品中也已开始应用。纤维缠绕压力容器的强度和刚度主要取决于纤维的强度和模量,所以缠绕用纤维应具有高强度和高模量。它还应易被树脂浸润;具有良好的缠绕工艺性;同一束纤维中各股之间的松紧程度应该均匀,并具有良好的储存稳定性。

在缠绕过程中,按其状态可分为有捻纤维和无捻纤维。加捻的纤维对制品的性能都有一定影响,试验证明,加捻后的缠绕制品比无捻的缠绕制品其拉伸、弯曲强度均有所下降,因此无捻纱较差,使用中易发生松散、起毛,张力控制困难,不利于成型。目前,国内生产的无捻粗纱单丝直径一般为 11～13 μm,是由多胶原丝络纱而成。每个纱筒的尺寸为 ϕ250 mm×250 mm,卷袋质量为 16～17 kg,或尺寸为 ϕ300 mm×250 mm,质量为 20 kg 左右。

2. 树脂的选择

树脂的选择对于制品的力学性能也有重要影响,而且制品的耐热性以及老化性能在很大程度上取决于树脂的品种。缠绕工艺用树脂系统应该满足下列要求:对纤维有良好的浸润性和黏结力;固化后有较高的强度和与纤维相适应的延展率;具有较低的黏度,加入溶剂虽然可以降低树脂系统的黏度,但由于在固化过程中难以去除干净而影响制品性能。因此最好选用低黏度的树脂配方,而尽量少使用溶剂稀释;使用具有较低的固化收缩率和较低毒性,来源广并且价格低廉的树脂。目前,缠绕制品的树脂系统多用环氧树脂。这是因为它的黏结力强,层间剪切强度高,并且收缩率小。此外,它易于控制 B 阶段,适合于制成干法缠绕的预浸胶带。对于常温时用的内压容器,一般采用双酚 A 型环氧树脂;而高温使用的容器则应采用耐热性较好的酚醛型环氧树脂或脂肪族环氧树脂。

9.6.3　特点及结构

1. 缠绕制品的特点

纤维缠绕成型玻璃钢除具有一般玻璃钢制品的优点外,还具有其他成型工艺所没有的特点。

(1)比强度高。

缠绕成型玻璃钢的比强度 3 倍于钢、4 倍于钛。这是由于该产品采用的增强材料是连续玻璃纤维,连续玻璃纤维的拉伸强度很高,甚至高于高合金钢。并且玻璃纤维的直径很细,由此使得连续玻璃钢纤维表面上的微裂纹的尺寸和数量较小,从而减少了应力集中,使连续纤维具有较高的强度。

(2)避免了布纹交织点与短切纤维末端的应力集中。

玻璃钢顺玻璃纤维方向的拉伸强度主要由玻璃纤维体积含量和纤维强度来决定。因为在玻璃钢产品中,增强纤维是主要的承载物,而树脂是支撑和保护纤维,并在纤维间起着分布和传递载荷的作用。采用短切纤维做增强材料的玻璃钢制品的强度,均低于缠绕成型玻璃钢制品。

(3)可使产品实现等强度结构。

纤维缠绕成型工艺可使产品结构在不同方向的强度比最佳,即在纤维缠绕结构的任何方向上,可以使设计的制品的材料强度与该制品材料实际承受的强度基本一致,使产品实现等强度结构。

2. 缠绕制品的结构

缠绕工艺制造的管、罐等产品结构大体分为3层,即内衬层、结构层和外保护层。

(1)内衬层。

内衬层是制品直接与介质接触的那一层,它的主要作用是防腐、防渗及耐温。因此,要求内衬材料具有优良的气密性、耐腐蚀性,并且耐一定温度等。内衬材料有金属、橡胶、塑料、玻璃钢等不同材质,根据用途不同与生产工艺要求来选定。作为化工防腐用途,则玻璃钢内衬是最佳选择。这样既可以避免粗而重的金属制品,又可以避免内衬层与结构层之间黏结的麻烦,并且这种玻璃钢内衬适应性强。通过改变内衬材料的种类、配方,使之可以满足化工防腐中各种不同工艺的要求。根据容器内储存介质的种类、浓度、温度等技术要求选择内衬材料。

(2)结构层。

结构层又称增强层,主要作用是保证产品在受力的情况下,具有足够的强度、刚度和稳定性。而增强材料——玻璃纤维则是主要的承载体,树脂只是对纤维起黏结作用,并在纤维之间起着分布和传递载荷的作用。对于普通工业防腐及民用产品,在保证产品具有足够的承载能力下,还要从经济成本、工艺性能等因素综合考虑,选择增强纤维和树脂。

(3)外保护层。

一般情况下为了延长玻璃钢制品的使用寿命,不仅要求内衬防腐性能好、加强层具有足够的承载能力,而且要求产品外表面也应具有一定的防护性能,特别是用于露天的设备。对于安装在室外的玻璃钢制品,甲苯二酸型或双酚A型树脂中加入石蜡,就足以保护制品8~10年。由于紫外线光可损害聚酯树脂，因此当采用聚酯树脂时宜添加紫外光吸收剂，可以将紫外光转变成热能或次级辐射后除去，大大降低产品变黄的速度，提高透光率，从而提高玻璃钢的耐候性。

3. 缠绕制品的应用及发展

由于缠绕玻璃钢制品具有上述特点，因此，在化工、食品酿造、交通运输及军工等方面都有广泛的应用。

(1)压力容器。

纤维缠绕玻璃钢压力容器有受内压和外压两种形式。目前其使用领域不断扩大，在工业、军工中获得比较广泛的应用。

(2)大型储罐和铁路罐车。

缠绕成型玻璃钢大型储罐及罐车可以用来储存、储运酸、碱、盐及油类介质，具有质量轻、耐腐蚀和维修方便等优点。

(3)化工管道。

纤维缠绕玻璃钢管道，主要用来输送石油、水、天然气和其他流体。用于油田、炼油厂、供水和一般化工厂，具有防腐、轻便、安装及维修方便的特点。

(4)军工产品。

纤维缠绕工艺可成型火箭发动机壳、火箭发射管及雷达罩等产品。

目前，缠绕成型工艺的最新发展是把纤维缠绕技术同先进的复合材料技术相结合。硼纤维、碳纤维及特种有机纤维等高强度、高模量增强材料正被应用；新型耐热性能好的聚合物基材也在研究推出中；高精度的数控加工设备将使复合材料在航空航天方面的应用得到拓展；工业及民用方面则是在选用廉价的原材料、提高设备的效率、改进材料的防腐蚀性能等途径上不断努力探索。总之，纤维缠绕玻璃钢产品正在向不断提高质量、减轻重量、简化工艺、降低成本、扩大应用的方向发展。

纤维缠绕是较先进的玻璃钢成型工艺，通过选用增强材料、基材及工艺结构，使制品达到最优指标。然而目前仍有许多问题有待进一步研究和解决。

①需对增强材料的强度及其他性能，如树脂的延伸率、耐高温、耐腐蚀性能及工艺性进行研究。

②在结构设计方面，需将缠绕工艺和结构设计紧密结合起来。通过结构设计所确定的合理的产品结构形式和设计参数，最后确定合理的工艺制度，以提高产品质量、生产效率和技术经济指标。

③确定合理的成型工艺制度，特别是研制自动化缠绕设备，以确保生产

工艺过程的最大稳定制品的可靠性和耐久性,提高劳动生产率。

④由于原材料和工艺过程的变化对产品性能影响很大,因此要对从原材料到产品过程中的各个环节进行检验和管理,建立健全严格的质量检验和管理制度。

9.6.4 缠绕规律

1. 缠绕规律的内容

纤维缠绕工艺的主要产品是制造压力容器和管道。虽然容器形状规格繁多,缠绕形式也千变万化,但是任何形式的缠绕都是由导丝头(也称绕丝嘴)和芯模的相对运动实现的。如果纤维无规则地乱缠,则势必出现或者纤维在芯模表面离缝重叠,或者纤维滑线不稳定的现象。显然,这是不能满足设计和使用要求的。因此,缠绕线型必须满足如下两点要求:

①纤维既不重叠又不离缝,均匀连续布满芯模表面。

②纤维在芯模表面位置稳定,不打滑。

所谓缠绕规律是描述纱片均匀稳定连续排布芯模表面,以及芯模与导丝头间运动关系的规律。

为了实现连续而有规律的稳定缠绕,制品结构形状尺寸不同,纤维在芯模表面的排布线型也就不同。因而为实现既定的排布线型,缠绕设备的导丝头与芯模的相对运动也就不同。研究缠绕规律的目的是找出制品的结构尺寸与线型、导丝头与芯模相对运动之间的定量关系,中心问题是缠绕线型。

2. 缠绕线型的分类

缠绕线型的分类可分为环向缠绕、纵向缠绕和螺旋缠绕3类。

(1)环向缠绕。

如图9.10所示,芯模绕自轴匀速转动,导丝头在筒身区间做平行于轴线方向运动。芯模转一周,导丝头移动一个纱片宽度(近似),如此循环,直至纱片均匀布满芯模筒身段表面为止。环向缠绕只能在筒身段进行,不能缠封头。环向缠绕参数关系如图9.11所示。

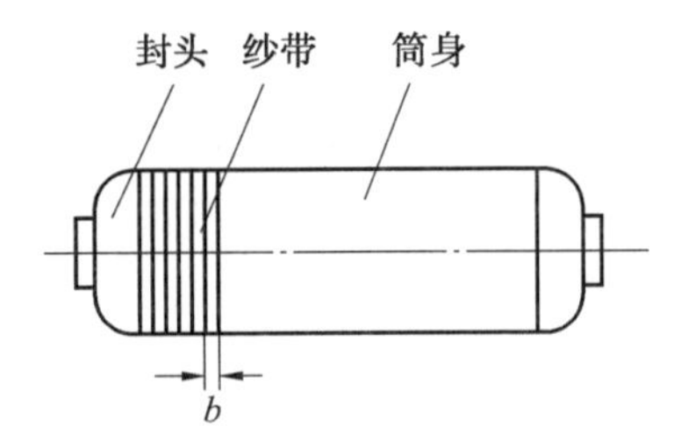

图9.10 环向缠绕图

$$W=\pi D\cot\alpha \tag{9.3}$$

$$b=\pi D\cos\alpha \tag{9.4}$$

式中,D 为芯模直径;b 为纱片宽;α 为缠绕角;W 为纱片螺距。

显见,当缠绕角小于70°时,纱片宽度就要求比芯模直径还大,这也是环向缠绕的缠绕角必须大于70°的原因。

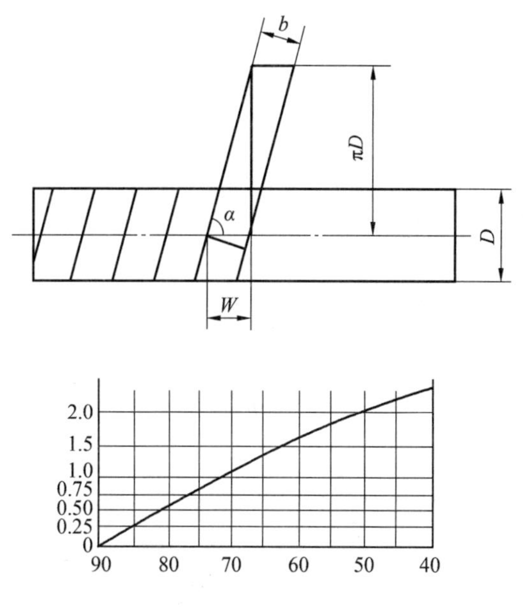

图9.11 环向缠绕参数关系图

(2)螺旋缠绕。

芯模绕自轴匀速转动,导丝头依特定速度沿芯模轴线方向往复运动。纤维缠绕不仅在圆筒段进行,而且也在封头上进行。如图9.12所示,纤维从容器一端的极孔圆周上某点出发,沿着封头曲面上与极孔相切的曲线绕过封头,随后按螺旋线轨迹绕过圆筒段,进入另一端封头,如此循环直至芯模表面均匀布满纤维。由此可见,纤维缠绕轨迹是由圆筒段螺旋线和封头上与极孔相切的空间曲线所组成。在缠绕过程中,纱片若以右螺旋缠绕到芯模上,返回时则为左螺旋。每条纱片都对应极孔圆周上的一个切点。缠绕方向相同的邻近纱片之间相接而不相交,不同方向的纱片则相交。这样,当纱片均匀布满芯模表面时,就构成了双层缠绕层。

(3)纵向缠绕。

纵向缠绕又称平面缠绕,如图9.13所示。导丝头在固定平面内做匀速圆周运动,芯模绕自轴慢速旋转。导丝头转动一个微小角度,反应在芯模表面为近似一个纱片宽度。纱片依次连续缠绕到芯模上,各纱片均与极孔相切,相互间紧挨着而不交叉。纤维缠绕轨迹近似为一个平面单圆封闭曲线。

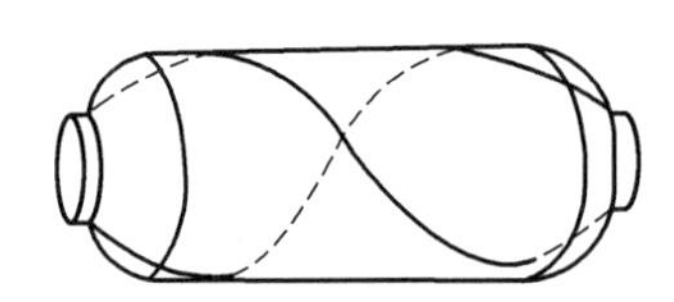

图9.12　螺旋缠绕图

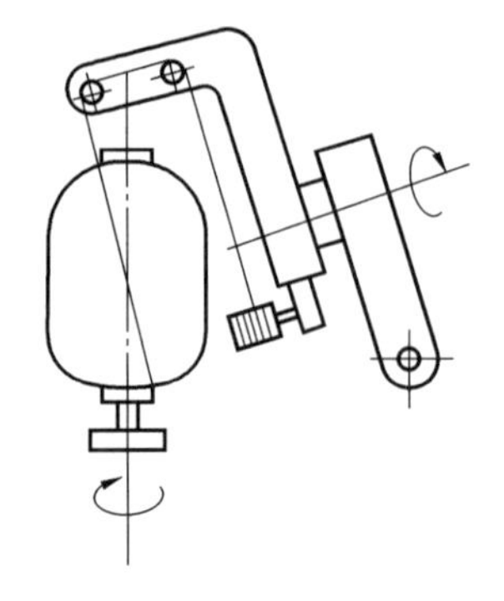

图9.13　平面缠绕

纱片与芯模轴线的交角称缠绕角，由图9.14可知

$$\tan\alpha_0=\frac{r_1+r_2}{l_c+l_{e1}+l_{e2}} \tag{9.5}$$

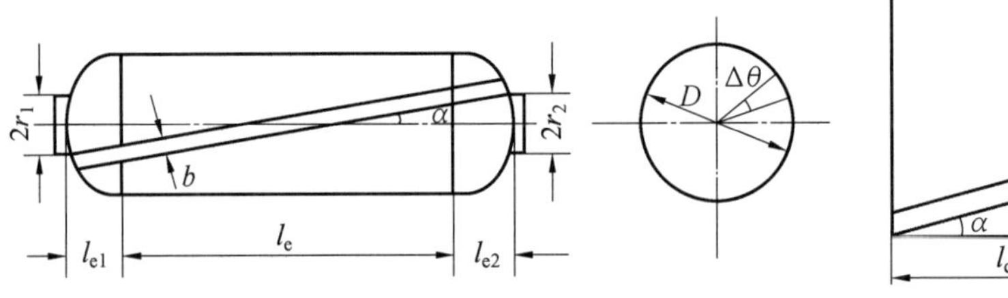

图9.14　平面缠绕参数关系图

式中，r_1、r_2 分别为两封头极孔半径；l_c 为筒身段长度；l_{e1}、l_{e2}分别为两封头高度。

若两封头极孔相同（即 $r_1=r_2=r$），且封头高度也一样（即 $l_{e1}=l_{e2}=l_e$），则

$$\tan\alpha_0=\frac{2r}{2l_e+l_c}\alpha_0=\arctan\frac{2r}{2l_e+l_c}$$

平面缠绕的速比是指单位时间内，芯模旋转周数与导丝头绕芯模旋转的圈数比（或者说，绕丝头转一周时导丝头绕芯模旋转的圈数）。若纱片宽度为 b，缠绕角为 α_0，则速比为

$$i=\frac{b}{\pi D\cos\alpha_0} \tag{9.6}$$

9.6.5　工艺过程

纤维缠绕工艺通常分为干法、湿法及半干法3种，究竟采用哪种方法，要根据制品的设计要求、设备条件、原材料性能及制品批量等因素综合考虑后确定。缠绕工艺过程一般由芯模和内衬制备、胶液配制、纤维烘干及热处

理、浸胶、缠绕、固化、检验及修整等工序组成,如图 9.15 所示。

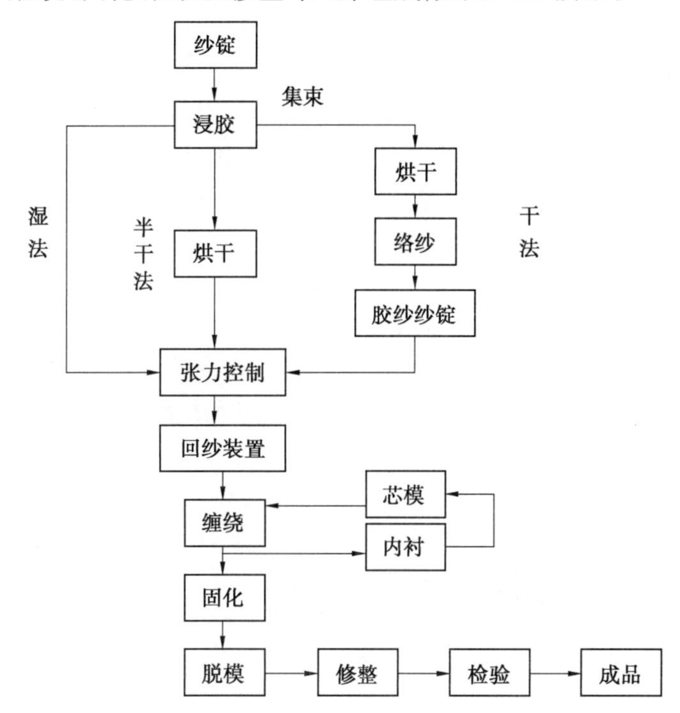

图 9.15 缠绕制品工艺流程图

9.6.6 工艺参数

选择合理的缠绕工艺参数,是充分发挥原材料特性,制造高质量缠绕玻璃钢制品的重要条件。影响缠绕玻璃钢制品性能的主要工艺参数有玻璃纤维的烘干和热处理、玻璃纤维浸胶、缠绕速度、环境温度等。这些因素彼此之间有机地联系在一起,孤立地研究某个参数是困难的、无意义的。

1. 纤维的烘干和热处理

玻璃纤维表面含有水分,不仅影响树脂基材与玻璃纤维之间的黏结性能,同时将引起应力腐蚀,并使微裂纹等缺陷进一步扩展,从而使制品强度和耐老化性能下降。因此,玻璃纤维在使用前最好经过烘干处理。在湿度较大的地区和季节烘干处理更为必要。纤维的烘干制度视含水量和纱锭大小而定。通常,无捻纱在 60 ~ 80 ℃烘干 24 h 即可。

当用石蜡型浸润剂的玻璃纤维缠绕时,用前应先除蜡,以便提高纤维与树脂基材之间的黏结性能。

2. 玻璃纤维浸胶含量分布

玻璃纤维含胶量的高低及其分布对玻璃钢制品性能影响很大，直接影响制品的质量及厚度；含胶量过高，玻璃钢制品的复合强度降低；含胶量过低，制品里的纤维空隙率增加，使制品的气密性、防老化性及剪切强度下降，同时也影响纤维强度的发挥。此外，含胶量变化过大会引起应力分布不均匀，并在某些区域引起破坏。因此，纤维浸胶过程必须严格控制，必须根据制品的具体要求决定含胶量。缠绕玻璃钢的含胶量一般为25%～30%。

纤维含胶量是在纤维浸胶过程中进行控制的，浸胶过程可分为两个阶段。首先是将树脂胶液涂敷在增强纤维表面，之后胶液向增强纤维内部扩散和渗透。这两个阶段常常是同时进行的。在浸胶过程中，纤维含胶量的影响因素很多，如纤维规格、胶液黏度、胶液浓度、缠绕张力、缠绕速度、刮胶机构、操作温度及胶槽面高度等。

为了保证玻璃纤维浸渍透彻，树脂含量必须均匀并使纱片中的气泡尽量逸出，要求树脂黏度为0.35～0.80 Pa·s。加热和加入稀释剂可以有效地控制胶液黏度。但这些措施都会带来一定的副作用，即提高树脂温度会缩短树脂胶液的使用有效期；树脂里添加溶剂，若成型时树脂里的溶剂没清除干净，则会在制品中形成气泡，影响制品强度。

3. 缠绕张力

缠绕张力是缠绕工艺的重要参数，张力大小、各束纤维间张力的均匀性以及各缠绕层之间的纤维张力的均匀性对制品的质量影响极大。

(1)对制品机械性能的影响。

研究结果表明，玻璃钢制品的强度和疲劳性能与缠绕张力密切相关系。张力过小，制品强度偏低，内衬所受压缩应力较小，因而内衬在充压时的变形较大，其疲劳性能就越低。张力过大，则纤维磨损大，使纤维和制品强度都下降。此外，过大的缠绕张力还可能造成内衬失稳。各束纤维之间张力的均匀性对制品性能影响也很大。假如纤维张紧程度不同，当承受载荷时，纤维就不能同时承受力，导致各个击破，使纤维强度的发挥和利用大受影响。因此，在缠绕玻璃钢制品时，应尽量保持纤维束之间、束内纤维之间的张力均匀。为此，应尽量采用低捻度、张力均匀的纤维，并尽量保持纱片内各束纤维的平行。为了使制品里的各缠绕层不会由于缠绕张力作用导致产生内松外紧的现象，应有规律地使张力逐层递减，使内、外层纤维的初始应力都相同，容器充压后内、外层纤维能同时承受载荷。

(2)对制品密实度的影响。

缠绕在曲面上的玻璃纤维，在缠绕张力T_0的作用下，将产生垂直于芯模

表面的法向力 N,在工艺上称为接触成型压力。其值可由下式计算

$$N=\frac{T_0}{r}\sin\alpha\times10^{-4}\ \mathrm{Pa} \tag{9.7}$$

式中,T_0 为缠绕张力,N/cm;r 为芯模半径,cm;α 为缠绕角。

由此可见,使制品致密的成型压力与缠绕张力成正比,与制品曲率半径成反比。

(3)对含胶量的影响。

缠绕张力对纤维浸渍质量及制品含胶量的大小影响非常大,随着缠绕张力增大,含胶量降低。

在多层缠绕过程中,由于缠绕张力的径向分量——法向压力 N 的作用,外缠绕层将对内层施加压力。胶液因此将由内层被挤向外层,因而将出现胶液含量沿壁厚方向不均匀,即内低外高的现象。采用分层固化或预浸材料缠绕,可减轻或避免这种现象。

此外,如果在浸胶前施加张力,那么过大的张力将使胶液向增强纤维内部空隙扩散渗透困难,从而使纤维浸渍质量不好。

(4)施加张力的有关问题。

纤维张力可施加在纱轴或纱轴与芯模之间某一部位。前者比较简单,但在纱团上施加全部缠绕张力会带来如下困难:对湿法缠绕来说,纤维的胶液浸渍情况不好,而且在浸胶前施加张力,将使纤维磨损严重而降低其强度。张力越大,纤维强度降低越多。对于干法缠绕,如果预浸纱卷装得不够精确,施加张力后易使纱片勒进去。一般认为,湿法缠绕宜在纤维浸胶后施加张力,而干法缠绕宜在纱团上施加张力。

4. 纱片宽度变化和缠绕位置

纱片间隙会成为富树脂区,是结构上的薄弱环节。纱片宽度很难精确控制,这是因为它会随着缠绕张力的变化而变化,通常纱片宽度为 15 ~ 35 mm。

纱片的缠绕位置是缠绕机的精度与芯模的精度的函数。容器上敏感部位为封头部分及封头筒体连接处。对于测地线缠绕的等张力封头,由于普通环链式缠绕机精度不够,封头缠绕的纤维路径不是测地线,即使纤维不滑线,也难以实现封头等张力缠绕。

如果纱片缠绕轨迹不是封头曲面的测地线,则纱带在缠绕张力的作用下,一方面要被拉成曲面上两点间最短的线,另一方面便要向测地线曲率不为零的方向滑动。这就是滑线的原因。增大曲面的摩擦力,如采用预浸料缠绕,因为它具有一定的黏性,可减少滑线的可能性。

5. 缠绕速度

缠绕速度通常是指纱线速度，应控制在一定范围。因为当纱线速度过小时，生产率低；而当纱线速度过大时，会受到下列因素限制：

(1)湿法缠绕。

纱线速度受到纤维浸胶过程的限制，而且当纱线速度很大时，芯模转速很高，有出现树脂胶液在离心力作用下从缠绕结构中向外迁移和溅洒的可能。纱线速度最大不宜超过0.9 m/s。

(2)干法缠绕。

纱线速度主要受两个因素的限制，应保证预浸纤维用树脂通过加热装置后能熔融到所需黏度；避免杂质被吸入玻璃钢结构中的可能性。

此外，由纱线速度 $v_{纱}$、芯模速度 $v_{芯}$ 及小车速度 $v_{车}$(导丝头装在小车上)所构成的速度矢量三角形中，小车速度 $v_{车}=v_{纱}\cos\alpha$ 是有限制的。因为小车是做往复运动，小车在行程两端点处加速度最大，所以惯性冲击很大，特别小车质量较大时更是如此。同时车速过大，运行不稳，易产生频波振动，影响缠绕质量。小车速度最大不宜超过0.75 m/s。

6. 固化速度

玻璃钢固化有常温固化和加热固化两种，固化速度由树脂系统决定。固化制度是保证制品充分固化的重要条件，直接影响玻璃钢制品的物理性能及其他性能。加热固化制度包括加热的温度范围、升温速度、恒温温度及保温时间。

(1)加热固化。

高分子物理随物质聚合(即固化)过程的进行，相对分子质量增大，分子运动困难，位阻效应增大、活化能增高，因此需要加热到较高温度才能反应。加热固化可使固化比较安全，因此加热固化比常温固化的制品强度至少可提高20%～25%。

此外，加热固化可提高化学反应速度，缩短固化时间，缩短生产周期，提高生产率。

(2)保温。

保温一段时间可使树脂充分固化，产品内部收缩均衡。保温时间的长短不仅与树脂系统的性质有关，而且还与制品质量、形状、尺寸及构造有关。一般制品热容量越大，保温时间越长。

(3)升温速度。

升温阶段要平稳，升温速度不应太快。若升温速度太快，由于化学反应激烈，溶剂等低分子物质急剧逸出而形成大量气泡。

通常,当低分子变成高分子或液态转变成固态时,体积都要收缩,如果温升过快,由于玻璃钢热导率小,各部位间的温差必然很大,因而部位的固化速度和程度必然不一致,收缩不均衡。由于内应力作用致使制品变形或开裂,形状复杂的厚壁制品更甚。通常采用的升温速度为0.5~1 ℃/min。

(4)降温冷却。

降温冷却要缓慢均匀,由于玻璃钢结构中顺纤维方向与垂直纤维方向的线膨胀系数相差近4倍,因此,制品从较高温度若不缓慢冷却,各部位各方向收缩就不一致,特别是垂直纤维方向的树脂基体将承受拉应力,而玻璃钢垂直纤维方向的拉伸强度比纯树脂还低,当承受的拉应力大于玻璃钢强度时,就发生开裂破坏。

(5)固化制度的确定。

一般来讲,经树脂系统固化后,并不能全部转为不溶的固化产物,即不可能使制品达到100%的固化程度,通常固化程度超过85%以上就认为制品已经固化完全,可以满足力学性能的使用要求。但制品的耐老化性能、耐热性等尚未达到应有的指标。在此基础上,提高玻璃钢的固化程度,可以提高玻璃钢的耐化学腐蚀性、热变形温度、电性能和表面硬度,但是冲击强度、弯曲强度和拉伸强度稍有下降。因此,对不同性能要求的玻璃钢制品,即使采用相同的树脂系统,固化制度也不完全一样。对于要求高温使用的制品,就应有较高的固化度;对于要求高强度的制品,有适宜的固化度即可。固化程度太高,反而会使制品的强度下降。考虑兼顾制品的其他性能(如耐腐蚀、耐老化等),固化度也不应太低。

不同树脂系统的固化制度不一样,例如环氧树脂系统的固化温度随环氧树脂及固化的品种和类型不同而有很大差异。对各种树脂配方没有一个广泛适用的固化制度,只能根据不同树脂配方、制品的性能要求,并考虑到制品的形状、尺寸及构造情况,通过试验确定出合理的固化制度,才能得到高质量的制品。

(6)分层固化。

较厚的玻璃钢层压板需要采用固化工艺,其工艺过程如下:先固化内衬,然后在固化好的内衬缠制一定厚度的玻璃钢缠绕层,使其固化,冷却至室温后,再对表面打磨喷胶,缠绕第二次,依此类推,直至缠到设计所需要求的强度及缠绕层数为止。

7. 环境温度

树脂系统的黏度随温度的降低而增大,为了保证胶纱在制件上进一步浸渍,要求缠绕制品周围温度高于15 ℃。用红外线灯加热制品表面时,其温度在40 ℃左右,这样可有效提高产品质量。

9.7 拉挤成型工艺

9.7.1 拉挤成型工艺的应用领域

拉挤成型制品的主要应用领域如下:

(1)耐腐蚀领域。主要用于上、下水装置、工业废水处理设备、化工挡板、管路支架以及化工、石油、造纸和冶金等工厂内的栏杆、楼梯、平台扶手等。

(2)电工领域。主要用于高压电缆保护管、电缆架、绝缘梯、绝缘杆、电杆、灯柱、变压器和电机零部件等。

(3)建筑领域。主要用于门、窗结构用型材、桁架、桥梁、栏杆、帐篷支架、天花板吊架等。

(4)运输领域。主要用于汽车货架、卡车构架、冷藏车厢、汽车簧板、行李架、保险杆、甲板、电气火车轨道护板等。

(5)运动娱乐领域。主要用于钓竿、曲棍球棒、滑雪板、撑竿跳竿、弓箭杆、活动游泳池底板等。

(6)能源开发领域。主要用于太阳能收集器、支架、风力发电机叶片、抽油杆等。

(7)航空航天领域。主要用于飞机和宇宙飞船天线绝缘管、飞船用电机零部件等。

目前,随着科学和技术的不断发展,拉挤成型正向着提高生产速度、热塑性和热固性树脂同时使用的复合结构材料方向发展。生产大型制品、改进产品外观质量和提高产品的横向强度都将是拉挤成型工艺未来的发展方向。

9.7.2 拉挤成型工艺的原理及过程

拉挤是指玻璃纤维粗纱或其织物在外力牵引下,经过浸胶、拉挤成型、加热固化、定长切割,连续生产玻璃钢线型制品的一种方法。它不同于其他成型工艺之处是外力拉拔和挤压模塑,故称拉挤成型工艺。拉挤成型工艺流程如下:

玻璃纤维粗纱排布→浸胶→预成型→挤压模塑及固化→牵引→切割→制品

无捻粗纱纱团被安置在纱架上,然后引出通过导向辊和集纱器进入浸胶槽,浸渍树脂后的纱束通过预成型模具,它是根据制品所要求的断面形状而配置的导向装置。如成型棒材可用环形栅板,成型管可用芯轴,成型角型材可用相应导向板等。在预成型模中,排除多余的树脂,并在压实的过程中排除气泡。预成型模为冷模,用水冷却系统。产品通过预成型后进入成型模固化。成型模具一般由钢材制成,模孔的形状与制品断面形状一致。为减少制品通过时的摩擦力,模孔应抛光镀铬。如果模具太长,可采用组合模,并涂有脱模剂。成型物固化一般分为两种情况:一是成型模为热模,成型物在模中固化成型;另一种是成型模不加热或对成型物进行预热,而最终制品的固化是在固化炉中完成。

9.7.3 拉挤成型工艺的分类

拉挤成型工艺根据所用设备的结构形式可分为卧式和立式两大类。而卧式拉挤成型工艺由于模塑牵引方法不同,又可分为间歇式牵引和连续式牵引两种。由于卧式拉挤设备比立式拉挤设备简单,便于操作,故采用较多。卧式拉挤工艺,因模塑固化方式不同,也各有差异,现分述如下。

1. 间歇式拉挤成型工艺

所谓间歇式,就是牵引机构间断工作,浸胶的纤维在热模中固化定型,然后牵引出模,下一段浸胶纤维在进入热模中固化定型后,再牵引出模。如此间歇牵引,而制品是连续不断的,制品按要求的长度定长切割。

间歇式牵引法的主要特点是:成型物在模具中加热固化,固化时间不受限制,所用树脂的范围广,但生产效率低,制品表面易出现间断分界线。若采用整体模具时,仅适用于生产棒材和管材类制品;采用组合模具时,与压机同时使用。而且制品表面可以装饰、成型不同类型的花纹。但模制型材时,其形状受到限制,而且模具成本较高。

2. 连续式拉挤成型工艺

所谓连续式,就是制品在拉挤成型过程中,牵引机构连续工作。

连续式拉挤成型工艺的主要特点是:牵引和模塑过程均连续,生产效率高。生产过程中控制凝胶时间和固化程度、模具温度是保证成型制品质量的关键。此法所生产的制品不需二次加工,表面性能良好,可生产大型构件,包括空芯型材等制品。

3. 立式拉挤成型工艺

立式拉挤成型工艺是采用熔融或液体金属槽代替钢质的热成型模具。这就克服了卧式拉挤成型中钢质模具较贵的缺点。除此之外,其余工艺过程与卧式拉挤完全相同。立式拉挤成型主要用于生产空腹型材,因为生产空腹型材时，芯模只有一端支撑，采用此法可避免卧式拉挤芯模悬臂下垂所造成的空腹型材壁厚不均等缺陷。

值得注意的是，由于熔融金属液面与空气接触而产生氧化，并易附着在制品表面而影响制品表观质量。为此需在槽内金属液面上浇注乙二醇等醇类有机化合物作为保护层。

以上3种拉挤成型法以卧式连续拉挤法使用最多，应用最广。目前国内引进的拉挤成型技术及设备均属此种工艺方法。

9.7.4　原材料

1. 树脂基体

拉挤制品所用树脂主要有不饱和聚酯树脂、环氧树脂和乙烯基树脂等。其中不饱和聚酯树脂应用最多，大约占总量的90%。一般来讲，用于BMC和SMC的不饱和聚酯树脂都可用于拉挤成型。实际应用中，应根据拉挤成型工艺的特点和最终产品的使用要求来设计树脂配方。

用于拉挤成型的环氧树脂，主要是室温固化的双酚A性环氧树脂，其黏度在4 000 Pa·s以上。环氧树脂的固化体系对拉挤工艺及制品性能都有较大影响。理想的固化剂是能降低树脂黏度，减少树脂对成型模具的黏附力，缩短树脂固化时间，提高树脂热变形温度，改善制品的机械性能。环氧树脂在拉挤工艺中常用固化剂是溶解度高和熔点高的二元酸酐或芳香族胺类固化剂。

拉挤成型工艺用的乙烯基树脂是一种由环氧树脂主链同甲基丙烯酸反应而制得的双酚A乙烯基树脂。为保证在成型时具有一定的拉挤速度，乙烯基酯树脂大多需要使用促进剂。另外，阻燃型乙烯基酯树脂也开始用于拉挤成型工艺，这类树脂大多是溴化双酚A环氧-甲基丙烯酸聚合物，或者是在通常的乙烯基树脂中加入反应性溴化物。

为了获得不同的性能，开发拉挤制品新的应用领域，热固性甲基丙烯酸酯树脂、改性酚醛树脂也开始应用。

热塑性的聚丙烯、ABS、尼龙、聚碳酸酯、聚砜、聚醚砜、聚亚苯基硫醚等用于拉挤成型热塑性玻璃钢，可以提高制品的耐热性和韧性，降低成本。

2. 增强材料

拉挤成型所用的增强材料绝大部分是玻璃纤维，其次是聚酯纤维。在宇航、航空领域以及造船和运动器材领域中，也使用芳纶纤维、碳纤维等高性能材料。而在玻璃纤维中，应用最多的是无捻粗纱。所用玻璃纤维增强材料都采用增强型浸润剂。

玻璃纤维无捻粗纱又分为合股原丝、直接无捻粗纱及膨体无捻粗纱3种。合股原丝由于张力不均匀,易产生悬垂现象,使得在拉挤设备进料端形成松弛和圈结,影响作业顺利进行。直接无捻粗纱则具有集束性好、树脂浸透速率快、制品性能优良等特点。膨体无捻粗纱有利于提高制品的横向强度,如卷曲无捻粗纱和空气变形无捻粗纱等,而目前大多数制品采用直接无捻粗纱。

为了使拉挤制品有足够的横向强度,常用连续原丝毡、组合毡、无捻粗纱织物和针织物等增强材料。

连续原丝毡和无捻粗纱织物对于截面形状比较复杂的制品效果好。玻璃纤维表面毡有利于制品富树脂层形成并提高其耐腐蚀性,但制品表面易产生胶瘤。若使用机械织物可避免表面胶瘤并显著改善制品的纵向和横向强度。

连续原丝毡和无捻粗纱织物虽能提高横向强度,但其原丝分布不均,造成浸胶不均匀,而无捻粗纱织物成本高,在织造过程中可降低玻璃纤维强度。而使用玻璃纤维针织物可克服上述缺点。

玻璃纤维针织物中的纱线不仅交织在一起,而且相互重叠,并通过圈纱固定。针织物单重均匀、强度高,可以提高制品的冲击强度和剪切强度,并可加工成定向或三向织物。

三向针织物可制造高性能拉挤制品,并克服传统材料层间强度低、易分层的缺点。近年来,还出现了用玻璃纤维、碳纤维和芳纶纤维编织而成的三向针织物,以及全碳纤维三向针织物。使用这些高性能的增强材料制成的复合材料制品可用作桥梁、建筑、汽车、飞机和天线构件中的结构材料。

9.7.5 工艺参数

拉挤成型工艺参数主要包括固化温度、固化时间、牵引张力及速度、纱团数量等。由于拉挤工艺及制品在我国尚处于开发阶段,具体工艺参数报道较少。现仅以不饱和聚酯玻璃钢的拉挤制品生产工艺进行介绍。

1. 固化温度和时间

对于卧式拉挤设备来讲,由于模具长度及固化炉长度一定,故制品的固化温度和时间主要取决于树脂的引发固化体系。而通用的不饱和聚酯树脂多采用有机过氧化物为引发剂,其固化温度一般要略高于有机过氧化物的临界温度。若采用协同引发剂体系,则通常是通过不饱和聚酯树脂固化放热曲线来确定引发剂的类型与用量。

2. 浸胶时间

所谓浸胶时间是指无捻粗纱及其织物通过浸胶槽所用的时间。时间长短以玻璃纤维被浸透为宜,一般对不饱和聚酯树脂的浸胶时间控制在15～20 s为宜。

3. 张力及牵引力

张力是指拉挤过程中玻璃纤维粗纱张紧的力。它可使浸胶后的玻璃纤维粗纱不松散。其大小与胶槽的调胶辊到模具的入口之间的距离有关,与拉挤制品的形状、树脂含量要求有关。一般情况下,要根据具体制品的几何形状、尺寸通过试验确定。

牵引力一般分为起动牵引力和正常牵引力两种,通常前者大于后者,因此,牵引力的大小取决于制品的几何形状。

4. 玻璃纤维纱用量计算

当制品的几何形状、尺寸、玻璃纤维和填料的质量含量确定后,玻璃纤维纱的用量可以按下式计算

$$\rho_{混}=\frac{1}{[w_t/\rho_t+(1-w_t)/\rho_R](1+V_g)} \tag{9.8}$$

式中,$\rho_{混}$ 为树脂和填料混合物密度,g/cm^3;w_t 为填料的质量分数;ρ_t 为填料密度,g/cm^3;ρ_R 为树脂密度,g/cm^3;V_g 为树脂和填料混合物孔隙率。

如果混合物的孔隙率未知,则可以用下式计算

$$\rho_{混}=\frac{W_{混}}{V_{混}} \tag{9.9}$$

式中,$W_{混}$ 为树脂和填料混合物质量,g;$V_{混}$ 为树脂和填料混合物体积,cm^3。

玻璃纤维体积分数按下式计算

$$V_f=\frac{W_f/\rho_f}{[W_f/\rho_f+(1-W_f)/\rho_{混}](1+V_{gC})} \tag{9.10}$$

式中,V_f 为玻璃纤维的体积分数,%;W_f 为玻璃纤维的质量分数,%;$\rho_{混}$ 为树脂和填料混合物密度,g/cm^3;ρ_f 为玻璃纤维密度,g/cm^3;V_{gC} 为玻璃纤维、树脂和填料混合物孔隙率。

拉挤制品所用纱团数按下式计算

$$N=\frac{100A\beta_f\rho_f V_f}{K} \tag{9.11}$$

式中,V_f 为玻璃纤维的体积分数,%;ρ_f 为玻璃纤维密度,g/cm^3;β_f 为玻璃纤维系数,m/g;A 为制品表面积,cm^2;K 为玻璃纤维股数;N 为制品所用纱团数。

9.8 RTM 成型工艺

9.8.1 工艺特点

(1)具有无须胶衣涂层,即可为构件提供双面光滑表面的能力。

(2)能制造出具有良好表面品质的、高精度的复杂构件。

(3)产品成型后只需做小的修边。

(4)模具制造与材料选择的机动性强,不需要庞大、复杂的成型设备就可以制造复杂的大型构件,设备和模具的投资少。

(5)空隙率低(0~0.2%)。

(6)纤维体积分数高。

(7)便于使用计算机辅助设计(CAD)进行模具和产品设计。

(8)模塑的构件易于实现局部增强,并可方便制造含嵌件和局部加原构件。

(9)成型过程中散发的挥发性物质很少,有利于身体健康和环境保护。

因而,RTM 成型无须制备、运输、储藏冷冻的预浸料,无须烦琐和高劳动强度的手工铺层和真空袋压过程,也无须热压处理时间,操作简单。RTM 技术现在已经广泛应用于新产品的开发和生产中,还在于 RTM 是一种分批成型法,具有增强材料与基体的组合自由度大、赋形性高、增强材料的不同形态组合的自由度宽等特征。

但是,RTM 也存在一些不足,如加工双面模具最初费用较高,预成型坯的投资大,对模具中的设置与工艺要求严格。

9.8.2 工艺过程

RTM 法一般是指在模具的成型腔里预先设置增强材料(包括螺栓、螺帽、聚氨酯泡沫塑料等嵌件),夹紧后,从设置于适当位置的注入孔,在一定温度及压力下,将配好的树脂注入模具中,使之与增强材料一起固化,最后起模、脱模,从而得到成型制品。

RTM 成型工艺流程主要包括模具清理、脱模处理、胶衣涂布、胶衣固化、纤维及嵌件等安放、合模夹紧、树脂注入、树脂固化、起模、脱模(二次加工)。其工艺流程如图 9.16 所示。

在涂衣涂布和固化工序中,胶衣厚度一般为 400~500 μm,由于膜厚的分散性为操作者的技能所左右,有时要用机械手进行喷涂。对胶衣树脂的

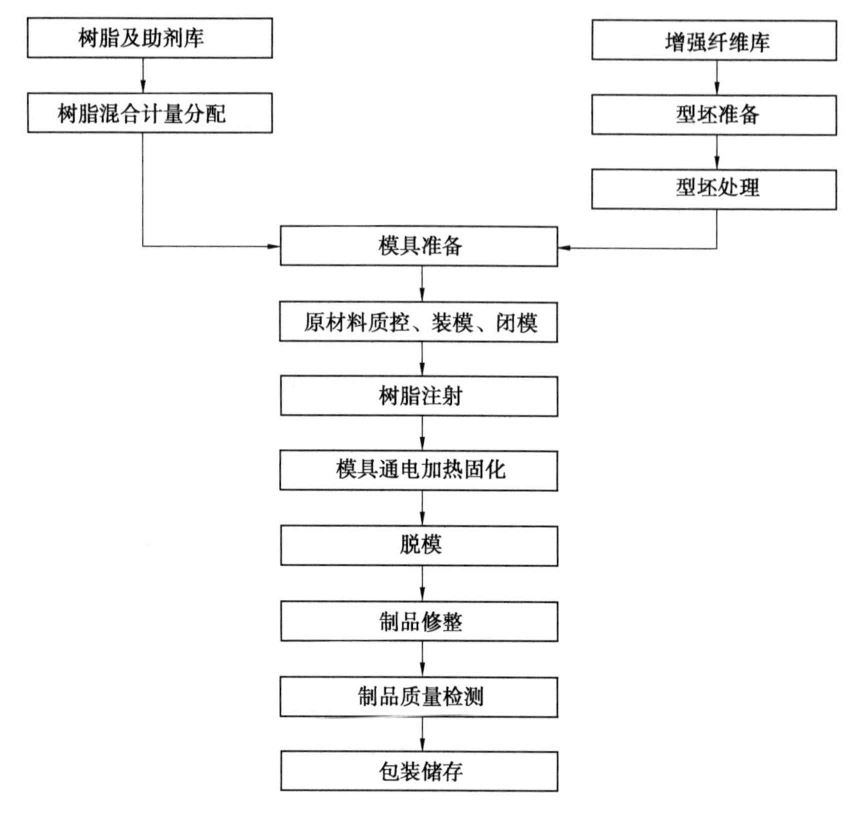

图9.16 RTM工艺流程

性能有很多要求,即使令其快速固化,也不应因均化不足而发生气泡(针孔),表面凸凹要少。进而要求即使固化时间不吻合,也不应发生脱离现象。

在纤维及嵌件等铺放过程中,一般使用预成型坯,预成型坯是在准备阶段将纤维制成与最终成型制品形状相近似的坯料,采用预成型可顺利转入后续工艺。

在合模和夹模具工序中,根据所准备模具的结构,并适应模具尺寸、精度、锁模力、生产速度等,有的锁模具机构设于模具自身内,有的用外设的简易模压机夹紧,形式多样。

合模压缩的程度因使用纤维增强材料的种类、形态、纤维体积分数而变化,对于短切纤维成型坯,如果纤维体积分数为15%,则合模压力为49~78 kPa。需要注意的是,该合模压力由于始终没有考虑预成型纤维毡内单重分散性,因此与合模机的设定无关。

在树脂注入固化的工序中,如果注入时间等于固化时间则是最理想的,但不言而喻,这是不可能的。RTM的成型周期可根据欲得成型制品所要求的产量而适当设定，但由于一套模具在成型周期内树脂固化时间所占比例很高，所以要充分考虑注入树脂的固化时间和固化特征。

9.8.3 影响工艺的因素

RTM成功的关键是正确地分析、确定和控制工艺参数。主要工艺参数有注胶压力、温度、速度等，这些参数是相互关联、相互影响的。

1. 压力

压力是影响RTM工艺过程的主要参数之一。压力的高低决定模具的材料要求和结构设计，高的压力需要高强度、高刚度的模具和大的合模力。如果高的注胶压力与低的模具刚度结合，制造出的制件就要超差。

RTM工艺希望在较低压力下完成树脂压注。为降低压力，可采取以下措施：降低树脂黏度；适当的模具注胶口和排气口设计；适当的纤维布设计；降低注胶速度。

2. 注胶速度

注胶速度同样也是一个重要的工艺参数。注胶速度取决于树脂对纤维的润湿性、树脂的表面张力及黏度，受树脂的活性期、压注设备的能力、模具刚度、制件的尺寸和纤维体积分数的制约。人们希望得到高的注胶速度，以提高生产效率。从气泡排出的角度，也希望提高树脂的流动速度，但不希望速度的提高会伴随压力的升高。

另外，充模的快慢与RTM的质量影响也是不可忽略的重要因素。纤维与树脂的结合除了需要用偶联剂预处理以加强树脂与纤维的化学结合力外，还需要有良好的树脂与纤维结合紧密性。这通常与充模时树脂的微观流动有关。最近有关研究人员用充模的宏观流动来预测充模时产生夹杂气泡、熔接痕甚至充不满等缺陷。用微观流动来估计树脂与纤维之间的浸渍和存在于微观纤维之间的微量气体的排除量（通常用电子显微才能检测）。由于树脂对纤维的完全浸渍需要一定的时间和压力，较慢的充模压力和一定的充模反压有助于改善RTM的微观流动状况。但是充模时间增加，降低了RTM的效率。所以，这一对矛盾也是目前的研究热点。

3. 注胶温度

注胶温度取决于树脂体系的活性期和最小黏度的温度。在不至于缩短太多树脂凝胶时间的前提下，为了使树脂在最小的压力下使纤维获得充足的浸润，注胶温度应尽量接近最小树脂黏度的温度。过高的温度也缩短树脂的工作期。过低的温度会使树脂黏度增大，而使压力升高，阻碍树脂正常渗入纤维的能力。较高的温度会使压力升高，阻碍树脂渗入的能力。较高的温度会使树脂表面张力降低,使纤维床中的空气受热上升,因而有利于气泡的排出。

9.8.4 原材料

1. 增强材料

(1)增强材料的分布应符合制品结构设计要求,要注意方向性。

(2)增强材料铺好后,其位置和状态应固定不动,不应因模和注射树脂而引起变动。

(3)对树脂的浸润变动。

(4)利于树脂的流动并能经受树脂的冲击。

2. 树脂基体

RTM 工艺的一个限制性因素是树脂技术,因此研究开发适合于 RTM 工艺的树脂基体是其关键环节。RTM 工艺对基体树脂工艺性的要求可概括如下:

(1)室温或工作温度下具有低的黏度(一般应小于 1.0 Pa·s)及一定长的适用期。

(2)树脂对增强材料具有良好的浸润性、匹配性及黏附性。

(3)树脂在固化温度下具有良好的反应性且后处理温度不应过高。

(4)固化中和固化后不易发生裂纹;从凝胶化、固化和脱模的期间短;固化时发热量少。

9.9 热塑性复合材料的制造工艺

热塑性复合材料是 20 世纪 50 年代初研究成功的,1956 年美国 Fiberfiu 公司首先实现短纤维增强尼龙工业化生产。进入 20 世纪 70 年代,热塑性复合材料(FRTP)得到迅速发展。除短纤维增强热塑性复合材料外,美国 PPG 公司研究成功用连续纤维毡和聚丙烯树脂生产片状模塑料(AZDEL),并实现了工业化生产。法国 Avjomarc 公司在美国 PPG 公司技术的基础上,根据造纸工艺原理用湿法生产热塑性片状模塑料(GMT),苏联也研究出类似的产品,是用短切玻璃纤维毡作为增强材料,属于干法生产工艺。

9.9.1 分类及应用

FRTP 的成型方法已发展很多种,根据纤维增强材料的长短分为以下两大类。

1. 短切纤维增强 FRTP 成型方法

(1)注射成型工艺。

(2)挤出成型工艺。

2. 连续纤维及长纤维增强 FRTP 成型方法

(1)片状模塑料冲压成型工艺。

(2)预浸料模压成型工艺。

(3)片状模塑料真空成型工艺。

(4)预浸纱缠绕成型工艺。

(5)挤拉成型工艺。

热塑性玻璃钢具有很多优于热固性玻璃钢的特殊性能,其应用领域十分广泛。从国外应用情况来看,热塑性玻璃钢主要用于汽车制造工业、机电工业、化工防腐及建筑工程等。从我国的情况来看,已开发应用的产品有机械零件(罩壳、支架、滑轮、齿轮、凸轮及联轴器等)、电器零件(高低压开关、线圈骨架、插接件等)、耐腐蚀零件(化工容器、管道、管件、泵、阀门等)及电子工业中耐 150 ℃以上的高温零件等。随着我国汽车工业的迅速发展,用于生产汽车零件的数量将会跃居首位,与此同时,连续玻璃纤维增强热塑性片状模塑料冲压成型产品也将会得到很快的发展。

9.9.2 理论基础

热塑性复合材料的工艺性能主要取决于树脂基体,因为纤维增强材料在成型工程中不发生物理和化学变化,仅使基体的黏度增大,流动性降低。

热塑性树脂的分子呈线型,具有长链分子结构,这些长链分子相互贯穿,彼此重叠、缠绕在一起,形成无规线团结构。长链分子之间存在着很强的分子间作用力,使聚合物表现出各种各样的力学性能,在复合材料中长链分子结构包裹于纤维增强材料周围,形成具有线型聚合物特性的树脂纤维混合体,使之在成型过程中表现出许多不同于热固性树脂纤维混合体的特征。

FRTP 的成型过程通常包括:使物料变形或流动,充满模具并取得所需要的形状,保持所取得的形状成为制品。因此,必须对成型过程中所表现的各种物理化学变化有足够的了解和认识,才能找出合理的配方,制订相应的工艺路线及对成型设备提出合理的要求。

FRTP 成型的基础理论包括:树脂基体的成型性能;聚合物熔体(树脂加纤维)的流变性;成型过程中的物理和化学变化。

9.9.3　树脂基体的成型性能

热塑性树脂的成型性能表现为良好的可挤压性、可模塑性和可延展性等。所有这些性能都和温度密切相关。

1. 可挤压性

可挤压性是指树脂通过挤压作用变形时获得形状和保持形状的能力。在挤出、注射、压延成型过程中，树脂基体经常受到挤压作用，因此研究树脂基体的挤压性能，能够帮助正确选择和控制制品所用材料的成型工艺。

树脂只有在黏流状态时才能通过挤压而获得需要的变形。黏流态的熔体在挤压过程中主要受剪切作用，因此，树脂的可挤压性主要取决于熔体的剪切黏度和拉伸黏度。大多数线型树脂的熔体黏度随剪切速率的增大而降低，熔体的流动速率则随着挤压力的增加而增大。

2. 可模塑性

可模塑性是指树脂在温度和压力作用下产生变形充满模具的成型能力。它取决于树脂的流变性、热性能和力学性能等。提高温度，能够增大熔体的流动性，易于充模成型，但温度过高，会使制品的收缩率增大并引起分解。温度过低，熔体黏度大，成型困难。加大压力可以改善熔体的流动性，便于成型。但压力过高会引起溢料和增加制品的内应力，脱模后产生变形。压力过低，则会造成缺料，产生废品。而模具的构造和尺寸也会对树脂的可模塑性产生影响。低劣的模具会使成型困难。

工程中常用螺旋流动试验来判断树脂在成型中的可模塑性，通过阿基米德螺旋型模的流动试验可以了解到：

(1)树脂的流动性和温度及剪切力的关系。

(2)树脂熔体成型温度、压力和周期的最佳条件。

(3)相对分子质量、配方对树脂的流动性和成型条件的影响。

(4)模具构造和质量对树脂熔体的流动性和成型条件的影响。

3. 可延展性

高弹态聚合物受单向或双向拉伸时的变形能力称为可延展性。线型聚合物的可延展性取决于分子长链结构和柔顺性，在 $T_g \sim T_s$(或 T_m)温度范围内聚合物受到大于屈服强度的拉力作用时，产生塑料延伸变形，在变形过程中大分子结构因拉伸而开始取向，大分子间作用力增大，聚合物黏度升高出现“硬化”，变形发展趋于稳定，称为应变硬化。增大拉力，聚合物开始破坏，此时应力称为拉伸极限强度。

不同聚合物的可延展性不同，在 T_g 附近拉伸时称冷拉伸，在 T_g 以上拉伸称为热拉伸,聚合物的延展性可利用拉伸和压延工艺生产薄膜、片材和纤维。

4. 热塑性聚合物的状态与温度的关系

非晶态热塑性聚合物随温度变化有 3 种状态,即玻璃态(结晶聚合物为结晶态)、高弹态和黏流态。这种物态的变化受其化学组成、分子结构、所受应力和环境温度的影响,当组成一定后物态主要和温度有关。

热塑性树脂的成型几乎都在黏流温度 T_f附近进行,而真空成型和热冲压成型是在高弹态下进行。FRTP 的成型过程都要经历上述状态的转变,因此,了解这些转变过程的本质和规律,就能选择适当的成型方法,确定合理的工艺路线,取得最经济制造性能优良的制品的目的。

当聚合物处于玻璃化转变温度 T_g以下时,它呈坚硬的固体,具有普通弹性物质的性能,力学强度大,弹性模量高,变形小,可以作为结构材料使用,能进行车、铣、削、刨等机械加工,但不宜进行较大变形的冷加工成型。

在玻璃化温度和黏流温度 $T_g \sim T_f$之间,聚合物处于高弹态,其弹性模量大大降低,变形能力明显增大,但变形是可逆的。对于无定形聚合物,在接近 T_f时可进行真空成型、压延成型、冲压成型和弯曲成型等。对于结晶型聚合物,在玻璃化温度和熔点温度($T_g \sim T_m$)区间,可进行薄膜和纤维的拉伸。

在黏流温度和分解温度 $T_f \sim T_d$之间,聚合物处于黏流态呈液体熔体,表现出流动性能。这个温度区间越宽,聚合物越不易分开。在高于 T_f温度下,聚合物的弹性模量降到最低值,熔体黏性较小,在很小的外力作用下就能使熔体流动变形。此时变形主要是不可逆的黏性变形,对于制造复合材料来讲,熔融树脂易浸渍纤维,熔体冷却后可使变形永久保留,故在这一温度范围内,可以进行挤出、注射、拉挤、预浸料制备、吹塑及贴合等成型。温度达到 T_d附近时,聚合物会产生分解,降低制品外观质量和力学性能。综上所述,T_f和 T_g都是聚合物成型的至关重要的温度参数。

线型聚合物的黏流态可以通过加热、加入溶剂和机械作用而获得。黏流温度是高分子链开始运动的最低温度,它不仅和聚合物的结构有关,而且还与分子质量大小有关。分子质量增加,大分子之间的相互作用随之增加,需要较高的温度才能使分子流动。因此,黏流温度随聚合物分子质量的增加而升高,如果聚合物的分解温度低于或接近黏流温度,就不会出现黏流状态,这种聚合物成型加工比较困难。

9.9.4 成型加工过程中聚合物的降解

聚合物在热、力、氧、水、光、超声波等作用下,往往会发生降解,使其性能劣化。聚合物降解难易程度与其本身的分子结构有关,这一点在高分子物理中已有详细论述。聚合物降解的实质表现为:①分子链断裂;②双联;③分子链结构改变;④侧基改变;⑤以上表现的综合作用。在聚合物成型加工过程中,热降解是最主要的,由力、氧、水引起的降解居次要地位,光和超声波等降解一般很少发生。

1. 热降解

热降解在成型加工过程中,主要由加热温度所引起。在成型温度作用下,聚合物中的不稳定分子首先分解,大分子的降解只有在长时间高温作用下才会开始。热降解属于游离基型的链锁反应历程。

热降解速度随温度升高而加剧。因此,在成型过程中,一定要根据聚合物的耐热性,将成型温度控制在不易使聚合物降解的范围之内,这是保证优质产品质量的先决条件。

2. 应力降解

聚合物的成型加工一般都要在设备内经过粉碎、研磨、高速搅拌、辊压、混炼、挤出、注射等操作过程,受到剪切、拉伸、压缩等外力的作用,这些外力在一定条件下,能使聚合物的分子链断裂,应力引起的降解反应属于游离基型的链锁降解。

应力降解会产生热量。因此,成型加工过程中的降解作用在很多情况下是应力和热、氧、降解作用的总和。

3. 氧降解

空气中的氧在成型过程中的高温环境下,能使聚合物化学键较弱部分形成极不稳定的过氧化物结构,过氧化物结构易分解产生游离基,从而加速降解反应进行。其结果是分子链断裂、交联、支化等。这种现象又被称为热氧化降解。对于聚合物加工成型来讲,热氧化降解比热降解反应更为剧烈,影响也更大。

聚合物的热氧化降解速度与氧含量、温度高低和受热时间长短等有关。一般来讲,加工环境的氧含量越高、温度高及受热时间越长,聚合物降解越严重。

4. 水降解

当聚合物分子结构中含有能被水解的化学基团时,如含有酰胺基(—CO—NH—)、酯基(—CO—O—)、醚基(—C—O—C—)等;或者当聚合物氧化而使其具有可以水解的基团时,都可能在成型时的高温、高压下发生降解,如果降解发生在主链上,降解后的聚合物平均分子质量降低,对制品的性能影响较大,如果降解发生在支链上,对分子质量影响不大,对制品性能影响也较小。

降解能使制品外观变坏，性能降低，使用寿命缩短等，为了避免或减少聚合物在成型加工过程中的降解，可采用以下措施：

①高质量的原材料可以避免各种杂质引起的降解作用，故需选用技术指标合格的原材料。

②对原材料进行烘干处理，使水分的质量分数控制在0.01%～0.05%。

③合理地选择工艺条件，将塑料制品成型加工控制在不易降解的条件下进行。

9.10 自动化与新兴低成本成型工艺

9.10.1 自动铺丝技术及自动铺放技术

复合材料自动化技术包括自动铺带技术和自动铺丝技术。

1. 自动铺带技术

复合材料自动铺技术包括自动铺带技术和自动铺丝技术。

自动铺带机由美国 Vought 公司在20世纪60年代开发，用于铺放 F-16 战斗机的复合材料机翼部件。随着大型运输机、轰炸机和商用飞机复合材料用量的增加，专业设备制造商（如 Cincinnati Machine、Ingersoll 公司）在国防需求和经济利益的驱动下开始制造自动铺带设备，此后自动铺带技术日趋完善，应用范围越来越广泛。带有双超声切割刀和缝隙光学探测器的十轴铺带机已经成为典型配置，铺带宽度最大可达到300 mm，生产效率达到每周1 000 kg，是手工铺叠的数十倍。

经过30多年发展，美国自动铺带机已经发展到第五代，其中一个重要方向是多铺放头和针对特定构件的专用化铺带机（Boeing 公司采用）。

自动铺带技术采用有隔离衬纸的单向预浸带，剪裁、定位、铺叠、辊压均采用数控技术自动完成，由自动铺带机实现。多轴龙门式机械臂完成铺带位置自动控制，核心部件铺带头中装有预浸带输送和预浸带切割系统，根据待铺放工件边界轮廓自动完成预浸带特定形状的切割，预浸带加热后在压辊的作用下铺叠到模具表面。

按所铺放构件的几何特征，自动铺带机分为平面铺带（FTLM）和曲面铺带（CTLM）两类。

FTLM 有4个运动轴，采用150 mm 和300 mm 宽的预浸带，主要用于平板铺放；

CTLM 有5个运动轴，主要采用75 mm 和150 mm 宽的预浸带，适于小曲率壁板的铺放，如机翼蒙皮、大尺寸机身壁板等部件。

欧洲从20世纪90年代开始研制生产自动铺带机，经过不断创新，重在实现自动铺带机的高效和多功能化，包括双头两步法（Frest-line 公司采用）、多带平行铺放和超声切割复合化（M-torres 公司采用）等。

2. 自动铺丝技术

自动铺丝技术综合了自动铺带和纤维缠绕技术的优点，铺丝头把缠绕技术中不同预浸纱独立输送和自动铺带技术的压实、切割、重送功能结合在一起，由铺丝头将数根预浸纱在压辊下集束成为一条宽度可变的预浸带（宽度变化通过程序控制预浸纱根数自动调整）后铺放在芯模表面，加热软化预浸纱并压实定型。典型的自动铺丝机系统包括7个运动轴和12～32个丝束（预浸纱或带背衬的切割预浸窄带）输送轴。

与自动铺带相比，自动铺丝技术有两个突出的优点：

①采用多组预浸纱，具有增减纱束根数的功能；根据构件形状自动切纱以适应边界，几乎没有废料，且不需要隔离纸；可以完成局部加厚/混杂、加筋、铺层递减和开口铺层补强等来满足多种设计要求。

②由于各预浸纱独立输送，不受自动铺带中自然路径轨迹限制，铺放轨迹自由度更大，可以实现连续变角度铺放（Fibersteer 技术），适合大曲率复杂构件成型。

自动铺丝技术由美国航空制造界在20世纪70年代开发，用于复合材料机身结构制造，主要针对缠绕技术的不足进行创新，其技术核心是铺放头的设计研制和相应材料体系与设计制造工艺开发。典型的自动丝束铺放机和铺丝头结构如图9.17和9.18所示。

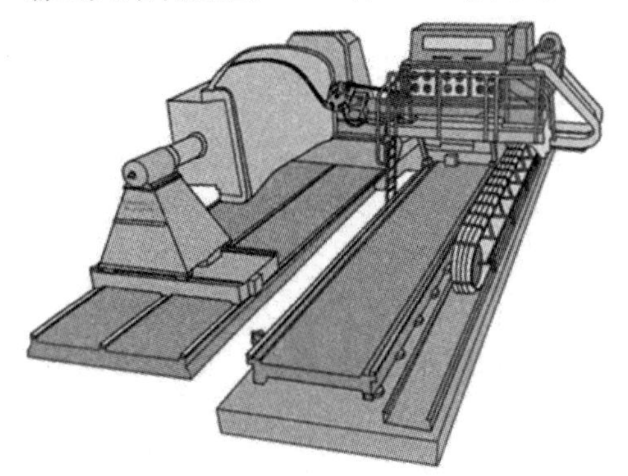

图9.17　典型的自动丝束铺放机

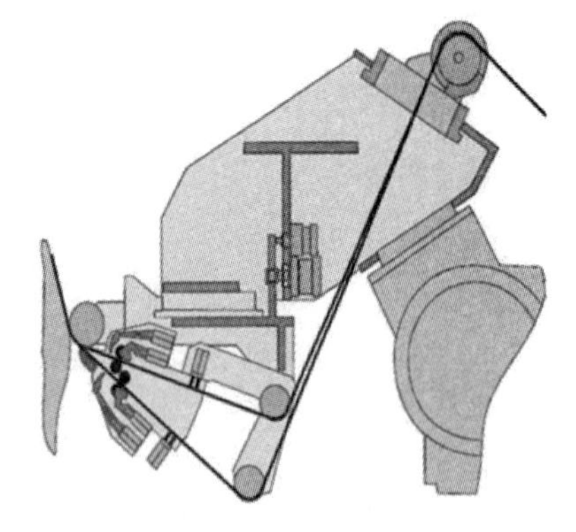

图9.18　典型的铺丝头结构

3. 自动铺丝技术-自动铺放设备研究进展

Boeing 研制出“AVSD 铺放头”,解决了预浸纱、切断与重送和集束压实的问题,1985 年完成了第一台原理样机;法国宇航公司(Aerospatial)1996 年研制出欧洲第一台六轴六丝束自动铺丝机,德国 BSD 公司 2000 年研制出七轴三丝束热塑性窄带铺丝试验机。

20 世纪 80 年代后期,Cincinnati Machine 公司 1989 年设计出其第一台自动铺丝系统并投入使用,该系统申请注册的专利多达 30 余项。机型升级到 Viper6000,数控系统升级到全数字控制的 CM100,开发了专用的 CAD/CAM 软件——ACES 系统。

Ingersoll 公司于 1995 年研制出其第一台自动铺丝机,尤其是该公司最新开发的大型立式龙门铺丝机,效率之高可以与自动铺带机相媲美,适于大面积、大曲率构件成型,为制造飞翼飞机复合材料构件提供了成型手段。美国的其他公司也不断开发自动铺丝技术,最新进展包括预浸纱气浮轴承传输、多头铺放、可换纱箱与垂直铺放、丝-带混合铺放等。

20 世纪 90 年代由专业软件制造商在高端 CAD/CAM 环境(CATIA、UG)进一步开发 CAD/CAM 软件(如美国 Vistage 的 Fibersim),将自动铺放技术与其他复合材料成型技术集成。尤其是 Dassault 公司开发的自动铺带软件,直接与 CATIA 集成,大大提高了效率。

4. 自动铺丝技术-自动铺放技术的应用

美国生产 B1、B2 轰炸机的大型复合材料结构,F-22 战斗机机翼,波音 777 飞机机翼、水平和垂直安定面蒙皮,C-17 运输机的水平安定面蒙皮,全球鹰 RQ-4B 大展弦比机翼,787 机翼等。

欧洲生产的复合材料结构件包括 A330 和 A340 水平安定面蒙皮,A340 尾翼蒙皮,A380 的安定面蒙皮和中央翼盒等。在第四代战斗机的中典型应用包括 S 形进气道和中部机身翼身融合体蒙皮。

波音直升机公司率先应用自动铺丝技术研制 V-22 倾转旋翼飞机的整体后机身。Raytheon 公司率先在商用飞机机身的研制中应用自动铺丝技术,包括 Premier I 和霍克商务机的机身。在大型飞机上的应用包括 B747 及 B767 客机的发动机进气道整流罩试验件,该整流罩试验件在制造过程中采用自动铺放与固化分立技术。在 A380 飞机上的应用以自动铺带为主,用于生产垂尾、平尾和中央翼盒等,并开始在尾段采用自动铺丝技术。举世瞩目的 B787 复合材料使用量达到 50%,这在很大程度上得益于自动铺放技术:所有翼面蒙皮均采用自动铺带技术制造,全部机身采用自动铺丝技术整体制造,首先分别由不同承包商分段制造,然后在西雅图 Boeing 工厂组装。

5. 自动铺丝技术及自动铺放技术的未来

现在自动铺带技术已经成为翼面、中央翼盒及壁板类构件制造技术之首选，目前欧洲在研的 A400M 飞机采用以铺带技术为主的自动铺放技术，Ingersoll 公司研制的龙门式垂直自动铺丝机也将用于机翼制造，可望制造更加复杂的翼面结构，如翼身融合构件、飞翼飞机大型复合材料结构件等。

在机身制造技术方面，Boeing 公司全力推进自动铺丝技术并在 787 飞机上获得巨大成功，开创了整体机身制造的先河；在小型飞机支线客机上开展自动铺丝制造机身研制工作已经多方应用尝试；A350 超宽体客机复合材料用量将超过 52%，为此欧洲已经启动复合材料机身技术专项研究。

9.10.2 低温固化成型技术

低温固化成型技术的关键是开发可以在室温为 80 ℃聚合固化的树脂体系，及其低温固化预浸料。

低温固化成型技术的优点在于可采用廉价模具工装和辅助材料，一般在烘箱内加温固化，不需要昂贵的热压罐设备，因此制造成本可以大大降低。

所有低温固化预浸料都要求在烘箱中独立进行固化，即温度从室温直接升到要求温度，对环氧树脂通常为 177 ℃，并保温，使固化反应完全，提高固化物的玻璃化温度 T_g，使其超过固化温度，同时力学性能也得到提高。

低温固化预浸料固有的特性是较高的反应活性，这也是节省成本的关键，高的反应活性随之在室温下有相对较短的工作期，选用这种材料制造大的或复杂构件时，有限的室温储存时间给使用带来困难。因此，新的低温固化用结构预浸料需要提高起始固化温度到 80 ~ 100 ℃，而不以 60 ℃为目标，目的是增加其工作寿命，同时湿态性能得到改善，且具有 177 ℃固化预浸料的整体性能，特别是韧性和 T_g。

9.10.3 电子束固化技术

电子束固化成型是指利用高能电子束引发预浸料中的树脂基体发生交联反应，制造高交联密度的热固性树脂基复合材料的方法。电子束固化是辐射固化的一种，辐射固化还包括利用光、射线等粒子的能量引发反应，使树脂单体聚合、交联，达到固化的工艺过程。其中光固化研究已有 50 多年的历史，而电子束固化则要短得多。

电子束固化优点：

①电子束固化可以在室温或低温下进行。

②固化剂和有机溶剂的用量大大减少。

③可以只对需要固化的区域进行辐射,实现局部固化。

④可以与缠绕、自动铺放、树脂转移模塑等工艺相结合,实现连续生产。

⑤电子束固化树脂体系的储存稳定性优良。

电子束固化也有其不利的方面,如电子束及其产生的 X 射线需要防护设施加以隔离,以免对人造成伤害;固化过程中加压困难。

9.10.4 光固化技术

光固化是指由液态的单体或预聚物受紫外或可见光的照射经聚合反应转化为固化聚合物的过程。

光聚合反应是指化合物吸收光而引起分子质量增加的化学过程。光聚合反应除光缩合聚合(也称局部化学聚合)外,多数是链反应机理,因此光聚合在链引发阶段需要吸收光能。

光聚合的特点是聚合反应所需的活化能低,因此它可以在很大的温度范围内发生,特别是易于进行低温聚合。另外,由于光聚合链反应是吸收一个光子导致大量单体分子聚合为大分子的过程,从这个意义上讲光聚合是一种量子效率非常高的光反应,具有很大的实用价值。

光聚合反应的发生,首先要求聚合体系中的一个组分必须能吸收某一波长范围的光能,其次要求吸收光能的分子能进一步分解或与其他分子相互作用而生成初级活性种。同时还要求在整个聚合过程中所生成的大分子的化学键应是能经受光辐射的。因此,选择适当能量的光辐射使之能产生引发聚合的活性种是十分重要的。

9.10.5 微波固化技术

1. 微波固化的原理

对于微波固化反应的机理,有"致热效应"和"非致热效应"两种解释。目前,传统观点认为微波固化加速反应主要是由于微波的"致热效应",其固化机理是极性物质在外加电磁场的作用下,内部介质极化产生的极化强度矢量落后于电场一个角度,导致与电场相同的电流产生,构成物质内部功率耗散,从而将微波能转化为热能,致使固化体系快速均匀升温而加速反应。

2. 微波固化行为的研究

微波固化 E 玻纤/环氧复合材料时,由于 E 玻纤不能吸收微波能,主要是环氧基体吸收微波加热,然后通过界面传给 E 玻纤,热梯度是沿界面从环氧到纤维方向递减。微波固化时工件内部温度先升高,从而改善了界面黏接,使复合材料强度和刚度提高。

参考文献

[1] 黄家康, 岳红军,董永祺. 复合材料成型技术[M]. 北京:化学工业出版社,1999.

[2] 刘雄亚,谢怀勤. 复合材料工艺及设备[M]. 武汉:武汉理工大学出版社,2010.

[3] 沃丁柱. 复合材料大全[M]. 北京:化学工业出版社,2000.

[4] 肖翠荣,唐羽章. 复合材料工艺学[M]. 北京:国防科技大学出版社,1991.

[5] 翁祖祺,陈博,张长发. 中国玻璃钢工业大全[M]. 北京:国防工业出版社,1992.

[6] 古托夫斯基 T G. 先进复合材料制造技术[M]. 北京:化学工业出版社,2004.

[7] 罗经津,张久政,刘晓峰. 复合过滤材料成型工艺及应用[J]. 过滤与分离, 2012(3):29-31.

[8] 陈建升,范琳,左红军,等. 复合材料——适用于 RTM 成型聚酰亚胺材料研究进展[J]. 中国学术期刊文摘,2007(13):4-8.

[9] 乐小英,黄世俊,翟苏宇,等. 酚醛树脂复合材料成型条件的正交实验优化[J] . 广州化工,2015(20) :64-67.

[10] 任杰, 陈勰,顾书英. 聚乳酸/天然纤维复合材料成型加工研究进展[J]. 工程塑料应用,2014(42):102-105.

[11] 何亚飞,矫维成,杨帆,等. 树脂基复合材料成型工艺的发展[J]. 纤维复合材料,2011(2):7-13.

[12] 刘永纯. 新型复合材料成型设备的进展[J]. 纤维复合材料,2011(1):33-34.

[13] 张民杰,晏石林,杨克伦,等. 玻璃纤维对发泡木塑复合材料成型及力学性能的影响[J]. 玻璃钢/复合材料,2014(1):24-27.

[14] 沃西源,王天成,葛云浩. 先进复合材料成型工艺过程中的质量控制[J]. 航天制造技术,2011(1):42-45.

[15] 毕向军,李宗慧,唐泽辉,等. 基于压力的树脂基复合材料成型工艺设计[J]. 玻璃钢/复合材料,2010(1):86-88.

[16] 邓剑如,蒋向. 芳纶短纤维/聚氨酯树脂复合材料成型工艺研究[J]. 玻

璃钢/复合材料,2007(2):48-50.

[17] 谭小波. 树脂基复合材料成型工艺发展研究[J]. 科技创新与应用, 2015(32):155-157.

[18] 胡平,刘锦霞,张鸿雁,等. 酚醛树脂及其复合材料成型工艺的研究进展[J]. 热固性树脂, 2006(21):36-41.

[19] 尹昌平,刘钧,曾竟成,等. 硅橡胶在聚合物基复合材料成型中的应用[J]. 材料导报,2006(20):35-9.

[20] 宁荣昌, 贺金瑞. 高含量连续玻璃纤维增强尼龙 6 复合材料成型工艺的研究[J]. 玻璃钢/复合材料, 2005(5):29-32.

[21] 董永祺. 我国树脂基复合材料成型工艺的发展方向[J]. 纤维复合材料, 2003(20):32-34.

[22] 荆妙蕾, 杨正柱. 经编立体织物复合材料成型固化工艺[J]. 黑龙江纺织,2013(2):16-18.

[23] 姜波, 周春华. 树脂基超混杂复合材料成型工艺研究[J]. 玻璃钢/复合材料, 2000(2):32-34.

第 10 章　聚合物基复合材料的现代分析方法概述

10.1　材料表征与分析检测技术的地位与作用

材料表征与检测分析技术是关于材料的化学组成、内部组织结构、微观形貌、晶体缺陷与材料性能等的先进分析方法与检测技术及其相关理论基础的试验科学，是现代材料科学研究以及材料应用的重要检测手段和方法。材料现代分析检测技术的发展，使得材料分析不仅包括材料（整体的）成分、组织结构的分析，也包括材料表面与界面分析、微区结构与形貌分析、微观力学行为等诸多内容。通过对材料组织结构和性能的全面分析，只要掌握材料组分及组织的各种特征和性质，就能为材料的设计、加工提供信息，从而保证材料满足使用要求。材料的分析检测评价技术既涉及金相、物理性能、力学性能、失效分析、化学分析、仪器分析和高速分析技术领域的理化检验技术，又结合现代物理学、化学、材料科学、微电子学、等离子科学和计算机技术等学科的发展，在宏观和细观层次上对传统理化检验技术和方法进行了拓展和延伸。

现代材料科学在很大程度上依赖于对材料性能与其成分及显微组织关系的理解。对材料性能的各种检测技术、对材料组织从宏观到微观不同层次的表征技术构成了材料科学与工程的一个不可或缺的重要组成部分，并占有重要的地位，同时也是联系材料设计与制造工艺直到获得具有满意使用性能的材料之间的桥梁。从新材料的发展中可以清楚地看到检测评价新技术所起的作用。

材料表征与检测的目的就是要了解、获知材料的成分、组织结构、性能以及它们之间的关系。人们要发展新型材料并有效地使用材料，必须了解影响材料组织结构和性能的各种因素，才可能充分发挥其潜能和作用，进而能对其使用寿命做出正确的评价。通过特殊的制备和加工方法适当地改变材料的微观和超微观组织及结构，从而优化材料的性能，如达到最合理及最适宜的强度、塑性与韧性的最佳配合，这是一个具有战略意义的研究领域，具有很大的潜力和发展前景。深入研究各种特定条件下材料力学行为的物理本质，洞悉材料变形与断裂的规律性，了解各种不同的因素（机械的、热的、组织的）对材料力学性能判据的影响，同时，对于创制新的力学性能测试方法（如快速法、不破坏法），不断改进和制订更合理的力学性能判据，找出提高材料强度性能的有效方法，提出防止制件失效的合理措施，都是非常必要的和具有重要意义的。在新材料的研究开发中，材料设计和制备过程的每一阶段都需要应用显微组织的表征手段加以确证，如相分布形貌、各种相结构以及相应的成分，并且在研制的某一阶段，还需要将制备中的新材料的各部位进行材料耐热性、导热性和机械强度等性能试验，以考核材料设计及组织调节控制方案的合理性，并且还要对各种方案研制出的产品进行质量评价。此外，根据材料测试结果解决重大科技问题的情况，在历史上和当今均屡见不鲜，材料分析技术测试还起到推动和促进某些学科和专业发展的作用。例如，对一些构件，包括导弹固体燃料发动机壳体、大型舰船、高压容器等脆断事故的测试分析，创立和发展了断裂力学；对引起电站设备断裂事故构件中氢的有效分析，促进了钢的精炼技术的发展；综合将光学显微术、扫描电子显微术和透射电子显微术，以及其他新的测试方法用于失效分析中，使显微断口学得以发展，这些均是极典型的例子。

材料现代分析方法也不仅仅是以材料成分、结构等分析、测试为唯一目的的，它已成为材料科学的重要研究手段，又广泛应用于研究和解决材料理论和工程实际问题。测试分析技术既是开发研究新材料、新工艺的基础技术，特殊材料生产工厂和实验室鉴定材料产品的质量、判断生产工艺是否完善的常规手段，又是监测和保证产品内在质量的重要依据。材料的设计、制备和表征构成了材料研究这一整体工作中鼎立的三足，然而，材料设计的重要依据来源于对材料的结构分析，材料制备的实际效果必须通过材料结构分析的检验。因此可以说，材料科学与工程的进展极大地依赖于对材料表征和测试技术的发展水平。

每当一种材料被创造、发现和生产出来时，该材料所表现出来的性质和现象是人们关心的中心问题，而材料的性质和特征取决于成分和各种层次上的结构，材料的结构又是合成和加工的结果，最终得到的材料制品必须能够并且以经济和社会可以接受的方式完成某一指定的任务。众所周知，所有零部件在运转过程中，产品在使用过程中，都在某种程度上承受着力或能量以及温度、接触介质等的作用，因此，在一定的使用条件下和使用时间后，会使零部件材料发生变形、断裂、表面麻点剥落、磨损、腐蚀等现象，从而导致零部件失效。工业现代化的发展，对各种设备零部件及所用材料的性能要求越来越高，越来越严，除了对零部件结构设计性能、工艺性能和使用性能等要求外，对所用或使用材料本身，有材料的强度、塑性、韧性等结构方面的力学性能的要求，有材料的声、光、电、磁、热等直接的物理性能的要求，有材料的腐蚀、稳定性等化学性能的要求，更进一步，还有力学、物理性能以及这些性能之间的转换二次性能的要求等。特别是在高速、高温、高压、重载、腐蚀介质等条件下工作，对材料性能、质量监控、延长寿命、防止和了解材料及零部件失效的原因等，更凸显材料性能测试的重要性和意义。例如，材料性能测试项目中一个最重要的，也是最典型的性能指标就是“材料强度”，它是装备设计、机械产品设计计算选择和评定材料的重要依据之一，同时又是新材料的研制、材料代用和制订冷热加工工艺的重要依据之一。

材料强度就是机件材料抵抗外加载荷而不致失效的能力，对一般机件来说，使用性能中主要要求的是材料强度，因为只有满足特定的材料强度要求下才有可能保证零件运转正常，经久耐用，不致早期失效。无论是设计新产品还是改造老产品，都有材料选择和计算材料截面尺寸的问题，不论是研制新材料还是寻找代用产品，都要求其达到预定的使用性能和工艺性能。选用材料的主要依据是它的使用性能、工艺性能和经济性，其中使用性能是首先需要满足的，有针对性的材料强度往往是追求的主要目标。而且，设计计算零件的危险截面尺寸或校核安全及安全寿命设计时所用的许用应力，也是由正确的材料强度数据推出的，因此，它已成为评定机件材料使用性能的最有价值的依据。

只要有制造业、有产品就离不开材料的性能测试。制造就是利用制造技术将物质资源“材料”转变为有用的物品“产品”的过程。当前，竞争的核心是新产品和先进的制造技术，谁拥有先进的制造技术，制造出先进的、最能满足顾客需求的产品，谁就能在激烈的市场竞争中成为胜利者。高效率及高质量的表征无论是对制造设备本身还是对所制造出的产品，都与材料的组织结构和性能密切相关，材料作为有用的物质，就在于它本身所具有的某种性能，而材料或产品的性能又往往是人们追求的第一目标。材料及产品性能和质量的检测是检验和评价制造装备以及产品能否合格有效的重要关口。材料性能测试工作通过提供有针对性的材料性能指标，与结构设计、制造工艺联系起来，成为材料工程以及现代制造业中设计、材料、工艺三者之间联系的纽带。针对构件和产品的特定要求，选择最合适的材料成分及其组织状态，制订相应的工艺措施，并为设计、加工、制造提供各种正确的使用性能指标，以期求得最经济合理的设计，生产出质量高、质量轻、寿命长、安全可靠的零部件和产品。从理论上说，要确立材料成分、组织结构之间的关系，而从实践上则是评定构件于不同受载条件下变形过程中材料的行为。

因此，获得确切的许用应力及材料对应力集中、尺寸大小、表面状态、温度、介质、加载速度等的敏感性数据将有利于材料设计和使用工作的深入开展。材料使用条件日益苛刻以及材料使用和设计部门对所用材料不断提出更加严格的要求，以便适应近些年来机械结构的大型化、高功能化、服役条件更趋苛刻化等要求。此外，如失效分析是一项多学科组成的系统工程，为了揭示机件断裂失效的原因，判断其断裂性质，进而为提出预防与改进措施提供可靠的依据，材料组织结构表征和性能测试技术是其中的重要内容之一。再者，材料的失效分析是解决机件失效问题的先导，对于新设计的重要部件，有时需要对试制样品进行人为的超载破坏试验以获得失效分析资料，只有把失效原因和全过程弄清楚，才能揭露其中存在的材料强度问题并寻求克服失效的途径，为了克服材料失效，必须掌握材料失效的客观规律。由于断裂失效的原因是错综复杂的，测试技术的进步可促进失效分析技术的发展，通过从零件的具体工艺条件出发，进行典型失效分析，可以找出材料失效的主导因素，并确定衡量其中失效抗力的正确判据，进而发现不同材料在各种外加载荷和环境下发生的变形、断裂、剥落等现象及其发展过程，以及随外在工作条件和材料内在因素而变异的规律。

材料表征和检测技术的发展来自于以下几个方面的应用需求。

(1)选材要求。

在设计新产品、新设备或构件时，必须选用合适的材料以满足设计要求，这就需要提供材料的有关性能数据，特别是提供接近设备或构件在实际服役条件下的性能，以作为新设计的依据。

(2)研制新材料。

在合成和制备新材料或制订新工艺时，对材料性能进行测试和比较是筛选和确定最佳方案的重要依据之一。

(3)产品质量要求。

在工业生产中，对投产的原材料的质量必须进行检查，以了解其是否符合规格，用以保证产品的质量。

(4)加工工艺要求。

在生产加工过程中，有必要对各道工序前后的材料、半成品和成品的性能进行监控，以明确每一工序的实施过程是否稳定和正常。

(5)生产控制要求。

在生产或试验过程中，将检验结果和经过处理后的信息立即反馈到生产现场或实验室中，对生产或试验进行控制，或直接在流程中应用。

(6)安全运行要求。

对设备和构件进行服役条件下的性能指标跟踪、检验和进行安全、可靠性评估，以确保其在服役过程中能有效地工作。

(7)失效预防要求。

对设备和构件发生故障和失效时，分析设备和构件及所用材料在使用条件下的性能变化，并探讨故障和失效的发生原因，从而寻求解决、改进的途径，提出防止失效破坏的措施。

(8)标准规范要求。

在对某些材料进行大量试验研究的基础上，以及根据这些材料制成的设备或构件在具体使用中出现的问题，抽象出材料的性能指标，从而对材料性能和加工工艺制定出标准文件和技术规范，用以控制材料和部件的生产。

因此，从材料表征与检测的内容、对象和作用范畴来看，其意义和作用集中表现在如下几个方面。首先，在日常的工业生产中，从原材料、辅助材料的验收，加工工艺的控制，半成品以至成品质量的评定，对其质量进行检查和生产环节的监控，每个环节几乎都渗透着材料性能检测工作；对使用中的部件，考察其运行情况和变化，确定在役装置和零部件的运行情况，分析构件引起失效的原因，以便采取预防和改进措施；对国外引进的技术和装置进行剖析，消化和鉴定引进技术和设备等，也都离不开材料性能检测。其次，在改善现有材料性能，研究开发新材料和新方法，更是探索真谛、获取科研成果的重要手段。因此，随着材料科学和工程的发展，材料检测工作将占有越来越重要的地位，除在保证和提高产品内在质量性能方面，在研究和开发新技术、新材料、新工艺、新方法等的科技实践中，材料测试项目已成为不可缺少的重要环节。第三，材料性能测试是将反映材料内在特性的信息进行提取和显示的过程。人们要有效地使用材料，必须了解影响材料性能的各种因素，其中最基本的因素是材料的内部结构，而材料的组织结构可随材料的组分和制备加工处理工艺而变化，材料制备工艺以及所获得的材料性能与测试方法的关系是制约材料广泛应用的重要因素。第四，材料的宏观性能与微观结构特征之间存在着密切联系。从很多宏观性能可探知一些微观的晶体结构特征，反之，从微观的特征又可说明和推断出一些宏观现象和性能，从而用以指导生产应用。因此，材料测试在材料的宏观与微观范畴之间，以及理论研究和实际应用之间建立起纽带或桥梁，这对于紧密地联系和推动材料科学与工程学科领域综合、整体的发展具有重要的作用。当前，材料技术的进步必然推动材料发展测试技术正以快速、简便、精确、自动化、多功能等特点服务于科学研究、工农业生产和国防建设，许多重大的科学研究项目和工农业生产中的技术改进都离不开材料性能测试这一基础学科。第五，通过材料测试得出材料的各种成分、结构、组织状态以及外界环境下的数据，然后进行综合分析测试数据，找出它们之间的联系及规律，进而运用基本原理探讨其机理及本质；通过大量试验数据的积累建立数据库，并随着电子计算机技术的发展，材料设计技术正在兴起，可以根据材料的成分、制备工艺及使用环境预测性能，也可以依照性能要求对成分、工艺做出设计方案。这些也正是材料表征与检测技术服务于现代科技和社会的主要内容。

综上所述，不论从材料基础理论研究来看，或从材料应用生产实践来看，材料组织结构的表征以及性能测试的重要性均显而易见。材料科学与工程研究及其应用领域在过去、现在以及将来都主要集中在材料的组成、结构和性能关系上的认知和发展。材料检测评价技术的最终目标始终是保证和提高材料及其产品的内在质量和性能，既是材料工程中的重要内容，又是质量保证体系的重要组成部分，还是提高产品质量、发展我国现代化工业及相关产业、参与国际竞争的根本保证。目前，材料表征和检测技术已遍及机械、冶金、航空、宇航、生物、医学、电子、信息、交通、化工、能源、国防等许多行业和领域，所应用的范围极其广泛，具有非常重要的地位和作用。

10.2　复合材料形貌的表征分析方法

材料的表面组织形貌观察主要是依靠显微镜技术。光学显微镜是在微米尺度上观察材料的普及方法，扫描电子显微镜与透射电子显微镜则把观察的尺度推进到亚微米和微米以下的层次。由于近年来扫描电镜的分辨率提高，因此可以直接观察部分结晶高聚物的球晶大小完善程度、共混物中分散相的大小、分布与连续相（母体）的混溶关系等。透射电镜的试样制备虽然比较复杂，但在研究晶体材料的缺陷及其相互作用，微小第二相质点的形貌与分布，利用高分辨点阵像直接显示材料中原子（或原子集团）的排列状况等方面都是十分有用的。现代电子透镜的分辨率可以达到0.2 nm甚至更高，完全可以在有利的取向下将晶体的投影原子柱之间的距离清楚分开。透射电镜提供晶体原子排列直观像的能力正得到越来越广泛的应用。20世纪80年代初期发展的扫描隧道显微镜（STM）和80年代中期发展的原子力显微镜（AFM）克服了透射电子显微镜景深小、样品制备复杂等缺点，借助一根针尖与试样表面之间隧道效应电流的调控，将针尖在表面做x、y方向扫描的同时，在保持隧道效应电流恒定的电路控制下，针尖将依表面的原子起伏而在z方向上下游动。这种移动经电信号放大并由计算机进行图像处理，可以在三维空间达到原子分辨率，得到表面原子分布的图像，其纵、横向分辨率分别达到0.05 nm及0.2 nm,为材料表面表征技术开拓了崭新的领域。

10.2.1　扫描电镜显微分析

扫描电子显微镜(SEM)简称为扫描电镜,由电子光学系统、扫描系统、信号探测放大系统、图像显示和记录系统、真空系统、电源系统等部分组成。SEM的工作原理是用一束极细的电子束扫描样品,在样品表面激发出次级电子,次级电子的多少与电子束入射角有关,即与样品的表面结构有关,次级电子由探测体收集,并在那里被闪烁器转变为光信号,再经光电倍增管和放大器转变为电信号来控制荧光屏上电子束的强度,显示出与电子束同步的扫描图像。图像为立体形象,反映了标本的表面结构。

扫描电镜具有以下特点:

(1)可以观察直径为0~30 mm的大块试样(在半导体工业可以观察更大直径),制样方法简单。

(2)景深大、300倍于光学显微镜,适用于粗糙表面和断口的分析观察;图像富有立体感、真实感,易于识别和解释。

(3)放大倍数变化范围大,一般为15~200 000倍,对于多相、多组成的非均匀材料便于低倍下的普查和高倍下的观察分析。

(4)具有相当高的分辨率,一般为3.5~6 nm。

(5)可以通过电子学方法有效地控制和改善图像的质量,如通过调制可改善图像反差的宽容度,使图像各部分亮暗适中。采用双放大倍数装置或图像选择器,可在荧光屏上同时观察不同放大倍数的图像或不同形式的图像。

(6)可进行多种功能的分析。与X射线谱仪配接,可在观察形貌的同时进行微区成分分析;配有光学显微镜和单色仪等附件时,可观察阴极荧光图像并进行阴极荧光光谱分析等。

(7)可使用加热、冷却和拉伸等样品台进行动态试验,观察在不同环境条件下的相变及形态变化等。

SEM现已广泛应用于研究高聚物复合材料,包括纤维增强复合材料以及高聚物与金属的复合材料等,可以通过观察复合材料破坏表面形貌来评价纤维与树脂、金属与高聚物界面的黏结性能,以及结构和力学之间的关系,SEM还可以用于研究聚合物共聚物和混聚物的形态、表面断裂及裂纹发展形貌、两相聚合物的细微结构、聚合物网络、交联程度与交联密度等。

利用SEM观察复合材料断面时,如果观察到基体树脂黏结在纤维表面上时,则表示纤维表面与基体之间有良好的黏结性;如果基体树脂与纤维黏结不好,则可观察到纤维从基体中拔出,表面仅有很少的树脂或很光滑,并在复合材料的断面上留下孔洞。还有一些研究者用 SEM 观察纤维复合材料的断口形貌,研究不同纤维增强材料和基体树脂界面的黏结情况对复合材料力学性能影响时发现,基体树脂在玻璃纤维表面形成一层厚薄均匀的包裹层,复合材料的破坏主要发生在包裹层和基体树脂之间;而未经表面处理的碳纤维增强材料则不同,其表面没有基体包裹层,破裂发生在碳纤维和基体之间。另外,用 SEM 研究聚酰亚胺-聚四氟乙烯共混合金的断面时发现,采用不同的共混方式,所得的聚合物合金的性能是不一样的。气混粉碎共混法与普通机械共混法相比,可使聚四氟乙烯的粒径变小,分散均匀,相对减少了应力集中,而使共混合金的冲击强度有所提高。如果使用备有拉伸装置附件的扫描电镜,还可以观察复合材料在加载条件下断裂发生的动态过程,研究其裂纹萌生、扩展和连续的微观断裂过程。

增强体形貌主要通过显微分析。为了提高增强体与基体的结合性能,常常对增强纤维或者增强颗粒进行表面处理以增加表面的结合性能;常用的物理方法、化学方法处理表面都会产生形貌变化。表面处理效果以及形貌变化主要通过扫描电子显微镜、透射电子显微镜、扫描隧道显微镜、原子力显微镜等表征。图 10.1 为不同表面处理后碳纤维表面的 SEM 照片。

扫描电子显微镜还可以对复合材料的界面破坏情况进行观察。图 10.2 所示为层合板吸湿前和吸湿 800 h 后材料拉伸破坏试样断口的 SEM 照片。从图中可以看到,吸湿前拉伸的断口比较齐整,纤维拔出现象很少,纤维黏附着大量的树脂,界面强度很高,基体树脂中有明显的开裂现象,但受剪切破坏的碎块很少,表明此时纤维/基体界面黏结性能很好,破坏主要发生在基体中。

10.2.2 透射电镜显微分析

透射电子显微镜(TEM)简称透射电镜,是观察和分析材料的形貌、组织和结构的有效工具。一般由电子光学部分、真空系统和供电系统 3 部分组成。TEM 用聚焦电子束作为照明源,使用对电子束透明的薄膜试样,以透过试样的透射电子束或衍射电子束所形成的图像来分析试样内部的显微组织结构。

1. 透射电镜的主要性能参数

(1)分辨率。

分辨率是 TEM 最主要的性能指标,表征电镜显示亚显微组织、结构细节的能力。透射电镜的分辨率分为点分辨率和线分辨率两种。点分辨率能分

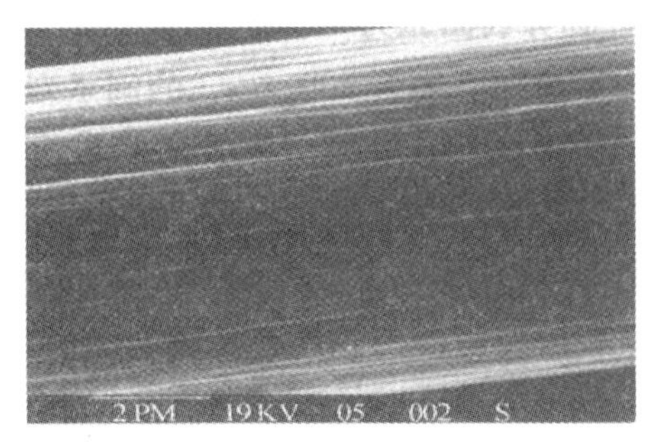

(a) 未处理的碳纤维表面

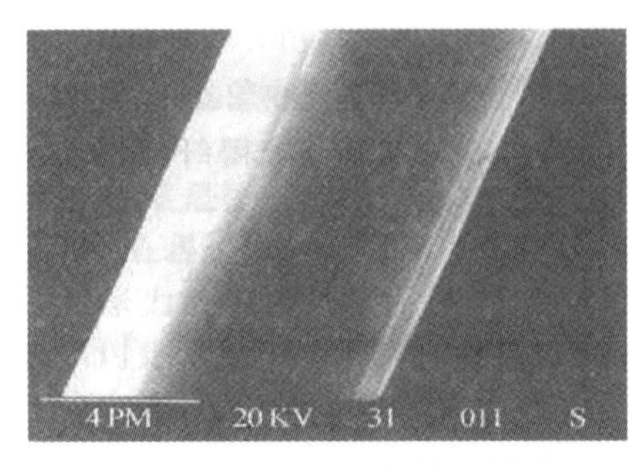

(b) 低温等离子处理碳纤维表面形态

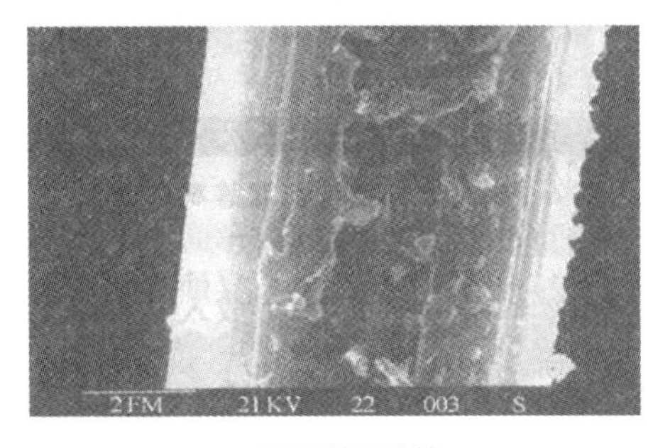

(c) 聚丙烯酸接枝

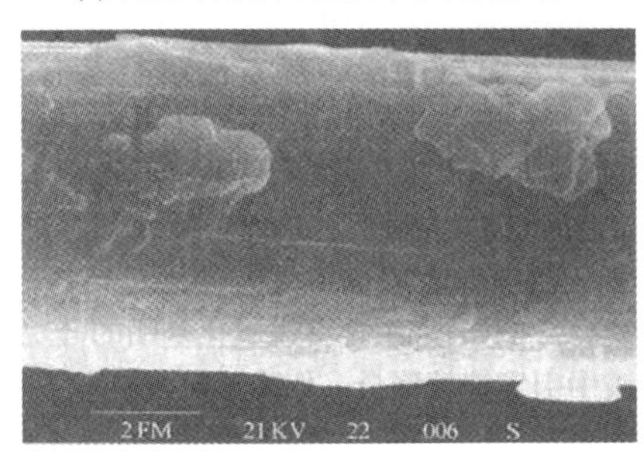

(d) 聚丙烯酰胺接枝

图 10.1　不同表面处理后碳纤维表面的 SEM 照片

辨两点之间的最短距离；线分辨率又称晶格分辨率，能分辨两条线之间的最短距离，通过拍摄已知晶体的晶格像测定。

(2) 放大倍数。

透射电镜的放大倍数是指电子图像对于所观察试样区的线性放大率。目前，高性能 TEM 的放大倍数范围为 80 万 ~ 100 万倍。不仅要考虑最高和最低放大倍数，还要考虑是否覆盖低倍到高倍的整个范围。将仪器的最小可分辨距离放大到人眼可分辨距离所需的放大倍数称为有效放大倍数。一般仪器的最大倍数稍大于有效放大倍数。透射电镜的放大倍数可表示为

$$M_{总}=M_{物}\ M_{中}\ M_{投}=AI_{中}^{2}-B$$

式中，M 为放大倍数；A、B 为常数；$I_{中}$ 为中间镜激磁电流，mA。

以下是对透射电镜放大倍率的几点说明：①人眼分辨率约为 0.2 mm，光学显微镜约为 0.2 μm；②把 0.2 μm 放大到 0.2 mm 的 M 是 1 000 倍，是有效放大倍数；③光学显微镜分辨率为 0.2 μm 时，有效 M 是 1 000 倍；④光学显微镜的 M 可以做得更高，但高出部分对提高分辨率没有贡献，仅是让人眼观察舒服。

(3) 加速电压。

加速电压是指电子枪阳极相对于阴极灯丝的电压，决定了发射的电子

的波长 λ。电压越高,电子束对样品的穿透能力越强(厚试样),分辨率越高,对试样的辐射损伤越小。普通 TEM 的最高电压 V 一般为 100 kV 和 200 kV,通常所说的电压 V 是指可达到的最高加速电压。

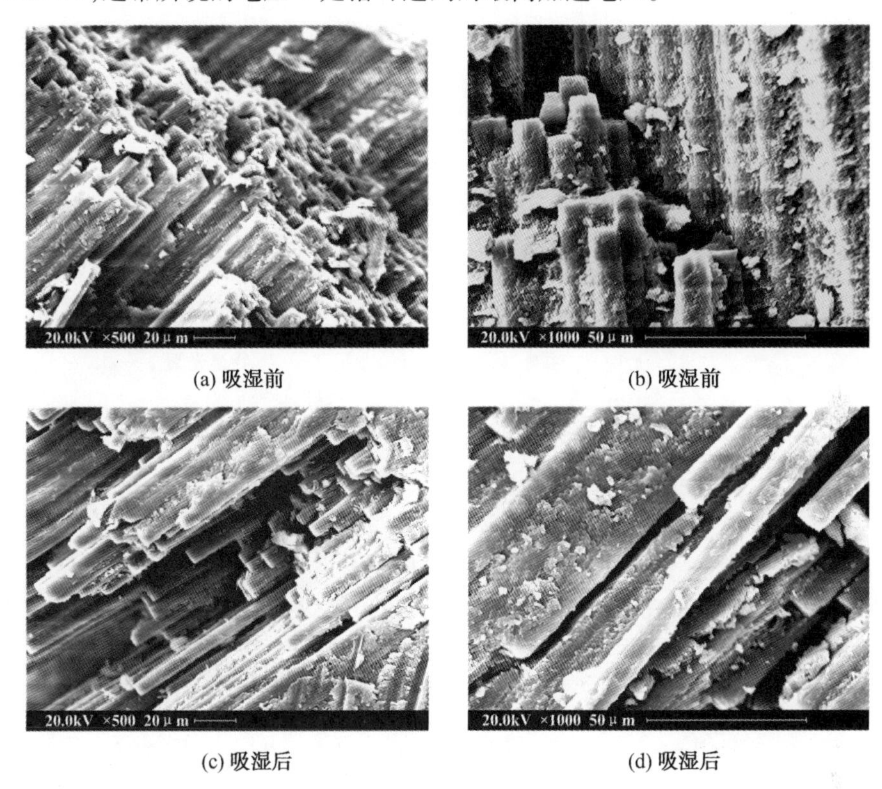

(a) 吸湿前　(b) 吸湿前

(c) 吸湿后　(d) 吸湿后

图 10.2　吸湿前和吸湿 800 h 后复合材料拉伸破坏试样断口的 SEM 照片

2. 透射电镜的成像原理

透射电镜的成像方式主要有两种:一种为明场像;另一种为暗场像。明场像为直射电子所成的像,图像清晰。暗场像为散射电子所成的像,图像有畸变,且分辨率低。中心暗场像为入射电子束对试样的倾斜照射得到的暗场像,图像不畸变且分辨率高。成像电子的选择是通过在物镜的背焦面上插入物镜光阑实现的。图 10.3 为双光束衍射条件下的衍射成像方法。

3. 透射电镜的应用

透射电镜可以用来分析基体材料及复合材料的形态结构,还可以对复合材料中的增强颗粒进行观察及尺寸分析。为了进一步了解生物基环氧树脂纳米复合材料中纳米黏土片层的作用,Hiroaki Miyagawa 利用 TEM 对黏土片层在复合材料中的显微组织进行了观察。由图 10.4 可以看出,经过改性

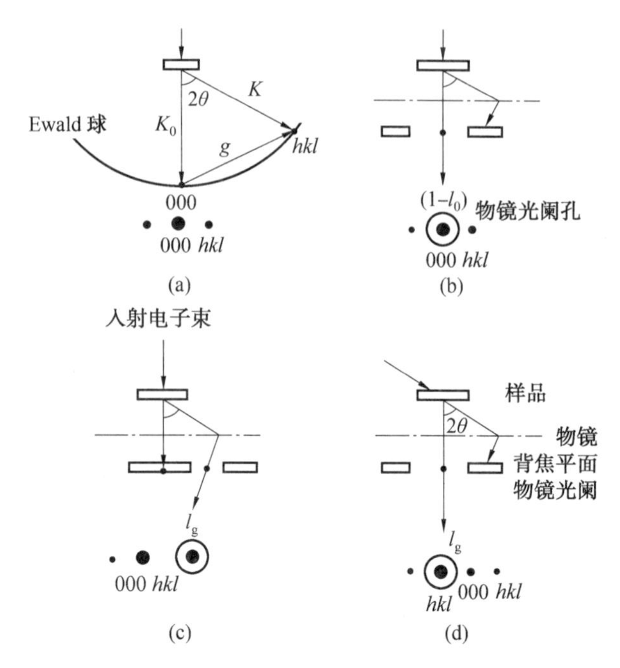

图 10.3　双光束衍射条件下的衍射成像方法

后的纳米黏土片层在基体中具有十分优良的分散性能。

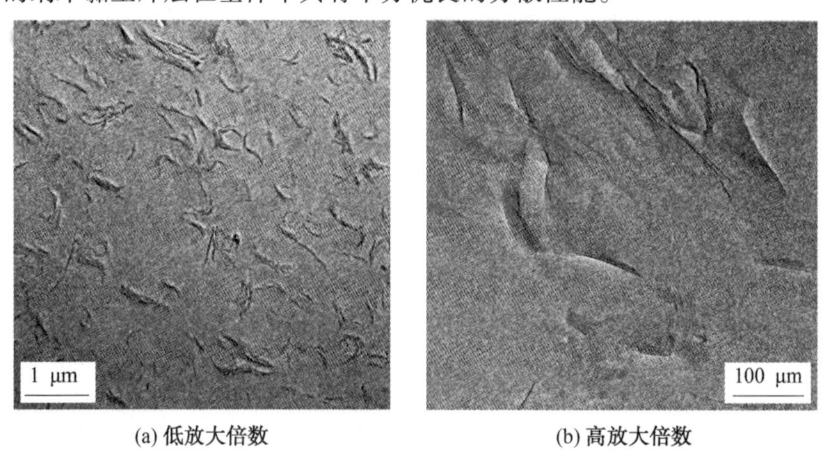

(a) 低放大倍数　　(b) 高放大倍数

图 10.4　质量分数为5%的纳米黏土片层在含50%(质量分数)环氧亚麻油的环氧树脂中分散情况的亮场 TEM 图

10.2.3　扫描隧道显微镜与原子力显微镜

扫描隧道显微镜是根据量子力学中的隧道效应原理,通过探测固体表面原子中电子的隧道电流分辨固体表面形貌的新型显微装置。当一个粒子进入到一个势垒中,且势垒的势能比粒子的动能大时,从经典力学的角度来说,粒子无法穿越此势垒。而根据量子力学原理,粒子越过壁垒区而出现在势垒的另一半的概率并不为零,这种现象称为隧道效应。由量子力学计算出穿越势垒的概率 P 可表示为

$$P \propto e^{-2Ka}$$

$$K=\sqrt{2m(V_0-E)/h^2}$$

式中,m 为粒子质量;V_0 为势垒高度;E 为电子动能;a 为势垒区宽度。

扫描隧道显微镜(STM)的基本原理是利用量子理论中的隧道效应,将原子线度的极细探针和被研究物质的表面作为两个电极,当样品与针尖的距离非常接近时(通常小于1 nm),在外加电场的作用下,电子会穿过两个电极之间的势垒流向另一电极。这种现象即是隧道效应。隧道电流 I 是电子波函数重叠的量度,与针尖和样品之间距离 s 和平均功函数 Φ 有关,即

$$I \propto V_b \exp(-A\Phi^{1/2}s)$$

式中,V_b 是加在针尖和样品之间的偏置电压;平均功函数 $\Phi \approx (\Phi_1+\Phi_2)/2$,$\Phi_1$ 和 Φ_2 分别为针尖和样品的功函数;A 为常数,在真空条件下约等于1。扫描探针一般采用直径小于1 mm的细金属丝,如钨丝、铂-铱丝等;被观测样品应具有一定导电性才可以产生隧道电流。

由上式可知,隧道电流强度对针尖与样品表面之间的距离非常敏感,如果距离 s 减小0.1 nm,隧道电流 I 将增加一个数量级,因此,利用电子反馈线路控制隧道电流恒定,并用压电陶瓷材料控制针尖在样品表面的扫描,则探针在垂直于样品方向上高低的变化就反映出了样品表面的起伏,如图10.5(a)所示。将针尖在样品表面扫描时运动的轨迹直接在荧光屏或记录纸上显示出来,就能得到样品表面态密度的分布或原子排列的图像。这种扫描方式可用于观察表面形貌起伏较大的样品,且可通过加在 Z 向驱动器上的电压值推算表面起伏高度的数值,这是一种常用的扫描模式。对于起伏不大的样品表面,可以控制针尖高度守恒扫描,通过记录隧道电流的变化也可得到表面态密度的分布。这种扫描方式的特点是扫描速度快,能够减少噪声和热漂移对信号的影响,但一般不能用于观察表面起伏大于1 nm的样品,如图10.5(b)所示。

原子力显微镜(AFM)是以扫描隧道显微镜基本原理发展起来的扫描探针显微镜,利用检测样品表面与细微的探针尖端之间的相互作用力(原子力)测出表面的形貌。探针尖端在小的韧性的悬臂上,当探针接触到样品表面时,产生的相互作用,以悬臂偏转形式检测。样品表面与探针之间的距离

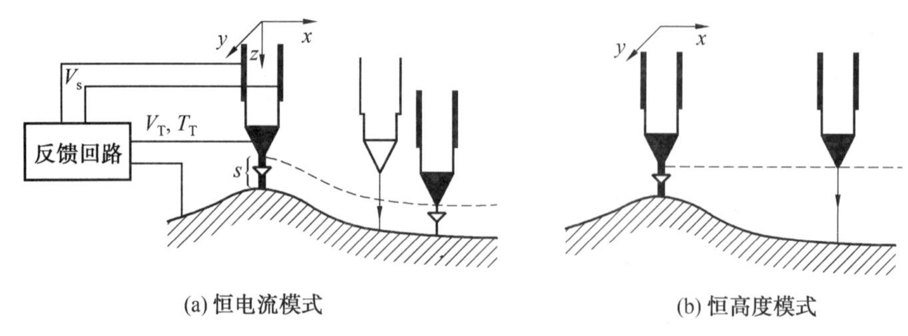

图 10.5　扫描模式示意图

小于 4 nm,以及在它们之间检测到的作用力小于 10^{-8} N。激光二极管的光线聚焦在悬臂的背面上。当悬臂在力的作用下弯曲时,反射光产生偏转,使用位敏光电检测器偏转角。然后通过计算机对采集到的数据进行处理,从而得到样品表面的三维图像。完整的悬臂探针置于受压电扫描器控制的样品表面,在 3 个方向上以水平 0.1 nm 或更小的步宽进行扫描。一般来说,当在样品表面详细扫绘(X、Y 轴)时,悬臂的位移反馈调节至压电扫描器,使 Z 轴方向变形量保持不变。在此反馈机制下,Z 轴方向扫描器的位移 Z 轴值被输入计算机处理,得出样品表面的观察图像(3D 图像)。

原子力显微镜具有如下特点:①高分辨力能力远远超过扫描电子显微镜(SEM)及光学粗糙度仪。样品表面的三维数据满足了研究、生产、质量检验等越来越微观化的要求。②非破坏性,探针与样品表面相互作用力为 10^{-8}N 以下,远比触针式粗糙度仪压力小,因此不会损伤样品,也不存在扫描电子显微镜的电子束损伤问题。另外,扫描电子显微镜要求对不导电的样品进行镀膜处理,而原子力显微镜则不需要。③应用范围广,可用于表面观察、尺寸测定、表面粗糙度测定、颗粒度解析、突起与凹坑的统计处理、成膜条件评价、保护层的尺寸台阶测定、层间绝缘膜的平整度评价、VCD 涂层评价、定向薄膜的摩擦处理过程的评价、缺陷分析等。④软件处理功能强,其三维图像显示其大小、视角、颜色、光泽,并可以自由设定;可选用网络、等高线及线条显示;图像处理的宏管理,断面的形状与粗糙度解析、形貌解析等多种功能。

哈尔滨工业大学材料学院纤维增强聚合物基复合材料课题组进行了在国产碳纤维表面涂覆一层酚醛树脂,然后在惰性气体的保护下进行高温炭化,来增加纤维与聚合物基体的界面强度的研究。高温下对包覆有酚醛树脂的碳纤维炭化处理,将质量比为 1 : 50、1 : 70、1 : 100 的酚醛树脂包覆在碳纤维表面,在 700 ℃下高温炭化。其浓度不同,酚醛树脂的包覆量不同,包覆层的厚度以及完整度不同,高温炭化后碳纤维表面粗糙度不同。不同浓度的酚醛树脂在 700 ℃下炭化后的 AFM 形貌如图 10.6 所示。

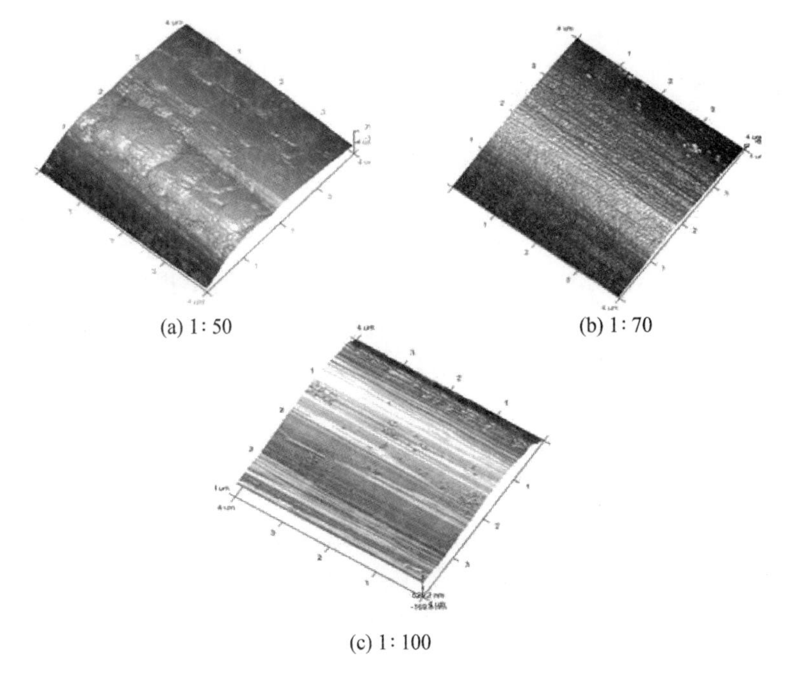

(a) 1∶50　　(b) 1∶70

(c) 1∶100

图 10.6　不同浓度酚醛树脂炭化后表面 AFM 形貌

由原子力显微镜观察到的形貌可知,当质量比为 1 ∶ 50 时,碳纤维表面较为平整,未能观察到较为明显的沟槽,因为在此浓度下,碳纤维表面的酚醛树脂包覆层较厚,将碳纤维表面的沟槽覆盖,表面的凸点是高温下酚醛树脂裂解炭化产生的残炭体。当质量比为 1 ∶ 70 时,碳纤维外层的粗糙度明显变大,一些细小的沟槽也能暴露出来。可以观察到碳纤维表面分布着密集的凸点,这些凸点是酚醛树脂的残炭体,多孔的炭结构,700 ℃下酚醛树脂裂解较为充分,随着小分子的挥发以及树脂分子的重组,酚醛树脂炭化出了发达的孔隙结构,这些密集的炭孔明显地增大了碳纤维表面的比表面积,而且在加大粗糙度的同时,表面能也相应地得到了提升,碳纤维外表面粗糙度的提高可以提高碳纤维与树脂的浸润性从而提高 FRP 的界面性能。当质量比为 1 ∶ 100 时,碳纤维表面的沟槽较为明显,且表面凸点较为稀疏,这是因为在此浓度下,酚醛树脂的包覆量较小,包覆层不完整。此浓度未能充分发挥多孔炭的优势。

10.3　复合材料成分结构的表征分析方法

10.3.1　X射线衍射分析

X射线衍射分析法(XRD)是研究物质的物相和晶体结构的主要方法。当某物质(晶体或非晶体)进行衍射分析时,该物质被X射线照射产生不同程度的衍射现象,物质组成、晶型、分子内成键方式、分子的构型、构象等决定该物质产生特有的衍射图谱。X射线衍射方法具有不损伤样品、无污染、快捷、测量精度高、能得到有关晶体完整性的大量信息等优点。因此,X射线衍射分析法作为材料结构和成分分析的一种现代科学方法,已逐步在各学科研究和生产中广泛应用。X射线同无线电波、可见光、紫外线等一样,本质上都属于电磁波,只是彼此之间占据不同的波长范围而已。X射线的波长较短,为$10^{-10}\sim10^{-8}$ cm。

X射线分析仪器上通常使用的X射线源是X射线管,这是一种装有阴阳极的真空封闭管,在管子两极间加上高电压,阴极就会发射出高速电子流撞击金属阳极靶,从而产生X射线。当X射线照射到晶体物质上时,由于晶体是由原子规则排列成的晶胞组成,这些规则排列的原子间距离与入射X射线波长有相同的数量级,故由不同原子散射的X射线相互干涉,在某些特殊方向上产生强X射线衍射,衍射线在空间分布的方位和强度与晶体结构密切相关。不同的晶体物质具有独特的衍射花样,物质的X射线衍射花样与物质内部的晶体结构有关。每种结晶物质都有其特定的结构参数(包括晶体结构类型、晶胞大小以及晶胞中原子、离子或分子的位置和数目等)。因此,没有两种不同的结晶物质会给出完全相同的衍射花样。通过分析待测试样的X射线衍射花样,不仅可以知道物质的化学成分,还能知道它们的存在状态,即能知道某元素是以单质存在还是以化合物、混合物及同素异构体存在。同时,根据X射线衍射试验还可以进行结晶物质的定量分析、晶粒大小的测量和晶粒的取向分析。每种晶体由于其独特的结构都具有与之相对应的X射线衍射特征谱,这是X射线衍射物相分析的依据。

将待测样品的衍射图谱和各种已知单相标准物质的衍射图谱对比,从而确定物质的相组成。确定相组成后,根据各相衍射峰的强度正比于该组分含量(需要做吸收校正者除外),就可对各种组分进行定量分析。X射线衍射物相定量分析有内标法、外标法、增量法、无标样法和全谱拟合法等常规分析方法。内标法和增量法等都需要在待测样品中加入参考标相并绘制工作曲线,如果样品含有的物相较多,谱线复杂,再加入参考标相时会进一步增加谱线的重叠机会,给定量分析带来困难。无标样法和全谱拟合法虽然不需要配制一系列内标标准物质和绘制标准工作曲线,但需要烦琐的数学计算,其实际应用也受到了一定限制。外标法虽然不需要在样品中加入参考标相,但需要用纯的待测相物质制作工作曲线,这也给实际操作带来一定的不便。

结晶度是影响材料性能的重要参数。在一些情况下,物质结晶相和非晶相的衍射图谱往往会重叠。结晶度的测定主要根据结晶相的衍射图谱面积与非晶相图谱面积的比,在测定时必须把晶相、非晶相及背景不相干散射分离开来。

结晶度的计算公式为

$$X_c = I_c/(I_c + KI_a)$$

式中,X_c 为结晶度;I_c 为晶相散射强度;I_a 为非晶相散射强度;K 为单位质量样品中晶相与非晶相散射系数之比。

哈尔滨工业大学材料学院纤维增强聚合物基复合材料课题组研究了一种形状记忆聚氨酯在不同溶剂驱动下的形状恢复行为,通过 X 射线衍射光谱发现溶剂对聚合物分子的构象和晶格参数产生了影响。

从图 10.7(a)可以看出,在 20°出现了比较大的无定型峰,是由于聚氨酯硬段不规则晶区的存在产生的弥散峰,因此可以通过 XRD 图初步判断水的浸泡是否使得形状记忆聚氨酯硬段含量发生变化,图形经过归一化处理,如图 10.7(b)所示,发现在 20°处产生的峰大小和位置相同,因此水的浸泡并未对形状记忆聚氨酯的软硬段含量产生影响。但是可以明显看出,在 0°~15°范围内,有可能产生新的物质,同时出现低角峰,也有可能是晶格常数发生了变化。由傅氏转换红外线光谱分析仪结果显示,样品的基团并未发生变化,推测没有新的物质产生,因此可能是水与形状记忆聚氨酯分子发生相互作用使得形状记忆聚氨酯的构象或者晶格常数发生了变化。

10.3.2 X 射线光电子能谱分析

X 射线光电子能谱技术(XPS)是电子材料与元器件显微分析中的一种先进分析技术。其原理是用 X 射线去辐射样品,使原子或分子的内层电子或价电子受激发射出来。被光子激发出来的电子称为光电子。可以测量光电子的能量,以光电子的动能/束缚能为横坐标,相对强度为纵坐标做出光电子能谱图,从而获得试样的有关信息。X 射线光子的能量在 1 000~1 500 eV,不仅可使分子的价电子电离,还可以把内层电子激发出来,内层电

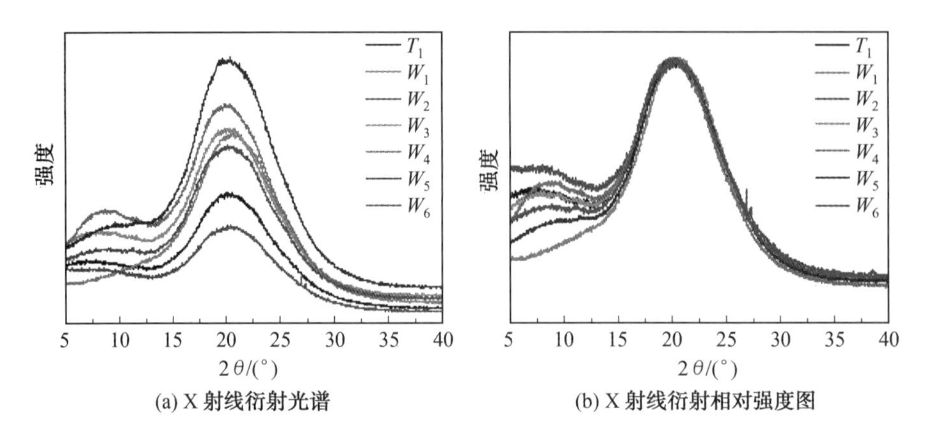

图 10.7　浸泡于水中不同时间试样 XRD

子的能级受分子环境的影响很小。同一原子的内层电子结合能在不同分子中相差很小,故它是特征的。X 射线光电子能谱因对化学分析最有用,不但为化学研究提供分子结构和原子价态方面的信息,还能为电子材料研究提供各种化合物的元素组成和含量、化学状态、分子结构、化学键方面的信息。它在分析电子材料时,不但可提供总体方面的化学信息,还能给出表面、微小区域和深度分布方面的信息。另外,因为入射到样品表面的 X 射线束是一种光子束,所以对样品的破坏性非常小。这一点对分析有机材料和高分子材料非常有利。

XPS 作为一种现代分析方法,具有如下特点:①可以分析除 H 和 He 以外的所有元素,对所有元素的灵敏度具有相同的数量级。②相邻元素的同种能级的谱线相隔较远,相互干扰较少,元素定性的标识性强。③能够观测化学位移。化学位移同原子氧化态、原子电荷和官能团有关。化学位移信息是 XPS 用作结构分析和化学键研究的基础。④可做定量分析。既可测定元素的相对浓度,又可测定相同元素的不同氧化态的相对浓度。⑤是一种高灵敏超微量表面分析技术。样品分析的深度约为 2 nm,信号来自表面几个原子层,样品量可少至 10^{-8} g,绝对灵敏度可达 10^{-18} g。

XPS 作为一种非破坏性表面分析手段,除了可测定试样表面的元素组成外,还可以给出试样表面基团及其含量的状况,因而已被认为是研究固态聚合物表面结构和性能最好的技术之一。这种方法在黏结、吸附、聚合物的降解、聚合物表面化学改性以及聚合物基复合材料的界面化学研究中得到了广泛的应用。

哈尔滨工业大学材料学院纤维增强聚合物基复合材料课题组针对脱浆前后的 CCF300、T300 表面化学性能进行对比分析,采用 XPS 对 CF 外层进行原子种类、官能团做半定量表征。

CF 外层的上浆剂层是组成 FRP 界面不可或缺的地方，对 CFRP 作用很大。图 10.8 为 CCF300 和 T300 纤维表面 XPS 能谱。表 10.1 为不同种类碳纤维表面的元素组成。

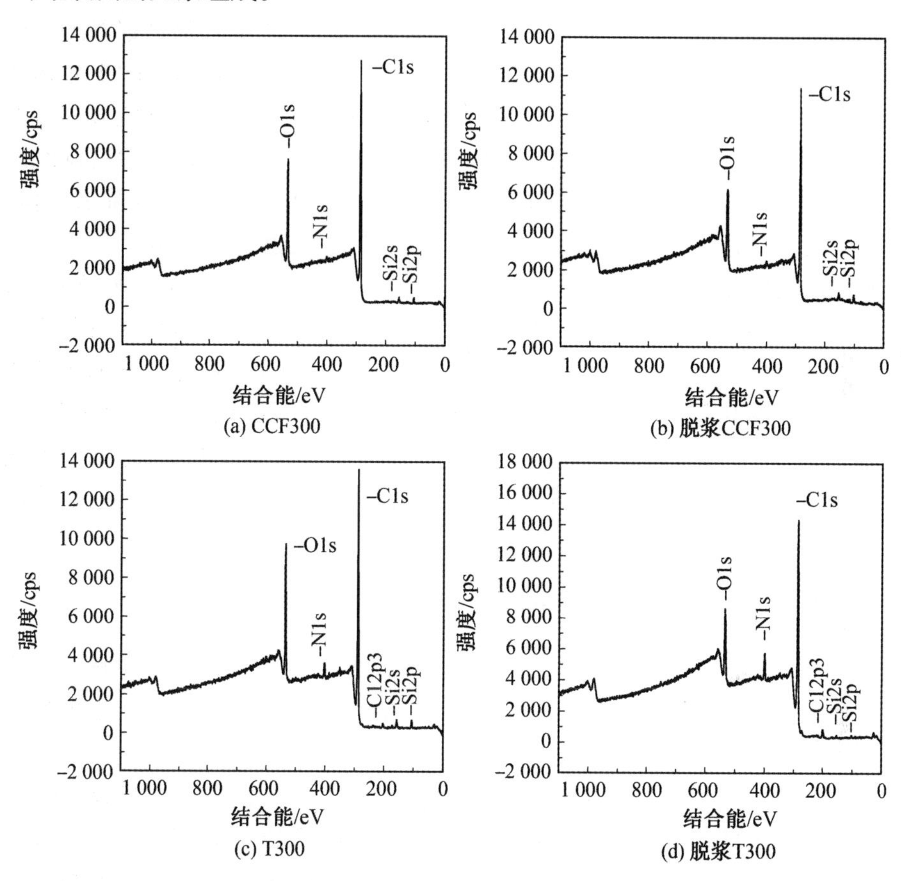

图 10.8　CCF300 和 T300 纤维表面的 XPS 能谱

表 10.1　不同种类碳纤维表面的元素组成

碳纤维	C1s/%	O1s/%	N1s/%	Si/%	Cl2p	O/C
CCF300	87.04	10.34	0.84	1.79	—	0.119
脱浆 CCF300	90.84	6.28	1.01	1.87	—	0.069
T300	78.28	19.09	1.18	0.88	0.57	0.244
脱浆 T300	90.76	6.58	1.25	0.47	0.94	0.072

由脱浆前后的国产 CCF300 和进口 T300 CF 的 XPS 分析可知：CCF300

脱浆前后均含有 C、O 、N、Si 4 种元素。未脱浆时,XPS 分析的只是上浆剂的成分,C、O 元素的含量分别为87.04%和10.34%,可知,C、O 是 CF 上浆剂的主要组成元素,两种原子的质量分数高达97.38%。N、Si 元素含量分别为0.84%、1.79%,含量较少。脱浆后,碳纤维的本体显露出来,XPS 得到的结果是碳纤维本体的表面成分,碳纤维本体与上浆剂层一样,都只有 C、O 、N、Si 4 种元素,C、O 元素的质量分数分别为90.84%和6.28%,可知 CF 本体的主要原子是 C 和 O,除此之外存在微量的 N、Si 两种原子。对比脱浆前后的 CCF300 外层原子,除掉上浆剂层,CF 外层的 O 原子有所下降。除去碳纤维表面的上浆剂后,O/C 由原来的0.119降低为0.069。表面活性降低,这将影响复合材料的界面性能,这一点从表面能的变化也可得到印证。T300 上浆剂层的原子组成和其本体的原子组成除了 C、O 、N、Si 4 种元素外还有 Cl,这可能是 PAN 前驱体在炭化处理过程中残留了处理剂。T300 脱浆前后各元素的变化与 CCF300 变化基本一致,脱浆之后氧原子和碳原子的原子数比值由原来的0.244下降为0.072,外层可以起化学反应的原子显著下降,与表面能分析一致。横向对比来看,无论脱浆与否,进口 T300 碳纤维的表面活性(O/C)均要比相应的国产 CCF300 碳纤维的活性大,这应该也是造成 CCF300 界面性能比进口 T300 性能差的原因。

10.3.3　红外光谱研究

红外光谱法是通过红外光谱分析,研究聚合物表面和界面的物理性质及化学性质。由于红外辐射的能量比较低,不会对高聚物本身产生破坏作用,因而是一种常用的研究手段。

红外光谱是由于在分子振动时引起偶极矩的变化而产生的吸收现象,对分子的极性基团及化学键比较敏感。现在有很多种方法可以获得高聚物的表面红外光谱,如透射光谱法、表面研磨法、内反射光谱法、漫反射光谱法、反射-吸收光谱法等。现在对于高聚物表面性能的研究,常采用内反射光谱法。这是一种非常简便的表面测定方法。入射的红外光以一个大于临界角 θ 的入射角 θ_1 射入具有高折射率(η_S)的物质中,然后再投射到试样(折射率为 η_C,且 $\eta_S>\eta_C$)的表面上,就会立即被试样反射出来,称为内反射。θ 是入射光刚好发生全反射时的入射角,被称为临界角。当入射角大于或等于临界角时,入射光不会发生折射,而是在界面处发生全反射。当一个能选择性地吸收辐射光的试样与另一个折射率大的反射表面紧密接触时,则部分入射光会被吸收,而不被吸收的光就会被反射或透过,这时辐射光发生衰减,其衰减程度与试样的吸光系数大小有关。被衰减的辐射光通过红外分光光度计测量，对强度与波长或波数作图，即为试样的内反射吸收光谱，或称为衰减全反射吸收光谱，一般称作 ATR 光谱。内反射光谱法可用于多方面的表面研究，如聚合物薄膜、黏合剂、粉末、纤维、泡沫塑料表面等的定性分析；透明聚合物折射率等的测定；聚合物表面发生氧化、分解及其他反应的研究；聚合物表面的定量分析；聚合物表面的扩散、吸附及聚合物内低分子成分迁移表面的研究以及单分子层的研究等。从原则上讲，对于特别黏稠的液体，在普通溶剂中不溶解的固体、弹性体以及不透明表面上的涂层，都可以用 ATR 技术。

傅里叶变换红外光谱（FT-IR）技术在研究复合材料界面方面已经成为常用的一种方法。这种光谱是非色散型的，通过干涉仪将两束受干涉的光束经过试样，探测放大后，通过计算机的数字运算而得到的精确度较高的红外光谱。例如，用 FT-IR 研究乙烯基硅烷和 SiO_2 时发现，在 970 cm^{-1} 处的 SiO_2 表面的硅羟基和在 894 cm^{-1} 处的水解硅烷上的硅羟基消失，而在 1 200 ~ 1 000 cm^{-1} 区域内出现了新的 Si—O—Si 键。它既不同于纯 SiO_2 中的 Si—O—Si 键，也不同于乙烯基硅烷水解后缩聚产物中的 Si—O—Si 键，因此认为这是界面反应所特有的特征。

在高分子材料的剖析工作中，红外光谱法是鉴定各种聚合物和助剂最有效的方法。各种化学结构不同的化合物都有它们特征的红外吸收光谱图，犹如人的指纹一样，没有两个是完全相同的。随着电子计算机的应用和谱图数据库的建立和健全，鉴定工作将更省力，结论将更可靠。碳纤维、玻璃纤维以及芳纶纤维等常用的纤维类增强体，为了提高增强体与基体的结合性能，采用物理方法及化学方法对其表面进行改性处理，红外光谱在此过程中起着重要的作用。

红外光谱是研究和表征高分子聚合物的结构特征与性质的一种重要手段，是聚合物分子结构的反应用于高分子的定性和定量分析。该光谱实质是利用高聚物中相应基团与 0.7 ~ 1 000 μm的红外光相互作用发生振动、转动而形成不同的吸收峰，分子中不同的基团会在不同的波数处产生吸收峰，根据吸收峰的位置和强度来判断聚合物中的分子结构和鉴定聚合物。

哈尔滨工业大学材料学院纤维增强聚合物基复合材料课题组利用红外光谱分析研究了 CFRP 在恒温恒湿、湿热循环两种湿热环境下聚合物官能团的变化。图 10.9 所示为未吸湿老化、吸湿平衡后及脱湿 3 种复合材料试样的红外光谱图。谱图中，3 423 cm^{-1} 处是羟基 O—H 伸缩振动峰；2 931 cm^{-1} 处是亚甲基上 C—H 的伸缩振动峰；1 598 cm^{-1}、1 507 cm^{-1} 处为苯环的骨架振动吸收峰；1 393 cm^{-1} 处为双酚 A 中双甲基的对称弯曲振动吸收峰，具有特征性；1 230 cm^{-1}处为芳香醚键的反对称伸缩振动峰；1 096 cm^{-1}处为脂肪醚键的顺式伸缩振动吸收峰，由于 p-π 共轭使得醚键具有双键性质，导致醚键的反对称和对称伸缩振动吸收峰均向高频移动。环氧基团的特征吸收峰在 916 cm^{-1}、819 cm^{-1}处，但是 819 cm^{-1}处的环氧峰和对位取代苯环的两个相邻氢原子的面外弯曲振动吸收峰重叠，916 cm^{-1}处的环氧峰常被作为环氧特征峰。

从图 10.9 中基本可以判定该环氧树脂为双酚 A 型环氧，固化剂应为胺类固化剂。同时可以看到，经以上 3 种不同处理后，复合材料试样的环氧基团特征峰基本上没有变化，峰强度都很小，非端羟基的伸缩振动吸收峰也没变化，说明复合材料中的环氧树脂固化程度很高，湿热引起的材料后固化反应几乎可以忽略。此外，经过湿热处理后试样的红外谱图上并没有新峰出现或峰的消失，脱湿试样的红外光谱与吸湿老化前的完全一致，说明在试验周期内，湿热并没有导致复合材料发生水解、氧化、热降解等不可逆的化学反应。

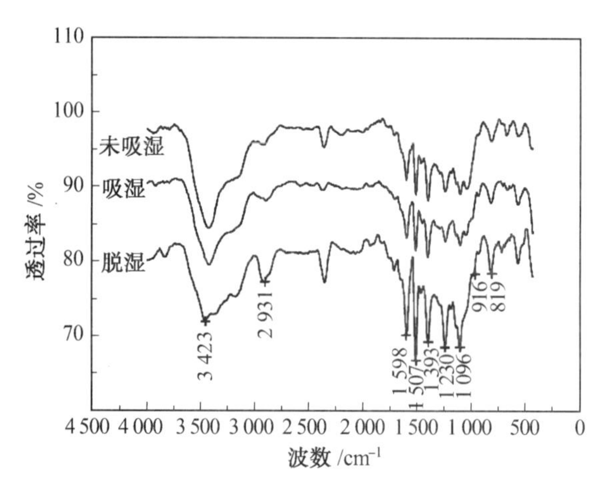

图 10.9　吸湿前后、脱湿复合材料的红外光谱

10.4　复合材料界面性能

10.4.1　界面结合强度

复合材料的界面剪切强度(IFSS)直接影响到复合材料的强度和韧性，界面剪切强度的研究和测定也成为复合材料界面研究中的一个重点。测定 IFSS 的试验方法主要有纤维拔出试验、微珠脱黏试验、纤维断裂试验及纤维

压入试验 4 种,如图 10.10 所示。

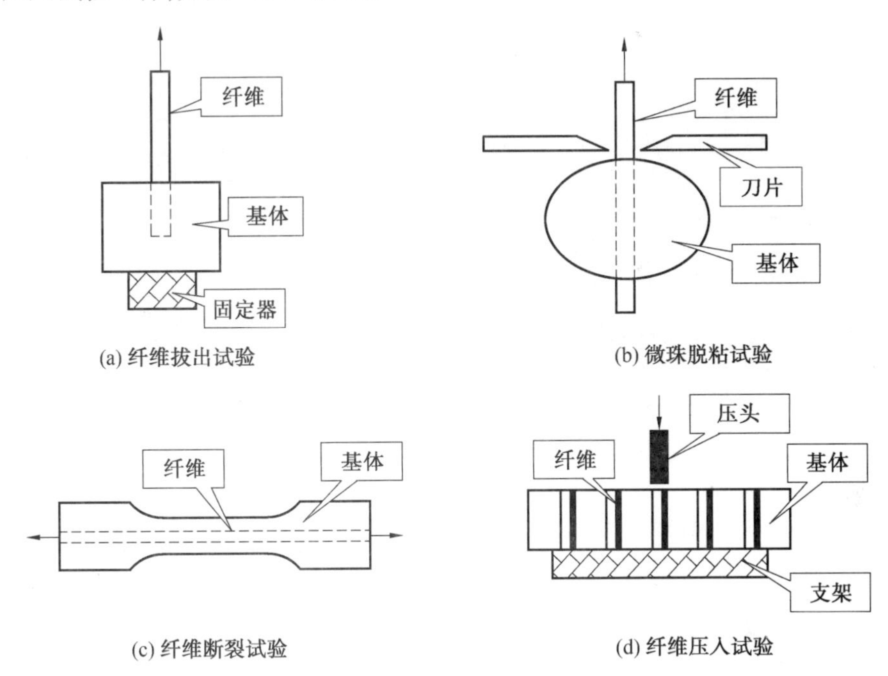

(a) 纤维拔出试验　　(b) 微珠脱粘试验

(c) 纤维断裂试验　　(d) 纤维压入试验

图 10.10　测定界面剪切强度细观试验方法示意图

图 10.11 为微复合材料界面脱黏 SEM 图,由图也可以看出 T300 微脱黏后的界面树脂残留较少,可以清晰地看到碳纤维表面的沟槽,表明未经改性处理的碳纤维界面结合较弱,微复合材料的破坏发生在碳纤维和树脂的界面处。经改性处理过后,树脂微珠脱黏的微界面上黏有较多的树脂,表明经改性后的碳纤维与树脂的界面结合良好,提升了界面结合强度。

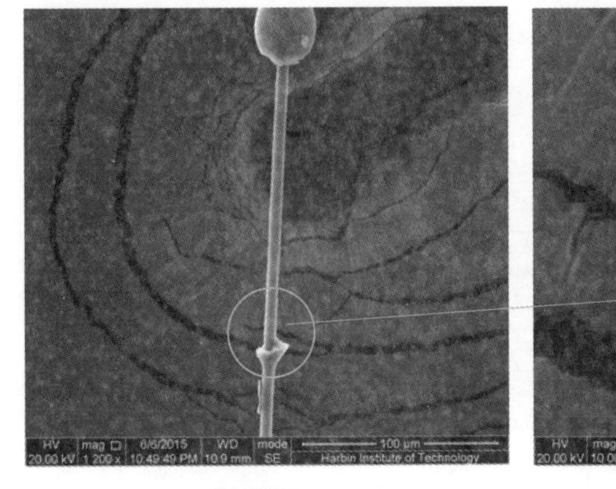

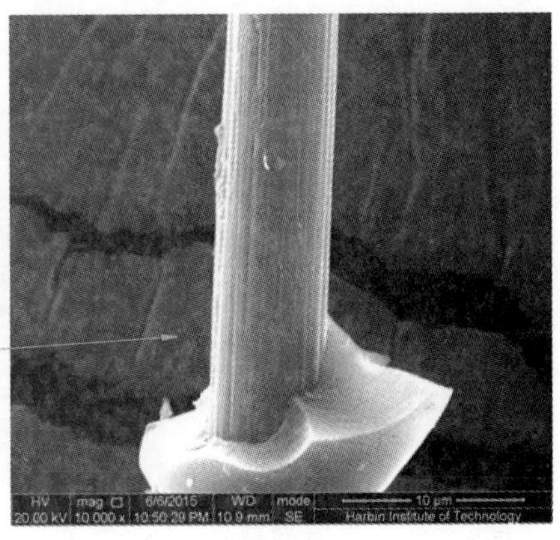

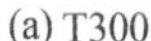

(a) T300　　(b) T300

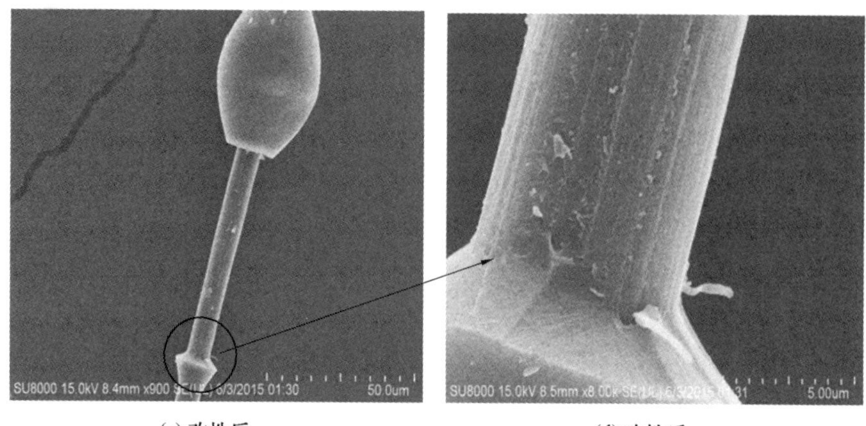

(c) 改性后　　　　　(d) 改性后

图 10.11　微复合材料界面脱黏 SEM 图

10.4.2　增强体表面能

碳纤维的表面能对碳纤维及其复合材料的研究有重大意义。比利时荷语鲁汶天主教大学材料学院复合材料课题组与哈尔滨工业大学材料学院的纤维增强树脂基课题组采用 Tensiometer-Krüss K100SF 精密天平(图10.12),精确测试得到单根碳纤维在水中润湿的受力曲线,分析了影响测试结果的各种因素,并基于力分析法得到不同润湿速度下的单根碳纤维与去离子水的接触角,如图 10.13 所示,为计算出碳纤维表面能奠定了基础。

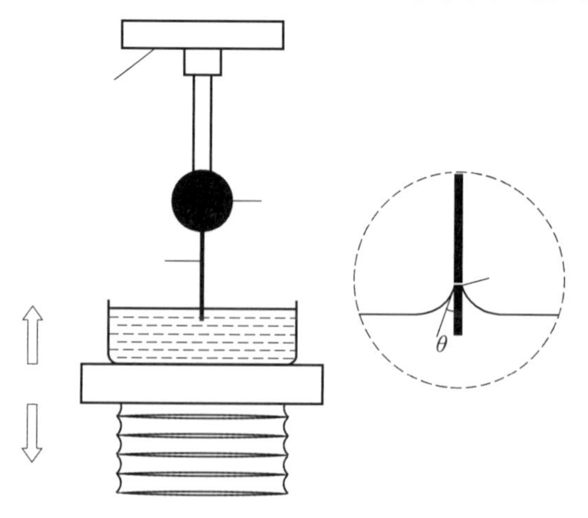

图 10.12　Tensiometer-Krüss K100SF 精密天平

碳纤维单丝与液体的接触角可以表示为

$$F_{\text{measured}}=\pi d\gamma_{\text{LV}}\cos\theta+mg-F_{\text{buoyancy}} \tag{10.1}$$

式中，F_{measured}为传感器测得的力；γ_{LV}为测试液体的表面张力；θ为纤维与液体的接触角；F_{buoyancy}为纤维浸入液体部分的浮力。

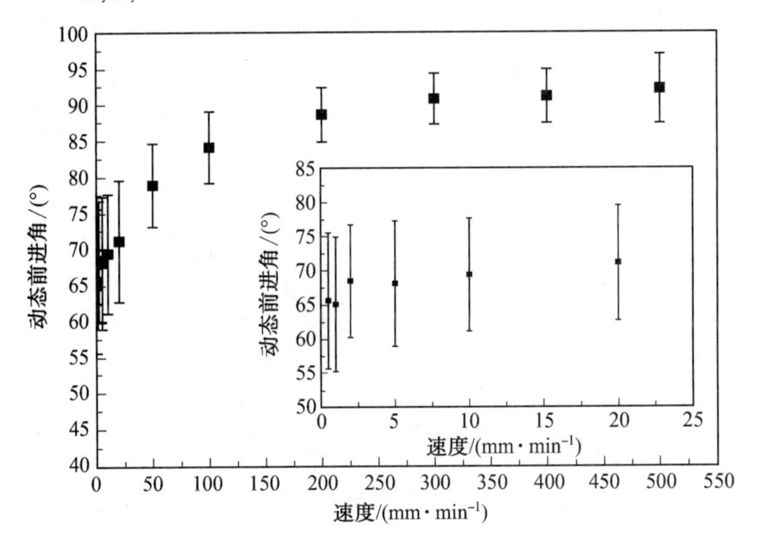

图 10.13　在不同测试速度下单根碳纤维与去离子水的接触角

10.5　复合材料热学性能表征

10.5.1　热塑性基体熔点和软化点的测定

1. 毛细管法

取内径为 1 mm、长为 100 mm、一端封闭的薄壁毛细管，装入少量干燥研细的试样，中间敦实。用细铜丝将毛细管捆绑在温度计上，使试样处于与温度计水银泡靠齐，且铜丝不得遮盖试样。将温度计和毛细管插入装满 100# 甲基硅油或真空泵油的烧杯中心位置，不接触烧杯底和壁，将烧杯置于电炉上加热。开始升温可稍快，在接近熔点前 10 ℃左右，按 1 ℃/min 速度升温，观察试样从开始熔化到全部熔化的温度，该温度范围即为试样的熔点。

2. 显微镜观察法

将试样置于显微镜下，对于非晶态聚合物可观察到在受热情况下从开始熔化，粉粒之间有熔体连接，直到变得完全透明时，即为熔点。而晶态聚合物置于偏光显微镜下，可观察到清晰亮场的双折射，在受热情况下开始熔化，双折射开始消失，视场暗下来，待树脂试样粉粒全都熔化，视场完全暗黑，该温度范围即为试样熔点。

3. 热塑性树脂基体维卡软化点测定

先将粉粒状树脂制成长不小于10 mm、宽不小于10 mm、厚为3～6 mm的试样。将材料试样置于维卡软化点试验装置（图10.14）的液体传热介质中，在一定负荷、一定等速升温条件下，试样被1 mm^2压针头压入1 mm深时的温度。

被测试样要求厚度均匀，表面平整光滑，无气泡，无凹陷，无齿痕。

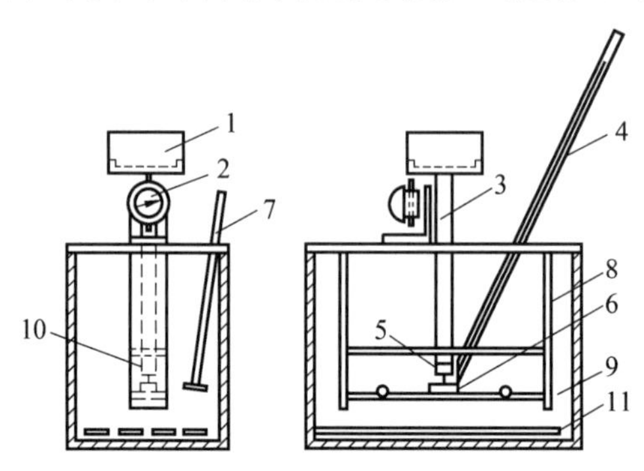

图10.14　软化点（维卡）试验装置

1—砝码；2—变形测量装置；3—负载杆；4—测温装置；
5—压针；6—试样Ⅰ；7—搅拌器；8—支架；9—保温浴槽；
10—压针头；11—加热器

10.5.2　热塑性基体热稳定性测试

热塑性树脂在受热后会发生热降解，但不同品种的热塑性树脂的热降解情况有所差异，有的受热后大分子链断裂，相对分子质量分布变宽，但质量并不明显损失；有的受热分解成小分子挥发掉，质量有所损失；有的是从大分子上脱去小分子，大分子链长变化不大。所以不同品种的热塑性树脂，其热稳定性的定义不尽相同，要视其热破坏历程而定。显然，热降解机理不同，表征热稳定性的测定方法也不同。

1. 热分解温度的测定

一些卤代聚合物在较高温度下会发生热分解而脱去卤化氢，使聚合物大分子链变得刚硬，外观颜色逐渐变深以致最后失去使用价值。判断该类热塑性聚合物热稳定性的方法之一是检测卤化氢逸出的起始温度，即热分解温度。

热分解温度测定装置如图10.15所示。测定时将聚合物试样置于试管中并用玻璃棒压实，试纸浸上刚果红并黏于一支撑棒上，试纸顶端距试样表面 5 mm,升温速度为(1 ~2) ℃/min,当聚合物开始热分解时,脱去的卤化氢会使试纸下端变成蓝色,此时油浴的温度即为该聚合物试样的热分解温度。

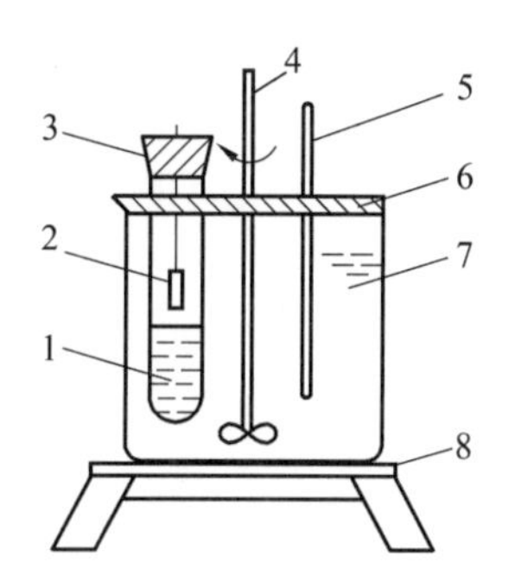

图 10.15 热分解温度测定装置

1—试样;2—试纸;3—试管;4—搅拌器;5—温度计;6—油浴盖;7—油浴锅;8—电炉

2. 热质量损失的测定

用作先进复合材料(Advanced Composite Materials,ACM)的聚合物基体是一些耐热性较高的树脂,如聚酰亚胺(PI)、聚苯硫醚(PPS)、聚醚醚酮(PEEK)等。测定这些耐热性较高的树脂的热稳定性最简便的方法是:将树脂粉料在 29.4 MPa 压力下压成 ϕ7 mm 的圆片,将该圆片在 150 ℃干燥一定时间,冷却后称其质量,然后放入(385±5) ℃的鼓风烘箱中处理 6 h,冷却到 250 ℃后移至干燥器中冷却至室温,再称其质量。以热处理前后质量损失的百分数表示该树脂热稳定性的优劣。

将试样在某一温度下恒温热处理,记录质量随时间变化的规律,也可用来测定树脂的热稳定性。

要求更精确的测定可采用热重法(T_g),热重法是在程序控制温度下,测定试样质量与温度关系的一种技术。热重法试验得到的曲线称为热重曲线,其纵坐标为质量,横坐标为温度或时间。随着温度的升高,在未达到树脂分解温度时,热重曲线是平稳的。当温度达到热分解温度 T 后,热重曲线开始下降,表明试样质量开始损失,记录试样质量损失与温度或时间之间连续变化的函数关系,由此可推算出树脂的热分解温度。从曲线每点的斜率和升温速度还可以了解试样在相应温度下的分解速度。

10.5.3 热固性基体耐热性表征方法

热固性树脂具有机械强度高、电性能优良、化学性能稳定、耐热耐候性能优良和工艺性能好等优点,广泛应用于电子、汽车、船舶、航天、建筑、体育以及医疗卫生等诸多领域。热固性树脂的耐热性能是高频高压绝缘、航空航天和高温等领域材料的主要指标之一,通常用耐热温度来表征。然而由于不同的测试方法,使得各种耐热温度之间存在较大差别。

对于热固性树脂及其复合材料结构件而言,人们最关心的是在一定温度下材料的强度和抗形变性能,而表征树脂一定温度下抗形变性能的两个重要温度指标是热变形温度(HDT)和玻璃化转变温度(T_g)。热变形温度的应用非常广泛,它是指一定尺寸的矩形试样在120 ℃/h升温速率的液态介质中,当试样中点弯曲载荷为1.82 MPa或0.445 MPa时,达到一定相对形变时的温度。玻璃化转变温度是热固性树脂从玻璃态向高弹态转变的温度,它是指一定的温度区间。测试树脂T_g的方法很多,主要有差示扫描量热法(DSC)和动态热机械分析法(DMA)等。DSC法和DMA法的测试物理机制不同,因此得到的T_g不完全一样。这样一来,DSC法和DMA法得到的T_g以及热变形温度在实际应用和交流中十分不便,因此有必要研究它们之间的联系和差别,而关于这方面的研究和讨论未见报道。

1. 差示扫描量热法

差示扫描量热法(Differential Scanning Calorimetry,DSC)被广泛应用于材料导热系数密度、比热导的测量,它既可用来进行质量测试,也可作为一个研究工具。该设备易于校准,使用熔点低,是一种快速、可靠的热分析方法。差示扫描量热法是在程序控制温度下,测量输给物质和参比物的功率差与温度关系的一种技术。

其基本原理为:在给予样品和参比品相同的功率下,测定物样和参比物两端的温差T,然后根据热流方程,将T(温差)换算成Q(热量差)作为信号的输出。物质在温度变化过程中往往伴随着微观结构和宏观物理、化学等性质的变化。宏观上的物理、化学性质的变化通常与物质的组成和微观结构相关联。通过测量和分析物质在加热或冷却过程中的物理、化学性质的变化,可以对物质进行定性、定量分析,以帮助我们进行物质的鉴定,为新材料的研究和开发提供性能数据和结构信息。

在差热分析中,当试样发生热效应时,试样本身的升温速度是非线性的。以吸热反应为例,试样开始反应后的升温速度会大幅度落后于程序控制的升温速度,甚至发生不升温或降温的现象;待反应结束时,试样升温速度又会高于程序控制的升温速度,逐渐跟上程序控制温度,升温速度始终处于变化中。而且在发生热效应时,试样与参比物及试样周围的环境有较大的温差,它们之间会进行热传递,可降低热效应测量的灵敏度和精确度。因此,到目前为止的大部分差热分析技术还不能进行定量分析,只能进行定性或半定量的分析,难以获得变化过程中的试样温度和反应动力学的数据。

DSC 分析与差热分析相比,可以对热量做出更为准确的定量测量测试,具有比较敏感和需要样品量少等特点。

2. 动态热机械分析法

动态热机械分析法(Dynamic Thermomechanical Analysis,DMA)是研究物质的结构及其化学与物理性质最常用的物理方法之一,分析表征力学松弛和分子运动对温度或频率的依赖性,主要用于评价高聚物材料的使用性能、研究材料结构与性能的关系、研究高聚物的相互作用、表征高聚物的共混相容性、研究高聚物的热转变行为等。主要包括:①高聚物的玻璃化转变以及熔融行为;②高聚物的热分解或裂解以及热氧化降解;③新的或未知高聚物的鉴别;④释放挥发物的固态反应及其反应动态研究;⑤高聚物的吸水性和脱水性研究以及对水、挥发组分和灰分等的定量分析;⑥高聚物的结晶行为和结晶度;⑦共聚物和共混物的组成、形态以及相互作用和共混相容性的研究。

动态力学是指物质在交变载荷或振动力的作用下发生的松弛行为,所以 DMA 就是研究在程序升温条件下测定这种行为的方法,高聚物是一种黏弹性物质,因此在交变力的作用下其弹性部分及黏性部分均有各自的反应,而这种反应又随温度的变化而改变。高聚物的动态力学行为能模拟实际使用情况,而且它对玻璃化转变、结晶、交联、相分离以及分子链各层次的运动都十分敏感,所以它是研究高聚物分子运动行为极有用的方法。

当材料的应力与应变存在相位差时,每次经过一个循环过程都要消耗功,称为内耗,对应的相位差称为内耗角,一般用其正切值表示内耗大小。一般而言,能量耗散主要是由纤维弹性性质、界面黏结破坏、基体能量耗散 3 方面引起的,以后两方面为主。因此,$\tan\delta$ 的大小在一定程度上可以反映复合材料界面黏结以及基体损伤情况。

图 10.16 所示为 25 ℃和 70 ℃下复合材料吸湿 0 h、480 h 和 840 h 时 $\tan\delta$的变化情况。从图中可以看出,在两种温度下,复合材料的 $\tan\delta$ 均随吸湿时间的增长而减小,且 70 ℃下$\tan\delta$值下降得更多。这是因为扩散进入复合材料中的水分子相当于润滑剂的作用,基体溶胀增塑,增加了聚合物大分子之间的距离,减弱了分子间的相互作用力,链段运动的阻力减弱。因此,当大分子链段由玻璃态转变为橡胶态时所需要消耗的能量减少,即内耗角减少。70 ℃下材料的吸湿量大于 25 ℃,因此水分的润滑作用更明显,内耗角下降得更多。

10.5.4 热焓的测量

热焓的测定方法很多,如利用氧弹热量计可测定反应的燃烧焓,也可利

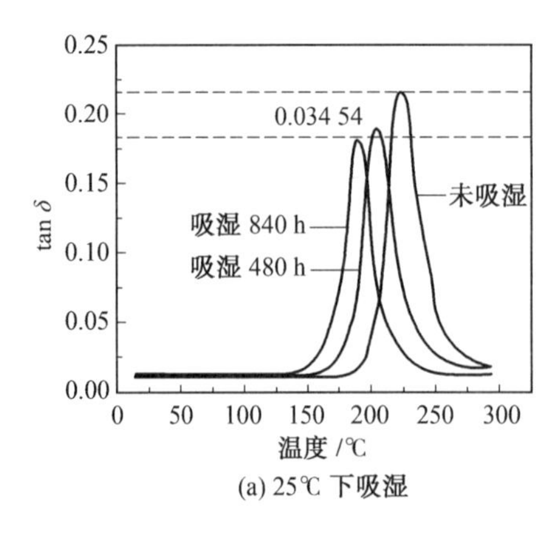

(a) 25℃ 下吸湿

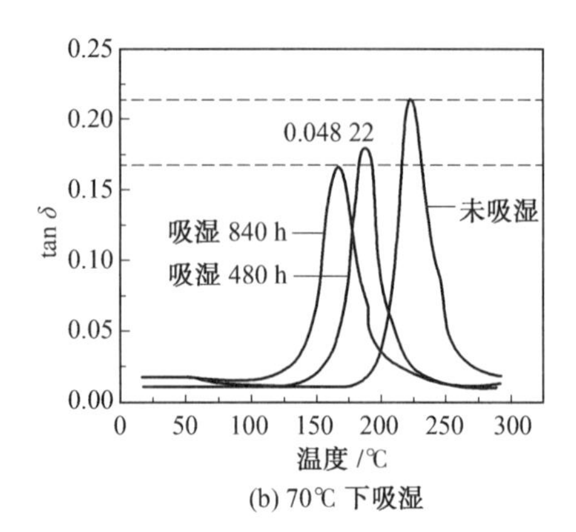

(b) 70℃ 下吸湿

图 10.16　复合材料在不同湿热温度下吸湿不同时间的 tan δ 值

用热重分析仪测定物质的升华热焓等。下面主要介绍利用差示扫描量热法来测定热焓。差示扫描量热仪直接记录的是热流量随时间变化的曲线,该曲线与基线所构成的峰面积与热焓成正比。为了测定热焓值,首先要确定峰面积。确定峰面积的方法大致有3种,如图10.17所示。如果峰的前后基线有变化,要正确确定峰面积是不太容易的,对于复杂的峰形就更难了。进行峰面积的求算,通常采用的方法有数毫米方格法、剪纸称重法、求积仪法和计算机法。其中剪纸称重法和求积仪法使用得比较广泛。

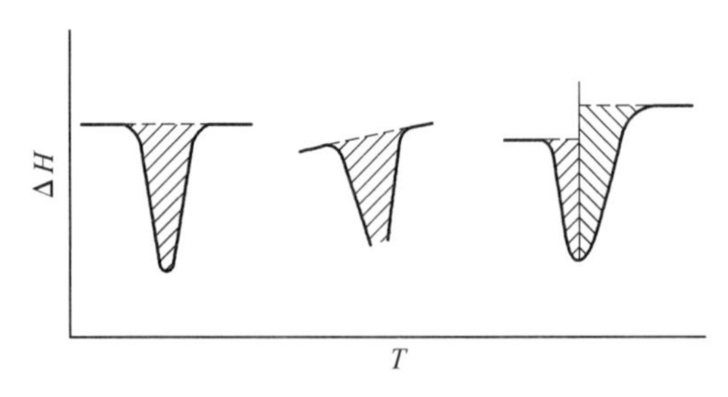

图 10.17　DSC 峰面积的确定方法

10.5.5　热容的测定

材料热容的测定方法很多,如混合法、电热法、差示扫描量热法等。由于DSC的灵敏度高、热响应速度快和操作简便,所以对热容的测定最为适用。在DSC中,试样处在线性的程序温度控制下,流入试样的热流速率是连续测定的,并且所测定的热流速度 $\mathrm{d}H/\mathrm{d}t$ 与试样瞬间的比热容成正比,因此热流速率可表示为

$$\frac{dH}{dt}=mc_p\frac{dT}{dt} \tag{10.2}$$

式中,m 为试样质量;c_p 为试样比热容。

试样的比热容可通过式(10.8)测定,也可从手册查到不同温度下的热容值。精确测定试样热容数据的具体方法如下:首先测定空白基线,即空试样盘的扫描曲线;然后在相同条件下使用同一个试样盘依次测定蓝宝石和试样的 DSC 曲线,所得结果如图 10.18 所示。

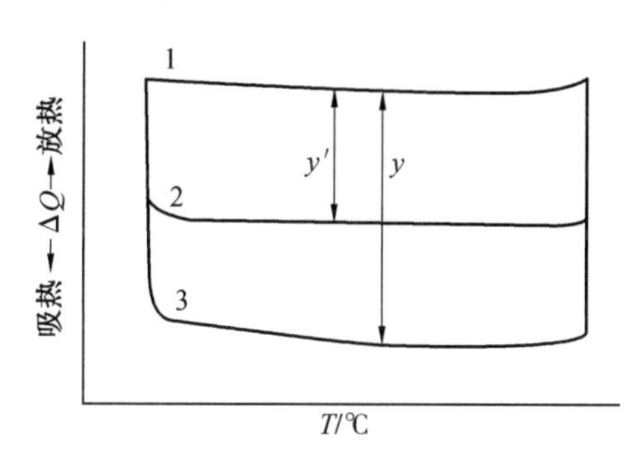

图 10.18　测定热容的 DSC 曲线示意图

1—空白;2—蓝宝石;3—试样

可通过下列方程式求出试样在任一温度下的比热容

$$\frac{c_p}{c_p'}=\frac{m'y}{my'} \tag{10.3}$$

式中,c_p、m、y 分别为蓝宝石的比热容、质量和蓝宝石与空白曲线之间的 y 轴量程差。测定结果表明,此法的准确度与经典的绝热量热法比较接近。为了精确测定,应选用高灵敏度和快的升温速率,并且试样形状应与蓝宝石相同。

10.5.6　热导率的测量

自 18 世纪中叶由本杰明·富兰克林(Benjamin Franklin)开始对固体的导热能力进行试验研究以来,已经历了 200 多年。其间发展了多种多样测量物质热导率的方法,经美国普渡大学热物性资料和数据分析中心 CINDAS 的前身热物理性质研究中心 TPRC 分析归纳为若干类别。其归纳方法不外乎以下几个方面进行。

(1)根据导热过程的宏观机理区分有两大类别,即稳态法和非稳态法。稳态法指的是待测试样上温度分布达到稳定后进行的试验测量,其分析的出发点是稳态的导热微分方程,能直接测得热导率。这种方法的特点是试验公式简单,试验时间长,需要直接或间接地测量导热量和若干点的温度。

非稳态法指的是试验测量过程中试样温度随时间变化,其分析的出发点是不稳定导热微分方程,常常只能直接测得导温系数,间接算得热导率。这种方法的特点是,试验公式常不如稳态法那样简单、直观,试验时间短,需要测量试样上若干点的温度随时间变化的规律,一般不必测量导热量。

(2)根据导热热流在试样上的流向来区分,如圆柱试样,按热流是沿轴向还是径向流过试样来区分为纵向热流法和径向热流法。

(3)根据试样的形状区分,如有平板法、圆柱体法、圆球法、同心球法、矩形棒法等。

(4)根据热流与时间的函数关系区分。这属于非稳态法的范围,热流可以是周期性的,称为周期热流法,瞬态加热的称为瞬态热流法等。

(5)根据是否直接测量热流量来区分。稳态法中把直接测量热流量方法的称为绝对法,通过测量参比样品的温度梯度间接确定热流量的方法称为比较法。

还可以有很多细致的分法,在此不再一一列举。但是根据以上关于分类的简述,人们可以很方便地从名称中判断出方法的导热机理、热源和试样的形式等。

10.5.7　热膨胀系数测定

测定材料热膨胀系数的方法很多,如光学膨胀仪法、电感式膨胀仪法和电容式膨胀仪法等。这里主要介绍测定粉末材料的几种常用方法。

1. 望远镜直读法

将试样装在加热炉炉管的托座上,在精密温度程序控制仪控制下按规定的升温速率加热试样到试验最终温度。通过10倍以上的望远镜直读,以及位移传感器或千分表测量试样加热过程的线膨胀变化,并按下式计算由室温至试验温度的各温度间隔的线膨胀率

$$\rho=\frac{L_t-L_0}{L_0}\times 100\% \tag{10.4}$$

$$L_t-L_0=\Delta L_t+\Delta L_2 \tag{10.5}$$

式中,ρ 为试样的线膨胀率,%;L_0 为试样在室温下的长度,mm;L_t 为试样在试验温度 t 时的长度,mm;ΔL_1 为左镜筒测量的试样长度变化值,mm;ΔL_2 为右镜筒测量的试样长度变化值,mm。

2. 顶杆式间接法

将试样装在装样管内用顶杆压住试样,顶杆与位移传感器或千分表接触,在加热炉中,精密温度控制仪按规定升温速率加热试样到试验最终温度,并经位移传感器或千分表测量加热过程中试样的线渗胀情况。并按下

式计算由室温至试验温度的各温度间隔的线膨胀率

$$\rho=\frac{(L_T-L_0)+A(t)}{L_0}\times 100\% \tag{10.6}$$

式中,ρ 为试样的线膨胀率,%;L_0 为试样在室温下的长度,mm;L_T 为试样在试验温度 t 时的长度,mm;$A(t)$ 为温度 t 时仪器的校正值,mm。

10.6 复合材料电学性能测试

电阻的测量,为测出电阻率 ρ,必须测出电阻 R、截面积 S 和长度 L。S 与 L 不难用各种量具测出,因此测电阻率的关键是测出电阻 R。测量电阻可根据被测电阻值的大小和准确度要求,采用不同的测量仪器和方法。测量大电阻(电阻值大于 10^6 Ω)和中电阻(电阻值为 1×10^6 Ω),准确度要求不高时,常用兆欧表、万用表等仪器测量。半导体电阻的测量可用两探针法、四探针法、高 Q 表法和范德堡法等。其中四探针法应用得最广泛。测量准确度要求较高的小电阻(电阻值小于 1 Ω)或用电阻法研究和分析金属与合金的组织结构变化时,就必须采用精密的电桥法或电位差计法进行测量。

1. 单电桥法

单电桥法是应用电压降平衡原理,通过标准电阻和已知电阻求被测电阻的阻值。其测量线路如图 10.19 所示。

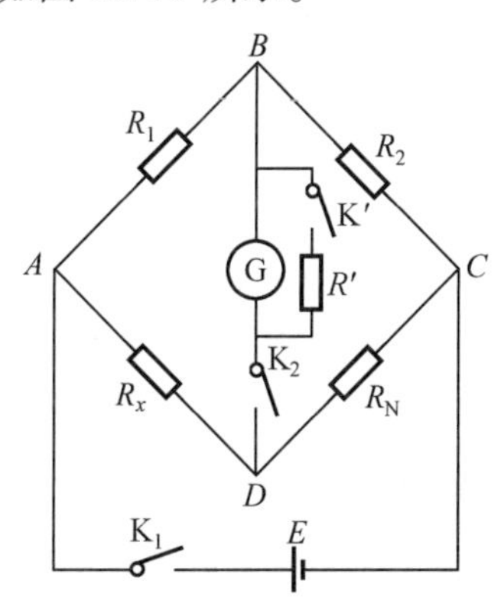

图 10.19 单电桥测量原理示意图

被测电阻 R_x 与标准电阻 R_N 串联,与此相对应的并联线路中串联可调电阻 R_1 和 R_2。这两对并联线路中的 B 点和 D 点间接有检流计 G,K′ 和 R' 是保护检流计用的开关和电阻,K_2 是接通检流计用的开关。电源由 E 供给,并由开关 K_1 控制。在电桥设计上要使 R_N 与 R_x 大致同数量级,R_1 与 R_2 也相近。在测试过程中,只需调节 R_1 与 R_2,使接通了的检流计无电流通过,电桥达到

平衡状态,此时

$$V_{AB}=V_{AD},\quad V_{BC}=V_{DC}$$

即可导出关系式

$$R_x=\frac{R_1}{R_2}R_{\mathrm{N}} \tag{10.7}$$

根据已知的 R_{N},读出调节电桥平衡时的 R_1 和 R_2 值。由电桥线路可知,当 R_{N} 与 R_x 接近,并在调节时使 R_1 与 R_2 之比接近于1,则可提高被测电阻的精确度。由于单电桥法无须测出电压和电流的值来求得 R_x,它克服了电压-电流计法的缺点,故其精度较高。但单电桥法所测量的被测电阻 R_x,实际上包含导线电阻和导线与接线柱间的接触电阻。这种电阻称为附加电阻。由此可见,只有当被测电阻比较大,附加电阻引起的误差可以忽略不计时,才能保证这种方法的精度。

所以单桥法通常适用于测量阻值为 1 ~ 10 Ω 的试样。若被测电阻较小,特别当被测电阻数量级接近附加电阻时,这些附加电阻引起的误差就相当大,因而得不到精确的结果。在这种情况下,应使用双电桥法。

2. 双电桥法

双电桥法是目前测量电阻应用最广泛的一种方法,它用于测量小电阻($10^{-6}\sim10^{-2}$ Ω)。图10.20为双电桥电路图。与单电桥相比,分路 ABC 中串联了两个高电阻 R_1 和 R_2,这和单电桥相同。所不同处是:被测电阻 R_x 和标准电阻 R_{N} 之间加入另一个并联支路 EDF,其中串联了两个大电阻 R_3 和 R_4,并将检流计的一个接点连接在 R_3 和 R_4 之间的 D 点。电桥平衡是通过调节4个高电阻 R_1、R_2、R_3 和 R_4 来实现的。在电桥设计上,每个高电阻通常大于50 Ω,且 $R_1=R_3$,$R_2=R_4$,并还需要在结构上保持 R_1 与 R_3 成联动,R_2 与 R_4 成联动。同时要使连接 R_x 与 R_{N} 之间的导线 EF 的电阻尽可能小。如此就可使电桥中的分路电流 I_1 和 I_2 很小,而 I_3 相对大得多。测量时调节可变电阻,使检流计中无电流通过,即在电桥达到平衡时可以导出

$$R_x=\frac{R_1}{R_2}R_{\mathrm{N}} \tag{10.8}$$

根据式(10.14),R_1、R_2 和 R_{N} 为已知,即可求出被测电阻 R_x 值。为提高被测电阻值的精确度,测量时尽可能使 R_1 与 R_2 之比接近1,R_{N} 接近 R_x。

哈尔滨工业大学材料学院纤维增强聚合物基复合材料课题组采用真空抽滤、物理沉积的方法,制备碳纳米纸,根据范德堡测量方法改进的四探针测试法对其电学性能进行表征分析,如图10.21所示。

4种纳米纸的电阻率均小于 74×10^{-2} Ω·cm,说明通过对纳米纸制备工

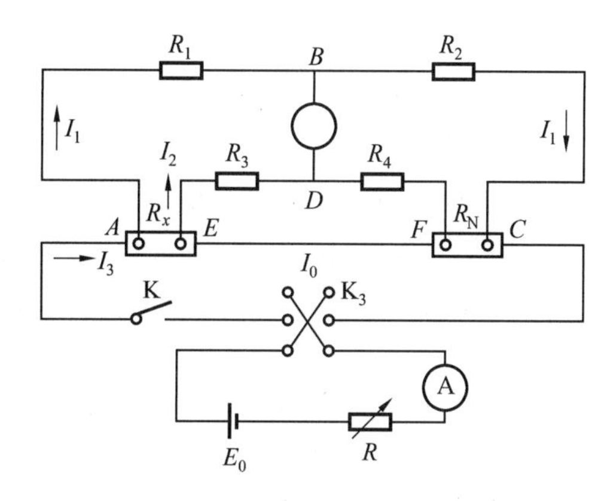

图 10.20　双电桥测量原理示意图

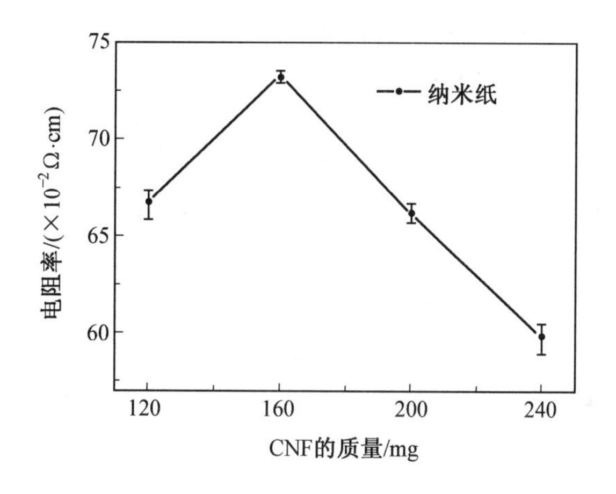

图 10.21　不同 CNF 用量所制备的纳米纸的电阻率

艺的优化,采用真空抽滤物理沉积法可制备出导电性能良好的碳纳米纸,以此作为增强体与树脂复合可显著增强复合材料基体的电学性能。随着碳纳米纤维用量的增加,纳米纸的体积电阻率有逐渐减小的趋势,但变化不大。说明此种配方制备的碳纳米纸的性能较为稳定,当碳纳米纤维用量为 0.24 g 时,纳米纸的电阻率达到最低,其电阻率为 $60\times10^{-2}\ \Omega\cdot\mathrm{cm}$。由于添加的适量的黏结剂与碳纳米纤维结合紧密,虽然碳纳米纤维趋向于沿着碳纳米纸方向排列,但是由于碳纳米纤维是在真空抽滤作用下杂乱无章地缠绕搭接在一起的,在纵向上仍具有一定的结构和相互关联。真空抽滤压力不变,碳纳米纤维含量的增大将导致纳米纸微观结构更加致密,进而使单位体积内碳纳米纤维间有效搭接点增多,从而提高纳米纸的电学性能。

参考文献

[1] 沃丁柱. 复合材料大全[M]. 北京:化学工业出版社, 2000.

[2] 顾书英,任杰. 聚合物基复合材料[M]. 北京:化学工业出版社, 2007.

[3] 嵇醒,戴瑛. 复合材料界面剪切强度试验方法评定[C]. 重庆:海峡两岸工程力学研讨会, 2009.

[1] 鲁云,朱世杰,马鸣图. 先进复合材料[M]. 北京:机械工业出版社, 2003.

[2] KUMAR B G, SINGH R P, NAKAMURA T. Degration of carbon fiber-reinforced epoxy composites by ultraviolet radiation and condensation[J]. Journal of Composites Materials, 2002, 36(24):2713-2733.

[3] WONG T C, BROUTMAN L J. Effect of stress on sorption of water in an epoxy resin[C]//43rd Annual Technical Conference. Washington: Society of Plastics Engineers, 1985: 723-727.

[4] WOLF C J, FU H. Stress enhanced sorption of water in poly (Aryl Ether Ether Ketone) [PEEK] [J]. Joural of Polymer Science Part B: Polymer Physics, 1995, 33(2):331-332.

[5] BUCK S E, LISCHER D W, NEMAT-NASSER S. The combined effects of load, temperature and moisture on the durability of E-glass/vinyl ester composite materials [J]. Evolving Technologies for the Competitive Edge, 1997, 42:444-454.

[6] 吕新颖, 江龙, 闫亮. 碳纤维复合材料湿热性能研究进展[J]. 玻璃钢/复合材料, 2009(3):76-80.

[7] 刘文珽, 贺小帆. 飞机结构腐蚀/老化控制与日历延寿技术[M]. 北京:国防工业出版社, 2010.

[8] 王健, 纪艳芬, 李开喜. 不同热塑性树脂基体对单向碳纤维复合材料吸湿行为的影响[J]. 化工新型材料, 2010, 38(8):77-83.

[9] 郑路, 常新龙, 赵峰. 湿热环境中复合材料吸湿性研究[J]. 湖北航天科技, 2008(1):46-49.

[10] LEE B L. Effects of moisture and thermal cycling on in-plane shear properties of graphite fibre-reinforced cyanate ester resin composites[J]. Composites Part A: Applied Science and Manufacturing, 1996, 27(11): 1015-1022.

[11] SHIVA E, FATHOLLAH T B, FARID T. Long-term hygrothermal response of perforated GFRP plates with/without application of constant external loading[J]. Polymer Composites, 2012, 33(4):467-475.

[12] RAY B C, BISWAS A, SINHA P K. Characterization of hygrothermal diffusion parameters in fiber-reinforced polymetric composites[C]// Proceedings of the 4th National Convention of Aerospace Engineers and All India Seminar on Aircraft Propulsion. Mesra: Deaprtment of Space Enginnering and Rocketry, 1989:1-10.

[13] SHEN C H, SPRINGER G S. Moisture absorption and desorption of composite materials[J]. Composites Material, 1976, 10(1):2-20.

[14] SHIRRELL C D. Diffusion of water vapor in graphite/epoxy composite[J]. Advanced Composite Materials-Environmental Effects, 1978, 658:21-42.

[15] THOMASON J L. The interface region in glass fibre-reinforced epoxy resin composites: water absorption, voids and the interface[J]. Composites, 1995, 26(7): 477-485.

[16] NETRAVALI A N, FORNES R E, GILBERT R D. Effects of water sorption at different temperatures on permanent changes in an epoxy[J]. Joural of Applied Polymer Science, 1985, 30(4):1573-1578.

[17] 张阿樱, 张东兴, 李地红. 碳纤维/环氧树脂层合板湿热性能研究进展[J]. 中国机械工程, 2011, 22(4):494-497.

[18] APICELIA A, L NICOLAIS, CATALDIS C DE. Sorption modes of water in glassy epoxies[J]. Journal of membrane, 1984, 18: 211-225.

[19] APICELIA A, L NICOLAIS, CATALDIS C DE. Characterization of the morphological fine structure of commercial thermosetting resin through hygrothermalexperiments[J]. Advanced Polymer, 1985, 66: 189-207.

[20] ALFREY T, GURNEE E F, LLOYD W G. Diffusion in Glassy Polymers [J]. Polymer Science, 1966, 12(1): 249-261.

[21] GOERTZEN W K, KESSLER M R. Dynamic mechanical analysis of carbon/epoxy composites for structural pipeline repair[J]. Composites Part B: engineering, 2007, 38(1): 1-9.

[22] NISHAR H, SREEKUMAR P A, BEJOY F. Morphology, dynamic mechanical and thermal studies on poly (styrene-co-acrylonitrile) modified epoxy resin/glass fibre composites[J]. Composites Part A: Applied Science and Manufacturing, 2007, 38(12): 2422-2432.

[23] 冯青，李敏，顾轶卓. 不同湿热条件下碳纤维/环氧复合材料湿热性能实验研究[J]. 复合材料学报，2010，27(6):16-20.

[24] RAY B C. Temperature effect during humid ageing on interfaces of glass and carbon fibers reinforced epoxy composites[J]. Journal of Colloid and Interface Science, 2006, 298(1): 111-117.

[25] 李晔，钟翔屿，崔郁. CF3052/5284RTM 复合材料湿热性能[J]. 宇航材料工艺，2010(4): 84-87.

[26] 刘建华，曹东，张晓云. 树脂基复合材料 T300/5405 的吸湿性能及湿热环境对力学性能的影响[J]. 航空材料学报，2010，30(4): 75-80.

[27] 肖文萍，许俊华，朱怡超. 腐蚀环境因子对环氧树脂基复合材料性能影响研究[J]. 装备环境工程，2008，5(6): 76-80.

[28] KAUSHAL S, TANKALA K, RAO R M. Some hygrothermal effects on the mechanical behaviour and fractography of glass-epoxy composites with modified interface[J]. Journal of Materials Science, 1991, 26(23): 6293-6299.

[29] BOTELHO E C, PARDINI L C, REZENDE M C. Hygrothermal effects on the shear properties of carbon fiber/epoxy composites[J]. Journal of Materials Science, 2006, 41(21): 7111-7118.

[30] SELZER R, FRIEDRICH K. Mechanical properties and failure behaviour of carbon fibre-reinforced polymer composites under the influence of moisture[J]. Composites Part A: applied science and manufacturing, 1997, 28(6): 595-604.

[31] JEDIDI J, JACQUEMIN F, VAUTRIN A. Design of accelerated hygrothermal cycles on polymer matrix composites in the case of a supersonic aircraft [J]. Composite Structures, 2005, 68(4): 429-437.

[32] MIKOLS W J, SEFERIS J C, APICELLA A. Evaluation of structural changes in epoxy systems by moisture sorption-desorption and dynamic mechanical studies[J]. Polymer Composites, 1982, 3(3): 118-124.

[33] JEDIDI J, JACQUEMIN F, VAUTRIN A. Accelerated hygrothermal cyclical tests for carbon/epoxy laminates[J]. Composites Part A: Applied Science and Manufacturing, 2006, 37(4): 636-645.

[34] NEUMANN S, MAROM G. Stress dependence of the coefficient of moisture diffusion in composite materials[J]. Polymer Composites, 1985, 6(1): 9-12.

[35] NEUMANN S, MAROM G. Free volume dependent moisture diffusion under stress in composite materials[J]. Journal of Materials Science, 1986, 21(1): 26-30.

[36] NEUMANN S, MAROM G. Prediction of moisture diffusion parameters in composite materials under stress[J]. Journal of Materials Science, 1987, 21(1): 68-80.

[37] WAN Y Z, WANG Y L, LUO H L. Moisture absorption behavior of C_{3D}/EP composite and effect of external stress[J]. Materials Science and Engineering: A, 2002, 326(2): 324-329.

[38] ANISKEVICH A N, ANISKEVICH N I. Effect of a unixial load on moisture absorption by an epoxy binder[J]. Mechanics of Composite Materials, 1993, 29(1): 85-89.

[39] NEUMANN S, MAROM G. Moisture diffusion parameters in composite materials[J]. Journal of Composite Materials, 1988, 30(2): 18-19.

[40] ABDEL M B, ZIAEE S, GASS K, et al. The combined effects of load, moisture and temperature on the properties of E-glass/epoxy composites [J]. Composite Structures, 2005, 71(3): 320-326.

[41] 田莉莉, 刘道新, 张广来. 温度和应力对碳纤维环氧复合材料吸湿行为的影响[J]. 玻璃钢/复合材料, 2006, (3):14-18.

[42] 苏佳智,顾轶卓,李敏,等. 弯曲载荷下碳纤维/双马复合材料湿热特性实验研究[J]. 复合材料学报, 2009, 26(5):80-85.

[43] FUJITA H. Diffusion in polymer-diluent system[J]. Polymer, 1961(3): 1-17.

[44] PETROPOULOS J H. Application of the transverse differential swelling stress model to the interpretation of Case II diffusion kinetics[J]. Journal of Polymer Science, 1984, 22(2): 183-189.

[45] HARRIS G C, KENNETH G K. Langmuir-type model for anomalous moisture diffusion in composite resins [J]. Journal of Composite Materials, 1978, 12(2): 118-131.

[46] CAMINO G, POLISHCHUK A Y, LUDA M P. Water ageing of SMC composite materials: a tool for material characterization[J]. Polymer Degradation and Stability, 1998, 61(1): 53-63。

[47] 过梅丽. 高聚物与复合材料的动态力学热分析[M]. 北京: 化学工业出版社, 2002.

[48] WONG T C, BROUTMAN L J. Moisture diffusion in epoxy resins Part I: nonfickian sorption processes[J]. Polymer Engineer and Science, 1985, 25(9): 34-522.
[49] 乔海霞. 玻璃纤维/碳纤维混杂增强复合材料电缆芯老化性能研究[D]. 长沙: 国防科学技术大学, 2006.
[50] 张艳萍, 熊金平, 左禹. 碳纤维/环氧树脂复合材料的热氧老化机理[J]. 北京化工大学学报, 2007, 34(5): 523-526.
[51] WEITSMAN Y J. Anomalous fluid sorption in polymeric composites and its relation to fluid-induced damage[J]. Composites Part A: applied science and manufacturing, 2006, 37(4): 617 - 623.
[52] 李余增. 热分析[M]. 北京: 清华大学出版社, 1978.
[53] 陈跃良, 刘旭. 聚合物基复合材料老化性能研究进展[J]. 装备环境工程, 2010, 7(4): 49-56.
[54] 叶宏军, 詹美珍, 古尼耶夫. T300/4211 复合材料的使用寿命评估[J]. 材料工程, 1995(10): 3-5.
[55] 肇研, 梁朝虎. 聚合物基复合材料自然老化寿命预测方法[J]. 航空材料学报, 2002, 21(2): 55-58.
[56] 杨景锋, 王齐华, 杨丽君, 等. 纤维增强聚合物基复合材料的界面性能[J]. 高分料科学与工程, 2005, 03: 6-10.
[57] 于祺, 陈平, 陆春. 纤维增强复合材料的界面研究进展[J]. 绝缘材料, 2005(2): 50-56.
[58] 彭公秋, 杨进军, 曹正华, 等. 碳纤维增强树脂基复合材料的界面[J]. 材料导报, 2011(7): 1-4.
[59] CHEN W M, YU Y H, LI P, et al. Effect of new epoxy matrix for T800 carbon fiber/epoxy filament wound composites[J]. Composites Science and Technology, 2007, 67:2261-2270.
[60] LI C, LIU X. Mechanical and thermal properties study of glass fiber reinforced polyarylene ether nitriles[J]. Materials Letters, 2007, 61(11): 2239-2242.
[61] 徐筱林. 碳纳米管从碳纤维表面剥离机制分子模拟研究[D]. 哈尔滨: 哈尔滨工业大学, 2007.
[62] 胡伟. 碳纳米材料的第一性原理研究[D]. 合肥: 中国科学技术大学, 2013.
[63] 张敏, 朱波, 王成国, 等. 不同表面除胶工艺对碳纤维本体结构和表

面结构的影响[J]. 功能材料, 2010, 9: 1565-1567.

[64] MIYAGAWA H, JUREK R J, MOHANTY A K, et al. Biobased epoxy/clay nanocomposites as a new matrix for CFRP[J]. Composites Part A Applied Science & Manufacturing, 2006, 37(1):54-62.

[65] 周玉.材料分析方法[M].北京:机械工业出版社,2011.

[66] 张阿樱,张东兴,李地红,等.碳纤维/环氧树脂层压板的冲击损伤[J].宇航材料工艺,2010(5):13-17.

[67] 张阿樱,张东兴,李地红,等.碳纤维/环氧树脂层压板疲劳性能研究进展[J].玻璃钢/复合材料,2010(6):70-74.

[68] 张阿樱,张东兴,李地红,等.孔隙率对碳纤维/环氧树脂层压板力学性能的影响[J].中国机械工程,2010(24):3014-3018.

[69] 张阿樱,张东兴,李地红,等.碳纤维/环氧树脂层压板湿热性能研究进展[J].中国机械工程,2011(4):494-498.

[70] 张阿樱,张东兴,李地红,等.碳纤维/环氧树脂层压板的孔隙问题[J].宇航材料工艺,2011(3):16-19.

[71] 张阿樱,张智钧,张东兴.不同孔隙率 CFRP 层合板静态力学性能研究[J].材料科学与工艺,2013(1):86-91.

[72] 张阿樱.湿热处理后含孔隙 CFRP 层合板力学损伤行为与强度预测[D].哈尔滨:哈尔滨工业大学,2012.

[73] 南田田.湿热环境下弯曲载荷对 CFRP 性能的影响[D].哈尔滨:哈尔滨工业大学,2013.

[74] 张夏明.酚醛树脂表面改性碳纤维界面行为与炭化工艺研究[D].哈尔滨:哈尔滨工业大学,2015.

[75] 鲁春蕊.溶剂驱动聚氨酯形状记忆行为研究[D].哈尔滨:哈尔滨工业大学,2014.

[76] TIAN Y, ZHAO Z Z, ZAGHI G, et al. Tuning the friction characteristics of gecko-inspired polydimethylsiloxane micropillar arrays by embedding Fe-O and SiO-particles[J]. ACS Appl Mater Interfaces, 2015, 7(24):13232-13237.

[77] 朱洪艳.孔隙对碳/环氧复合材料层压板性能的影响与评价研究[D].哈尔滨:哈尔滨工业大学,2010.

[78] 王健. 碳纳米纤维改性碳纤维多尺度增强环氧复合材料的研究[D].哈尔滨:哈尔滨工业大学,2013.

第11章　先进聚合物基复合材料

11.1　概　　述

在科学发展和人类社会活动要求逐渐扩大的过程中，可以说，自然界所有的植物、生物都是复合材料最好的范例。自然复合材料是经过多少亿年的进化才出现的，但现代人工复合材料并不像传统的自然复合材料历史那么长，这与近代工业和科学文化发展有着密切的联系。特别是聚合物基复合材料的发展是与塑料和各种人造纤维的发展分不开的。在复合材料中，最早开发和应用的是玻璃纤维增强的树脂基复合材料。20世纪40年代，美国首先用玻璃纤维和不饱和聚酯树脂复合，以手糊工艺制造军用雷达罩和飞机油箱，为玻璃纤维复合材料在军事工业中的应用开辟了道路。此后，随着玻璃纤维、树脂基体以及复合材料成型工艺的发展，玻璃纤维复合材料不仅在航空航天工业，而且在各种民用工业中获得了广泛的应用，成为重要的工程材料。

在如图11.1所示的世界聚合物基复合材料产量分布中，欧洲共同体和美国各占约1/3，日本占约1/10。由此可以看出，聚合物基复合材料产量与国家的科学和工业发展水平密切相关。

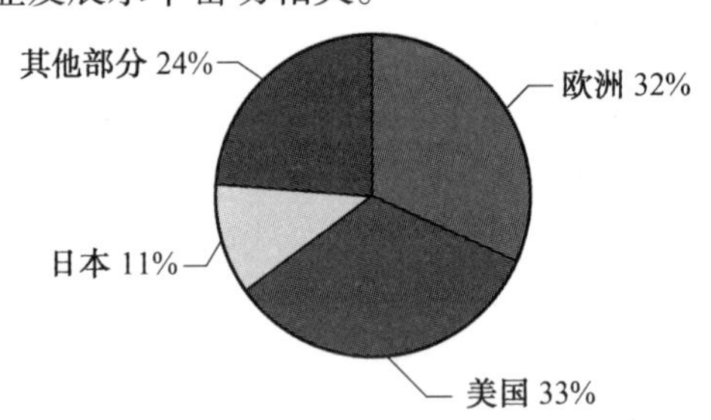

图11.1　世界聚合物基复合材料产量分布图

在20世纪60~70年代相继开发了质轻的碳纤维及其高比模量和高比强度的碳纤维复合材料。继碳纤维之后，又开发出芳香族聚酰胺纤维（芳纶）及其他高性能纤维。以碳纤维复合材料为代表的复合材料称为先进复合材料（ACM）。虽然复合材料率先应用是在航空航天等部门，而且其发展一直受航空航天需求的驱动，但航空航天应用的复合材料量只占总产量的很小一部分(1% ~2%)。复合材料用量较大的部门为交通运输(汽车、船艇等)、建筑、化学工业和电子电气等。

1.航空航天工业

航空航天工业是率先从复合材料获益的工业。虽然航空航天工业应用的复合材料所占份额很小,但大多为先进复合材料,代表了复合材料最先进的技术。飞行器采用复合材料的根本原因是减轻质量,提升飞行器的性能和经济效益。先进复合材料在军用飞机上应用了近30年,走过了一条由小到大、由弱到强、由少到多、由结构受力到增加功能的发展道路。

20世纪80年代后服役的战斗机,其机翼、尾翼等部件基本上都采用ACM,ACM用量已达机体结构质量的20% ~30%。1980年首飞的法国Rafale的机翼、尾翼、垂尾、机身结构的50%均采用ACM,复合材料的结构用量达到40%。1989年首飞的美国隐形轰炸机B-2的复合材料结构用量为50%。现在,ACM已广泛应用于飞机的主、次承载结构件,如垂直尾翼、水平安定面、方向舵、副翼、前机身和机翼蒙皮等。在近代直升机上,复合材料的用量比军用飞机还要多,目前高达50% ~80%。美国对直升机有一个ACAP计划(先进复合材料应用计划),在此计划下研制的H360、S-75、BK-117和V-22等直升机均采用了复合材料。如垂直起落倾转旋翼后又能高速巡航的V-22用复合材料近3 000 kg,占结构总量的45%,其中包括机身机翼的大部分结构以及发动机悬挂接头和叶片紧固装置。美国最新研制的轻型侦察攻击直升机RAH-66,具有隐身能力,复合材料用量约50%,机身龙骨大梁长7.62 m,铺层最多处达1 000层。法、德合作研制的虎(Tiger)式武装直升机,复合材料用量达80%。ACM在客机上的应用情况也日益增多。以波音为例,B707复合材料使用18.5 m^2,B737为330 m^2,B747为930 m^2,从B707到B747经历10年,机身面积增加不到一倍,复合材料使用面积增加近50倍;B757用量为1 429 kg,B767用量为1 524 kg,最新研制的B777用量则增加到9 900 kg,占结构总量的11%。欧洲空中客车A340用ACM约4 t,占结构总量的13%。很多小型全复合材料飞机更是屡屡问世,举世闻名的“Voyager”(旅行者)号则创下了不加油不着陆连续环球飞行9天的世界纪录,这在复合材料出现之前是无法想象的。复合材料在A380上的应用如图11.2所示。

复合材料在航天上主要应用于固体火箭发动机燃烧室绝热壳体结构,导弹和运载火箭的间段结构、液氢贮箱结构、仪器舱结构、导弹和卫星整流罩结构、导弹防热材料以及卫星的各种结构。碳/碳复合材料是载人宇宙飞船和多次往返太空飞行器的理想材料,用于制造宇宙飞行器的鼻锥部、机

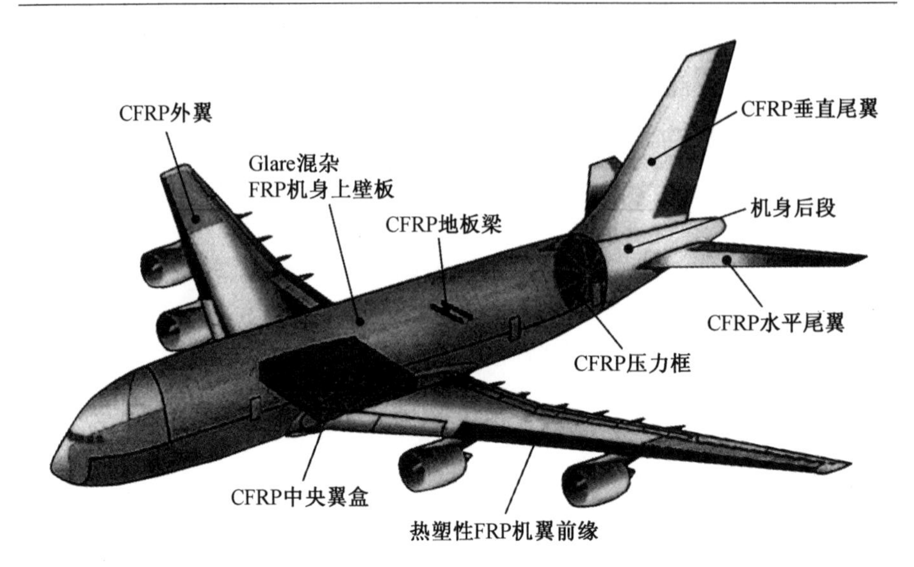

图 11.2 复合材料在 A380 上的应用

翼、尾翼前缘等承受高温载荷的部件。固体火箭发动机喷管的工作温度高达3 000 ~3 500 ℃。为了提高发动机效率,还要在推进剂中掺入固体粒子,因此固体火箭发动机喷管的工作环境是高温、化学腐蚀、固体粒子高速冲刷。目前只有碳/碳复合材料能承受这种工作环境。

人造地球卫星的质量减轻 1 kg,运载它的火箭质量则可减轻 1 000 kg,因此用轻质高强的复合材料来制造人造卫星有很大的优势。用复合材料制造的卫星部件有仪器舱本体、框、梁、桁、蒙皮、支架、太阳能电池的基板、天线反射面等。航天结构材料也经历了从金属到玻璃钢再发展到 ACM 的阶段,典型的例子是固体发动机的壳体。固体火箭发动机使用的第一代复合材料是玻璃钢。第一个成功范例是 20 世纪 60 年代初的“北极星 A-3”导弹发动机玻璃钢壳体,它比“北极星 A1”的合金钢质量减轻了 60%,成本降低了 66%。此后,采用 Kevlar-49(芳纶)、IM-7(碳纤维)/环氧的先进复合材料作为发动机壳体,取得更加显著的减重效果。卫星在高空昼夜要经-100 ~ 100 ℃的温度变化或者是更高的温差变化,碳纤维复合材料能满足这样的使用要求。

我国 2013 年和 2014 年发射的“资源三号”卫星、“高分一号”卫星及“高分二号”卫星所搭载的遥感器,都大量采用了复合材料和复合结构,复合材料化程度进一步提高。复合材料在空间遥感器系统中的应用从无到有,发展成为与金属材料、无机非金属材料并列的常用材料体系之一,甚至成为某些关键部件的首选材料,无不显示出复合材料的巨大优势和潜力。

2. 运输工业

复合材料在汽车、火车、轮船等交通工具中的应用已有半个多世纪的历史,复合材料的产品逐年增加,发达国家复合材料产量的 30% 以上用于交通工具的制造。复合材料已逐步成为交通运输中独占鳌头的新材料。由于使用复合材料制成的汽车质量轻,在相同条件下的耗油量只有钢质汽车的1/4,且在受到撞击时复合材料能大幅度吸收冲击能量,保护人员的安全,复合材料嵌板已成功用于各种汽车上,从运动汽车到客车再到小、中、大货运车均有应用。2000 年美国汽车工业使用的复合材料主要为玻璃纤维增强材料,碳纤维增强复合材料使用较少(比较贵)。聚合物基复合材料在汽车工业中的应用逐年迅速增长,特别是热固性复合材料 SMC 和热塑性复合材料 GMT 模塑复合材料,用量增长更快。当前汽车工程领域应用碳纤维复合材料取代钢材制造车身和底盘构件,可减轻质量 68%,从而节约汽油消耗 40%。聚合物基复合材料的使用可减轻汽车质量,增加设计和外形的灵活性、增加抗腐蚀性能,改进阻尼性能以及降低投资。在汽车制造业中,复合材料主要应用于各种车身构件、引擎罩、仪表盘、车门、地板、座椅、冷藏车、消防车、运输槽车箱车等。

目前,全球中型乘用车平均质量为 1 200 ~ 1 400 kg,发达国家力争在 2016 年将中型乘用车整车质量减轻到 1 000 kg 以下。宝马对碳纤维的偏爱是显而易见的,在其车型上使用碳纤维已有 10 年历史。旗下 i3 纯电动车与 i8 混合动力跑车(图 11.3)是目前为止全球唯一大规模使用碳纤维的民用车型。宝马 i 系列的车身结构大面积采用碳纤维材料,其将碳纤维强化塑料复合组件拼合起来,组成一个 Life 模块。例如 i3 的 Life 模块就由 150 个碳纤维强化塑料组件组成。这种车型结构不但质量比钢质减轻了,车身部件也减少了 2/3。

图 11.3 宝马 i8 混合动力跑车

随着列车速度的不断提高,火车部件用复合材料来制造是最好的选择。

复合材料在铁路运输中可用于客车车厢、车门窗、水箱、卫生间、冷藏车保温车身、运输液体的贮罐、集装箱及各种通信线路器材等的制造。

3. 建筑和国民公共建筑

建筑是复合材料的第二大用户。在建筑工业中,复合材料广泛应用于各种轻型结构房屋、大型建筑结构、建筑装饰及雕塑、卫生洁具、冷却塔、贮水箱、波形瓦、门及窗构件、水工建筑物和地面等。碳纤维复合材料作为基础结构的加固、修补,近年来已显示了较大的市场。玻璃纤维增强的聚合物基复合材料(玻璃钢)具有力学性能优异,隔热、隔声性能良好,吸水率低,耐腐蚀性能好和装饰性能好的特点,因此,它是一种理想的建筑材料。在建筑上,玻璃钢被用作承力结构、围护结构、冷却塔、水箱、卫生洁具、门窗等。用复合材料制备的钢筋代替金属钢筋制造的混凝土建筑具有极好的耐海水性能,并能极大地减少金属钢筋对电磁波的屏蔽作用,因此这种混凝土适合于制造码头、海防构件等,也适合于制造电信大楼等建筑。复合材料在建筑工业方面的另一个应用是建筑物的修补,当建筑物、桥梁等因损坏而需要修补时,用复合材料作为修补材料是理想的选择,因为用复合材料对建筑物进行修补后,能恢复其原有的强度,并有很长的使用寿命。常用的复合材料是碳纤维增强的环氧树脂基复合材料。

4. 化学工业

在化学工业方面,复合材料主要被用于制造防腐蚀产品。聚合物基复合材料具有优异的耐腐蚀性能。例如,在酸性介质中,树脂基复合材料的耐腐蚀性能比不锈钢优异得多。用复合材料制造的化工耐腐蚀设备有大型贮罐、各种管线、通风管道、烟囱、风机、地坪、泵、阀和格栅等。

5. 运动与娱乐器件

运动器件如高尔夫球棒、网球拍、羽毛球拍、雪橇、曲棍球棒、钓竿等,自行车、摩托车、休闲船、赛船、水上滑行车、雪板等均可用复合材料制造,用复合材料制造的运动器件和娱乐器件在美国已成为其工业的重要部分,年收入达到几十亿美元。

6. 机械工业

在机械制造中,复合材料的用途很广,如风机、叶片、造纸机械配件、柴油机部件、纺织机械部件、化纤机械部件(过滤器、离心罐、套片等)、煤矿机械部件、泵、铸模、食品机械部件、齿轮、法兰盘、皮带轮和防护罩等。用复合材料制造叶片具有制造容易、质量轻、耐腐蚀等优点,各种风力发电机叶片都是由复合材料制造的。由于风能是一种可持续能源,其最大特点是可再生、无污染、储量大和分布广。在过去的十几年中,全球风力发电量年平均增长率近40%,2002年全球风力发电量为31 128 MW,而这仅占全球电力供应的0.4%。在风力发电中,风机叶片是发电机组最重要的构件,由于风力发电的特殊需要,风机叶片必须满足高强度、耐腐蚀、质量轻、寿命长的要求,利用玻璃纤维和碳纤维增强的聚合物基复合材料生产风机叶片,成为世界各国普遍采用的技术。目前,世界各国生产FRP叶片的成型工艺有手糊工艺、真空浸渍工艺、真空辅助树脂注射模塑、SPRINT和纤维缠绕工艺。碳纤维复合材料叶片长度已达56 m,61.5 m的风机叶片也正在研制中。聚合物基复合材料在国外先进航空发动机冷端上的主要应用部位如图11.4所示。

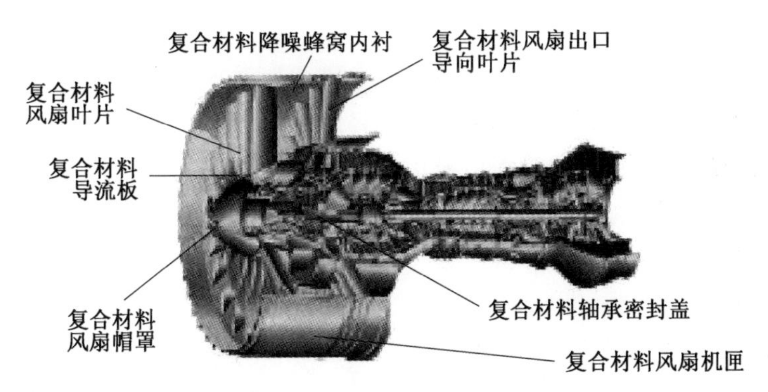

图11.4 聚合物基复合材料在国外先进航空发动机冷端上的主要应用部位

用复合材料制造齿轮同样具有工艺简单的优点,并且在使用时具有较低的噪声,特别适用于纺织机械。

7. 海洋应用

在造船工业中,复合材料用于生产各种工作艇、渔船、交通船、摩托艇、救生艇、游船、军用的扫雷艇及潜水艇等。利用复合材料的轻质和耐腐蚀特性,制造这些产品具有特殊性能。2000年美国在该领域的年收入达到近9亿美元。此外,复合材料的管道还用于海岸气和油的传输。

近年来,随着海洋石油工业的发展,特别是深海石油勘探对平台无人值守和设施最小化的要求,大大加速了聚合物基复合材料在海上的应用进程。在海上油气开发中,平台系统的质量、费用及性能是决定其经济性、安全性与可靠性的主要因素,也是复合材料管在平台系统中能否取代钢管的关键因素。对于海上平台作业来说,质量直接决定着构件安装的难易程度及费用大小。与金属材料相比,聚合物基复合材料的低密度使得它在质量方面占有绝对优势。当用于平台上水处理系统或用于平台下的立管系统时,都可使系统质量减轻50%~60%,特殊情况下减轻质量可达80%。海洋石油平台上的构件费用主要包括材料费用和安装费用两部分。在对用于海上作业的各种代表性材料的费用进行比较后发现,GRP 复合管的材料费用与316不锈钢管的费用相当,约为碳钢材料费用的6倍。但在考虑安装费用及材料质量时,单位长度 GRP 管的费用与碳钢基本接近,若将碳钢的费用值定为1,则 CRP 管的费用为1.1,不锈钢、Cu/Ni90/10 合金及高 Mo 合金的费用分别为1.55、1.80 和3.7。以碳纤维、芳纶纤维、玻璃纤维及其混杂纤维增强的聚合物基复合材料在海上的应用呈快速上升趋势。新的应用大致可分为4类:

(1)大管径、同长度的高压管用作钻井立管、生产立管、钻杆、节流/压井管线、油管、套管等。

(2)张力腿平台上的系缆和可连续卷绕链条束及浮标。

(3)挠性管或可连续卷绕的高压小径管作为盘管、速度管柱、毛细管、海底管道清扫管、海底出油管线以及海底控制管线,同时还用于修井作业、斜井测井和完井作业。

(4)管线修复。

8. 消费产品

复合材料在消费用品方面应用比较广,涉及缝纫机、门、浴缸、桌椅、家具、计算机、打印机等,主要为短纤维增强复合材料,用模压、注射模压、RTM 和 SRIM 方法成型。

9. 电子电气行业

树脂基复合材料是一种优异的电绝缘材料,在电子电器工业中,复合材料用于生产层压板、覆铜板、绝缘管、电机护环、槽楔、绝缘子、路灯灯具、电线杆、带电操作工具等。

10. 军事工业

随着科技的不断发展,尖端科技工业部门对聚合物基复合材料提出了更高的要求,高强度、高模量和耐高温的纤维已成为迫切需要发展的新增强材料,芳纶Ⅲ在这种背景下应运而生。芳纶Ⅲ俗称杂环芳纶,作为芳纶家族中性能最优的品种,其综合性能优异,力学性能居批量生产有机纤维之首。芳纶Ⅲ作为高端防弹材料的优势尤为突出,应用在现代战争、防暴和反恐中能有效减轻负荷,更利于发挥人员和装备快速机动的特点从而赢得胜利。芳纶Ⅲ以其高抗冲击性、防护装备制造轻量化等特点在防弹衣、防弹头盔和防弹钢板等领域有着高端的运用。现代化战争对兵器的机动性提出了越来越高的要求,芳纶Ⅲ增强复合材料兵器装备化应运而生。作为新型材料,芳纶Ⅲ坚韧耐磨、刚柔相济,具有极强的抗冲击性能。相较于芳纶 1414 和碳纤维,芳纶Ⅲ对兵器的防护性能及机动性能有着更大的改观,能将坦克、装甲车和方舱的防护性能提高到一个崭新的阶段。例如,芳纶Ⅲ层压板应用在方舱上,能使方舱承受更大的超压和防洞穿,可承受核爆炸产生的压力波和热辐射高温,此外还可防化学和生化武器,防常规子弹和弹片等。质量在9 kg以下的军用零部件,采用复合材料制造存在成本过高和周期长等问题,目前仍由传统铝合金材料制造。针对这一问题,2015年9月美国国防部先进研究项目局启动"可设计给料和成形"项目,旨在开发柔性成形解决方案,用统一的模块、通过不同的组合生产多种零件,以缩短复合材料小型零件的加工周期,将军用系统的零件修改、重新设计、制造及定型的周转时间减少50%(从现在6年减少到3年),并有望将复合材料小型零件成本降至与金属的相当。

尽管复合材料在各行各业已获得广泛的应用,但复合材料发展仍面临着巨大的挑战,主要是原材料和加工材料循环问题未解决以及形成环境污染等。

11.2 导电复合材料

11.2.1 概　述

导电复合材料目前主要是指复合型导电高分子材料,是将聚合物与各种导电物质通过一定的复合方式构成。长期以来,高分子材料通常作为绝缘材料广泛使用于电气工业、安装工程、通信工程等领域。但是由于材料的导电性能差,在加工和应用中出现了一些急待解决的问题,最突出的是静电现象,它将导致感光胶片的性能下降及高分子制品在易燃、易爆场合引起灾难性事故。另外,为了抵抗电磁干扰和射频干扰,也需解决材料的屏蔽性能,这些都要求高分子材料具有新的导电功能及较低的表面电阻,从而促进导电高分子材料的迅速发展。

11.2.2 聚合物基导电复合材料

聚合物基导电复合材料通常是在基体聚合物中加另外一种导电聚合物或导电填料复合而成。这些基体聚合物可以是树脂,也可以是橡胶。导电聚合物通常是指分子结构本身或经过掺杂处理之后具有导电功能的共轭聚合物。其中最典型的代表是聚乙炔、聚苯胺、聚吡咯、聚对苯撑等。

导电填料主要有两类:一类是抗静电剂,另一类是各种导电材料。抗静电剂大多为极性或离子型表面活性剂，分子结构中含有亲水基团和疏水基团。由于加抗静电剂的复合材料导电性较差，所以目前普遍利用导电填料制备聚合物基导电复合材料。各种导电填料及其特点见表 11.1。为了增强树脂与填料的相容性、提高导电性，还开展了金属合金作为导电填料的开发应用工作。尤其是一些可与树脂熔融共混的低熔点合金得到迅速发展，如锌-锡合金可用于聚碳酸酯、PBT、ABS 和聚丙烯；锌-铝合金适用于 PEFK。改变合金中两种金属的比例可改变熔融温度，从而使导电复合材料的适用范围更广。

表 11.1 各种导电填料及其特点

体系	类 别	品 种	主要特点
碳系	炭黑	乙炔炭黑	导电性好，纯度高，加工困难
		油炉法炭黑	导电性及其他性能较好
		热裂法炭黑	导电性差，成本低，常用作增强填料
		槽法炭黑	导电性差，粒径小，可用于着色
		其他	共同问题是色彩单调
	碳纤维	聚丙烯腈(PAN)基	导电性良好，成本高，加工困难
		沥青基	比 PAN 基碳纤维导电性差，成本低
	石墨	天然石墨	导电性随产地而异，难粉碎
		人造石墨	导电性随生产方法而异
金属系	金属粉	铜，银，镍，铁，铝等	易氧化变质，银的价格昂贵
	金属氧化物	ZnO，PbO，TrO_2，SnO，V_2O_3，VO_2，Sb_2O，In_2O_3 等	导电性较差
	金属薄片	铝箔	色彩鲜艳，导电性好
	金属纤维	铝，镍，铜，不锈钢纤维等	价格昂贵，加工困难，导电性好
其他		镀金属玻璃纤维，玻璃微珠，云母，碳纤维等	加工时存在变质问题

11.2.3 聚合物基导电复合材料的制备方法

1. 共混法

聚合物基导电复合材料的制备方法中，使用最早、最普遍的方法是共混法。按共混方式不同又可分为机械共混法、溶液共混法和共沉淀法。

(1)机械共混法。

机械共混法是将导电聚合物和基体聚合物或者基体聚合物和导电填料同时放入共混装置，在一定条件下适当混合。如聚吡咯-聚乙烯(聚苯乙烯)、尼龙 6-铜、聚苯乙烯-炭黑、聚乙烯-炭黑等导电复合材料就是用机械共混法制备的。

(2)溶液共混法。

溶液共混法是用导电聚合物与基体聚合物溶液或浓溶液混合或与导电粒子混合,冷却或除去溶剂成型。例如,以二甲苯为溶剂,N-十八烷基取代聚苯胺与乙烯-乙酸乙烯共聚物(乙酸乙烯基体积分数为20%)进行溶液共混。

(3)共沉淀法。

采用共沉淀法制备导电复合材料的比较少。在文献中曾见,聚吡咯-聚氨酯导电复合材料采用共沉淀法制备。首先用化学氧化法制备聚吡咯细小微粒分散的悬浮液,然后聚氨酯在氯仿中溶解,再用表面活性剂制备水乳液,最后将乳液与聚吡咯悬浮液混合,可得沉淀共混物。

利用共混方法制备的复合材料,导电稳定性主要取决于复合材料中"渗流途径"的变化,而渗流途径的变化则与基体聚合物的热稳定性有关。高温时效结果表明:当时效时间低于基体聚合物的松弛时间时,复合材料的导电性是稳定的;然而当时效时间足够长,在时效过程中出现基体聚合物的分子链松弛时,将导致复合材料结构重排,从而破坏复合材料内部的渗流途径,致使复合材料的导电性明显下降。

2. 化学法

利用化学法制备导电复合材料可分成以下几种:

(1)聚合物单体和导电粒子混合后聚合成型,如聚烯烃/炭黑导电复合材料。

(2)非导电聚合物基体上吸附可形成导电聚合物的单体,并且使之在基体上聚合,从而获得导电复合材料。这里发生的聚合反应一般是氧化聚合反应,氧化剂有 $FeCl_3$、$CuCl_2$ 等。这类材料有聚乙炔/聚乙烯导电复合材料、氯化聚丙烯/聚吡咯导电复合材料、三元乙丙橡胶/聚吡咯导电复合材料。

(3)两种聚合物单体在乳胶中进行氧化聚合后生成导电复合材料,如聚苯胺/聚吡咯导电复合材料。

3. 电化学法

首先利用"浸渍-蒸发法"在金属电极上涂覆薄层塑料,然后将这一电极作为工作电极放到含有单体的电解质溶液中。由于电解质溶液对基体聚合物的溶胀作用,因此单体有机会扩散到金属电极表面放电。结果从基体聚合物内部开始导电聚合物不断聚合,形成导电复合材料,这一方法已经成功地用于不同基体聚合物,如聚氯乙烯、聚乙烯醇、聚酰亚胺、聚苯乙烯等。

11.2.4　导电机理及影响导电性能的因素

1. 导电机理

聚合物基导电复合材料的导电机理十分复杂。导电机理研究相对较成熟的是聚合物/填料类的复合材料,这类复合材料的导电作用通常被认为是以两种形式实现的:①通过导电粒子之间的直接接触而产生传导;②通过导电体之间的电子跃迁,即隧道效应,产生传导。

通常,导电填料加到聚合物基体后不可能达到真正的多相均匀分布,总有部分带电粒子相互接触而形成链状导电通道,使复合材料得以导电;另一部分导电粒子则以孤立粒子或小聚集体形式分布在绝缘的聚合物基体中,基本上不参与导电。但是,由于导电粒子之间存在着内部电场,如果这些孤立粒子或小聚集体之间相距很近,中间只被很薄的聚合物层隔开,那么由于热振动而被激活的电子就能越过聚合物界面所形成的势垒而跃迁到相邻导电粒子上形成较大的隧道电流,这种现象在量子力学中被称为隧道效应;或者导电粒子间的内部电场很强时,电子将有很大的概率飞跃聚合物界面层势垒而跃迁到相邻导电粒子上,产生场致发射电流,这时聚合物界面层起着相当于内部分布电容的作用。这类复合材料的导电机构模型如图11.5所示。

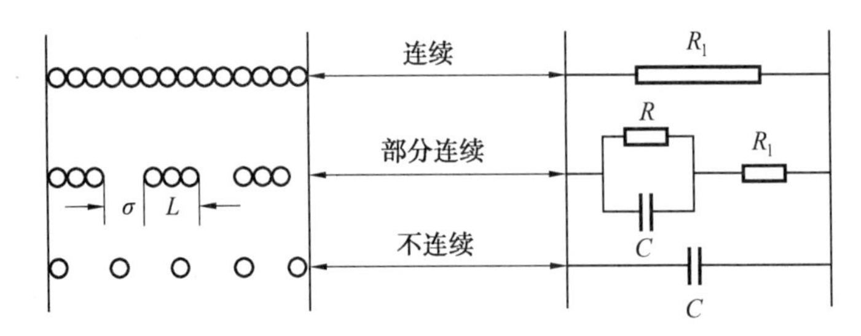

图11.5　聚合物/填料导电复合材料导电机构模型

2. 影响材料导电性能的因素

(1)导电填料的种类、性质及作用的影响。

不同导电填料对材料导电性能的影响是不一样的,例如,对于炭黑的结构均一、比表面积大、表面活性基团含量少的品种,制备的复合材料导电性能较好。粒子形状对导电性也有较大影响,一般情况下絮团状粒子优于球状及片状粒子。而当球状填料与片状填料并用时,材料的导电性优于单独使用任意一种填料时的导电性,这主要是由于粒子间接触面积增大所致。

此外,导电填料用量与复合材料的导电性有密切关系。大量试验证明:当复合材料中导电填料含量增加到某一临界含量时,体系电阻率急剧降低,电阻率-导电填料含量的曲线出现了一个狭窄的突变区域。在此区域内,导电填料含量的任何细微变化均会导致电阻率显著变化,这种现象称为渗滤。导电填料的临界含量称为渗滤阈值。在突变区域之后,体系电阻率随导电填料含量变化又趋于平缓。

(2)聚合物种类的影响。

聚合物基导电复合材料的导电性随聚合物表面张力减小而升高。对于同一聚合物基体的导电复合材料,其导电性随聚合物黏度降低而升高;而且结晶度越低,导电性能越好。这主要是因为聚合物黏度低,填料在基体中的分散性较好;而结晶度越小,相对集中在非晶区的填料粒子含量越高,从而改善材料的导电性。

11.2.5 导电复合材料的应用

导电复合材料由各种材料复合而成,可以克服单一组分材料在某些方面的弱点而综合利用各组分材料的性能,发展十分迅速。聚合物基导电复合材料已开始在工业上应用,为电子工业向高、精、尖方向发展创造了良好的条件。例如,导电胶黏剂弥补了传统焊接工艺不适应高精度集成电路的焊接与修补的不足,具有操作简单、速度快等优点。此外,聚合物基导电复合材料在抗静电领域及电磁波屏蔽、压敏导电胶、自控温发热材料方面的应用也十分普遍。

目前对导电复合材料的研究,主要是提高导电性而降低材料成本,同时开发新的应用领域。例如,有一种特殊填料配制的导电硅橡胶与塑料填银材料相当,而成本却很低廉,被称为划时代的导电橡胶。其电阻率为0.5 Ω·cm,EMI 屏蔽效果为 50 dB。另外,多功能也是导电复合材料的主要发展方向。目前,各国均把导电复合材料的研究作为重点项目,预期这类材料将有更多的应用领域。

11.3 压电复合材料

11.3.1 概　述

压电材料由于具有响应速度快、测量精度高、性能稳定等优点而成为智能材料结构中广泛应用的传感材料和驱动材料。但是,由于存在明显的缺点,在实际应用中受到了极大的限制。例如,压电陶瓷的脆性很大,经不起冲击和非对称受力,而且其极限应变小、密度大,与结构黏合后对结构的力学性能会产生较大的影响。压电聚合物虽然柔顺性好，但是它的使用温度范围小，而且其压电应变常数较低，因此作为驱动器使用时驱动效果差。为了克服上述压电材料的缺点，人们开发了压电复合材料。由于压电复合材料不但可以克服压电材料的缺点，而且还兼有有机高分子与无机材料两者的优点，甚至可以根据使用要求设计出单项压电材料所没有的性能，因此越来越引起人们的重视。

11.3.2　压电复合材料类型

Newnham 等人在 1978 年首先提出了压电复合材料中各相"连接方式"的概念。压电复合材料的连接方式是指各相材料在空同分布上的自身连通方式，它决定着压电复合材料的电场通路和应用分布形式。按照这种连通性的设计思路，目前国际上已发展了多种结构的压电复合材料。下面简单介绍一些类型。

1.0–3 型压电复合材料

0–3 型是最简单的一种压电复合材料，是由不连续的陶瓷颗粒(0 维)分散于三维连通的聚合体基体中形成的。它的优点是具有很大的适应性，可以做成薄片、棒或线材，甚至可以模压成所需的各种复杂形状。但它较难极化，是因为压电填充相上极化电场强度远小于外加极化电场强度。可在复合材料中加入导电相，如少量碳、锗等物质，以提高聚合物基体的电导率；还可以采用提高压电陶瓷相电阻率的措施。此外，0–3 型压电复合材料性能易受各种工艺的影响。

大部分 0–3 型压电复合材料采用热轧法和烧结法制得，近年来也有采用胶体工艺制备的，所得复合材料微结构相当均匀，性能也有明显改善。

2.1–3 型压电复合材料

1–3 型压电复合材料是指由一维连通的压电相平行地排列于三维连通的聚合物中而构成的两相压电复合材料。设计该构型的初衷是考虑到与聚合物相比陶瓷相柔软，可以有效传输应力，使应力的放大作用及外加整体介电常数减小，从而实现压电系数 g_h 的增加。由于聚合物相的高泊松比产生的内应力减小了应力放大系数，所以几乎所有 1–3 型压电复合材料的压电系数不如所期望的高。为减小泊松比，增强压电性能，通过向聚合物相加入发泡剂或玻璃球引入气孔，可使制得的复合材料的水声性能有所改善。另一种减小泊松比影响的设计是，压电陶瓷柱与周围聚合物相不直接接触，应力传输通过兼作电极的两块金属板实现。该类复合材料的 g_{33} 值在 250 ~ 400 C/N 范围，水声品质因子可达到 $3\times10^4\ m^2/N$。通过横向增强的方法也可增加应力放大系数，起到减小 g_{31} 而不影响 g_{33} 的作用，从而使材料的静水压压电系数得以提高。

3. 其他类型的压电复合材料

(1)3-0 型压电复合材料。

3-0 型压电复合材料中压电相是在三维方向上连通的，而基体互相之间不连通。通过热压聚乙烯颗粒和 PZT 粉末的混合物制备 3-0 型复合材料，得到低介电常数的聚合物晶粒被高介电常数的 PZT 晶界环绕的无规则结构。这种复合材料的声阻抗非常低。而另一种是月牙形 3-0 型复合材料，该复合材料的压电陶瓷与金属帽之间的空隙是月牙形，因此而得名。将压电陶瓷的表面振动转换成金属帽中的弯曲扩张振动，能够克服由于 g_{33} 和 g_{31} 异号而引起的抵消，可以得到很大的 g_h 值。

(2)3-1 型和 3-2 型压电复合材料。

3-1 型和 3-2 型压电复合材料中，压电相是三维连通的，聚合物则仅在一维或二维上连通。可以采用挤出工艺方法，先制成蜂窝状的压电陶瓷，然后回填聚合物。聚合物在极化方向连续的称为 3-1P 型。也有结构类似但极化方向垂直于挤出方向的，称为 3-1S 型，3-2 型复合材料也能用同样方式得到。

(3)3-3 型压电复合材料。

3-3 型压电复合材料中两相材料在三维方向均是自连通的，但目前仅有少量研究，可分为珊瑚复合型、有机烧去型。夹心型、梯形格式及烛光造孔型。

11.3.3　高分子压电材料

物质受外力产生电荷，加电压产生形变的性能称为压电性。压电高分子材料的研究始于生物体。1940 年，苏联发现了木材的压电性，相继发现动物的骨、腱、皮等具有压电性。1950 年日本开始研究纤维素和高取向、高结晶度生物体中的压电性，1960 年发现了人工合成的聚合物具有压电性，1967 年发现聚合物都有较高的压电性。现已确认，所有聚合物薄膜都具有压电性，但有实际应用价值的并不多，除了聚偏二氟乙烯(PVDF)及其共聚物之外，还有聚氟乙烯 PVF、聚氯乙烯 PVC、聚碳酸酯 PC 和尼龙 11 等。有实用价值的压电高分子材料有 3 类，即天然高分子压电材料、合成高分子压电材料及复合压电材料。复合压电材料包括结晶高分子与压电陶瓷复合，非结晶高分子与压电陶瓷复合。

目前，压电性的机理还存在很大的争议，很多人认为 PVDF 的压电性是晶区的固有特性，即由体积极化度引起的。

高分子压电材料的常见应用有：

(1)电声换能器，利用聚合物压电薄膜的纵向、横向效应，可制成扬声器、耳机、扩音器、话筒等音响设备。

(2)双压电晶片，用于制造无接点开关、振动传感器及压力检测器。

(3)超声、水声换能器，用于监测潜艇、鱼群或水下探测。

(4)医用仪器。

(5)其他应用。

11.3.4　压电复合材料的应用

压电复合材料的应用涉及面较广，例如，在电子技术方面有谐振加速计、振荡器、谐振电路、电子脉冲探测器；在海洋工程方面有水声换能器、声呐发射与接收器；在机械工程方面有声发射探测器、阻尼控制和超声转动装置；在医学方面有映像诊断器；另外也可制成气氛探测装置用于环保监测。

11.4　智能复合材料

11.4.1　概　述

智能材料与结构的概念是由美国和日本科学家在20世纪80年代末期提出来的，经过近十年的概念演化与基本材料结构研究，在20世纪90年代后期逐渐开始了针对军事装备的应用。在航空航天领域具有代表性的是NASA Aircraft Morphing计划、DARPA/AFRL/NASA智能翼(Smart Wing)计划和Boeing公司的SPICES与SAMPSON计划等。其主要内容是利用智能结构与系统的新技术改进传统结构，达到降低操作费用，获得更大的气动力效率，提高未来飞行器的安全性与可靠性。智能复合材料的结构是利用智能材料(图11.6)与结构技术对复合材料的改进，将完全把感知、执行和信息这3种功能融合为一体，正如单一材料那样具有可靠性高，同时力学性能仍稳定的优点。其研究内容同智能材料与结构技术既有相同又有区别，

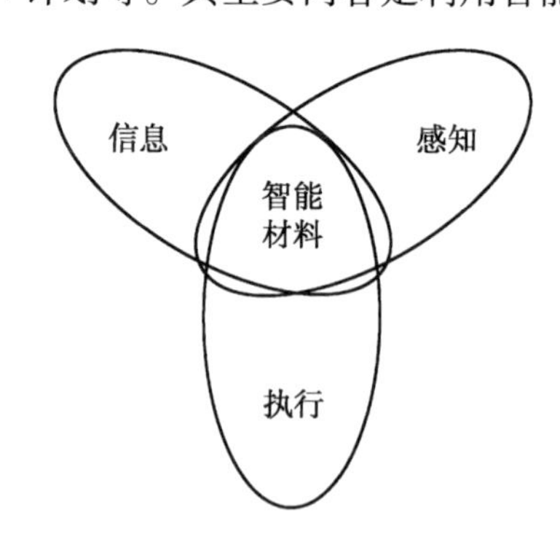

图11.6　智能材料的概念

智能材料与结构技术是智能复合材料结构的技术支撑,而智能复合材料结构是智能材料与结构技术向工程应用发展的最佳途径之一。

智能复合材料结构是一门多学科交叉形成的新兴学科。它是多种学科同复合材料相融合的产物,包括材料学、力学、机械学、电子学、光学、化学、信息论、控制论、仿生学等。它的应用前景非常广泛,涉及航空航天、土木工程、船舶舰艇、武器装备、海洋平台、交通运输、医疗体育等许多行业。

现如今,智能材料大多是根据实际需要将两种或者两种以上不同的材料进行复合或是集成而制成的。在使用材料构件中埋入某种功能材料或器件,使这种新组合材料具有智能特性。从构造上看,智能材料是复合材料的一种,故在此称之为智能复合材料。

11.4.2　智能复合材料的特点

智能复合材料结构的构想来源于仿生,其核心思想在于多种功能的集成与协调作用。其主要特点为:①智能材料的应用,即把具有感知与驱动属性的材料进行多功能复合材料及仿生设计,直接成为传感器与驱动器;②结构集成,即把传感器、驱动器及控制器集成在结构之中,因而更接近生物体结构;③高度分布的传感及驱动信息,特别是智能控制的发展,为将力学意义上"死"的结构,转变为具有某些智能功能或生命特征的"活"的结构创造了条件。总体来说,智能复合材料是能够对环境做出智能响应,并具有促发材料功能的新物质材料。

智能复合材料与材料科学、信息科学、生命科学以及仿生学等很多方面有着非常密切的关系,能够使结构设计、制造、维护和控制等观念更上一个新的台阶。它涉及的学科难度均较大,且不能仅从某一个方面着手研究。智能复合材料结构的设计特点是材料设计、结构设计和功能设计的一体化,设计和制造密不可分。在研究中可以从实际结构件中抽象出典型的模块件,如杆、梁、板、壳等,根据模块件的用途,在其中集成传感/驱动元件、控制系统,通过规范化接口,将它们组成智能结构。智能复合材料结构不仅指硬件,还包括设计软件系统,基体/传感/驱动/控制元件设计选择、集成方式软件、智能性运行软件、制造工艺软件、结构智能性综合评价软件等。

11.4.3　智能复合材料的工作原理及制作技术

在制作先进复合材料时,需要一些大型的设备、大量的能源以及较长的成型时间,然而最终得到的可靠性却比较低,导致先进复合材料成本的大幅度提高。所以,在复合材料制作过程中,若是引入传感元件,使成型过程能够达到自动化或最优化，这样既保证先进复合材料的智能制作技术的引入，还确保材料的高性能，从而提高整体材料的可靠性，大大降低材料制备的成本。

1. 工作原理

首先主体复合材料仍发挥自身的作用，如承受载荷等。在此基础上，由智能复合材料结构中的传感器感受相关材料、结构以及环境的精确信息，如由于内部损伤所带来的结构应变分布的变化、有可能给材料带来损伤的结构振动、所遭受的冲击等，并将这些信息传递给控制器。控制器根据所获得的信息，自动产生决策，在需要自适应动作的情况下发出控制信号，控制驱动器动作。例如，用作飞机表层的强度自诊断自适应智能复合材料，当受到枪弹射击或鸟撞击发生损伤时，可由埋入的传感器在线检测到该损伤，通过控制器决策后，控制埋入的形状记忆合金动作，在损伤周围产生压应力，从而可防止损伤的继续扩展，大大提高飞机的安全性。

2. 成型过程监控用传感元件

典型智能元件主要包括以下3大类：

(1)光纤传感元件。

用于成型硬化监控的光纤传感元件主要有两种，即F-P光纤应变传感器(EFPI)和Bragg光栅光纤应变传感器(FBG)。两者可用于测定树脂硬化过程中的应变量，进一步估计树脂硬化时的收缩率。

(2)压电陶瓷元件。

压电陶瓷元件可作为自控元件，可测量成型过程中的应变变化，同时用其制成的材料具有控制功能。

(3)诱电传感元件。

常用于监控热塑性、热硬化性树脂以及复合材料的成型过程，其原理是基于电流传导过程中的损失因子。其中损失因子取决于树脂的硬化程度，所以可用导电率作为控制参数。

11.4.4 形状记忆树脂(SMP)基复合材料

近年来，形状记忆高分子材料引起人们的关注。其构成特征是由两相组成：一是防止高分子流动性的固定相；二是可在玻璃化温度 T_g 上下重复硬化和软化的可逆相。形状记忆高分子材料的记忆和恢复过程，是从记忆起始态转变为固定变形态，进而再转变为恢复起始态。引发形状记忆效应的外部环境因素包括：外力、热能、光能、电能和声能等物理因素；酸碱度和相转变反应等化学因素。由于柔性高分子材料的长链结构，分子链的长度与直径相差悬殊，柔软而易于互相缠结，而且每个分子链的长短不一，要形成规整的完全晶体结构是很困难的。这些结构特点决定了大多数高聚物的宏观结构均是结晶和无定形两种状态的共存体系。

同时,在高聚物未经交联时,一旦加热温度超过其结晶熔点,就表现为暂时的流动性质,观察不出记忆特性;高聚物经交联后,原来的线性结构变成三维网状结构,加热到其熔点以上时,不再熔化,而是在很宽的温度范围内表现出弹性体的性质。形状记忆高分子与形状记忆合金的特点比较见表11.2。

表 11.2 形状记忆合金与形状记忆高分子的特点对比

性能	形状记忆合金	形状记忆高分子
变形量	小	小
恢复力	大	大
力学强度	高	低
材料刚性	高	低
导电性	高	低
通电加热	可以	不可以
高频感应加热	可以	不可以
熔点	高	低
导热性	高	低
价格	高	低

SMP 基复合材料通过 SMP 树脂与玻璃短纤维经二轴混炼后,射出成型而制成,可具有不同的纤维体积含量。由于玻璃纤维的加入,所制得的材料的强度等力学性能有明显增加。研究目的不仅是为了改良 SMP 单体的力学性能,同时还要尽量保持其形状记忆和形状恢复功能。

通过干式成膜法将 SMP 制成薄膜,再与其他复合材料复合,能够得到混合率不同的层合板,这样可大大改善原复合构造的减振和耐冲击性能。这是因为 SMP 单体具有优良的减振和耐冲击效果。有试验表明,当层合板中 SMP 的体积分数为 25% 时,其吸收能是全 CFRP 板的 2 倍。当 SMP 从 25% 增加到 50% 时,吸收能增加 20% 左右。由此可知,SMP 能够明显提高材料的耐冲击性能。另外,当对于同一层合板通电时,其吸收能达 5 J/mm 左右,与没有通电相比有很大的提高。

11.4.5 智能复合材料的应用

由于复合材料的可设计性强,加之智能结构与先进复合材制的制造方法相同,因此可根据实际应用情况的需要,重新将已用于航空航天等结构中的复合材料部件进行智能化处理,这样可从根本上解决复合材料构件在结构运行中出现的较难克服的问题(如震颤、应力集中、损伤检测等)。

智能材料结构不仅像一般功能材料一样可以承受载荷,而且还具有其他功能材料所不具备的功能,既能感知所处的内外部环境变化,并能通过改变其物理性能或形状等做出响应,借此实现自诊断、自适应、自修复等功能。所以,智能材料在军事应用中具有很大的潜力,它的研究、开发和利用,对未来武器装备的发展将产生重大影响。目前,在各种军事领域中,智能材料的应用主要涉及以下几个方面。

1. 智能蒙皮

例如,光纤作为智能传感元件用于飞机机翼的智能蒙皮中,或者在武器平台的蒙皮中植入传感元件、驱动元件和微处理控制系统制成的智能蒙皮,可用于预警、隐身和通信。目前美国在智能蒙皮方面的研究包括:美国弹道导弹防御局为导弹预警卫星和天基防御系统空间平台研制含有多种传感器的智能蒙皮;美空军莱特实验室进行的结构化天线(即把天线与蒙皮结构融合在一起)研究;美海军则重点研究舰艇用智能蒙皮,以提高舰艇的隐身性能。

2. 结构监测和寿命预测

智能结构可用于实时测量结构内部的应变、温度、裂纹、探测疲劳和受损伤情况,从而能够对结构进行监测和寿命预测。例如,采用光纤传感器阵列和聚偏氟乙烯传感器的智能结构可对机翼、机架以及可重复使用航天运载器进行全寿命期实时监测、损伤评估和寿命预测;空间站等大型在轨系统采用光纤智能结构,可实时探测由于交会对接碰撞、陨石撞击或其他原因引起的损伤,对损伤进行评估,实施自诊断。

3. 减振降噪

智能结构用于航空航天系统可以消除系统的有害振动,减轻对电子系统的干扰,提高系统的可靠性。如美国防高级研究计划局资助波音公司研制的直升机智能结构旋翼叶片,可以改善旋翼的空气动力学性能,减小振动和噪声。智能结构用于舰艇,可以抑制噪声传播,提高潜艇和军舰的声隐身性能。智能结构用于地面车辆,可以提高军用车辆的性能和乘坐的舒适度。国外正在研究具有减振降噪功能的智能结构,主要由压电陶瓷、形状记忆合金和电致伸缩等新材料制成。

4. 环境自适应结构

固定翼飞机在起飞和降落时需要升降副翼;在遇有阵风等情况时,飞机翼片的受力分布将发生变化,从而不能始终保持最佳升力/阻力比。这些显而易见的事实都说明飞机在不同的飞行状态和飞行条件下需要不同的机型和翼型。智能结构制成的自适应机翼(可变形机翼)能够实时感知外界环境的变化,并可以驱动机翼弯曲、扭转,从而改变翼型和攻角,以获得最佳气动特性,降低机翼阻力系数,延长机翼的疲劳寿命。例如,当飞机在飞行过程中遇到涡流或猛烈的逆风时,机翼中的智能材料能够迅速变形,并带动机翼改变形状,从而消除涡流或逆风的影响,仍能保持平衡的飞行。

11.5 磁性复合材料

11.5.1 概 述

顾名思义,磁性复合材料是一种带有磁功能特性的复合材料。目前存在的材料中有两大类不同应用特性的磁性复合材:一类是以磁功能为主要应用目的的材料,通常称为磁性复合材料,下述磁性复合材料即是指这类材料;另一类是兼有磁性功能的其他功能特性的复合材料,在应用中不是以磁功能为主要应用目的的。后者如复合磁性分离材料,它是以化学分离功能为主要应用目的的磁性复合材料。在本节中以介绍第一类材料为主。

磁性复合材料是指以增强磁粉与聚合物基体经混合、成型、固化而得到的复合永磁体。根据磁功能特性,又分为硬磁材料和软磁材料两类。1975年,日本首先推出以塑料为基体的磁性复合材料,简称磁性塑料。其后,美国、西欧等发达国家先后竞相开发,特别是20世纪80年代稀土永磁的开发及粉末细微化技术的发展,带动了复合永磁的高速发展。与陶瓷永磁体相比较,强磁粉复合永磁加工性能好,可制备尺寸精确、收缩率低、薄壁的制品。而且复合永磁可以方便地进行二次加工,材料机械性能优异,具有很好的抗冲和拉伸强度。

11.5.2 磁性复合材料的组分

磁性复合材料主要是由强磁粉(功能体)、聚合物黏结剂(基体)和加工助剂3大部分组成。强磁粉的性能对磁性复合材料的磁性能影响最大;黏结剂的性能对复合材料的磁性能、力学性能及成型加工性能有很大影响;加工助剂主要从改善材料的成型性能方面来提高磁性能。

1. 功能体——磁粉

自磁性复合材料从出现至今,以磁粉品种分类,主要可分为铁氧体类稀土类和复合永磁。磁韧性能是直接影响磁性复合材料的关键因素之一。磁场性能的优劣与其组成、颗粒大小、粒度分布以及制造工艺有关。

最早使用的磁场是铁氧体磁粉，它以 $BaO \cdot 6Fe_2O_3$ 或 $SrO \cdot 6Fe_2O_3$ 为主要成分。由于其本身的磁性能差，故所带的复合永磁的磁性能也差。但由于其价格便宜、易于成型、稳定性好，故铁氧体复合永磁仍占整个复合永磁总量的90%左右。

稀土类复合永磁的功能体包括钐(Sm)钴(Co)类和铷(Nd)铁(Fe)硼(B)类。$SmCo_5$ 类磁粉是第一代稀土复合永磁材料。其复合永磁的磁性能比铁氧体复合永磁高很多，最大磁能积可达 7×10^4 T·A/m。但 $SmCo_5$ 类稀土磁性复合材料的最大缺点是磁体的热稳定性差。而磁性复合材料的成型温度为200～350 ℃范围内，故在成型中，$SmCo_5$ 磁粉极易氧化，导致磁性能的严重劣化。$SmCo_5$ 类复合材料长期使用温度在60 ℃以下，而实际应用中，有时要求达到140 ℃左右。此外。磁粉中含有价格很高的Sm、Co，约为铁氧体类磁粉价格的30～60倍，故除尖端、精密设备外，很难在普通应用中推广使用，因而限制了它作为复合永磁功能体的应用。

第二代稀土磁性复合材料是以 Sm_2Co_{17} 为功能体，由 $SmCo_5$ 磁体掺杂改性得到的。由 Sm_2Co_{17} 得到的复合永磁的磁性能和热稳定性比第一代 $SmCo_5$ 复合永磁优异得多；各向异性 Sm_2Co_{17} 复合永磁的最大磁能积高达 1.4×10^5 T·A/m，长期使用温度最高可达100 ℃，但 Sm_2Co_{17} 仍存在价格高的问题。

第三代稀土磁性复合材料以不含Sm和Co的Nd·Fe·B为功能体，最大特点是优异的磁性能和价格较Sm、Co类低（比钐钴类便宜1/3～1/2）而备受重视，也将稀土类复合永磁材料的发展速度大大加快。由美国GM公司以熔融-淬火法生产的专用NdFeB磁粉而制得的复合永磁材料的最大磁能积达到 6.4×10^4 T·A/m。NdFeB类稀土复合永磁自1991年问世以来，目前已占整个稀土复合永磁市场的1/3～1/2。

磁粉颗粒大小是影响磁性复合材料性能的重要因素。现在认为，铁氧体和 $SmCo_5$ 类粉体的矫顽力由磁体内部的晶粒形核机制所控制；而 Sm_2Co_{17} 和熔融-淬火法生产的微晶NdFeB磁粉的矫顽力由晶粒内部畴壁钉扎所决定。对于矫顽力受形核机制控制的磁粉，当磁粉颗粒尺寸大小接近或等于单畴尺寸大小时，其矫顽力明显提高，抗外界磁干扰能力明显增大。Ba、Sr类铁氧体的临界单畴尺寸为1 μm左右，因此，Ba、Sr类铁氧体复合永磁所用磁粉一般选用颗粒大小为1.0～1.2 μm的磁粉。$SmCo_5$ 类最佳颗粒大小为3～4 μm，一般控制在10 μm左右。对于矫顽力受钉扎机制控制的磁粉，其矫顽力不受颗粒大小的影响。这类磁粉颗粒的大小主要由填充密度和制造工艺等因素来决定。Sm_2Co_{17}一般控制在4～5 μm。采用粉末冶金法生产的NdFeB磁粉,其磁性能严重下降,不能用于制造复合永磁材料。

磁粉粒度分布对磁性复合材料性能也有影响,当颗粒大小分布范围适宜时,将有利于提高材料的填充密度,有利于磁粉在基体树脂中的均匀分散,从而提高磁性能。磁粉的制备工艺对磁粉性能影响很大,确定适宜的磁粉制备工艺对复合永磁性能是极为重要的。

2. 聚合物基体

磁性复合材料的基体主要是起强黏结作用,通常可采用热塑性和热固性两类树脂。由于磁粉的填充高达90%以上,成型时混合物的熔融黏度较纯树脂大得多,流动性很差,故磁性复合材料所用的黏结剂要求在成型时提供较好的流动性,并要求所提供的产品有较好的强度。树脂的流动性直接影响到能否得到高磁功能体含量的复合体系,也影响能否很好地充满模腔,磁粉能否很好地沿外磁场方向定向等问题,这对高性能的复合永磁成型是至关重要的。另外磁场确定时,可提高磁功能体的定向度,只有降低磁体颗粒与树脂间的摩擦力,即降低树脂黏度,才能利用成品本身的各向异性,使其沿磁场方向取向。在高磁功能体含量下,如保证复合体系的充模及磁粉定向,聚合物熔融黏度最好降低到10 Pa·s左右或更低,并选用熔融黏度对温度或剪切速率敏感的树脂或选用分子链柔性大的树脂作为基体材料。在热塑性树脂中,由于尼龙的熔融黏度低,力学性能好,故是制备磁性复合材料最常用的热塑性基体。在热固性树脂中,不饱和聚酯、酚醛树脂、环氧树脂也是常用的基体材料。

3. 加工助剂

为了改善复合体系的流动性,常加入助剂来改善体系的流动性,以提高磁功能体沿易磁化轴的方向取向和提高磁粉含量,也常使用一些硬脂酸盐润滑剂、偶联剂及增塑剂等。硅烷偶联剂同时对磁功能体的抗氧化能力还可起到一定的作用。

4. 加工工艺

在磁性橡胶的制备过程中,可以进行如下的改进。在外加磁场中进行混炼,可以使磁性微粒在混炼中得到较高程度的取向,从而提高磁性能。磁场磁力线的方向是磁取向能否成功的关键因素,有研究人员认为当磁粉的注入方向与磁力线方向平行时,制成的磁性橡胶各向异性最佳。还可以通过压延效应提高磁性,即可以采用薄通法,将薄胶片逐层按相同压延方向叠合,然后压成一定厚度的胶片待用。这是因为压延效应能使磁粉定向排列而呈各向异性。另外在磁场中进行硫化也可以提高磁性,因为硫化初期胶料处于热流动状态,磁粒在外磁场作用下能顺利地取向一致,到硫化交联后,高分子链间的网状结构限制或固定住这些整齐排列的磁粒,使之不能转向。硫化后对制品进行剪切拉伸,在保证产品具有良好的机械性能的同时,也能够提高其磁性。

11.5.3　磁性复合材料的种类和性质

磁性复合材料有以下几种组合:①无机磁性材料(包括金属和陶瓷)与聚合物基体构成的复合材料;②无机磁性材料与低熔性金属基体构成的复合材料;③有机聚合物磁性材料与聚合物基体构成的固态复合材料;④以无机磁性材料与载液构成的液态复合材料——磁流变体。其中无机磁体-聚合物基复合材料应用较多。

1. 无机磁性材料与聚合物基体复合材料

由于一般无机耐性材料,特别是陶瓷磁体需要烧结成型,因此形状复杂、精度要求高的物件的制造难度很大,而且陶瓷磁性材料性脆,容易断裂。如果无机磁性材料的粉末或纤维与聚合物复合,则很容易加工成形状复杂的磁性物件,不仅具有韧性,甚至呈橡胶弹性状态。尽管这种磁性复合材料的磁性能低于烧结和铸造的单质磁体。但是从生产和使用角度来衡量仍有很大的优越性,足以弥补磁性能的损失。

2. 复合型高分子材料

复合型磁性高分子是已实现商品化生产的重要高分子材料,能够作为功能材料应用的主要有磁性橡胶、磁性塑料、磁性高分子微球、磁性聚合物薄膜等。复合型高分子材料中的磁性无机物主要是铁氧体类磁粉和稀土类磁粉。稀土类磁粉材料是近年来备受关注的磁性材料,从第一代 SmCo 系列到第二代的 NdFeB(钕铁硼)系列发展很快,现 NdFeB 发展到第三代稀土永磁,具有很高的磁性能。用塑料黏结成型的黏结 NdFeB 永磁体与烧结 Nd-FeB 永磁体相比,具有工艺成型简便的特点。黏结 NdFeB 永磁体用 NdFeB 稀土合金熔炼后快速冷却成为非晶微晶,然后再经过晶化处理,可转变成 NdFeB 纳米晶,这时具有很高的内察矫顽力(H_{cj}),据预测最大磁能积达 800 kJ/m^3。

3. 无机磁性材料与液态物质构成的复合材料

一般用铁磁金属的球形颗粒或铁氧体颗粒(粒径为 0.01 ~ 10 μm)与载液物质(如硅油、煤油或合成油等稳定性好、无污染和不易燃烧的液体)复合成液态悬浮体;同时还加入一定的稳定剂来防止颗粒沉降或团聚。稳定剂的分子结构一般具有与磁性颗粒亲和或钉扎的基团,另一端是容易分散在载液中的长链基团。这样就构成了一种特殊的复合体系——磁流变体。磁流变体和电流变体的功能相似,即在外场(前者为磁场,后者为电场)作用下能迅速改变其流变性质(表现为黏度的变化)。电流变体(ERF)要在高电压场工作,因此绝缘与防护是重要问题。磁流变体(MRF)的高磁场则容易操作,同时 MRF 的流变剪切力比 ERF 大一个量级,动力学和温度稳定性也比 ERF 好,受到机械和自控领域的重视。磁流变体在中等磁场的作用下黏度系数可增加两个数量级,在强磁场作用下则可成为无法流动的类固体状态,外加磁场消除后立即恢复原状,因此具有重要的应用价值。

4. 纳米晶复合磁性材料

纳米晶复合磁性材料是近年才发展起来的新型高性能磁性材料,是由纳米晶态的硬磁相和软磁相构成的复合材料。例如以 $Sm_2F_{17}N_3$ 作为硬磁相,以 $Fe_{65}Co_{35}$作为软磁相。由于掺入了部分软磁相,在成本上也可降低。

11.5.4 复合型磁性高分子材料的发展前景

近年来,国内外研究者采取各种手段将导电聚合物(聚苯胺、聚噻吩等)与磁性氧化铁复合,这样制成的复合材料具有明显的磁性和导电性双重特征,因而在微波、电磁屏蔽方面具有广阔的应用前景。有研究人员对 γ-Fe_2O_3/PANI 和 Fe_3O_4/PANI 纳米复合物的制备及性能进行了研究,但制得的复合物室温电导率低(10^{-4} ~ 10^{-1} S/cm),矫顽力低($H_c=0$),由于合成方法的原因,其结构和性质也很难控制。在此基础上,有人曾将磁性氧化铁粒子用 PANI 包裹制成具有核-壳结构的电磁纳米复合物,但发现将该复合物侵入3 mol/L 的硫酸时,由于 PANI 结构的无内聚(不黏结)力,氧化铁磁核要脱落。随后提出的改进合成方法是在分散有 Fe_3O_4纳米微粒的水溶液中原位聚合苯胺单体和苯胺-甲醛缩聚物(AFC)得到核-壳结构的 Fe_3O_4-交联聚苯胺复合物,分析表明该复合物表现出铁磁行为,具有高饱和磁化强度($M_s=4.22$ ~ 19.22 emu/g),高矫顽力($H_c=160$ ~ 640 A/m),其电导率取决于 Fe_3O_4的含量和掺杂程度,并且由于 Fe_3O_4粒子和 CLPANI 间存在某种相互作用使得复合物的热稳定性增强。

毋庸置疑的是,在复合型磁性高分子材料领域中关于新材料、新方法、新性能的研究已取得不少成果,但仍有许多问题需要深入探讨,例如改进合成方法控制材料的结构和性质,使电、磁性匹配达到最优,磁性粒子和导电聚合物之间存在的相互作用,都是有待探讨的问题。另外,制备具有磁光、磁热性能的新型多功能高分子复合材料特别是纳米复合材料,并将其应用于生产和生活也是重要的研究方向。

11.6　纳米复合材料

11.6.1　概　述

进入 20 世纪 90 年代以来,信息(IT)、生物技术及纳米技术被视为引起第二次产业革命的关键技术。纳米复合材料作为纳米技术中重要的一方面,也备受重视。其实,早在“纳米”一词出现之前,就已经有部分企业有 30 年甚至更长时间商业化地生产纳米材料。当材料的尺寸进入纳米级,材料便会出现以下奇异的物理性能:尺寸效应、表面效应和量子隧道效应。纳米材料是指材料显微结构中至少有一相的一维尺度在 100 nm 以内的材料。纳米材料由于平均粒径微小、表面原子多、比表面积大、表面能高,因而其性质显示出独特的小尺寸效应、表面效应等特性,具有许多常规材料不可能具有的性能。纳米材料由于其超凡的特性,引起人们越来越广泛的关注,不少学者认为纳米材料将是 21 世纪最有前途的材料之一,其中就包括纳米复合材料。同时,纳米技术将成为 21 世纪的主导技术。

纳米复合材料(Nanocomposites)是指分散相尺度至少有一维小于100 nm 的复合材料。从基体与分散相的粒径大小关系,复合可分为微米-微米、微米-纳米、纳米-纳米的复合。根据 Hall-Petch 方程,材料的屈服强度与晶粒尺寸平方根成反比。这表明,随着晶粒的细化材料的强度将显著增加。此外,大体积的界面区将提供足够的晶界滑移机会,导致形变增加。纳米晶陶瓷因巨大的表面能,其烧结温度可大幅下降。如用纳米 ZrO_2 细粉制备陶瓷比用常规微米级粉制备时烧结温度降低 400 ℃左右,即从 1 600 ℃下降到 1 200 ℃左右即可烧结致密化。由于纳米分散相有大的表面积和强的界面相互作用,纳米复合材料表现出了不同于其他宏观复合材料的力学、热学、电学、磁学和光学性能,还可能具有原组分不具备的特殊性能和功能。由此,为设计制备高性能、多功能新材料提供了新的机遇。

11.6.2　高聚物/纳米复合材料

1. 高聚物/纳米复合材料的分类

在纳米复合材料中,对于高聚物/纳米复合材料的研究十分广泛,按纳米粒子种类的不同可以把高聚物/纳米复合材料分为以下几类:

(1)高聚物/黏土纳米复合材料。

由于层状无机物在一定驱动力的作用下能碎裂成纳米尺寸的结构微

区,其片层间距一般为纳米级,它不仅可让聚合物嵌入夹层,形成“嵌入纳米复合材料”,还可使片层均匀分散于聚合物中形成“层离纳米复合材料”。其中黏土易与有机阳离子发生交换反应,具有的亲油性甚至可引入与聚合物发生反应的官能团来提高其黏结性。其制备技术有插层法和剥离法,插层法是预先对黏土片层间进行插层处理后,制成“嵌入纳米复合材料”;而剥离法则是采用一些手段对黏土片层直接进行剥离,形成“层离纳米复合材料”。

(2) 高聚物/刚性纳米粒子复合材料。

用刚性纳米粒子对力学性能有一定脆性的聚合物增韧是改善其力学性能的另一种可行性方法。随着无机粒子微细化技术和粒子表面处理技术的发展,特别是近年来纳米级无机粒子的出现,塑料的增韧彻底冲破了以往在塑料中加入橡胶类弹性体的做法。采用纳米刚性粒子填充不仅会使韧性、强度得到提高,而且其性价比也是超预料的。

(3) 高聚物/碳纳米管复合材料。

碳纳米管于 1991 年由 S. Iijima 发现,其直径仅为碳纤维的数千分之一,主要用途之一是作为聚合物复合材料的增强材料。

众所周知,碳纳米管的力学性能相当突出。目前,经研究已测出碳纳米管的强度试验值为 30 ~ 50 GPa。尽管碳纳米管的强度高,脆性却不像碳纤维那样高。碳纤维在约 1% 变形时就会断裂,而碳纳米管要到约 18% 变形时才断裂。碳纳米管的层间剪切强度高达 500 MPa,比传统碳纤维增强环氧树脂复合材料高一个数量级。此外,在电性能方面,碳纳米管作为聚合物的填料又具有非常独特的优势。只需加入少量碳纳米管,即可大幅度提高材料的导电性。与以往为提高导电性而向树脂中加入的炭黑相比,碳纳米管有高的长径比,因此其体积分数可比球状炭黑减少很多。同时,由于纳米管的本身长度极短而且柔曲性好,填入聚合物基体时不会断裂,因而能保持其高长径比。

在高聚物/纳米复合材料的研究中存在的主要问题是:高聚物与纳米材料的分散缺乏专业设备,用传统的设备往往不能使纳米粒子很好地分散,同时高聚物表面处理还不够理想。我国纳米材料研究历程起步虽晚但发展很快,对于有些方面的研究工作与国外相比还处于较先进水平。例如,对聚合物基黏土纳米复合材料的研究;利用刚性粒子对聚合物改性的研究都在学术界很有影响。另外,四川大学高分子科学与工程国家重点实验室发明的磨盘法、超声波法制备聚合物基纳米复合材料也是很超前的技术。尽管如此,在总体水平上我国与先进国家相比尚有一定差距。但无可否认,纳米材料由于独特的性能,使其在增强聚合物应用中有着广泛的前景,纳米材料的应用对开发研究高性能聚合物复合材料有重大意义。特别是随着廉价纳米材料的不断开发应用，粒子表面处理技术的不断进步，纳米材料增强、增韧聚合物机理的研究不断提高，纳米材料改性的聚合物将逐步向工业化方向发展，其应用前景会更加诱人。

2. 溶胶-凝胶法制备有机-无机纳米复合材料

近年来，人们用适当的方法将有机物与无机物复合，得到了接近分子尺度上复合的有机聚合物-无机物复合材料。在复合层次上，它与传统的有机聚合物基复合材料不同，并由此带来一些独特的性能，这种材料被称为有机-无机纳米复合材料，或有机-无机杂化材料。显然后者只强调了材料的化学成分。

常用的有机-无机纳米复合材料的制备方法有：溶胶-凝胶（sol-gel）法、插层复合（intercalation）法和原位复合（in-situ）法等。这些方法的划分并不具有严格的意义，因为许多复合反应首先是客体先嵌入到主体中去，然后再发生 sol-gel 反应或 in-situ 反应。溶胶-凝胶法、原位复合法以其发生的主要反应为标准，插层法特指未发生化学反应的复合。

有机-无机纳米复合材料因其兼具有机物和无机物的优点，并且在力学、光学、电学、磁学和生物学等方面赋予材料许多优异的性能，所以正在成为材料科学研究的热点之一。

溶胶-凝胶法不仅可以在较低的温度下制备均匀透明的无机氧化物薄膜，而且可以制备没有相分离的杂化玻璃-有机-无机纳米复合材料。通过改变配方和工艺过程，可按预先设计的折射率、孔径等参数制备多种功能的无机纳米复合材料。由于溶胶-凝胶法的起始物质与有机聚合物具有较好的相溶性，因此可用溶胶-凝胶法制备有机-无机纳米复合材料（OINC）。尽管使用溶胶-凝胶法制备 OINC 只有十几年的历史，由于此法在制备上的优越性，目前已成为国内外研究的热门课题。

（1）有机改性硅酸盐。

有机改性硅酸盐（Ormosils）在 20 世纪 80 年代中期制成，是由有机-无机单体经过溶胶-凝胶过程聚合形成的一类有机-无机纳米复合材料，也称为有机-无机硅氧烷材料。这些单体的结构式及官能度如图 11.7 所示。图中，f 代表烷氧基的数目（即官能度），n 代表取代基的数目。对于单官能度硅醇盐单体（$f=1$，$n=3$），由于分子中只有一个反应点，因此不能形成聚合链；二官能度单体表现出“桥键”作用，可聚合成线形分子；三官能度单体具有交联作用，在聚合网络中可以形成分支；至于四官能度单体，则可形成完全的网络结构。

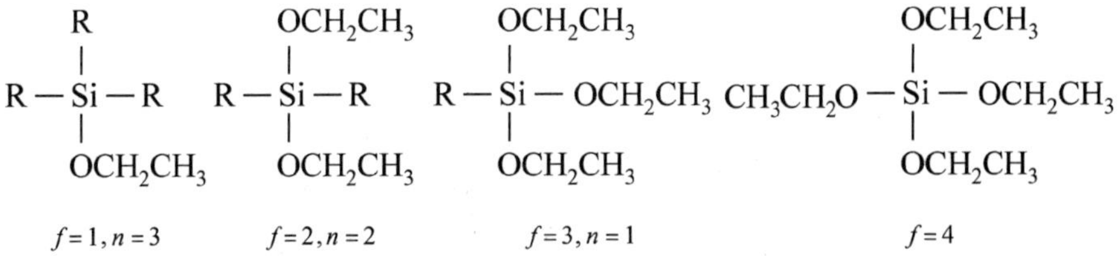

$$
\begin{array}{cccc}
\begin{array}{c} R \\ | \\ R-Si-R \\ | \\ OCH_2CH_3 \end{array} &
\begin{array}{c} OCH_2CH_3 \\ | \\ R-Si-R \\ | \\ OCH_2CH_3 \end{array} &
\begin{array}{c} OCH_2CH_3 \\ | \\ R-Si-OCH_2CH_3 \\ | \\ OCH_2CH_3 \end{array} &
\begin{array}{c} OCH_2CH_3 \\ | \\ CH_3CH_2O-Si-OCH_2CH_3 \\ | \\ OCH_2CH_3 \end{array} \\
f=1, n=3 & f=2, n=2 & f=3, n=1 & f=4
\end{array}
$$

图 11.7 常用有机改性硅醇盐单体的结构示意图

传统的玻璃需要 1 000 ℃以上的高温处理后才能得到致密的二氧化硅网络,而通过溶胶-凝胶法制备有机改性玻璃,在相对低的温度下就可形成硅氧网络。将不同官能度的硅醇盐先驱体混合后,再进行溶胶-凝胶过程,由于低官能度先驱体的影响,缩聚反应将受到不同程度的限制。在有机改性硅醇盐单体中,取代基“R—”可以是甲基、乙烯基、苯基及其他有机功能团。图 11.8 是有机改性硅酸盐单体的溶胶-凝胶聚合示意图。

$$
\begin{array}{c} OCH_2CH_3 \\ | \\ CH_3CH_2O-Si-OCH_2CH_3 \\ | \\ OCH_2CH_3 \end{array}
+
\begin{array}{c} OCH_2CH_3 \\ | \\ H_3C-Si-CH_3 \\ | \\ OCH_2CH_3 \end{array}
\xrightarrow[H_2O]{H^+}
\begin{array}{c} | \\ O \\ | \\ -O-Si-O- \\ | \\ O \\ | \\ H_3C-Si-CH_3 \\ | \\ O \\ | \end{array}
$$

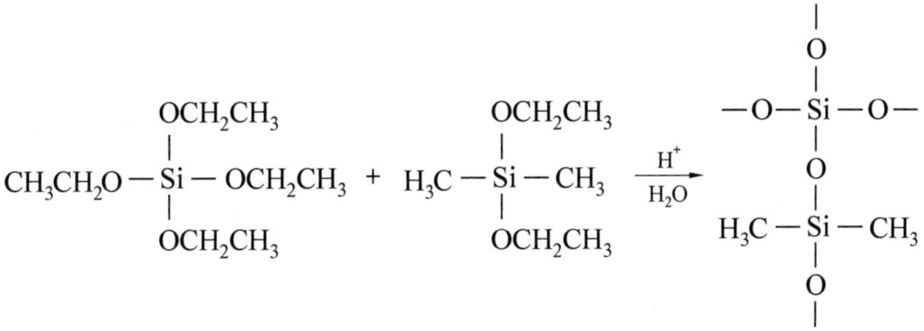

图 11.8 有机改性硅醇盐单体的溶胶-凝胶聚合示意图

从它们的聚合过程来看,取代基的种类、数目和体积大小将直接影响凝胶网络孔径的变化。因此选择不同的取代基就能控制凝胶网络的孔径。此外,由于网孔内存在有机基团,使得有机改性硅酸盐网络具有独特的物理和化学性质。

Mackenzie 等人对以 TEOS/PDMS(聚二甲基硅氧烷)为先驱体的 Ormosils 的力学性质进行了研究。试验结果表明,其力学性质取决于 PDMS 的体积分数。一般来说,随着 PDMS 体积分数的升高,材料的硬度、拉伸强度、弹性模量和脆性下降,而韧性和伸长率增加。当 PDMS 的体积分数超过 35% 时,材料表现出橡胶的特性。这种橡胶的改性硅酸盐材料在高温下比普通商用橡胶更稳定,特别是添加纳米 SiO_2 后高温性能更稳定。由于具有这些特殊的力学和热学性质及较低的密度,这种橡胶改性硅酸盐材料可望在高温环境中得到应用。此外,这种结实的改性硅酸盐材料还可用作有机塑料的保护涂层。图 11.9 是 TEOS/PDMS 类橡胶改性硅酸盐结构的平面示意图。

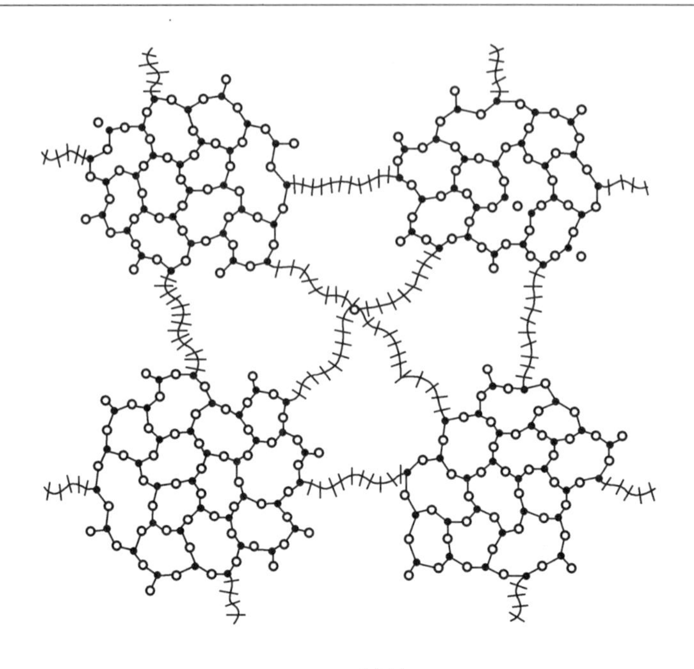

• 表示 Si^{4+}　○表示 O^{2-}　表示 PDMS

图 11.9　TEOS/PDMS 类橡胶改性硅酸盐结构的平面示意图

除上述有机改性硅醇盐单体外，还有一种半倍型有机改性硅醇盐单体对制备规定孔径的溶胶-凝胶玻璃也很有效。半倍型有机改性硅酸盐单体的一般结构为

$$
\begin{array}{ccccc}
CH_3CH_2O & & & & OCH_2CH_3 \\
 & \diagdown & & \diagup & \\
H_3C— & Si & —R— & Si & —CH_3 \\
 & \diagup & & \diagdown & \\
CH_3CH_2O & & & & OCH_2CH_3
\end{array}
$$

其中有机取代基“R—”作为隔离基团把两个二官能度或三官能度硅醇盐单体连接在一起。

隔离基可以是甲基、苯基或其他有机基团。在溶胶-凝胶过程中，隔离基能够起到控制网络孔隙的作用；同时，不同隔离基的特有性质将有利于特定气体和液体在网络中渗透；另外，通过臭氧分解隔离基，能够调节网络的孔隙率，使其达到规定的要求(图 11.10)。

(2)缔合型 OINC。

使用溶胶-凝胶法制备缔合型 OINC 最为简便。在这类 OINC 材料中，有机聚合物与无机网络之间虽然不存在直接共价键的作用，但两相之间通过氢键和缔合/偶合平衡相互作用，使两相体系表现出与存在共价键时相似的特性。如聚烷基噁唑啉与二氧化硅无机网络能够形成很强的氢键作用，使两相达到“分子水平”的复合。

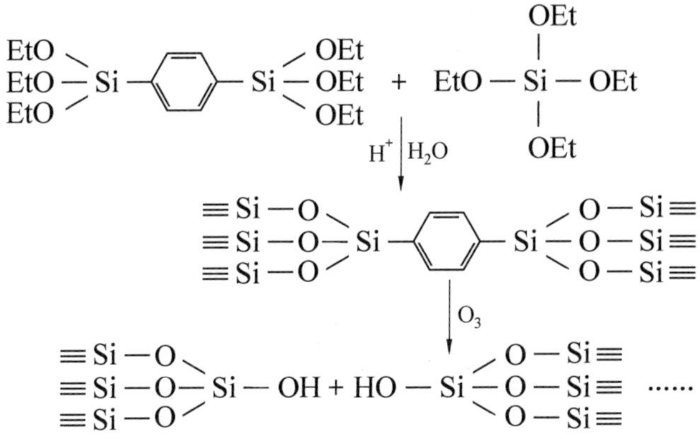

$$(EtO)_3Si-C_6H_4-Si(OEt)_3 + EtO-Si(OEt)_2-OEt \xrightarrow{H^+,\ H_2O} (\equiv Si-O)_3Si-C_6H_4-Si(O-Si\equiv)_3 \xrightarrow{O_3} (\equiv Si-O)_3Si-OH + HO-Si(O-Si\equiv)_3 \ \cdots\cdots$$

图 11.10　半倍型有机改性硅醇盐单体的水解聚合及隔离基团的氧化示意图

在凝胶体系中，两相之间在形成氢键后会产生缔合/偶合平衡。这种氢键基团与无机共价网络之间发生的动态平衡，能够产生—C—O—Si—键（图 11.11）。

许多高分子化合物都含有能够形成氢键的有机基团，如各种聚酯、聚碳酸酯、聚丙烯酸酯、聚氨酯等都可用来制备该类 OINC，已见报道的有聚烷基噁唑、聚乙烯醇、聚醋酸乙烯、聚甲基丙烯甲酯、聚乙烯吡啶烷酮、聚二甲基丙烯酰胺、聚碳酸酯、聚脲、聚乙烯基吡啶、聚丙烯腈、纤维素衍生物、聚膦腈、聚丙烯酰胺，甚至还有蛋白质和酶等生物大分子等。

（3）共价型 OINC。

在制备过程中，如果在所用聚合物的侧基或主链末端引入像三甲氧基硅基等能与无机组分形成共价键的基团，就能赋予 OINC 具有两相共价交联的优点，明显增强 OINC 的弹性模量和拉伸强度。引入—$(RO)_3Si$ 基团的方法有：①用甲基丙烯酸 3-（三甲氧基硅基）丙酯与乙烯基单体共聚；②用三乙氧基氢硅烷与端烯基和侧链烯基聚合物进行氢硅化加成；③用（3-氨基丙基）三乙氧基硅烷终止某些单体的阳离子聚合物：④用（3-异氰酸酯基）丙基三甲氧基硅烷与侧基或末端含氨基或羟基的聚合物进行反应等。

例如，用上述方法制备的 γ-缩水甘油丙基醚三甲氧基硅烷作为溶胶-凝胶过程的先驱体与双酚 A 共聚合，可以制备出光滑、柔韧和耐磨、耐腐蚀的共价型 OINC。

（4）互穿型有机-无机网络（IPOIN）。

由于上述两类 OINC 的制备受到预形成聚合物溶解性的限制，同时溶胶

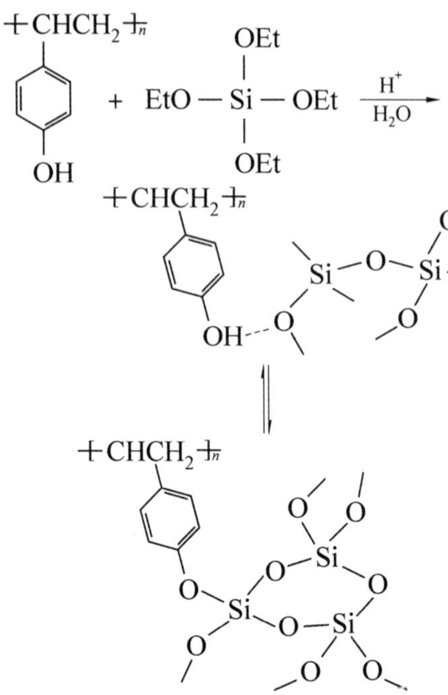

图11.11 缩合型 OINC 中的缩合/偶合

干燥过程中有收缩,所以近来发展了加入交联单体使交联聚合物和金属醇盐的水解同步进行,以形成有机-无机同步互穿网络的方法。这种材料具有如下优点:①聚合物具有交联结构,减少了凝胶的收缩;②对一些完全不溶的聚合物可以原位生成而均匀地嵌入无机网络之中;③具有较大的均匀性和较小的微区尺寸。

(5)两相间具有共价键的 IPOIN。

通过在两相间引入共价键,即可将上述 IPOIN 转化为具有共价键的 IPOIN 材料。Novak 报道了使用5-(三甲氧基硅基)双环2,2,1庚烯-2作为相的交联剂,制得了两相间具有共价键的 IPOIN 材料。Ikuko 等人以 TEOS 为先驱体,通过溶胶-凝胶法将其贯穿到乙基纤维素中得到有机-无机杂化材料,此材料具有特殊的介电性能。此外,有文献报道以苯乙烯、马来酸酐和γ-缩水甘油丙基醚三甲氧基硅烷(一种三官能度的改性硅酸盐单体)为原料,制得两相间有共价键的 IPOIN。这种共聚新材料透明且不溶于丙酮,具有优良的耐热性能和力学性能。

(6)无收缩的溶胶-凝胶 OINC。

上述5种 OINC 都存在干燥收缩的问题。Novak 为了解决这一难题做了大量的独创性研究。他合成了一系列带有可聚合的烷氧基的正硅酸酯代替常见的正硅酸乙酯和甲酯。在溶胶-凝胶过程中,用计量的水和相应的醇作为共溶剂,水解和缩合可放出4分子可聚合的醇,在适当催化剂的作用下,作为共溶剂的醇和释放出的醇都聚合了,无须挥发,从而避免了干燥时收缩过大。此外,还用偏硅醇钠水解制得的聚硅酸与聚合醇反应,合成了具有可聚合烷氧基的可溶性聚硅酸酯,这些聚硅酸酯与乙烯基单体共聚,可制得高二氧化硅含量的OINC。

11.6.3 纳米复合材料的发展方向

纳米复合材料涉及的范围广泛,它包括纳米陶瓷复合材料、纳米金属复合材料、纳米磁性复合材料、纳米催化复合材料、纳米半导体复合材料等。目前,纳米复合材料制备科学在当前纳米材料科学研究中占有非常重要的地位,新的制备技术研究与纳米材料的结构和性能之间存在着密切关系。同时,纳米复合材料的合成与制备技术包括作为原材料的粉体及纳米薄膜材料的制备,以及纳米复合材料的成型方法。

根据分散颗粒的纳米尺寸的维数,可以将纳米复合材料分为3类,即轴纳米复合材料、纳米管或纳米纤维复合材料以及片状纳米复合材料。纳米分散颗粒可以以非晶体、准晶体及结晶体的形式存在。纳米复合材料是将制备好的纳米颗粒或制备过程中形成的纳米颗粒分散在基体材料中,因此除了纳米颗粒之间的相互作用外,还有颗粒与基体间的作用,同时复合材料内除了其中的纳米本身具有特殊的纳米效应外,还有与基体相以颗粒周围的局部场效应的形式发生协同作用,表现出常规复合材料不具备的性质。

迄今为止,纳米复合材料的发展也经历了一个由单一功能的改善到多功能、复合型改善的过程。用纳米复合可以得到用一般微米复合不能实现的性能及功能改善。例如,使用硬度、强度很低的BN纳米颗粒增强的陶瓷材料,可使强度和加工性同时得到改善。而用磁性金属纳米颗粒与结构陶瓷材料复合,可以改良结构陶瓷的强度和韧性,同时又能够具有陶瓷优异的磁性。这种具有高性能和多种优异性能的纳米复合材料,在机械结构材料、光电子功能材料、磁性功能材料、化学和生物材料、医学功能材料、热学功能材料等方面具有广泛的应用前景。

11.6.4 纳米复合材料的应用

纳米粒子的介入不仅改善了聚合物的强度、刚性、韧性,而且还有利于提高聚合物的透光性、阻隔性、耐热性、导电性、杀菌防霉性、吸波性、防紫外线等。由于加工简便,效果明显,产业界对聚合物纳米复合材料的市场前景持乐观态度。目前,研制和应用较多的主要有纳米黏土复合材料、碳纳米管复合材料和碳纳米纤维复合材料。

1. 聚合物/黏土纳米复合材料

聚合物/黏土纳米复合材料是指用聚合物作为基体,黏土作为分散相,利用插层聚合、熔融插层等特殊工艺方法制备的纳米复合材料,所用的黏土主要为天然蒙脱土。当黏土以纳米单元体分散在聚合物基体中时,可以发生其纳米效应。这种效应的发生源于其表面原子呈无序状态分布,而且有特殊的性质,表现为量子尺寸效应、宏观量子隧道效应、表面与界面效应等,使形成的聚合物/黏土纳米复合材料较纯聚合物有优良的力学性能和热稳定性等。

2. 聚合物/碳纳米管复合材料

碳纳米管一般被分为两类,一类为单壁碳纳米管(SWNTs),另一类为多壁碳纳米管(MWNTs)。两类CNTs都显示出超强的力学性能、磁阻、金属性及半导体性,并具有很高的热导率。而且其独特的纳米效应,使其成为许多材料理想的增强体,并能赋予材料许多新的功能。例如,CNTs/聚合物复合材料在电子器件、光电信息材料、航空航天材料、电工材料等方面有广泛的应用前景。随着对CNTs结构与性能研究的深入,对CNTs/聚合物复合材料中CNTs的分散、界面相互作用与结构性能关系等方面的进一步认识,复合材料的性能将会越来越优异,产生更多性能优异的材料。

3. 聚合物/纳米碳纤维复合材料

纳米碳纤维(CNF)是直径介于纳米碳管及普通碳纤维之间的准一维碳材料。一般而言,纳米碳纤维的直径为50~200 nm,但目前小于100 mm的中空状纤维也称为纳米碳管。纳米碳纤维具有较高的强度和弹性模量,较好的导电、导热及热稳定性以及极好的表面尺寸效应等,因而受到了人们极大的关注。纳米碳纤维在复合材料中的应用集中于3个方面:①作为材料增强体、改善材料导电性和光电性能;②纳米碳纤维的机械性能和热稳定性,用作复合材料增强体,研究发现合成的纳米碳纤维/聚合物复合材料较未复合纳米碳纤维的材料机械性能和热转变温度都有相当大的提高;③纳米碳纤维可赋予纳米碳纤维/聚合物复合材料光、电学新特性。随着纳米碳纤维分散工艺的提高以及新的聚合物合成方法的出现,纳米碳纤维/聚合物复合材料必将在光、电等诸多领域得到更广泛的应用。

11.7 其他应用领域

11.7.1 光功能复合材料

光功能复合材料目前仅涉及透光功能复合材料、选择滤光复合材料、光致变色复合材料和利用非线性乘积效应以光为激发源而得到的光-电阻、光-磁等一系列复合材料。

1. 透光功能复合材料

温室栽培要求轻质、高强、透光度好的透明板,因此这一类功能复合材料得以发展。它是以玻璃纤维和透明聚合物复合而成的材料。透光度取决于基体本身的透光度和基件与玻璃纤维之间折光指数的匹配(要求折光指数相近)。当前以廉价的不饱和聚酯为基体的透光板产量较大,但此基体仅能和中碱玻璃纤维的折光指数相匹配,强度性能较差,且不能透过紫外线。用丙烯酸类聚合物为基体,虽然成本较高,但能与无碱和中碱玻璃相匹配,且紫外线透过性能好,耐老化、耐水,耐磨性能也较好,有竞争优势。这类复合材料除大量用于温室顶板外,也可用于建筑物采光、工业防护罩、照明灯具挡板等,但要求增加阻燃的措施。

2. 选择滤光功能复合材料

选择滤光功能复合材料是以透明的聚合物、玻璃、单晶和玻璃陶瓷为基体,并以各种带颜色的微粉均匀分散其中而成的。如果带色微粉粒度在5 μm以下而又能与基体相容,则可使复合材料带有微粉的颜色,它能吸收该颜色的补色,让此颜色的光波通过而起到滤光作用。另外也有用两层金属反射膜与透光介质层进行叠层复合而成的干涉式带通滤光复合材料。这些复合材料主要在光学系统中作为滤色片。

3. 光致变色复合材料

光致变色复合材料能在光激发下产生变色作用,变色过程主要包括触发过程、形成色心过程和消除色心的脱色过程。复合材料的基体一般为玻璃,加入某些氧化物复合。例如,硅酸盐玻璃与0.1% Ce_2O_3和1% MnO_2复合,并在还原气氛下进行处理,即形成具有光致变色的复合材料。其机理为:在紫外光的激发下,首先产生Ce^{2+},它又激活Mn^{2+},Mn^{2+}成为色心而使玻璃变为暗色,一旦激发光不存在时则产生可逆作用而褪色。其他氧化物如$CdO-B_3O_3-SiO_2$体系也有同样的效应。此外,卤化银微小晶体与玻璃复合也有光致变色作用,其原因是晶体在光的激发下状态发生改变,形成色心。这种复合材料已大量用于制造变色眼镜。

11.7.2　热功能复合材料

热功能复合材料主要包括耐烧蚀防热复合材料、自熄阻燃复合材料和热适应复合材料等。这类功能复合材料在某种特定场合下能起到其他材料所不能替代的作用。

1. 耐烧蚀防热复合材料

在某些特殊情况下，要求材料能经受高热流的冲刷，以保护内部装置。在高温高压气流冲刷下，耐烧蚀防热复合材料发生热解、气化、熔化、升华、辐射等作用，通过材料表面的质量迁移带走大量热量，达到耐高温的目的，从而对内部材料起到防护作用。例如，导弹、飞船和航天飞机进入大气层时都处于严重的气动加载和气动加热的环境中，温度急剧升高。飞船的返回舱和航天飞机的鼻锥最高温度分别为1 800 ℃和1 650 ℃，“双子星座”飞船和“阿波罗”飞船的总加热量分别为1.49×10^5 kJ/m^{2}和5.06×10^5 kJ/m^2。因此解决“热障”技术问题是研制导弹和航天飞行器的关键。

耐烧蚀复合材料按其作用机制可分为升华型（如碳/碳复合材料升华温度达3 600 ℃）、熔化型（碳纤维增强石英）和碳化型（碳纤维增强酚醛树脂）。也有按密度分类的，密度大于1.0 g/cm^{3}称为高密度型，如上述以碳纤维增强各种基体的复合材料；小于此界限的称为低密度型，即用中空填料（如中空玻璃珠、陶瓷珠等）与酚醛、有机硅树脂复合的材料，其密度可根据要求在0.2～0.7 g/cm^{3}变化。

高密度耐烧蚀复合材料中目前以碳/碳复合材料的耐烧蚀性能较好，可耐受高达10 000 ℃的驻点温度，在非氧化气氛下其温度可保持到2 000 ℃以上，已成功应用于导弹鼻锥、航天飞机头锥和机翼前缘、火箭发动机喷管喉衬等部位。碳/石英复合材料用于要求较低的场合；碳/酚醛复合材料用于烧蚀较缓和的头锥裙部；低密度耐烧蚀材料用于返回式飞船的热防护蒙皮罩上。

2. 自熄阻燃复合材料

聚合物基复合材料已大量用于建筑、车、船和客机的内装饰结构上。但是多数聚合物是可燃的，而且产生有毒烟雾，因此自熄阻燃功能是关系人身安全的重要问题。这种复合材料常作为面层，与结构型复合材料的夹层复合在一起，火焰到此面层时难燃，由于分解降温或生成玻璃状熔融隔膜起绝热作用，仅产生少量低毒气体。自熄阻燃复合材料多用酚醛、脲醛等难燃聚合物作为基体，添加硼酸盐、水合氧化铝等无机材料作为分解吸热材料，与玻璃粉、陶土、碳酸钙等不燃填料构成。目前正在研制效率更高的阻燃复合材料,如添加能捕获聚合物燃烧所产生的自由基而使反应终止的阻燃剂等。

11.7.3 声功能复合材料

声功能复合材料包括吸声降噪复合材料、声呐复合材料、抗声呐复合材料和声学器材用复合材料等。

吸声降噪复合材料除了材料本身具有对声波振动的高阻尼吸收的作用外,还需要一定的结构和形状配合,使声波产生相移干涉而衰减。

声呐复合材料本质上是压电功能复合材料。在水介质中能感受声波的压力而产生电流作为声呐接收器,或对材料施加高频电流使之产生声频或超声频振动而作为声呐发送器。抗声呐复合材料是在水介质中吸收声呐波而起隐身作用的一种橡胶-填料材料,主要用于潜艇外侧。这种吸声呐效果来自材料与结构的协同作用,但由于在水介质中具有良好的吸声频带宽度,同时还承受很大的流体静压力,因此在选材和吸声呐器件的构形设计上难度较大。

用复合材料制作的声学器材主要为扬声器(喇叭),目前用碳纤维与纸浆复合可以制成音质优良的扬声器,用于高品质音响系统。

11.7.4 摩擦功能复合材料

摩擦功能复合材料是具有高摩擦因数或低摩擦因数的复合材料。前者称摩阻复合材料,要求复合材料既有良好的耐磨性,又有较高的摩阻性,尤其能在较高温度的环境下使用。后者称减摩复合材料,要求材料既有高耐磨性,又有一定的减摩要求。

1. 摩阻复合材料

摩阻复合材料用在各种运输工具(如汽车、火车、飞机等)及机械设备的制动器、离合器受摩擦传动装置的制动件上。大体上,摩阻复合材料分为3类:即金属基摩阻复合材料,聚合物基摩阻复合材料和碳基摩阻复合材料。

2. 减摩复合材料

减摩复合材料一般用于重载荷、低转速,需要干摩擦或水润滑的场合。其优点是摩擦因数小、磨损率低,而且对磨的金属轴不易磨损,一般不需要润滑油脂。按摩擦类型可分为自润滑减磨复合材料及水润滑减摩复合材料。

11.7.5 阻尼功能复合材料

随着现代科学技术的发展,对振动、冲击、噪声的控制日趋重要。例如,机械运行速度的提高要产生强烈的振动和噪声，从而会干扰自控系统、降低仪表测量精度或引起疲劳损伤甚至疲劳破坏。因此，减振降噪技术及其相关材料受到了普遍重视。按不同原理，减振控制分为被动控制和主动控制。被动控制包括材料和结构的阻尼，通过将振动能量衰减或转化成热能、机械能等达到减振降噪的目的；主动控制一般由传感器和驱动器与一个反馈回路构成，既能感知环境的变化，又能通过反馈电路做出响应，减少或消除受振动结构的应力，达到抑振目的。具有阻尼作用的被动控制大致有4种：即黏贴或涂覆减振材料，用减振合金或复合材料制造结构体，附加机械减振器及改变结构体刚性。阻尼减振是比较简单、有效的方法，应用很广泛。

复合材料具有单一材料没有的综合特性，如高比强度、高比刚度等。在工程应用中若要获得优良的阻尼效果，材料阻尼层不但要有高损耗因子，还要有高弹性模量。模量越大，阻尼效果越好。然而，随着材料阻尼的增加，其刚度总会下降。所以，要求高刚度、高阻尼的综合性能，复合材料是最佳选择。阻尼功能复合材料主要有聚合物基和金属基阻尼复合材料。

1. 聚合物基阻尼复合材料的阻尼性能

对于高聚物，阻尼行为与振动频率、温度密切相关。复合材料的阻尼行为(内耗)由基体的贡献和相间界面的贡献构成。一般情况下增强体贡献很小，可以忽略。例如，对于平纹织物复合材料，振动能量的损耗主要体现在3个方面：①交织纤维束在弹性变形过程中相对变形阻力的影响；②纤维间黏滞力作用；③聚合物基体层对振动的滞后阻尼效应。聚合物基体含量增加可以提高阻尼性能。若采用高阻尼聚合物作为基体，对材料阻尼的提高也有明显效果。

要取得良好的阻尼效果，需研究出具有宽温域、宽频带、高内耗阻尼的材料。一般聚合物材料内耗峰的温度范围很狭窄，不能作为高要求的工程阻尼材料，必须采取多种途径来拓宽材料阻尼温度，提高损耗因子值。采用纤维或粒子增强的复合材料是一种有效的方法。

2. 金属基阻尼功能复合材料

金属基复合材料(MMC)具有密度小、强度和刚度高的特性，是发展高强度、高刚度、高阻尼而密度较小的结构与阻尼功能一体化新型材料的理想选择。在设计时要综合考虑以下因素：基体材料、增强材料的性能及配比；增强材料相的尺寸；增强材料的取向、铺设方式；增强相的表面处理方法，从而构成不同的界面。另外，荷载及环境因素也会对阻尼产生一定的影响。

参考文献

[1] 沃丁柱. 复合材料大全[M]. 北京:化学工业出版社,2000.
[2] 郭卫红. 现代功能材料及其应用[M]. 北京:化学工业出版社,2002.
[3] 益小苏,杜善义,张立同. 中国材料工程大典:第10卷 复合材料工程[M]. 北京:化学工业出版社, 2005.
[4] 顾书英,任杰. 聚合物基复合材料[M]. 北京:化学工业出版社,2007.
[5] 马立敏,张嘉振,岳广全,等. 复合材料在新一代大型民用飞机中的应用[J]. 复合材料学,2015,32(2): 317-322.
[6] 施军,黄卓. 复合材料在海洋船舶中的应用[J]. 玻璃钢/复合材料,2012(S1): 269-273.
[7] 章令晖,陈萍. 复合材料在空间遥感器中的应用进展及关键问题[J]. 航空学报,2015,36(5): 1385-1400.
[8] 王煦怡,陈超峰,彭涛,等. 芳纶Ⅲ在复合材料领域应用的优势探讨[J]. 合成纤维,2016,45(1): 22-25.
[9] 马明明,张彦. 玻璃纤维及其复合材料的应用进展[J]. 化工新型材料,2016,44(2): 38-40.
[10] 杨文刚,李文斌,林松,等. 碳纤维缠绕复合材料储氢气瓶的研制与应用进展[J]. 玻璃钢/复合材料,2015,12: 99-104.
[11] 岳小鹏,凤璐,徐永建. 纤维素月桂酸酯的合成及其在PBS/木纤维复合材料中的应用[J]. 化工新型材料,2016,44(1): 228-230.
[12] 赵晨旭,谢银红,廖芝建,等. 聚多巴胺对材料表面功能化的研究及应用进展[J]. 高分子通报,2015,12: 28-37.
[13] 贾坤,徐明珍,潘海,等. 耐高温腈基聚合物及复合材料研究进展[J]. 中国材料进展,2015,34(12):897-905.
[14] 曹亮,陶庆水. 玻纤针刺毡热塑性复合材料振动特性实验研究[J]. 湖南工程学院学报(自然科学版),2015,25(4):32-35.
[15] 樊云龙. 复合材料在输电杆塔中的应用研究[J]. 通讯世界,2015,24: 257-258.
[16] 刘昌,杨世文. 碳纤维增强复合材料(CFRP)在汽车业上的应用及面临困难[J]. 汽车实用技术,2015,11:131-135.
[17] 连丽. 玻璃纤维增强复合材料在建筑材料中的应用[J]. 塑料科技,2015,43(12):66-68.

[18] 虞大联,邓小军,刘韶庆,等.复合材料技术在转向架中的应用[J].电力机车与城轨车辆,2015,38(S1):17-22.
[19] 张丽荣,陈煜,张娟歌,等.复合材料结构部件在高速动车组上的应用研究及性能评价[J].电力机车与城轨车辆,2015,38(S1):29-33.
[20] 陈绍杰.浅谈空客 A380 的复合材料应用[J].高科技纤维与应用,2008,33(4):1-4.
[21] 陈巍.先进航空发动机树脂基复合材料技术现状与发展趋势[J].航空发动机,2016(5):68-72.

名词索引

F

G

H

J

K

L

M

N

P

Q

R

S

T

U

W

X

Y

Z

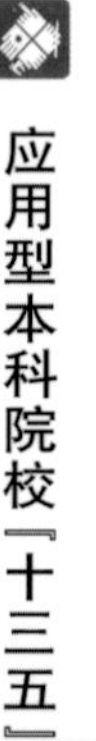

财务报告编制与分析（第2版）

哈尔滨工业大学出版社

应用型本科院校“十三五”规划教

The Preparation and Analysis in

- 适用面广
- 应用性强
- 促进教学
- 面向就业

主编　刘颖　董莉平

哈尔滨工业大学出版社
HARBIN INSTITUTE OF TECHNOLOGY PRESS